江苏省“道德发展智库”成果
江苏省“公民道德与社会风尚协同创新中心”成果

国家社科基金重大招标项目
“现代伦理学诸理论形态研究”(10&ZD072)成果

2018年国家社会科学基金重大项目
“改革开放40年中国伦理道德数据库建设研究”
(18ZDA022)成果

中国伦理道德发展数据库

第三卷（下）

樊 浩 王 珏　等著

中国社会科学出版社

第三卷目录

（上）

（中）

（下）

中国伦理道德评价的职业差异

B1a by A10

过去一年，您对纸质报纸的使用情况是 ＊ 职业 Crosstabulation

	高级白领	低级白领	工人/小生意者	农民	无业失业下岗	总计
从不	29.6%	47.1%	70.5%	79.8%	63.0%	66.4%
很少	32.8%	31.4%	21.0%	15.6%	24.9%	22.0%
有时	26.4%	15.7%	6.0%	3.5%	9.4%	8.4%
经常	9.9%	5.1%	2.1%	1.1%	2.4%	2.8%
非常频繁	1.5%	0.7%	0.4%	0.1%	0.5%	0.4%
总计	100.0%	100.0%	100.0%	100.0%	100.0%	100.0%
列总计	751	726	3392	2440	1315	8624

Chi-square test：df = 16，卡方值为 1030.524，sig = 0.000 < 0.05，所以不同职业的居民在“过去一年对纸质报纸使用情况”的回答上存在显著差异。

B1b by A10

过去一年，您对纸质杂志的使用情况是 ＊ 职业 Crosstabulation

	高级白领	低级白领	工人/小生意者	农民	无业失业下岗	总计
从不	36.4%	51.9%	75.4%	82.5%	61.9%	70.0%
很少	33.9%	29.1%	18.3%	13.6%	21.6%	19.7%
有时	21.3%	15.0%	4.9%	3.2%	12.7%	7.9%
经常	7.7%	3.7%	1.3%	0.7%	3.4%	2.2%
非常频繁	0.7%	0.3%	0.2%		0.4%	0.2%
总计	100.0%	100.0%	100.0%	100.0%	100.0%	100.0%
列总计	750	725	3388	2433	1313	8609

Chi-square test：df = 16，卡方值为 932.773，sig = 0.000 < 0.05，所以不同职业的居民在“过去一年对纸质杂志使用情况”的回答上存在显著差异。

B1c by A10

过去一年，您对广播的使用情况是 ＊ 职业 Crosstabulation

	高级白领	低级白领	工人/小生意者	农民	无业失业下岗	总计
从不	40.6%	50.1%	67.4%	70.2%	60.8%	63.4%
很少	29.4%	26.3%	19.2%	18.6%	22.6%	21.0%
有时	20.2%	16.6%	9.8%	8.0%	12.0%	11.1%
经常	8.9%	5.9%	3.1%	3.0%	3.9%	3.9%
非常频繁	0.9%	1.1%	0.4%	0.2%	0.7%	0.5%
总计	100.0%	100.0%	100.0%	100.0%	100.0%	100.0%

续表

	高级白领	低级白领	工人/小生意者	农民	无业失业下岗	总计
列总计	744	723	3385	2431	1303	8586

Chi-square test：df=16，卡方值为336.333，sig =0.000<0.05，所以不同职业的居民在“过去一年对广播使用情况”的回答上存在显著差异。

B1d by A10

过去一年，您对电视的使用情况是 ＊ 职业 Crosstabulation

	高级白领	低级白领	工人/小生意者	农民	无业失业下岗	总计
从不	2.9%	2.5%	2.7%	1.6%	4.5%	2.7%
很少	14.2%	11.6%	12.8%	10.8%	10.2%	11.9%
有时	27.3%	33.4%	26.6%	22.2%	23.1%	25.5%
经常	42.8%	42.5%	42.8%	40.4%	39.4%	41.6%
非常频繁	12.7%	9.9%	15.0%	25.1%	22.8%	18.4%
总计	100.0%	100.0%	100.0%	100.0%	100.0%	100.0%
列总计	747	724	3387	2444	1315	8617

Chi-square test：df=16，卡方值为213.625，sig =0.000<0.05，所以不同职业的居民在“过去一年对电视使用情况”的回答上存在显著差异。

B1e by A10

过去一年，您对各种政府网站的使用情况是 ＊ 职业 Crosstabulation

	高级白领	低级白领	工人/小生意者	农民	无业失业下岗	总计
从不	29.2%	44.9%	72.3%	88.7%	65.4%	69.8%
很少	28.2%	31.4%	16.9%	6.5%	19.3%	16.6%
有时	24.1%	11.9%	7.2%	3.3%	9.7%	8.4%
经常	14.4%	9.7%	3.0%	1.3%	4.5%	4.3%
非常频繁	4.0%	2.1%	0.6%	0.2%	1.2%	1.0%
总计	100.0%	100.0%	100.0%	100.0%	100.0%	100.0%
列总计	742	722	3343	2388	1294	8489

Chi-square test：df=16，卡方值为1380.178，sig =0.000<0.05，所以不同职业的居民在“过去一年对各种政府网站的使用情况”的回答上存在显著差异。

B1f by A10

过去一年，您对社交媒体（微博、微信、博客、播客等）的使用情况是 ＊ 职业 Crosstabulation

	高级白领	低级白领	工人/小生意者	农民	无业失业下岗	总计
从不	8.6%	6.1%	20.5%	59.9%	30.5%	30.8%

续表

	高级白领	低级白领	工人/小生意者	农民	无业失业下岗	总计
很少	5.3%	3.3%	9.0%	9.8%	7.6%	8.2%
有时	15.9%	13.0%	19.2%	11.3%	10.6%	14.9%
经常	42.4%	44.0%	34.7%	14.7%	29.9%	29.8%
非常频繁	27.8%	33.6%	16.6%	4.4%	21.5%	16.3%
总计	100.0%	100.0%	100.0%	100.0%	100.0%	100.0%
列总计	748	723	3385	2409	1308	8573

Chi-square test：df = 16，卡方值为 1886.278，sig = 0.000 < 0.05，所以不同职业的居民在“过去一年对社交媒体（微博、微信、博客、播客等）的使用情况”的回答上有显著差异。

B1g by A10

过去一年，您对新媒体（如数字报纸、移动电视等）的使用情况是 ＊ 职业 Crosstabulation

	高级白领	低级白领	工人/小生意者	农民	无业失业下岗	总计
从不	28.9%	25.6%	53.4%	78.6%	52.4%	55.9%
很少	23.2%	24.5%	20.1%	11.3%	14.6%	17.4%
有时	18.8%	22.7%	13.6%	5.0%	13.1%	12.3%
经常	19.0%	17.6%	8.9%	3.8%	12.9%	9.7%
非常频繁	10.1%	9.6%	3.9%	1.4%	7.1%	4.7%
总计	100.0%	100.0%	100.0%	100.0%	100.0%	100.0%
列总计	741	722	3327	2398	1276	8464

Chi-square test：df = 16，卡方值为 1121.388，sig = 0.000 < 0.05，所以不同职业的居民在“过去一年对新媒体（如数字报纸、移动电视等）的使用情况”的回答上存在显著差异。

B2 by A10

跟五年前相比，您觉得自己的社会经济地位有什么变化 ＊ 职业 Crosstabulation

	高级白领	低级白领	工人/小生意者	农民	无业失业下岗	总计
上升了	59.1%	51.3%	47.1%	48.2%	47.1%	48.8%
差不多	36.0%	44.9%	46.3%	44.0%	44.4%	44.4%
下降了	4.8%	3.8%	6.6%	7.8%	8.4%	6.8%
总计	100.0%	100.0%	100.0%	100.0%	100.0%	100.0%
列总计	722	688	3260	2340	1175	8185

Chi-square test：df = 8，卡方值为 55.106，sig = 0.000 < 0.05，所以不同职业的居民在“跟五年前相比，自己的社会经济地位变化”的回答上有显著差异。

B3 by A10

您感觉在未来的五年中，您的生活水平将会有什么变化 ＊ 职业 Crosstabulation

	高级白领	低级白领	工人/小生意者	农民	无业失业下岗	总计
上升很多	30.2%	19.8%	16.3%	15.4%	20.6%	18.3%
略有上升	58.9%	69.1%	66.3%	63.8%	59.8%	64.2%
没有变化	9.5%	9.6%	14.0%	16.7%	16.3%	14.3%
略有下降	1.0%	1.2%	2.7%	3.2%	2.0%	2.4%
下降很多	0.4%	0.3%	0.7%	0.9%	1.3%	0.8%
总计	100.0%	100.0%	100.0%	100.0%	100.0%	100.0%
列总计	698	658	3012	2056	1146	7570

Chi-square test：df = 16，卡方值为 142.826，sig = 0.000 < 0.05，所以不同职业的居民在“未来五年中，生活水平将会有什么变化”的回答上有显著差异。

B4 by A10

总的来说，您觉得目前的生活幸福吗 ＊ 职业 Crosstabulation

	高级白领	低级白领	工人/小生意者	农民	无业失业下岗	总计
非常不幸福	1.5%	0.7%	1.1%	1.5%	2.0%	1.3%
不太幸福	3.8%	3.4%	4.5%	6.3%	5.1%	4.9%
谈不上幸福不幸福	13.4%	14.6%	20.7%	23.5%	20.3%	20.3%
比较幸福	61.2%	66.6%	63.3%	59.7%	55.4%	61.2%
非常幸福	20.1%	14.7%	10.5%	9.0%	17.1%	12.3%
总计	100.0%	100.0%	100.0%	100.0%	100.0%	100.0%
列总计	756	727	3412	2455	1322	8672

Chi-square test：df = 16，卡方值为 178.003，sig = 0.000 < 0.05，所以不同职业的居民在“总的来说，觉得目前生活幸福度”的回答上有显著差异。

B5 by A10

您对自己目前的生活状态满意吗 ＊ 职业 Crosstabulation

	高级白领	低级白领	工人/小生意者	农民	无业失业下岗	总计
非常满意	19.5%	15.8%	10.7%	10.5%	15.3%	12.5%
比较满意	70.3%	73.5%	75.1%	72.1%	68.7%	72.7%
不太满意	9.8%	10.2%	13.4%	16.4%	14.7%	13.9%
非常不满意	0.4%	0.4%	0.8%	1.1%	1.4%	0.9%
总计	100.0%	100.0%	100.0%	100.0%	100.0%	100.0%

续表

	高级白领	低级白领	工人/小生意者	农民	无业失业下岗	总计
列总计	744	722	3367	2409	1290	8532

Chi-square test：df = 16，卡方值为 102. 880，sig = 0. 000 < 0. 05，所以不同职业的居民在“对自己目前生活状况满意度”的回答上有显著差异。

B6 by A10

社会上发生的一些事情，您一般是从什么渠道最先知道 ＊ 职业 Crosstabulation

	高级白领	低级白领	工人/小生意者	农民	无业失业下岗	总计
电视	44. 8%	40. 1%	62. 5%	86. 1%	55. 5%	64. 7%
报纸	9. 3%	4. 3%	2. 9%	1. 8%	2. 7%	3. 2%
电台广播	3. 1%	2. 5%	2. 0%	2. 2%	1. 3%	2. 1%
微博、微信等网络社交媒介	52. 8%	53. 2%	43. 2%	17. 7%	40. 1%	37. 2%
网络	46. 7%	55. 8%	28. 7%	8. 9%	31. 3%	27. 4%
和朋友亲友同事交谈	10. 5%	18. 9%	27. 4%	32. 6%	22. 9%	26. 0%
单位传达	5. 0%	2. 6%	0. 5%	0. 2%	0. 1%	0. 9%
列总计	754	726	3400	2441	1315	8636

据上表所示，不同职业的居民在“社会上发生的事情，最先获取渠道”的回答上存在显著差异。

B7 by A10

从网络中获得的信息对您的思想行为有多大程度的影响 ＊ 职业 Crosstabulation

	高级白领	低级白领	工人/小生意者	农民	无业失业下岗	总计
影响很大	29. 7%	28. 9%	20. 1%	16. 3%	24. 8%	22. 1%
有一些影响	53. 1%	52. 1%	53. 2%	53. 4%	56. 1%	53. 5%
影响很小	14. 8%	15. 9%	20. 8%	22. 0%	15. 5%	19. 0%
完全没有影响	2. 4%	3. 1%	6. 0%	8. 4%	3. 5%	5. 3%
总计	100. 0%	100. 0%	100. 0%	100. 0%	100. 0%	100. 0%
列总计	717	685	2773	1252	966	6393

Chi-square test：df = 16，卡方值为 136. 664，sig = 0. 000 < 0. 05，所以不同职业的居民在“从网络中获得的信息对居民思想行为影响程度”的认知上有显著差异。

B8 by A10

您认为中国梦和您个人、家庭追求美好生活有多大程度的关系 ＊ 职业 Crosstabulation

	高级白领	低级白领	工人/小生意者	农民	无业失业下岗	总计
关系很大	59.9%	50.3%	34.2%	24.1%	37.4%	35.4%
关系不大	28.6%	34.2%	40.0%	38.0%	33.6%	37.0%
根本没有关系	6.2%	9.4%	9.0%	10.8%	7.9%	9.1%
不清楚什么是中国梦	5.2%	6.2%	16.8%	27.2%	21.1%	18.5%
总计	100.0%	100.0%	100.0%	100.0%	100.0%	100.0%
列总计	754	726	3405	2455	1323	8663

Chi-square test：df = 12，卡方值为 553.333，sig = 0.000 < 0.05，所以不同职业的居民在“认为中国梦和个人、家庭追求美好生活的关系”的认知上有显著差异。

B9 by A10

您对当前我国社会道德状况的总体满意度是 ＊ 职业 Crosstabulation

	高级白领	低级白领	工人/小生意者	农民	无业失业下岗	总计
非常满意	9.3%	5.8%	7.1%	5.7%	7.9%	6.9%
比较满意	62.3%	67.2%	68.3%	68.3%	62.5%	66.8%
不太满意	24.5%	23.8%	22.7%	23.6%	25.8%	23.7%
非常不满意	3.9%	3.1%	1.9%	2.3%	3.8%	2.6%
总计	100.0%	100.0%	100.0%	100.0%	100.0%	100.0%
列总计	742	701	3267	2277	1255	8242

Chi-square test：df = 12，卡方值为 44.817，sig = 0.000 < 0.05，所以不同职业的居民在“对当前我国社会道德状况的总体满意度”的回答上有显著差异。

B10 by A10

您对当前我国社会人与人之间的关系的总体满意度是 ＊ 职业 Crosstabulation

	高级白领	低级白领	工人/小生意者	农民	无业失业下岗	总计
非常满意	9.0%	5.1%	5.7%	5.0%	7.1%	6.0%
比较满意	65.8%	64.3%	68.4%	70.9%	64.2%	67.9%
不太满意	22.8%	28.0%	24.2%	22.9%	26.0%	24.3%
非常不满意	2.4%	2.6%	1.7%	1.1%	2.6%	1.8%
总计	100.0%	100.0%	100.0%	100.0%	100.0%	100.0%
列总计	746	701	3282	2302	1261	8292

Chi-square test：df = 12，卡方值为 49.354，sig = 0.000 < 0.05，所以不同职业的居民在“对当前我国社会人与人之间关系的总体满意度”的回答上有显著差异。

B11 by A10

您对自己的道德状况的满意度是 ＊ 职业 Crosstabulation

	高级白领	低级白领	工人/小生意者	农民	无业失业下岗	总计
非常满意	24.1%	16.6%	14.1%	13.6%	15.6%	15.3%
比较满意	69.5%	76.7%	79.1%	80.0%	75.1%	77.7%
不太满意	6.0%	5.9%	6.2%	6.0%	8.6%	6.4%
非常不满意	0.4%	0.9%	0.6%	0.4%	0.7%	0.6%
总计	100.0%	100.0%	100.0%	100.0%	100.0%	100.0%
列总计	750	699	3279	2330	1272	8330

Chi-square test：df = 12，卡方值为 70.840，sig = 0.000 < 0.05，所以不同职业的居民在“对自己道德状况满意度”的回答上有显著差异。

B12 by A10

您觉得今后中国社会的道德状况会变成什么样 ＊ 职业 Crosstabulation

	高级白领	低级白领	工人/小生意者	农民	无业失业下岗	总计
越来越差	6.5%	6.3%	6.3%	4.3%	5.1%	5.6%
不变	8.3%	7.8%	11.4%	12.3%	9.4%	10.8%
越来越好	77.0%	75.2%	70.7%	68.9%	73.2%	71.5%
不知道	8.2%	10.6%	11.6%	14.6%	12.2%	12.2%
总计	100.0%	100.0%	100.0%	100.0%	100.0%	100.0%
列总计	757	727	3404	2457	1324	8669

Chi-square test：df = 12，卡方值为 63.118，sig = 0.000 < 0.05，所以不同职业的居民在“认为今后中国社会的道德状况变化”的回答上有显著差异。

B13 by A10

您认为我国目前人与人之间的关系受什么影响 ＊ 职业 Crosstabulation

	高级白领	低级白领	工人/小生意者	农民	无业失业下岗	总计
利益	57.9%	67.0%	66.3%	65.2%	59.9%	64.3%
情感	41.2%	42.0%	47.6%	52.6%	45.1%	47.6%
国家倡导的主流价值观	29.2%	28.0%	21.9%	18.2%	20.6%	21.8%
中国传统价值观	29.6%	30.3%	25.6%	23.8%	25.7%	25.9%
西方价值观	6.3%	3.8%	4.0%	1.6%	3.9%	3.5%
列总计	736	703	3235	2291	1209	8174

据上表所示，不同职业的居民在“认为我国目前人与人之间关系受什么影响”的回答上有显著差异。

B14 by A10

对中国社会，您最担忧的问题是 * 职业 Crosstabulation

	高级白领	低级白领	工人/小生意者	农民	无业失业下岗	总计
腐败不能根治	35. 8%	39. 5%	40. 4%	41. 4%	35. 7%	39. 5%
生态环境恶化	43. 2%	45. 2%	36. 6%	37. 1%	40. 1%	38. 6%
分配不公，两极分化	25. 2%	21. 3%	18. 2%	15. 7%	18. 0%	18. 4%
老无所养，未来没有把握	20. 4%	20. 2%	27. 3%	33. 0%	24. 5%	27. 3%
生活水平下降	12. 6%	19. 5%	24. 2%	26. 7%	17. 2%	22. 4%
道德滑坡，社会风气恶化	25. 9%	16. 7%	15. 4%	10. 7%	20. 2%	15. 8%
人际关系紧张	14. 0%	18. 6%	16. 4%	10. 9%	12. 9%	14. 3%
列总计	745	724	3335	2364	1265	8433

据上表所示，不同职业的居民在“对中国社会最担忧的问题是”的回答上有显著差异。

B15 by A10

对伦理关系和道德生活，您最向往的是 * 职业 Crosstabulation

	高级白领	低级白领	工人/小生意者	农民	无业失业下岗	总计
传统社会的伦理和道德（如仁、义、礼、智、信）	60. 3%	54. 3%	56. 1%	66. 8%	61. 2%	60. 1%
战争年代为理想而献身的革命精神（如革命烈士无私献身精神）	14. 0%	17. 4%	16. 4%	14. 1%	15. 5%	15. 5%
新中国成立后到“文化大革命”前的大公无私的集体主义精神	12. 1%	10. 3%	8. 7%	10. 3%	9. 8%	9. 7%
追求个人利益的市场经济下的道德	9. 0%	11. 1%	13. 6%	7. 0%	6. 5%	10. 0%
西方道德（如个人主义、实用主义、功利主义）	2. 7%	3. 8%	2. 7%	0. 7%	4. 7%	2. 5%
其他	1. 8%	3. 1%	2. 5%	1. 3%	2. 2%	2. 1%
总计	100. 0%	100. 0%	100. 0%	100. 0%	100. 0%	100. 0%
列总计	741	718	3303	2398	1246	8406

Chi-square test：df = 20，卡方值为 202. 414，sig = 0. 000 < 0. 05，所以不同职业的居民在“对伦理关系和道德生活最向往的是”的回答有显著差异。

B16a by A10

您认为当前我国社会道德生活中最重要的内容是什么？第一重要 ＊ 职业 Crosstabulation

	高级白领	低级白领	工人/小生意者	农民	无业失业下岗	总计
意识形态中所提倡的社会主义道德	27.8%	26.6%	21.2%	23.3%	26.8%	23.7%
中国传统道德	48.4%	39.3%	47.4%	57.7%	52.2%	50.4%
西方文化影响而形成的道德	8.2%	13.1%	9.6%	4.9%	8.1%	8.2%
市场经济中形成的道德	15.6%	20.8%	21.7%	14.0%	12.8%	17.6%
其他		0.1%	0.1%	0.1%	0.1%	0.1%
总计	100.0%	100.0%	100.0%	100.0%	100.0%	100.0%
列总计	752	715	3275	2341	1212	8295

Chi-square test：df = 16，卡方值为 73.690，sig = 0.000 < 0.05，所以不同职业的居民在“当前我国社会道德生活中最重要的内容（第一重要）”的回答上有显著差异。

B16b by A10

您认为当前我国社会道德生活中最重要的内容是什么？第二重要 ＊ 职业 Crosstabulation

	高级白领	低级白领	工人/小生意者	农民	无业失业下岗	总计
意识形态中所提倡的社会主义道德	42.9%	35.4%	40.9%	42.0%	42.5%	41.1%
中国传统道德	29.6%	31.4%	30.9%	26.8%	29.1%	29.4%
西方文化影响而形成的道德	10.7%	11.4%	9.4%	6.6%	9.4%	8.9%
市场经济中形成的道德	16.8%	21.6%	18.7%	24.6%	18.9%	20.4%
其他		0.1%	0.2%			0.1%
总计	100.0%	100.0%	100.0%	100.0%	100.0%	100.0%
列总计	737	700	3169	2180	1147	7933

Chi-square test：df = 16，卡方值为 7.379，sig = 0.832 > 0.05，所以不同职业的居民在“当前我国社会道德生活中最重要的内容（第二重要）”的回答上没有显著差异。

B16c by A10

您认为当前我国社会道德生活中最重要的内容是什么？第三重要 ＊ 职业 Crosstabulation

	高级白领	低级白领	工人/小生意者	农民	无业失业下岗	总计
意识形态中所提倡的社会主义道德	21.4%	28.6%	30.3%	28.1%	22.2%	27.6%
中国传统道德	14.5%	19.4%	16.2%	14.2%	14.2%	15.5%

续表

	高级白领	低级白领	工人/小生意者	农民	无业失业下岗	总计
西方文化影响而形成的道德	20.2%	16.8%	12.9%	11.9%	19.6%	14.6%
市场经济中形成的道德	43.8%	35.2%	40.6%	45.8%	43.9%	42.3%
其他					0.1%	
总计	100.0%	100.0%	100.0%	100.0%	100.0%	100.0%
列总计	723	685	3092	2134	1096	7730

Chi-square test：df = 16，卡方值为 15.774，sig = 0.000 < 0.05，所以不同职业的居民在“当前我国社会道德生活中最重要的内容（第三重要）”的回答上有显著差异。

B17 by A10

您认为目前我国社会中伦理道德对人际关系的调节能力如何 ＊ 职业 Crosstabulation

	高级白领	低级白领	工人/小生意者	农民	无业失业下岗	总计
良好	22.1%	16.6%	16.7%	18.3%	20.4%	18.2%
一般	57.9%	59.7%	58.0%	59.0%	57.9%	58.4%
很差	9.1%	12.1%	11.9%	10.0%	9.9%	10.9%
几乎没有，一切都听从利益支配	11.0%	11.7%	13.4%	12.8%	11.9%	12.6%
总计	100.0%	100.0%	100.0%	100.0%	100.0%	100.0%
列总计	729	694	3106	1998	1163	7690

Chi-square test：df = 12，卡方值为 27.552，sig = 0.006 < 0.05，所以不同职业的居民在“目前我国社会中伦理道德对人际关系的调节能力如何”的回答上有显著差异。

B18 by A10

您认为目前我国社会中伦理道德对个人行为的约束能力如何 ＊ 职业 Crosstabulation

	高级白领	低级白领	工人/小生意者	农民	无业失业下岗	总计
良好	20.1%	16.8%	15.1%	17.4%	19.3%	17.0%
一般	58.0%	57.4%	57.4%	59.2%	57.5%	57.9%
很差	12.3%	15.1%	14.8%	11.6%	11.4%	13.2%
几乎没有，一切都听从利益支配	9.6%	10.7%	12.7%	11.9%	11.9%	11.9%
总计	100.0%	100.0%	100.0%	100.0%	100.0%	100.0%
列总计	731	690	3101	2016	1161	7699

Chi-square test：df = 12，卡方值 36.773，sig = 0.000 < 0.05，所以不同职业的居民在“目前我国社会中伦理道德对个人行为的约束能力如何”的回答上有显著差异。

B19 by A10

您认为当今中国社会最基本的伦理冲突是 ＊ 职业 Crosstabulation

	高级白领	低级白领	工人/小生意者	农民	无业失业下岗	总计
人与自然的冲突	24.6%	23.5%	21.7%	21.3%	24.5%	22.4%
人与自身的冲突	25.8%	37.7%	33.2%	31.0%	25.9%	31.3%
人与人之间的冲突	50.9%	45.3%	44.8%	46.0%	49.4%	46.4%
个人与社会的冲突	35.8%	32.7%	30.2%	29.7%	29.9%	30.8%
个人与政府的冲突	8.9%	7.3%	7.4%	6.9%	8.0%	7.5%
列总计	749	724	3318	2333	1243	8367

据上表所示，不同职业的居民在“当今中国社会最基本的伦理冲突是”的回答上有显著差异。

B20a by A10

在下列关系中，您认为哪些关系对您来说最重要？第一位 ＊ 职业 Crosstabulation

	高级白领	低级白领	工人/小生意者	农民	无业失业下岗	总计
父母与子女	67.3%	62.8%	62.6%	73.3%	71.5%	67.4%
夫妇	18.8%	23.1%	24.6%	19.2%	16.4%	21.2%
兄弟姐妹	1.2%	1.8%	1.3%	0.9%	2.0%	1.3%
同事或同学	2.8%	3.6%	2.5%	1.6%	2.0%	2.3%
上级或下级	1.1%	0.5%	1.4%	0.7%	0.8%	1.0%
师生		0.3%	0.1%	0.2%	0.2%	0.1%
人与自然的关系	1.2%	1.0%	1.2%	0.8%	0.8%	1.0%
个人与社会	1.2%	1.1%	1.0%	0.7%	1.4%	1.0%
个人与国家	3.2%	1.5%	1.6%	1.4%	2.8%	1.9%
个人与工作单位	1.1%	1.5%	1.4%	0.7%	0.7%	1.1%
通过网络建立的各种“群”的关系	0.3%	0.1%		0.1%	0.1%	
朋友	0.5%	0.7%	0.5%	0.2%	0.5%	0.4%
个人与自身的关系（身心和谐）	1.7%	1.8%	1.6%	0.2%	1.0%	1.2%
其他		0.1%	0.1%			
总计	100.0%	100.0%	100.0%	100.0%	100.0%	100.0%
列总计	756	728	3415	2461	1326	8686

Chi-square test：df = 52，卡方值为 184.094，sig = 0.000 < 0.05，所以不同职业的居民在“对于上述关系，何者最重要？第一位”的回答上有显著差异。

B20b by A10

在下列关系中，您认为哪些关系对您来说最重要？第二位 ＊ 职业 Crosstabulation

	高级白领	低级白领	工人/小生意者	农民	无业失业下岗	总计
父母与子女	22.8%	26.4%	27.5%	20.4%	19.4%	23.8%
夫妇	47.2%	44.8%	48.8%	61.3%	43.2%	51.0%
兄弟姐妹	11.5%	12.5%	10.0%	8.8%	21.8%	11.8%
同事或同学	5.7%	5.1%	4.3%	2.7%	4.9%	4.1%
上级或下级	1.5%	1.4%	1.5%	0.9%	1.4%	1.3%
师生	0.8%	0.4%	0.9%	0.7%	1.1%	0.8%
人与自然的关系	1.6%	1.9%	1.7%	1.6%	1.3%	1.6%
个人与社会	2.3%	1.1%	1.4%	0.7%	1.2%	1.2%
个人与国家	2.1%	0.7%	0.9%	1.2%	1.5%	1.2%
个人与工作单位	1.7%	2.8%	1.4%	0.7%	1.2%	1.3%
通过网络建立的各种“群”的关系	0.1%	0.1%		0.1%	0.1%	
朋友	2.1%	1.9%	0.7%	0.7%	2.1%	1.1%
个人与自身的关系（身心和谐）	0.7%	0.8%	0.5%	0.2%	0.8%	0.5%
其他			0.1%		0.1%	
总计	100.0%	100.0%	100.0%	100.0%	100.0%	100.0%
列总计	754	726	3385	2452	1317	8634

Chi-square test：df = 52，卡方值为 374.984，sig = 0.000 < 0.05，所以不同职业的居民在“对于上述关系，何者最重要？第二位”的回答上有显著差异。

B20c by A10

在下列关系中，您认为哪些关系对您来说最重要？第三位 ＊ 职业 Crosstabulation

	高级白领	低级白领	工人/小生意者	农民	无业失业下岗	总计
父母与子女	3.3%	3.0%	3.6%	2.7%	3.6%	3.3%
夫妇	10.1%	9.9%	7.6%	7.6%	11.1%	8.6%
兄弟姐妹	45.5%	41.9%	52.2%	65.0%	46.8%	53.6%
同事或同学	13.1%	12.6%	7.9%	4.4%	11.0%	8.2%
上级或下级	6.2%	5.8%	4.6%	2.8%	2.4%	4.0%
师生	1.9%	2.2%	2.1%	2.3%	4.3%	2.5%
人与自然的关系	3.3%	3.4%	3.7%	3.5%	2.9%	3.5%

续表

	高级白领	低级白领	工人/小生意者	农民	无业失业下岗	总计
个人与社会	5.4%	4.0%	4.9%	3.5%	5.0%	4.5%
个人与国家	3.3%	4.0%	3.4%	3.4%	3.7%	3.5%
个人与工作单位	4.6%	4.0%	2.7%	1.0%	0.9%	2.2%
通过网络建立的各种“群”的关系	0.6%	0.4%	0.1%	0.3%	0.3%	
朋友	2.5%	5.4%	4.7%	2.7%	6.9%	4.3%
个人与自身的关系（身心和谐）	0.7%	3.0%	2.1%	0.9%	1.0%	1.6%
其他		0.1%				
总计	100.0%	100.0%	100.0%	100.0%	100.0%	100.0%
列总计	754	725	3375	2441	1313	8608

Chi-square test：df = 52，卡方值为 433.203，sig = 0.000 < 0.05，所以不同职业的居民在“对于上述关系，何者最重要？第三位”的回答上有显著差异。

B20d by A10

在下列关系中，您认为哪些关系对您来说最重要？第四位 ＊ 职业 Crosstabulation

	高级白领	低级白领	工人/小生意者	农民	无业失业下岗	总计
父母与子女	1.5%	1.5%	1.4%	0.8%	2.0%	1.3%
夫妇	4.5%	3.2%	4.4%	3.5%	3.1%	3.8%
兄弟姐妹	6.1%	6.5%	5.4%	4.9%	6.3%	5.6%
同事或同学	19.1%	19.0%	18.1%	18.6%	18.7%	18.5%
上级或下级	8.4%	8.2%	5.3%	4.4%	3.9%	5.3%
师生	6.1%	3.6%	4.3%	5.0%	7.6%	5.1%
人与自然的关系	4.5%	6.9%	7.5%	8.7%	6.5%	7.4%
个人与社会	8.0%	11.1%	11.0%	12.4%	13.7%	11.5%
个人与国家	6.5%	2.8%	5.2%	7.9%	4.8%	5.8%
个人与工作单位	13.1%	12.8%	10.9%	4.5%	5.7%	8.6%
通过网络建立的各种“群”的关系	1.1%	1.4%	1.0%	0.3%	0.6%	0.8%
朋友	17.9%	19.3%	22.5%	26.1%	25.0%	23.2%
个人与自身的关系（身心和谐）	3.2%	3.6%	3.1%	2.8%	2.0%	2.9%
其他				0.1%		
总计	100.0%	100.0%	100.0%	100.0%	100.0%	100.0%
列总计	750	720	3329	2426	1270	8495

Chi-square test：df = 52，卡方值为 301.891，sig = 0.000 < 0.05，所以不同职业的居民在“对于上述关系，何者最重要？第四位”的回答上有显著差异。

B20e by A10

在下列关系中，您认为哪些关系对您来说最重要？第五位 ＊ 职业 Crosstabulation

	高级白领	低级白领	工人/小生意者	农民	无业失业下岗	总计
父母与子女	0.8%	1.0%	0.8%	0.3%	0.9%	0.7%
夫妇	2.0%	1.5%	1.9%	1.3%	1.5%	1.7%
兄弟姐妹	3.2%	2.9%	3.5%	2.9%	3.0%	3.2%
同事或同学	11.6%	11.5%	11.8%	10.6%	12.6%	11.5%
上级或下级	7.2%	8.3%	6.5%	5.4%	4.1%	6.0%
师生	8.7%	4.9%	5.4%	6.8%	8.7%	6.5%
人与自然的关系	4.5%	4.2%	5.5%	6.1%	4.4%	5.3%
个人与社会	12.4%	12.2%	14.0%	15.8%	16.4%	14.6%
个人与国家	8.4%	8.7%	9.0%	13.3%	13.8%	10.9%
个人与工作单位	11.2%	15.5%	10.8%	5.9%	6.2%	9.2%
通过网络建立的各种“群”的关系	2.4%	4.1%	3.6%	1.2%	2.7%	2.7%
朋友	23.0%	18.3%	21.3%	24.9%	19.4%	22.0%
个人与自身的关系（身心和谐）	4.3%	7.0%	5.7%	5.1%	6.0%	5.6%
其他	0.1%		0.1%	0.3%	0.3%	0.2%
总计	100.0%	100.0%	100.0%	100.0%	100.0%	100.0%
列总计	748	715	3293	2391	1229	8376

Chi-square test：df = 52，卡方值为 266.727，sig = 0.000 < 0.05，所以不同职业的居民在“对于上述关系，何者最重要？第五位”的回答上有显著差异。

B21 by A10

您认为哪一种关系对社会秩序最具根本性意义 ＊ 职业 Crosstabulation

	高级白领	低级白领	工人/小生意者	农民	无业失业下岗	总计
家庭关系或血缘关系	28.6%	26.6%	29.6%	37.7%	36.2%	32.5%
个人与社会的关系	47.2%	51.4%	49.3%	44.8%	41.0%	46.8%
职业关系	5.8%	6.2%	4.3%	3.7%	5.1%	4.5%
个人与国家民族的关系	12.2%	10.1%	10.7%	9.1%	11.5%	10.4%
人与自然的关系	1.5%	1.7%	2.1%	2.3%	1.8%	2.0%
个人与自身的关系	4.8%	4.1%	4.0%	2.4%	4.4%	3.7%
总计	100.0%	100.0%	100.0%	100.0%	100.0%	100.0%

续表

	高级白领	低级白领	工人/小生意者	农民	无业失业下岗	总计
列总计	756	726	3391	2438	1308	8619

Chi-square test：df = 20，卡方值为 106. 058，sig ＝0. 000 < 0. 05，所以不同职业的居民在“对社会秩序最具根本性意义的关系”的回答上有显著差异。

B22 by A10

您认为哪一种关系对个人生活最具根本性意义 ＊ 职业 Crosstabulation

	高级白领	低级白领	工人/小生意者	农民	无业失业下岗	总计
家庭关系或血缘关系	51. 7%	52. 7%	53. 1%	55. 2%	57. 8%	54. 3%
个人与社会的关系	23. 1%	20. 4%	19. 5%	20. 1%	18. 0%	19. 8%
职业关系	11. 4%	12. 3%	14. 0%	12. 9%	9. 2%	12. 6%
个人与国家民族的关系	6. 9%	4. 3%	4. 5%	4. 7%	5. 4%	4. 9%
人与自然的关系	1. 1%	1. 4%	1. 9%	2. 5%	1. 8%	1. 9%
个人与自身的关系	5. 8%	9. 0%	7. 1%	4. 5%	7. 9%	6. 5%
总计	100. 0%	100. 0%	100. 0%	100. 0%	100. 0%	100. 0%
列总计	753	725	3390	2448	1314	8630

Chi-square test：df = 20，卡方值为 75. 104，sig ＝0. 000 < 0. 05，所以不同职业的居民在“对个人生活最具根本性意义的关系”的回答上有显著差异。

B23a by A10

对于个人而言，您认为家庭、社会和国家三者的重要性程度如何？第一位 ＊ 职业 Crosstabulation

	高级白领	低级白领	工人/小生意者	农民	无业失业下岗	总计
国家	54. 2%	43. 1%	46. 0%	45. 7%	42. 8%	45. 9%
社会	5. 8%	5. 2%	4. 7%	7. 0%	6. 6%	5. 8%
家庭	40. 0%	51. 7%	49. 3%	47. 3%	50. 6%	48. 3%
总计	100. 0%	100. 0%	100. 0%	100. 0%	100. 0%	100. 0%
列总计	755	726	3400	2460	1319	8660

Chi-square test：df = 8，卡方值为 45. 251，sig ＝0. 000 < 0. 05，所以不同职业的居民在“对于个人而言，认为家庭、社会和国家三者的重要性程度？第一位”的回答上有显著差异。

B23b by A10

对于个人而言，您认为家庭、社会和国家三者的重要性程度如何？第二位 * 职业 Crosstabulation

	高级白领	低级白领	工人/小生意者	农民	无业失业下岗	总计
国家	29.3%	31.4%	33.8%	35.1%	34.1%	33.6%
社会	24.7%	29.6%	26.7%	20.7%	26.2%	25.0%
家庭	45.9%	39.0%	39.6%	44.2%	39.8%	41.4%
总计	100.0%	100.0%	100.0%	100.0%	100.0%	100.0%
列总计	753	726	3392	2455	1315	8641

Chi-square test：df=8，卡方值为48.775，sig =0.000<0.05，所以不同职业的居民在“对于个人而言，认为家庭、社会和国家三者的重要性程度？第二位”的回答上有显著差异。

B24a by A10

请根据您的理解选择对下列陈述的评价：信息技术、网络技术的发展对伦理道德的影响 * 职业 Crosstabulation

	高级白领	低级白领	工人/小生意者	农民	无业失业下岗	总计
消极影响	17.4%	15.2%	15.9%	14.2%	16.4%	15.6%
没有影响	21.8%	23.4%	31.0%	35.3%	25.4%	29.6%
积极影响	60.8%	61.5%	53.2%	50.5%	58.2%	54.8%
总计	100.0%	100.0%	100.0%	100.0%	100.0%	100.0%
列总计	582	561	2422	1378	795	5738

Chi-square test：df=8，卡方值为59.782，sig =0.000<0.05，所以不同职业的居民在“信息技术、网络技术的发展对伦理道德的影响”的回答上有显著差异。

B24b by A10

请根据您的理解选择对下列陈述的评价：市场经济对我国伦理道德的影响 * 职业 Crosstabulation

	高级白领	低级白领	工人/小生意者	农民	无业失业下岗	总计
消极影响	19.2%	17.2%	15.7%	10.5%	16.6%	15.1%
没有影响	22.0%	19.0%	25.6%	27.8%	27.9%	25.4%
积极影响	58.8%	63.8%	58.7%	61.6%	55.5%	59.5%
总计	100.0%	100.0%	100.0%	100.0%	100.0%	100.0%
列总计	582	563	2370	1365	782	5662

Chi-square test：df=8，卡方值为50.708，sig =0.000<0.05，所以不同职业的居民在“市场经济对我国伦理道德的影响”的回答上有显著差异。

B24c by A10

请根据您的理解选择对下列陈述的评价：西方文化对我国伦理道德的影响 * 职业 Crosstabulation

	高级白领	低级白领	工人/小生意者	农民	无业失业下岗	总计
消极影响	24.4%	20.0%	22.9%	20.1%	21.8%	21.9%
没有影响	24.4%	27.9%	34.0%	39.3%	32.2%	33.4%
积极影响	51.3%	52.1%	43.2%	40.6%	46.0%	44.7%
总计	100.0%	100.0%	100.0%	100.0%	100.0%	100.0%
列总计	546	530	2203	1260	730	5269

Chi-square test：df = 8，卡方值为 54.819，sig = 0.000 < 0.05，所以不同职业的居民在“西方文化对我国伦理道德的影响”的回答上有显著差异。

B25 by A10

如果国外报道与国家主流媒体的宣传内容不一致，您倾向于相信 * 职业 Crosstabulation

	高级白领	低级白领	工人/小生意者	农民	无业失业下岗	总计
主流媒体	64.1%	62.8%	65.7%	77.8%	64.4%	68.5%
国外报道	4.9%	6.1%	4.5%	2.2%	5.3%	4.2%
谁都不相信，自己判断	31.0%	31.1%	29.7%	20.0%	30.3%	27.3%
总计	100.0%	100.0%	100.0%	100.0%	100.0%	100.0%
列总计	710	694	3131	2201	1189	7925

Chi-square test：df = 8，卡方值为 132.960，sig = 0.000 < 0.05，所以不同职业的居民在“如果国外报道与国家主流媒体的宣传内容不一致，倾向相信何者”上有显著差异。

B26 by A10

如果朋友圈的消息与国家主流媒体的报道不一致，您倾向于相信 * 职业 Crosstabulation

	高级白领	低级白领	工人/小生意者	农民	无业失业下岗	总计
主流媒体	58.3%	56.0%	57.2%	66.7%	54.8%	59.5%
朋友圈/亲朋圈子	8.4%	11.4%	11.3%	6.3%	8.2%	9.2%
都不相信，自己比较判断	33.0%	32.2%	31.0%	25.4%	35.8%	30.4%
其他	0.3%	0.4%	0.4%	1.5%	1.2%	0.8%
总计	100.0%	100.0%	100.0%	100.0%	100.0%	100.0%

续表

	高级白领	低级白领	工人/小生意者	农民	无业失业下岗	总计
列总计	751	727	3366	2423	1286	8553

Chi-square test：df = 12，卡方值为 137.480，sig = 0.000 < 0.05，所以不同职业的居民在“如果朋友圈消息与国家主流媒体的报道不一致，倾向相信何者”上有显著差异。

C1 by A10

您认为当前中国社会个人道德素质的主要问题是 * 职业 Crosstabulation

	高级白领	低级白领	工人/小生意者	农民	无业失业下岗	总计
道德上无知	10.5%	7.9%	11.8%	17.3%	13.7%	13.2%
有道德知识，但不见诸行动	75.1%	75.3%	70.1%	63.7%	71.6%	69.4%
道德上既无知，也不见道德行动	13.6%	16.2%	17.3%	18.5%	13.6%	16.7%
其他	0.8%	0.6%	0.8%	0.6%	1.2%	0.8%
总计	100.0%	100.0%	100.0%	100.0%	100.0%	100.0%
列总计	750	721	3349	2400	1283	8503

Chi-square test：df = 12，卡方值为 95.031，sig = 0.000 < 0.05，所以不同职业的居民在“您认为当前中国社会个人道德素质的主要问题是什么”的回答上有显著差异。

C2 by A10

您根据什么来判断某种行为是否符合伦理或道德 * 职业 Crosstabulation

	高级白领	低级白领	工人/小生意者	农民	无业失业下岗	总计
传统道德观念	57.0%	51.7%	50.6%	51.5%	49.5%	51.3%
风俗习惯	43.6%	46.0%	48.6%	51.2%	43.7%	47.9%
大多数人认同的道德规范	41.4%	38.4%	34.8%	36.0%	30.4%	35.4%
当事人共同利益和意志	21.0%	25.2%	20.0%	14.3%	16.5%	18.4%
自己的良心	50.7%	52.5%	56.7%	61.7%	55.4%	57.1%
意识形态的要求	17.9%	13.6%	7.8%	3.7%	11.0%	8.5%
列总计	748	718	3349	2431	1286	8532

据上表所示，所以不同职业的居民在“您根据什么来判断某种行为是否符合伦理或道德”的回答上差异不显著。

C3a by A10

我会经常关心比我不幸的人 ＊ 职业 Crosstabulation

	高级白领	低级白领	工人/小生意者	农民	无业失业下岗	总计
完全不符合	4.0%	2.5%	3.1%	2.2%	3.6%	3.0%
有点符合	26.6%	30.7%	33.3%	29.9%	26.4%	30.5%
一般	28.7%	35.6%	32.3%	35.0%	33.9%	33.3%
比较符合	32.1%	27.7%	27.6%	28.4%	29.9%	28.6%
完全符合	8.6%	3.5%	3.7%	4.5%	6.2%	4.7%
总计	100.0%	100.0%	100.0%	100.0%	100.0%	100.0%
列总计	756	721	3391	2432	1304	8604

Chi-square test：df = 16，卡方值为 84.756，sig = 0.000 < 0.05，所以不同职业的居民在“我会经常关心比我不幸的人”的回答上存在显著差异。

C3b by A10

我时常会同情他人的难处 ＊ 您的职业 Crosstabulation

	高级白领	低级白领	工人/小生意者	农民	无业失业下岗	总计
完全不符合	1.5%	1.8%	2.2%	1.6%	3.0%	2.0%
有点符合	24.8%	26.8%	30.2%	30.5%	25.8%	28.9%
一般	27.3%	36.0%	35.6%	35.7%	31.7%	34.3%
比较符合	35.5%	27.8%	24.8%	25.5%	29.3%	26.9%
完全符合	11.0%	7.6%	7.2%	6.7%	10.2%	7.9%
总计	100.0%	100.0%	100.0%	100.0%	100.0%	100.0%
列总计	755	723	3387	2428	1302	8595

Chi-square test：df = 16，卡方值为 97.016，sig = 0.000 < 0.05，所以不同职业的居民在“我时常会同情他人的难处”的回答上存在显著差异。

C3c by A10

在做决定前，我会试着从每个人的立场去考虑问题 ＊ 职业 Crosstabulation

	高级白领	低级白领	工人/小生意者	农民	无业失业下岗	总计
完全不符合	2.1%	3.5%	3.0%	2.1%	4.7%	3.0%
有点符合	17.5%	22.2%	26.2%	27.7%	21.4%	24.8%

续表

	高级白领	低级白领	工人/小生意者	农民	无业失业下岗	总计
一般	32.8%	39.1%	39.7%	39.7%	36.0%	38.5%
比较符合	35.6%	29.7%	24.4%	24.9%	30.8%	26.9%
完全符合	12.0%	5.5%	6.7%	5.7%	7.1%	6.8%
总计	100.0%	100.0%	100.0%	100.0%	100.0%	100.0%
列总计	753	721	3388	2422	1301	8585

Chi-square test：df = 16，卡方值为 145.184，sig = 0.000 < 0.05，所以不同职业的居民在“在做决定前，我会试着从每个人的立场去考虑问题”的回答上存在显著差异。

C3d by A10

当我看到有人被利用时，时常想要保护他们 ＊ 职业 crosstabulation

	高级白领	低级白领	工人/小生意者	农民	无业失业下岗	总计
完全不符合	4.1%	6.4%	5.3%	3.9%	7.0%	5.2%
有点符合	20.1%	22.1%	27.1%	28.6%	19.8%	25.4%
一般	35.6%	39.6%	36.8%	38.4%	41.5%	38.1%
比较符合	30.1%	25.0%	24.6%	24.4%	24.3%	25.0%
完全符合	10.1%	6.9%	6.1%	4.8%	7.3%	6.3%
总计	100.0%	100.0%	100.0%	100.0%	100.0%	100.0%
列总计	755	720	3378	2406	1295	8554

Chi-square test：df = 16，卡方值为 105.058，sig = 0.000 < 0.05，所以不同职业的居民在“当我看到有人被利用时，时常想要保护他们”的回答上存在显著差异。

C3e by A10

我有时会试图站在他人的角度，以更好地理解我的朋友 ＊ 职业 Crosstabulation

	高级白领	低级白领	工人/小生意者	农民	无业失业下岗	总计
完全不符合	2.3%	4.7%	3.4%	3.3%	4.3%	3.5%
有点符合	17.6%	22.1%	24.4%	26.6%	22.3%	23.9%
一般	28.2%	32.7%	35.4%	38.5%	33.1%	35.1%
比较符合	38.0%	32.8%	29.5%	26.5%	31.8%	30.0%
完全符合	13.9%	7.6%	7.3%	5.1%	8.5%	7.5%
总计	100.0%	100.0%	100.0%	100.0%	100.0%	100.0%

续表

	高级白领	低级白领	工人/小生意者	农民	无业失业下岗	总计
列总计	755	719	3379	2400	1289	8542

Chi-square test：df = 16，卡方值为 144. 049，sig = 0. 000 < 0. 05，所以不同职业的居民在“我有时会试图站在他人的角度，以更好地理解我的朋友”的回答上存在显著差异。

C3f by A10

他人的不幸通常不会给我带来很大的不安 * 职业 Crosstabulation

	高级白领	低级白领	工人/小生意者	农民	无业失业下岗	总计
完全不符合	14. 0%	17. 7%	16. 0%	10. 7%	12. 7%	14. 0%
有点符合	20. 6%	26. 2%	28. 1%	32. 2%	23. 7%	27. 7%
一般	35. 0%	31. 6%	32. 5%	33. 7%	38. 3%	33. 9%
比较符合	25. 2%	19. 9%	18. 9%	19. 6%	19. 7%	19. 9%
完全符合	5. 2%	4. 6%	4. 5%	3. 8%	5. 6%	4. 5%
总计	100. 0%	100. 0%	100. 0%	100. 0%	100. 0%	100. 0%
列总计	749	718	3361	2392	1285	8505

Chi-square test：df = 16，卡方值为 106. 163，sig = 0. 000 < 0. 05，所以不同职业的居民在“他人的不幸通常不会给我带来很大的不安”的回答上存在显著差异。

C3g by A10

在观看电视剧或电影之后，我会感觉到自己仿佛成了其中的一个角色 * 职业 Crosstabulation

	高级白领	低级白领	工人/小生意者	农民	无业失业下岗	总计
完全不符合	18. 6%	12. 4%	15. 4%	17. 6%	14. 0%	15. 8%
有点符合	19. 4%	24. 8%	24. 8%	25. 0%	21. 2%	23. 8%
一般	34. 2%	35. 3%	34. 0%	34. 5%	35. 2%	34. 4%
比较符合	22. 6%	22. 8%	21. 1%	19. 8%	23. 7%	21. 4%
完全符合	5. 3%	4. 8%	4. 8%	3. 1%	6. 0%	4. 6%
总计	100. 0%	100. 0%	100. 0%	100. 0%	100. 0%	100. 0%
列总计	749	711	3291	2306	1247	8304

Chi-square test：df = 16，卡方值为 54. 465，sig = 0. 000 < 0. 05，所以不同职业的居民在“在观看电视剧或电影之后，我会感觉到自己仿佛成了其中的一个角色”的回答上存在显著差异。

C3h by A10

当我对某人很不耐烦的时候，我通常会暂时站在他/她的位置上 ＊ 职业 Crosstabulation

	高级白领	低级白领	工人/小生意者	农民	无业失业下岗	总计
完全不符合	10.9%	10.3%	10.8%	10.0%	11.7%	10.7%
有点符合	23.1%	28.7%	29.2%	33.3%	22.5%	28.7%
一般	35.0%	34.9%	32.7%	33.1%	39.2%	34.2%
比较符合	24.1%	20.4%	21.5%	19.3%	20.5%	20.9%
完全符合	7.0%	5.6%	5.9%	4.4%	6.1%	5.6%
总计	100.0%	100.0%	100.0%	100.0%	100.0%	100.0%
列总计	746	710	3313	2341	1256	8366

Chi-square test：df = 16，卡方值为 75.276，sig = 0.000 < 0.05，所以不同职业的居民在“当我对某人很不耐烦的时候，我通常会暂时站在他/她的位置上”的回答上存在显著差异。

C3i by A10

当我在读一个有趣的故事或者看一部电影的时候，会想象如果这些事情发生在自己身上，我会是怎样的感受 ＊ 职业 Crosstabulation

	高级白领	低级白领	工人/小生意者	农民	无业失业下岗	总计
完全不符合	11.9%	9.2%	12.8%	15.6%	10.7%	12.9%
有点符合	20.1%	26.8%	25.1%	26.5%	22.1%	24.7%
一般	30.7%	35.0%	32.8%	35.2%	33.7%	33.6%
比较符合	30.3%	22.7%	22.1%	18.9%	26.8%	22.7%
完全符合	6.8%	6.2%	7.3%	3.8%	6.6%	6.1%
总计	100.0%	100.0%	100.0%	100.0%	100.0%	100.0%
列总计	745	705	3261	2283	1228	8222

Chi-square test：df = 16，卡方值为 115.799，sig = 0.000 < 0.05，所以不同职业的居民在“当我在读一个有趣的故事或者看一部电影的时候，会想象如果这些事情发生在自己身上，我会是怎样的感受”的回答上存在显著差异。

C3j by A10

在批评他人之前，我会尝试想象一下如果我处于那个位置会是什么感受 ＊ 职业 Crosstabulation

	高级白领	低级白领	工人/小生意者	农民	无业失业下岗	总计
完全不符合	4.9%	5.8%	8.8%	7.9%	6.9%	7.7%

续表

	高级白领	低级白领	工人/小生意者	农民	无业失业下岗	总计
有点符合	20.7%	28.6%	27.4%	30.2%	24.1%	27.2%
一般	33.5%	35.6%	32.1%	35.4%	36.9%	34.2%
比较符合	31.7%	23.1%	24.5%	22.1%	25.6%	24.5%
完全符合	9.2%	6.9%	7.3%	4.4%	6.6%	6.5%
总计	100.0%	100.0%	100.0%	100.0%	100.0%	100.0%
列总计	750	710	3303	2330	1251	8344

Chi-square test：df = 16，卡方值为 101.039，sig = 0.000 < 0.05，所以不同职业的居民在“在批评他人之前，我会尝试想象一下如果我处于那个位置会是什么感受”的回答上存在显著差异。

C4a by A10

您认为当今中国社会最重要和最需要的德性是？第一位 ＊ 职业 Crosstabulation

	高级白领	低级白领	工人/小生意者	农民	无业失业下岗	总计
爱（仁爱、博爱、友爱）	33.2%	35.4%	27.6%	25.9%	31.2%	28.8%
义（道义、义务）	4.8%	3.6%	3.6%	4.4%	3.7%	3.9%
宽容	3.4%	5.8%	4.9%	3.7%	3.9%	4.3%
责任	6.7%	12.0%	10.6%	7.7%	5.6%	8.8%
公正	12.6%	11.0%	13.7%	13.3%	9.5%	12.6%
诚信	12.2%	10.2%	9.9%	12.0%	10.5%	10.8%
忠恕（将心比心）	1.1%	2.5%	2.0%	1.8%	2.4%	2.0%
理智	0.5%	1.0%	0.7%	0.7%	0.5%	0.7%
节制	1.3%	1.9%	1.3%	1.9%	2.0%	1.6%
谦让	2.2%	3.0%	2.3%	2.1%	2.1%	2.3%
勇敢	0.7%	0.3%	0.6%	0.4%	0.9%	0.6%
正直	1.2%	0.7%	1.3%	1.3%	1.1%	1.2%
善良	5.7%	4.3%	4.9%	6.8%	6.8%	5.8%
孝敬	13.4%	7.0%	16.1%	17.9%	19.1%	16.1%
敬业	1.1%	1.0%	0.4%	0.1%	0.3%	0.4%
其他		0.3%	0.1%		0.4%	0.1%
总计	100.0%	100.0%	100.0%	100.0%	100.0%	100.0%
列总计	756	725	3409	2450	1322	8662

Chi-square test：df = 60，卡方值为 232.455，sig = 0.000 < 0.05，所以不同职业的居民在“您认为当今中国社会最重要和最需要的德性是？第一位”的回答上存在显著差异。

C4b by A10

您认为当今中国社会最重要和最需要的德性是？第二位 ＊ 职业 Crosstabulation

	高级白领	低级白领	工人/小生意者	农民	无业失业下岗	总计
爱（仁爱、博爱、友爱）	12.1%	11.4%	11.4%	9.5%	11.3%	10.9%
义（道义、义务）	15.5%	13.7%	11.0%	10.1%	12.5%	11.6%
宽容	7.3%	10.9%	10.3%	8.1%	9.7%	9.4%
责任	12.2%	10.2%	11.4%	11.4%	10.6%	11.2%
公正	11.0%	13.7%	12.9%	11.7%	9.8%	12.0%
诚信	17.5%	13.4%	16.1%	16.5%	14.0%	15.8%
忠恕（将心比心）	2.8%	3.7%	3.8%	5.2%	3.1%	4.0%
理智	0.7%	0.6%	1.3%	1.5%	0.9%	1.2%
节制	2.5%	2.8%	2.5%	2.0%	2.1%	2.3%
谦让	2.1%	2.1%	1.7%	2.9%	2.6%	2.2%
勇敢	0.7%	1.2%	1.4%	1.3%	1.7%	1.3%
正直	2.3%	2.1%	1.8%	3.0%	2.4%	2.3%
善良	5.0%	4.7%	5.7%	6.6%	9.5%	6.4%
孝敬	6.2%	8.2%	7.9%	9.4%	8.4%	8.3%
敬业	2.3%	1.2%	1.0%	0.9%	1.5%	1.2%
其他					0.1%	
总计	100.0%	100.0%	100.0%	100.0%	100.0%	100.0%
列总计	755	722	3399	2449	1316	8641

Chi-square test：df = 60，卡方值为 159.371，sig = 0.002 < 0.05，所以不同职业的居民在“您认为当今中国社会最重要和最需要的德性是？第二位”的回答上存在显著差异。

C4c by A10

您认为当今中国社会最重要和最需要的德性是？第三位 ＊ 职业 Crosstabulation

	高级白领	低级白领	工人/小生意者	农民	无业失业下岗	总计
爱（仁爱、博爱、友爱）	7.0%	6.4%	5.8%	5.8%	6.4%	6.1%
义（道义、义务）	6.0%	5.3%	4.2%	4.2%	5.6%	4.6%
宽容	16.8%	15.7%	15.6%	16.0%	17.1%	16.0%
责任	16.7%	16.2%	16.4%	14.9%	14.7%	15.7%
公正	8.3%	8.0%	9.6%	9.7%	6.7%	8.9%
诚信	13.0%	16.6%	14.2%	12.7%	14.1%	13.9%
忠恕（将心比心）	4.4%	3.6%	4.9%	6.7%	4.1%	5.2%

续表

	高级白领	低级白领	工人/小生意者	农民	无业失业下岗	总计
理智	3.3%	4.3%	3.2%	4.4%	4.1%	3.8%
节制	2.8%	2.9%	2.4%	1.9%	2.4%	2.3%
谦让	3.6%	2.9%	3.9%	3.3%	2.7%	3.4%
勇敢	1.2%	1.0%	1.7%	2.3%	2.5%	1.9%
正直	4.9%	3.9%	4.1%	5.8%	4.5%	4.7%
善良	4.1%	6.5%	5.9%	5.5%	6.3%	5.7%
孝敬	6.0%	4.6%	6.4%	5.8%	7.4%	6.2%
敬业	2.0%	2.2%	1.7%	0.8%	1.5%	1.5%
总计	100.0%	100.0%	100.0%	100.0%	100.0%	100.0%
列总计	755	722	3395	2445	1306	8623

Chi-square test：df = 56，卡方值为 113.323，sig = 0.000 < 0.05，所以不同职业的居民在“您认为当今中国社会最重要和最需要的德性是？第三位”的回答上存在显著差异。

C4d by A10

您认为当今中国社会最重要和最需要的德性是？第四位 ＊ 职业 Crosstabulation

	高级白领	低级白领	工人/小生意者	农民	无业失业下岗	总计
爱（仁爱、博爱、友爱）	6.2%	4.2%	4.7%	4.4%	5.2%	4.8%
义（道义、义务）	4.9%	4.2%	4.5%	3.4%	4.5%	4.2%
宽容	6.0%	8.3%	7.3%	7.5%	10.1%	7.7%
责任	18.4%	11.7%	14.5%	14.1%	14.7%	14.5%
公正	10.7%	11.0%	10.0%	11.5%	9.1%	10.4%
诚信	10.9%	11.7%	12.9%	11.8%	10.4%	11.9%
忠恕（将心比心）	2.8%	3.6%	3.1%	4.4%	3.1%	3.5%
理智	3.2%	3.9%	4.2%	3.6%	4.2%	3.9%
节制	2.8%	4.7%	3.7%	4.2%	2.9%	3.7%
谦让	4.0%	7.8%	5.7%	4.9%	4.8%	5.4%
勇敢	3.4%	1.1%	2.2%	3.3%	4.5%	2.9%
正直	6.1%	5.1%	4.7%	5.7%	5.4%	5.3%
善良	8.6%	10.7%	11.2%	11.2%	12.6%	11.1%
孝敬	8.6%	9.5%	9.3%	8.9%	7.3%	8.8%
敬业	3.4%	2.5%	2.1%	1.1%	1.3%	1.8%
总计	100.0%	100.0%	100.0%	100.0%	100.0%	100.0%
列总计	755	719	3387	2438	1299	8598

Chi-square test：df = 56，卡方值为 148.265，sig = 0.000 < 0.05，所以不同职业的居民在“您认为当今中国社会最重要和最需要的德性是？第四位”的回答上存在显著差异。

C4e by A10

您认为当今中国社会最重要和最需要的德性是？第五位 ＊ 职业 Crosstabulation

	高级白领	低级白领	工人/小生意者	农民	无业失业下岗	总计
爱（仁爱、博爱、友爱）	4.8%	4.9%	5.2%	4.0%	6.2%	4.9%
义（道义、义务）	5.6%	4.6%	4.3%	4.2%	4.7%	4.5%
宽容	3.7%	4.8%	4.9%	5.7%	5.8%	5.2%
责任	6.5%	9.0%	7.0%	8.7%	8.1%	7.8%
公正	10.4%	8.7%	7.9%	7.9%	7.1%	8.1%
诚信	10.8%	9.2%	10.8%	11.6%	10.9%	10.9%
忠恕（将心比心）	4.9%	4.2%	4.3%	4.5%	4.6%	4.5%
理智	5.3%	3.6%	5.0%	4.0%	4.0%	4.5%
节制	2.3%	3.9%	3.4%	3.1%	3.6%	3.3%
谦让	5.7%	8.0%	6.9%	6.3%	5.3%	6.5%
勇敢	2.9%	2.9%	3.4%	3.3%	4.3%	3.4%
正直	6.9%	4.3%	7.1%	9.8%	8.6%	7.9%
善良	11.4%	11.9%	9.9%	9.1%	9.9%	10.0%
孝敬	12.2%	14.1%	14.1%	13.7%	12.8%	13.6%
敬业	6.5%	5.9%	5.6%	4.2%	4.2%	5.1%
总计	100.0%	100.0%	100.0%	100.0%	100.0%	100.0%
列总计	752	715	3377	2424	1290	8558

Chi-square test：df = 56，卡方值为 105.707，sig = 0.000 < 0.05，所以不同职业的居民在“您认为当今中国社会最重要和最需要的德性是？第五位”的回答上存在显著差异。

C5 by A10

一个制药厂做药品销售时，出资 50 万元请您向公众介绍自己服药后的良好效果，您过去服用这药时并没有效果，但也没有发现有很大的副作用，您将如何决定 ＊ 职业 Crosstabulation

	高级白领	低级白领	工人/小生意者	农民	无业失业下岗	总计
接受邀请，心安理得	10.1%	10.2%	12.7%	10.5%	11.2%	11.4%
接受邀请，心里不安，但这笔巨款很有吸引力	19.5%	20.3%	21.9%	15.8%	19.7%	19.5%
拒绝，这是虚假广告欺骗大众	70.1%	68.9%	65.1%	73.4%	68.5%	68.7%
其他	0.3%	0.6%	0.4%	0.2%	0.6%	0.4%

续表

	高级白领	低级白领	工人/小生意者	农民	无业失业下岗	总计
总计	100.0%	100.0%	100.0%	100.0%	100.0%	100.0%
列总计	752	723	3383	2430	1306	8594

Chi-square test：df = 12，卡方值为 53.468，sig = 0.001 < 0.05，所以不同职业的居民在“一个制药厂做药品销售时，出资 50 万元请您向公众介绍自己服药后的良好效果，您过去服用这药时并没有效果，但也没有发现有很大的副作用，您将如何决定”的回答上存在显著差异。

C6 by A10

您正在申请一个重要的职位，如果具有两次以上在敬老院做义工的经历（不需要出具证据），将可能优先获得这个职位，您将如何决定 ＊ 职业 Crosstabulation

	高级白领	低级白领	工人/小生意者	农民	无业失业下岗	总计
如实填报，没做过义工，今后多参加这类活动	73.0%	68.6%	71.2%	76.4%	74.8%	73.2%
填报参加过两次义工，这机会太重要了，反正不需要出具证据	11.4%	21.1%	17.2%	11.6%	14.2%	15.0%
先填报，交表之后去做两次义工	15.2%	10.1%	11.2%	11.8%	10.5%	11.5%
其他	0.4%	0.3%	0.4%	0.2%	0.5%	0.4%
总计	100.0%	100.0%	100.0%	100.0%	100.0%	100.0%
列总计	752	726	3361	2406	1260	8505

Chi-square test：df = 12，卡方值为 75.912，sig = 0.000 < 0.05，所以不同职业的居民在“您正在申请一个重要的职位，如果具有两次以上在敬老院做义工的经历（不需要出具证据），将可能优先获得这个职位，您将如何决定”的回答上存在显著差异。

C7 by A10

如果您全权代表本单位与另一单位进行项目谈判，对方要求您给予一千万元的优惠，事成之后将您正在寻找工作的女儿安排到这一单位并且获得较好职位，您将如何决定 ＊ 职业 Crosstabulation

	高级白领	低级白领	工人/小生意者	农民	无业失业下岗	总计
拒绝，不能以公谋私	80.1%	77.3%	75.2%	81.9%	76.4%	77.9%
接受，女儿前途重要，并且我有权决定	17.7%	21.6%	23.9%	17.5%	22.3%	21.1%
其他	2.1%	1.1%	0.9%	0.6%	1.3%	1.0%
总计	100.0%	100.0%	100.0%	100.0%	100.0%	100.0%

续表

	高级白领	低级白领	工人/小生意者	农民	无业失业下岗	总计
列总计	750	714	3348	2404	1284	8500

Chi-square test：df = 8，卡方值为 55.190，sig = 0.000 < 0.05，所以不同职业的居民在“如果您全权代表本单位与另一单位进行项目谈判，对方要求您给予一千万元的优惠，事成之后将您正在寻找工作的女儿安排到这一单位并且获得较好职位，您将如何决定”的回答上有显著差异。

C8 by A10

现在社会上有些人不守道德反而占了便宜，您会不会为了得到好处而效仿 * 职业 Crosstabulation

	高级白领	低级白领	工人/小生意者	农民	无业失业下岗	总计
从来不这么做	55.3%	50.8%	51.4%	51.2%	51.9%	51.7%
通常不这么做，关键时刻会这么做	23.8%	25.9%	26.7%	22.6%	24.2%	24.8%
经常这么做	0.8%	1.1%	0.9%	0.8%	1.3%	1.0%
相信善有善报，恶有恶报，终将会善恶报应	19.9%	22.0%	20.6%	25.3%	22.3%	22.3%
其他	0.1%	0.3%	0.3%		0.2%	0.2%
总计	100.0%	100.0%	100.0%	100.0%	100.0%	100.0%
列总计	748	727	3374	2455	1312	8616

Chi-square test：df = 16，卡方值为 37.670，sig = 0.002 < 0.05，所以不同职业的居民在“现在社会上有些人不守道德反而占了便宜，您会不会为了得到好处而效仿”的回答上存在显著差异。

C9a by A10

下列说法您是否认同？目前大多数人将职业当作谋生的手段，缺乏责任感和奉献精神 * 职业 Crosstabulation

	高级白领	低级白领	工人/小生意者	农民	无业失业下岗	总计
完全不同意	7.0%	5.2%	4.8%	4.1%	6.1%	5.0%
不太同意	28.0%	27.1%	28.8%	27.4%	27.6%	28.0%
比较同意	51.8%	53.2%	54.0%	59.8%	55.6%	55.5%
完全同意	13.3%	14.5%	12.5%	8.7%	10.7%	11.4%
总计	100.0%	100.0%	100.0%	100.0%	100.0%	100.0%
列总计	732	709	3273	2211	1195	8120

Chi-square test：df = 12，卡方值为 50.701，sig = 0.000 < 0.05，所以不同职业的居民在“目前大多数人将职业当作谋生的手段，缺乏责任感和奉献精神”的回答上存在显著差异。

C9b by A10

下列说法您是否认同？企业老板剥削员工，利益关系不公正 ＊ 职业 Crosstabulation

	高级白领	低级白领	工人/小生意者	农民	无业失业下岗	总计
完全不同意	7.7%	5.3%	6.0%	6.0%	7.0%	6.2%
不太同意	38.7%	35.4%	33.8%	33.8%	33.8%	34.4%
比较同意	44.3%	49.5%	50.3%	53.1%	48.9%	50.2%
完全同意	9.3%	9.8%	9.9%	7.2%	10.3%	9.1%
总计	100.0%	100.0%	100.0%	100.0%	100.0%	100.0%
列总计	711	701	3192	2105	1118	7827

Chi-square test：df = 12，卡方值为 31.132，sig = 0.002 < 0.05，所以不同职业的居民在“企业老板剥削员工，利益关系不公正”的回答上有显著差异。

C9c by A10

下列说法您是否认同？老板和员工、上级和下级相互勾结，共同对社会不负责任 ＊ 职业 Crosstabulation

	高级白领	低级白领	工人/小生意者	农民	无业失业下岗	总计
完全不同意	11.9%	8.2%	9.0%	10.6%	10.7%	9.9%
不太同意	47.2%	47.5%	43.2%	41.8%	43.7%	43.6%
比较同意	33.5%	33.8%	38.9%	41.2%	38.5%	38.5%
完全同意	7.4%	10.5%	9.0%	6.5%	7.1%	8.0%
总计	100.0%	100.0%	100.0%	100.0%	100.0%	100.0%
列总计	699	695	3144	2060	1086	7684

Chi-square test：df = 12，卡方值为 44.239，sig = 0.001 < 0.05，所以不同职业的居民在“老板和员工、上级和下级相互勾结，共同对社会不负责任”的回答上存在显著差异。

C9d by A10

下列说法您是否认同？是否离婚主要考虑自己的感受和利益 ＊ 职业 Crosstabulation

	高级白领	低级白领	工人/小生意者	农民	无业失业下岗	总计
完全不同意	27.6%	17.3%	20.1%	20.8%	22.5%	21.1%
不太同意	39.8%	42.4%	45.1%	47.5%	42.5%	44.7%
比较同意	25.7%	30.3%	27.4%	26.4%	28.8%	27.4%
完全同意	6.9%	10.0%	7.4%	5.4%	6.2%	6.8%

续表

	高级白领	低级白领	工人/小生意者	农民	无业失业下岗	总计
总计	100.0%	100.0%	100.0%	100.0%	100.0%	100.0%
列总计	724	689	3245	2291	1174	8123

Chi-square test：df = 12，卡方值为 56.644，sig = 0.000 < 0.05，所以不同职业的居民在“是否离婚主要考虑自己的感受和利益”的回答上存在显著差异。

C9e by A10

下列说法您是否认同？是否离婚应该从家庭整体（包括子女）考虑 * 职业 Crosstabulation

	高级白领	低级白领	工人/小生意者	农民	无业失业下岗	总计
完全不同意	3.6%	1.9%	1.6%	1.2%	2.4%	1.8%
不太同意	10.5%	14.9%	12.1%	14.4%	12.3%	12.8%
比较同意	52.1%	48.6%	54.7%	57.3%	52.8%	54.4%
完全同意	33.7%	34.6%	31.6%	27.1%	32.5%	30.9%
总计	100.0%	100.0%	100.0%	100.0%	100.0%	100.0%
列总计	721	693	3285	2326	1197	8222

Chi-square test：df = 12，卡方值为 57.433，sig = 0.000 < 0.05，所以不同职业的居民在“是否离婚应该从家庭整体（包括子女）考虑”的回答上存在显著差异。

C9f by A10

下列说法您是否认同？婚姻是社会的事，应当兼顾社会评价和社会后果 * 职业 Crosstabulation

	高级白领	低级白领	工人/小生意者	农民	无业失业下岗	总计
完全不同意	9.4%	6.1%	5.8%	3.1%	6.6%	5.5%
不太同意	28.6%	26.2%	27.2%	27.4%	25.6%	27.0%
比较同意	43.7%	54.8%	52.4%	54.2%	51.4%	52.2%
完全同意	18.3%	12.9%	14.7%	15.3%	16.3%	15.2%
总计	100.0%	100.0%	100.0%	100.0%	100.0%	100.0%
列总计	711	684	3165	2223	1114	7897

Chi-square test：df = 12，卡方值为 69.366，sig = 0.000 < 0.05，所以不同职业的居民在“婚姻是社会的事，应当兼顾社会评价和社会后果”的说法认同度的回答上存在显著差异。

C9g by A10

下列说法您是否认同？婚姻应当是自由的，如果有更满意或更合适的人就与现在的配偶离婚 ＊ 职业 Crosstabulation

	高级白领	低级白领	工人/小生意者	农民	无业失业下岗	总计
完全不同意	43.9%	33.4%	36.2%	35.2%	38.2%	36.6%
不太同意	36.6%	43.6%	39.5%	45.0%	40.8%	41.4%
比较同意	15.9%	20.5%	21.2%	17.7%	17.4%	19.1%
完全同意	3.5%	2.6%	3.1%	2.1%	3.5%	2.9%
总计	100.0%	100.0%	100.0%	100.0%	100.0%	100.0%
列总计	734	698	3325	2377	1227	8361

Chi-square test：df = 12，卡方值为 54.132，sig = 0.000 < 0.05，所以不同职业的居民在“婚姻应当是自由的，如果有更满意或更合适的人就与现在的配偶离婚”的说法认同度的回答上存在显著差异。

C9h by A10

下列说法您是否认同？婚姻意味着责任，要考虑给对方造成什么后果，不能轻率地选择离婚 ＊ 职业 Crosstabulation

	高级白领	低级白领	工人/小生意者	农民	无业失业下岗	总计
完全不同意	1.9%	1.7%	1.2%	1.0%	2.3%	1.4%
不太同意	10.1%	9.4%	10.1%	11.4%	10.2%	10.4%
比较同意	47.1%	58.4%	54.6%	53.9%	48.8%	53.2%
完全同意	40.9%	30.5%	34.0%	33.7%	38.7%	34.9%
总计	100.0%	100.0%	100.0%	100.0%	100.0%	100.0%
列总计	734	699	3335	2397	1247	8412

Chi-square test：df = 12，卡方值为 48.503，sig = 0.000 < 0.05，所以不同职业的居民在“婚姻意味着责任，要考虑给对方造成什么后果，不能轻率地选择离婚”的说法认同度的回答上存在显著差异。

C9i by A10

下列说法您是否认同？遇到困难的时候，兄弟姐妹通常都会给予力所能及的帮助 ＊ 职业 Crosstabulation

	高级白领	低级白领	工人/小生意者	农民	无业失业下岗	总计
完全不同意	1.8%	1.1%	0.9%	0.9%	1.5%	1.1%
不太同意	8.8%	13.7%	9.1%	6.8%	9.0%	8.8%
比较同意	45.2%	42.7%	50.4%	51.8%	47.6%	49.3%
完全同意	44.2%	42.5%	39.6%	40.5%	41.9%	40.8%

续表

	高级白领	低级白领	工人/小生意者	农民	无业失业下岗	总计
总计	100.0%	100.0%	100.0%	100.0%	100.0%	100.0%
列总计	736	709	3354	2412	1273	8484

Chi-square test：df = 12，卡方值为 54.101，sig = 0.000 < 0.05，所以不同职业的居民在“遇到困难的时候，兄弟姐妹通常都会给予力所能及的帮助”的说法认同度的回答上存在显著差异。

C9j by A10

下列说法您是否认同？无论父母对自己如何，都应当尽赡养义务 * 职业 Crosstabulation

	高级白领	低级白领	工人/小生意者	农民	无业失业下岗	总计
完全不同意	1.6%	1.8%	1.0%	0.9%	1.8%	1.2%
不太同意	7.2%	8.9%	6.6%	6.4%	6.5%	6.8%
比较同意	34.3%	38.7%	37.2%	41.3%	32.5%	37.5%
完全同意	57.0%	50.6%	55.3%	51.4%	59.2%	54.5%
总计	100.0%	100.0%	100.0%	100.0%	100.0%	100.0%
列总计	741	716	3353	2414	1285	8509

Chi-square test：df = 12，卡方值为 48.868，sig = 0.000 < 0.05，所以不同职业的居民在“无论父母对自己如何，都应当尽赡养义务”的说法认同度的回答上存在显著差异。

C9k by A10

下列说法您是否认同？为了家庭利益可以一定程度上牺牲国家利益 * 职业 Crosstabulation

	高级白领	低级白领	工人/小生意者	农民	无业失业下岗	总计
完全不同意	23.6%	19.1%	17.6%	18.9%	23.8%	19.5%
不太同意	48.8%	48.1%	52.3%	53.7%	48.5%	51.4%
比较同意	21.7%	24.6%	24.2%	22.8%	23.0%	23.4%
完全同意	5.9%	8.1%	5.9%	4.6%	4.7%	5.6%
总计	100.0%	100.0%	100.0%	100.0%	100.0%	100.0%
列总计	692	675	3088	2158	1158	7771

Chi-square test：df = 12，卡方值为 46.391，sig = 0.000 < 0.05，所以不同职业的居民在“为了家庭利益可以一定程度上牺牲国家利益”的说法认同度的回答上存在显著差异。

C91 by A10

下列说法您是否认同？为了国家利益可以一定程度上牺牲家庭利益 ＊ 职业 Crosstabulation

	高级白领	低级白领	工人/小生意者	农民	无业失业下岗	总计
完全不同意	10.1%	8.7%	10.1%	10.7%	8.9%	9.9%
不太同意	25.0%	28.5%	32.2%	31.4%	25.6%	30.0%
比较同意	44.2%	48.2%	42.2%	44.9%	44.7%	44.0%
完全同意	20.8%	14.6%	15.5%	13.0%	20.8%	16.0%
总计	100.0%	100.0%	100.0%	100.0%	100.0%	100.0%
列总计	684	666	3060	2099	1140	7649

Chi-square test：df = 12，卡方值为 68.370，sig = 0.000 < 0.05，所以不同职业的居民在“为了国家利益可以一定程度上牺牲家庭利益”的说法认同度的回答上存在显著差异。

C10 by A10

假设您的上司或老板是外国人，他侮辱了中国，但抗争会产生不利于自己的后果，您会选择？＊ 职业 Crosstabulation

	高级白领	低级白领	工人/小生意者	农民	无业失业下岗	总计
当面抗议	69.5%	62.6%	60.4%	65.8%	60.4%	62.9%
保持沉默	18.9%	20.4%	20.8%	17.7%	21.4%	19.8%
暗地里报复	1.9%	2.8%	3.2%	1.4%	1.8%	2.3%
以屈求伸，背后骂几句就行了	8.1%	9.4%	10.3%	8.3%	10.3%	9.5%
无所谓	1.7%	4.8%	5.3%	6.8%	6.1%	5.5%
总计	100.0%	100.0%	100.0%	100.0%	100.0%	100.0%
列总计	753	725	3401	2440	1309	8628

Chi-square test：df = 16，卡方值为 81.962，sig = 0.000 < 0.05，所以不同职业的居民在“假设您的上司或老板是外国人，他侮辱了中国，但抗争会产生不利于自己的后果，您会选择”的回答上存在显著差异。

C11 by A10

如果条件允许的话，您希望您的孩子生活在国内，还是到国外定居 ＊ 职业 Crosstabulation

	高级白领	低级白领	工人/小生意者	农民	无业失业下岗	总计
还是在国内生活好	48.3%	44.3%	47.4%	50.5%	43.1%	47.4%
到国外定居	16.6%	17.2%	12.7%	8.5%	12.9%	12.3%
走一步看一步	17.0%	18.5%	14.2%	10.7%	15.9%	14.1%

续表

	高级白领	低级白领	工人/小生意者	农民	无业失业下岗	总计
没考虑过	18.2%	20.0%	25.7%	30.3%	28.1%	26.2%
总计	100.0%	100.0%	100.0%	100.0%	100.0%	100.0%
列总计	749	725	3380	2432	1311	8597

Chi-square test：df = 12，卡方值为 150.016，sig = 0.000 < 0.05，所以不同职业的居民在“如果条件允许的话，您希望您的孩子生活在国内，还是到国外定居”的回答上存在显著差异。

C12a by A10

您常常体验到自己身上有一种“伦理感”的存在吗？人与人之间 * 职业 Crosstabulation

	高级白领	低级白领	工人/小生意者	农民	无业失业下岗	总计
没有，只感受到自己实实在在的生活	19.2%	18.4%	22.5%	26.8%	27.2%	23.8%
偶尔有，但主要是因为那种情况下我的利益与它高度一致	30.8%	36.0%	36.9%	33.6%	30.2%	34.3%
偶尔有，是在受某种作品或生活情境的影响之后	24.9%	22.8%	22.6%	19.5%	20.0%	21.6%
时常有，它是一种内在的信念	25.2%	22.9%	18.0%	20.1%	22.5%	20.3%
总计	100.0%	100.0%	100.0%	100.0%	100.0%	100.0%
列总计	751	712	3331	2434	1234	8462

Chi-square test：df = 12，卡方值为 840.240，sig = 0.000 < 0.05，所以不同职业的居民在“您常常体验到自己身上有一种‘伦理感’的存在吗？人与人之间”的回答上存在显著差异。

C12b by A10

您常常体验到自己身上有一种“伦理感”的存在吗？家庭 * 职业 Crosstabulation

	高级白领	低级白领	工人/小生意者	农民	无业失业下岗	总计
没有，只感受到自己实实在在的生活	13.3%	15.9%	17.9%	22.1%	21.1%	19.0%
偶尔有，但主要是因为那种情况下我的利益与它高度一致	21.5%	24.6%	23.8%	22.3%	21.1%	22.8%
偶尔有，是在受某种作品或生活情境的影响之后	24.6%	23.6%	23.7%	18.4%	20.1%	21.7%
时常有，它是一种内在的信念	40.6%	36.0%	34.6%	37.2%	37.7%	36.4%

续表

	高级白领	低级白领	工人/小生意者	农民	无业失业下岗	总计
总计	100.0%	100.0%	100.0%	100.0%	100.0%	100.0%
列总计	752	712	3327	2431	1235	8457

Chi-square test：df = 12，卡方值为 70.069，sig = 0.002 < 0.05，所以不同职业的居民在“您常常体验到自己身上有一种‘伦理感’的存在吗？家庭”的回答上存在显著差异。

C12c by A10

您常常体验到自己身上有一种“伦理感”的存在吗？单位 * 职业 Crosstabulation

	高级白领	低级白领	工人/小生意者	农民	无业失业下岗	总计
没有，只感受到自己实实在在的生活	17.6%	18.8%	23.7%	32.6%	31.2%	26.4%
偶尔有，但主要是因为那种情况下我的利益与它高度一致	28.4%	35.2%	39.0%	30.6%	30.1%	34.0%
偶尔有，是在受某种作品或生活情境的影响之后	32.7%	31.6%	27.7%	24.2%	25.1%	27.1%
时常有，它是一种内在的信念	21.3%	14.3%	9.6%	12.6%	13.7%	12.5%
总计	100.0%	100.0%	100.0%	100.0%	100.0%	100.0%
列总计	750	711	3265	2412	1171	8309

Chi-square test：df = 12，卡方值为 232.954，sig = 0.000 < 0.05，所以不同职业的居民在“您常常体验到自己身上有一种‘伦理感’的存在吗？单位”的回答上存在显著差异。

C12d by A10

您常常体验到自己身上有一种“伦理感”的存在吗？社区、城市 * 职业 Crosstabulation

	高级白领	低级白领	工人/小生意者	农民	无业失业下岗	总计
没有，只感受到自己实实在在的生活	23.1%	26.6%	31.9%	35.1%	33.2%	31.8%
偶尔有，但主要是因为那种情况下我的利益与它高度一致	26.9%	30.8%	31.0%	27.8%	26.2%	29.0%
偶尔有，是在受某种作品或生活情境的影响之后	30.9%	26.9%	24.9%	21.2%	24.7%	24.5%
时常有，它是一种内在的信念	19.1%	15.8%	12.1%	15.9%	15.9%	14.7%
总计	100.0%	100.0%	100.0%	100.0%	100.0%	100.0%

续表

	高级白领	低级白领	工人/小生意者	农民	无业失业下岗	总计
列总计	750	711	3319	2430	1226	8436

Chi-square test：df = 12，卡方值为 98. 742，sig = 0. 000 < 0. 05，所以不同职业的居民在“您常常体验到自己身上有一种‘伦理感’的存在吗？社区、城市”的回答上存在显著差异。

C13 by A10

您常常体验到自己身上有一种“道德感”的存在和满足吗 ＊ 职业 Crosstabulation

	高级白领	低级白领	工人/小生意者	农民	无业失业下岗	总计
没有，只是凭自己的感觉和利益办事	21. 8%	31. 8%	30. 3%	26. 0%	21. 1%	27. 1%
在有监督的环境中或有别人在场时有，其他环境中没有	14. 0%	16. 5%	15. 6%	11. 5%	12. 6%	13. 9%
经常有，问心无愧、不做亏心事最重要	42. 7%	28. 4%	28. 4%	37. 8%	37. 7%	33. 7%
没有特别的感觉，但从来不做不道德的事	21. 1%	23. 1%	25. 4%	24. 5%	28. 0%	25. 0%
其他	0. 4%	0. 3%	0. 3%	0. 2%	0. 6%	0. 3%
总计	100. 0%	100. 0%	100. 0%	100. 0%	100. 0%	100. 0%
列总计	752	723	3368	2445	1298	8586

Chi-square test：df = 16，卡方值为 154. 817，sig = 0. 000 < 0. 05，所以不同职业的居民在“您常常体验到自己身上有一种‘道德感’的存在和满足吗”的回答上存在显著差异。

C14 by A10

您认为国家对于个人存在的意义是 ＊ 职业 Crosstabulation

	高级白领	低级白领	工人/小生意者	农民	无业失业下岗	总计
国家离我们很遥远，个人最重要	17. 0%	28. 5%	27. 2%	22. 5%	20. 4%	24. 0%
国家最重要，是我们的安身之地，国家富强个人才能过得好	82. 7%	71. 3%	72. 6%	77. 4%	79. 0%	75. 7%
其他	0. 3%	0. 3%	0. 3%	0. 1%	0. 6%	0. 3%
总计	100. 0%	100. 0%	100. 0%	100. 0%	100. 0%	100. 0%
列总计	753	727	3392	2447	1315	8634

Chi-square test：df = 6，卡方值为 67. 535，sig = 0. 000 < 0. 05，所以不同职业的居民在“您认为国家对于个人存在的意义是”的回答上存在显著差异。

C15 by A10

您认为对社会生活而言，个体德性和社会公正哪个更重要 ＊ 职业 Crosstabulation

	高级白领	低级白领	工人/小生意者	农民	无业失业下岗	总计
个体德性最重要	14.6%	15.4%	16.5%	20.6%	19.8%	17.9%
社会公正最重要	25.2%	25.7%	32.1%	35.1%	26.8%	31.0%
二者应当统一，但二者矛盾时应先追求个体德性	29.3%	30.7%	29.4%	24.8%	28.5%	28.1%
二者应当统一，但二者矛盾时应先追求社会公正	30.8%	28.2%	22.0%	19.5%	24.8%	23.0%
总计	100.0%	100.0%	100.0%	100.0%	100.0%	100.0%
列总计	753	723	3379	2436	1275	8566

Chi-square test：df = 12，卡方值为 118.443，sig = 0.000 < 0.05，所以不同职业的居民在“您认为对社会生活而言，个体德性和社会公正哪个更重要”的回答上存在显著差异。

C16 by A10

在公共生活中，个人之所以要遵守道德，是因为 ＊ 职业 Crosstabulation

	高级白领	低级白领	工人/小生意者	农民	无业失业下岗	总计
遵守道德有利于自身利益的实现	19.7%	24.1%	23.8%	21.9%	21.7%	22.6%
个人是社会的一分子，应当遵守道德	42.9%	41.5%	42.5%	39.7%	40.7%	41.4%
遵守道德社会才能有序和美好	32.8%	30.3%	26.5%	25.5%	27.0%	27.2%
不遵守道德会被别人议论或谴责	4.1%	4.1%	6.9%	12.7%	10.4%	8.6%
其他	0.5%		0.2%	0.2%	0.2%	0.2%
总计	100.0%	100.0%	100.0%	100.0%	100.0%	100.0%
列总计	751	723	3386	2446	1314	8620

Chi-square test：df = 16，卡方值为 126.588，sig = 0.000 < 0.05，所以不同职业的居民在“在公共生活中，个人之所以要遵守道德，是因为”的回答上存在显著差异。

C17 by A10

关于职业劳动的说法，您最认同的是 ＊ 职业 Crosstabulation

	高级白领	低级白领	工人/小生意者	农民	无业失业下岗	总计
职业劳动是个人和家庭谋生的手段	40.6%	51.0%	57.0%	60.0%	51.5%	55.0%
职业劳动是为社会创造财富	27.3%	24.9%	25.0%	25.9%	23.8%	25.3%
职业劳动是个人兴趣和价值实现的方式	31.8%	23.6%	17.7%	13.9%	24.4%	19.4%

续表

	高级白领	低级白领	工人/小生意者	农民	无业失业下岗	总计
其他	0.4%	0.6%	0.3%	0.2%	0.3%	0.3%
总计	100.0%	100.0%	100.0%	100.0%	100.0%	100.0%
列总计	752	726	3394	2438	1309	8619

Chi-square test：df = 12，卡方值为 177.754，sig = 0.000 < 0.05，所以不同职业的居民在“关于职业劳动的说法，最认同的说法”的回答上存在显著差异。

C18a by A10

您认为造成有些人忧郁、自杀的原因是？欲望过多过大，不能知足常乐 * 职业 Crosstabulation

	高级白领	低级白领	工人/小生意者	农民	无业失业下岗	总计
未选中	63.2%	63.7%	65.1%	66.9%	68.6%	65.9%
选中	36.8%	36.3%	34.9%	33.1%	31.4%	34.1%
总计	100.0%	100.0%	100.0%	100.0%	100.0%	100.0%
列总计	744	716	3263	2226	1269	8218

Chi-square test：df = 4，卡方值为 10.177，sig = 0.208 > 0.05，所以不同职业的居民在“您认为造成有些人忧郁、自杀的原因是？欲望过多过大，不能知足常乐”的回答上不存在显著差异。

C18b by A10

您认为造成有些人忧郁、自杀的原因是？对自己和未来没有把握 * 职业 Crosstabulation

	高级白领	低级白领	工人/小生意者	农民	无业失业下岗	总计
未选中	68.7%	71.5%	69.9%	69.6%	72.6%	70.3%
选中	31.3%	28.5%	30.1%	30.4%	27.4%	29.7%
总计	100.0%	100.0%	100.0%	100.0%	100.0%	100.0%
列总计	744	716	3263	2226	1269	8218

Chi-square test：df = 4，卡方值为 2.751，sig = 5.359 > 0.05，所以不同职业的居民在“您认为造成有些人忧郁、自杀的原因是？对自己和未来没有把握”的回答上不存在显著差异。

C18c by A10

您认为造成有些人忧郁、自杀的原因是？竞争激烈，工作压力过大，身心疲惫 * 职业 Crosstabulation

	高级白领	低级白领	工人/小生意者	农民	无业失业下岗	总计
未选中	50.5%	54.1%	53.9%	59.6%	57.0%	55.6%

续表

	高级白领	低级白领	工人/小生意者	农民	无业失业下岗	总计
选中	49.5%	45.9%	46.1%	40.4%	43.0%	44.4%
总计	100.0%	100.0%	100.0%	100.0%	100.0%	100.0%
列总计	744	716	3263	2226	1269	8218

Chi-square test：df=4，卡方值为27.566，sig =0.003 <0.05，所以不同职业的居民在“您认为造成有些人忧郁、自杀的原因是？竞争激烈，工作压力过大，身心疲惫”的回答上存在显著差异。

C18d by A10

您认为造成有些人忧郁、自杀的原因是？人与人之间缺乏信任感，人际关系紧张 ＊ 职业 Crosstabulation

	高级白领	低级白领	工人/小生意者	农民	无业失业下岗	总计
未选中	62.2%	63.1%	65.8%	68.8%	67.1%	66.3%
选中	37.8%	36.9%	34.2%	31.2%	32.9%	33.7%
总计	100.0%	100.0%	100.0%	100.0%	100.0%	100.0%
列总计	744	716	3263	2226	1269	8218

Chi-square test：df=4，卡方值为15.568，sig =0.004 <0.05，所以不同职业的居民在“您认为造成有些人忧郁、自杀的原因是？人与人之间缺乏信任感，人际关系紧张”的回答上存在显著差异。

C18e by A10

您认为造成有些人忧郁、自杀的原因是？有烦恼很难找到人倾诉和排解 ＊ 职业 Crosstabulation

	高级白领	低级白领	工人/小生意者	农民	无业失业下岗	总计
未选中	70.6%	69.0%	71.5%	74.0%	71.2%	71.8%
选中	29.4%	31.0%	28.5%	26.0%	28.8%	28.2%
总计	100.0%	100.0%	100.0%	100.0%	100.0%	100.0%
列总计	744	716	3263	2226	1269	8218

Chi-square test：df=4，卡方值为9.020，sig =0.061 >0.05，所以不同职业的居民在“您认为造成有些人忧郁、自杀的原因是？有烦恼很难找到人倾诉和排解”的回答上不存在显著差异。

C18f by A10

您认为造成有些人忧郁、自杀的原因是？个人的文化底蕴和文化积累不够，缺乏自我理解和自我调节能力 ＊ 职业 Crosstabulation

	高级白领	低级白领	工人/小生意者	农民	无业失业下岗	总计
未选中	72.2%	72.9%	76.1%	75.3%	76.5%	75.3%

续表

	高级白领	低级白领	工人/小生意者	农民	无业失业下岗	总计
选中	27.8%	27.1%	23.9%	24.7%	23.5%	24.7%
总计	100.0%	100.0%	100.0%	100.0%	100.0%	100.0%
列总计	744	716	3263	2226	1269	8218

Chi-square test：df = 4，卡方值为 8.320，sig = 0.081 > 0.05，所以不同职业的居民在“您认为造成有些人忧郁、自杀的原因是？个人的文化底蕴和文化积累不够，缺乏自我理解和自我调节能力”的回答上不存在显著差异。

C18g by A10

您认为造成有些人忧郁、自杀的原因是？现代人缺乏安顿自己、化解内心矛盾的能力 ＊ 职业 Crosstabulation

	高级白领	低级白领	工人/小生意者	农民	无业失业下岗	总计
未选中	72.7%	73.3%	76.5%	75.3%	78.2%	75.8%
选中	27.3%	26.7%	23.5%	24.7%	21.8%	24.2%
总计	100.0%	100.0%	100.0%	100.0%	100.0%	100.0%
列总计	744	716	3263	2226	1269	8218

Chi-square test：df = 3，卡方值为 11.266，sig = 0.024 < 0.05，所以不同职业的居民在“您认为造成有些人忧郁、自杀的原因是？现代人缺乏安顿自己、化解内心矛盾的能力”的回答上存在显著差异。

C18h by A10

您认为造成有些人忧郁、自杀的原因是？缺乏道德公正，没有道德的人总是占便宜 ＊ 职业 Crosstabulation

	高级白领	低级白领	工人/小生意者	农民	无业失业下岗	总计
未选中	84.3%	83.9%	84.7%	88.1%	88.4%	86.1%
选中	15.7%	16.1%	15.3%	11.9%	11.6%	13.9%
总计	100.0%	100.0%	100.0%	100.0%	100.0%	100.0%
列总计	744	716	3263	2226	1269	8218

Chi-square test：df = 4，卡方值为 22.887，sig = 0.000 < 0.05，所以不同职业的居民在“您认为造成有些人忧郁、自杀的原因是？缺乏道德公正，没有道德的人总是占便宜”的回答上存在显著差异。

C18i by A10

您认为造成有些人忧郁、自杀的原因是？缺乏理想和信念支持，精神没有寄托和归宿 ＊ 职业 Crosstabulation

	高级白领	低级白领	工人/小生意者	农民	无业失业下岗	总计
未选中	74.1%	79.2%	83.2%	84.3%	79.0%	81.7%

续表

	高级白领	低级白领	工人/小生意者	农民	无业失业下岗	总计
选中	25.9%	20.8%	16.8%	15.7%	21.0%	18.3%
总计	100.0%	100.0%	100.0%	100.0%	100.0%	100.0%
列总计	744	716	3263	2226	1269	8218

Chi-square test：df=4，卡方值为 53.331，sig =0.001 <0.05，所以不同职业的居民在“您认为造成有些人忧郁、自杀的原因是？缺乏理想和信念支持，精神没有寄托和归宿”的回答上存在显著差异。

C18j by A10

您认为造成有些人忧郁、自杀的原因是？生活压力大 ＊ 职业 Crosstabulation

	高级白领	低级白领	工人/小生意者	农民	无业失业下岗	总计
未选中	59.5%	65.4%	62.6%	58.9%	57.7%	60.8%
选中	40.5%	34.6%	37.4%	41.1%	42.3%	39.2%
总计	100.0%	100.0%	100.0%	100.0%	100.0%	100.0%
列总计	744	716	3263	2226	1269	8218

Chi-square test：df=4，卡方值为 19.957，sig =0.001 <0.05，所以不同职业的居民在“您认为造成有些人忧郁、自杀的原因是？生活压力大”的回答上存在显著差异。

C18k by A10

您认为造成有些人忧郁、自杀的原因是？生活孤独无聊 ＊ 职业 Crosstabulation

	高级白领	低级白领	工人/小生意者	农民	无业失业下岗	总计
未选中	90.6%	93.9%	92.0%	91.1%	89.4%	91.4%
选中	9.4%	6.1%	8.0%	8.9%	10.6%	8.6%
总计	100.0%	100.0%	100.0%	100.0%	100.0%	100.0%
列总计	744	716	3263	2226	1269	8218

Chi-square test：df=4，卡方值为 13.937，sig =0.007 <0.05，所以不同职业的居民在“您认为造成有些人忧郁、自杀的原因是？生活孤独无聊”的回答上存在显著差异。

C19a by A10

如果您与家庭成员之间发生重大利益冲突，您会 ＊ 职业 Crosstabulation

	高级白领	低级白领	工人/小生意者	农民	无业失业下岗	总计
诉诸法律，打官司	1.0%	1.0%	1.2%	0.8%	2.1%	1.2%
直接找对方沟通但得理让人，适可而止	57.0%	53.8%	51.7%	48.1%	53.4%	51.6%

续表

	高级白领	低级白领	工人/小生意者	农民	无业失业下岗	总计
通过第三方（如社会机构、朋友等）从中调解，尽量不伤和气	14.1%	15.4%	14.0%	13.5%	12.9%	13.8%
能忍则忍	27.9%	29.8%	33.1%	37.6%	31.6%	33.4%
总计	100.0%	100.0%	100.0%	100.0%	100.0%	100.0%
列总计	730	719	3265	2326	1280	8320

Chi-square test：df = 12，卡方值为 50.097，sig = 0.001 < 0.05，所以不同职业的居民在“如果您与家庭成员之间发生重大利益冲突，您会”的回答上存在显著差异。

C19b by A10

如果您与朋友之间发生重大利益冲突，您会 * 职业 Crosstabulation

	高级白领	低级白领	工人/小生意者	农民	无业失业下岗	总计
诉诸法律，打官司	2.0%	1.7%	1.6%	2.0%	2.4%	1.9%
直接找对方沟通但得理让人，适可而止	51.0%	45.4%	48.7%	46.0%	52.9%	48.5%
通过第三方（如社会机构、朋友等）从中调解，尽量不伤和气	32.8%	33.3%	28.2%	29.8%	25.5%	29.1%
能忍则忍	14.1%	19.6%	21.4%	22.2%	19.2%	20.5%
总计	100.0%	100.0%	100.0%	100.0%	100.0%	100.0%
列总计	737	723	3364	2357	1273	8454

Chi-square test：df = 12，卡方值为 49.855，sig = 0.000 < 0.05，所以不同职业的居民在“如果您与朋友之间发生重大利益冲突，您会”的回答上存在显著差异。

C19c by A10

如果您与同事之间发生重大利益冲突，您会 * 职业 Crosstabulation

	高级白领	低级白领	工人/小生意者	农民	无业失业下岗	总计
诉诸法律，打官司	4.4%	3.0%	2.9%	3.8%	4.3%	3.4%
直接找对方沟通但得理让人，适可而止	47.4%	46.3%	43.9%	39.3%	45.4%	43.5%
通过第三方（如社会机构、朋友等）从中调解，尽量不伤和气	37.0%	38.2%	38.8%	42.9%	37.5%	39.4%
能忍则忍	11.3%	12.6%	14.5%	14.0%	12.8%	13.6%
总计	100.0%	100.0%	100.0%	100.0%	100.0%	100.0%
列总计	728	707	3119	1887	982	7423

Chi-square test：df = 12，卡方值为 35.129，sig = 0.009 < 0.05，所以不同职业的居民在“如果您与同事之间发生重大利益冲突，您会”的回答上存在显著差异。

C19d by A10

如果您与商业伙伴之间发生重大利益冲突，您会 ＊ 职业 Crosstabulation

	高级白领	低级白领	工人/小生意者	农民	无业失业下岗	总计
诉诸法律，打官司	41.7%	33.0%	29.0%	26.8%	36.2%	31.1%
直接找对方沟通但得理让人，适可而止	23.0%	28.8%	27.3%	28.3%	27.8%	27.3%
通过第三方（如社会机构、朋友等）从中调解，尽量不伤和气	28.9%	27.1%	32.7%	35.9%	25.4%	31.6%
能忍则忍	6.4%	11.1%	11.0%	9.0%	10.6%	10.0%
总计	100.0%	100.0%	100.0%	100.0%	100.0%	100.0%
列总计	640	628	2816	1587	848	6519

Chi-square test：df = 12，卡方值为 89.435，sig = 0.000 < 0.05，所以不同职业的居民在“如果您与商业伙伴之间发生重大利益冲突，您会”的回答上存在显著差异。

C20 by A10

您认为在自己的成长中得到道德训练的最重要场所或机构是 ＊ 职业 Crosstabulation

	高级白领	低级白领	工人/小生意者	农民	无业失业下岗	总计
家庭	28.9%	30.3%	32.3%	37.0%	36.1%	33.8%
学校	30.3%	24.7%	23.5%	25.1%	33.0%	26.1%
社会（如工作单位、社区等）	30.1%	36.9%	37.5%	32.2%	24.8%	33.4%
国家或政府	4.4%	3.3%	3.4%	2.9%	2.7%	3.2%
媒体	1.7%	1.7%	0.8%	1.0%	1.4%	1.1%
其他	4.6%	3.2%	2.4%	1.8%	2.0%	2.4%
总计	100.0%	100.0%	100.0%	100.0%	100.0%	100.0%
列总计	755	726	3407	2458	1320	8666

Chi-square test：df = 20，卡方值为 148.359，sig = 0.000 < 0.05，所以不同职业的居民在“在自己的成长中得到道德训练的最重要场所或机构”的回答上存在显著差异。

C21 by A10

您的思想行为受什么人影响最大 ＊ 职业 Crosstabulation

	高级白领	低级白领	工人/小生意者	农民	无业失业下岗	总计
政府官员	19.4%	25.6%	23.3%	19.0%	15.6%	20.8%

续表

	高级白领	低级白领	工人/小生意者	农民	无业失业下岗	总计
企业家	17.3%	21.4%	18.8%	13.1%	13.9%	16.5%
演艺明星	5.0%	5.8%	3.9%	1.7%	4.5%	3.6%
教师	47.6%	45.6%	41.5%	48.9%	48.8%	45.6%
知识精英	15.6%	21.5%	12.6%	7.2%	12.0%	12.0%
公众人物	18.1%	18.2%	16.9%	11.4%	11.5%	14.8%
农民	3.8%	5.5%	10.1%	16.5%	7.9%	10.6%
工人	1.1%	2.0%	3.3%	2.3%	2.9%	2.6%
先哲先贤	26.4%	22.3%	15.0%	11.2%	15.1%	15.6%
父母	71.2%	65.4%	72.2%	78.6%	72.1%	73.3%
网络大 V	3.8%	3.0%	4.4%	1.6%	2.3%	3.1%
宗教人士	1.5%	2.3%	1.6%	1.1%	1.7%	1.5%
列总计	739	710	3254	2339	1241	8283

据上表所示，不同职业的居民在“您的思想行为受什么人影响最大”的回答上存在显著差异。

C22 by A10

影响您道德判断和道德选择的最主要的因素是 ＊ 职业 Crosstabulation

	高级白领	低级白领	工人/小生意者	农民	无业失业下岗	总计
自己的良心	67.0%	62.3%	66.3%	72.8%	72.1%	68.7%
大多数人持有的观点	32.9%	40.1%	40.1%	38.1%	28.7%	37.2%
公众人士和权威人物的观点	8.9%	10.5%	8.2%	6.6%	7.8%	7.9%
国外媒体的观点	3.2%	5.6%	4.5%	3.0%	4.3%	4.0%
自己的利益	10.9%	20.9%	17.1%	14.1%	10.8%	15.1%
他人的评价	5.9%	7.3%	8.3%	7.7%	5.9%	7.5%
社会后果	20.9%	14.3%	14.3%	15.4%	16.4%	15.5%
大多数人认可的道德规范	19.5%	14.3%	14.1%	15.9%	15.7%	15.3%
先贤教导	9.8%	5.7%	3.8%	3.4%	6.0%	4.7%
“朋友圈”的观点	0.4%	0.8%	1.1%	0.3%	0.9%	0.8%
列总计	742	714	3304	2370	1277	8407

据上表所示，不同职业的居民在“影响您道德判断和道德选择的最主要的因素是”的回答上存在显著差异。

C23 by A10

现在经常有一些网民在网络上曝光别人的隐私，您怎么看待这种行为 * 职业 Crosstabulation

	高级白领	低级白领	工人/小生意者	农民	无业失业下岗	总计
这是违法行为，应该制止	40.3%	39.7%	35.3%	34.2%	39.3%	36.4%
这是不道德行为，应该进行谴责	37.0%	39.1%	44.9%	49.4%	41.0%	44.3%
这是社会监督的重要途径，不必完全禁止，但需要规范和引导	22.2%	19.0%	17.4%	14.2%	17.4%	17.1%
这是网民的自由，别人不应该干涉	0.5%	2.3%	2.4%	2.2%	2.3%	2.1%
总计	100.0%	100.0%	100.0%	100.0%	100.0%	100.0%
列总计	735	711	3228	2212	1178	8064

Chi-square test：df = 12，卡方值为 74.518，sig = 0.000 < 0.05，所以不同职业的居民在“现在经常有一些网民在网络上曝光别人的隐私，您怎么看待这种行为?”的回答上存在显著差异。

C24a by A10

您最近两年是否参加过以下活动？志愿者活动 * 职业 Crosstabulation

	高级白领	低级白领	工人/小生意者	农民	无业失业下岗	总计
是	36.0%	29.0%	13.1%	4.4%	23.7%	15.6%
否	64.0%	71.0%	86.9%	95.6%	76.3%	84.4%
总计	100.0%	100.0%	100.0%	100.0%	100.0%	100.0%
列总计	752	725	3395	2460	1317	8649

Chi-square test：df = 4，卡方值为 655.238，sig = 0.000 < 0.05，所以不同职业的居民在最近两年是否参加过志愿者活动上存在显著差异。

C24b by A10

您参加的频率：志愿者活动 * 职业 Crosstabulation

	高级白领	低级白领	工人/小生意者	农民	无业失业下岗	总计
从来没有	64.0%	71.0%	86.9%	95.6%	76.3%	84.4%
参加过一两次	17.6%	12.7%	7.1%	2.0%	12.0%	7.8%
偶尔参加一次	15.2%	11.7%	5.0%	2.0%	7.6%	6.0%
经常参加	3.3%	4.6%	0.9%	0.4%	4.1%	1.8%
总计	100.0%	100.0%	100.0%	100.0%	100.0%	100.0%
列总计	752	725	3395	2460	1317	8649

Chi-square test：df = 12，卡方值为 698.408，sig = 0.000 < 0.05，所以不同职业的居民在参加志愿者活动的频率上存在显著差异。

C24c by A10

您最近两年是否参加过以下活动？无偿献血 ＊ 职业 Crosstabulation

	高级白领	低级白领	工人/小生意者	农民	无业失业下岗	总计
是	31.6%	25.5%	13.6%	5.5%	14.9%	14.0%
否	68.4%	74.5%	86.4%	94.5%	85.1%	86.0%
总计	100.0%	100.0%	100.0%	100.0%	100.0%	100.0%
列总计	753	725	3397	2462	1317	8654

Chi-square test：df = 4，卡方值为 422.431，sig = 0.000 < 0.05，所以不同职业的居民在最近两年是否参加过无偿献血活动上存在显著差异。

C24d by A10

您参加的频率：无偿献血 ＊ 职业 Crosstabulation

	高级白领	低级白领	工人/小生意者	农民	无业失业下岗	总计
从来没有	68.4%	74.5%	86.4%	94.5%	85.1%	86.0%
参加过一两次	18.7%	13.1%	7.3%	2.8%	7.9%	7.6%
偶尔参加一次	10.9%	11.2%	5.6%	2.3%	5.8%	5.6%
经常参加	2.0%	1.2%	0.7%	0.4%	1.2%	0.9%
总计	100.0%	100.0%	100.0%	100.0%	100.0%	100.0%
列总计	753	725	3397	2462	1317	8654

Chi-square test：df = 12，卡方值 434.329，sig = 0.000 < 0.05，所以不同职业的居民在参加无偿献血的频率上存在显著差异。

C24e by A10

您最近两年是否参加过以下活动？捐款、捐物 ＊ 职业 Crosstabulation

	高级白领	低级白领	工人/小生意者	农民	无业失业下岗	总计
是	62.2%	47.2%	32.0%	22.4%	43.1%	34.8%
否	37.8%	52.8%	68.0%	77.6%	56.9%	65.2%
总计	100.0%	100.0%	100.0%	100.0%	100.0%	100.0%
列总计	753	725	3397	2462	1317	8654

Chi-square test：df = 4，卡方值为 514.715，sig = 0.000 < 0.05，所以不同职业的居民在最近两年是否参加过捐款、捐物上存在显著差异。

C24f by A10

您参加的频率：捐款、捐物 ＊ 职业 Crosstabulation

	高级白领	低级白领	工人/小生意者	农民	无业失业下岗	总计
从来没有	37.8%	52.8%	68.0%	77.6%	56.9%	65.2%
参加过一两次	24.2%	20.8%	13.3%	9.4%	18.4%	14.5%
偶尔参加一次	25.2%	19.3%	14.7%	10.7%	18.7%	15.5%
经常参加	12.7%	7.0%	4.0%	2.3%	6.0%	4.8%
总计	100.0%	100.0%	100.0%	100.0%	100.0%	100.0%
列总计	753	725	3397	2462	1317	8654

Chi-square test：df = 12，卡方值为 554.413，sig = 0.000 < 0.05，所以不同职业的居民在参加捐款、捐物的频率上存在显著差异。

C25 by A10

目前中国社会的两性关系日益开放，它对社会风尚的影响 ＊ 职业 Crosstabulation

	高级白领	低级白领	工人/小生意者	农民	无业失业下岗	总计
是社会进步的表现	14.1%	18.0%	14.4%	12.3%	13.7%	14.0%
两性关系混乱必然导致道德沦丧、污染社会风气	52.1%	42.7%	48.4%	56.4%	51.3%	50.9%
个人选择，无所谓好坏	33.5%	39.1%	36.9%	31.0%	34.5%	34.8%
其他	0.4%	0.3%	0.3%	0.3%	0.6%	0.4%
总计	100.0%	100.0%	100.0%	100.0%	100.0%	100.0%
列总计	747	724	3346	2383	1274	8474

Chi-square test：df = 12，卡方值为 63.693，sig = 0.000 < 0.05，所以不同职业的居民在对“目前中国社会的两性关系日益开放，它对社会风尚的影响”的回答上存在显著差异。

C26 by A10

您对一些重要事情所持的观点和看法与其他人一致的时候有多少？＊ 职业 Crosstabulation

	高级白领	低级白领	工人/小生意者	农民	无业失业下岗	总计
非常少	4.2%	3.9%	5.5%	5.5%	4.4%	5.1%
比较少	11.6%	9.9%	13.5%	15.3%	14.5%	13.6%
一般	38.0%	43.4%	44.2%	40.9%	41.9%	42.3%
比较多	37.3%	38.3%	32.4%	32.9%	32.8%	33.5%

续表

	高级白领	低级白领	工人/小生意者	农民	无业失业下岗	总计
非常多	9.0%	4.5%	4.4%	5.4%	6.4%	5.4%
总计	100.0%	100.0%	100.0%	100.0%	100.0%	100.0%
列总计	722	689	3189	2177	1225	8002

Chi-square test：df = 16，卡方值为 63.116，sig =0.000 <0.05，所以不同职业的居民在对“您对一些重要事情所持的观点和看法与其他人一致的时候有多少?”的回答上存在显著差异。

C27 by A10

您对待目前社会上一部分人的奢侈消费行为的态度是 * 职业 Crosstabulation

	高级白领	低级白领	工人/小生意者	农民	无业失业下岗	总计
钞票是他们自己的，他们愿意怎么花就怎么花	31.3%	44.3%	44.6%	37.8%	36.7%	40.3%
他们应该遵守勤俭的传统美德，适度消费	52.5%	36.8%	38.7%	47.8%	48.3%	43.8%
过度消费行为只要对别人无害，就不应干涉	15.6%	18.8%	16.5%	14.3%	15.0%	15.8%
其他	0.5%	0.1%	0.1%	0.1%		0.1%
总计	100.0%	100.0%	100.0%	100.0%	100.0%	100.0%
列总计	754	725	3402	2448	1316	8645

Chi-square test：df = 12，卡方值为 117.092，sig =0.000 <0.05，所以不同职业的居民在对待“目前社会上一部分人的奢侈消费行为”的回答上存在显著差异。

C28 by A10

孝敬、礼让、仁爱、节俭等优良传统，您认为现在还需要这些吗 * 职业 Crosstabulation

	高级白领	低级白领	工人/小生意者	农民	无业失业下岗	总计
这些好传统什么时候都不能丢	80.9%	78.4%	76.7%	79.4%	76.7%	78.0%
可有可无	8.9%	6.9%	9.6%	8.8%	9.1%	9.0%
已经过时，没必要讲这些	3.7%	6.9%	6.0%	4.8%	5.5%	5.4%
有些要，有些不要	6.5%	7.8%	7.7%	7.1%	8.7%	7.6%
总计	100.0%	100.0%	100.0%	100.0%	100.0%	100.0%
列总计	754	727	3407	2461	1324	8673

Chi-square test：df = 12，卡方值为 22.971，sig =0.028 <0.05，所以不同职业的居民在对“孝敬、礼让、仁爱、节俭等优良传统是否还需要”的回答上存在显著差异。

C29 by A10

民族英雄和新时期的先进人物的精神还值得在全社会大力倡导吗 ＊ 职业 Crosstabulation

	高级白领	低级白领	工人/小生意者	农民	无业失业下岗	总计
我很佩服他们，现在社会就缺这种精神，要加大宣传	73.0%	56.1%	56.4%	60.0%	61.7%	59.6%
以前知道一些，现在不太关注了	18.9%	31.5%	28.2%	22.6%	22.0%	25.1%
时过境迁，这些典型的影响力越来越小了，没太多人关心了	7.6%	9.9%	11.7%	12.5%	11.8%	11.4%
不知道，也不关心	0.5%	2.5%	3.7%	4.9%	4.5%	3.8%
总计	100.0%	100.0%	100.0%	100.0%	100.0%	100.0%
列总计	753	726	3406	2456	1318	8659

Chi-square test：df = 12，卡方值为 128.483，sig = 0.000 < 0.041，所以不同职业的居民在对“民族英雄和新时期的先进人物的精神是否还值得在全社会大力倡导”的回答上存在显著差异。

C30 by A10

当在公交车上遇到小偷正在偷乘客钱包时，您会选择以下哪种做法 ＊ 职业 Crosstabulation

	高级白领	低级白领	工人/小生意者	农民	无业失业下岗	总计
马上冲上去制止	24.3%	19.2%	21.4%	15.8%	18.8%	19.5%
出于害怕，装作什么都没有看到	8.8%	14.6%	12.9%	10.8%	13.1%	12.1%
不敢直接与小偷对抗，但以适当方式悄悄提醒当事人或报警	62.3%	60.0%	58.3%	64.4%	60.2%	60.8%
只要偷的不是我，不用多管闲事，免得惹麻烦	3.6%	5.7%	6.6%	8.4%	7.4%	6.9%
其他	1.1%	0.6%	0.8%	0.6%	0.6%	0.7%
总计	100.0%	100.0%	100.0%	100.0%	100.0%	100.0%
列总计	753	725	3400	2450	1315	8643

Chi-square test：df = 16，卡方值为 84.045，sig = 0.000 < 0.05，所以不同职业的居民在对“当在公交车上遇到小偷正在偷乘客钱包时的做法”的回答上存在显著差异。

C31 by A10

小王知道做某件事是道德的但没去行动，哪种因素是影响他采取行动的最大障碍？ ＊ 职业 Crosstabulation

	高级白领	低级白领	工人/小生意者	农民	无业失业下岗	总计
采取行动会损害自己的利益	19.3%	16.6%	15.6%	16.0%	16.4%	16.2%
采取行动也难以取得预期效果	25.8%	23.7%	27.0%	21.6%	20.7%	24.1%
大家都不做，我何必管闲事	13.4%	19.1%	17.9%	16.9%	16.7%	17.1%
自身能力有限，心有余而力不足	29.0%	31.8%	28.0%	31.1%	33.0%	30.0%
即使我不做，相信还会有别人去做	9.2%	4.7%	7.0%	9.4%	7.5%	7.8%
明白就行，让别人去做吧	2.8%	2.8%	4.1%	4.3%	5.2%	4.1%
其他	0.5%	1.1%	0.5%	0.7%	0.5%	0.6%
总计	100.0%	100.0%	100.0%	100.0%	100.0%	100.0%
列总计	748	716	3382	2396	1289	8531

Chi-square test：df = 24，卡方值为 86.888，sig = 0.000 < 0.05，所以不同职业的居民在对“小王知道做某件事是道德的但没去行动，哪种因素是影响他采取行动的最大障碍”的回答上存在显著差异。

C32 by A10

当与他人发生分歧时，能否体谅宽容他人 ＊ 职业 Crosstabulation

	高级白领	低级白领	工人/小生意者	农民	无业失业下岗	总计
不宽容，必须弄清是非曲直	11.4%	8.5%	10.6%	10.4%	11.1%	10.5%
偶尔	29.8%	36.3%	37.0%	33.3%	29.9%	34.2%
有时	37.2%	42.6%	40.1%	38.6%	37.7%	39.3%
经常	21.7%	12.6%	12.4%	17.7%	21.3%	16.1%
总计	100.0%	100.0%	100.0%	100.0%	100.0%	100.0%
列总计	748	721	3388	2430	1316	8603

Chi-square test：df = 12，卡方值为 103.125，sig = 0.000 < 0.05，所以不同职业的居民在对“当与他人发生分歧时，能否体谅宽容他人”的回答上存在显著差异。

C33 by A10

您认为解决当前我国的公民道德和社会风尚问题，最关键的途径是 ＊ 职业 Crosstabulation

	高级白领	低级白领	工人/小生意者	农民	无业失业下岗	总计
加强法制	36.6%	37.5%	33.6%	32.7%	34.2%	34.0%
弘扬优秀传统道德	49.2%	51.6%	50.9%	49.2%	48.3%	49.9%

续表

	高级白领	低级白领	工人/小生意者	农民	无业失业下岗	总计
建设伦理道德的核心价值	21.7%	22.1%	18.1%	14.0%	16.5%	17.4%
惩治官员腐败	15.3%	17.4%	22.0%	29.3%	22.6%	23.2%
解决分配不公问题	12.9%	10.1%	14.2%	13.6%	10.4%	13.0%
提高个人道德素质	35.6%	30.3%	30.9%	27.3%	30.8%	30.2%
列总计	752	723	3382	2441	1295	8593

据上表所示，不同职业的居民在对“您认为解决当前我国的公民道德和社会风尚问题，最关键的途径是”的回答上存在显著差异。

C34 by A10

您知道社会主义核心价值观吗？请您把它们选出来 ＊ 职业 Crosstabulation

	高级白领	低级白领	工人/小生意者	农民	无业失业下岗	总计
文明	77.9%	74.0%	73.6%	71.9%	69.7%	72.9%
诚信	87.3%	85.9%	83.1%	84.3%	80.6%	83.7%
勇敢	27.3%	30.2%	35.1%	40.3%	32.4%	35.0%
爱国	78.5%	78.8%	77.5%	72.8%	73.4%	75.8%
创新	32.0%	34.8%	33.7%	30.6%	30.9%	32.4%
友善	59.2%	55.3%	49.4%	51.2%	52.6%	51.8%
勤劳	20.3%	17.1%	23.8%	31.5%	21.7%	24.8%
列总计	750	718	3318	2322	1246	8354

据上表所示，不同职业的居民在对“您知道社会主义核心价值观吗”的选择上存在显著差异。

C35 by A10

您认为社会主义核心价值观与您的工作、生活有关系吗 ＊ 职业 Crosstabulation

	高级白领	低级白领	工人/小生意者	农民	无业失业下岗	总计
对改变社会风气有好处，每个人都应该这样做人做事	87.8%	87.0%	84.7%	85.1%	82.4%	85.0%
与个人工作、生活没关系	12.2%	13.0%	15.3%	14.9%	17.6%	15.0%
总计	100.0%	100.0%	100.0%	100.0%	100.0%	100.0%
列总计	699	668	2932	1915	1089	7303

Chi-square test：df = 4，卡方值为 12.534，sig = 0.014 < 0.05，所以不同职业的居民在对“认为社会主义核心价值观与自己的工作、生活的关系”的回答上存在显著差异。

C36 by A10

在全社会特别是青少年中开展革命传统教育，您认为有没有这个必要 ＊ 职业 Crosstabulation

	高级白领	低级白领	工人/小生意者	农民	无业失业下岗	总计
很有必要，什么时候都不能忘本	86.9%	83.5%	83.2%	84.6%	82.1%	83.8%
可有可无	8.6%	8.5%	10.3%	8.3%	12.3%	9.7%
没有必要，已经过时了	4.5%	8.0%	6.5%	7.2%	5.6%	6.5%
总计	100.0%	100.0%	100.0%	100.0%	100.0%	100.0%
列总计	756	727	3410	2460	1316	8669

Chi-square test：df = 8，卡方值为 29.799，sig = 0.000 < 0.05，所以不同职业的居民在对“在全社会特别是青少年中开展革命传统教育有没有这个必要”的回答上存在显著差异。

C37 by A10

当您途经一场所，正遇到升国旗仪式，看到国旗在国歌声中升起的时候，您会怎么做 ＊ 职业 Crosstabulation

	高级白领	低级白领	工人/小生意者	农民	无业失业下岗	总计
原地站立，面向国旗行注目礼	53.2%	34.8%	28.2%	30.1%	40.1%	33.3%
停下来看一看	42.0%	48.6%	58.0%	59.3%	49.0%	54.8%
只当没看见，该干吗干吗	4.8%	16.6%	13.8%	10.6%	10.9%	11.9%
总计	100.0%	100.0%	100.0%	100.0%	100.0%	100.0%
列总计	757	728	3396	2454	1320	8655

Chi-square test：df = 8，卡方值为 255.156，sig = 0.000 < 0.05，所以不同职业的居民在“当您途经一场所，正遇到升国旗仪式，看到国旗在国歌声中升起的时候，您会怎么做”的回答上存在显著差异。

C38 by A10

今年您参加过纪念中国共产党成立 96 周年等主题教育活动吗 ＊ 职业 Crosstabulation

	高级白领	低级白领	工人/小生意者	农民	无业失业下岗	总计
参加过，很受教育	37.4%	19.3%	12.7%	8.6%	16.1%	14.7%
听说过，但是没有参加过	46.0%	56.3%	57.0%	62.2%	55.7%	57.3%
这种活动基本都是形式大于内容	10.7%	11.1%	10.4%	7.7%	8.9%	9.5%
不关心这些	6.0%	13.3%	19.9%	21.5%	19.3%	18.5%
总计	100.0%	100.0%	100.0%	100.0%	100.0%	100.0%
列总计	755	727	3399	2454	1313	8648

Chi-square test：df = 12，卡方值为 480.911，sig = 0.000 < 0.05，所以不同职业的居民在“今年是否参加过纪念中国共产党成立 96 周年等主题教育活动”的回答上存在显著差异。

D1 by A10

您认为现代家庭关系中最令人担忧的问题是 * 职业 Crosstabulation

	高级白领	低级白领	工人/小生意者	农民	无业失业下岗	总计
只有一个孩子，对家庭的未来没把握	25.2%	23.2%	24.4%	19.0%	18.6%	22.0%
独生子女难以承担养老责任，老无所养	28.7%	26.8%	28.5%	30.3%	27.7%	28.8%
年轻人不愿结婚，或不愿生孩子，家族传承危机	16.3%	11.9%	15.2%	17.4%	14.7%	15.6%
婚姻不稳定，年轻人缺乏守护婚姻的意识和能力	24.3%	25.4%	24.7%	24.9%	22.5%	24.4%
子女尤其是独生子女缺乏责任感，孝道意识薄弱	19.9%	16.7%	18.1%	20.3%	16.3%	18.5%
代沟严重，父母与子女之间难以沟通	24.4%	29.6%	29.1%	28.1%	26.9%	28.1%
婆媳关系紧张	5.2%	9.6%	10.3%	10.8%	9.1%	9.8%
父母不民主，不能容忍差异	9.7%	13.4%	10.2%	9.6%	11.4%	10.4%
“啃老”现象严重	9.4%	6.8%	6.4%	4.6%	8.3%	6.5%
父母只培养孩子的知识和技能，忽视良好品德的养成	19.2%	14.9%	12.5%	11.0%	13.4%	13.0%
两性关系过度开放	2.3%	2.9%	3.2%	2.3%	3.6%	2.9%
列总计	734	717	3306	2339	1251	8347

据上表所示，不同职业的居民在“您认为现代家庭关系中最令人担忧的问题”的回答上存在显著差异。

D2 by A10

您对家庭的感觉是 * 职业 Crosstabulation

	高级白领	低级白领	工人/小生意者	农民	无业失业下岗	总计
温馨幸福	30.3%	23.8%	17.2%	14.9%	27.6%	19.8%
比较幸福	60.9%	68.6%	72.0%	71.1%	58.8%	68.5%
不太幸福	4.2%	3.3%	4.6%	5.1%	5.7%	4.8%
一般，没感觉	3.5%	3.3%	5.7%	8.3%	6.9%	6.2%
很不幸福，希望逃离	0.7%	0.6%	0.4%	0.2%	0.8%	0.4%
其他	0.4%	0.3%	0.2%	0.2%	0.2%	0.3%
总计	100.0%	100.0%	100.0%	100.0%	100.0%	100.0%
列总计	742	717	3371	2409	1304	8543

Chi-square test：df = 20，卡方值为 212.784，sig = 0.000 < 0.05，所以不同职业的居民在“对家庭的感觉”的回答上存在显著差异。

D3a by A10

您对以下现象的态度是？不婚 ＊ 职业 Crosstabulation

	高级白领	低级白领	工人/小生意者	农民	无业失业下岗	总计
完全赞同	1.5%	1.4%	0.7%	0.3%	1.7%	0.9%
比较赞同	6.9%	9.6%	6.6%	4.2%	7.5%	6.3%
中立	51.5%	48.1%	41.0%	28.2%	42.5%	39.1%
比较反对	26.7%	29.1%	34.0%	40.2%	28.3%	33.8%
强烈反对	13.5%	11.8%	17.7%	27.1%	20.0%	19.9%
总计	100.0%	100.0%	100.0%	100.0%	100.0%	100.0%
列总计	742	718	3348	2406	1274	8488

Chi-square test：df = 16，卡方值为 348.686，sig = 0.000 < 0.05，所以不同职业的居民在“不婚”的回答上存在显著差异。

D3b by A10

您对以下现象的态度是？试婚 ＊ 职业 Crosstabulation

	高级白领	低级白领	工人/小生意者	农民	无业失业下岗	总计
完全赞同	1.2%	1.1%	0.8%	0.1%	0.6%	0.6%
比较赞同	9.6%	11.6%	10.0%	5.1%	9.0%	8.6%
中立	46.0%	44.0%	39.9%	28.1%	39.0%	37.3%
比较反对	26.3%	29.0%	31.0%	38.8%	30.0%	32.5%
强烈反对	16.9%	14.3%	18.3%	27.9%	21.4%	21.0%
总计	100.0%	100.0%	100.0%	100.0%	100.0%	100.0%
列总计	741	718	3305	2363	1238	8365

Chi-square test：df = 16，卡方值为 281.914，sig = 0.000 < 0.05，所以不同职业的居民在“试婚”的回答上存在显著差异。

D3c by A10

您对以下现象的态度是？同居 ＊ 职业 Crosstabulation

	高级白领	低级白领	工人/小生意者	农民	无业失业下岗	总计
完全赞同	0.7%	1.4%	1.0%	0.1%	1.5%	0.8%
比较赞同	10.8%	14.4%	10.2%	5.1%	9.7%	9.1%
中立	50.2%	47.6%	44.3%	31.8%	46.0%	41.8%
比较反对	25.6%	23.8%	27.3%	36.7%	24.2%	29.1%

续表

	高级白领	低级白领	工人/小生意者	农民	无业失业下岗	总计
强烈反对	12.8%	12.8%	17.2%	26.2%	18.6%	19.2%
总计	100.0%	100.0%	100.0%	100.0%	100.0%	100.0%
列总计	743	717	3342	2379	1269	8450

Chi-square test：df = 16，卡方值为351.465，sig = 0.000 < 0.05，所以不同职业的居民在“同居”的回答上存在显著差异。

D3d by A10

您对以下现象的态度是？同性恋 ＊ 职业 Crosstabulation

	高级白领	低级白领	工人/小生意者	农民	无业失业下岗	总计
完全赞同	1.0%	0.4%	0.4%		1.2%	0.5%
比较赞同	2.3%	2.5%	1.4%	1.0%	2.4%	1.6%
中立	28.5%	25.2%	15.1%	9.1%	24.1%	16.8%
比较反对	30.8%	29.9%	34.0%	38.0%	27.1%	33.5%
强烈反对	37.5%	41.9%	49.1%	51.9%	45.2%	47.6%
总计	100.0%	100.0%	100.0%	100.0%	100.0%	100.0%
列总计	731	709	3245	2308	1224	8217

Chi-square test：df = 16，卡方值为326.438，sig = 0.000 < 0.05，所以不同职业的居民在“同性恋”的回答上存在显著差异。

D3e by A10

您对以下现象的态度是？婚外恋 ＊ 职业 Crosstabulation

	高级白领	低级白领	工人/小生意者	农民	无业失业下岗	总计
完全赞同		0.3%	0.3%		0.2%	0.2%
比较赞同	0.9%	1.4%	0.6%	0.6%	0.7%	0.7%
中立	14.3%	10.8%	9.1%	6.5%	12.2%	9.5%
比较反对	27.0%	29.4%	31.3%	31.2%	25.4%	29.8%
强烈反对	57.8%	58.1%	58.6%	61.6%	61.6%	59.8%
总计	100.0%	100.0%	100.0%	100.0%	100.0%	100.0%
列总计	741	711	3320	2350	1257	8379

Chi-square test：df = 16，卡方值为82.454，sig = 0.000 < 0.05，所以不同职业的居民在“婚外恋”的回答上存在显著差异。

D3f by A10

您对以下现象的态度是？丁克家庭 ＊ 职业 Crosstabulation

	高级白领	低级白领	工人/小生意者	农民	无业失业下岗	总计
完全赞同	0.8%	0.6%	0.5%		0.8%	0.5%
比较赞同	2.0%	2.7%	1.6%	1.1%	2.9%	1.8%
中立	42.4%	35.8%	26.6%	14.8%	34.9%	26.9%
比较反对	27.4%	31.5%	31.2%	36.6%	25.2%	31.4%
强烈反对	27.4%	29.5%	40.2%	47.5%	36.1%	39.4%
总计	100.0%	100.0%	100.0%	100.0%	100.0%	100.0%
列总计	708	674	2989	2041	1129	7541

Chi-square test：df = 16，卡方值为366.124，sig =0.000 <0.05，所以不同职业的居民在“丁克家庭”的回答上存在显著差异。

D3g by A10

您对以下现象的态度是？代孕 ＊ 职业 Crosstabulation

	高级白领	低级白领	工人/小生意者	农民	无业失业下岗	总计
完全赞同	0.1%	0.3%	0.4%		0.4%	0.3%
比较赞同	2.2%	2.2%	1.2%	1.1%	1.6%	1.4%
中立	28.6%	26.2%	20.2%	12.1%	22.8%	19.7%
比较反对	29.5%	31.8%	31.7%	36.6%	29.1%	32.4%
强烈反对	39.5%	39.5%	46.6%	50.1%	46.1%	46.2%
总计	100.0%	100.0%	100.0%	100.0%	100.0%	100.0%
列总计	716	673	3055	2078	1149	7671

Chi-square test：df = 16，卡方值为163.316，sig =0.000 <0.05，所以不同职业的居民在“代孕”的回答上存在显著差异。

D4 by A10

您如何看待为了应对拆迁、征地、买房等而出现的“假离婚”现象 ＊ 职业 Crosstabulation

	高级白领	低级白领	工人/小生意者	农民	无业失业下岗	总计
完全赞同	3.4%	2.5%	2.5%	1.7%	1.1%	2.1%
比较赞同	16.2%	18.7%	17.0%	10.6%	13.0%	14.7%
不太赞同	38.2%	36.2%	35.5%	41.5%	42.7%	38.6%
坚决反对	42.3%	42.6%	44.9%	46.2%	43.3%	44.6%

续表

	高级白领	低级白领	工人/小生意者	农民	无业失业下岗	总计
总计	100.0%	100.0%	100.0%	100.0%	100.0%	100.0%
列总计	712	683	3175	2251	1186	8007

Chi-square test：df = 12，卡方值为 86.898，sig = 0.000 < 0.05，所以不同职业的居民在“如何看待为了应对拆迁、征地、买房等而出现的‘假离婚’现象”的回答上存在显著差异。

D5 by A10

如果夫妻中需要一方为对方或家庭做出牺牲，您的态度是 * 职业 Crosstabulation

	高级白领	低级白领	工人/小生意者	农民	无业失业下岗	总计
非常不愿意	3.8%	4.0%	3.3%	1.9%	3.3%	3.0%
不太愿意	21.5%	26.0%	19.9%	18.4%	21.7%	20.4%
比较愿意	54.3%	51.8%	54.4%	51.3%	51.0%	52.8%
愿意，时常这么做	20.5%	18.2%	22.5%	28.5%	24.0%	23.9%
总计	100.0%	100.0%	100.0%	100.0%	100.0%	100.0%
列总计	717	676	3243	2322	1151	8109

Chi-square test：df = 12，卡方值为 71.490，sig = 0.000 < 0.05，所以不同职业的居民在“如果夫妻中需要一方为对方或家庭做出牺牲”的回答上存在显著差异。

D6 by A10

在恋爱或婚姻中，您有为对方而改变自己的意识吗 * 职业 Crosstabulation

	高级白领	低级白领	工人/小生意者	农民	无业失业下岗	总计
有，经常这样做	35.6%	31.7%	32.1%	37.3%	32.3%	33.9%
有，但做起来有些困难	38.4%	40.9%	39.7%	32.2%	33.2%	36.6%
没想过这个问题	20.2%	21.4%	23.0%	25.5%	27.0%	23.9%
无须改变，只有找到愿为我改变的人才是真爱	5.6%	5.9%	5.1%	4.8%	6.4%	5.3%
其他	0.1%		0.1%	0.1%	1.1%	0.3%
总计	100.0%	100.0%	100.0%	100.0%	100.0%	100.0%
列总计	747	723	3392	2444	1283	8589

Chi-square test：df = 16，卡方值为 103.651，sig = 0.000 < 0.05，所以不同职业的居民在“在恋爱或婚姻中，您是否有为对方而改变自己的意识”的回答上存在显著差异。

D7 by A10

在恋爱或婚姻中，你与对方相处的原则是 ＊ 职业 Crosstabulation

	高级白领	低级白领	工人/小生意者	农民	无业失业下岗	总计
我首先对他/她好，然后希望他/她对我好	64.9%	58.2%	57.2%	59.7%	55.3%	58.4%
他/她对我好，我才对他/她好	15.6%	22.7%	21.2%	18.6%	18.8%	19.7%
他/她对我好就行了	13.4%	13.3%	15.9%	15.6%	15.1%	15.2%
总是我对他/她好，他/她对我不那么好	2.7%	2.2%	2.6%	3.2%	3.7%	2.9%
他/她对我不好，我没必要对他/她好	1.3%	1.5%	1.6%	1.2%	2.7%	1.6%
其他	2.1%	2.1%	1.6%	1.7%	4.4%	2.1%
总计	100.0%	100.0%	100.0%	100.0%	100.0%	100.0%
列总计	752	723	3388	2447	1270	8580

Chi-square test：df = 20，卡方值为 85.201，sig = 0.000 < 0.05，所以不同职业的居民在“在恋爱或婚姻中，你与对方相处的原则”的回答上存在显著差异。

D8 by A10

您认为生育孩子是否是一种人生义务 ＊ 职业 Crosstabulation

	高级白领	低级白领	工人/小生意者	农民	无业失业下岗	总计
是，如果大家都不生育，人种会灭绝	24.6%	24.0%	23.1%	29.6%	22.1%	25.0%
是，不生孩子家族延续会中断	29.3%	32.6%	39.9%	47.5%	38.1%	40.2%
不是，但没有孩子将老无所养也过于孤独	32.4%	34.4%	31.3%	20.4%	27.7%	28.0%
不是，自己觉得快乐就行，有孩子负担过重	11.6%	7.9%	5.1%	2.2%	10.3%	5.8%
其他	2.1%	1.1%	0.7%	0.4%	1.8%	0.9%
总计	100.0%	100.0%	100.0%	100.0%	100.0%	100.0%
列总计	752	724	3390	2455	1297	8618

Chi-square test：df = 16，卡方值为 360.622，sig = 0.000 < 0.05，所以不同职业的居民在“生育孩子是否是一种人生义务”的回答上存在显著差异。

D9 by A10

孩子面临重大问题（婚姻、升学、就业等）时，您的态度是 ＊ 职业 Crosstabulation

	高级白领	低级白领	工人/小生意者	农民	无业失业下岗	总计
全部包办，替他们做决定或搞定	4.2%	5.8%	5.5%	6.4%	6.2%	5.8%

续表

	高级白领	低级白领	工人/小生意者	农民	无业失业下岗	总计
积极建议，努力说服他们采纳	23.3%	20.4%	26.3%	26.6%	18.8%	24.5%
只提建议，让他们自己选择	44.3%	34.0%	38.0%	45.2%	37.7%	40.2%
不表态，免得子女将来埋怨	3.6%	5.0%	6.3%	10.2%	7.5%	7.3%
经常提出建议，但大多不起作用	2.4%	2.6%	4.5%	6.1%	2.3%	4.2%
没孩子/孩子太小	21.7%	31.8%	19.3%	5.2%	26.9%	17.7%
其他	0.5%	0.4%	0.2%	0.4%	0.7%	0.4%
总计	100.0%	100.0%	100.0%	100.0%	100.0%	100.0%
列总计	756	726	3403	2460	1317	8662

Chi-square test：df = 24，卡方值为545.410，sig = 0.000 < 0.05，所以不同职业的居民在“孩子面临重大问题（婚姻、升学、就业等）时的态度”的回答上存在显著差异。

D10 by A10

您对子女所提出的有关人生发展方面的建议，是否经常被采纳 ＊ 职业 Crosstabulation

	高级白领	低级白领	工人/小生意者	农民	无业失业下岗	总计
经常被采纳	22.5%	19.9%	18.1%	21.1%	19.4%	19.7%
较多被采纳	65.2%	61.4%	63.6%	59.8%	58.6%	61.7%
基本不采纳	10.9%	15.5%	16.6%	17.9%	19.7%	16.9%
从不被采纳并遭到嘲讽	1.4%	3.2%	1.8%	1.3%	2.3%	1.7%
总计	100.0%	100.0%	100.0%	100.0%	100.0%	100.0%
列总计	506	412	2525	2098	775	6316

Chi-square test：df = 12，卡方值为37.868，sig = 0.000 < 0.05，所以不同职业的居民在对“子女所提出的有关人生发展方面的建议，是否经常被采纳”的回答上存在显著差异。

D11 by A10

您认为现在孩子价值观的形成受何种因素影响最大 ＊ 职业 Crosstabulation

	高级白领	低级白领	工人/小生意者	农民	无业失业下岗	总计
父母	62.6%	59.3%	58.8%	59.0%	60.3%	59.5%
老师	55.3%	58.6%	58.7%	66.2%	57.8%	60.4%
同伴	22.5%	32.9%	26.9%	28.7%	24.6%	27.2%
网络、朋友圈	24.8%	16.6%	19.0%	16.6%	17.9%	18.4%
明星	2.5%	1.9%	2.1%	0.7%	2.0%	1.7%

续表

	高级白领	低级白领	工人/小生意者	农民	无业失业下岗	总计
道德模范	7.4%	7.0%	6.0%	3.7%	5.1%	5.4%
伟大人物	2.9%	2.5%	3.1%	1.9%	1.9%	2.5%
列总计	729	686	3249	2347	1238	8249

据上表所示，不同职业的居民在“现在孩子价值观的形成受何种因素影响最大”的回答上存在显著差异。

D12 by A10

您认为老人是否有义务帮子女带孩子 ＊ 职业 Crosstabulation

	高级白领	低级白领	工人/小生意者	农民	无业失业下岗	总计
有，天经地义的	14.7%	10.3%	17.7%	31.2%	21.9%	21.3%
没有，老人帮助带孙辈，子女应感恩	47.9%	44.2%	42.0%	36.0%	42.4%	41.0%
没有义务，不过带孙辈也是天伦之乐，应该帮助带	33.1%	40.2%	36.4%	29.5%	28.9%	33.3%
没想过	4.4%	5.4%	3.9%	3.4%	6.8%	4.3%
总计	100.0%	100.0%	100.0%	100.0%	100.0%	100.0%
列总计	756	727	3409	2462	1317	8671

Chi-square test：df = 12，卡方值为 281.607，sig = 0.000 < 0.05，所以不同职业的居民在“老人是否有义务帮子女带孩子”的回答上存在显著差异。

D13 by A10

您认为最理想的养老方式是哪种 ＊ 职业 Crosstabulation

	高级白领	低级白领	工人/小生意者	农民	无业失业下岗	总计
敬老院、护理院等专业养老机构	20.6%	17.1%	14.9%	9.1%	11.6%	13.4%
与子女同住	38.1%	42.5%	53.1%	64.4%	47.8%	53.3%
自己单住，生活难以自理时找护工	14.1%	14.9%	14.8%	12.4%	16.2%	14.3%
与兄弟姐妹抱团养老	4.1%	6.7%	4.9%	5.7%	5.5%	5.3%
与志趣相投的人一起养老	21.8%	17.9%	11.0%	7.4%	17.2%	12.4%
其他	1.2%	1.0%	1.3%	1.1%	1.7%	1.3%
总计	100.0%	100.0%	100.0%	100.0%	100.0%	100.0%
列总计	751	727	3403	2459	1316	8656

Chi-square test：df = 20，卡方值为 361.682，sig = 0.000 < 0.05，所以不同职业的居民在“最理想的养老方式”的回答上存在显著差异。

D14 by A10

当父母一方长期生活不能自理时，主要承担照顾工作的人应该是 * 职业 Crosstabulation

	高级白领	低级白领	工人/小生意者	农民	无业失业下岗	总计
子女照顾	39.4%	39.4%	47.0%	49.8%	50.8%	47.1%
父母中还有能力的另一方（老伴儿）	32.7%	33.4%	35.8%	38.8%	29.4%	35.2%
雇保姆，老伴儿协助	8.8%	8.6%	6.1%	4.5%	5.3%	6.0%
雇保姆，子女协助	12.6%	13.2%	7.4%	4.6%	10.2%	8.0%
送护理机构，家人经常探望	5.6%	4.4%	3.3%	1.7%	3.3%	3.1%
其他	0.9%	1.0%	0.4%	0.6%	1.0%	0.6%
总计	100.0%	100.0%	100.0%	100.0%	100.0%	100.0%
列总计	753	725	3401	2451	1315	8645

Chi-square test：df = 20，卡方值为 210.497，sig = 0.000 < 0.05，所以不同职业的居民在“当父母一方长期生活不能自理时，主要承担照顾工作的人是谁”的回答上存在显著差异。

D15 by A10

在过去的十天里，您为父母做过以下哪些事情 * 职业 Crosstabulation

	高级白领	低级白领	工人/小生意者	农民	无业失业下岗	总计
看望	25.8%	23.8%	21.7%	20.4%	16.7%	21.1%
打电话	47.1%	46.4%	39.8%	22.6%	36.2%	35.6%
买东西	32.3%	31.9%	25.4%	16.9%	23.5%	23.9%
陪看病	4.4%	5.1%	4.7%	3.8%	4.1%	4.3%
生活照料	22.2%	26.8%	23.5%	22.7%	19.7%	22.8%
做家务	24.0%	30.4%	25.2%	21.2%	32.5%	25.5%
谈心聊天	28.4%	26.4%	22.7%	14.3%	26.2%	21.6%
给钱	9.6%	12.0%	10.9%	7.8%	6.0%	9.2%
外出游玩	5.6%	3.6%	2.3%	0.9%	3.3%	2.4%
无	4.9%	5.8%	10.2%	10.4%	6.1%	8.8%
父母已去世	12.1%	6.1%	12.9%	31.8%	19.8%	18.7%
列总计	753	727	3407	2450	1320	8657

据上表所示，不同职业的居民在“在过去的十天里为父母做过哪些事情”的回答上存在显著差异。

D16 by A10

您是否觉得孤独 ＊ 职业 Crosstabulation

	高级白领	低级白领	工人/小生意者	农民	无业失业下岗	总计
经常	5.7%	4.8%	5.2%	4.3%	5.6%	5.0%
有时	27.1%	24.0%	22.2%	24.0%	26.7%	24.0%
不太觉得	32.0%	38.1%	34.5%	32.7%	30.4%	33.5%
不觉得	35.2%	33.1%	38.1%	39.0%	37.3%	37.6%
总计	100.0%	100.0%	100.0%	100.0%	100.0%	100.0%
列总计	753	722	3402	2456	1316	8649

Chi-square test：df = 12，卡方值为 32.986，sig ＝0.001 <0.05，所以不同职业在“是否觉得孤独”的回答上存在显著差异。

D17 by A10

现在开展的弘扬好家风好家训活动，您认为有意义吗 ＊ 职业 Crosstabulation

	高级白领	低级白领	工人/小生意者	农民	无业失业下岗	总计
很有意义	75.8%	69.8%	70.3%	70.4%	72.7%	71.2%
可有可无	14.7%	18.2%	17.8%	15.8%	15.7%	16.7%
没有必要	9.5%	12.0%	11.9%	13.7%	11.6%	12.2%
总计	100.0%	100.0%	100.0%	100.0%	100.0%	100.0%
列总计	735	682	3224	2280	1222	8143

Chi-square test：df = 8，卡方值为 19.354，sig ＝0.013 <0.05，所以不同职业的居民在“开展弘扬好家风好家训活动是否有意义”的回答上存在显著差异。

D18 by A10

您所在的地方发生过虐待儿童的事件吗 ＊ 职业 Crosstabulation

	高级白领	低级白领	工人/小生意者	农民	无业失业下岗	总计
经常会发生	6.0%	4.0%	4.9%	3.2%	2.9%	4.1%
偶尔发生	18.6%	19.2%	18.7%	12.5%	17.6%	16.8%
没听说过	75.4%	76.8%	76.4%	84.3%	79.5%	79.0%
总计	100.0%	100.0%	100.0%	100.0%	100.0%	100.0%
列总计	749	725	3389	2454	1317	8634

Chi-square test：df = 6，卡方值为 73.241，sig ＝0.000 <0.05，所以不同职业的居民在“所在的地方发生过虐待儿童的事件”的回答上存在显著差异。

D19 by A10

在大街或社区里，看到行走或生活困难的老人，您经常的反应是 * 职业 Crosstabulation

	高级白领	低级白领	工人/小生意者	农民	无业失业下岗	总计
想到自己的（祖）父母或自己的未来，情不自禁地想帮助他	45.8%	40.7%	44.2%	43.0%	43.5%	43.6%
出于义务责任感，想帮助他	29.8%	29.8%	24.2%	26.5%	27.3%	26.3%
有同情感，但没有想帮助的冲动	21.7%	25.7%	27.4%	24.0%	23.9%	25.3%
没有感觉，习以为常	2.6%	3.7%	4.1%	6.3%	4.5%	4.6%
其他		0.1%		0.2%	0.8%	0.2%
总计	100.0%	100.0%	100.0%	100.0%	100.0%	100.0%
列总计	755	725	3403	2461	1312	8656

Chi-square test：df = 16，卡方值为 81.669，sig = 0.000 < 0.05，所以不同职业的居民在“在大街或社区里，看到行走或生活困难的老人，您经常的反应”的回答上存在显著差异。

D20 by A10

如果您的父母或兄妹偷了别人的东西，警察正在查找，您的行为反应可能是 * 职业 Crosstabulation

	高级白领	低级白领	工人/小生意者	农民	无业失业下岗	总计
批评他，但不会告发	22.2%	22.3%	29.7%	27.7%	20.0%	26.4%
批评他，陪他送回原处或去承认错误	61.9%	58.1%	50.8%	53.4%	56.8%	54.0%
默认，因为他得到的东西正是家庭所急需的	5.3%	8.6%	7.2%	5.5%	5.5%	6.4%
告发，因为出于正义感	5.3%	5.0%	4.2%	5.2%	6.6%	5.0%
告发，因为可能会连累自己	1.3%	2.5%	2.2%	1.8%	2.0%	2.0%
不管不问，由他自己决定	3.7%	3.3%	5.6%	6.0%	8.4%	5.8%
其他	0.1%	0.3%	0.3%	0.4%	0.6%	0.4%
总计	100.0%	100.0%	100.0%	100.0%	100.0%	100.0%
列总计	751	723	3393	2449	1302	8618

Chi-square test：df = 24，卡方值为 128.466，sig = 0.000 < 0.05，所以不同职业的居民在“父母或兄妹偷了别人的东西，您的行为反应”的回答上存在显著差异。

D21 by A10

当独生子女单独组成家庭后，父母和子女哪一种居住方式更好 ＊ 职业 Crosstabulation

	高级白领	低级白领	工人/小生意者	农民	无业失业下岗	总计
单独居住	32.9%	25.1%	27.2%	29.5%	34.6%	29.3%
和父母同住	22.7%	28.1%	34.3%	39.1%	26.2%	32.9%
和父母及祖辈共同居住	7.2%	12.1%	9.1%	8.1%	8.0%	8.8%
和父母靠近居住	36.7%	34.7%	28.7%	22.5%	30.3%	28.4%
其他	0.5%		0.7%	0.8%	0.8%	0.7%
总计	100.0%	100.0%	100.0%	100.0%	100.0%	100.0%
列总计	753	726	3408	2459	1317	8663

Chi-square test：df = 16，卡方值为 183.126，sig = 0.000 < 0.05，所以不同职业的居民在“当独生子女单独组成家庭后，父母和子女哪一种居住方式更好”的回答上存在显著差异。

D22 by A10

您是否认为把老人送到养老院是不孝行为 ＊ 职业 Crosstabulation

	高级白领	低级白领	工人/小生意者	农民	无业失业下岗	总计
是	11.9%	13.2%	17.4%	24.4%	20.5%	19.0%
相对而言，部分是	52.6%	56.3%	54.1%	48.7%	47.6%	51.7%
不是	35.1%	30.4%	28.2%	26.4%	31.6%	29.0%
其他	0.4%	0.1%	0.3%	0.4%	0.3%	0.3%
总计	100.0%	100.0%	100.0%	100.0%	100.0%	100.0%
列总计	755	727	3393	2452	1318	8645

Chi-square test：df = 12，卡方值为 114.303，sig = 0.000 < 0.05，所以不同职业的居民在“认为把老人送到养老院是否是不孝行为”的回答上存在显著差异。

E1 by A10

您认为企业最重要的社会责任是什么 ＊ 职业 Crosstabulation

	高级白领	低级白领	工人/小生意者	农民	无业失业下岗	总计
为企业和企业股东自身赚钱	12.7%	13.2%	14.4%	15.7%	12.5%	14.2%
通过依法纳税为国家积累财富	23.1%	24.3%	21.3%	22.2%	24.4%	22.4%
通过诚信经营提供质量可靠的产品，满足社会大众生活需求	59.6%	57.2%	58.6%	52.9%	56.0%	56.7%
为员工谋福利	4.1%	4.8%	5.5%	9.1%	6.7%	6.4%

续表

	高级白领	低级白领	工人/小生意者	农民	无业失业下岗	总计
其他	0.5%	0.4%	0.2%	0.1%	0.4%	0.3%
总计	100.0%	100.0%	100.0%	100.0%	100.0%	100.0%
列总计	735	711	3226	2121	1153	7946

Chi-square test：df = 16，卡方值为 63.886，sig = 0.000 < 0.05，所以不同职业的居民在“企业最重要的社会责任”的回答上存在显著差异。

E2a by A10

下列关于企业的说法，您的同意程度是？只要能为员工谋福利就是一个好单位 ＊ 职业 Crosstabulation

	高级白领	低级白领	工人/小生意者	农民	无业失业下岗	总计
完全同意	12.2%	15.3%	15.8%	15.4%	12.9%	14.9%
比较同意	50.3%	48.9%	57.3%	55.7%	49.8%	54.4%
不太同意	32.6%	31.5%	24.4%	26.8%	32.6%	27.6%
完全不同意	4.9%	4.2%	2.5%	2.2%	4.7%	3.1%
总计	100.0%	100.0%	100.0%	100.0%	100.0%	100.0%
列总计	737	711	3280	2201	1195	8124

Chi-square test：df = 12，卡方值为 89.469，sig = 0.000 < 0.05，所以不同职业的居民在“只要能为员工谋福利就是一个好单位”同意程度的回答上存在显著差异。

E2b by A10

下列关于企业的说法，您的同意程度是？经济效益好坏是衡量企业成败的唯一标准 ＊ 职业 Crosstabulation

	高级白领	低级白领	工人/小生意者	农民	无业失业下岗	总计
完全同意	6.7%	10.3%	10.1%	11.6%	8.9%	10.1%
比较同意	35.7%	35.9%	44.2%	48.0%	35.6%	42.4%
不太同意	49.7%	43.0%	40.5%	36.5%	47.1%	41.5%
完全不同意	7.9%	10.7%	5.1%	3.9%	8.4%	6.0%
总计	100.0%	100.0%	100.0%	100.0%	100.0%	100.0%
列总计	733	707	3243	2139	1167	7989

Chi-square test：df = 12，卡方值为 15.668，sig = 0.000 < 0.05，所以不同职业的居民在“经济效益好坏是衡量企业成败的唯一标准”同意程度的回答上存在显著差异。

E2c by A10

下列关于企业的说法，您的同意程度是？企业做慈善都是做做样子，其实还是在为自己做广告 ＊ 职业 Crosstabulation

	高级白领	低级白领	工人/小生意者	农民	无业失业下岗	总计
完全同意	3.7%	7.4%	6.5%	6.3%	4.7%	6.0%
比较同意	35.3%	37.8%	41.6%	43.8%	40.3%	41.1%
不太同意	52.3%	46.4%	45.9%	45.7%	48.2%	46.8%
完全不同意	8.7%	8.4%	6.0%	4.2%	6.8%	6.1%
总计	100.0%	100.0%	100.0%	100.0%	100.0%	100.0%
列总计	728	704	3212	2112	1148	7904

Chi-square test：df = 12，卡方值为 59.350，sig = 0.006 < 0.05，所以不同职业的居民在“企业做慈善都是做做样子，其实还是在为自己做广告”同意程度的回答上存在显著差异。

E2d by A10

下列关于企业的说法，您的同意程度是？企业和员工之间只是合同关系，效益好就好好干，效益不好就跳槽 ＊ 职业 Crosstabulation

	高级白领	低级白领	工人/小生意者	农民	无业失业下岗	总计
完全同意	3.7%	5.5%	6.6%	6.1%	5.3%	5.9%
比较同意	22.8%	29.5%	30.2%	35.8%	27.7%	30.6%
不太同意	56.3%	51.2%	51.8%	48.9%	52.0%	51.4%
完全不同意	17.3%	13.8%	11.3%	9.2%	15.0%	12.0%
总计	100.0%	100.0%	100.0%	100.0%	100.0%	100.0%
列总计	736	711	3277	2160	1173	8057

Chi-square test：df = 12，卡方值为 96.906，sig = 0.000 < 0.05，所以不同职业的居民在“企业和员工之间只是合同关系，效益好就好好干，效益不好就跳槽”同意程度的回答上存在显著差异。

E2e by A10

下列关于企业的说法，您的同意程度是？企业不需要对员工讲什么伦理关怀，员工表现好就发奖金，不好就辞退 ＊ 职业 Crosstabulation

	高级白领	低级白领	工人/小生意者	农民	无业失业下岗	总计
完全同意	3.0%	4.5%	5.3%	3.6%	4.4%	4.5%
比较同意	17.9%	24.4%	24.9%	25.8%	20.6%	23.8%
不太同意	55.6%	53.0%	53.8%	59.3%	55.8%	55.7%
完全不同意	23.6%	18.1%	15.9%	11.2%	19.1%	16.0%

续表

	高级白领	低级白领	工人/小生意者	农民	无业失业下岗	总计
总计	100.0%	100.0%	100.0%	100.0%	100.0%	100.0%
列总计	738	709	3265	2167	1182	8061

Chi-square test：df = 12，卡方值为 108.209，sig = 0.000 < 0.05，所以不同职业的居民在“企业不需要对员工讲什么伦理关怀，员工表现好就发奖金，不好就辞退”同意程度的回答上存在显著差异。

E2f by A10

下列关于企业的说法，您的同意程度是？企业为了履行社会责任，应当放弃一些自身利益 * 职业 Crosstabulation

	高级白领	低级白领	工人/小生意者	农民	无业失业下岗	总计
完全同意	23.5%	21.3%	22.4%	20.5%	21.2%	21.7%
比较同意	47.5%	47.7%	50.6%	53.3%	50.8%	50.8%
不太同意	24.1%	25.3%	23.1%	22.6%	23.6%	23.3%
完全不同意	4.9%	5.6%	3.8%	3.6%	4.5%	4.1%
总计	100.0%	100.0%	100.0%	100.0%	100.0%	100.0%
列总计	735	708	3262	2172	1176	8053

Chi-square test：df = 12，卡方值为 18.935，sig = 0.090 > 0.05，所以不同职业的居民在“企业为了履行社会责任，应当放弃一些自身利益”同意程度的回答上不存在显著差异。

E2g by A10

下列关于企业的说法，您的同意程度是？讲信用、遵循道德规范的企业能够获得更好的利益 * 职业 Crosstabulation

	高级白领	低级白领	工人/小生意者	农民	无业失业下岗	总计
完全同意	30.9%	24.8%	24.5%	24.0%	28.9%	25.6%
比较同意	46.7%	52.8%	53.9%	56.8%	49.4%	53.3%
不太同意	18.3%	18.1%	18.5%	16.6%	18.7%	18.0%
完全不同意	4.1%	4.4%	3.1%	2.6%	3.0%	3.2%
总计	100.0%	100.0%	100.0%	100.0%	100.0%	100.0%
列总计	732	703	3287	2179	1188	8089

Chi-square test：df = 12，卡方值为 42.033，sig = 0.001 < 0.05，所以不同职业的居民在“讲信用、遵循道德规范的企业能够获得更好的利益”同意程度的回答上存在显著差异。

E2h by A10

下列关于企业的说法，您的同意程度是？企业只是一台赚钱的机器，能赚钱就行，无所谓社会责任，声誉也不重要 ＊ 职业 Crosstabulation

	高级白领	低级白领	工人/小生意者	农民	无业失业下岗	总计
完全同意	2.9%	1.4%	2.8%	2.0%	3.4%	2.5%
比较同意	14.7%	17.7%	16.9%	17.0%	16.1%	16.7%
不太同意	45.1%	48.1%	53.8%	60.9%	52.7%	54.2%
完全不同意	37.4%	32.8%	26.6%	20.1%	27.9%	26.6%
总计	100.0%	100.0%	100.0%	100.0%	100.0%	100.0%
列总计	730	707	3231	2147	1164	7979

Chi-square test：df = 12，卡方值为 124.601，sig = 0.000 < 0.05，所以不同职业的居民在“企业只是一台赚钱的机器，能赚钱就行，无所谓社会责任，声誉也不重要”同意程度的回答上存在显著差异。

E2i by A10

下列关于企业的说法，您的同意程度是？同样的产品，国企生产的比私企的更有保障 ＊ 职业 Crosstabulation

	高级白领	低级白领	工人/小生意者	农民	无业失业下岗	总计
完全同意	8.5%	6.7%	7.1%	7.6%	10.3%	7.8%
比较同意	39.7%	36.9%	41.3%	49.4%	40.9%	42.8%
不太同意	41.8%	46.4%	41.9%	35.1%	40.1%	40.2%
完全不同意	10.1%	10.0%	9.7%	8.0%	8.7%	9.2%
总计	100.0%	100.0%	100.0%	100.0%	100.0%	100.0%
列总计	696	670	3087	2002	1081	7536

Chi-square test：df = 12，卡方值为 69.129，sig = 0.000 < 0.05，所以不同职业的居民在“同样的产品，国企生产的比私企的更有保障”同意程度的回答上存在显著差异。

E3 by A10

下面哪种说法更符合或接近您的个人想法 ＊ 职业 Crosstabulation

	高级白领	低级白领	工人/小生意者	农民	无业失业下岗	总计
个人和工作单位之间是聘用或雇用关系，通过工资和付出劳动满足彼此需求	35.5%	44.6%	49.6%	50.0%	41.4%	46.9%
不只是利益关系，应当还有很多情感的联系，应当共命运	38.9%	39.2%	34.7%	33.3%	37.2%	35.4%

续表

	高级白领	低级白领	工人/小生意者	农民	无业失业下岗	总计
个人是单位的一分子，单位如同个人的另一个家	25.4%	16.2%	15.6%	16.3%	20.8%	17.5%
其他	0.3%		0.1%	0.4%	0.6%	0.3%
总计	100.0%	100.0%	100.0%	100.0%	100.0%	100.0%
列总计	749	722	3334	2384	1248	8437

Chi-square test：df = 12，卡方值为 105.890，sig = 0.000 < 0.05，所以不同职业的居民在“下面哪种说法更符合或接近您的个人想法”的回答上存在显著差异。

E4a by A10

您对自己所在企业履行下列责任的满意情况如何？劳动安全保障 * 职业 Crosstabulation

	高级白领	低级白领	工人/小生意者	农民	无业失业下岗	总计
非常不满意	3.8%	1.9%	3.1%	2.7%	5.5%	3.3%
不太满意	15.8%	18.3%	21.9%	20.4%	29.3%	21.5%
比较满意	69.3%	71.5%	69.2%	72.5%	59.0%	68.9%
非常满意	11.1%	8.3%	5.8%	4.4%	6.2%	6.4%
总计	100.0%	100.0%	100.0%	100.0%	100.0%	100.0%
列总计	703	698	2952	1376	813	6542

Chi-square test：df = 12，卡方值为 111.192，sig = 0.000 < 0.05，所以不同职业的居民在对“自己所在企业履行劳动安全保障责任的满意情况”的回答上存在显著差异。

E4b by A10

您对自己所在企业履行下列责任的满意情况如何？员工薪酬合理 * 职业 Crosstabulation

	高级白领	低级白领	工人/小生意者	农民	无业失业下岗	总计
非常不满意	2.7%	2.6%	2.5%	1.5%	4.4%	2.6%
不太满意	19.0%	24.1%	25.4%	26.4%	28.5%	25.2%
比较满意	67.3%	58.0%	63.9%	65.8%	56.8%	63.2%
非常满意	11.0%	15.3%	8.2%	6.3%	10.3%	9.1%
总计	100.0%	100.0%	100.0%	100.0%	100.0%	100.0%
列总计	701	705	2976	1374	818	6574

Chi-square test：df = 12，卡方值为 92.731，sig = 0.000 < 0.05，所以不同职业的居民在对“自己所在企业履行员工薪酬合理责任的满意情况”的回答上存在显著差异。

E4c by A10

您对自己所在企业履行下列责任的满意情况如何？关心员工生活 ＊ 职业 Crosstabulation

	高级白领	低级白领	工人/小生意者	农民	无业失业下岗	总计
非常不满意	2.9%	1.3%	2.7%	2.7%	5.1%	2.9%
不太满意	20.3%	22.9%	26.0%	24.1%	31.1%	25.3%
比较满意	63.4%	61.3%	61.3%	67.1%	53.3%	61.7%
非常满意	13.5%	14.5%	10.0%	6.1%	10.5%	10.1%
总计	100.0%	100.0%	100.0%	100.0%	100.0%	100.0%
列总计	696	698	2943	1334	808	6479

Chi-square test：df = 12，卡方值为 99.147，sig = 0.001 < 0.05，所以不同职业的居民在对“自己所在企业履行关心员工生活责任的满意情况”的回答上存在显著差异。

E4d by A10

您对自己所在企业履行下列责任的满意情况如何？诚实守法经营 ＊ 职业 Crosstabulation

	高级白领	低级白领	工人/小生意者	农民	无业失业下岗	总计
非常不满意	1.9%	1.8%	1.5%	1.3%	3.0%	1.7%
不太满意	14.3%	14.5%	14.8%	15.7%	20.8%	15.7%
比较满意	71.9%	68.2%	73.9%	76.9%	69.1%	73.2%
非常满意	11.9%	15.5%	9.8%	6.1%	7.1%	9.4%
总计	100.0%	100.0%	100.0%	100.0%	100.0%	100.0%
列总计	697	670	2931	1600	875	6773

Chi-square test：df = 12，卡方值为 91.289，sig = 0.000 < 0.05，所以不同职业的居民在对“自己所在企业履行诚实守法经营责任的满意情况”的回答上存在显著差异。

E4e by A10

您对自己所在企业履行下列责任的满意情况如何？产品质量可靠 ＊ 职业 Crosstabulation

	高级白领	低级白领	工人/小生意者	农民	无业失业下岗	总计
非常不满意	2.0%	1.3%	0.9%	1.2%	1.6%	1.2%
不太满意	12.5%	11.6%	12.0%	16.5%	18.5%	13.9%
比较满意	71.2%	69.5%	74.9%	74.8%	68.2%	73.1%

续表

	高级白领	低级白领	工人/小生意者	农民	无业失业下岗	总计
非常满意	14.3%	17.6%	12.2%	7.5%	11.7%	11.8%
总计	100.0%	100.0%	100.0%	100.0%	100.0%	100.0%
列总计	687	675	2935	1633	880	6810

Chi-square test：df = 12，卡方值为 95.545，sig = 0.000 < 0.05，所以不同职业的居民在对“自己所在企业履行产品质量可靠责任的满意情况”的回答上存在显著差异。

E4f by A10

您对自己所在企业履行下列责任的满意情况如何？环境保护措施 * 职业 Crosstabulation

	高级白领	低级白领	工人/小生意者	农民	无业失业下岗	总计
非常不满意	4.0%	3.0%	3.1%	4.4%	6.4%	3.9%
不太满意	22.3%	18.5%	24.0%	24.3%	28.7%	24.0%
比较满意	57.8%	61.7%	60.6%	63.3%	53.1%	60.0%
非常满意	15.9%	16.8%	12.3%	8.0%	11.9%	12.1%
总计	100.0%	100.0%	100.0%	100.0%	100.0%	100.0%
列总计	678	643	2752	1516	865	6454

Chi-square test：df = 12，卡方值为 89.394，sig = 0.000 < 0.05，所以不同职业的居民在对“自己所在企业履行环境保护措施责任的满意情况”的回答上存在显著差异。

E4g by A10

您对自己所在企业履行下列责任的满意情况如何？慈善公益事业 * 职业 Crosstabulation

	高级白领	低级白领	工人/小生意者	农民	无业失业下岗	总计
非常不满意	3.2%	3.1%	2.8%	3.5%	5.6%	3.4%
不太满意	21.2%	22.8%	23.0%	24.6%	27.5%	23.7%
比较满意	62.9%	61.8%	62.2%	64.5%	55.2%	61.8%
非常满意	12.7%	12.3%	12.0%	7.4%	11.7%	11.0%
总计	100.0%	100.0%	100.0%	100.0%	100.0%	100.0%
列总计	628	587	2283	1226	710	5434

Chi-square test：df = 12，卡方值为 4.793，sig = 0.000 < 0.05，所以不同职业的居民在对“自己所在企业履行慈善公益事业责任的满意情况”的回答上存在显著差异。

E5 by A10

您对本地的或自己熟悉的企业家的道德状况怎么评价 * 职业 Crosstabulation

	高级白领	低级白领	工人/小生意者	农民	无业失业下岗	总计
总体还不错	55.9%	42.8%	42.4%	40.6%	44.0%	43.5%
普遍比较差	17.9%	17.2%	20.0%	19.6%	22.3%	19.7%
和普通群众没有太大差别	26.2%	40.0%	37.6%	39.8%	33.7%	36.8%
总计	100.0%	100.0%	100.0%	100.0%	100.0%	100.0%
列总计	642	640	2837	1752	924	6795

Chi-square test：df = 8，卡方值为 62.179，sig = 0.000 < 0.05，所以不同职业的居民在“对本地的或自己熟悉的企业家的道德状况评价”的回答上存在显著差异。

E6a by A10

对公务员道德状况的满意度 * 职业 Crosstabulation

	高级白领	低级白领	工人/小生意者	农民	无业失业下岗	总计
非常满意	6.7%	6.5%	4.2%	2.6%	6.2%	4.5%
比较满意	67.6%	68.4%	68.0%	66.8%	62.4%	66.9%
不太满意	22.4%	23.4%	24.6%	27.8%	28.0%	25.6%
非常不满意	3.2%	1.7%	3.2%	2.8%	3.3%	3.0%
总计	100.0%	100.0%	100.0%	100.0%	100.0%	100.0%
列总计	714	689	3067	2033	1110	7613

Chi-square test：df = 12，卡方值为 58.633，sig = 0.000 < 0.05，所以不同职业的居民在“对公务员道德状况的满意度”的回答上存在显著差异。

E6b by A10

对医生道德状况的满意度 * 职业 Crosstabulation

	高级白领	低级白领	工人/小生意者	农民	无业失业下岗	总计
非常满意	8.7%	12.5%	5.4%	3.9%	8.6%	6.3%
比较满意	63.7%	60.6%	63.3%	63.5%	62.3%	63.0%
不太满意	22.3%	24.1%	28.0%	28.3%	26.2%	27.0%
非常不满意	5.4%	2.8%	3.3%	4.3%	2.9%	3.7%
总计	100.0%	100.0%	100.0%	100.0%	100.0%	100.0%
列总计	728	706	3265	2286	1204	8189

Chi-square test：df = 12，卡方值为 107.408，sig = 0.000 < 0.05，所以不同职业的居民在“对医生道德状况的满意度”的回答上存在显著差异。

E6c by A10

对教师道德状况的满意度 ＊ 职业 Crosstabulation

	高级白领	低级白领	工人/小生意者	农民	无业失业下岗	总计
非常满意	12.3%	14.0%	9.2%	6.7%	12.2%	9.7%
比较满意	61.7%	60.7%	66.5%	68.0%	63.7%	65.6%
不太满意	21.4%	21.8%	20.4%	21.7%	21.1%	21.1%
非常不满意	4.5%	3.4%	3.9%	3.5%	3.0%	3.7%
总计	100.0%	100.0%	100.0%	100.0%	100.0%	100.0%
列总计	732	705	3265	2291	1220	8213

Chi-square test：df = 12，卡方值为 60.854，sig = 0.000 < 0.05，所以不同职业的居民在“对教师道德状况的满意度”的回答上存在显著差异。

E6d by A10

对个体工商户道德状况的满意度 ＊ 职业 Crosstabulation

	高级白领	低级白领	工人/小生意者	农民	无业失业下岗	总计
非常满意	4.6%	7.8%	4.6%	4.0%	5.7%	4.9%
比较满意	61.4%	59.2%	64.1%	63.8%	56.5%	62.2%
不太满意	28.1%	27.8%	27.5%	29.7%	32.5%	28.9%
非常不满意	5.9%	5.2%	3.8%	2.4%	5.3%	4.0%
总计	100.0%	100.0%	100.0%	100.0%	100.0%	100.0%
列总计	725	693	3227	2260	1184	8089

Chi-square test：df = 12，卡方值为 65.611，sig = 0.000 < 0.05，所以不同职业的居民在“对个体工商户道德状况的满意度”的回答上存在显著差异。

E7a by A10

怎么称呼周围那些经营企业或做生意发了财的人？企业家 ＊ 宗教信 Crosstabulation

	高级白领	低级白领	工人/小生意者	农民	无业失业下岗	总计
未选中	83.9%	85.6%	91.4%	94.0%	87.9%	90.4%
选中	16.1%	14.4%	8.6%	6.0%	12.1%	9.6%
总计	100.0%	100.0%	100.0%	100.0%	100.0%	100.0%
列总计	757	728	3408	2463	1324	8680

Chi-square test：df = 4，卡方值为 105.824，sig = 0.000 < 0.05，所以不同职业的居民在“周围那些经营企业或做生意发了财的人是否被称为企业家”的回答上存在显著差异。

E7b by A10

怎么称呼周围那些经营企业或做生意发了财的人？老板 ＊ 职业 Crosstabulation

	高级白领	低级白领	工人/小生意者	农民	无业失业下岗	总计
未选中	23.5%	17.9%	16.4%	15.9%	23.7%	18.1%
选中	76.5%	82.1%	83.6%	84.1%	76.3%	81.9%
总计	100.0%	100.0%	100.0%	100.0%	100.0%	100.0%
列总计	757	728	3408	2463	1324	8680

Chi-square test：df = 3，卡方值为 57.922，sig = 0.000 < 0.05，所以不同职业的居民在“周围那些经营企业或做生意发了财的人是否被称为老板”的回答上存在显著差异。

E7c by A10

怎么称呼周围那些经营企业或做生意发了财的人？商人 ＊ 职业 Crosstabulation

	高级白领	低级白领	工人/小生意者	农民	无业失业下岗	总计
未选中	74.9%	75.7%	79.8%	81.3%	82.4%	79.8%
选中	25.1%	24.3%	20.2%	18.7%	17.6%	20.2%
总计	100.0%	100.0%	100.0%	100.0%	100.0%	100.0%
列总计	757	728	3408	2463	1324	8680

Chi-square test：df = 3，卡方值为 27.861，sig = 0.000 < 0.05，所以不同职业的居民在“周围那些经营企业或做生意发了财的人是否被称为商人”的回答上存在显著差异。

E7d by A10

怎么称呼周围那些经营企业或做生意发了财的人？生意人 ＊ 职业 Crosstabulation

	高级白领	低级白领	工人/小生意者	农民	无业失业下岗	总计
未选中	76.8%	77.6%	74.4%	80.3%	76.6%	76.9%
选中	23.2%	22.4%	25.6%	19.7%	23.4%	23.1%
总计	100.0%	100.0%	100.0%	100.0%	100.0%	100.0%
列总计	757	728	3408	2463	1324	8680

Chi-square test：df = 4，卡方值为 28.524，sig = 0.000 < 0.05，所以不同职业的居民在“周围那些经营企业或做生意发了财的人是否被称为生意人”的回答上存在显著差异。

E7e by A10

怎么称呼周围那些经营企业或做生意发了财的人？土豪 ＊ 职业 Crosstabulation

	高级白领	低级白领	工人/小生意者	农民	无业失业下岗	总计
未选中	90.8%	90.4%	93.1%	95.6%	92.2%	93.2%

续表

	高级白领	低级白领	工人/小生意者	农民	无业失业下岗	总计
选中	9.2%	9.6%	6.9%	4.4%	7.8%	6.8%
总计	100.0%	100.0%	100.0%	100.0%	100.0%	100.0%
列总计	757	728	3408	2463	1324	8680

Chi-square test：df=3，卡方值为40.434，sig =0.000<0.05，所以不同职业的居民在“周围那些经营企业或做生意发了财的人是否被称为土豪”的回答上存在显著差异。

E7f by A10

怎么称呼周围那些经营企业或做生意发了财的人？暴发户 ＊ 职业 Crosstabulation

	高级白领	低级白领	工人/小生意者	农民	无业失业下岗	总计
未选中	92.6%	92.3%	94.2%	94.6%	93.3%	93.8%
选中	7.4%	7.7%	5.8%	5.4%	6.7%	6.2%
总计	100.0%	100.0%	100.0%	100.0%	100.0%	100.0%
列总计	757	728	3408	2463	1324	8680

Chi-square test：df=4，卡方值为8.508，sig =0.075>0.05，所以不同职业的居民在“周围那些经营企业或做生意发了财的人是否被称为暴发户”的回答上不存在显著差异。

E7g by A10

怎么称呼周围那些经营企业或做生意发了财的人？其他 ＊ 职业 Crosstabulation

	高级白领	低级白领	工人/小生意者	农民	无业失业下岗	总计
未选中	99.5%	99.3%	99.4%	98.8%	99.2%	99.2%
选中	0.5%	0.7%	0.6%	1.2%	0.8%	0.8%
总计	100.0%	100.0%	100.0%	100.0%	100.0%	100.0%
列总计	756	728	3406	2456	1320	8666

Chi-square test：df=3，卡方值为6.286，sig =0.179>0.05，所以不同职业的居民在“周围那些经营企业或做生意发了财的人是否有其他称谓”的回答上不存在显著差异。

E8 by A10

如果您有一个不错的家庭企业，但儿子或女儿缺乏经营能力或经营兴趣，难以交班，您可能选择 ＊ 职业 Crosstabulation

	高级白领	低级白领	工人/小生意者	农民	无业失业下岗	总计
培养儿媳或女婿，交给她/他经营	29.8%	28.5%	32.9%	35.8%	28.8%	32.5%

续表

	高级白领	低级白领	工人/小生意者	农民	无业失业下岗	总计
交给儿媳和女婿有风险，离婚了怎么办，还是自己撑到有第三代接管	16.2%	19.0%	19.5%	16.5%	15.4%	17.7%
找一个懂经营的职业经理人，我们家庭成员做董事长	45.0%	45.6%	33.0%	27.6%	38.7%	34.5%
做一天是一天，最后将钞票留给子孙，但外人不可靠，不能交给外人	7.0%	6.0%	13.0%	18.1%	13.8%	13.4%
其他	2.0%	0.8%	1.6%	1.9%	3.3%	1.9%
总计	100.0%	100.0%	100.0%	100.0%	100.0%	100.0%
列总计	746	715	3314	2346	1211	8332

Chi-square test：df = 16，卡方值为 231.910，sig = 0.000 < 0.05，所以不同职业的居民在“如果您有一个不错的家庭企业，但儿子或女儿缺乏经营能力或经营兴趣，难以交班，您可能选择”的回答上存在显著差异。

E9 by A10

在市场上购买食品、衣物、家用电器等商品时，您觉得有安全感吗 ＊ 职业 Crosstabulation

	高级白领	低级白领	工人/小生意者	农民	无业失业下岗	总计
有安全感，相信产品质量	30.8%	24.8%	23.8%	24.6%	24.5%	24.8%
没安全感，不相信他们的标签，常担心质量问题影响自己的健康	21.7%	24.1%	23.8%	21.8%	21.4%	22.7%
没安全感，担心在价格上被欺骗，要货比三家	16.0%	19.9%	21.1%	24.5%	20.5%	21.4%
一般还可以，相信大商店的产品，不相信小商店和地摊货	31.6%	30.7%	31.2%	28.8%	33.0%	30.8%
其他		0.6%	0.1%	0.2%	0.5%	0.3%
总计	100.0%	100.0%	100.0%	100.0%	100.0%	100.0%
列总计	757	727	3405	2452	1320	8661

Chi-square test：df = 16，卡方值为 54.825，sig = 0.000 < 0.05，所以不同职业的居民在“在市场上购买食品、衣物、家用电器等商品时有无安全感”的回答上存在显著差异。

E10 by A10

您怎么看待电视、报纸和其他主流媒体上的广告 ＊ 职业 Crosstabulation

	高级白领	低级白领	工人/小生意者	农民	无业失业下岗	总计
相信，因为是明星们推荐的	11.9%	18.0%	15.1%	14.7%	15.3%	15.0%

续表

	高级白领	低级白领	工人/小生意者	农民	无业失业下岗	总计
将信将疑，眼见为真	54.2%	47.5%	44.7%	45.4%	52.4%	47.1%
不相信，是企业和那些明星联合起来忽悠大众	23.6%	25.7%	27.6%	29.2%	22.8%	26.8%
讨厌，既欺骗大众，又占用公共媒体资源	9.9%	8.3%	12.1%	9.8%	8.5%	10.4%
其他	0.3%	0.6%	0.5%	0.9%	1.1%	0.7%
总计	100.0%	100.0%	100.0%	100.0%	100.0%	100.0%
列总计	754	727	3382	2444	1298	8605

Chi-square test：df = 16，卡方值为 75.194，sig = 0.000 < 0.05，所以不同职业的居民在“如何看待电视、报纸和其他主流媒体上的广告”的回答上存在显著差异。

E11 by A10

您怎么看待现在一些企业做公益和慈善 * 职业 Crosstabulation

	高级白领	低级白领	工人/小生意者	农民	无业失业下岗	总计
是做善事，把赚的公众的钱还给社会	32.7%	27.2%	24.2%	25.3%	30.8%	26.5%
是在作秀，为自己树牌坊	14.8%	20.8%	19.5%	15.8%	16.7%	17.7%
是做广告，把弱势群体当作宣传自己的工具	22.6%	23.4%	26.9%	23.5%	19.1%	24.1%
做总比不做好，随他去吧	29.2%	28.3%	28.9%	35.1%	32.2%	31.1%
其他	0.7%	0.3%	0.5%	0.3%	1.2%	0.6%
总计	100.0%	100.0%	100.0%	100.0%	100.0%	100.0%
列总计	749	727	3366	2401	1285	8528

Chi-square test：df = 16，卡方值为 107.323，sig = 0.000 < 0.05，所以不同职业的居民在“如何看待现在一些企业做公益和慈善”的回答上存在显著差异。

E12 by A10

一些政府机关、企事业单位和大中小学，利用权力为本单位的职工子女在入学、招工中提供特殊政策，您认为这种行为道德吗 * 职业 Crosstabulation

	高级白领	低级白领	工人/小生意者	农民	无业失业下岗	总计
为本单位人员谋福利，符合道德	19.4%	21.5%	16.9%	13.9%	15.8%	16.5%
以权谋私，不道德	29.5%	27.8%	35.6%	38.8%	35.8%	35.4%

续表

	高级白领	低级白领	工人/小生意者	农民	无业失业下岗	总计
是对社会公众的不公平，严重不道德	29.9%	31.7%	31.2%	32.1%	27.6%	30.8%
符合本单位员工利益，但严重侵蚀社会道德	16.3%	14.5%	10.3%	7.9%	11.9%	10.7%
无所谓道德不道德	4.9%	4.5%	6.0%	7.3%	8.9%	6.6%
总计	100.0%	100.0%	100.0%	100.0%	100.0%	100.0%
列总计	753	726	3393	2446	1312	8630

Chi-square test：df = 16，卡方值为 132.739，sig = 0.000 < 0.05，所以不同职业的居民在“一些政府机关、企事业单位和大中小学，利用权力为本单位的职工子女在入学、招工中提供特殊政策，您认为这种行为道德吗”的回答上存在显著差异。

E13 by A10

如果您所在的单位有一项举措可以提高集体福利并使您个人得到利益，但会造成环境污染或社会公害，您会举报吗 * 职业 Crosstabulation

	高级白领	低级白领	工人/小生意者	农民	无业失业下岗	总计
会	70.3%	61.1%	64.8%	66.0%	65.4%	65.4%
不会	29.7%	38.9%	35.2%	34.0%	34.6%	34.6%
总计	100.0%	100.0%	100.0%	100.0%	100.0%	100.0%
列总计	753	718	3374	2440	1304	8589

Chi-square test：df = 4，卡方值为 14.562，sig = 0.006 < 0.05，所以不同职业的居民在“如果您所在的单位有一项举措可以提高集体福利并使您个人得到利益，但会造成环境污染或社会公害，您会举报吗”的回答上存在显著差异。

E14 by A10

您认为您所工作的单位同事之间是何种关系 * 职业 Crosstabulation

	高级白领	低级白领	工人/小生意者	农民	无业失业下岗	总计
平等合作关系	67.6%	53.5%	57.0%	59.3%	55.8%	58.2%
利益竞争关系	24.1%	32.3%	29.2%	18.0%	25.4%	25.2%
彼此没有关系	7.7%	13.6%	12.7%	18.2%	13.8%	14.1%
其他	0.5%	0.6%	1.1%	4.5%	5.0%	2.5%
总计	100.0%	100.0%	100.0%	100.0%	100.0%	100.0%
列总计	754	719	3348	2415	1214	8450

Chi-square test：df = 12，卡方值为 275.442，sig = 0.000 < 0.05，所以不同职业的居民在“所工作的单位同事之间的关系”的回答上存在显著差异。

E15 by A10

为了单位组织的利益，你的单位是否会默认员工做违背道德的事情 ＊ 职业 Crosstabulation

	高级白领	低级白领	工人/小生意者	农民	无业失业下岗	总计
常常	6.5%	4.4%	5.7%	5.1%	5.3%	5.5%
较多	11.8%	16.4%	16.6%	12.7%	14.1%	14.8%
一般	18.2%	28.3%	26.5%	20.6%	28.3%	24.5%
较少	30.3%	26.8%	24.3%	28.6%	26.4%	26.5%
从来没有	33.1%	24.1%	26.9%	33.0%	25.9%	28.7%
总计	100.0%	100.0%	100.0%	100.0%	100.0%	100.0%
列总计	676	642	2835	1770	881	6804

Chi-square test：df = 16，卡方值为 93.353，sig = 0.150 > 0.05，所以不同职业的居民在“为了单位组织的利益，你的单位是否会默认员工做违背道德的事情”的回答上不存在显著差异。

E16a by A10

您所工作的单位是否存在以下现象：给领导干部送礼讨好 ＊ 职业 Crosstabulation

	高级白领	低级白领	工人/小生意者	农民	无业失业下岗	总计
未选中	72.7%	70.8%	70.4%	66.1%	68.9%	69.2%
选中	27.3%	29.2%	29.6%	33.9%	31.1%	30.8%
总计	100.0%	100.0%	100.0%	100.0%	100.0%	100.0%
列总计	746	715	3346	2386	1257	8450

Chi-square test：df = 3，卡方值为 17.878，sig = 0.005 < 0.05，所以不同职业的居民在“您所工作的单位是否存在以下现象：给领导干部送礼讨好”的回答上存在显著差异。

E16b by A10

您所工作的单位是否存在以下现象：背后互相告恶状 ＊ 职业 Crosstabulation

	高级白领	低级白领	工人/小生意者	农民	无业失业下岗	总计
未选中	79.5%	69.9%	74.8%	81.6%	80.7%	77.6%
选中	20.5%	30.1%	25.2%	18.4%	19.3%	22.4%
总计	100.0%	100.0%	100.0%	100.0%	100.0%	100.0%
列总计	746	715	3346	2386	1257	8450

Chi-square test：df = 4，卡方值为 70.026，sig = 0.010 < 0.05，所以不同职业的居民在“您所工作的单位是否存在以下现象：背后互相告恶状”的回答上存在显著差异。

E16c by A10

您所工作的单位是否存在以下现象：拉帮结派 ＊ 职业 Crosstabulation

	高级白领	低级白领	工人/小生意者	农民	无业失业下岗	总计
未选中	79.9%	76.8%	83.1%	80.8%	82.3%	81.5%
选中	20.1%	23.2%	16.9%	19.2%	17.7%	18.5%
总计	100.0%	100.0%	100.0%	100.0%	100.0%	100.0%
列总计	746	715	3346	2386	1257	8450

Chi-square test：df = 4，卡方值为 19.090，sig = 0.001 < 0.05，所以不同职业的居民在“您所工作的单位是否存在以下现象：拉帮结派”的回答上存在显著差异。

E16d by A10

您所工作的单位是否存在以下现象：为谋私利找关系走后门 ＊ 职业 Crosstabulation

	高级白领	低级白领	工人/小生意者	农民	无业失业下岗	总计
未选中	74.8%	74.1%	71.9%	72.1%	71.4%	72.3%
选中	25.2%	25.9%	28.1%	27.9%	28.6%	27.7%
总计	100.0%	100.0%	100.0%	100.0%	100.0%	100.0%
列总计	746	715	3346	2386	1257	8450

Chi-square test：df = 4，卡方值为 4.383，sig = 0.357 > 0.05，所以不同职业的居民在“您所工作的单位是否存在以下现象：为谋私利找关系走后门”的回答上不存在显著差异。

E16e by A10

您所工作的单位是否存在以下现象：奖惩制度不公平 ＊ 职业 Crosstabulation

	高级白领	低级白领	工人/小生意者	农民	无业失业下岗	总计
未选中	80.3%	79.6%	82.0%	80.2%	82.3%	81.2%
选中	19.7%	20.4%	18.0%	19.8%	17.7%	18.8%
总计	100.0%	100.0%	100.0%	100.0%	100.0%	100.0%
列总计	746	715	3346	2386	1257	8450

Chi-square test：df = 4，卡方值为 5.763，sig = 0.218 > 0.05，所以不同职业的居民在“您所工作的单位是否存在以下现象：奖惩制度不公平”的回答上不存在显著差异。

E16f by A10

您所工作的单位是否存在以下现象：领导干部滥用职权 ＊ 职业 Crosstabulation

	高级白领	低级白领	工人/小生意者	农民	无业失业下岗	总计
未选中	81.4%	85.5%	81.9%	73.6%	78.0%	79.3%
选中	18.6%	14.5%	18.1%	26.4%	22.0%	20.7%
总计	100.0%	100.0%	100.0%	100.0%	100.0%	100.0%
列总计	746	715	3346	2386	1257	8450

Chi-square test：df = 3，卡方值为 8.955，sig = 0.030 < 0.05，所以不同职业的居民在“您所工作的单位是否存在以下现象：领导干部滥用职权”的回答上存在显著差异。

E16g by A10

您所工作的单位是否存在以下现象：都不存在 ＊ 职业 Crosstabulation

	高级白领	低级白领	工人/小生意者	农民	无业失业下岗	总计
未选中	62.1%	75.0%	68.7%	62.9%	63.7%	66.3%
选中	37.9%	25.0%	31.3%	37.1%	36.3%	33.7%
总计	100.0%	100.0%	100.0%	100.0%	100.0%	100.0%
列总计总计	746	715	3346	2386	1257	8450

Chi-square test：df = 4，卡方值为 80.447，sig = 0.000 < 0.05，所以不同职业的居民在“您所工作的单位是否存在以下现象：都不存在”的回答上存在显著差异。

E17a by A10

下列关于企业履行社会责任（如捐款捐物、做公益慈善）的说法，您的同意程度是？只有国企才应该履行社会责任 ＊ 职业 Crosstabulation

	高级白领	低级白领	工人/小生意者	农民	无业失业下岗	总计
完全同意	2.9%	3.4%	3.2%	3.3%	3.4%	3.3%
比较同意	23.3%	28.6%	34.3%	30.6%	23.7%	30.2%
不太同意	51.8%	50.9%	49.2%	55.4%	54.6%	52.0%
完全不同意	22.0%	17.1%	13.3%	10.6%	18.3%	14.5%
总计	100.0%	100.0%	100.0%	100.0%	100.0%	100.0%
列总计	731	707	3189	2076	1148	7851

Chi-square test：df = 12，卡方值为 125.252，sig = 0.000 < 0.05，所以不同职业的居民在“只有国企才应该履行社会责任”的同意程度上存在显著差异。

E17b by A10

下列关于企业履行社会责任（如捐款捐物、做公益慈善）的说法，您的同意程度是？只有大企业才应该履行社会责任 ＊ 职业 Crosstabulation

	高级白领	低级白领	工人/小生意者	农民	无业失业下岗	总计
完全同意	1.2%	2.8%	3.7%	3.4%	2.8%	3.2%
比较同意	21.0%	27.2%	30.9%	32.4%	21.8%	28.7%
不太同意	53.2%	47.0%	48.6%	51.8%	53.8%	50.5%
完全不同意	24.6%	23.1%	16.8%	12.5%	21.6%	17.6%
总计	100.0%	100.0%	100.0%	100.0%	100.0%	100.0%
列总计	729	707	3192	2079	1157	7864

Chi-square test：df = 12，卡方值为 145.616，sig ＝0.000 <0.05，所以不同职业的居民在“只有大企业才应该履行社会责任”的同意程度上存在显著差异。

E17c by A10

下列关于企业履行社会责任（如捐款捐物、做公益慈善）的说法，您的同意程度是？只有盈利多的企业才需要履行社会责任 ＊ 职业 Crosstabulation

	高级白领	低级白领	工人/小生意者	农民	无业失业下岗	总计
完全同意	2.8%	3.4%	4.7%	4.5%	2.9%	4.1%
比较同意	18.6%	21.5%	29.3%	33.2%	22.2%	27.6%
不太同意	53.0%	54.6%	50.5%	51.7%	54.6%	52.0%
完全不同意	25.7%	20.5%	15.5%	10.7%	20.2%	16.3%
总计	100.0%	100.0%	100.0%	100.0%	100.0%	100.0%
列总计	727	698	3178	2081	1156	7840

Chi-square test：df = 12，卡方值为 183.108，sig ＝0.000 <0.05，所以不同职业的居民在“只有盈利多的企业才需要履行社会责任”的同意程度上存在显著差异。

E17d by A10

下列关于企业履行社会责任（如捐款捐物、做公益慈善）的说法，您的同意程度是？污染类企业要履行更多的社会责任 ＊ 职业 Crosstabulation

	高级白领	低级白领	工人/小生意者	农民	无业失业下岗	总计
完全同意	26.3%	25.0%	29.1%	24.5%	24.2%	26.5%
比较同意	37.8%	37.2%	39.7%	46.6%	41.7%	41.4%
不太同意	25.2%	27.6%	23.7%	20.0%	24.6%	23.3%
完全不同意	10.7%	10.2%	7.5%	8.9%	9.5%	8.7%

续表

	高级白领	低级白领	工人/小生意者	农民	无业失业下岗	总计
总计	100.0%	100.0%	100.0%	100.0%	100.0%	100.0%
列总计	730	704	3200	2148	1180	7962

Chi-square test：df = 12，卡方值为 65.121，sig = 0.000 < 0.05，所以不同职业的居民在“污染类企业要履行更多的社会责任”的同意程度上存在显著差异。

E17e by A10

下列关于企业履行社会责任（如捐款捐物、做公益慈善）的说法，您的同意程度是？小企业只要管好自己就行了，不要履行社会责任 * 职业 Crosstabulation

	高级白领	低级白领	工人/小生意者	农民	无业失业下岗	总计
完全同意	1.6%	3.0%	3.0%	2.9%	1.9%	2.7%
比较同意	14.8%	18.6%	18.8%	24.1%	15.6%	19.3%
不太同意	54.9%	52.4%	58.1%	53.1%	55.6%	55.6%
完全不同意	28.7%	26.0%	20.1%	20.0%	26.9%	22.4%
总计	100.0%	100.0%	100.0%	100.0%	100.0%	100.0%
列总计	729	695	3159	2099	1153	7835

Chi-square test：df = 12，卡方值为 95.809，sig = 0.000 < 0.05，所以不同职业的居民在“小企业只要管好自己就行了，不要履行社会责任”的同意程度上存在显著差异。

E18a by A10

您觉得下列哪类单位最讲道德 * 职业 Crosstabulation

	高级白领	低级白领	工人/小生意者	农民	无业失业下岗	总计
国有（控股）企业	17.7%	19.2%	16.7%	21.0%	18.2%	18.4%
民营企业	4.0%	3.3%	5.7%	4.6%	4.3%	4.8%
私营企业	2.0%	4.3%	2.6%	1.9%	2.5%	2.5%
外资企业	6.1%	9.9%	7.4%	3.7%	6.3%	6.4%
学校	43.5%	38.7%	42.5%	46.2%	45.6%	43.7%
医院	5.5%	4.0%	5.4%	4.4%	4.6%	4.9%
政府机关	16.4%	16.5%	15.2%	12.6%	13.2%	14.5%
民间组织	4.8%	4.2%	4.5%	5.6%	5.2%	4.9%
总计	100.0%	100.0%	100.0%	100.0%	100.0%	100.0%
列总计	604	553	2444	1621	949	6171

Chi-square test：df = 21，卡方值为 85.585，sig = 0.001 < 0.05，所以不同职业的居民在“觉得哪类单位最讲道德”的回答上存在显著差异。

E18b by A10

您觉得下列哪类单位道德水平最差 ＊ 职业 Crosstabulation

	高级白领	低级白领	工人/小生意者	农民	无业失业下岗	总计
国有（控股）企业	5.1%	9.2%	5.7%	3.7%	6.2%	5.5%
民营企业	15.2%	11.7%	12.5%	10.2%	9.3%	11.6%
私营企业	35.3%	37.8%	28.3%	28.4%	28.9%	30.0%
外资企业	4.7%	3.7%	4.0%	3.1%	4.1%	3.8%
学校	2.4%	2.5%	3.8%	3.5%	3.2%	3.4%
医院	13.4%	13.5%	18.4%	22.2%	16.9%	18.3%
政府机关	11.6%	8.8%	16.0%	16.6%	16.8%	15.2%
民间组织	12.2%	12.7%	11.3%	12.3%	14.6%	12.3%
总计	100.0%	100.0%	100.0%	100.0%	100.0%	100.0%
列总计	507	511	2209	1473	809	5509

Chi-square test：df = 28，卡方值为 115.611，sig = 0.000 < 0.05，所以不同职业的居民在“觉得哪类单位道德水平最差”的回答上存在显著差异。

E19a by A10

以下关于学校的说法，您的同意程度是？学校越来越以营利为目的 ＊ 职业 Crosstabulation

	高级白领	低级白领	工人/小生意者	农民	无业失业下岗	总计
完全同意	8.9%	7.5%	7.5%	6.1%	7.2%	7.2%
比较同意	34.4%	42.2%	46.3%	39.9%	41.6%	42.4%
不太同意	41.4%	40.0%	38.6%	46.0%	39.4%	41.2%
完全不同意	15.3%	10.3%	7.5%	8.0%	11.8%	9.2%
总计	100.0%	100.0%	100.0%	100.0%	100.0%	100.0%
列总计	718	692	3194	2261	1185	8050

Chi-square test：df = 12，卡方值为 103.987，sig = 0.000 < 0.05，所以不同职业的居民在“学校越来越以营利为目的的同意程度”的回答上存在显著差异。

E19b by A10

以下关于学校的说法，您的同意程度是？学校主要传授知识和技能，培养道德不重要 ＊ 职业 Crosstabulation

	高级白领	低级白领	工人/小生意者	农民	无业失业下岗	总计
完全同意	1.5%	1.1%	0.9%	1.1%	2.2%	1.2%

续表

	高级白领	低级白领	工人/小生意者	农民	无业失业下岗	总计
比较同意	12.9%	12.3%	13.2%	13.4%	10.1%	12.7%
不太同意	48.0%	52.8%	60.1%	65.5%	53.7%	59.0%
完全不同意	37.6%	33.8%	25.8%	19.9%	34.0%	27.1%
总计	100.0%	100.0%	100.0%	100.0%	100.0%	100.0%
列总计	739	707	3262	2316	1232	8256

Chi-square test：df = 12，卡方值为 173.161，sig = 0.000 < 0.05，所以不同职业的居民在“学校主要传授知识和技能，培养道德不重要的同意程度”的回答上存在显著差异。

E19c by A10

以下关于学校的说法，您的同意程度是？学校升学率高比素质教育更重要 * 职业 Crosstabulation

	高级白领	低级白领	工人/小生意者	农民	无业失业下岗	总计
完全同意	3.0%	2.6%	2.2%	1.5%	3.0%	2.2%
比较同意	11.7%	11.6%	11.1%	15.9%	13.2%	12.9%
不太同意	51.4%	54.0%	59.4%	62.9%	53.4%	58.3%
完全不同意	33.8%	31.8%	27.3%	19.7%	30.4%	26.6%
总计	100.0%	100.0%	100.0%	100.0%	100.0%	100.0%
列总计	733	705	3254	2289	1209	8190

Chi-square test：df = 12，卡方值为 128.669，sig = 0.000 < 0.05，所以不同职业的居民在“学校升学率高比素质教育更重要的同意程度”的回答上存在显著差异。

E19d by A10

以下关于学校的说法，您的同意程度是？青少年儿童行为不端，主要是学校没教好 * 职业 Crosstabulation

	高级白领	低级白领	工人/小生意者	农民	无业失业下岗	总计
完全同意	1.6%	2.1%	1.4%	2.2%	1.2%	1.7%
比较同意	14.1%	12.1%	13.0%	17.4%	14.0%	14.4%
不太同意	56.8%	56.8%	60.2%	59.8%	57.7%	59.1%
完全不同意	27.6%	28.9%	25.4%	20.6%	27.0%	24.8%
总计	100.0%	100.0%	100.0%	100.0%	100.0%	100.0%
列总计	733	702	3247	2303	1210	8195

Chi-square test：df = 12，卡方值为 57.270，sig = 0.000 < 0.05，所以不同职业的居民在“青少年儿童行为不端，主要是学校没教好的同意程度”的回答上存在显著差异。

E19e by A10

以下关于学校的说法，您的同意程度是？要想孩子培养得好，就要多给老师送礼 * 职业 Crosstabulation

	高级白领	低级白领	工人/小生意者	农民	无业失业下岗	总计
完全同意	2.5%	1.4%	2.2%	1.7%	2.1%	2.0%
比较同意	9.7%	12.7%	12.8%	13.5%	10.7%	12.4%
不太同意	42.0%	40.6%	46.9%	53.3%	44.2%	47.3%
完全不同意	45.8%	45.2%	38.0%	31.4%	43.0%	38.2%
总计	100.0%	100.0%	100.0%	100.0%	100.0%	100.0%
列总计	729	699	3225	2280	1196	8129

Chi-square test：df = 12，卡方值为 98.657，sig = 0.000 < 0.05，所以不同职业的居民在“要想孩子培养得好，就要多给老师送礼的同意程度”的回答上存在显著差异。

E20 by A10

您所在单位当员工或村民受到不应该的对待时，员工或村民有没有申诉的机会 * 职业 Crosstabulation

	高级白领	低级白领	工人/小生意者	农民	无业失业下岗	总计
有	72.6%	68.8%	64.2%	61.8%	64.6%	64.8%
没有	27.4%	31.3%	35.8%	38.2%	35.4%	35.2%
总计	100.0%	100.0%	100.0%	100.0%	100.0%	100.0%
列总计	519	416	1866	1488	703	4992

Chi-square test：df = 4，卡方值为 23.158，sig = 0.000 < 0.05，所以不同职业的居民在“当员工或村民受到不应该的对待时，员工或村民有没有申诉的机会”的认知上存在显著差异。

E21 by A10

您所在单位当员工或村民受到不应该的对待时，员工或村民有没有申诉的地方或渠道 * 职业 Crosstabulation

	高级白领	低级白领	工人/小生意者	农民	无业失业下岗	总计
有	74.8%	74.4%	65.7%	63.6%	68.3%	67.1%
没有	25.2%	25.6%	34.3%	36.4%	31.7%	32.9%
总计	100.0%	100.0%	100.0%	100.0%	100.0%	100.0%
列总计	504	398	1853	1491	684	4930

Chi-square test：df = 4，卡方值为 33.109，sig = 0.000 < 0.05，所以不同职业的居民在“当员工或村民受到不应该的对待时，员工或村民有没有申诉的地方或渠道”的认知上存在显著差异。

E22 by A10

您所在单位当员工或村民受到不应该的对待时，有没有人进行过申诉 ＊ 职业 Crosstabulation

	高级白领	低级白领	工人/小生意者	农民	无业失业下岗	总计
全部会申诉	5.9%	7.5%	3.3%	2.7%	5.4%	4.1%
大部分会申诉	22.6%	22.4%	19.2%	19.9%	19.5%	20.1%
小部分会申诉	52.0%	49.5%	58.7%	53.8%	56.0%	55.4%
无人申诉	19.5%	20.5%	18.8%	23.6%	19.0%	20.5%
总计	100.0%	100.0%	100.0%	100.0%	100.0%	100.0%
列总计	508	424	1801	1393	662	4788

Chi-square test：df = 12，卡方值为 50.726，sig = 0.000 < 0.05，所以不同职业的居民在“当员工或村民受到不应该的对待时，有没有人进行过申诉”的回答上存在显著差异。

E23 by A10

您所在单位在多大程度上认真对待员工或村民的申诉 ＊ 职业 Crosstabulation

	高级白领	低级白领	工人/小生意者	农民	无业失业下岗	总计
完全不认真	8.4%	5.3%	8.4%	15.4%	10.3%	10.4%
不太认真	16.3%	14.6%	22.2%	24.4%	23.2%	21.7%
一般	32.2%	30.2%	35.2%	33.7%	35.5%	34.0%
比较认真	35.6%	44.7%	30.9%	22.8%	25.6%	29.5%
非常认真	7.5%	5.3%	3.2%	3.7%	5.4%	4.3%
总计	100.0%	100.0%	100.0%	100.0%	100.0%	100.0%
列总计	466	378	1575	1257	594	4270

Chi-square test：df = 16，卡方值为 147.228，sig = 0.000 < 0.05，所以不同职业的居民在“您所在单位在多大程度上认真对待员工或村民的申诉”的回答上存在显著差异。

E24 by A10

您所在单位是否有道德方面的教育或活动 ＊ 职业 Crosstabulation

	高级白领	低级白领	工人/小生意者	农民	无业失业下岗	总计
有	13.2%	4.7%	2.8%	2.2%	5.2%	4.0%
没有	37.2%	36.3%	39.0%	49.9%	40.1%	41.9%
不知道	49.6%	59.0%	58.2%	48.0%	54.7%	54.1%
总计	100.0%	100.0%	100.0%	100.0%	100.0%	100.0%

续表

	高级白领	低级白领	工人/小生意者	农民	无业失业下岗	总计
列总计	704	695	3267	2400	1284	8350

Chi-square test：df = 8，卡方值为 271. 872，sig = 0. 000 < 0. 05，所以不同职业的居民在“您所在单位是否有道德方面的教育或活动”的回答上存在显著差异。

E25a by A10

对当地企业道德状况的满意度是 * 职业 Crosstabulation

	高级白领	低级白领	工人/小生意者	农民	无业失业下岗	总计
非常不满意	2. 2%	1. 4%	2. 5%	1. 6%	2. 7%	2. 2%
不太满意	22. 5%	19. 7%	20. 4%	22. 3%	28. 7%	22. 2%
比较满意	70. 3%	77. 1%	75. 5%	74. 0%	65. 1%	73. 3%
非常满意	4. 9%	1. 8%	1. 6%	2. 2%	3. 4%	2. 3%
总计	100. 0%	100. 0%	100. 0%	100. 0%	100. 0%	100. 0%
列总计	667	654	2959	1855	1024	7159

Chi-square test：df = 12，卡方值为 81. 195，sig = 0. 000 < 0. 05，所以不同职业的居民在对“当地企业道德状况的满意度”的回答上存在显著差异。

E25b by A10

对当地医院道德状况的满意度是 * 职业 Crosstabulation

	高级白领	低级白领	工人/小生意者	农民	无业失业下岗	总计
非常不满意	2. 2%	1. 4%	2. 5%	1. 6%	2. 7%	2. 2%
不太满意	22. 5%	19. 7%	20. 4%	22. 3%	28. 7%	22. 2%
比较满意	70. 3%	77. 1%	75. 5%	74. 0%	65. 1%	73. 3%
非常满意	4. 9%	1. 8%	1. 6%	2. 2%	3. 4%	2. 3%
总计	100. 0%	100. 0%	100. 0%	100. 0%	100. 0%	100. 0%
列总计	667	654	2959	1855	1024	7159

Chi-square test：df = 12，卡方值为 63. 630，sig = 0. 025 < 0. 05，所以不同职业的居民在对“当地医院道德状况的满意度”的回答上存在显著差异。

E25c by A10

对当地政府道德状况的满意度是 * 职业 Crosstabulation

	高级白领	低级白领	工人/小生意者	农民	无业失业下岗	总计
非常不满意	2. 7%	2. 4%	4. 0%	3. 6%	4. 2%	3. 6%

续表

	高级白领	低级白领	工人/小生意者	农民	无业失业下岗	总计
不太满意	20.1%	21.6%	22.8%	26.6%	28.5%	24.3%
比较满意	64.7%	63.8%	66.6%	65.1%	60.3%	64.9%
非常满意	12.4%	12.1%	6.7%	4.7%	7.0%	7.2%
总计	100.0%	100.0%	100.0%	100.0%	100.0%	100.0%
列总计	700	661	3040	2121	1104	7626

Chi-square test：df = 12，卡方值为 103.055，sig = 0.000 < 0.05，所以不同职业的居民在对“当地政府道德状况的满意度”的回答上存在显著差异。

E25d by A10

对当地学校的道德状况的满意度是 ＊ 职业 Crosstabulation

	高级白领	低级白领	工人/小生意者	农民	无业失业下岗	总计
非常不满意	1.1%	1.5%	1.6%	1.2%	1.7%	1.4%
不太满意	14.1%	14.2%	14.9%	18.8%	17.6%	16.2%
比较满意	68.8%	70.4%	72.6%	71.7%	70.3%	71.5%
非常满意	16.0%	13.9%	10.9%	8.3%	10.5%	10.8%
总计	100.0%	100.0%	100.0%	100.0%	100.0%	100.0%
列总计	702	669	3060	2193	1145	7769

Chi-square test：df = 12，卡方值为 57.163，sig = 0.000 < 0.05，所以不同职业的居民在对“当地学校的道德状况的满意度”的回答上存在显著差异。

E25e by A10

对当地的 NGO 组织（如红十字会等）道德状况的满意度是 ＊ 职业 Crosstabulation

	高级白领	低级白领	工人/小生意者	农民	无业失业下岗	总计
非常不满意	1.8%	2.6%	2.7%	1.5%	2.4%	2.2%
不太满意	17.0%	15.7%	15.7%	17.6%	20.5%	17.0%
比较满意	68.0%	65.6%	68.6%	71.1%	64.3%	68.2%
非常满意	13.2%	16.1%	13.0%	9.8%	12.9%	12.5%
总计	100.0%	100.0%	100.0%	100.0%	100.0%	100.0%
列总计	493	491	1721	1089	630	4424

Chi-square test：df = 12，卡方值为 27.006，sig = 0.008 < 0.05，所以不同职业的居民在对“当地的 NGO 组织（如红十字会等）道德状况的满意度”的回答上存在显著差异。

F1a by A10

您认为以下行为是否关乎道德？随地吐痰 * 职业 Crosstabulation

	高级白领	低级白领	工人/小生意者	农民	无业失业下岗	总计
有关	94.0%	95.7%	93.1%	85.7%	92.4%	91.2%
无关	6.0%	4.3%	6.9%	14.3%	7.6%	8.8%
总计	100.0%	100.0%	100.0%	100.0%	100.0%	100.0%
列总计	754	728	3406	2459	1321	8668

Chi-square test：df = 4，卡方值为 136.749，sig = 0.000 < 0.05，所以不同职业的居民在“随地吐痰是否关乎道德”的回答上存在显著差异。

F1b by A10

您认为以下行为是否关乎道德？插队 * 职业 Crosstabulation

	高级白领	低级白领	工人/小生意者	农民	无业失业下岗	总计
有关	94.1%	95.2%	92.8%	85.7%	92.4%	91.1%
无关	5.9%	4.8%	7.2%	14.3%	7.6%	8.9%
总计	100.0%	100.0%	100.0%	100.0%	100.0%	100.0%
列总计	751	728	3401	2457	1316	8653

Chi-square test：df = 4，卡方值为 126.147，sig = 0.000 < 0.05，所以不同职业的居民在“插队是否关乎道德”的回答上存在显著差异。

F1c by A10

您认为以下行为是否关乎道德？公交或地铁上大声打电话 * 职业 Crosstabulation

	高级白领	低级白领	工人/小生意者	农民	无业失业下岗	总计
有关	90.7%	92.7%	88.9%	80.8%	89.4%	87.1%
无关	9.3%	7.3%	11.1%	19.2%	10.6%	12.9%
总计	100.0%	100.0%	100.0%	100.0%	100.0%	100.0%
列总计	754	728	3402	2456	1315	8655

Chi-square test：df = 4，卡方值为 132.72，sig = 0.000 < 0.05，所以不同职业的居民在“公交或地铁上大声打电话是否关乎道德”的回答上存在显著差异。

F1d by A10

您认为以下行为是否关乎道德？餐馆里说话声音很大 * 职业 Crosstabulation

	高级白领	低级白领	工人/小生意者	农民	无业失业下岗	总计
有关	90.4%	91.6%	87.9%	79.1%	87.0%	85.8%

续表

	高级白领	低级白领	工人/小生意者	农民	无业失业下岗	总计
无关	9.6%	8.4%	12.1%	20.9%	13.0%	14.2%
总计	100.0%	100.0%	100.0%	100.0%	100.0%	100.0%
列总计	749	728	3393	2454	1318	8642

Chi-square test：df = 4，卡方值为 139.291，sig = 0.000 < 0.05，所以不同职业的居民在“餐馆里说话声音很大是否关乎道德”的回答上存在显著差异。

F1e by A10

您认为以下行为是否关乎道德？在公共场所的椅子或沙发上躺着睡觉 * 职业 Crosstabulation

	高级白领	低级白领	工人/小生意者	农民	无业失业下岗	总计
有关	91.2%	93.7%	89.9%	83.1%	88.1%	88.1%
无关	8.8%	6.3%	10.1%	16.9%	11.9%	11.9%
总计	100.0%	100.0%	100.0%	100.0%	100.0%	100.0%
列总计	750	728	3399	2456	1315	8648

Chi-square test：df = 4，卡方值为 97.446，sig = 0.000 < 0.05，所以不同职业的居民在“在公共场所的椅子或沙发上躺着睡觉是否关乎道德”的回答上存在显著差异。

F1f by A10

您本人是否做出过这些行为？随地吐痰 * 职业 Crosstabulation

	高级白领	低级白领	工人/小生意者	农民	无业失业下岗	总计
经常做	1.4%	1.0%	2.7%	3.5%	3.8%	2.8%
偶尔做	27.6%	31.2%	40.8%	39.0%	34.3%	37.3%
从来不做	71.0%	67.8%	56.5%	57.5%	61.9%	59.8%
总计	100.0%	100.0%	100.0%	100.0%	100.0%	100.0%
列总计	739	715	3333	2293	1286	8366

Chi-square test：df = 8，卡方值为 96.236，sig = 0.000 < 0.05，所以不同职业的居民在“是否有过随地吐痰的行为”的回答上存在显著差异。

F1g by A10

您本人是否做出过这些行为？插队 * 职业 Crosstabulation

	高级白领	低级白领	工人/小生意者	农民	无业失业下岗	总计
经常做	1.8%	1.5%	2.1%	2.1%	3.5%	2.2%

续表

	高级白领	低级白领	工人/小生意者	农民	无业失业下岗	总计
偶尔做	22.0%	25.3%	31.4%	26.4%	29.6%	28.4%
从来不做	76.2%	73.1%	66.5%	71.5%	66.9%	69.4%
总计	100.0%	100.0%	100.0%	100.0%	100.0%	100.0%
列总计	741	715	3335	2286	1287	8364

Chi-square test：df=8，卡方值为52.529，sig =0.000<0.05，所以不同职业的居民在“是否有过插队的行为”的回答上存在显著差异。

F1h by A10

您本人是否做出过这些行为？公交或地铁上大声打电话 ＊ 职业 Crosstabulation

	高级白领	低级白领	工人/小生意者	农民	无业失业下岗	总计
经常做	1.6%	2.0%	2.3%	3.2%	4.4%	2.8%
偶尔做	24.2%	22.3%	32.0%	25.5%	26.2%	27.8%
从来不做	74.1%	75.7%	65.7%	71.3%	69.4%	69.4%
总计	100.0%	100.0%	100.0%	100.0%	100.0%	100.0%
列总计	731	712	3314	2270	1281	8308

Chi-square test：df=6，卡方值为71.675，sig =0.054>0.05，所以不同职业的居民在“是否有过公交或地铁上大声打电话的行为”的回答上不存在显著差异。

F1i by A10

您本人是否做出过这些行为？餐馆里说话声音很大 ＊ 职业 Crosstabulation

	高级白领	低级白领	工人/小生意者	农民	无业失业下岗	总计
经常做	1.1%	1.8%	2.7%	3.5%	4.0%	2.9%
偶尔做	23.5%	23.8%	29.3%	23.6%	24.5%	26.0%
从来不做	75.4%	74.3%	68.0%	72.9%	71.5%	71.1%
总计	100.0%	100.0%	100.0%	100.0%	100.0%	100.0%
列总计	732	713	3318	2270	1279	8312

Chi-square test：df=8，卡方值为51.351，sig =0.000<0.05，所以不同职业的居民在“餐馆里说话声音很大的行为”的回答上存在显著差异。

F1j by A10

您本人是否做出过这些行为？在公共场所的椅子或沙发上躺着睡觉 ＊ 职业 Crosstabulation

	高级白领	低级白领	工人/小生意者	农民	无业失业下岗	总计
经常做	2.3%	2.5%	2.3%	2.6%	4.0%	2.6%
偶尔做	10.7%	10.9%	14.8%	12.7%	13.5%	13.3%
从来不做	87.0%	86.6%	82.9%	84.7%	82.6%	84.0%
总计	100.0%	100.0%	100.0%	100.0%	100.0%	100.0%
列总计	739	714	3319	2284	1286	8342

Chi-square test：df = 8，卡方值为 25.489，sig = 0.000 < 0.05，所以不同职业的居民在“在公共场所的椅子或沙发上躺着睡觉”上的回答存在显著差异。

F2 by A10

入夜后，很多中老年朋友在广场上伴着录音机的音乐跳舞，产生噪声，有人向政府或物管投诉，要求阻止。对这件事您怎么看 ＊ 职业 Crosstabulation

	高级白领	低级白领	工人/小生意者	农民	无业失业下岗	总计
在广场上跳舞是居民的自由，不应干预	13.7%	17.5%	22.6%	29.7%	16.8%	22.5%
跳舞如果破坏了别人的清静，就应该停止	25.0%	26.6%	24.2%	18.3%	20.8%	22.3%
中老年人没地方活动，即便跳舞构成干扰，也应尽量容忍和理解	19.4%	20.1%	22.6%	20.3%	22.3%	21.4%
请跳舞者降低音量，大家相互妥协	41.0%	35.5%	29.8%	29.3%	37.8%	32.4%
其他（请说明）	0.9%	0.3%	0.7%	2.4%	2.3%	1.4%
总计	100.0%	100.0%	100.0%	100.0%	100.0%	100.0%
列总计	753	726	3397	2404	1312	8592

Chi-square test：df = 16，卡方值为 235.051，sig = 0.000 < 0.05，所以不同职业的居民在“入夜后，很多中老年朋友在广场上伴着录音机的音乐跳舞，产生噪声，有人向政府或物管投诉，要求阻止。对这件事您怎么看”的回答上存在显著差异。

F3a by A10

社会上经常发生一些因个人认为自身受到不公正待遇而导致的社会泄愤事件，比如厦门公交爆炸案、徐州幼儿园爆炸案。对下列说法，您的同意程度如何？这是暴徒行为，无论何种情况下，都不应该采取暴力手段 ＊ 职业 Crosstabulation

	高级白领	低级白领	工人/小生意者	农民	无业失业下岗	总计
完全同意	48.7%	44.6%	39.5%	35.0%	44.8%	40.4%

续表

	高级白领	低级白领	工人/小生意者	农民	无业失业下岗	总计
比较同意	42.1%	46.7%	52.6%	54.7%	44.6%	50.5%
不太同意	7.7%	7.5%	6.5%	9.0%	8.5%	7.7%
完全不同意	1.5%	1.3%	1.5%	1.3%	2.1%	1.5%
总计	100.0%	100.0%	100.0%	100.0%	100.0%	100.0%
列总计	739	709	3273	2223	1239	8183

Chi-square test：df=12，卡方值85.481，sig =0.000 <0.05，所以不同职业的居民在“这是暴徒行为，无论何种情况下，都不应该采取暴力手段”同意程度的回答上存在显著差异。

F3b by A10

社会上经常发生一些因个人认为自身受到不公正待遇而导致的社会泄愤事件，比如厦门公交爆炸案、徐州幼儿园爆炸案。对下列说法，您的同意程度如何？其他社会成员在需要的时候没有及时给予帮助，因此我们每个人都有责任 * 职业 Crosstabulation

	高级白领	低级白领	工人/小生意者	农民	无业失业下岗	总计
完全同意	20.3%	14.3%	14.7%	13.7%	18.2%	15.4%
比较同意	48.5%	44.6%	47.7%	52.8%	49.8%	49.2%
不太同意	27.9%	33.6%	31.6%	28.3%	27.7%	29.9%
完全不同意	3.3%	7.5%	6.0%	5.2%	4.3%	5.4%
总计	100.0%	100.0%	100.0%	100.0%	100.0%	100.0%
列总计	738	711	3261	2225	1233	8168

Chi-square test：df=12，卡方值为62.077，sig =0.000 <0.05，所以不同职业的居民在“其他社会成员在需要的时候没有及时给予帮助，因此我们每个人都有责任”同意程度的回答上存在显著差异。

F3c by A10

社会上经常发生一些因个人认为自身受到不公正待遇而导致的社会泄愤事件，比如厦门公交爆炸案、徐州幼儿园爆炸案。对下列说法，您的同意程度如何？他们的遭遇值得同情，但应该去报复那些给予他们不公正待遇的人，而不是伤及无辜 * 职业 Crosstabulation

	高级白领	低级白领	工人/小生意者	农民	无业失业下岗	总计
完全同意	14.3%	11.5%	10.6%	12.8%	12.1%	11.8%
比较同意	28.4%	32.9%	33.9%	36.5%	33.1%	33.9%
不太同意	37.2%	35.6%	37.2%	34.8%	34.4%	36.0%

续表

	高级白领	低级白领	工人/小生意者	农民	无业失业下岗	总计
完全不同意	20.0%	20.0%	18.3%	15.9%	20.3%	18.2%
总计	100.0%	100.0%	100.0%	100.0%	100.0%	100.0%
列总计	739	711	3272	2226	1231	8179

Chi-square test：df = 12，卡方值为 36.950，sig = 0.000 < 0.05，所以不同职业的居民在“他们的遭遇值得同情，但应该去报复那些给予他们不公正待遇的人，而不是伤及无辜”同意程度的回答上存在显著差异。

F3d by A10

社会上经常发生一些因个人认为自身受到不公正待遇而导致的社会泄愤事件，比如厦门公交爆炸案、徐州幼儿园爆炸案。对下列说法，您的同意程度如何？受到不公平待遇，应该充分相信政府，积极寻求相关部门的帮助 * 职业 Crosstabulation

	高级白领	低级白领	工人/小生意者	农民	无业失业下岗	总计
完全同意	30.5%	21.8%	22.4%	26.9%	28.5%	25.2%
比较同意	52.5%	52.1%	56.5%	56.8%	52.3%	55.2%
不太同意	13.1%	21.7%	16.9%	13.4%	16.0%	15.9%
完全不同意	4.0%	4.4%	4.2%	2.9%	3.2%	3.7%
总计	100.0%	100.0%	100.0%	100.0%	100.0%	100.0%
列总计	732	705	3261	2239	1225	8162

Chi-square test：df = 12，卡方值为 72.938，sig = 0.000 < 0.05，所以不同职业的居民在“受到不公平待遇，应该充分相信政府，积极寻求相关部门的帮助”同意程度的回答上存在显著差异。

F4 by A10

总的来说，您认为当今的社会公不公平 * 职业 Crosstabulation

	高级白领	低级白领	工人/小生意者	农民	无业失业下岗	总计
完全不公平	6.5%	4.6%	5.6%	6.1%	6.8%	5.9%
比较不公平	25.3%	26.0%	28.8%	32.1%	29.4%	29.3%
说不上公平但也不能说不公平	33.0%	39.0%	41.3%	36.4%	35.1%	38.1%
比较公平	33.0%	26.9%	22.9%	23.3%	25.8%	24.7%
非常公平	2.3%	3.6%	1.3%	2.1%	3.0%	2.1%
总计	100.0%	100.0%	100.0%	100.0%	100.0%	100.0%
列总计	728	700	3266	2244	1229	8167

Chi-square test：df = 16，卡方值为 86.659，sig = 0.000 < 0.05，所以不同职业的居民在“当今的社会公不公平”的回答上存在显著差异。

F5 by A10

和前几年相比，您如何看待目前我国社会的分配不公、两极分化现象 ＊ 职业 Crosstabulation

	高级白领	低级白领	工人/小生意者	农民	无业失业下岗	总计
有较大改善	44.9%	34.4%	30.6%	32.0%	36.9%	33.5%
没什么变化	39.4%	53.3%	55.4%	57.1%	46.9%	53.0%
更加恶化	15.7%	12.3%	14.0%	10.9%	16.2%	13.5%
总计	100.0%	100.0%	100.0%	100.0%	100.0%	100.0%
列总计	693	668	3048	2095	1105	7609

Chi-square test：df = 8，卡方值为 102.078，sig = 0.000 < 0.05，所以不同职业的居民在“目前我国社会的分配不公、两极分化现象”的回答上存在显著差异。

F6 by A10

您认为目前我国社会成员之间的收入差距 ＊ 职业 Crosstabulation

	高级白领	低级白领	工人/小生意者	农民	无业失业下岗	总计
合理，可以接受	23.1%	23.0%	15.8%	15.9%	17.2%	17.3%
不合理，但可以接受	58.6%	60.1%	61.7%	61.0%	56.7%	60.3%
不合理，不能接受	18.3%	16.9%	22.5%	23.1%	26.2%	22.3%
总计	100.0%	100.0%	100.0%	100.0%	100.0%	100.0%
列总计	701	661	3012	1992	1105	7471

Chi-square test：df = 8，卡方值为 57.801，sig = 0.003 < 0.05，所以不同职业的居民在“目前我国社会成员之间的收入差距”的回答上存在显著差异。

F7a by A10

请问您是否同意当前的社会是人人为自己 ＊ 职业 Crosstabulation

	高级白领	低级白领	工人/小生意者	农民	无业失业下岗	总计
完全同意	8.9%	10.6%	12.1%	11.4%	10.5%	11.3%
比较同意	50.1%	56.6%	62.9%	56.6%	53.0%	58.0%
不太同意	38.4%	30.7%	23.8%	30.8%	33.9%	29.2%
完全不同意	2.6%	2.1%	1.1%	1.2%	2.7%	1.6%
总计	100.0%	100.0%	100.0%	100.0%	100.0%	100.0%
列总计	744	716	3368	2400	1282	8510

Chi-square test：df = 12，卡方值为 125.538，sig = 0.000 < 0.05，所以不同职业的居民在“是否同意当前的社会是人人为自己”的回答上存在显著差异。

F7b by A10

请问您是否同意现在社会的大多数人是见利忘义的 ＊ 职业 Crosstabulation

	高级白领	低级白领	工人/小生意者	农民	无业失业下岗	总计
完全同意	6.5%	6.7%	8.4%	8.2%	6.5%	7.8%
比较同意	43.1%	44.6%	54.2%	51.3%	46.0%	50.4%
不太同意	45.8%	42.6%	34.2%	37.9%	42.5%	38.2%
完全不同意	4.6%	6.1%	3.2%	2.6%	5.0%	3.7%
总计	100.0%	100.0%	100.0%	100.0%	100.0%	100.0%
列总计	744	716	3363	2391	1273	8487

Chi-square test：df = 12，卡方值为 99.848，sig = 0.000 < 0.05，所以不同职业的居民在“是否同意现在社会的大多数人是见利忘义的”的回答上存在显著差异。

F7c by A10

请问您是否同意现在社会是一个物欲横流的社会 ＊ 职业 Crosstabulation

	高级白领	低级白领	工人/小生意者	农民	无业失业下岗	总计
完全同意	6.9%	7.4%	8.8%	6.6%	6.5%	7.5%
比较同意	47.0%	42.6%	49.1%	47.8%	45.4%	47.4%
不太同意	39.6%	41.7%	37.5%	41.0%	41.3%	39.6%
完全不同意	6.5%	8.4%	4.6%	4.7%	6.9%	5.4%
总计	100.0%	100.0%	100.0%	100.0%	100.0%	100.0%
列总计	739	705	3278	2230	1209	8161

Chi-square test：df = 12，卡方值为 48.513，sig = 0.113 > 0.05，所以不同职业的居民在“是否同意现在社会是一个物欲横流的社会”的回答上不存在显著差异。

F7d by A10

请问您是否同意当前大多数人都是以集体利益为重 ＊ 职业 Crosstabulation

	高级白领	低级白领	工人/小生意者	农民	无业失业下岗	总计
完全同意	5.7%	5.4%	6.5%	5.6%	4.4%	5.8%
比较同意	39.3%	35.0%	36.8%	39.5%	34.9%	37.3%
不太同意	48.6%	52.3%	51.6%	50.7%	54.0%	51.5%
完全不同意	6.3%	7.3%	5.1%	4.2%	6.7%	5.4%
总计	100.0%	100.0%	100.0%	100.0%	100.0%	100.0%
列总计	732	703	3319	2291	1219	8264

Chi-square test：df = 12，卡方值为 33.401，sig = 0.341 > 0.05，所以不同职业的居民在“是否同意当前大多数人都是以集体利益为重”的回答上不存在显著差异。

F7e by A10

请问您是否同意当前大多数人都是家庭利益至上 ＊ 职业 Crosstabulation

	高级白领	低级白领	工人/小生意者	农民	无业失业下岗	总计
完全同意	14.1%	17.5%	20.7%	16.0%	12.3%	17.3%
比较同意	50.7%	48.7%	52.3%	61.0%	58.6%	55.3%
不太同意	30.2%	28.3%	24.0%	20.7%	25.5%	24.2%
完全不同意	5.0%	5.5%	2.9%	2.3%	3.6%	3.2%
总计	100.0%	100.0%	100.0%	100.0%	100.0%	100.0%
列总计	738	709	3345	2361	1261	8414

Chi-square test：df = 12，卡方值为 134.131，sig = 0.000 < 0.05，所以不同职业的居民在“是否同意当前大多数人都是家庭利益至上”的回答上存在显著差异。

F7f by A10

请问您是否同意当前的社会是个金钱至上的社会 ＊ 职业 Crosstabulation

	高级白领	低级白领	工人/小生意者	农民	无业失业下岗	总计
完全同意	12.0%	13.6%	16.3%	12.7%	13.4%	14.3%
比较同意	41.0%	46.5%	49.4%	54.9%	48.1%	49.7%
不太同意	39.7%	34.0%	30.1%	29.4%	32.9%	31.5%
完全不同意	7.3%	6.0%	4.2%	3.0%	5.6%	4.5%
总计	100.0%	100.0%	100.0%	100.0%	100.0%	100.0%
列总计	735	701	3342	2336	1253	8367

Chi-square test：df = 12，卡方值为 98.614，sig = 0.000 < 0.05，所以不同职业的居民在“是否同意当前的社会是个金钱至上的社会”的回答上存在显著差异。

F7g by A10

请问您是否同意现在社会守道德的人大都吃亏，不守道德的人占便宜 ＊ 职业 Crosstabulation

	高级白领	低级白领	工人/小生意者	农民	无业失业下岗	总计
完全同意	7.5%	9.5%	9.1%	8.0%	6.7%	8.3%
比较同意	37.2%	37.8%	42.2%	45.4%	41.5%	42.2%
不太同意	46.7%	46.0%	43.8%	42.8%	45.1%	44.1%
完全不同意	8.6%	6.7%	4.9%	3.8%	6.7%	5.3%
总计	100.0%	100.0%	100.0%	100.0%	100.0%	100.0%

续表

	高级白领	低级白领	工人/小生意者	农民	无业失业下岗	总计
列总计	734	698	3282	2326	1239	8279

Chi-square test：df = 12，卡方值为 57. 271，sig = 0. 000 < 0. 05，所以不同职业的居民在“是否同意现在社会守道德的人大都吃亏，不守道德的人占便宜”的回答上存在显著差异。

F7h by A10

请问您是否同意现在社会中好人有好报，恶人终归会受到惩罚 ＊ 职业 Crosstabulation

	高级白领	低级白领	工人/小生意者	农民	无业失业下岗	总计
完全同意	16. 0%	14. 8%	15. 3%	15. 2%	15. 0%	15. 2%
比较同意	47. 1%	44. 2%	49. 8%	56. 6%	47. 9%	50. 7%
不太同意	32. 5%	35. 0%	31. 6%	25. 5%	33. 1%	30. 5%
完全不同意	4. 4%	6. 0%	3. 3%	2. 7%	4. 1%	3. 6%
总计	100. 0%	100. 0%	100. 0%	100. 0%	100. 0%	100. 0%
列总计	729	701	3291	2354	1258	8333

Chi-square test：df = 12，卡方值为 74. 972，sig = 0. 000 < 0. 05，所以不同职业的居民在“是否同意现在社会中好人有好报，恶人终归会受到惩罚”的回答上存在显著差异。

F7i by A10

请问您是否同意人们的生活水平越高，就越幸福 ＊ 职业 Crosstabulation

	高级白领	低级白领	工人/小生意者	农民	无业失业下岗	总计
完全同意	14. 1%	19. 1%	20. 3%	16. 6%	13. 0%	17. 5%
比较同意	40. 5%	38. 8%	45. 1%	47. 2%	43. 9%	44. 6%
不太同意	39. 7%	35. 1%	30. 9%	33. 4%	38. 7%	33. 9%
完全不同意	5. 7%	7. 0%	3. 8%	2. 7%	4. 4%	4. 0%
总计	100. 0%	100. 0%	100. 0%	100. 0%	100. 0%	100. 0%
列总计	731	701	3326	2367	1257	8382

Chi-square test：df = 12，卡方值为 105. 202，sig = 0. 000 < 0. 05，所以不同职业的居民在“是否同意人们的生活水平越高，就越幸福”的回答上存在显著差异。

F7j by A10

请问您是否同意我们的社会中道德能够很好地约束人们的行为 * 职业 Crosstabulation

	高级白领	低级白领	工人/小生意者	农民	无业失业下岗	总计
完全同意	7.5%	5.6%	6.2%	6.4%	7.7%	6.6%
比较同意	48.8%	49.6%	47.6%	50.8%	47.4%	48.8%
不太同意	38.2%	39.9%	41.2%	38.5%	39.2%	39.8%
完全不同意	5.5%	4.9%	5.0%	4.2%	5.7%	4.9%
总计	100.0%	100.0%	100.0%	100.0%	100.0%	100.0%
列总计	731	695	3235	2242	1178	8081

Chi-square test：df = 12，卡方值为 15.541，sig = 0.000 < 0.05，所以不同职业的居民在“是否同意我们的社会中道德能够很好地约束人们的行为”的回答上存在显著差异。

F7k by A10

请问您是否同意现有的规范和习俗能够很好地调节人与人的关系 * 职业 Crosstabulation

	高级白领	低级白领	工人/小生意者	农民	无业失业下岗	总计
完全同意	6.8%	5.8%	6.3%	5.6%	7.1%	6.2%
比较同意	51.9%	47.7%	50.1%	54.6%	48.7%	51.1%
不太同意	35.0%	39.0%	38.5%	35.8%	38.6%	37.5%
完全不同意	6.3%	7.4%	5.1%	4.0%	5.5%	5.2%
总计	100.0%	100.0%	100.0%	100.0%	100.0%	100.0%
列总计	725	687	3216	2214	1162	8004

Chi-square test：df = 12，卡方值为 31.913，sig = 0.001 < 0.05，所以不同职业的居民在“是否同意现有的规范和习俗能够很好地调节人与人的关系”的回答上存在显著差异。

F7l by A10

请问您是否同意现在社会大多数人都有荣辱感 * 职业 Crosstabulation

	高级白领	低级白领	工人/小生意者	农民	无业失业下岗	总计
完全同意	8.6%	6.2%	7.4%	8.8%	9.4%	8.1%
比较同意	53.8%	48.5%	52.5%	59.8%	52.5%	54.3%
不太同意	32.0%	39.9%	34.2%	28.5%	32.3%	32.6%
完全不同意	5.5%	5.4%	5.9%	3.0%	5.8%	5.0%
总计	100.0%	100.0%	100.0%	100.0%	100.0%	100.0%

续表

	高级白领	低级白领	工人/小生意者	农民	无业失业下岗	总计
列总计	721	682	3197	2237	1183	8020

Chi-square test：df = 12，卡方值为 79.470，sig = 0.000 < 0.05，所以不同职业的居民在“是否同意现在社会大多数人都有荣辱感”的回答上存在显著差异。

F8 by A10

您听说过或参加过道德讲堂吗 ＊ 职业 Crosstabulation

	高级白领	低级白领	工人/小生意者	农民	无业失业下岗	总计
参加过	29.6%	16.6%	6.7%	3.1%	14.3%	9.7%
听说过，但没参加过	41.5%	40.0%	34.8%	31.6%	33.9%	34.8%
没听说过	28.8%	43.4%	58.5%	65.3%	51.9%	55.6%
总计	100.0%	100.0%	100.0%	100.0%	100.0%	100.0%
列总计	756	725	3411	2462	1326	8680

Chi-square test：df = 8，卡方值为 705.901，sig = 0.000 < 0.05，所以不同职业的居民在“是否听说过或参加过道德讲堂”的回答上存在显著差异。

F9 by A10

如果您参加过道德讲堂，您觉得开展这样的活动有意义吗 ＊ 职业 Crosstabulation

	高级白领	低级白领	工人/小生意者	农民	无业失业下岗	总计
很有意义	89.0%	73.5%	73.5%	66.2%	76.1%	77.6%
可有可无	9.1%	19.7%	17.8%	27.0%	20.1%	17.1%
没有必要	1.8%	6.8%	8.7%	6.8%	3.8%	5.3%
总计	100.0%	100.0%	100.0%	100.0%	100.0%	100.0%
列总计	219	117	219	74	184	813

Chi-square test：df = 8，卡方值为 30.902，sig = 0.001 < 0.05，所以不同职业的居民在“开展道德讲堂这样的活动是否有意义”的回答上存在显著差异。

F10 by A10

您对您生活的地方（您所在的社区）社会公德状况满意吗 ＊ 职业 Crosstabulation

	高级白领	低级白领	工人/小生意者	农民	无业失业下岗	总计
非常满意	8.2%	6.2%	4.7%	3.7%	5.2%	4.9%

续表

	高级白领	低级白领	工人/小生意者	农民	无业失业下岗	总计
比较满意	63.6%	64.5%	65.0%	63.0%	58.4%	63.3%
不太满意	22.9%	25.4%	26.1%	28.2%	31.9%	27.2%
非常不满意	5.3%	4.0%	4.1%	5.1%	4.6%	4.6%
总计	100.0%	100.0%	100.0%	100.0%	100.0%	100.0%
列总计	717	682	3163	2225	1208	7995

Chi-square test：df = 12，卡方值为 53.492，sig = 0.000 < 0.05，所以不同职业的居民在“生活的地方（您所在的社区）社会公德状况满意的程度”的回答上存在显著差异。

F11a by A10

当前社会坑蒙拐骗现象的严重程度如何 * 职业 Crosstabulation

	高级白领	低级白领	工人/小生意者	农民	无业失业下岗	总计
非常不严重	11.2%	9.8%	7.8%	6.0%	8.5%	7.9%
比较不严重	42.9%	45.4%	46.7%	42.1%	40.9%	44.1%
比较严重	37.8%	38.8%	37.9%	43.9%	41.8%	40.3%
非常严重	8.2%	6.0%	7.6%	8.0%	8.8%	7.8%
总计	100.0%	100.0%	100.0%	100.0%	100.0%	100.0%
列总计	735	703	3323	2380	1261	8402

Chi-square test：df = 12，卡方值为 55.236，sig = 0.000 < 0.05，所以不同职业的居民在“当前社会坑蒙拐骗现象的严重程度”的回答上存在显著差异。

F11b by A10

当前社会人际关系冷漠，见危不救的严重程度如何 * 职业 Crosstabulation

	高级白领	低级白领	工人/小生意者	农民	无业失业下岗	总计
非常不严重	12.2%	12.0%	9.2%	7.7%	9.4%	9.3%
比较不严重	41.6%	45.1%	45.1%	43.9%	43.1%	44.2%
比较严重	39.2%	39.0%	40.4%	42.9%	40.7%	40.9%
非常严重	7.0%	4.0%	5.2%	5.5%	6.7%	5.6%
总计	100.0%	100.0%	100.0%	100.0%	100.0%	100.0%
列总计	738	708	3343	2377	1264	8430

Chi-square test：df = 12，卡方值为 34.330，sig = 0.000 < 0.05，所以不同职业的居民在“当前社会人际关系冷漠，见危不救的严重程度”的回答上存在显著差异。

F11c by A10

当前社会诚信缺乏，不讲信用的严重程度如何 ＊ 职业 Crosstabulation

	高级白领	低级白领	工人/小生意者	农民	无业失业下岗	总计
非常不严重	10.9%	10.2%	10.0%	7.5%	9.1%	9.3%
比较不严重	40.7%	44.8%	41.5%	43.7%	41.0%	42.2%
比较严重	38.7%	38.5%	41.9%	43.0%	42.0%	41.6%
非常严重	9.7%	6.5%	6.7%	5.8%	7.8%	6.9%
总计	100.0%	100.0%	100.0%	100.0%	100.0%	100.0%
列总计	732	707	3353	2386	1280	8458

Chi-square test：df = 12，卡方值为 34.466，sig = 0.001 < 0.05，所以不同职业的居民在“当前社会诚信缺乏，不讲信用的严重程度”的回答上存在显著差异。

F11d by A10

当前社会人与人之间缺乏信任，社会安全度低的严重程度如何 ＊ 职业 Crosstabulation

	高级白领	低级白领	工人/小生意者	农民	无业失业下岗	总计
非常不严重	10.6%	10.1%	8.7%	7.1%	7.3%	8.3%
比较不严重	39.3%	40.1%	36.5%	40.4%	38.1%	38.4%
比较严重	40.5%	41.1%	45.3%	45.6%	44.8%	44.6%
非常严重	9.5%	8.6%	9.4%	6.9%	9.8%	8.7%
总计	100.0%	100.0%	100.0%	100.0%	100.0%	100.0%
列总计	735	710	3341	2360	1278	8424

Chi-square test：df = 12，卡方值为 38.861，sig = 0.000 < 0.05，所以不同职业的居民在“当前社会人与人之间缺乏信任，社会安全度低的严重程度”的回答上存在显著差异。

F11e by A10

当前社会缺乏公德，如公共场所大声喧哗、随地吐痰等的严重程度如何 ＊ 职业 Crosstabulation

	高级白领	低级白领	工人/小生意者	农民	无业失业下岗	总计
非常不严重	11.4%	10.7%	10.7%	9.1%	10.4%	10.3%
比较不严重	40.0%	47.2%	43.4%	46.3%	42.7%	44.1%
比较严重	38.6%	33.1%	36.8%	36.0%	38.5%	36.7%
非常严重	10.0%	8.9%	9.2%	8.6%	8.4%	9.0%
总计	100.0%	100.0%	100.0%	100.0%	100.0%	100.0%

续表

	高级白领	低级白领	工人/小生意者	农民	无业失业下岗	总计
列总计	738	707	3351	2372	1256	8424

Chi-square test：df = 12，卡方值为 19. 376，sig = 0. 080 > 0. 05，所以不同职业的居民在“当前社会缺乏公德，如公共场所大声喧哗、随地吐痰等的严重程度”的回答上不存在显著差异。

F11f by A10

当前社会自私自利，损人利己的严重程度如何 * 职业 Crosstabulation

	高级白领	低级白领	工人/小生意者	农民	无业失业下岗	总计
非常不严重	12. 0%	12. 1%	10. 3%	8. 3%	9. 1%	9. 9%
比较不严重	43. 5%	42. 2%	39. 7%	41. 5%	42. 7%	41. 2%
比较严重	36. 3%	39. 4%	43. 3%	44. 6%	41. 7%	42. 5%
非常严重	8. 2%	6. 2%	6. 7%	5. 6%	6. 5%	6. 4%
总计	100. 0%	100. 0%	100. 0%	100. 0%	100. 0%	100. 0%
列总计	735	708	3333	2332	1265	8373

Chi-square test：df = 12，卡方值为 35. 778，sig = 0. 000 < 0. 05，所以不同职业的居民在“当前社会自私自利，损人利己的严重程度”的回答上存在显著差异。

F11g by A10

当前社会缺乏公正心和正义感的严重程度如何 * 职业 Crosstabulation

	高级白领	低级白领	工人/小生意者	农民	无业失业下岗	总计
非常不严重	11. 9%	10. 2%	10. 4%	8. 3%	9. 9%	9. 9%
比较不严重	42. 4%	48. 4%	42. 1%	43. 7%	42. 3%	43. 1%
比较严重	38. 9%	34. 7%	40. 8%	43. 6%	40. 4%	40. 9%
非常严重	6. 8%	6. 8%	6. 7%	4. 4%	7. 4%	6. 2%
总计	100. 0%	100. 0%	100. 0%	100. 0%	100. 0%	100. 0%
列总计	733	709	3303	2306	1245	8296

Chi-square test：df = 12，卡方值为 44. 152，sig = 0. 000 < 0. 05，所以不同职业的居民在“当前社会缺乏公正心和正义感的严重程度”的回答上存在显著差异。

F11h by A10

当前社会私欲膨胀，物欲横流的严重程度如何 * 职业 Crosstabulation

	高级白领	低级白领	工人/小生意者	农民	无业失业下岗	总计
非常不严重	12. 1%	9. 9%	10. 3%	8. 2%	8. 2%	9. 5%

续表

	高级白领	低级白领	工人/小生意者	农民	无业失业下岗	总计
比较不严重	38.1%	46.6%	43.6%	43.6%	40.7%	42.9%
比较严重	41.2%	35.6%	39.0%	42.6%	42.8%	40.5%
非常严重	8.6%	7.9%	7.1%	5.5%	8.2%	7.1%
总计	100.0%	100.0%	100.0%	100.0%	100.0%	100.0%
列总计	725	699	3208	2149	1191	7972

Chi-square test：df = 12，卡方值为 43.172，sig = 0.002 < 0.05，所以不同职业的居民在“当前社会私欲膨胀，物欲横流的严重程度”的回答上存在显著差异。

F11i by A10

当前社会缺乏羞耻感的严重程度如何 ＊ 职业 Crosstabulation

	高级白领	低级白领	工人/小生意者	农民	无业失业下岗	总计
非常不严重	13.3%	12.6%	11.3%	10.5%	10.6%	11.2%
比较不严重	46.2%	47.8%	49.4%	50.8%	48.9%	49.3%
比较严重	31.3%	33.2%	33.0%	34.0%	33.7%	33.2%
非常严重	9.2%	6.5%	6.4%	4.6%	6.7%	6.2%
总计	100.0%	100.0%	100.0%	100.0%	100.0%	100.0%
列总计	721	693	3244	2221	1212	8091

Chi-square test：df = 12，卡方值为 29.165，sig = 0.004 < 0.05，所以不同职业的居民在“当前社会缺乏羞耻感的严重程度”的回答上存在显著差异。

F11j by A10

当前社会干部贪污受贿，以权谋利的严重程度如何 ＊ 职业 Crosstabulation

	高级白领	低级白领	工人/小生意者	农民	无业失业下岗	总计
非常不严重	10.3%	11.2%	7.8%	5.9%	7.6%	7.8%
比较不严重	38.8%	39.2%	38.4%	34.1%	33.4%	36.6%
比较严重	36.1%	37.2%	35.6%	42.0%	38.6%	38.0%
非常严重	14.8%	12.4%	18.2%	18.1%	20.4%	17.7%
总计	100.0%	100.0%	100.0%	100.0%	100.0%	100.0%
列总计	689	645	3110	2190	1130	7764

Chi-square test：df = 12，卡方值为 70.939，sig = 0.000 < 0.05，所以不同职业的居民在“当前社会干部贪污受贿，以权谋利的严重程度”的回答上存在显著差异。

F11k by A10

当前社会生活奢侈，铺张浪费的严重程度如何 * 职业 Crosstabulation

	高级白领	低级白领	工人/小生意者	农民	无业失业下岗	总计
非常不严重	10.8%	8.6%	7.6%	5.6%	7.1%	7.4%
比较不严重	38.5%	41.3%	39.1%	37.6%	36.3%	38.4%
比较严重	36.5%	39.0%	38.4%	42.2%	41.7%	39.8%
非常严重	14.2%	11.1%	14.9%	14.6%	14.9%	14.4%
总计	100.0%	100.0%	100.0%	100.0%	100.0%	100.0%
列总计	710	675	3198	2256	1199	8038

Chi-square test：df = 3，卡方值 40.192，sig = 0.000 < 0.05，所以不同职业的居民在“当前社会生活奢侈，铺张浪费的严重程度”的回答上存在显著差异。

F11l by A10

当前社会干部不作为，扯皮推诿的严重程度如何 * 职业 Crosstabulation

	高级白领	低级白领	工人/小生意者	农民	无业失业下岗	总计
非常不严重	9.9%	6.9%	6.9%	5.6%	7.3%	6.9%
比较不严重	39.5%	41.8%	35.5%	34.6%	32.0%	35.6%
比较严重	33.2%	36.8%	38.5%	42.7%	38.3%	39.0%
非常严重	17.4%	14.6%	19.0%	17.2%	22.4%	18.5%
总计	100.0%	100.0%	100.0%	100.0%	100.0%	100.0%
列总计	684	639	3054	2138	1103	7618

Chi-square test：df = 12，卡方值为 60.692，sig = 0.000 < 0.05，所以不同职业的居民在“当前社会干部不作为，扯皮推诿的严重程度”的回答上存在显著差异。

F12a by A10

您怎么看待周围那些经营企业或做生意发了财的人：他们自己有本事，应该发财 * 职业 Crosstabulation

	高级白领	低级白领	工人/小生意者	农民	无业失业下岗	总计
未选中	41.8%	39.0%	43.8%	40.7%	43.6%	42.3%
选中	58.2%	61.0%	56.2%	59.3%	56.4%	57.7%
总计	100.0%	100.0%	100.0%	100.0%	100.0%	100.0%
列总计	751	725	3388	2426	1302	8592

Chi-square test：df = 4，卡方值为 9.901，sig = 0.042 < 0.05，所以不同职业的居民在“您怎么看待周围那些经营企业或做生意发了财的人：他们自己有本事，应该发财”的回答上存在显著差异。

F12b by A10

您怎么看待周围那些经营企业或做生意发了财的人：尊重他们，他们为社会做了贡献 * 职业 Crosstabulation

	高级白领	低级白领	工人/小生意者	农民	无业失业下岗	总计
未选中	43.4%	48.3%	54.8%	58.9%	59.8%	55.2%
选中	56.6%	51.7%	45.2%	41.1%	40.2%	44.8%
总计	100.0%	100.0%	100.0%	100.0%	100.0%	100.0%
列总计	751	725	3388	2426	1302	8592

Chi-square test：df = 4，卡方值为 80.945，sig = 0.000 < 0.05，所以不同职业的居民在“您怎么看待周围那些经营企业或做生意发了财的人：尊重他们，他们为社会做了贡献”的回答上存在显著差异。

F12c by A10

您怎么看待周围那些经营企业或做生意发了财的人：没什么了不起，他们常用不正当手段发财 * 职业 Crosstabulation

	高级白领	低级白领	工人/小生意者	农民	无业失业下岗	总计
未选中	91.6%	87.0%	85.9%	87.3%	89.2%	87.4%
选中	8.4%	13.0%	14.1%	12.7%	10.8%	12.6%
总计	100.0%	100.0%	100.0%	100.0%	100.0%	100.0%
列总计	751	725	3388	2426	1302	8592

Chi-square test：df = 4，卡方值为 22.631，sig = 0.000 < 0.05，所以不同职业的居民在“您怎么看待周围那些经营企业或做生意发了财的人：没什么了不起，他们常用不正当手段发财”的回答上存在显著差异。

F12d by A10

您怎么看待周围那些经营企业或做生意发了财的人：是土豪，没文化，没教养 * 职业 Crosstabulation

	高级白领	低级白领	工人/小生意者	农民	无业失业下岗	总计
未选中	92.0%	91.6%	92.1%	92.5%	92.9%	92.3%
选中	8.0%	8.4%	7.9%	7.5%	7.1%	7.7%
总计	100.0%	100.0%	100.0%	100.0%	100.0%	100.0%
列总计	751	725	3388	2426	1302	8592

Chi-square test：df = 4，卡方值为 1.364，sig = 0.850 > 0.05，所以不同职业的居民在“您怎么看待周围那些经营企业或做生意发了财的人：是土豪，没文化，没教养”的回答上不存在显著差异。

F12e by A10

您怎么看待周围那些经营企业或做生意发了财的人：是他们运气好 ＊ 职业 Crosstabulation

	高级白领	低级白领	工人/小生意者	农民	无业失业下岗	总计
未选中	86.4%	87.9%	82.3%	79.3%	84.9%	82.7%
选中	13.6%	12.1%	17.7%	20.7%	15.1%	17.3%
总计	100.0%	100.0%	100.0%	100.0%	100.0%	100.0%
列总计	751	725	3388	2426	1302	8592

Chi-square test：df = 4，卡方值为 44.387，sig = 0.000 < 0.05，所以不同职业的居民在“您怎么看待周围那些经营企业或做生意发了财的人：是他们运气好”的回答上存在显著差异。

F12f by A10

您怎么看待周围那些经营企业或做生意发了财的人：有钱没钱，这都是命 ＊ 职业 Crosstabulation

	高级白领	低级白领	工人/小生意者	农民	无业失业下岗	总计
未选中	92.3%	90.6%	83.1%	80.8%	81.2%	83.6%
选中	7.7%	9.4%	16.9%	19.2%	18.8%	16.4%
总计	100.0%	100.0%	100.0%	100.0%	100.0%	100.0%
列总计	751	725	3388	2426	1302	8592

Chi-square test：df = 4，卡方值为 87.085，sig = 0.000 < 0.05，所以不同职业的居民在“您怎么看待周围那些经营企业或做生意发了财的人：有钱没钱，这都是命”的回答上存在显著差异。

F12g by A10

您怎么看待周围那些经营企业或做生意发了财的人：天道不公，希望他们明天就破产 ＊ 职业 Crosstabulation

	高级白领	低级白领	工人/小生意者	农民	无业失业下岗	总计
未选中	99.2%	98.6%	99.0%	99.3%	98.6%	99.0%
选中	0.8%	1.4%	1.0%	0.7%	1.4%	1.0%
总计	100.0%	100.0%	100.0%	100.0%	100.0%	100.0%
列总计	751	725	3388	2426	1302	8592

Chi-square test：df = 4，卡方值为 4.879，sig = 0.300 > 0.05，所以不同职业的居民在“您怎么看待周围那些经营企业或做生意发了财的人：天道不公，希望他们明天就破产”的回答上不存在显著差异。

F13a by A10

企业损害社会利益，如污染环境、以虚假广告误导公众等严重程度如何 ＊ 职业 Crosstabulation

	高级白领	低级白领	工人/小生意者	农民	无业失业下岗	总计
非常不严重	6.3%	6.6%	4.9%	2.7%	5.5%	4.7%
比较不严重	38.4%	45.8%	38.7%	35.2%	39.6%	38.5%
比较严重	46.4%	42.8%	47.7%	51.1%	43.8%	47.5%
非常严重	8.9%	4.8%	8.7%	11.0%	11.2%	9.3%
总计	100.0%	100.0%	100.0%	100.0%	100.0%	100.0%
列总计	711	685	3083	2009	1094	7582

Chi-square test：df = 12，卡方值为 80.653，sig = 0.000 < 0.05，所以不同职业的居民在“企业损害社会利益，如污染环境、以虚假广告误导公众等严重程度”的回答上存在显著差异。

F13b by A10

娱乐界以丑闻、绯闻炒作，污染社会风气严重程度如何 ＊ 职业 Crosstabulation

	高级白领	低级白领	工人/小生意者	农民	无业失业下岗	总计
非常不严重	5.7%	9.4%	5.8%	3.7%	6.9%	5.8%
比较不严重	27.8%	25.9%	27.0%	29.8%	27.0%	27.7%
比较严重	46.9%	54.3%	54.3%	54.0%	51.2%	53.1%
非常严重	19.6%	10.4%	12.9%	12.4%	14.9%	13.5%
总计	100.0%	100.0%	100.0%	100.0%	100.0%	100.0%
列总计	699	683	2899	1764	1000	7045

Chi-square test：df = 12，卡方值为 69.371，sig = 0.000 < 0.05，所以不同职业的居民在“娱乐界以丑闻、绯闻炒作，污染社会风气严重程度”的回答上存在显著差异。

F13c by A10

媒体缺乏社会责任，炒作新闻严重程度如何 ＊ 职业 Crosstabulation

	高级白领	低级白领	工人/小生意者	农民	无业失业下岗	总计
非常不严重	6.1%	10.0%	7.3%	4.2%	7.1%	6.6%
比较不严重	32.5%	32.8%	30.0%	31.8%	30.1%	31.0%
比较严重	44.7%	46.0%	51.1%	52.7%	49.3%	50.1%
非常严重	16.6%	11.2%	11.6%	11.3%	13.5%	12.3%
总计	100.0%	100.0%	100.0%	100.0%	100.0%	100.0%
列总计	704	687	2899	1794	995	7079

Chi-square test：df = 12，卡方值为 58.063，sig = 0.000 < 0.05，所以不同职业的居民在“媒体缺乏社会责任，炒作新闻严重程度”的回答上存在显著差异。

F13d by A10

社会财富分配不公，贫富悬殊过大严重程度如何 * 职业 Crosstabulation

	高级白领	低级白领	工人/小生意者	农民	无业失业下岗	总计
非常不严重	5.6%	8.1%	7.0%	4.0%	5.6%	5.9%
比较不严重	30.3%	32.9%	24.7%	26.5%	25.6%	26.5%
比较严重	46.8%	45.4%	49.7%	49.2%	47.0%	48.5%
非常严重	17.3%	13.6%	18.6%	20.4%	21.9%	19.0%
总计	100.0%	100.0%	100.0%	100.0%	100.0%	100.0%
列总计	729	690	3199	2181	1162	7961

Chi-square test：df = 12，卡方值为 67.350，sig = 0.000 < 0.05，所以不同职业的居民在“社会财富分配不公，贫富悬殊过大严重程度”的回答上存在显著差异。

F13e by A10

教师不尽职严重程度如何 * 职业 Crosstabulation

	高级白领	低级白领	工人/小生意者	农民	无业失业下岗	总计
非常不严重	21.9%	16.8%	15.8%	12.0%	15.6%	15.3%
比较不严重	53.1%	57.4%	57.1%	57.6%	55.1%	56.6%
比较严重	20.2%	21.7%	22.9%	26.8%	25.6%	24.0%
非常严重	4.8%	4.1%	4.3%	3.6%	3.7%	4.0%
总计	100.0%	100.0%	100.0%	100.0%	100.0%	100.0%
列总计	731	704	3256	2292	1203	8186

Chi-square test：df = 12，卡方值为 60.268，sig = 0.000 < 0.05，所以不同职业的居民在“教师不尽职严重程度”的回答上存在显著差异。

F13f by A10

医生不守职业道德严重程度如何 * 职业 Crosstabulation

	高级白领	低级白领	工人/小生意者	农民	无业失业下岗	总计
非常不严重	18.6%	16.0%	14.6%	10.3%	14.4%	13.8%
比较不严重	48.6%	54.2%	51.8%	50.1%	53.7%	51.5%
比较严重	27.1%	24.5%	28.9%	34.0%	27.5%	29.6%
非常严重	5.7%	5.2%	4.7%	5.5%	4.4%	5.0%
总计	100.0%	100.0%	100.0%	100.0%	100.0%	100.0%
列总计	724	706	3266	2292	1209	8197

Chi-square test：df = 12，卡方值为 69.870，sig = 0.000 < 0.05，所以不同职业的居民在“医生不守职业道德严重程度”的回答上存在显著差异。

F13g by A10

公众人物用知名度攫取财富严重程度如何 ＊ 职业 Crosstabulation

	高级白领	低级白领	工人/小生意者	农民	无业失业下岗	总计
非常不严重	8.3%	13.3%	9.7%	5.5%	8.3%	8.6%
比较不严重	35.3%	35.8%	32.2%	37.3%	37.4%	34.9%
比较严重	42.3%	42.6%	46.8%	45.2%	41.1%	44.8%
非常严重	14.0%	8.3%	11.3%	12.0%	13.3%	11.7%
总计	100.0%	100.0%	100.0%	100.0%	100.0%	100.0%
列总计	662	653	2817	1736	920	6788

Chi-square test：df = 12，卡方值为 69.463，sig = 0.000 < 0.05，所以不同职业的居民在“公众人物用知名度攫取财富严重程度”的回答上存在显著差异。

F13h by A10

两性关系过度开放导致婚姻不稳定严重程度如何 ＊ 职业 Crosstabulation

	高级白领	低级白领	工人/小生意者	农民	无业失业下岗	总计
非常不严重	8.5%	10.2%	9.2%	6.9%	8.7%	8.5%
比较不严重	40.5%	48.7%	45.4%	42.7%	39.3%	43.6%
比较严重	37.9%	33.4%	36.2%	39.4%	38.3%	37.3%
非常严重	13.1%	7.8%	9.3%	11.0%	13.6%	10.6%
总计	100.0%	100.0%	100.0%	100.0%	100.0%	100.0%
列总计	696	668	3038	2060	1055	7517

Chi-square test：df = 12，卡方值为 52.230，sig = 0.001 < 0.05，所以不同职业的居民在“两性关系过度开放导致婚姻不稳定严重程度”的回答上存在显著差异。

F13i by A10

年轻人缺乏责任感，不孝敬父母严重程度如何 ＊ 职业 Crosstabulation

	高级白领	低级白领	工人/小生意者	农民	无业失业下岗	总计
非常不严重	12.6%	11.6%	13.0%	12.3%	16.1%	13.1%
比较不严重	52.1%	54.3%	53.3%	56.4%	48.3%	53.4%
比较严重	28.2%	29.9%	28.2%	27.4%	27.6%	28.0%
非常严重	7.1%	4.1%	5.5%	3.9%	7.9%	5.4%
总计	100.0%	100.0%	100.0%	100.0%	100.0%	100.0%
列总计	723	679	3196	2255	1173	8026

Chi-square test：df = 12，卡方值为 49.930，sig = 0.000 < 0.05，所以不同职业的居民在“年轻人缺乏责任感，不孝敬父母严重程度”的回答上存在显著差异。

F14 by A10

您是否知道您生活的社区（村）有社区公约、村规民约 ＊ 职业 Crosstabulation

	高级白领	低级白领	工人/小生意者	农民	无业失业下岗	总计
知道有	48.8%	41.9%	36.4%	34.5%	32.4%	36.8%
知道没有	13.6%	14.3%	16.4%	19.4%	15.1%	16.6%
不知道有没有	37.6%	43.8%	47.2%	46.0%	52.5%	46.6%
总计	100.0%	100.0%	100.0%	100.0%	100.0%	100.0%
列总计	736	713	3329	2378	1298	8454

Chi-square test：df = 8，卡方值为 87.474，sig = 0.000 < 0.05，所以不同职业的居民在“是否知道其生活的社区（村）有社区公约、村规民约”的回答上存在显著差异。

F15a by A10

您周围的人在日常生活中遵守步行、骑车不闯红灯的情况 ＊ 职业 Crosstabulation

	高级白领	低级白领	工人/小生意者	农民	无业失业下岗	总计
不遵守	5.7%	5.8%	9.1%	6.5%	7.8%	7.6%
基本遵守	62.0%	69.8%	70.2%	68.4%	61.4%	67.6%
自觉遵守	32.3%	24.5%	20.6%	25.1%	30.8%	24.8%
总计	100.0%	100.0%	100.0%	100.0%	100.0%	100.0%
列总计	756	728	3410	2459	1325	8678

Chi-square test：df = 8，卡方值为 96.106，sig = 0.000 < 0.05，所以不同职业的居民在“您周围的人在日常生活中遵守步行、骑车不闯红灯的情况”的回答上存在显著差异。

F15b by A10

您周围的人在日常生活中遵守乘车、购物自觉排队的情况 ＊ 职业 Crosstabulation

	高级白领	低级白领	工人/小生意者	农民	无业失业下岗	总计
不遵守	3.6%	3.7%	5.3%	4.9%	5.6%	4.9%
基本遵守	60.8%	69.9%	72.3%	69.3%	61.6%	68.6%
自觉遵守	35.6%	26.4%	22.4%	25.8%	32.8%	26.5%
总计	100.0%	100.0%	100.0%	100.0%	100.0%	100.0%
列总计	755	728	3409	2459	1325	8676

Chi-square test：df = 8，卡方值为 95.787，sig = 0.000 < 0.05，所以不同职业的居民在“您周围的人在日常生活中遵守乘车、购物自觉排队的情况”的回答上存在显著差异。

F15c by A10

您周围的人在日常生活中遵守文明游览的情况 ＊ 职业 Crosstabulation

	高级白领	低级白领	工人/小生意者	农民	无业失业下岗	总计
不遵守	5.7%	7.0%	6.6%	5.4%	8.4%	6.5%
基本遵守	59.7%	66.1%	71.5%	67.6%	60.2%	67.2%
自觉遵守	34.6%	26.9%	21.9%	27.0%	31.5%	26.3%
总计	100.0%	100.0%	100.0%	100.0%	100.0%	100.0%
列总计	754	725	3404	2452	1310	8645

Chi-square test：df = 8，卡方值为 97.876，sig = 0.000 < 0.05，所以不同职业的居民在“周围的人在日常生活中遵守文明游览的情况”的回答上存在显著差异。

F15d by A10

您周围的人在日常生活中遵守社区公约、村规民约的情况 ＊ 职业 Crosstabulation

	高级白领	低级白领	工人/小生意者	农民	无业失业下岗	总计
不遵守	4.9%	5.7%	5.3%	4.4%	8.3%	5.5%
基本遵守	60.6%	69.6%	71.9%	67.7%	61.0%	67.9%
自觉遵守	34.5%	24.7%	22.8%	27.9%	30.7%	26.7%
总计	100.0%	100.0%	100.0%	100.0%	100.0%	100.0%
列总计	731	687	3155	2393	1202	8168

Chi-square test：df = 8，卡方值为 89.696，sig = 0.000 < 0.05，所以不同职业的居民在“周围的人在日常生活中遵守社区公约、村规民约的情况”的回答上存在显著差异。

F16a by A10

您对下列关于网络的说法是否赞同？网络是个虚拟空间，不受现实生活中的道德规范约束 ＊ 职业 Crosstabulation

	高级白领	低级白领	工人/小生意者	农民	无业失业下岗	总计
非常不赞同	36.6%	32.7%	27.0%	24.5%	32.9%	28.6%
不太赞同	43.4%	47.1%	50.4%	53.1%	43.4%	49.2%
比较赞同	16.8%	15.8%	17.5%	18.5%	19.1%	17.8%
非常赞同	3.2%	4.3%	5.1%	3.9%	4.5%	4.4%
总计	100.0%	100.0%	100.0%	100.0%	100.0%	100.0%
列总计	749	715	3230	2160	1160	8014

Chi-square test：df = 12，卡方值为 76.202，sig = 0.000 < 0.05，所以不同职业的居民在“网络是个虚拟空间，不受现实生活中的道德规范约束”的回答上存在显著差异。

F16b by A10

您对下列关于网络的说法是否赞同？人肉搜索侵犯个人隐私，应该杜绝 ＊ 职业 Crosstabulation

	高级白领	低级白领	工人/小生意者	农民	无业失业下岗	总计
非常不赞同	3.9%	4.5%	3.2%	4.1%	3.5%	3.7%
不太赞同	22.2%	21.5%	22.4%	26.2%	23.8%	23.5%
比较赞同	51.0%	49.3%	53.2%	53.2%	48.6%	52.0%
非常赞同	22.9%	24.7%	21.3%	16.5%	24.0%	20.8%
总计	100.0%	100.0%	100.0%	100.0%	100.0%	100.0%
列总计	747	712	3225	2173	1162	8019

Chi-square test：df = 12，卡方值为 52.426，sig = 0.000 < 0.05，所以不同职业的居民在“人肉搜索侵犯个人隐私，应该杜绝”赞同程度的回答上存在显著差异。

F16c by A10

您对下列关于网络的说法是否赞同？明知网络谣言仍转发的，应该受到惩罚 ＊ 职业 Crosstabulation

	高级白领	低级白领	工人/小生意者	农民	无业失业下岗	总计
非常不赞同	3.5%	4.9%	4.0%	4.3%	4.0%	4.1%
不太赞同	15.6%	16.5%	16.4%	18.6%	18.7%	17.3%
比较赞同	47.9%	43.4%	49.7%	54.9%	47.1%	50.0%
非常赞同	33.0%	35.2%	29.9%	22.1%	30.2%	28.6%
总计	100.0%	100.0%	100.0%	100.0%	100.0%	100.0%
列总计	748	714	3244	2184	1163	8053

Chi-square test：df = 12，卡方值为 79.227，sig = 0.000 < 0.05，所以不同职业的居民在“明知网络谣言仍转发的，应该受到惩罚”赞同程度的回答上存在显著差异。

F17 by A10

假如您走在街上被陌生人不小心踩到并发出“哎哟”一声后，您认为对方会做何种反应？ ＊ 职业 Crosstabulation

	高级白领	低级白领	工人/小生意者	农民	无业失业下岗	总计
用言语或手势表达歉意	80.8%	74.0%	74.8%	76.2%	76.8%	76.0%
不会有任何表示	14.6%	20.3%	19.2%	18.9%	18.1%	18.6%
反而说你大惊小怪	4.6%	5.7%	6.0%	4.9%	5.1%	5.4%

续表

	高级白领	低级白领	工人/小生意者	农民	无业失业下岗	总计
总计	100.0%	100.0%	100.0%	100.0%	100.0%	100.0%
列总计	724	696	3292	2295	1252	8259

Chi-square test：df = 8，卡方值为 15.672，sig = 0.047 < 0.05，所以不同职业的居民在"假如您走在街上被陌生人不小心踩到并发出'哎哟'一声后，您认为对方会做何种反应"的回答上存在显著差异。

F18 by A10

您觉得您周围大多数人工作生活的精神状态怎么样 ＊ 职业 Crosstabulation

	高级白领	低级白领	工人/小生意者	农民	无业失业下岗	总计
精神饱满、积极向上	51.6%	46.0%	42.3%	39.1%	39.7%	42.1%
安于现状、按部就班	45.5%	51.8%	54.0%	57.6%	55.5%	54.3%
精神萎靡、无所事事	2.9%	2.2%	3.7%	3.3%	4.8%	3.5%
总计	100.0%	100.0%	100.0%	100.0%	100.0%	100.0%
列总计	750	722	3365	2432	1297	8566

Chi-square test：df = 8，卡方值为 53.367，sig = 0.000 < 0.05，所以不同职业的居民在"周围大多数人工作生活的精神状态如何"的回答上存在显著差异。

F19a by A10

这些现象在您身边常见吗？占卜算命 ＊ 职业 Crosstabulation

	高级白领	低级白领	工人/小生意者	农民	无业失业下岗	总计
经常见到	10.8%	9.5%	12.8%	9.3%	13.9%	11.5%
偶尔见到	52.6%	47.2%	51.0%	46.7%	48.4%	49.2%
没见到	36.6%	43.3%	36.2%	44.0%	37.7%	39.3%
总计	100.0%	100.0%	100.0%	100.0%	100.0%	100.0%
列总计	757	726	3414	2458	1324	8679

Chi-square test：df = 6，卡方值为 60.229，sig = 0.003 < 0.05，所以不同职业的居民在"占卜算命现象在您身边是否常见"的回答上存在显著差异。

F19b by A10

这些现象在您身边常见吗？操办喜事比富斗阔 ＊ 职业 Crosstabulation

	高级白领	低级白领	工人/小生意者	农民	无业失业下岗	总计
经常见到	11.5%	10.2%	10.5%	9.1%	10.5%	10.2%
偶尔见到	43.3%	38.8%	44.6%	45.7%	40.2%	43.7%

续表

	高级白领	低级白领	工人/小生意者	农民	无业失业下岗	总计
没见到	45.2%	51.0%	44.8%	45.2%	49.3%	46.1%
总计	100.0%	100.0%	100.0%	100.0%	100.0%	100.0%
列总计	755	726	3409	2458	1320	8668

Chi-square test：df = 6，卡方值为 23.705，sig = 0.003 < 0.05，所以不同职业的居民在“操办喜事比富斗阔现象在您身边是否常见”的回答上存在显著差异。

F19c by A10

这些现象在您身边常见吗？在父母生前不尽孝却对父母的丧事大操大办 * 职业 Crosstabulation

	高级白领	低级白领	工人/小生意者	农民	无业失业下岗	总计
经常见到	9.7%	8.8%	8.4%	7.3%	9.8%	8.5%
偶尔见到	39.4%	36.6%	41.2%	44.1%	35.7%	40.6%
没见到	50.9%	54.6%	50.4%	48.6%	54.5%	50.9%
总计	100.0%	100.0%	100.0%	100.0%	100.0%	100.0%
列总计	756	725	3412	2458	1320	8671

Chi-square test：df = 8，卡方值为 34.731，sig = 0.001 < 0.05，所以不同职业的居民在“父母生前不尽孝却对父母的丧事大操大办现象在您身边是否常见”的回答上存在显著差异。

F19d by A10

这些现象在您身边常见吗？赌博或变相赌博 * 职业 Crosstabulation

	高级白领	低级白领	工人/小生意者	农民	无业失业下岗	总计
经常见到	13.6%	11.9%	13.3%	11.5%	13.4%	12.7%
偶尔见到	42.7%	42.8%	45.1%	41.3%	44.1%	43.5%
没见到	43.7%	45.4%	41.6%	47.2%	42.5%	43.8%
总计	100.0%	100.0%	100.0%	100.0%	100.0%	100.0%
列总计	756	725	3408	2458	1321	8668

Chi-square test：df = 8，卡方值为 21.482，sig = 0.006 < 0.05，所以不同职业的居民在“赌博或变相赌博现象在您身边是否常见”的回答上存在显著差异。

F19e by A10

这些现象在您身边常见吗？封建迷信活动 * 职业 Crosstabulation

	高级白领	低级白领	工人/小生意者	农民	无业失业下岗	总计
经常见到	6.5%	6.3%	5.0%	4.2%	5.5%	5.1%

续表

	高级白领	低级白领	工人/小生意者	农民	无业失业下岗	总计
偶尔见到	28.7%	24.9%	27.7%	27.4%	31.1%	28.0%
没见到	64.8%	68.7%	67.3%	68.4%	63.5%	66.9%
总计	100.0%	100.0%	100.0%	100.0%	100.0%	100.0%
列总计	756	726	3407	2457	1319	8665

Chi-square test：df = 8，卡方值为 21.326，sig = 0.006 < 0.05，所以不同职业的居民在“封建迷信活动现象在您身边是否常见”的回答上存在显著差异。

F19f by A10

这些现象在您身边常见吗？非法宗教活动 * 职业 Crosstabulation

	高级白领	低级白领	工人/小生意者	农民	无业失业下岗	总计
经常见到	3.0%	2.3%	2.0%	1.5%	2.5%	2.1%
偶尔见到	14.5%	14.5%	13.1%	16.0%	13.8%	14.3%
没见到	82.4%	83.1%	84.9%	82.5%	83.7%	83.7%
总计	100.0%	100.0%	100.0%	100.0%	100.0%	100.0%
列总计	757	724	3407	2453	1317	8658

Chi-square test：df = 8，卡方值为 18.712，sig = 0.016 < 0.05，所以不同职业的居民在“非法宗教活动现象在您身边是否常见”的回答上存在显著差异。

F20 by A10

您认为目前我国社会中道德和幸福的现实关系是 * 职业 Crosstabulation

	高级白领	低级白领	工人/小生意者	农民	无业失业下岗	总计
总体上道德和幸福能够一致，能惩恶扬善	69.8%	66.2%	67.3%	68.5%	68.6%	67.9%
有道德讲伦理的人大都吃亏，不守道德的人更能讨便宜	22.5%	28.3%	24.0%	22.3%	23.8%	23.8%
道德与幸福没有关系，能挣钱有发展无论怎样行动都行	7.7%	5.5%	8.7%	9.2%	7.7%	8.3%
总计	100.0%	100.0%	100.0%	100.0%	100.0%	100.0%
列总计	676	639	2852	1915	1043	7125

Chi-square test：df = 8，卡方值为 18.334，sig = 0.019 < 0.05，所以不同职业的居民在“目前我国社会中道德和幸福的现实关系”的回答上存在显著差异。

F21a by A10

您在所在单位，有没有一种亲切和踏实的感觉 ＊ 职业 Crosstabulation

	高级白领	低级白领	工人/小生意者	农民	无业失业下岗	总计
有	31.1%	24.2%	18.4%	15.0%	20.8%	19.4%
还可以	65.3%	71.8%	73.3%	64.0%	61.2%	68.1%
没有	3.6%	4.0%	8.3%	21.0%	18.0%	12.5%
总计	100.0%	100.0%	100.0%	100.0%	100.0%	100.0%
列总计	750	726	3301	2374	1171	8322

Chi-square test：df = 6，卡方值为 417.284，sig = 0.000 < 0.05，所以不同职业的居民在“所在单位，有没有一种亲切和踏实的感觉”的回答上存在显著差异。

F21b by A10

您在所在社区/村，有没有一种亲切和踏实的感觉 ＊ 职业 Crosstabulation

	高级白领	低级白领	工人/小生意者	农民	无业失业下岗	总计
有	30.3%	27.7%	22.9%	25.9%	28.1%	25.6%
还可以	63.6%	66.1%	71.3%	70.1%	62.6%	68.5%
没有	6.1%	6.2%	5.8%	4.0%	9.3%	5.9%
总计	100.0%	100.0%	100.0%	100.0%	100.0%	100.0%
列总计	753	728	3383	2445	1301	8610

Chi-square test：df = 8，卡方值为 76.344，sig = 0.000 < 0.05，所以不同职业的居民在“所在社区/村，有没有一种亲切和踏实的感觉”的回答上存在显著差异。

F21c by A10

您在所在城市，有没有一种亲切和踏实的感觉 ＊ 职业 Crosstabulation

	高级白领	低级白领	工人/小生意者	农民	无业失业下岗	总计
有	32.3%	32.6%	25.2%	22.7%	27.8%	26.1%
还可以	61.6%	59.8%	66.7%	67.2%	61.1%	64.9%
没有	6.1%	7.6%	8.1%	10.1%	11.1%	8.9%
总计	100.0%	100.0%	100.0%	100.0%	100.0%	100.0%
列总计	752	726	3389	2426	1293	8586

Chi-square test：df = 8，卡方值为 68.310，sig = 0.000 < 0.05，所以不同职业的居民在“所在城市，有没有一种亲切和踏实的感觉”的回答上存在显著差异。

F22 by A10

您认为您目前的状况是 ＊ 职业 Crosstabulation

	高级白领	低级白领	工人/小生意者	农民	无业失业下岗	总计
生活富裕，但不感到幸福和快乐	8.8%	9.1%	8.0%	5.9%	5.2%	7.1%
生活富裕，幸福也快乐	16.3%	11.6%	11.3%	8.6%	10.9%	10.9%
生活小康，幸福且快乐	53.3%	57.1%	47.0%	42.1%	47.4%	47.1%
生活小康，但不感到幸福和快乐	6.6%	5.7%	5.2%	5.3%	7.6%	5.8%
生活清贫，幸福且快乐	13.4%	14.0%	23.9%	30.4%	23.6%	24.0%
生活贫困，既不幸福也不快乐	1.6%	2.5%	4.6%	7.7%	5.4%	5.2%
总计	100.0%	100.0%	100.0%	100.0%	100.0%	100.0%
列总计	754	723	3402	2453	1317	8649

Chi-square test：df = 20，卡方值为 27.888，sig = 0.000 < 0.05，所以不同职业的居民在“自己目前状况”的回答上存在显著差异。

F23 by A10

最近这些年，您的生活水平对幸福感的影响是怎样的 ＊ 职业 Crosstabulation

	高级白领	低级白领	工人/小生意者	农民	无业失业下岗	总计
生活水平提高了，但幸福感和快乐感降低了	14.9%	11.2%	11.6%	10.4%	11.9%	11.6%
生活水平提高了，幸福感和快乐感提高了	59.4%	54.7%	48.6%	50.4%	49.7%	50.7%
生活水平没变，幸福感和快乐感提高了	18.4%	28.0%	30.8%	26.2%	27.8%	27.7%
生活水平没变，幸福感和快乐感降低了	4.8%	3.6%	5.4%	7.0%	6.4%	5.8%
生活水平下降，但幸福感和快乐感提高了	0.9%	1.4%	1.6%	2.9%	2.0%	1.9%
生活水平下降，幸福感和快乐感也降低了	1.6%	1.1%	1.9%	3.1%	2.2%	2.2%
总计	100.0%	100.0%	100.0%	100.0%	100.0%	100.0%
列总计	756	724	3410	2462	1317	8669

Chi-square test：df = 20，卡方值为 116.201，sig = 0.000 < 0.05，所以不同职业的居民在“自己的生活水平对幸福感的影响是怎样”的回答上存在显著差异。

F24a by A10

近十年以来，您认为下列哪一类人获得的利益最多 ＊ 职业 Crosstabulation

	高级白领	低级白领	工人/小生意者	农民	无业失业下岗	总计
工人	1.3%	0.8%	1.4%	1.0%	1.5%	1.2%
农民	3.9%	2.1%	2.5%	2.9%	3.3%	2.8%
公务员	7.5%	10.2%	11.4%	10.4%	7.5%	10.1%
国有企业的经营管理者	11.4%	9.9%	9.6%	9.2%	10.1%	9.7%
集体企业的经营管理者	4.5%	4.2%	4.4%	3.3%	3.5%	3.9%
私营企业家	15.5%	11.4%	8.7%	10.0%	14.6%	10.8%
外商、境外来大陆的投资者	14.4%	11.1%	9.0%	8.2%	10.2%	9.6%
个体户	5.0%	9.4%	4.5%	5.5%	4.6%	5.3%
私营、外资企业中的管理人员	10.8%	11.8%	10.4%	9.8%	10.4%	10.4%
专家学者、专业技术人员	3.6%	6.5%	5.0%	3.7%	5.1%	4.7%
政府官员	21.3%	22.5%	32.8%	35.9%	28.6%	31.1%
其他	1.0%	0.2%	0.3%	0.2%	0.5%	0.4%
总计	100.0%	100.0%	100.0%	100.0%	100.0%	100.0%
列总计	696	659	3057	2035	1101	7548

Chi-square test：df = 44，卡方值为 290.307，sig = 0.000 < 0.05，所以不同职业的居民在“近十年以来，您认为下列哪一类人获得的利益最多”的回答上存在显著差异。

F24b by A10

近十年以来，您认为下列哪一类人获得的利益最少 ＊ 职业 Crosstabulation

	高级白领	低级白领	工人/小生意者	农民	无业失业下岗	总计
工人	27.4%	34.0%	23.8%	10.9%	21.7%	21.1%
农民	55.5%	55.3%	65.4%	84.3%	67.9%	69.4%
公务员	3.2%	2.1%	0.8%	1.1%	1.7%	1.3%
国有企业的经营管理者	0.9%	1.2%	0.6%	0.3%	0.8%	0.6%
集体企业的经营管理者	0.4%	0.7%	0.8%	0.5%	0.7%	0.7%
私营企业家	1.6%	1.5%	0.9%	0.4%	0.7%	0.8%
外商、境外来大陆的投资者	0.1%	0.6%	0.5%	0.3%	0.3%	0.4%
个体户	2.9%	1.9%	5.0%	0.7%	2.6%	3.0%
私营、外资企业中的管理人员	2.0%	1.2%	0.7%	0.5%	0.7%	0.8%
专家学者、专业技术人员	3.6%	0.6%	0.5%	0.3%	1.5%	0.9%
政府官员	1.6%	0.4%	0.5%	0.4%	0.4%	0.6%

续表

	高级白领	低级白领	工人/小生意者	农民	无业失业下岗	总计
其他	0.9%	0.4%	0.4%	0.3%	1.0%	0.5%
总计	100.0%	100.0%	100.0%	100.0%	100.0%	100.0%
列总计	694	674	3132	2220	1159	7879

Chi-square test：df = 44，卡方值为 567.138，sig = 0.000 < 0.05，所以不同职业的居民在“近十年以来，您认为下列哪一类人获得的利益最少”的回答上存在显著差异。

F25 by A10

您认为弱势群体产生的最主要原因是 * 职业 Crosstabulation

	高级白领	低级白领	工人/小生意者	农民	无业失业下岗	总计
制度不合理，社会关怀不够	42.3%	41.1%	41.2%	41.9%	42.1%	41.6%
收入分配不公	39.0%	45.7%	42.7%	39.5%	37.0%	40.9%
机会不平等	31.0%	33.7%	34.6%	36.5%	33.6%	34.6%
弱势群体自己不努力	18.1%	21.5%	19.0%	20.2%	18.0%	19.3%
缺乏生存技能	32.0%	27.6%	27.7%	24.7%	26.4%	27.1%
其他			0.1%	0.3%	0.2%	0.2%
列总计	744	713	3312	2295	1213	8277

据上表所示，不同职业的居民在“弱势群体产生的最主要原因”的回答上存在显著差异。

F26 by A10

您认为我们是否应该改造城市的垃圾筒，以为一些老人或流浪者在垃圾筒中找东西时提供方便 * 职业 Crosstabulation

	高级白领	低级白领	工人/小生意者	农民	无业失业下岗	总计
应该，社会有义务为他们提供一种有尊严的生活	79.8%	68.3%	74.7%	82.2%	80.3%	77.6%
不应该，这些人本来就与城市不和谐	14.4%	25.3%	19.1%	13.2%	14.4%	16.8%
做这样的事不值得，应该将钱花到更重要的地方	4.8%	5.8%	5.9%	4.6%	5.0%	5.3%
其他	1.1%	0.6%	0.2%	0.1%	0.3%	0.3%
总计	100.0%	100.0%	100.0%	100.0%	100.0%	100.0%
列总计	752	722	3377	2441	1308	8600

Chi-square test：df = 12，卡方值为 114.639，sig = 0.000 < 0.05，所以不同职业的居民在“我们是否应该改造城市的垃圾筒，以为一些老人或流浪者在垃圾筒中找东西时提供方便”的回答上不存在显著差异。

F27 by A10

对当今中国社会，您更担忧哪种问题 ＊ 职业 Crosstabulation

	高级白领	低级白领	工人/小生意者	农民	无业失业下岗	总计
坑蒙拐骗，不守信用	23.3%	22.1%	24.7%	33.3%	26.6%	27.1%
人与人之间互不信任，相互提防，没有安全感	52.7%	53.1%	48.1%	41.7%	50.7%	47.5%
可信任的人很少，遇到问题难以找到人倾诉和帮助	22.8%	23.9%	26.3%	23.4%	21.8%	24.3%
其他	1.2%	1.0%	0.9%	1.5%	0.9%	1.1%
总计	100.0%	100.0%	100.0%	100.0%	100.0%	100.0%
列总计	755	721	3391	2444	1317	8628

Chi-square test：df = 12，卡方值为98.628，sig = 0.000 < 0.05，所以不同职业的居民在“当今中国社会，您更担忧哪种问题”的回答上存在显著差异。

F28 by A10

您觉得大多数人都是可以相信的吗？如果 1 分代表“大多数人都可以相信”，5 分代表“对其他人都应该小心防备”，您会选几分 ＊ 职业 Crosstabulation

	高级白领	低级白领	工人/小生意者	农民	无业失业下岗	总计
大多数人都可以相信	8.6%	6.8%	6.7%	11.7%	9.7%	8.7%
2	40.0%	41.0%	36.8%	36.7%	36.4%	37.3%
3	38.6%	42.8%	45.4%	43.1%	41.9%	43.4%
4	10.0%	7.2%	9.2%	6.9%	9.4%	8.5%
对其他人都应小心防备	2.8%	2.2%	2.0%	1.5%	2.6%	2.0%
总计	100.0%	100.0%	100.0%	100.0%	100.0%	100.0%
列总计	753	724	3389	2453	1316	8635

Chi-square test：df = 16，卡方值为79.943，sig = 0.000 < 0.05，所以不同职业的居民在“大多数人是否可以相信”的选分的回答上存在显著差异。

F29a by A10

您对下面这些人的信任程度如何？您的家人 ＊ 职业 Crosstabulation

	高级白领	低级白领	工人/小生意者	农民	无业失业下岗	总计
完全信任	82.8%	80.3%	82.9%	86.0%	80.0%	83.1%
比较信任	15.0%	17.6%	16.0%	12.6%	17.7%	15.3%

续表

	高级白领	低级白领	工人/小生意者	农民	无业失业下岗	总计
不太信任	1.9%	1.9%	1.0%	1.2%	2.1%	1.4%
根本不信任	0.3%	0.1%	0.1%	0.2%	0.2%	0.2%
总计	100.0%	100.0%	100.0%	100.0%	100.0%	100.0%
列总计	752	721	3396	2458	1307	8634

Chi-square test：df = 12，卡方值为 37.987，sig = 0.000 < 0.05，所以不同职业的居民在对“家人的信任程度”的回答上存在显著差异。

F29b by A10

您对下面这些人的信任程度如何？您的邻居 ＊ 职业 Crosstabulation

	高级白领	低级白领	工人/小生意者	农民	无业失业下岗	总计
完全信任	19.7%	22.2%	21.9%	29.7%	24.3%	24.3%
比较信任	68.8%	63.6%	68.4%	64.7%	61.4%	65.9%
不太信任	10.4%	13.2%	8.9%	5.3%	13.4%	9.0%
根本不信任	1.1%	1.0%	0.8%	0.3%	0.9%	0.7%
总计	100.0%	100.0%	100.0%	100.0%	100.0%	100.0%
列总计	747	712	3367	2433	1291	8550

Chi-square test：df = 12，卡方值为 142.311，sig = 0.000 < 0.05，所以不同职业的居民在对“邻居的信任程度”的回答上存在显著差异。

F29c by A10

您对下面这些人的信任程度如何？外地人 ＊ 职业 Crosstabulation

	高级白领	低级白领	工人/小生意者	农民	无业失业下岗	总计
完全信任	3.7%	1.9%	2.4%	3.8%	2.9%	2.9%
比较信任	31.2%	29.8%	31.0%	26.7%	24.9%	28.8%
不太信任	52.1%	56.2%	52.0%	56.4%	55.3%	54.1%
根本不信任	12.9%	12.1%	14.6%	13.1%	17.0%	14.2%
总计	100.0%	100.0%	100.0%	100.0%	100.0%	100.0%
列总计	721	687	3294	2383	1261	8346

Chi-square test：df = 12，卡方值为 48.973，sig = 0.000 < 0.05，所以不同职业的居民在对“外地人的信任程度”的回答上不存在显著差异。

F29d by A10

您对下面这些人的信任程度如何？陌生人 * 职业 Crosstabulation

	高级白领	低级白领	工人/小生意者	农民	无业失业下岗	总计
完全信任	1.9%	1.2%	1.2%	0.9%	1.7%	1.2%
比较信任	21.0%	19.0%	19.3%	20.1%	15.4%	19.1%
不太信任	54.4%	57.4%	52.5%	55.5%	52.6%	53.9%
根本不信任	22.7%	22.4%	27.0%	23.5%	30.3%	25.8%
总计	100.0%	100.0%	100.0%	100.0%	100.0%	100.0%
列总计	719	686	3271	2366	1254	8296

Chi-square test：df = 12，卡方值为 45.566，sig = 0.000 < 0.05，所以不同职业的居民在对“陌生人的信任程度”的回答存在显著差异。

F29e by A10

您对下面这些人的信任程度如何？外国人 * 职业 Crosstabulation

	高级白领	低级白领	工人/小生意者	农民	无业失业下岗	总计
完全信任	1.5%	2.1%	1.6%	0.7%	1.7%	1.4%
比较信任	20.0%	21.0%	16.5%	12.4%	15.4%	15.8%
不太信任	55.0%	54.7%	53.4%	57.1%	53.9%	54.8%
根本不信任	23.5%	22.3%	28.5%	29.8%	29.0%	27.9%
总计	100.0%	100.0%	100.0%	100.0%	100.0%	100.0%
列总计	676	629	2903	2168	1098	7474

Chi-square test：df = 12，卡方值为 64.380，sig = 0.000 < 0.05，所以不同职业的居民在对“外国人的信任程度”的回答上存在显著差异。

F29f by A10

您对下面这些人的信任程度如何？同事或同学 * 职业 Crosstabulation

	高级白领	低级白领	工人/小生意者	农民	无业失业下岗	总计
完全信任	8.4%	9.7%	7.2%	5.6%	9.7%	7.5%
比较信任	76.6%	75.8%	74.1%	75.7%	71.3%	74.5%
不太信任	13.1%	13.1%	16.4%	16.8%	16.3%	15.9%
根本不信任	1.9%	1.3%	2.2%	1.9%	2.7%	2.1%
总计	100.0%	100.0%	100.0%	100.0%	100.0%	100.0%
列总计	739	708	3279	2200	1175	8101

Chi-square test：df = 12，卡方值为 40.809，sig = 0.000 < 0.05，所以不同职业的居民在对“同事或同学的信任程度”的回答上存在显著差异。

F29g by A10

您对下面这些人的信任程度如何？您的上司或领导 ＊ 职业 Crosstabulation

	高级白领	低级白领	工人/小生意者	农民	无业失业下岗	总计
完全信任	7.2%	8.1%	5.4%	5.2%	7.0%	6.0%
比较信任	70.5%	68.4%	65.0%	63.8%	62.1%	65.1%
不太信任	19.6%	20.5%	26.2%	27.5%	26.3%	25.4%
根本不信任	2.6%	3.0%	3.3%	3.5%	4.7%	3.5%
总计	100.0%	100.0%	100.0%	100.0%	100.0%	100.0%
列总计	733	702	3136	1946	1031	7548

Chi-square test：df = 12，卡方值为 46.335，sig = 0.000 < 0.05，所以不同职业的居民在对“上司或领导的信任程度”的回答上存在显著差异。

F29h by A10

您对下面这些人的信任程度如何？您的朋友 ＊ 职业 Crosstabulation

	高级白领	低级白领	工人/小生意者	农民	无业失业下岗	总计
完全信任	20.3%	19.2%	16.7%	13.0%	17.6%	16.3%
比较信任	72.5%	73.9%	75.5%	79.8%	73.1%	76.0%
不太信任	5.9%	6.2%	6.6%	6.1%	7.9%	6.6%
根本不信任	1.2%	0.7%	1.2%	1.1%	1.4%	1.2%
总计	100.0%	100.0%	100.0%	100.0%	100.0%	100.0%
列总计	743	712	3362	2407	1284	8508

Chi-square test：df = 12，卡方值为 43.159，sig = 0.000 < 0.05，所以不同职业的居民在对“朋友的信任程度”的回答上存在显著差异。

F30 by A10

您是否同意“在这个社会上，您一不小心别人就会想办法占您的便宜” ＊ 职业 Crosstabulation

	高级白领	低级白领	工人/小生意者	农民	无业失业下岗	总计
非常不同意	8.5%	6.7%	6.5%	4.3%	6.5%	6.1%
比较不同意	41.4%	29.8%	33.1%	33.3%	37.6%	34.3%
说不上同意不同意	28.6%	31.7%	32.0%	33.7%	31.9%	32.1%
比较同意	18.0%	26.9%	25.2%	24.8%	20.6%	23.9%
非常同意	3.4%	4.9%	3.2%	3.8%	3.4%	3.6%

续表

	高级白领	低级白领	工人/小生意者	农民	无业失业下岗	总计
总计	100.0%	100.0%	100.0%	100.0%	100.0%	100.0%
列总计	737	698	3253	2291	1249	8228

Chi-square test：df = 16，卡方值为 73.642，sig = 0.000 < 0.05，所以不同职业的居民在“是否同意在这个社会上，您一不小心别人就会想办法占您的便宜”的回答上存在显著差异。

F31 by A10

您对所生活的地方道德建设满意吗 ＊ 职业 Crosstabulation

	高级白领	低级白领	工人/小生意者	农民	无业失业下岗	总计
满意	15.8%	12.1%	10.5%	12.4%	11.7%	11.8%
基本满意	74.0%	77.8%	76.4%	73.4%	73.5%	75.1%
不满意	10.2%	10.1%	13.1%	14.1%	14.8%	13.1%
总计	100.0%	100.0%	100.0%	100.0%	100.0%	100.0%
列总计	726	672	3129	2161	1198	7886

Chi-square test：df = 8，卡方值为 31.650，sig = 0.000 < 0.05，所以不同职业的居民在“所生活的地方道德建设满意与否”的回答上存在显著差异。

F32a by A10

您对下面群体的信任程度如何？商人 ＊ 职业 Crosstabulation

	高级白领	低级白领	工人/小生意者	农民	无业失业下岗	总计
完全信任	3.9%	5.7%	4.2%	2.1%	3.5%	3.6%
比较信任	50.8%	51.9%	54.9%	54.5%	50.4%	53.5%
不太信任	41.7%	38.1%	38.0%	39.9%	41.5%	39.4%
根本不信任	3.7%	4.3%	3.0%	3.4%	4.7%	3.5%
总计	100.0%	100.0%	100.0%	100.0%	100.0%	100.0%
列总计	727	700	3270	2236	1199	8132

Chi-square test：df = 12，卡方值为 43.930，sig = 0.000 < 0.05，所以不同职业的居民在对“商人的信任程度”的回答上存在显著差异。

F32b by A10

您对下面群体的信任程度如何？单位领导/社区（村）干部 ＊ 职业 Crosstabulation

	高级白领	低级白领	工人/小生意者	农民	无业失业下岗	总计
完全信任	7.8%	6.9%	4.8%	4.0%	5.6%	5.1%

续表

	高级白领	低级白领	工人/小生意者	农民	无业失业下岗	总计
比较信任	63.3%	64.8%	58.5%	54.1%	52.8%	57.4%
不太信任	24.8%	25.0%	30.8%	34.8%	35.4%	31.6%
根本不信任	4.1%	3.3%	6.0%	7.2%	6.2%	6.0%
总计	100.0%	100.0%	100.0%	100.0%	100.0%	100.0%
列总计	731	697	3257	2351	1198	8234

Chi-square test：df = 12，卡方值为 95.045，sig = 0.000 < 0.05，所以不同职业的居民在对“单位领导/社区（村）干部的信任程度”的回答上存在显著差异。

F32c by A10

您对下面群体的信任程度如何？公务员 ＊ 职业 Crosstabulation

	高级白领	低级白领	工人/小生意者	农民	无业失业下岗	总计
完全信任	10.7%	9.9%	6.6%	4.5%	7.9%	6.9%
比较信任	65.3%	62.4%	64.4%	64.5%	59.3%	63.6%
不太信任	21.3%	25.0%	26.4%	28.0%	29.2%	26.7%
根本不信任	2.6%	2.7%	2.6%	3.0%	3.5%	2.8%
总计	100.0%	100.0%	100.0%	100.0%	100.0%	100.0%
列总计	726	697	3200	2165	1170	7958

Chi-square test：df = 12，卡方值为 64.768，sig = 0.000 < 0.05，所以不同职业的居民在对“公务员的信任程度”的回答上存在显著差异。

F32d by A10

您对下面群体的信任程度如何？教师 ＊ 职业 Crosstabulation

	高级白领	低级白领	工人/小生意者	农民	无业失业下岗	总计
完全信任	18.7%	16.3%	14.3%	12.0%	16.9%	14.6%
比较信任	66.7%	69.2%	70.5%	70.7%	67.9%	69.7%
不太信任	12.5%	12.0%	13.6%	15.9%	13.2%	14.0%
根本不信任	2.0%	2.5%	1.6%	1.4%	2.0%	1.7%
总计	100.0%	100.0%	100.0%	100.0%	100.0%	100.0%
列总计	742	711	3347	2388	1273	8461

Chi-square test：df = 12，卡方值为 43.727，sig = 0.001 < 0.05，所以不同职业的居民在对“教师的信任程度”的回答上存在显著差异。

F32e by A10

您对下面群体的信任程度如何？警察 ＊ 职业 Crosstabulation

	高级白领	低级白领	工人/小生意者	农民	无业失业下岗	总计
完全信任	19.2%	17.4%	17.5%	14.6%	20.0%	17.2%
比较信任	66.4%	66.0%	66.9%	67.0%	64.0%	66.4%
不太信任	13.1%	15.1%	14.1%	15.9%	13.7%	14.5%
根本不信任	1.2%	1.6%	1.5%	2.5%	2.3%	1.9%
总计	100.0%	100.0%	100.0%	100.0%	100.0%	100.0%
列总计	733	703	3331	2340	1268	8375

Chi-square test：df = 12，卡方值为 34.282，sig = 0.000 < 0.05，所以不同职业的居民在对“警察的信任程度”的回答上存在显著差异。

F32f by A10

您对下面群体的信任程度如何？医生 ＊ 职业 Crosstabulation

	高级白领	低级白领	工人/小生意者	农民	无业失业下岗	总计
完全信任	13.7%	15.8%	13.6%	10.6%	16.3%	13.3%
比较信任	66.4%	64.6%	64.0%	62.7%	61.9%	63.6%
不太信任	17.7%	17.6%	20.3%	23.3%	18.6%	20.4%
根本不信任	2.2%	2.0%	2.0%	3.4%	3.2%	2.6%
总计	100.0%	100.0%	100.0%	100.0%	100.0%	100.0%
列总计	739	714	3337	2386	1269	8445

Chi-square test：df = 12，卡方值为 58.124，sig = 0.001 < 0.05，所以不同职业的居民在对“医生的信任程度”的回答上存在显著差异。

F32g by A10

您对下面群体的信任程度如何？法官 ＊ 职业 Crosstabulatio

	高级白领	低级白领	工人/小生意者	农民	无业失业下岗	总计
完全信任	17.3%	17.1%	16.7%	12.7%	18.7%	16.0%
比较信任	65.2%	64.4%	65.1%	66.4%	64.7%	65.3%
不太信任	15.5%	16.3%	16.0%	18.1%	13.9%	16.2%
根本不信任	2.0%	2.1%	2.2%	2.8%	2.6%	2.4%
总计	100.0%	100.0%	100.0%	100.0%	100.0%	100.0%
列总计	698	661	2995	1982	1126	7462

Chi-square test：df = 12，卡方值为 31.957，sig = 0.001 < 0.05，所以不同职业的居民在对“法官的信任程度”的回答上存在显著差异。

F32h by A10

您对下面群体的信任程度如何？农民 ＊ 职业 Crosstabulation

	高级白领	低级白领	工人/小生意者	农民	无业失业下岗	总计
完全信任	11.6%	11.0%	12.3%	12.8%	13.2%	12.4%
比较信任	70.7%	75.1%	75.6%	77.1%	72.1%	75.0%
不太信任	16.5%	12.0%	10.9%	9.1%	13.1%	11.3%
根本不信任	1.2%	1.9%	1.2%	1.1%	1.6%	1.3%
总计	100.0%	100.0%	100.0%	100.0%	100.0%	100.0%
列总计	726	698	3328	2408	1258	8418

Chi-square test：df = 12，卡方值为 43.735，sig ＝0.012＜0.05，所以不同职业的居民在“农民的信任程度”的回答上存在显著差异。

F32i by A10

您对下面群体的信任程度如何？工人 ＊ 职业 Crosstabulation

	高级白领	低级白领	工人/小生意者	农民	无业失业下岗	总计
完全信任	10.6%	10.1%	10.5%	9.5%	9.0%	9.9%
比较信任	72.3%	71.8%	76.4%	77.4%	73.7%	75.5%
不太信任	15.2%	15.8%	11.7%	12.0%	15.2%	12.9%
根本不信任	1.9%	2.3%	1.5%	1.2%	2.1%	1.6%
总计	100.0%	100.0%	100.0%	100.0%	100.0%	100.0%
列总计	725	695	3311	2314	1254	8299

Chi-square test：df = 12，卡方值为 32.587，sig ＝0.001＜0.05，所以不同职业的居民在对“工人的信任程度”的回答上存在显著差异。

F32j by A10

您对下面群体的信任程度如何？专家学者 ＊ 职业 Crosstabulation

	高级白领	低级白领	工人/小生意者	农民	无业失业下岗	总计
完全信任	13.4%	12.3%	11.6%	8.9%	13.7%	11.4%
比较信任	59.5%	58.9%	58.5%	61.2%	59.8%	59.6%
不太信任	21.5%	22.6%	24.3%	24.3%	20.7%	23.3%
根本不信任	5.6%	6.2%	5.6%	5.6%	5.8%	5.7%
总计	100.0%	100.0%	100.0%	100.0%	100.0%	100.0%
列总计	694	659	2874	1916	1107	7250

Chi-square test：df = 12，卡方值为 27.148，sig ＝0.007＜0.05，所以不同职业的居民在对“专家学者的信任程度”的回答上存在显著差异。

F32k by A10

您对下面群体的信任程度如何？演艺娱乐圈 * 职业 Crosstabulation

	高级白领	低级白领	工人/小生意者	农民	无业失业下岗	总计
完全信任	4.8%	5.6%	3.3%	2.3%	4.5%	3.6%
比较信任	25.3%	31.8%	30.7%	36.0%	31.8%	31.7%
不太信任	48.0%	44.5%	46.8%	45.1%	45.4%	46.1%
根本不信任	21.9%	18.1%	19.2%	16.5%	18.3%	18.6%
总计	100.0%	100.0%	100.0%	100.0%	100.0%	100.0%
列总计	644	629	2612	1608	980	6473

Chi-square test：df = 12，卡方值为 47.662，sig = 0.000 < 0.05，所以不同职业的居民在对“演艺娱乐圈的信任程度”的回答上存在显著差异。

F321 by A10

您对下面群体的信任程度如何？公众人物 * 职业 Crosstabulation

	高级白领	低级白领	工人/小生意者	农民	无业失业下岗	总计
完全信任	6.2%	5.9%	4.5%	3.0%	6.1%	4.7%
比较信任	40.6%	45.1%	42.6%	45.5%	44.0%	43.6%
不太信任	38.6%	35.5%	39.4%	37.2%	37.2%	38.1%
根本不信任	14.6%	13.4%	13.5%	14.3%	12.7%	13.7%
总计	100.0%	100.0%	100.0%	100.0%	100.0%	100.0%
列总计	643	625	2637	1625	973	6503

Chi-square test：df = 12，卡方值为 27.351，sig = 0.007 < 0.05，所以不同职业的居民在对“公众人物的信任程度”的回答上存在显著差异。

F33 by A10

您在生活中经常买到假冒伪劣商品吗 * 职业 Crosstabulation

	高级白领	低级白领	工人/小生意者	农民	无业失业下岗	总计
经常	8.9%	7.7%	8.2%	6.1%	5.9%	7.3%
偶尔	62.2%	63.7%	66.0%	66.2%	62.2%	64.9%
没有	29.0%	28.6%	25.9%	27.7%	31.9%	27.8%
总计	100.0%	100.0%	100.0%	100.0%	100.0%	100.0%
列总计	677	623	2878	1971	1145	7294

Chi-square test：df = 8，卡方值为 26.736，sig = 0.001 < 0.05，所以不同职业的居民在“是否在生活中经常买到假冒伪劣商品”的回答上存在显著差异。

F34 by A10

您在购物、就医、理财等方面经常遇到虚假广告吗 ＊ 职业 Crosstabulation

	高级白领	低级白领	工人/小生意者	农民	无业失业下岗	总计
经常	13.4%	11.7%	11.6%	9.1%	10.3%	10.9%
偶尔	54.7%	58.3%	56.2%	53.4%	56.3%	55.5%
没有	31.9%	30.0%	32.1%	37.4%	33.4%	33.5%
总计	100.0%	100.0%	100.0%	100.0%	100.0%	100.0%
列总计	664	607	2833	1896	1114	7114

Chi-square test：df = 8，卡方值为 27.358，sig = 0.000 < 0.05，所以不同职业的居民在“是否在购物、就医、理财等方面经常遇到虚假广告”的回答上存在显著差异。

F35 by A10

如果在路边看到一个老人摔倒，您的反应是 ＊ 职业 Crosstabulation

	高级白领	低级白领	工人/小生意者	农民	无业失业下岗	总计
立即扶起	45.6%	34.9%	41.2%	50.2%	44.2%	44.1%
等有证人时再扶	25.8%	32.6%	29.5%	23.8%	22.6%	26.8%
先拍照，再扶起	10.6%	8.4%	7.4%	3.8%	10.4%	7.2%
不扶，避免惹是生非	5.4%	9.7%	10.0%	10.8%	10.7%	9.9%
报警	11.0%	13.7%	11.4%	10.3%	10.6%	11.1%
其他	1.6%	0.7%	0.5%	1.2%	1.5%	1.0%
总计	100.0%	100.0%	100.0%	100.0%	100.0%	100.0%
列总计	755	724	3396	2442	1313	8630

Chi-square test：df = 20，卡方值为 188.523，sig = 0.000 < 0.05，所以不同职业的居民在“如果在路边看到一个老人摔倒的反应”的回答上存在显著差异。

F36 by A10

我们都听说过或见证过好心人救助老人却反被诬陷的事情。假如您是这位好心人，您会 ＊ 职业 Crosstabulation

	高级白领	低级白领	工人/小生意者	农民	无业失业下岗	总计
我是多管闲事，下次再也不会帮助别人了	18.2%	21.4%	24.6%	26.0%	21.0%	23.6%
我正直善良真心待人，对得起良知和良心	38.6%	42.1%	37.8%	39.0%	40.5%	39.0%

续表

	高级白领	低级白领	工人/小生意者	农民	无业失业下岗	总计
下次还是会伸出援手，但是会提高警惕，注意保护自己	42.8%	36.3%	36.9%	34.7%	37.8%	36.9%
其他	0.4%	0.1%	0.7%	0.3%	0.6%	0.5%
总计	100.0%	100.0%	100.0%	100.0%	100.0%	100.0%
列总计	753	724	3382	2441	1308	8608

Chi-square test：df = 12，卡方值为 44.037，sig = 0.000 < 0.05，所以不同职业的居民在“好心人救助老人却反被诬陷的事情。假如您是这位好心人，您会”的回答上存在显著差异。

F37a by A10

您对下列群体的伦理道德整体状况的满意度？政府官员 * 职业 Crosstabulation

	高级白领	低级白领	工人/小生意者	农民	无业失业下岗	总计
非常不满意	6.1%	4.5%	5.6%	6.6%	8.6%	6.3%
比较不满意	26.8%	27.1%	30.8%	32.4%	34.3%	31.1%
比较满意	62.9%	66.1%	62.4%	59.4%	54.3%	60.7%
非常满意	4.1%	2.2%	1.3%	1.6%	2.8%	1.9%
总计	100.0%	100.0%	100.0%	100.0%	100.0%	100.0%
列总计	704	667	3055	2132	1139	7697

Chi-square test：df = 12，卡方值为 72.007，sig = 0.000 < 0.05，所以不同职业的居民在“对政府官员的伦理道德整体状况的满意度”的回答上存在显著差异。

F37b by A10

您对下列群体的伦理道德整体状况的满意度？一般公务员 * 职业 Crosstabulation

	高级白领	低级白领	工人/小生意者	农民	无业失业下岗	总计
非常不满意	1.4%	1.6%	2.3%	2.0%	3.7%	2.3%
比较不满意	21.6%	21.1%	26.8%	28.2%	27.4%	26.3%
比较满意	70.6%	68.7%	67.5%	66.5%	63.2%	67.0%
非常满意	6.4%	8.5%	3.4%	3.3%	5.7%	4.4%
总计	100.0%	100.0%	100.0%	100.0%	100.0%	100.0%
列总计	714	681	3074	2094	1148	7711

Chi-square test：df = 12，卡方值为 85.661，sig = 0.017 < 0.05，所以不同职业的居民在“对一般公务员的伦理道德整体状况的满意度”的回答上存在显著差异。

F37c by A10

您对下列群体的伦理道德整体状况的满意度？企业家 ＊ 职业 Crosstabulation

	高级白领	低级白领	工人/小生意者	农民	无业失业下岗	总计
非常不满意	1.6%	1.4%	1.6%	1.2%	2.2%	1.6%
比较不满意	21.8%	18.6%	24.2%	24.5%	25.6%	23.8%
比较满意	70.9%	68.7%	68.9%	69.7%	64.6%	68.6%
非常满意	5.7%	11.3%	5.3%	4.6%	7.6%	6.1%
总计	100.0%	100.0%	100.0%	100.0%	100.0%	100.0%
列总计	683	646	2919	1903	1067	7218

Chi-square test：df = 12，卡方值为 61.909，sig = 0.000 < 0.05，所以不同职业的居民在“对企业家的伦理道德整体状况的满意度”的回答上存在显著差异。

F37d by A10

您对下列群体的伦理道德整体状况的满意度？演艺娱乐界 ＊ 职业 Crosstabulation

	高级白领	低级白领	工人/小生意者	农民	无业失业下岗	总计
非常不满意	11.8%	7.3%	7.4%	6.0%	8.4%	7.6%
比较不满意	41.9%	41.6%	47.6%	42.0%	39.3%	43.8%
比较满意	39.5%	40.5%	39.4%	47.1%	46.4%	42.4%
非常满意	6.8%	10.6%	5.6%	4.9%	5.9%	6.1%
总计	100.0%	100.0%	100.0%	100.0%	100.0%	100.0%
列总计	645	630	2624	1587	937	6423

Chi-square test：df = 12，卡方值为 82.294，sig = 0.000 < 0.05，所以不同职业的居民在“对演艺娱乐界的伦理道德整体状况的满意度”的回答上存在显著差异。

F37e by A10

您对下列群体的伦理道德整体状况的满意度？教师 ＊ 职业 Crosstabulation

	高级白领	低级白领	工人/小生意者	农民	无业失业下岗	总计
非常不满意	1.2%	1.3%	1.9%	1.4%	2.2%	1.7%
比较不满意	14.3%	14.5%	14.3%	16.3%	14.0%	14.8%
比较满意	68.2%	67.5%	69.9%	70.2%	69.6%	69.6%
非常满意	16.2%	16.7%	13.9%	12.1%	14.2%	13.9%

续表

	高级白领	低级白领	工人/小生意者	农民	无业失业下岗	总计
总计	100.0%	100.0%	100.0%	100.0%	100.0%	100.0%
列总计	727	705	3239	2317	1237	8225

Chi-square test：df = 12，卡方值为 23.338，sig = 0.000 < 0.05，所以不同职业的居民在“对教师的伦理道德整体状况的满意度”的回答上存在显著差异。

F37f by A10

您对下列群体的伦理道德整体状况的满意度？青少年 ＊ 职业 Crosstabulation

	高级白领	低级白领	工人/小生意者	农民	无业失业下岗	总计
非常不满意	1.0%	0.7%	1.4%	0.7%	1.2%	1.1%
比较不满意	19.0%	17.2%	17.2%	14.7%	17.8%	16.7%
比较满意	67.7%	65.8%	68.7%	75.3%	68.8%	70.2%
非常满意	12.3%	16.2%	12.8%	9.3%	12.2%	12.0%
总计	100.0%	100.0%	100.0%	100.0%	100.0%	100.0%
列总计	721	696	3222	2297	1226	8162

Chi-square test：df = 12，卡方值为 53.868，sig = 0.000 < 0.05，所以不同职业的居民在“对青少年的伦理道德整体状况的满意度”的回答上存在显著差异。

F37g by A10

您对下列群体的伦理道德整体状况的满意度？弱势群体 ＊ 职业 Crosstabulation

	高级白领	低级白领	工人/小生意者	农民	无业失业下岗	总计
非常不满意	2.2%	3.6%	2.6%	0.6%	2.3%	2.1%
比较不满意	25.7%	29.2%	27.8%	21.7%	25.6%	25.7%
比较满意	68.4%	64.5%	67.7%	75.5%	68.6%	69.9%
非常满意	3.7%	2.7%	1.9%	2.1%	3.5%	2.4%
总计	100.0%	100.0%	100.0%	100.0%	100.0%	100.0%
列总计	677	634	2967	2154	1115	7547

Chi-square test：df = 12，卡方值为 83.931，sig = 0.000 < 0.05，所以不同职业的居民在“对弱势群体的伦理道德整体状况的满意度”的回答上存在显著差异。

F37h by A10

您对下列群体的伦理道德整体状况的满意度？自由职业者 * 职业 Crosstabulation

	高级白领	低级白领	工人/小生意者	农民	无业失业下岗	总计
非常不满意	0.9%	0.9%	1.7%	0.8%	1.6%	1.3%
比较不满意	19.3%	22.3%	21.9%	18.7%	21.0%	20.7%
比较满意	74.1%	65.7%	71.8%	76.3%	70.9%	72.6%
非常满意	5.7%	11.1%	4.5%	4.3%	6.5%	5.4%
总计	100.0%	100.0%	100.0%	100.0%	100.0%	100.0%
列总计	668	633	2990	2114	1119	7524

Chi-square test：df = 12，卡方值为 77.329，sig = 0.000 < 0.05，所以不同职业的居民在“对自由职业者的伦理道德整体状况的满意度”的回答上存在显著差异。

F37i by A10

您对下列群体的伦理道德整体状况的满意度？农民 * 职业 Crosstabulation

	高级白领	低级白领	工人/小生意者	农民	无业失业下岗	总计
非常不满意	0.6%	0.6%	0.9%	0.8%	1.1%	0.9%
比较不满意	17.5%	16.1%	15.7%	10.5%	13.5%	14.1%
比较满意	73.7%	68.5%	74.3%	77.7%	75.2%	74.9%
非常满意	8.3%	14.8%	9.0%	11.0%	10.2%	10.2%
总计	100.0%	100.0%	100.0%	100.0%	100.0%	100.0%
列总计	710	683	3278	2381	1231	8283

Chi-square test：df = 12，卡方值为 68.642，sig = 0.005 < 0.05，所以不同职业的居民在“对农民的伦理道德整体状况的满意度”的回答上存在显著差异。

F37j by A10

您对下列群体的伦理道德整体状况的满意度？商人 * 职业 Crosstabulatio

	高级白领	低级白领	工人/小生意者	农民	无业失业下岗	总计
非常不满意	1.8%	3.3%	2.8%	2.0%	1.5%	2.3%
比较不满意	28.6%	29.6%	29.6%	27.0%	28.1%	28.6%
比较满意	62.3%	56.4%	61.0%	65.5%	62.1%	62.1%
非常满意	7.3%	10.7%	6.6%	5.5%	8.2%	7.0%
总计	100.0%	100.0%	100.0%	100.0%	100.0%	100.0%
列总计	710	693	3239	2222	1188	8052

Chi-square test：df = 12，卡方值为 46.788，sig = 0.000 < 0.05，所以不同职业的居民在“对商人的伦理道德整体状况的满意度”的回答上存在显著差异。

F37k by A10

您对下列群体的伦理道德整体状况的满意度？工人 ＊ 职业 Crosstabulation

	高级白领	低级白领	工人/小生意者	农民	无业失业下岗	总计
非常不满意	0.3%	0.6%	0.7%	0.5%	0.7%	0.6%
比较不满意	13.4%	17.6%	16.8%	12.5%	13.6%	14.9%
比较满意	78.0%	71.8%	74.2%	78.8%	76.5%	75.9%
非常满意	8.3%	10.0%	8.4%	8.2%	9.3%	8.6%
总计	100.0%	100.0%	100.0%	100.0%	100.0%	100.0%
列总计	714	699	3270	2252	1224	8159

Chi-square test：df = 12，卡方值为 33.588，sig = 0.001 < 0.05，所以不同职业的居民在“对工人的伦理道德整体状况的满意度”的回答上存在显著差异。

F37l by A10

您对下列群体的伦理道德整体状况的满意度？专家学者 ＊ 职业 Crosstabulation

	高级白领	低级白领	工人/小生意者	农民	无业失业下岗	总计
非常不满意	1.9%	1.6%	1.4%	1.3%	2.3%	1.6%
比较不满意	18.8%	16.9%	19.5%	19.3%	15.2%	18.5%
比较满意	68.1%	65.7%	68.4%	71.0%	69.2%	68.9%
非常满意	11.2%	15.7%	10.6%	8.4%	13.4%	11.0%
总计	100.0%	100.0%	100.0%	100.0%	100.0%	100.0%
列总计	695	668	2978	1948	1086	7375

Chi-square test：df = 12，卡方值为 49.043，sig = 0.000 < 0.05，所以不同职业的居民在“对专家学者的伦理道德整体状况的满意度”的回答上存在显著差异。

F37m by A10

您对下列群体的伦理道德整体状况的满意度？医生 ＊ 职业 Crosstabulation

	高级白领	低级白领	工人/小生意者	农民	无业失业下岗	总计
非常不满意	2.5%	1.3%	2.5%	4.3%	2.5%	2.9%
比较不满意	18.2%	16.0%	21.6%	25.7%	19.4%	21.6%
比较满意	69.1%	68.6%	67.0%	62.7%	66.6%	66.0%
非常满意	10.3%	14.1%	9.0%	7.4%	11.5%	9.5%
总计	100.0%	100.0%	100.0%	100.0%	100.0%	100.0%

续表

	高级白领	低级白领	工人/小生意者	农民	无业失业下岗	总计
列总计	721	695	3238	2284	1223	8161

Chi-square test：df = 12，卡方值为 98.139，sig = 0.000 < 0.05，所以不同职业的居民在“对医生的伦理道德整体状况的满意度”的回答上存在显著差异。

F38 by A10

下列哪些因素可能影响人际关系紧张 ＊ 职业 Crosstabulation

	高级白领	低级白领	工人/小生意者	农民	无业失业下岗	总计
社会资源缺乏，引发恶性竞争	30.3%	31.8%	31.8%	27.6%	25.8%	29.6%
过度宣扬竞争意识	26.9%	31.5%	28.4%	20.7%	20.6%	25.3%
社会财富分配不公，贫富差距过大	37.6%	33.0%	33.5%	33.2%	28.8%	33.1%
个人主义盛行	20.2%	22.7%	19.4%	15.5%	19.3%	18.7%
缺乏爱心	20.7%	24.0%	21.1%	22.3%	25.0%	22.2%
缺乏相互理解与沟通的意识和能力	22.0%	23.2%	18.6%	16.5%	17.4%	18.6%
制度安排不公正，机会不平等	25.0%	23.1%	22.2%	24.2%	22.6%	23.1%
以权谋私，官员腐败	16.2%	16.0%	19.8%	25.7%	22.5%	21.2%
缺乏道德信用	21.3%	16.7%	17.2%	19.4%	21.2%	18.7%
人与人、人与社会之间缺乏信任	28.4%	25.0%	28.9%	26.7%	32.1%	28.4%
传统伦理瓦解，社会缺乏统一的价值观	9.9%	9.8%	9.7%	8.8%	7.2%	9.1%
一切诉诸利益或法律，人际关系缺乏伦理调节的机制和能力	5.6%	5.4%	4.9%	3.4%	2.7%	4.3%
列总计	747	724	3332	2278	1238	8319

据上表所示，不同职业的居民在“哪些因素可能影响人际关系紧张?”的回答上存在显著差异。

F39 by A10

您认为在现代中国社会实际奉行的道德价值是 ＊ 职业 Crosstabulation

	共产党员	民主党派	共青团员	群众	总计
义利合一，用符合道德的方式谋利	61.3%	41.7%	53.7%	50.7%	51.6%
见利忘义，唯利是图	30.7%	33.3%	33.1%	37.9%	37.1%
不计较利害得失，道德至上	7.8%	25.0%	12.6%	11.1%	11.0%
其他	0.2%		0.6%	0.2%	0.2%
总计	100.0%	100.0%	100.0%	100.0%	100.0%

续表

	共产党员	民主党派	共青团员	群众	总计
列总计	524	12	523	6590	7649

Chi-square test：df = 12，卡方值为35. 109，sig = 0000 < 0. 05，所以不同职业的居民在“现代中国社会实际奉行的道德价值”的回答上存在显著差异。

F40 by A10

对形成我国当前各种新型伦理关系和道德观念，哪些因素影响最大 * 职业 Crosstabulation

	高级白领	低级白领	工人/小生意者	农民	无业失业下岗	总计
网络和媒体	59. 1%	51. 0%	47. 9%	38. 2%	51. 2%	47. 2%
政府	53. 0%	53. 1%	61. 3%	64. 0%	54. 4%	59. 5%
大学及其文化	28. 6%	26. 8%	21. 8%	19. 9%	23. 6%	22. 7%
市场	34. 9%	37. 9%	33. 9%	30. 9%	28. 2%	32. 7%
企业	17. 8%	22. 5%	21. 8%	23. 2%	16. 3%	21. 0%
社会团体	21. 0%	15. 2%	17. 5%	16. 0%	21. 3%	17. 8%
知识精英	11. 3%	16. 1%	12. 0%	9. 0%	10. 7%	11. 3%
国外的思潮与生活方式	18. 0%	15. 7%	13. 3%	9. 1%	11. 5%	12. 6%
列总计	724	702	3079	2005	1126	7636

据上表所示，不同职业的居民在“对形成我国当前各种新型伦理关系和道德观念，哪些因素影响最大”的回答上存在显著差异。

F41 by A10

对当前我国伦理关系和道德风尚造成最大负面影响的因素是 * 职业 Crosstabulation

	高级白领	低级白领	工人/小生意者	农民	无业失业下岗	总计
传统文化的崩坏	38. 7%	46. 1%	41. 5%	41. 0%	39. 7%	41. 3%
外来文化的冲击	40. 8%	42. 4%	40. 1%	34. 4%	32. 8%	37. 8%
市场经济导致的个人主义	30. 3%	29. 6%	27. 8%	22. 1%	25. 1%	26. 3%
网络技术的发展	23. 8%	22. 0%	21. 2%	21. 3%	21. 9%	21. 6%
分配不公，两极分化	29. 5%	23. 3%	25. 1%	27. 9%	23. 9%	25. 9%
以权谋私，官员腐败	18. 4%	15. 9%	23. 2%	28. 6%	24. 9%	23. 7%
列总计	719	700	3122	2034	1125	7700

据上表所示，不同职业的居民在“对当前我国伦理关系和道德风尚造成最大负面影响的因素是”的回答上存在显著差异。

F42 by A10

造成当今不良道德风尚的最主要原因是 * 职业 Crosstabulation

	高级白领	低级白领	工人/小生意者	农民	无业失业下岗	总计
以权谋私，官员腐败	50.5%	49.3%	57.3%	57.8%	51.5%	55.3%
企业不讲诚信和损害社会利益	40.8%	45.2%	43.9%	38.6%	36.7%	41.2%
学校道德教育功能弱化	29.1%	25.4%	24.4%	23.6%	22.9%	24.5%
家庭伦理功能弱化	18.0%	19.1%	15.6%	17.3%	14.9%	16.5%
个人缺乏道德自觉	44.4%	43.4%	38.7%	38.4%	42.0%	40.0%
分配不公，两极分化	25.8%	25.4%	26.3%	24.8%	22.9%	25.3%
社会的不良影响	39.4%	37.6%	36.4%	32.8%	36.5%	35.8%
列总计	728	702	3199	2173	1163	7965

据上表所示，不同职业的居民在“造成当今不良道德风尚的最主要原因”的回答上存在显著差异。

F43a by A10

导致当前医患关系紧张的主要原因是 * 职业 Crosstabulation

	共产党员	民主党派	共青团员	群众	总计
医生缺乏职业道德，对病人不负责任	33.2%	40.0%	32.9%	34.1%	33.9%
医疗制度不合理，看病难看病贵	44.7%	40.0%	43.1%	45.4%	45.2%
医生腐败，不送红包不认真看病	11.3%	20.0%	11.1%	12.9%	12.7%
“医闹”，病人蓄意闹事	10.3%		12.3%	7.3%	7.8%
其他	0.4%		0.6%	0.3%	0.3%
总计	100.0%	100.0%	100.0%	100.0%	100.0%
列总计	503	10	487	6618	7618

Chi-square test：df = 16，卡方值为 85.042，sig = 0.000 < 0.05，所以不同职业的居民在“导致当前医患关系紧张的主要原因”的回答上存在显著差异。

F43b by A10

导致当前医患关系紧张的次要原因是 * 职业 Crosstabulation

	共产党员	民主党派	共青团员	群众	总计
医生缺乏职业道德，对病人不负责任	33.8%	60.0%	32.0%	36.4%	36.0%
医疗制度不合理，看病难看病贵	33.1%	40.0%	30.5%	31.7%	31.7%
医生腐败，不送红包不认真看病	13.9%		12.7%	18.5%	17.9%
“医闹”，病人蓄意闹事	18.6%		24.6%	13.2%	14.2%

续表

	共产党员	民主党派	共青团员	群众	总计
其他	0.6%		0.2%	0.2%	0.2%
总计	100.0%	100.0%	100.0%	100.0%	100.0%
列总计	474	10	463	6356	7303

Chi-square test：df = 16，卡方值为 84.921，sig = 0.000 < 0.05，所以不同职业的居民在“导致当前医患关系紧张的次要原因”的回答上存在显著差异。

F44 by A10

您是否曾经与医生（医院）发生过矛盾或纠纷 * 职业 Crosstabulation

	共产党员	民主党派	共青团员	群众	总计
是	9.3%	23.1%	6.0%	3.9%	4.5%
否	90.7%	76.9%	94.0%	96.1%	95.5%
总计	100.0%	100.0%	100.0%	100.0%	100.0%
列总计	562	13	554	7450	8579

Chi-square test：df = 4，卡方值为 26.507，sig = 0.000 < 0.05，所以不同职业的居民在“是否曾经与医生（医院）发生过矛盾或纠纷”的回答上存在显著差异。

F45a by A10

您采取了哪些方式来解决医患纠纷？与医院协商 * 职业 Crosstabulation

	共产党员	民主党派	共青团员	群众	总计
未选中	49.0%	66.7%	55.6%	55.6%	54.8%
选中	51.0%	33.3%	44.4%	44.4%	45.2%
总计	100.0%	100.0%	100.0%	100.0%	100.0%
列总计	49	3	36	304	392

Chi-square test：df = 4，卡方值为 12.312，sig = 0.015 < 0.05，所以不同职业的居民在“选择与医院协商来解决医患纠纷”的回答上存在显著差异。

F45b by A10

您采取了哪些方式来解决医患纠纷？寻求卫生局的调解或介入 * 职业 Crosstabulation

	农业职业	非农业职业	总计
未选中	76.6%	81.1%	78.2%

续表

	农业职业	非农业职业	总计
选中	23.4%	18.9%	21.8%
总计	100.0%	100.0%	100.0%
列总计	94	53	147

Chi-square test：df=4，卡方值为 2.203，sig =0.698 >0.05，所以不同职业的居民在“选择寻求卫生局的调解或介入来解决医患纠纷”的回答上不存在显著差异。

F45c by A10

您采取了哪些方式来解决医患纠纷？医学鉴定 ＊ 职业 Crosstabulation

	农业职业	非农业职业	总计
未选中	89.4%	88.7%	89.1%
选中	10.6%	11.3%	10.9%
总计	100.0%	100.0%	100.0%
列总计	94	53	147

Chi-square test：df=4，卡方值为 3.265，sig =0.514 >0.05，所以不同职业的居民在“选择医学鉴定来解决医患纠纷”的回答上不存在显著差异。

F45d by A10

您采取了哪些方式来解决医患纠纷？司法诉讼 ＊ 职业 Crosstabulation

	农业职业	非农业职业	总计
未选中	79.8%	88.7%	83.0%
选中	20.2%	11.3%	17.0%
总计	100.0%	100.0%	100.0%
列总计	94	53	147

Chi-square test：df=4，卡方值为 1.171，sig =0.883 >0.05，所以不同职业的居民在“选择司法诉讼来解决医患纠纷”的回答上不存在显著差异。

F45e by A10

您采取了哪些方式来解决医患纠纷？寻求媒体曝光 ＊ 职业 Crosstabulation

	农业职业	非农业职业	总计
未选中	90.4%	90.6%	90.5%
选中	9.6%	9.4%	9.5%
总计	100.0%	100.0%	100.0%

续表

	农业职业	非农业职业	总计
列总计	94	53	147

Chi-square test：df = 4，卡方值为 9. 550，sig = 0. 049 < 0. 05，所以不同职业的居民在“选择寻求媒体曝光来解决医患纠纷”的回答上存在显著差异。

F45f by A10

您采取了哪些方式来解决医患纠纷？信访 * 职业 Crosstabulation

	农业职业	非农业职业	总计
未选中	95. 7%	92. 5%	94. 6%
选中	4. 3%	7. 5%	5. 4%
总计	100. 0%	100. 0%	100. 0%
列总计	94	53	147

Chi-square test：df = 4，卡方值为 3. 759，sig = 0. 440 > 0. 05，所以不同职业的居民在“选择信访来解决医患纠纷”的回答上不存在显著差异。

F45g by A10

您采取了哪些方式来解决医患纠纷？寻求第三方医疗纠纷调解委员会调解 * 职业 Crosstabulation

	农业职业	非农业职业	总计
未选中	87. 2%	88. 7%	87. 8%
选中	12. 8%	11. 3%	12. 2%
总计	100. 0%	100. 0%	100. 0%
列总计	94	53	147

Chi-square test：df = 4，卡方值为 8. 434，sig = 0. 077 > 0. 05，所以不同职业的居民在“选择寻求第三方医疗纠纷调解委员会调解来解决医患纠纷”的回答上不存在显著差异。

F45h by A10

您采取了哪些方式来解决医患纠纷？直接找医生或医院算账 * 职业 Crosstabulation

	农业职业	非农业职业	总计
未选中	83. 0%	73. 6%	79. 6%
选中	17. 0%	26. 4%	20. 4%

续表

	农业职业	非农业职业	总计
总计	100.0%	100.0%	100.0%
列总计	94	53	147

Chi-square test：df = 4，卡方值为 3.961，sig = 0.411 > 0.05，所以不同职业的居民在“选择直接找医生或医院算账来解决医患纠纷”的回答上不存在显著差异。

F46 by A10

某些患者会在手术前给医生红包，您认为送红包的主要理由是 * 职业 Crosstabulation

	农业职业	非农业职业	总计
不相信医生能平等地对待每个病人，送红包能提高关注度，必须送	29.4%	23.5%	27.0%
医生很辛苦，送红包是表示尊敬和感谢	8.5%	10.6%	9.4%
大家都送，我不送会吃亏，不送心里不踏实	20.4%	21.1%	20.7%
送红包能让医生对我更用心，但我不会这么做	19.6%	22.9%	20.9%
大家都送红包，事实上无助于提高治疗效果，我不会这么做	14.7%	16.1%	15.3%
想送，但我没有能力送	7.4%	5.8%	6.7%
总计	100.0%	100.0%	100.0%
列总计	2377	1625	4002

Chi-square test：df = 20，卡方值为 113.224，sig = 0.000 < 0.05，所以不同职业的居民在“选某些患者会在手术前给医生红包行为的理由”的回答上存在显著差异。

G1 by A10

和前几年相比，您认为目前我国官员腐败现象有什么变化 * 职业 Crosstabulation

	高级白领	低级白领	工人/小生意者	农民	无业失业下岗	总计
有很大改善	19.5%	11.3%	12.5%	10.8%	14.4%	12.8%
有较大改善	64.1%	68.1%	64.7%	66.1%	63.0%	65.1%
没什么变化	14.1%	18.6%	19.9%	20.3%	20.5%	19.5%
更加恶化	2.0%	1.3%	2.5%	2.5%	2.0%	2.3%
其他	0.3%	0.7%	0.4%	0.3%	0.2%	0.4%
总计	100.0%	100.0%	100.0%	100.0%	100.0%	100.0%

续表

	高级白领	低级白领	工人/小生意者	农民	无业失业下岗	总计
列总计	714	692	3167	2232	1176	7981

Chi-square test：df = 46，卡方值为 58.721，sig = 0.000 < 0.05，所以不同职业的居民在“和前几年相比，认为目前我国官员腐败现象有什么变化”的回答上存在显著差异。

G2a by A10

您认为干部当官的目的是？为国家与社会做贡献 * 职业 Crosstabulation

	高级白领	低级白领	工人/小生意者	农民	无业失业下岗	总计
未选中	67.4%	68.9%	71.3%	76.7%	75.9%	72.9%
选中	32.6%	31.1%	28.7%	23.3%	24.1%	27.1%
总计	100.0%	100.0%	100.0%	100.0%	100.0%	100.0%
列总计	725	704	3176	2208	1222	8035

Chi-square test：df = 4，卡方值为 42.275，sig = 0.000 < 0.05，所以不同职业的居民在“干部当官的目的是为国家与社会做贡献”的回答上存在显著差异。

G2b by A10

您认为干部当官的目的是？为人民服务，为百姓做好事做实事 * 职业 Crosstabulation

	高级白领	低级白领	工人/小生意者	农民	无业失业下岗	总计
未选中	44.1%	46.7%	53.4%	62.9%	53.1%	54.5%
选中	55.9%	53.3%	46.6%	37.1%	46.9%	45.5%
总计	100.0%	100.0%	100.0%	100.0%	100.0%	100.0%
列总计	725	704	3176	2208	1222	8035

Chi-square test：df = 4，卡方值为 113.210，sig = 0.000 < 0.05，所以不同职业的居民在“干部当官的目的是为人民服务，为百姓做好事做实事”的回答上存在显著差异。

G2c by A10

您认为干部当官的目的是？为家庭增光，光宗耀祖 * 职业 Crosstabulation

	高级白领	低级白领	工人/小生意者	农民	无业失业下岗	总计
未选中	79.0%	78.4%	74.9%	72.1%	72.5%	74.5%
选中	21.0%	21.6%	25.1%	27.9%	27.5%	25.5%
总计	100.0%	100.0%	100.0%	100.0%	100.0%	100.0%

续表

	高级白领	低级白领	工人/小生意者	农民	无业失业下岗	总计
列总计	725	704	3176	2208	1222	8035

Chi-square test：df = 4，卡方值为 22.810，sig = 0.000 < 0.05，所以不同职业的居民在“干部当官的目的是为家庭增光，光宗耀祖”的回答上存在显著差异。

G2d by A10

您认为干部当官的目的是？为自己升官发财 ＊ 职业 Crosstabulation

	高级白领	低级白领	工人/小生意者	农民	无业失业下岗	总计
未选中	75.0%	75.4%	66.5%	58.2%	66.2%	65.7%
选中	25.0%	24.6%	33.5%	41.8%	33.8%	34.3%
总计	100.0%	100.0%	100.0%	100.0%	100.0%	100.0%
列总计	725	704	3176	2208	1222	8035

Chi-square test：df = 4，卡方值为 114.371，sig = 0.000 < 0.05，所以不同职业的居民在“干部当官的目的是为自己升官发财”的回答上存在显著差异。

G2e by A10

您认为干部当官的目的是？没特殊目的，一个稳定而待遇高的职业而已 ＊ 职业 Crosstabulation

	高级白领	低级白领	工人/小生意者	农民	无业失业下岗	总计
未选中	80.6%	81.8%	80.2%	76.3%	77.7%	78.9%
选中	19.4%	18.2%	19.8%	23.7%	22.3%	21.1%
总计	100.0%	100.0%	100.0%	100.0%	100.0%	100.0%
列总计	725	704	3176	2208	1222	8035

Chi-square test：df = 4，卡方值为 18.165，sig = 0.001 < 0.05，所以不同职业的居民在“干部当官的目的是没特殊目的，一个稳定而待遇高的职业而已”的回答上存在显著差异。

G2f by A10

您认为干部当官的目的是？其他 ＊ 职业 Crosstabulation

	高级白领	低级白领	工人/小生意者	农民	无业失业下岗	总计
未选中	99.7%	99.9%	99.8%	99.9%	99.8%	99.8%
选中	0.3%	0.1%	0.2%	0.1%	0.2%	0.2%
总计	100.0%	100.0%	100.0%	100.0%	100.0%	100.0%

续表

	高级白领	低级白领	工人/小生意者	农民	无业失业下岗	总计
列总计	725	704	3176	2208	1222	8035

Chi-square test：df=4，卡方值为0.918，sig =0.922>0.05，所以不同职业的居民在“干部当官的目的是‘其他’”的回答上不存在显著差异。

G3 by A10

与前几年相比，您对政府官员的信任度有什么变化 ＊ 职业 Crosstabulation

	高级白领	低级白领	工人/小生意者	农民	无业失业下岗	总计
信任度提高了	53.6%	40.0%	36.3%	36.7%	40.0%	38.8%
更加不信任	12.9%	11.3%	13.4%	14.8%	13.0%	13.5%
没什么变化	33.2%	48.5%	50.0%	48.3%	46.8%	47.5%
其他	0.3%	0.1%	0.2%	0.2%	0.2%	0.2%
总计	100.0%	100.0%	100.0%	100.0%	100.0%	100.0%
列总计	750	723	3361	2426	1309	8569

Chi-square test：df=12，卡方值为94.708，sig =0.000<0.05，所以不同职业的居民在“与前几年相比，对政府官员的信任度有什么变化”的回答上存在显著差异。

G4 by A10

在生活中或媒体上看到政府官员时，您首先想到的是 ＊ 职业 Crosstabulation

	高级白领	低级白领	工人/小生意者	农民	无业失业下岗	总计
公仆，为老百姓谋福利	26.6%	26.3%	18.6%	16.1%	19.3%	19.3%
官僚，根本不了解我们的情况	20.4%	21.4%	24.1%	22.0%	19.2%	22.2%
有权有势的人	16.7%	15.9%	20.7%	20.9%	21.2%	20.1%
有本事的人	12.8%	14.9%	14.3%	14.4%	14.5%	14.3%
领导，决定我们命运的人	8.4%	10.0%	9.4%	10.2%	8.8%	9.5%
贪官	3.9%	2.5%	5.1%	7.4%	6.8%	5.7%
惹不起但躲得起的人	2.5%	2.2%	3.0%	3.6%	3.0%	3.1%
遇到大事可以信任的人	4.3%	2.9%	2.6%	2.5%	3.3%	2.8%
其他	4.4%	3.9%	2.2%	2.9%	3.9%	3.0%
总计	100.0%	100.0%	100.0%	100.0%	100.0%	100.0%
列总计	749	723	3379	2430	1299	8580

Chi-square test：df=32，卡方值为148.085，sig =0.000<0.05，所以不同职业的居民在“生活中或媒体上看到政府官员时，其首先想到的形象”的回答上存在显著差异。

G5 by A10

您觉得当前我国政府官员道德问题最严重的是 * 职业 Crosstabulation

	高级白领	低级白领	工人/小生意者	农民	无业失业下岗	总计
贪污受贿	43.4%	40.5%	46.3%	56.5%	54.2%	49.5%
以权谋私	56.3%	55.8%	55.3%	56.3%	58.8%	56.2%
生活作风腐败	30.8%	37.6%	34.8%	27.3%	28.0%	31.7%
官僚主义	17.2%	19.3%	17.3%	10.9%	12.7%	15.1%
平庸，不作为，只保护自己不解决实际问题	40.7%	33.3%	33.4%	38.7%	35.2%	35.7%
乱作为，搞政绩工程折腾百姓	27.9%	18.6%	22.3%	21.9%	21.2%	22.2%
铺张浪费	14.9%	15.9%	12.3%	12.4%	12.2%	12.9%
拉帮结派	11.7%	20.8%	14.8%	11.7%	9.5%	13.4%
骄横跋扈，欺压百姓	6.5%	6.6%	7.6%	7.0%	7.3%	7.2%
列总计	691	649	3058	2008	1158	7564

据上表所示，不同职业的居民在“当前我国政府官员道德问题最严重”的回答上存在显著差异。

G6 by A10

政府在制定政策和决策时充分考虑到伦理道德方面的要求了吗 * 职业 Crosstabulation

	高级白领	低级白领	工人/小生意者	农民	无业失业下岗	总计
有考虑，能够从日常生活中感受到	41.2%	36.8%	35.4%	38.2%	37.0%	37.1%
有考虑，能够从政策文件中体会到	30.7%	26.4%	22.9%	20.2%	26.5%	23.7%
只是口头上说说，没有实质性行动	21.4%	27.9%	29.3%	29.7%	26.4%	28.1%
没有考虑，政策制度都是从自己的政绩和富人的利益着想	6.2%	8.3%	11.8%	11.6%	8.7%	10.5%
其他	0.5%	0.6%	0.7%	0.3%	1.4%	0.7%
总计	100.0%	100.0%	100.0%	100.0%	100.0%	100.0%
列总计	746	712	3316	2384	1252	8410

Chi-square test：df = 16，卡方值为 102.217，sig = 0.000 < 0.05，所以不同职业的居民在“政府在制定政策和决策时是否充分考虑到伦理道德方面的要求”的回答上存在显著差异。

G7a by A10

残疾人、留守儿童、孤寡老人等弱势群体需要来自全社会的关爱与帮助，您认为本地区做得怎么样？社区提供的服务 * 职业 Crosstabulation

	高级白领	低级白领	工人/小生意者	农民	无业失业下岗	总计
很好	12.3%	10.2%	8.6%	4.6%	8.7%	8.1%
比较好	66.5%	75.9%	69.2%	63.2%	65.2%	67.3%

续表

	高级白领	低级白领	工人/小生意者	农民	无业失业下岗	总计
不太好	19.9%	12.9%	20.6%	29.7%	23.2%	22.6%
很差	1.3%	1.1%	1.6%	2.5%	2.9%	1.9%
总计	100.0%	100.0%	100.0%	100.0%	100.0%	100.0%
列总计	689	638	2891	1890	1068	7176

Chi-square test：df = 12，卡方值为 153.902，sig = 0.000 < 0.05，所以不同职业的居民在“本地区社区提供的服务做得怎么样”的回答上存在显著差异。

G7b by A10

残疾人、留守儿童、孤寡老人等弱势群体需要来自全社会的关爱与帮助，您认为本地区做得怎么样？周围人的尊重和关爱 ＊ 职业 Crosstabulation

	高级白领	低级白领	工人/小生意者	农民	无业失业下岗	总计
很好	12.6%	13.3%	9.2%	6.4%	12.7%	9.6%
比较好	68.4%	71.1%	70.8%	69.6%	65.8%	69.5%
不太好	17.7%	14.8%	18.8%	22.8%	19.4%	19.5%
很差	1.3%	0.8%	1.2%	1.3%	2.2%	1.3%
总计	100.0%	100.0%	100.0%	100.0%	100.0%	100.0%
列总计	706	654	3106	2135	1146	7747

Chi-square test：df = 12，卡方值为 83.748，sig = 0.000 < 0.05，所以不同职业的居民在“本地区周围人的尊重和关爱做得怎么样”的回答上存在显著差异。

G7c by A10

残疾人、留守儿童、孤寡老人等弱势群体需要来自全社会的关爱与帮助，您认为本地区做得怎么样？社会服务机构提供专业化服务 ＊ 职业 Crosstabulation

	高级白领	低级白领	工人/小生意者	农民	无业失业下岗	总计
很好	12.7%	15.5%	10.7%	5.9%	10.5%	10.1%
比较好	58.1%	59.5%	54.5%	53.5%	52.1%	54.7%
不太好	27.0%	22.3%	31.8%	37.9%	32.8%	32.2%
很差	2.2%	2.6%	3.0%	2.7%	4.6%	3.1%
总计	100.0%	100.0%	100.0%	100.0%	100.0%	100.0%
列总计	670	618	2736	1749	1013	6786

Chi-square test：df = 12，卡方值为 112.288，sig = 0.000 < 0.05，所以不同职业的居民在“本地区社会服务机构提供专业化服务做得怎么样”的回答上存在显著差异。

G7d by A10

残疾人、留守儿童、孤寡老人等弱势群体需要来自全社会的关爱与帮助，您认为本地区做得怎么样？政府实施的社会援助 ＊ 职业 Crosstabulation

	高级白领	低级白领	工人/小生意者	农民	无业失业下岗	总计
很好	14.0%	14.2%	12.0%	6.1%	10.8%	10.7%
比较好	58.0%	58.5%	52.5%	50.8%	51.1%	52.9%
不太好	24.7%	23.8%	31.1%	38.4%	31.6%	31.8%
很差	3.3%	3.5%	4.4%	4.6%	6.5%	4.6%
总计	100.0%	100.0%	100.0%	100.0%	100.0%	100.0%
列总计	664	597	2697	1790	1017	6765

Chi-square test：df = 12，卡方值为 121.718，sig = 0.000 < 0.05，所以不同职业的居民在“本地区政府实施的社会援助做得怎么样”的回答上存在显著差异。

G7e by A10

残疾人、留守儿童、孤寡老人等弱势群体需要来自全社会的关爱与帮助，您认为本地区做得怎么样？公益与慈善事业 ＊ 职业 Crosstabulation

	高级白领	低级白领	工人/小生意者	农民	无业失业下岗	总计
很好	13.1%	11.5%	9.6%	4.8%	10.2%	9.0%
比较好	54.8%	60.1%	53.8%	47.7%	48.8%	52.2%
不太好	27.9%	23.2%	29.9%	41.8%	33.9%	32.7%
很差	4.1%	5.2%	6.7%	5.8%	7.1%	6.1%
总计	100.0%	100.0%	100.0%	100.0%	100.0%	100.0%
列总计	609	556	2358	1494	902	5919

Chi-square test：df = 12，卡方值为 135.215，sig = 0.000 < 0.05，所以不同职业的居民在“本地区公益与慈善事业做得怎么样”的回答上存在显著差异。

G7f by A10

残疾人、留守儿童、孤寡老人等弱势群体需要来自全社会的关爱与帮助，您认为本地区做得怎么样？志愿者帮助 ＊ 职业 Crosstabulation

	高级白领	低级白领	工人/小生意者	农民	无业失业下岗	总计
很好	13.1%	12.1%	10.8%	5.6%	9.5%	9.7%
比较好	59.6%	59.8%	56.9%	49.8%	54.7%	55.4%
不太好	25.0%	23.6%	26.5%	38.8%	28.4%	29.3%
很差	2.3%	4.6%	5.8%	5.8%	7.4%	5.6%
总计	100.0%	100.0%	100.0%	100.0%	100.0%	100.0%
列总计	612	564	2388	1437	891	5892

Chi-square test：df = 12，卡方值为 132.012，sig = 0.000 < 0.05，所以不同职业的居民在“本地区志愿者帮助做得怎么样”的回答上存在显著差异。

G8 by A10

您认为有必要为好人树碑立传吗 ＊ 职业 Crosstabulation

	高级白领	低级白领	工人/小生意者	农民	无业失业下岗	总计
很有必要，可以让更多的人知道他们、学习他们	73.7%	69.0%	68.0%	65.7%	67.9%	67.9%
可有可无	12.6%	14.8%	17.1%	16.1%	15.3%	15.9%
没有必要	13.6%	16.2%	14.9%	18.2%	16.8%	16.1%
总计	100.0%	100.0%	100.0%	100.0%	100.0%	100.0%
列总计	712	677	2997	2133	1189	7708

Chi-square test：df = 2，卡方值为 25.057，sig = 0.002 < 0.05，所以不同职业的居民在“是否有必要为好人树碑立传”的回答上存在显著差异。

G9 by A10

党中央出台了一系列治国理政的新举措，给社会生活带来了什么变化 ＊ 职业 Crosstabulation

	高级白领	低级白领	工人/小生意者	农民	无业失业下岗	总计
社会在向好的方面发展，对未来生活更有信心	66.3%	54.3%	47.8%	48.4%	52.1%	50.8%
目前没看出有什么影响	15.9%	22.1%	24.5%	19.3%	20.3%	21.4%
虽然出台了一些政策，但感觉解决不了什么问题	14.2%	18.6%	19.7%	21.5%	16.0%	19.1%
不关心这些、说不清楚	3.3%	4.9%	8.0%	10.7%	11.5%	8.6%
其他	0.3%	0.1%	0.1%	0.1%	0.1%	0.1%
总计	100.0%	100.0%	100.0%	100.0%	100.0%	100.0%
列总计	753	720	3386	2432	1310	8601

Chi-square test：df = 16，卡方值为 166.394，sig = 0.000 < 0.05，所以不同职业的居民在“党中央出台了一系列治国理政的新举措，给社会生活带来了什么变化”的回答上存在显著差异。

G10a by A10

您认为本地政府在以下方面的政策措施对促进社会公平有效果吗？就业政策 ＊ 职业 Crosstabulation

	高级白领	低级白领	工人/小生意者	农民	无业失业下岗	总计
较大效果	13.2%	8.3%	5.8%	2.9%	8.4%	6.4%
有点效果	60.8%	63.9%	57.9%	52.4%	57.0%	57.2%
没有效果	20.5%	24.8%	31.2%	39.5%	28.4%	31.3%

续表

	高级白领	低级白领	工人/小生意者	农民	无业失业下岗	总计
更不公平	5.1%	2.8%	4.3%	4.6%	4.6%	4.4%
大大加剧了不公平	0.4%	0.1%	0.8%	0.7%	1.6%	0.8%
总计	100.0%	100.0%	100.0%	100.0%	100.0%	100.0%
列总计	691	673	2974	1808	1017	7163

Chi-square test：df = 16，卡方值为 204.751，sig = 0.000 < 0.05，所以不同职业的居民在“就业政策对促进社会公平有效果吗”的回答上存在显著差异。

G10b by A10

您认为本地政府在以下方面的政策措施对促进社会公平有效果吗？教育政策 ＊ 职业 Crosstabulation

	高级白领	低级白领	工人/小生意者	农民	无业失业下岗	总计
较大效果	17.7%	9.9%	8.1%	4.6%	12.7%	8.9%
有点效果	57.5%	62.6%	62.2%	61.6%	59.6%	61.3%
没有效果	18.9%	23.5%	25.0%	29.3%	22.1%	25.0%
更不公平	5.4%	3.6%	4.2%	3.9%	5.2%	4.3%
大大加剧了不公平	0.4%	0.4%	0.5%	0.5%	0.5%	0.5%
总计	100.0%	100.0%	100.0%	100.0%	100.0%	100.0%
列总计	702	689	3092	2003	1105	7591

Chi-square test：df = 16，卡方值为 159.844，sig = 0.000 < 0.05，所以不同职业的居民在“教育政策对促进社会公平有效果吗”的回答上存在显著差异。

G10c by A10

您认为本地政府在以下方面的政策措施对促进社会公平有效果吗？医疗卫生政策 ＊ 职业 Crosstabulation

	高级白领	低级白领	工人/小生意者	农民	无业失业下岗	总计
较大效果	17.1%	11.4%	9.8%	5.8%	13.0%	10.0%
有点效果	54.6%	60.2%	56.8%	58.6%	57.0%	57.4%
没有效果	21.1%	23.2%	26.6%	26.5%	22.6%	25.2%
更不公平	6.4%	4.3%	6.2%	8.2%	6.5%	6.6%
大大加剧了不公平	0.7%	0.9%	0.6%	0.9%	0.9%	0.8%
总计	100.0%	100.0%	100.0%	100.0%	100.0%	100.0%
列总计	714	694	3142	2136	1162	7848

Chi-square test：df = 16，卡方值为 117.375，sig = 0.000 < 0.05，所以不同职业的居民在“医疗卫生政策对促进社会公平有效果吗”的回答上存在显著差异。

G10d by A10

您认为本地政府在以下方面的政策措施对促进社会公平有效果吗？低保政策 * 职业 Crosstabulation

	高级白领	低级白领	工人/小生意者	农民	无业失业下岗	总计
较大效果	18.1%	11.5%	10.3%	5.7%	12.1%	10.1%
有点效果	52.1%	50.9%	49.9%	49.9%	51.1%	50.3%
没有效果	20.1%	29.5%	28.9%	27.2%	23.4%	26.9%
更不公平	7.9%	7.1%	9.6%	15.1%	11.9%	11.1%
大大加剧了不公平	1.8%	1.1%	1.3%	2.1%	1.5%	1.6%
总计	100.0%	100.0%	100.0%	100.0%	100.0%	100.0%
列总计	675	645	2973	2094	1075	7462

Chi-square test：df = 16，卡方值为171.245，sig = 0.000 < 0.05，所以不同职业的居民在“低保政策对促进社会公平有效果吗”的回答上存在显著差异。

G10e by A10

您认为本地政府在以下方面的政策措施对促进社会公平有效果吗？房地产政策 * 职业 Crosstabulation

	高级白领	低级白领	工人/小生意者	农民	无业失业下岗	总计
较大效果	10.1%	7.8%	5.6%	3.1%	7.2%	5.9%
有点效果	39.7%	36.1%	35.0%	31.6%	35.8%	34.9%
没有效果	30.7%	38.9%	40.2%	41.5%	36.4%	38.9%
更不公平	13.0%	13.9%	14.3%	18.3%	15.2%	15.2%
大大加剧了不公平	6.5%	3.3%	4.9%	5.5%	5.4%	5.1%
总计	100.0%	100.0%	100.0%	100.0%	100.0%	100.0%
列总计	645	612	2574	1461	892	6184

Chi-square test：df = 16，卡方值为91.568，sig = 0.000 < 0.05，所以不同职业的居民在“房地产政策对促进社会公平有效果吗”的回答上存在显著差异。

G10f by A10

您认为本地政府在以下方面的政策措施对促进社会公平有效果吗？拆迁安置政策 * 职业 Crosstabulation

	高级白领	低级白领	工人/小生意者	农民	无业失业下岗	总计
较大效果	11.4%	6.1%	5.3%	3.0%	7.7%	5.8%
有点效果	39.0%	35.8%	33.7%	29.2%	37.2%	34.0%
没有效果	30.9%	36.5%	39.1%	43.8%	32.6%	38.1%
更不公平	12.4%	17.0%	16.0%	17.3%	15.7%	16.0%
大大加剧了不公平	6.3%	4.7%	5.8%	6.8%	6.7%	6.1%

续表

	高级白领	低级白领	工人/小生意者	农民	无业失业下岗	总计
总计	100.0%	100.0%	100.0%	100.0%	100.0%	100.0%
列总计	605	595	2496	1343	870	5909

Chi-square test：df = 16，卡方值为 112.045，sig = 0.000 < 0.05，所以不同职业的居民在“拆迁安置政策对促进社会公平有效果吗”的回答上存在显著差异。

G11 by A10

如果遭遇重大公共事件，您相信政府公布的信息和采取的措施吗？＊ 职业 Crosstabulation

	高级白领	低级白领	工人/小生意者	农民	无业失业下岗	总计
相信，大都是可靠的，比网络流传的可靠	67.4%	59.4%	59.4%	67.1%	61.4%	62.6%
不相信，都是安抚百姓的策略措施	14.3%	17.3%	18.0%	14.1%	16.9%	16.4%
将信将疑，走一步看一步	18.1%	23.2%	22.6%	18.7%	21.3%	21.0%
其他	0.1%	0.1%			0.4%	0.1%
总计	100.0%	100.0%	100.0%	100.0%	100.0%	100.0%
列总计	755	724	3379	2453	1299	8610

Chi-square test：df = 12，卡方值为 64.406，sig = 0.000 < 0.05，所以不同职业的居民在“如果遭遇重大公共事件，会否相信政府公布的信息和采取的措施”的回答上存在显著差异。

G12a by A10

政府推动或倡导的下列活动效果如何？文明城市创建 ＊ 职业 Crosstabulation

	高级白领	低级白领	工人/小生意者	农民	无业失业下岗	总计
完全没效果	3.4%	2.4%	2.0%	1.2%	3.0%	2.1%
效果较差	21.6%	19.1%	20.0%	25.6%	25.3%	22.3%
效果较好	59.7%	67.4%	68.7%	64.3%	59.0%	65.2%
效果很好	15.3%	11.1%	9.4%	8.9%	12.7%	10.4%
总计	100.0%	100.0%	100.0%	100.0%	100.0%	100.0%
列总计	712	675	3047	1963	1073	7470

Chi-square test：df = 12，卡方值为 87.457，sig = 0.000 < 0.05，所以不同职业的居民在“文明城市创建活动效果如何”的回答上存在显著差异。

G12b by A10

政府推动或倡导的下列活动效果如何？学雷锋活动 ＊ 职业 Crosstabulation

	高级白领	低级白领	工人/小生意者	农民	无业失业下岗	总计
完全没效果	4.1%	2.6%	2.4%	1.9%	3.9%	2.7%
效果较差	20.5%	20.1%	23.2%	27.2%	26.4%	24.2%
效果较好	64.0%	63.9%	66.1%	63.7%	57.4%	63.8%
效果很好	11.4%	13.5%	8.3%	7.2%	12.2%	9.4%
总计	100.0%	100.0%	100.0%	100.0%	100.0%	100.0%
列总计	683	617	2735	1782	996	6813

Chi-square test：df = 12，卡方值为 76.926，sig = 0.000 < 0.05，所以不同职业的居民在“学雷锋活动效果如何”的回答上存在显著差异。

G12c by A10

政府推动或倡导的下列活动效果如何？典型人物的宣传 ＊ 职业 Crosstabulation

	高级白领	低级白领	工人/小生意者	农民	无业失业下岗	总计
完全没效果	4.4%	1.6%	2.3%	2.2%	3.4%	2.6%
效果较差	19.6%	18.2%	23.5%	22.4%	22.8%	22.2%
效果较好	61.4%	64.8%	64.0%	66.7%	61.6%	64.1%
效果很好	14.6%	15.3%	10.2%	8.7%	12.2%	11.1%
总计	100.0%	100.0%	100.0%	100.0%	100.0%	100.0%
列总计	684	614	2654	1693	985	6630

Chi-square test：df = 12，卡方值为 55.677，sig = 0.000 < 0.05，所以不同职业的居民在“典型人物的宣传活动效果如何”的回答上存在显著差异。

G12d by A10

政府推动或倡导的下列活动效果如何？志愿服务的倡导和推广 ＊ 职业 Crosstabulation

	高级白领	低级白领	工人/小生意者	农民	无业失业下岗	总计
完全没效果	2.7%	1.7%	2.2%	2.1%	2.4%	2.2%
效果较差	21.9%	19.3%	22.2%	27.6%	25.4%	23.7%
效果较好	58.5%	60.9%	61.6%	59.8%	57.1%	60.1%
效果很好	16.9%	18.1%	14.1%	10.5%	15.2%	14.0%
总计	100.0%	100.0%	100.0%	100.0%	100.0%	100.0%
列总计	658	581	2475	1486	891	6091

Chi-square test：df = 12，卡方值为 47.452，sig = 0.000 < 0.05，所以不同职业的居民在“志愿服务的倡导和推广活动的效果如何”的回答上存在显著差异。

G12e by A10

政府推动或倡导的下列活动效果如何？反腐倡廉的举措 * 职业 Crosstabulation

	高级白领	低级白领	工人/小生意者	农民	无业失业下岗	总计
完全没效果	4.4%	2.7%	4.5%	6.1%	3.8%	4.6%
效果较差	19.0%	21.6%	22.0%	25.0%	22.4%	22.4%
效果较好	53.9%	56.3%	58.4%	54.4%	56.1%	56.4%
效果很好	22.8%	19.4%	15.1%	14.5%	17.7%	16.5%
总计	100.0%	100.0%	100.0%	100.0%	100.0%	100.0%
列总计	659	588	2535	1564	943	6289

Chi-square test：df = 12，卡方值为 51.678，sig = 0.000 < 0.05，所以不同职业的居民在“反腐倡廉的举措效果如何”的回答上存在显著差异。

G12f by A10

政府推动或倡导的下列活动效果如何？《公民道德建设实施纲要》的推进 * 职业 Crosstabulation

	高级白领	低级白领	工人/小生意者	农民	无业失业下岗	总计
完全没效果	5.9%	2.6%	3.8%	5.0%	4.9%	4.4%
效果较差	21.4%	20.5%	23.0%	29.2%	24.1%	24.2%
效果较好	56.1%	57.8%	61.2%	58.6%	55.4%	58.8%
效果很好	16.6%	19.1%	12.0%	7.2%	15.7%	12.6%
总计	100.0%	100.0%	100.0%	100.0%	100.0%	100.0%
列总计	561	493	1987	1209	715	4965

Chi-square test：df = 12，卡方值为 89.450，sig = 0.000 < 0.05，所以不同职业的居民在“《公民道德建设实施纲要》的推进效果如何”的回答上存在显著差异。

G13 by A10

您对于我们正在走的中国特色社会主义道路怎么看 * 职业 Crosstabulation

	高级白领	低级白领	工人/小生意者	农民	无业失业下岗	总计
充满信心，因为它可以给中国带来繁荣富强	66.4%	49.0%	43.9%	44.0%	47.5%	46.9%
不太了解，但相信这条路能够让老百姓都过上好日子	22.7%	34.3%	38.1%	39.9%	35.2%	36.5%

续表

	高级白领	低级白领	工人/小生意者	农民	无业失业下岗	总计
表示怀疑，走这条路究竟怎么样，现在还说不清楚	8.6%	13.4%	12.8%	10.3%	11.6%	11.6%
走什么样的路，跟我没关系	2.3%	3.2%	5.2%	5.4%	5.4%	4.8%
其他		0.1%		0.3%	0.3%	0.2%
总计	100.0%	100.0%	100.0%	100.0%	100.0%	100.0%
列总计	752	726	3392	2445	1307	8622

Chi-square test：df = 16，卡方值为 166.463，sig = 0.000 < 0.05，所以不同职业的居民在对“我们正在走的中国特色社会主义道路怎么看”的回答上存在显著差异。

G14 by A10

党的十八大提出，到 2020 年全面建成小康社会，到 21 世纪中叶建成社会主义现代化国家，您认为这样的目标能实现吗 * 职业 Crosstabulation

	高级白领	低级白领	工人/小生意者	农民	无业失业下岗	总计
相信一定能实现	41.5%	32.2%	28.0%	30.8%	33.6%	31.2%
有困难，但只要努力还是能实现的	51.5%	57.1%	59.5%	53.7%	53.0%	56.0%
不可能实现	3.5%	4.2%	3.5%	3.6%	4.4%	3.7%
说不清楚，跟我没关系	3.3%	6.5%	8.7%	11.7%	9.0%	8.9%
其他	0.3%		0.2%	0.2%	0.1%	0.2%
总计	100.0%	100.0%	100.0%	100.0%	100.0%	100.0%
列总计	750	708	3330	2364	1250	8402

Chi-square test：df = 16，卡方值为 109.657，sig = 0.000 < 0.05，所以不同职业的居民在“到 21 世纪中叶建成社会主义现代化国家的目标能否实现”的回答上存在显著差异。

G15 by A10

您对您周围的党员干部道德状况怎么评价 * 职业 Crosstabulation

	高级白领	低级白领	工人/小生意者	农民	无业失业下岗	总计
总体还不错	58.0%	45.9%	39.7%	39.3%	43.4%	42.3%
普遍比较差	18.0%	18.8%	22.1%	22.2%	23.2%	21.6%
和普通群众没有太大差别	24.0%	35.3%	38.1%	38.5%	33.4%	36.0%
总计	100.0%	100.0%	100.0%	100.0%	100.0%	100.0%
列总计	712	671	3044	2231	1099	7757

Chi-square test：df = 8，卡方值为 100.785，sig = 0.000 < 0.05，所以不同职业的居民在“周围的党员干部道德状况”的回答上存在显著差异。

G16 by A10

您认为当前官员的勤政作为是怎样的 ＊ 职业 Crosstabulation

	高级白领	低级白领	工人/小生意者	农民	无业失业下岗	总计
努力作为，成绩显著	30. 1%	24. 4%	22. 6%	21. 7%	19. 9%	22. 8%
努力作为，成绩一般	47. 9%	57. 2%	50. 4%	44. 6%	47. 4%	48. 7%
行政不作为	14. 5%	11. 2%	19. 5%	22. 0%	22. 1%	19. 3%
行政乱作为	7. 5%	7. 2%	7. 6%	11. 8%	10. 6%	9. 1%
总计	100. 0%	100. 0%	100. 0%	100. 0%	100. 0%	100. 0%
列总计	655	624	2731	1886	1023	6919

Chi-square test：df = 12，卡方值为 106. 747，sig = 0. 000 < 0. 05，所以不同职业的居民在“当前官员的勤政作为”的回答上存在显著差异。

G17 by A10

您到政府部门办事，首先选择的方法是 ＊ 职业 Crosstabulation

	高级白领	低级白领	工人/小生意者	农民	无业失业下岗	总计
找亲朋好友帮忙办理	13. 8%	17. 1%	21. 1%	18. 0%	16. 4%	18. 5%
找政府中的熟人办理	21. 8%	26. 3%	20. 3%	19. 1%	23. 1%	21. 1%
送红包	1. 1%	0. 6%	1. 5%	2. 1%	2. 4%	1. 6%
直接找相关职能部门办理	63. 0%	55. 8%	56. 8%	60. 1%	57. 5%	58. 3%
其他	0. 3%	0. 1%	0. 3%	0. 8%	0. 6%	0. 5%
总计	100. 0%	100. 0%	100. 0%	100. 0%	100. 0%	100. 0%
列总计	716	684	3082	2093	1140	7715

Chi-square test：df = 16，卡方值为 64. 828，sig = 0. 000 < 0. 05，所以不同职业的居民在“到政府部门办事，首先选择的方法”的回答上存在显著差异。

H1 by A10

您认为近五年来，您所在地区政府的环境保护工作做得怎么样 ＊ 职业 Crosstabulation

	高级白领	低级白领	工人/小生意者	农民	无业失业下岗	总计
片面注重经济发展，忽视了环境保护工作	23. 9%	23. 4%	23. 3%	22. 4%	20. 2%	22. 6%
重视不够，环保投入不足	31. 1%	28. 0%	30. 6%	27. 6%	30. 3%	29. 6%
虽尽了努力，但效果不佳	13. 8%	19. 7%	19. 6%	18. 4%	19. 0%	18. 7%

续表

	高级白领	低级白领	工人/小生意者	农民	无业失业下岗	总计
尽了很大努力，有一定成效	24.4%	23.5%	22.0%	25.3%	25.7%	23.8%
取得了很大的成绩	6.8%	5.4%	4.6%	6.3%	4.9%	5.4%
总计	100.0%	100.0%	100.0%	100.0%	100.0%	100.0%
列总计	702	646	2993	2031	1113	7485

Chi-square test：df = 16，卡方值为 38.049，sig = 0.000 < 0.05，所以不同职业的居民在“近五年来所在地区政府的环境保护工作做得怎么样”的回答上存在显著差异。

H2a by A10

在最近的一年里，您是否从事过？垃圾分类投放 * 职业 Crosstabulation

	高级白领	低级白领	工人/小生意者	农民	无业失业下岗	总计
从不	22.9%	35.3%	39.8%	49.5%	39.4%	40.7%
偶尔	50.3%	46.0%	47.1%	41.3%	43.0%	45.0%
经常	26.8%	18.7%	13.2%	9.1%	17.6%	14.3%
总计	100.0%	100.0%	100.0%	100.0%	100.0%	100.0%
列总计	754	726	3406	2462	1321	8669

Chi-square test：df = 8，卡方值为 279.157，sig = 0.001 < 0.05，所以不同职业的居民在“在最近的一年里是否从事过垃圾分类投放”的回答上存在显著差异。

H2b by A10

在最近的一年里，您是否从事过？与自己的亲戚朋友讨论环保问题 * 职业 Crosstabulation

	高级白领	低级白领	工人/小生意者	农民	无业失业下岗	总计
从不	24.2%	36.4%	40.6%	40.9%	35.4%	38.1%
偶尔	55.6%	53.4%	48.6%	49.1%	53.8%	50.6%
经常	20.2%	10.2%	10.7%	10.0%	10.7%	11.3%
总计	100.0%	100.0%	100.0%	100.0%	100.0%	100.0%
列总计	753	726	3402	2462	1321	8664

Chi-square test：df = 8，卡方值为 122.139，sig = 0.000 < 0.05，所以不同职业的居民在“在最近的一年里是否从事过与自己的亲戚朋友讨论环保问题”的回答上存在显著差异。

H2c by A10

在最近的一年里，您是否从事过？采购日常用品时自己带购物篮或购物袋 ＊ 职业 Crosstabulation

	高级白领	低级白领	工人/小生意者	农民	无业失业下岗	总计
从不	14.8%	23.3%	23.1%	25.4%	21.7%	22.8%
偶尔	47.9%	50.8%	54.8%	52.1%	47.9%	52.0%
经常	37.3%	25.9%	22.1%	22.5%	30.5%	25.1%
总计	100.0%	100.0%	100.0%	100.0%	100.0%	100.0%
列总计	750	725	3403	2462	1320	8660

Chi-square test：df = 8，卡方值为 120.354，sig = 0.000 < 0.05，所以不同职业的居民在“在最近的一年里是否从事过采购日常用品时自己带购物篮或购物袋”的回答上存在显著差异。

H2d by A10

在最近的一年里，您是否从事过？优先选择公交、步行等绿色出行方式 ＊ 职业 Crosstabulation

	高级白领	低级白领	工人/小生意者	农民	无业失业下岗	总计
从不	7.5%	17.4%	12.5%	14.6%	11.4%	12.9%
偶尔	36.6%	40.8%	45.3%	42.7%	35.7%	42.0%
经常	55.9%	41.8%	42.2%	42.8%	52.8%	45.2%
总计	100.0%	100.0%	100.0%	100.0%	100.0%	100.0%
列总计	751	725	3402	2457	1321	8656

Chi-square test：df = 8，卡方值为 111.320，sig = 0.000 < 0.05，所以不同职业的居民在“最近的一年里是否从事过优先选择公交、步行等绿色出行方式”的回答上存在显著差异。

H2e by A10

在最近的一年里，您是否从事过？为环境保护捐款 ＊ 职业 Crosstabulation

	高级白领	低级白领	工人/小生意者	农民	无业失业下岗	总计
从不	49.7%	58.0%	72.0%	70.8%	63.6%	67.3%
偶尔	38.2%	32.2%	23.6%	25.5%	30.9%	27.2%
经常	12.1%	9.8%	4.4%	3.7%	5.5%	5.5%
总计	100.0%	100.0%	100.0%	100.0%	100.0%	100.0%
列总计	752	723	3393	2452	1317	8637

Chi-square test：df = 8，卡方值为 233.627，sig = 0.000 < 0.05，所以不同职业的居民在“最近的一年里是否从事过为环境保护捐款”的回答上存在显著差异。

H2f by A10

在最近的一年里，您是否从事过？主动关注环境方面的信息报道和宣传教育 * 职业 Crosstabulation

	高级白领	低级白领	工人/小生意者	农民	无业失业下岗	总计
从不	49.7%	58.0%	72.0%	70.8%	63.6%	67.3%
偶尔	38.2%	32.2%	23.6%	25.5%	30.9%	27.2%
经常	12.1%	9.8%	4.4%	3.7%	5.5%	5.5%
总计	100.0%	100.0%	100.0%	100.0%	100.0%	100.0%
列总计	752	723	3393	2452	1317	8637

Chi-square test：df = 8，卡方值为295.555，sig = 0.000 < 0.05，所以不同职业的居民在“最近的一年里是否从事过主动关注环境方面的信息报道和宣传教育”的回答上存在显著差异。

H2g by A10

在最近的一年里，您是否从事过？积极参加民间环保团体举办的环保活动 * 职业 Crosstabulation

	高级白领	低级白领	工人/小生意者	农民	无业失业下岗	总计
从不	55.6%	68.6%	76.1%	77.4%	68.1%	72.8%
偶尔	34.4%	26.1%	21.0%	19.8%	26.8%	23.2%
经常	10.0%	5.2%	2.9%	2.8%	5.1%	4.0%
总计	100.0%	100.0%	100.0%	100.0%	100.0%	100.0%
列总计	750	724	3392	2455	1315	8636

Chi-square test：df = 8，卡方值为210.281，sig = 0.000 < 0.05，所以不同职业的居民在“最近的一年里是否从事过积极参加民间环保团体举办的环保活动”的回答上存在显著差异。

H2h by A10

在最近的一年里，您是否从事过？积极参加要求解决环境问题的投诉、上诉 * 职业 Crosstabulation

	高级白领	低级白领	工人/小生意者	农民	无业失业下岗	总计
从不	70.7%	75.3%	82.6%	81.5%	77.6%	79.9%
偶尔	22.5%	20.6%	15.2%	16.2%	18.5%	17.1%
经常	6.8%	4.1%	2.2%	2.3%	3.9%	3.1%
总计	100.0%	100.0%	100.0%	100.0%	100.0%	100.0%
列总计	750	724	3392	2456	1313	8635

Chi-square test：df = 8，卡方值为95.463，sig = 0.000 < 0.05，所以不同职业的居民在“最近的一年里是否从事过积极参加要求解决环境问题的投诉、上诉”的回答上存在显著差异。

H3 by A10

如果您的周围有一片森林，政府将成材的树林砍伐下来办木材厂，将极大提高您的收入，但将破坏环境，您会支持这一决定吗 ＊ 职业 Crosstabulation

	高级白领	低级白领	工人/小生意者	农民	无业失业下岗	总计
支持，对大家有好处	11.2%	14.5%	13.0%	10.3%	11.2%	11.9%
反对，这是发子孙财，破坏生态	71.2%	69.3%	70.2%	70.5%	68.7%	70.1%
不支持也不反对，政府决定	17.4%	16.2%	16.8%	19.0%	20.0%	17.9%
其他	0.3%		0.1%	0.2%	0.1%	0.1%
总计	100.0%	100.0%	100.0%	100.0%	100.0%	100.0%
列总计	753	722	3388	2458	1308	8629

Chi-square test：df = 12，卡方值为 25.928，sig = 0.011 < 0.05，所以不同职业的居民在“如果您的周围有一片森林，政府将成材的树林砍伐下来办木材厂，将极大提高您的收入，但将破坏环境，是否支持这一决定”的回答上存在显著差异。

H4 by A10

如果要办一个化工厂，您是这个厂的持股职工，但会给下游地区造成污染，您会支持这个决定吗 ＊ 职业 Crosstabulation

	高级白领	低级白领	工人/小生意者	农民	无业失业下岗	总计
支持，我们不会受污染	11.9%	12.4%	15.5%	10.6%	11.5%	12.9%
反对，这是嫁祸于人	72.7%	66.4%	66.6%	70.3%	71.5%	68.9%
不支持也不反对，成了可分红，不成是领导的责任	15.3%	21.1%	17.7%	18.8%	16.7%	17.9%
其他	0.1%		0.2%	0.3%	0.3%	0.2%
总计	100.0%	100.0%	100.0%	100.0%	100.0%	100.0%
列总计	747	724	3375	2443	1297	8586

Chi-square test：df = 12，卡方值为 49.461，sig = 0.000 < 0.05，所以不同职业的居民在“如果要办一个化工厂，您是这个厂的持股职工，但会给下游地区造成污染，是否支持这个决定”的回答上存在显著差异。

H5 by A10

您认为造成生态环境问题的最主要原因是 ＊ 职业 Crosstabulation

	高级白领	低级白领	工人/小生意者	农民	无业失业下岗	总计
企业唯利是图，造成环境污染	28.9%	26.1%	25.4%	26.4%	28.8%	26.6%
政府缺乏生态意识，政策失当	34.3%	34.3%	35.4%	35.0%	33.1%	34.8%

续表

	高级白领	低级白领	工人/小生意者	农民	无业失业下岗	总计
个人缺乏环保意识	18.7%	23.6%	21.7%	18.6%	20.7%	20.6%
当代人自私自利，不顾未来和子孙利益	16.7%	15.2%	16.4%	19.4%	16.4%	17.2%
其他	1.3%	0.8%	1.1%	0.6%	0.9%	0.9%
总计	100.0%	100.0%	100.0%	100.0%	100.0%	100.0%
列总计	747	725	3384	2432	1292	8580

Chi-square test：df = 16，卡方值为 34.241，sig = 0.005 < 0.05，所以不同职业的居民在“造成生态环境问题的最主要原因”的回答上存在显著差异。

H6 by A10

如果环境保护主管部门邀请您参加座谈会或听证会，您是否会出席 * 职业 Crosstabulation

	高级白领	低级白领	工人/小生意者	农民	无业失业下岗	总计
会	80.1%	71.4%	66.3%	72.4%	74.7%	71.1%
不会	19.9%	28.6%	33.7%	27.6%	25.3%	28.9%
总计	100.0%	100.0%	100.0%	100.0%	100.0%	100.0%
列总计	679	612	2708	1867	1137	7003

Chi-square test：df = 4，卡方值为 65.443，sig = 0.000 < 0.05，所以不同职业的居民在“如果环境保护主管部门邀请您参加座谈会或听证会，是否会出席”的回答上存在显著差异。

H7 by A10

若您所在社区参加“绿色社区”创建活动，您是否会积极参与 * 职业 Crosstabulation

	高级白领	低级白领	工人/小生意者	农民	无业失业下岗	总计
会	83.8%	76.0%	73.1%	78.5%	78.6%	76.7%
不会	16.2%	24.0%	26.9%	21.5%	21.4%	23.3%
总计	100.0%	100.0%	100.0%	100.0%	100.0%	100.0%
列总计	684	620	2745	1899	1115	7063

Chi-square test：df = 4，卡方值为 45.139，sig = 0.000 < 0.05，所以不同职业的居民在“所在社区参加‘绿色社区’创建活动，是否会积极参与”的回答上存在显著差异。

I1 by A10

如果您周围有很多外国人，您愿意和他们建立什么样的关系 ＊ 职业 Crosstabulation

	高级白领	低级白领	工人/小生意者	农民	无业失业下岗	总计
愿意做朋友	50.5%	43.2%	31.2%	31.9%	43.4%	35.9%
愿意做兄弟姐妹	11.0%	15.9%	11.9%	8.1%	9.3%	10.7%
不愿意来往，得提防他们	2.1%	2.9%	4.4%	5.1%	4.3%	4.3%
偶尔交往，仅限于礼节性的	20.4%	17.7%	14.0%	9.0%	13.5%	13.4%
无法和他们来往，存在语言、文化、习俗等障碍	15.6%	20.2%	38.2%	45.3%	28.9%	35.3%
其他	0.3%	0.1%	0.4%	0.5%	0.5%	0.4%
总计	100.0%	100.0%	100.0%	100.0%	100.0%	100.0%
列总计	754	723	3393	2440	1310	8620

Chi-square test：df = 20，卡方值为 462.752，sig = 0.000 < 0.05，所以不同职业的居民在“如果您周围有很多外国人，愿意和他们建立什么样的关系”的回答上存在显著差异。

I2 by A10

您更愿意过春节还是圣诞节 ＊ 职业 Crosstabulation

	高级白领	低级白领	工人/小生意者	农民	无业失业下岗	总计
圣诞节	0.9%	0.7%	0.7%	0.6%	1.0%	0.7%
春节	74.9%	62.5%	80.0%	87.9%	71.6%	79.0%
两个都愿意过	22.2%	33.5%	16.7%	8.1%	23.5%	17.2%
两个都不想过	2.0%	3.3%	2.6%	3.5%	3.9%	3.1%
总计	100.0%	100.0%	100.0%	100.0%	100.0%	100.0%
列总计	753	726	3409	2459	1323	8670

Chi-square test：df = 12，卡方值为 346.826，sig = 0.000 < 0.05，所以不同职业的居民在“更愿意过春节还是圣诞节”的回答上存在显著差异。

I3 by A10

您同意中国人与外国人通婚吗 ＊ 职业 Crosstabulation

	高级白领	低级白领	工人/小生意者	农民	无业失业下岗	总计
非常同意	8.8%	9.5%	5.3%	3.2%	10.4%	6.2%
比较同意	68.0%	68.3%	57.9%	47.2%	59.8%	57.1%
不太同意	21.0%	19.1%	31.5%	42.5%	24.9%	31.4%

续表

	高级白领	低级白领	工人/小生意者	农民	无业失业下岗	总计
强烈反对	2.2%	3.1%	5.4%	7.1%	4.9%	5.3%
总计	100.0%	100.0%	100.0%	100.0%	100.0%	100.0%
列总计	685	654	3041	2045	1148	7573

Chi-square test：df = 12，卡方值为 332.705，sig = 0.000 < 0.05，所以不同职业的居民在“是否同意中国人与外国人通婚”的回答上存在显著差异。

I4 by A10

对城市外来的农民工如建筑工人、家庭保姆等，您的态度是 * 职业 Crosstabulation

	高级白领	低级白领	工人/小生意者	农民	无业失业下岗	总计
看不起和排斥	2.1%	2.4%	2.6%	1.6%	2.3%	2.2%
无视和冷漠以对	6.5%	10.4%	9.1%	5.9%	7.4%	7.8%
尊重和体谅	76.9%	76.3%	72.5%	73.6%	69.4%	73.0%
同情和友爱	14.2%	10.7%	15.5%	18.7%	20.7%	16.7%
其他	0.3%	0.3%	0.4%	0.2%	0.2%	0.3%
总计	100.0%	100.0%	100.0%	100.0%	100.0%	100.0%
列总计	753	721	3383	2440	1305	8602

Chi-square test：df = 16，卡方值为 80.975，sig = 0.000 < 0.05，所以不同职业的居民在对“城市外来的农民工如建筑工人、家庭保姆等，受访者的态度”的回答上存在显著差异。

I5 by A10

您在日常生活中与同乡人和外乡人的关系是 * 职业 Crosstabulation

	高级白领	低级白领	工人/小生意者	农民	无业失业下岗	总计
与同乡人交往多	29.7%	37.8%	38.3%	49.5%	41.6%	41.2%
与外乡人交往多	15.2%	15.5%	13.8%	7.5%	11.6%	11.9%
一样多	29.8%	20.6%	20.2%	12.1%	21.9%	19.0%
偶尔与外乡人有交往，主要与同乡人交往	25.3%	26.1%	27.6%	30.8%	24.6%	27.7%
其他	0.1%		0.1%	0.2%	0.3%	0.1%
总计	100.0%	100.0%	100.0%	100.0%	100.0%	100.0%
列总计	752	724	3401	2456	1313	8646

Chi-square test：df = 16，卡方值为 277.088，sig = 0.000 < 0.05，所以不同职业的居民在“日常生活中与同乡人和外乡人的关系处理”的回答上存在显著差异。

I6 by A10

您所在地区的政府对待外来人员的政策取向是 ＊ 职业 Crosstabulation

	高级白领	低级白领	工人/小生意者	农民	无业失业下岗	总计
不冷不热，顺其自然	40.8%	41.9%	43.3%	46.4%	46.1%	44.2%
提高门槛，严加限制	19.5%	17.2%	17.5%	13.2%	15.5%	16.2%
降低门槛，广泛吸收	25.6%	26.1%	25.3%	22.5%	21.0%	24.0%
对有钱人、高级专家采取特殊政策吸引，对一般人严加限制	13.1%	14.4%	13.5%	17.3%	16.6%	15.0%
其他	1.1%	0.4%	0.4%	0.5%	0.8%	0.6%
总计	100.0%	100.0%	100.0%	100.0%	100.0%	100.0%
列总计	704	687	3078	2102	1110	7681

Chi-square test：df = 16，卡方值为 59.245，sig = 0.000 < 0.05，所以不同职业的居民在“所在地区的政府对待外来人员的政策取向”的回答上存在显著差异

I7 by A10

您认为在当前的中国，读书还能不能改变命运 ＊ 职业 Crosstabulation

	高级白领	低级白领	工人/小生意者	农民	无业失业下岗	总计
读书只是改变命运的一个路径	43.3%	36.9%	35.1%	32.2%	39.2%	35.8%
读书是改变命运的主要路径	39.9%	40.4%	42.0%	44.5%	42.8%	42.5%
读书是改变命运的唯一路径	9.8%	14.0%	13.3%	13.1%	8.7%	12.3%
不再是改变命运的路径，没权势的人读了书照样穷	6.9%	8.3%	9.5%	10.1%	8.9%	9.2%
其他	0.1%	0.4%	0.1%	0.1%	0.3%	0.2%
总计	100.0%	100.0%	100.0%	100.0%	100.0%	100.0%
列总计	755	726	3393	2452	1315	8641

Chi-square test：df = 16，卡方值为 66.315，sig = 0.003 < 0.05，所以不同职业的居民在“当前的中国，读书还能不能改变命运”的回答上存在显著差异。

I8 by A10

您如何认识名牌大学里农村学生比例急剧减少的现象 ＊ 职业 Crosstabulation

	高级白领	低级白领	工人/小生意者	农民	无业失业下岗	总计
是一种社会倒退	14.1%	17.9%	12.6%	10.5%	12.0%	12.5%
农村教育的落后	37.4%	39.1%	38.8%	41.6%	40.5%	39.8%

续表

	高级白领	低级白领	工人/小生意者	农民	无业失业下岗	总计
教育不公平	30.2%	24.8%	28.9%	28.5%	27.7%	28.4%
有钱人和有权人特权的表现	6.7%	10.1%	12.7%	13.1%	11.9%	11.9%
代际不公、社会不公的延续和加剧	11.3%	6.9%	6.1%	5.4%	6.8%	6.5%
其他	0.3%	1.2%	0.8%	0.9%	1.2%	0.9%
总计	100.0%	100.0%	100.0%	100.0%	100.0%	100.0%
列总计	751	722	3369	2413	1280	8535

Chi-square test：df = 20，卡方值为 96.575，sig = 0.000 < 0.05，所以不同职业的居民在“如何认识名牌大学里农村学生比例急剧减少的现象”的回答上存在显著差异。

I9 by A10

您同学指出您家乡的某一风俗习惯很落后保守，您会做出什么反应 * 职业 Crosstabulation

	高级白领	低级白领	工人/小生意者	农民	无业失业下岗	总计
坦然面对，承认这一风俗习惯确实落后	58.9%	54.2%	53.5%	50.7%	51.3%	52.9%
虽然认为说得对，但是感觉他在批评自己的家乡，因此不自在	26.6%	30.7%	27.8%	29.1%	27.0%	28.2%
虽然认为说得对，但是感到受到羞辱	7.0%	7.5%	8.2%	9.3%	8.7%	8.4%
批评家乡就是批评自己，要为家乡的风俗习惯做辩护	7.2%	7.2%	10.4%	10.8%	12.5%	10.3%
其他	0.3%	0.4%	0.2%	0.1%	0.4%	0.2%
总计	100.0%	100.0%	100.0%	100.0%	100.0%	100.0%
列总计	755	723	3368	2426	1292	8564

Chi-square test：df = 16，卡方值为 42.062，sig = 0.000 < 0.05，所以不同职业的居民在“同学指出您家乡的某一风俗习惯很落后保守，您会做出什么反应”的回答上存在显著差异。

I10 by A10

如果您有机会出国，初到国外时，您交朋友会有意识地交中国朋友吗 * 职业 Crosstabulation

	高级白领	低级白领	工人/小生意者	农民	无业失业下岗	总计
会，认为在异国他乡找自己本国人有一种归属感	52.1%	47.0%	48.8%	54.5%	47.8%	50.4%

续表

	高级白领	低级白领	工人/小生意者	农民	无业失业下岗	总计
不会，看缘分交朋友，不强调国籍	23.4%	23.1%	21.4%	18.0%	21.5%	20.8%
不会，会有意识地多交外国朋友	5.3%	5.4%	4.3%	2.1%	4.7%	3.9%
视情况而定	19.2%	24.5%	25.5%	25.3%	26.0%	24.9%
总计	100.0%	100.0%	100.0%	100.0%	100.0%	100.0%
列总计	751	723	3374	2440	1279	8567

Chi-square test：df = 12，卡方值为 70.117，sig = 0.000 < 0.05，所以不同职业的居民在“如果您有机会出国，初到国外时，交朋友是否会有意识地交中国朋友”的回答上存在显著差异。

I11 by A10

您是否愿意与不同民族的人交往 ＊ 职业 Crosstabulation

	高级白领	低级白领	工人/小生意者	农民	无业失业下岗	总计
非常不愿意	3.0%	2.0%	2.8%	2.7%	3.1%	2.8%
不太愿意	12.1%	12.6%	16.7%	17.7%	17.2%	16.3%
比较愿意	72.2%	71.9%	72.5%	72.8%	65.6%	71.5%
非常愿意	12.7%	13.5%	8.0%	6.9%	14.1%	9.5%
总计	100.0%	100.0%	100.0%	100.0%	100.0%	100.0%
列总计	735	705	3298	2338	1268	8344

Chi-square test：df = 12，卡方值为 98.935，sig = 0.000 < 0.05，所以不同职业的居民在“是否愿意与不同民族的人交往”的回答上存在显著差异。

I12 by A10

您是否愿意与不同宗教信仰的人相处 ＊ 职业 Crosstabulation

	高级白领	低级白领	工人/小生意者	农民	无业失业下岗	总计
非常不愿意	3.3%	2.6%	5.1%	4.9%	4.9%	4.7%
不太愿意	17.9%	19.1%	23.8%	23.1%	24.8%	22.8%
比较愿意	69.2%	67.3%	64.9%	67.2%	60.3%	65.5%
非常愿意	9.6%	10.9%	6.1%	4.8%	10.0%	7.1%
总计	100.0%	100.0%	100.0%	100.0%	100.0%	100.0%
列总计	727	695	3229	2310	1220	8181

Chi-square test：df = 12，卡方值为 92.011，sig = 0.000 < 0.05，所以不同职业的居民在“是否愿意与不同宗教信仰的人相处”的回答上存在显著差异。

I13 by A10

您与您的邻居平时来往多吗 ＊ 职业 Crosstabulation

	高级白领	低级白领	工人/小生意者	农民	无业失业下岗	总计
非常多	11.3%	10.7%	16.1%	24.2%	17.5%	17.8%
比较多	41.9%	44.1%	47.3%	54.8%	44.9%	48.3%
偶尔	40.2%	37.0%	30.9%	19.9%	30.5%	29.0%
几乎不来往	6.5%	8.2%	5.7%	1.1%	7.2%	4.9%
总计	100.0%	100.0%	100.0%	100.0%	100.0%	100.0%
列总计	749	717	3377	2438	1306	8587

Chi-square test：df = 12，卡方值为 367.839，sig = 0.000 < 0.05，所以不同职业的居民在“与您的邻居平时来往程度”的回答上存在显著差异。

I14a by A10

您在多大程度上愿意和下列群体成为邻居？农民工、进城务工人员 ＊ 职业 Crosstabulation

	高级白领	低级白领	工人/小生意者	农民	无业失业下岗	总计
非常愿意	12.0%	7.4%	12.9%	15.4%	17.2%	13.7%
比较愿意	71.0%	78.1%	79.3%	77.9%	71.7%	77.0%
不太愿意	16.3%	14.0%	7.4%	6.6%	10.6%	8.9%
很不愿意	0.7%	0.6%	0.4%	0.1%	0.6%	0.4%
总计	100.0%	100.0%	100.0%	100.0%	100.0%	100.0%
列总计	728	702	3341	2398	1260	8429

Chi-square test：df = 12，卡方值为 150.441，sig = 0.000 < 0.05，所以不同职业的居民在“多大程度上愿意和下列群体成为邻居？农民工、进城务工人员”的回答上存在显著差异。

I14b by A10

您在多大程度上愿意和下列群体成为邻居？商人 ＊ 职业 Crosstabulation

	高级白领	低级白领	工人/小生意者	农民	无业失业下岗	总计
非常愿意	12.0%	9.7%	11.9%	9.1%	12.6%	11.1%
比较愿意	65.8%	70.4%	72.7%	71.7%	66.4%	70.7%
不太愿意	20.0%	18.6%	14.7%	18.3%	19.1%	17.2%
很不愿意	2.2%	1.3%	0.7%	0.9%	1.8%	1.1%
总计	100.0%	100.0%	100.0%	100.0%	100.0%	100.0%
列总计	731	700	3325	2356	1250	8362

Chi-square test：df = 12，卡方值为 62.349，sig = 0.000 < 0.05，所以不同职业的居民在“多大程度上愿意和下列群体成为邻居？商人”的回答上存在显著差异。

I14c by A10

您在多大程度上愿意和下列群体成为邻居？企业家或高级管理人员 ＊ 职业 Crosstabulation

	高级白领	低级白领	工人/小生意者	农民	无业失业下岗	总计
非常愿意	18.6%	16.6%	16.5%	11.9%	18.3%	15.7%
比较愿意	69.6%	71.6%	70.8%	72.6%	66.7%	70.6%
不太愿意	10.7%	11.0%	11.6%	14.6%	13.8%	12.6%
很不愿意	1.1%	0.9%	1.1%	1.0%	1.2%	1.1%
总计	100.0%	100.0%	100.0%	100.0%	100.0%	100.0%
列总计	736	700	3296	2300	1241	8273

Chi-square test：df = 12，卡方值为 51.467，sig = 0.000 < 0.05，所以不同职业的居民在“多大程度上愿意和下列群体成为邻居？企业家或高级管理人员”的回答上存在显著差异。

I14d by A10

您在多大程度上愿意和下列群体成为邻居？技术工人 ＊ 职业 Crosstabulation

	高级白领	低级白领	工人/小生意者	农民	无业失业下岗	总计
非常愿意	19.8%	17.7%	21.1%	16.8%	20.2%	19.3%
比较愿意	71.0%	72.2%	71.9%	74.1%	71.1%	72.3%
不太愿意	8.1%	8.8%	6.4%	8.6%	8.2%	7.7%
很不愿意	1.1%	1.3%	0.7%	0.5%	0.5%	0.7%
总计	100.0%	100.0%	100.0%	100.0%	100.0%	100.0%
列总计	738	701	3327	2339	1264	8369

Chi-square test：df = 12，卡方值为 36.082，sig = 0.000 < 0.05，所以不同职业的居民在“多大程度上愿意和下列群体成为邻居？技术工人”的回答上存在显著差异。

I14e by A10

您在多大程度上愿意和下列群体成为邻居？教师 ＊ 职业 Crosstabulation

	高级白领	低级白领	工人/小生意者	农民	无业失业下岗	总计
非常愿意	33.2%	28.8%	29.7%	22.7%	32.7%	28.4%
比较愿意	61.2%	64.7%	65.0%	70.1%	62.0%	65.6%
不太愿意	4.6%	5.5%	4.7%	6.9%	4.4%	5.3%
很不愿意	1.1%	1.0%	0.6%	0.3%	0.9%	0.6%
总计	100.0%	100.0%	100.0%	100.0%	100.0%	100.0%

续表

	高级白领	低级白领	工人/小生意者	农民	无业失业下岗	总计
列总计	742	709	3354	2379	1276	8460

Chi-square test：df = 12，卡方值为 81. 402，sig = 0. 000 < 0. 05，所以不同职业的居民在“多大程度上愿意和下列群体成为邻居？教师”的回答上存在显著差异。

I14f by A10

您在多大程度上愿意和下列群体成为邻居？医生 ＊ 职业 Crosstabulation

	高级白领	低级白领	工人/小生意者	农民	无业失业下岗	总计
非常愿意	31. 1%	27. 2%	27. 4%	21. 0%	30. 4%	26. 3%
比较愿意	61. 7%	65. 4%	65. 6%	69. 2%	61. 8%	65. 7%
不太愿意	6. 5%	6. 3%	6. 2%	9. 2%	6. 9%	7. 2%
很不愿意	0. 7%	1. 1%	0. 8%	0. 6%	0. 9%	0. 8%
总计	100. 0%	100. 0%	100. 0%	100. 0%	100. 0%	100. 0%
列总计	737	710	3341	2372	1271	8431

Chi-square test：df = 12，卡方值为 71. 846，sig = 0. 000 < 0. 05，所以不同职业的居民在“多大程度上愿意和下列群体成为邻居？医生”的回答上存在显著差异。

I14g by A10

您在多大程度上愿意和下列群体成为邻居？富人 ＊ 职业 Crosstabulation

	高级白领	低级白领	工人/小生意者	农民	无业失业下岗	总计
非常愿意	13. 3%	13. 8%	14. 2%	9. 8%	15. 6%	13. 1%
比较愿意	57. 1%	61. 3%	56. 6%	57. 8%	52. 1%	56. 7%
不太愿意	26. 2%	20. 6%	24. 1%	27. 4%	27. 4%	25. 4%
很不愿意	3. 4%	4. 3%	5. 2%	5. 0%	4. 9%	4. 9%
总计	100. 0%	100. 0%	100. 0%	100. 0%	100. 0%	100. 0%
列总计	729	703	3267	2280	1218	8197

Chi-square test：df = 12，卡方值为 54. 761，sig = 0. 000 < 0. 05，所以不同职业的居民在“多大程度上愿意和下列群体成为邻居？富人”的回答上存在显著差异。

I14h by A10

您在多大程度上愿意和下列群体成为邻居？土豪 ＊ 职业 Crosstabulation

	高级白领	低级白领	工人/小生意者	农民	无业失业下岗	总计
非常愿意	10. 3%	10. 2%	11. 0%	7. 7%	11. 4%	10. 0%

续表

	高级白领	低级白领	工人/小生意者	农民	无业失业下岗	总计
比较愿意	49.0%	55.5%	50.5%	52.0%	48.3%	50.9%
不太愿意	32.7%	28.1%	30.3%	32.6%	32.2%	31.3%
很不愿意	8.0%	6.2%	8.2%	7.6%	8.1%	7.8%
总计	100.0%	100.0%	100.0%	100.0%	100.0%	100.0%
列总计	728	697	3235	2237	1195	8092

Chi-square test：df = 12，卡方值为 31.594，sig = 0.002 < 0.05，所以不同职业的居民在“多大程度上愿意和下列群体成为邻居？土豪”的回答上存在显著差异。

I14i by A10

您在多大程度上愿意和下列群体成为邻居？专家学者 * 职业 Crosstabulation

	高级白领	低级白领	工人/小生意者	农民	无业失业下岗	总计
非常愿意	26.8%	17.8%	17.3%	12.3%	23.9%	17.8%
比较愿意	56.0%	63.3%	60.1%	61.4%	58.8%	60.2%
不太愿意	13.4%	15.2%	18.8%	22.4%	13.6%	18.2%
很不愿意	3.9%	3.6%	3.7%	4.0%	3.6%	3.8%
总计	100.0%	100.0%	100.0%	100.0%	100.0%	100.0%
列总计	725	690	3169	2187	1161	7932

Chi-square test：df = 12，卡方值为 147.883，sig = 0.000 < 0.05，所以不同职业的居民在“多大程度上愿意和下列群体成为邻居？专家学者”的回答上存在显著差异。

I14j by A10

您在多大程度上愿意和下列群体成为邻居？政府官员 * 职业 Crosstabulation

	高级白领	低级白领	工人/小生意者	农民	无业失业下岗	总计
非常愿意	17.3%	10.7%	13.1%	8.5%	16.4%	12.5%
比较愿意	55.8%	61.0%	53.2%	56.2%	51.1%	54.7%
不太愿意	21.2%	23.2%	25.7%	27.5%	23.1%	25.2%
很不愿意	5.7%	5.0%	8.0%	7.8%	9.4%	7.7%
总计	100.0%	100.0%	100.0%	100.0%	100.0%	100.0%
列总计	722	680	3160	2162	1175	7899

Chi-square test：df = 12，卡方值为 95.415，sig = 0.000 < 0.05，所以不同职业的居民在“多大程度上愿意和下列群体成为邻居？政府官员”的回答上存在显著差异。

I14k by A10

您在多大程度上愿意和下列群体成为邻居？公众人物、演艺人士 * 职业 Crosstabulation

	高级白领	低级白领	工人/小生意者	农民	无业失业下岗	总计
非常愿意	9.8%	9.7%	9.4%	6.3%	14.9%	9.4%
比较愿意	45.1%	54.3%	51.1%	53.4%	49.0%	51.2%
不太愿意	31.6%	25.8%	28.5%	31.1%	25.1%	28.8%
很不愿意	13.4%	10.1%	11.0%	9.2%	11.0%	10.7%
总计	100.0%	100.0%	100.0%	100.0%	100.0%	100.0%
列总计	692	670	3005	2025	1100	7492

Chi-square test：df = 12，卡方值为 88.499，sig = 0.000 < 0.05，所以不同职业的居民在“多大程度上愿意和下列群体成为邻居？公众人物、演艺人士”的回答上存在显著差异。

I15 by A10

您如何看待中国对其他落后国家的广泛援助计划 * 职业 Crosstabulation

	高级白领	低级白领	工人/小生意者	农民	无业失业下岗	总计
完全支持，认为这有助于提升国家形象和国际地位	53.8%	47.2%	43.6%	46.2%	43.8%	45.6%
支持，认为我们应该帮助比我们落后的国家	24.1%	29.9%	25.6%	26.3%	28.2%	26.4%
支持，但国家应该征求纳税人的意见	10.7%	10.5%	11.4%	6.4%	10.2%	9.7%
不支持，因为我们国家尚存在很多贫困人口	11.4%	12.4%	19.4%	21.2%	17.9%	18.3%
总计	100.0%	100.0%	100.0%	100.0%	100.0%	100.0%
列总计	729	676	3136	2189	1181	7911

Chi-square test：df = 12，卡方值为 101.015，sig = 0.000 < 0.05，所以不同职业的居民在“如何看待中国对其他落后国家的广泛援助计划”的回答上存在显著差异。

I16 by A10

您听说过一些道德模范的故事吗？您愿意像他们那样做人做事吗 * 职业 Crosstabulation

	高级白领	低级白领	工人/小生意者	农民	无业失业下岗	总计
知道一些，他们很了不起，应努力向他们学习	63.2%	53.5%	50.1%	49.6%	54.0%	52.0%

续表

	高级白领	低级白领	工人/小生意者	农民	无业失业下岗	总计
知道一些，很敬佩他们，但自己学不来	25.7%	28.6%	31.3%	24.2%	27.2%	27.9%
知道一些，我感到他们那样做有点不值得	4.0%	5.4%	5.2%	4.3%	3.7%	4.6%
没听说过谁是道德模范和身边好人	7.2%	12.5%	13.3%	21.8%	14.6%	15.3%
其他			0.1%		0.5%	0.1%
总计	100.0%	100.0%	100.0%	100.0%	100.0%	100.0%
列总计	755	727	3396	2460	1320	8658

Chi-square test：df = 16，卡方值为 187.047，sig = 0.000 < 0.05，所以不同职业的居民在“是否听说过一些道德模范的故事，是否愿意像他们那样做人做事”的回答上存在显著差异。

I17 by A10

当有陌生人走进您的单位或社区，或在车厢中与陌生人在一起时，您通常的态度是 ＊ 职业 Crosstabulation

	高级白领	低级白领	工人/小生意者	农民	无业失业下岗	总计
对他/她微笑	39.5%	35.6%	32.0%	29.8%	30.4%	32.1%
主动打招呼	16.3%	18.2%	15.1%	15.7%	14.4%	15.5%
没有任何反应	26.9%	28.8%	32.2%	27.2%	29.0%	29.6%
保持警惕，防止上当	17.0%	17.2%	20.5%	27.2%	26.2%	22.7%
其他	0.3%	0.1%	0.2%	0.2%	0.1%	0.2%
总计	100.0%	100.0%	100.0%	100.0%	100.0%	100.0%
列总计	741	702	3346	2345	1271	8405

Chi-square test：df = 16，卡方值为 95.779，sig = 0.000 < 0.05，所以不同职业的居民在“当有陌生人走进您的单位或社区，或在车厢中与陌生人在一起时，您通常的态度”的回答上存在显著差异。

I18 by A10

假设您双手抱着东西走进电梯，您觉得电梯里的陌生人可能会怎样 ＊ 职业 Crosstabulation

	高级白领	低级白领	工人/小生意者	农民	无业失业下岗	总计
主动问您去几楼并帮您按楼层	46.7%	39.8%	36.1%	34.7%	38.5%	37.4%
当作没看见	10.7%	13.2%	16.4%	14.4%	17.0%	15.2%
会在您的请求下给予帮助	42.6%	47.0%	47.5%	50.9%	44.4%	47.4%

续表

	高级白领	低级白领	工人/小生意者	农民	无业失业下岗	总计
总计	100.0%	100.0%	100.0%	100.0%	100.0%	100.0%
列总计	709	666	3102	2014	1186	7677

Chi-square test：df = 8，卡方值为 51.676，sig = 0.000 < 0.05，所以不同职业的居民在“假设您双手抱着东西走进电梯，您觉得电梯里的陌生人可能会怎样”的回答上存在显著差异。

中国伦理道德评价的诸群体差异

B1a by 诸群体

过去一年，您对纸质报纸的使用情况是 ＊ 诸群体 Crosstabulation

	官员	企业家	专业人员	工人	农民	企业员工	做小生意者	无业失业下岗	总计
从不	24.8%	26.5%	33.3%	70.0%	79.8%	43.8%	71.5%	63.0%	66.4%
很少	21.8%	20.6%	36.5%	21.2%	15.6%	32.3%	20.6%	24.9%	22.0%
有时	35.8%	35.3%	21.2%	5.9%	3.5%	17.7%	6.1%	9.4%	8.4%
经常	15.2%	14.7%	7.7%	2.3%	1.1%	5.7%	1.6%	2.4%	2.8%
非常频繁	2.4%	2.9%	1.4%	0.5%	0.1%	0.6%	0.2%	0.5%	0.4%
总计	100.0%	100.0%	100.0%	100.0%	100.0%	100.0%	100.0%	100.0%	100.0%
列总计	165	34	430	2330	2440	848	1062	1315	8624

Chi-square test：df = 28，卡方值为 1084.587，sig = 0.000 < 0.05，所以诸群体在“过去一年，您对纸质报纸的使用情况”上有显著差异。

B1b by 诸群体

过去一年，您对纸质杂志的使用情况是 ＊ 诸群体 Crosstabulation

	官员	企业家	专业人员	工人	农民	企业员工	做小生意者	无业失业下岗	总计
从不	35.2%	35.3%	38.0%	75.5%	82.5%	49.1%	75.3%	61.9%	70.0%
很少	28.5%	23.5%	35.0%	18.3%	13.6%	30.7%	18.2%	21.6%	19.7%
有时	24.2%	32.4%	19.3%	4.6%	3.2%	15.9%	5.4%	12.7%	7.9%
经常	10.3%	8.8%	7.2%	1.4%	0.7%	4.0%	1.0%	3.4%	2.2%
非常频繁	1.8%		0.5%	0.2%		0.2%	0.1%	0.4%	0.2%
总计	100.0%	100.0%	100.0%	100.0%	100.0%	100.0%	100.0%	100.0%	100.0%
列总计	165	34	429	2326	2433	847	1062	1313	8609

Chi-square test：df = 28，卡方值为 953.003，sig = 0.000 < 0.05，所以诸群体在“过去一年，您对纸质杂志的使用情况”上有显著差异。

B1c by 诸群体

过去一年，您对广播的使用情况是 * 诸群体 Crosstabulation

	官员	企业家	专业人员	工人	农民	企业员工	做小生意者	无业失业下岗	总计
从不	41.8%	25.0%	43.1%	66.8%	70.2%	47.8%	68.9%	60.8%	63.4%
很少	29.7%	21.9%	31.1%	19.8%	18.6%	26.2%	17.8%	22.6%	21.0%
有时	17.0%	31.3%	19.3%	9.8%	8.0%	17.8%	9.9%	12.0%	11.1%
经常	10.3%	18.8%	5.9%	3.1%	3.0%	7.2%	3.1%	3.9%	3.9%
非常频繁	1.2%	3.1%	0.7%	0.5%	0.2%	1.1%	0.3%	0.7%	0.5%
总计	100.0%	100.0%	100.0%	100.0%	100.0%	100.0%	100.0%	100.0%	100.0%
列总计	165	32	425	2325	2431	845	1060	1303	8586

Chi-square test：df = 28，卡方值为353.048，sig = 0.000 < 0.05，所以诸群体在“过去一年，您对广播的使用情况”上有显著差异。

B1d by 诸群体

过去一年，您对电视的使用情况是 * 诸群体 Crosstabulation

	官员	企业家	专业人员	工人	农民	企业员工	做小生意者	无业失业下岗	总计
从不	1.2%	6.1%	3.5%	2.5%	1.6%	2.5%	3.3%	4.5%	2.7%
很少	12.7%	3.0%	15.5%	11.2%	10.8%	12.1%	16.5%	10.2%	11.9%
有时	27.3%	30.3%	29.3%	26.4%	22.2%	31.4%	27.1%	23.1%	25.5%
经常	45.5%	48.5%	38.9%	44.3%	40.4%	43.9%	39.6%	39.4%	41.6%
非常频繁	13.3%	12.1%	12.9%	15.7%	25.1%	10.2%	13.5%	22.8%	18.4%
总计	100.0%	100.0%	100.0%	100.0%	100.0%	100.0%	100.0%	100.0%	100.0%
列总计	165	33	427	2325	2444	846	1062	1315	8617

Chi-square test：df = 28，卡方值为243.809，sig = 0.000 < 0.05，所以诸群体在“过去一年，您对电视的使用情况”上有显著差异。

B1e by 诸群体

过去一年，您对各种政府网站的使用情况是 * 诸群体 Crosstabulation

	官员	企业家	专业人员	工人	农民	企业员工	做小生意者	无业失业下岗	总计
从不	19.1%	15.2%	34.5%	72.4%	88.7%	42.5%	72.1%	65.4%	69.8%
很少	24.7%	33.3%	28.2%	16.9%	6.5%	31.4%	17.0%	19.3%	16.6%

续表

	官员	企业家	专业人员	工人	农民	企业员工	做小生意者	无业失业下岗	总计
有时	29.0%	33.3%	22.3%	7.2%	3.3%	13.3%	7.3%	9.7%	8.4%
经常	19.1%	15.2%	12.9%	2.9%	1.3%	10.2%	3.1%	4.5%	4.3%
非常频繁	8.0%	3.0%	2.1%	0.6%	0.2%	2.6%	0.5%	1.2%	1.0%
总计	100.0%	100.0%	100.0%	100.0%	100.0%	100.0%	100.0%	100.0%	100.0%
列总计	162	33	426	2295	2388	843	1048	1294	8489

Chi-square test：df = 28，卡方值为 1422.743，sig = 0.000 < 0.05，所以诸群体在“过去一年，您对各种政府网站的使用情况”上有显著差异。

B1f by 诸群体

过去一年，您对社交媒体（微博、微信、博客、播客等）的使用情况是 * 诸群体 Crosstabulation

	官员	企业家	专业人员	工人	农民	企业员工	做小生意者	无业失业下岗	总计
从不	9.0%	3.0%	9.6%	22.5%	59.9%	6.0%	16.0%	30.5%	30.8%
很少	6.0%	9.1%	5.4%	9.3%	9.8%	3.3%	8.5%	7.6%	8.2%
有时	22.9%	9.1%	14.0%	18.4%	11.3%	13.3%	20.9%	10.6%	14.9%
经常	41.0%	48.5%	43.2%	34.3%	14.7%	43.4%	35.5%	29.9%	29.8%
非常频繁	21.1%	30.3%	27.8%	15.5%	4.4%	34.0%	19.1%	21.5%	16.3%
总计	100.0%	100.0%	100.0%	100.0%	100.0%	100.0%	100.0%	100.0%	100.0%
列总计	166	33	428	2320	2409	844	1065	1308	8573

Chi-square test：df = 28，卡方值为 1925.510，sig = 0.000 < 0.05，所以诸群体在“过去一年，您对社交媒体（微博、微信、博客、播客等）的使用情况”上有显著差异。

B1g by 诸群体

过去一年，您对新媒体（如数字报纸、移动电视等）的使用情况是 * 诸群体 Crosstabulation

	官员	企业家	专业人员	工人	农民	企业员工	做小生意者	无业失业下岗	总计
从不	23.3%	36.4%	31.9%	53.5%	78.6%	25.4%	53.2%	52.4%	55.9%
很少	34.4%	27.3%	18.2%	21.0%	11.3%	24.5%	18.2%	14.6%	17.4%
有时	17.8%	21.2%	18.4%	13.0%	5.0%	22.4%	15.1%	13.1%	12.3%
经常	16.0%	6.1%	21.7%	9.0%	3.8%	17.5%	8.8%	12.9%	9.7%

续表

	官员	企业家	专业人员	工人	农民	企业员工	做小生意者	无业失业下岗	总计
非常频繁	8.6%	9.1%	9.7%	3.5%	1.4%	10.2%	4.7%	7.1%	4.7%
总计	100.0%	100.0%	100.0%	100.0%	100.0%	100.0%	100.0%	100.0%	100.0%
列总计	163	33	423	2284	2398	844	1043	1276	8464

Chi-square test：df = 28，卡方值为 1161.431，sig = 0.000 < 0.05，所以诸群体在“过去一年，您对新媒体（如数字报纸、移动电视等）的使用情况”上有显著差异。

B2 by 诸群体

跟五年前相比，您觉得自己的社会经济地位有什么变化 * 诸群体 Crosstabulation

	官员	企业家	专业人员	工人	农民	企业员工	做小生意者	无业失业下岗	总计
上升了	58.9%	75.8%	58.0%	46.2%	48.2%	52.4%	49.1%	47.1%	48.8%
差不多	37.3%	15.2%	36.9%	48.2%	44.0%	43.7%	42.3%	44.4%	44.4%
下降了	3.8%	9.1%	5.1%	5.7%	7.8%	3.8%	8.5%	8.4%	6.8%
总计	100.0%	100.0%	100.0%	100.0%	100.0%	100.0%	100.0%	100.0%	100.0%
列总计	158	33	412	2230	2340	807	1030	1175	8185

Chi-square test：df = 14，卡方值为 74.412，sig = 0.000 < 0.05，所以诸群体在“跟五年前相比，您觉得自己的社会经济地位有什么变化”的认识上有显著差异。

B3 by 诸群体

您感觉在未来的五年中，您的生活水平将会有什么变化 * 诸群体 Crosstabulation

	官员	企业家	专业人员	工人	农民	企业员工	做小生意者	无业失业下岗	总计
上升很多	32.1%	43.3%	29.0%	16.0%	15.4%	21.0%	17.1%	20.6%	18.3%
略有上升	56.8%	50.0%	60.2%	66.4%	63.8%	67.7%	66.0%	59.8%	64.2%
没有变化	8.6%	3.3%	10.0%	14.5%	16.7%	9.7%	13.1%	16.3%	14.3%
略有下降	2.5%		0.5%	2.4%	3.2%	1.2%	3.1%	2.0%	2.4%
下降很多		3.3%	0.3%	0.7%	0.9%	0.4%	0.6%	1.3%	0.8%
总计	100.0%	100.0%	100.0%	100.0%	100.0%	100.0%	100.0%	100.0%	100.0%
列总计	162	30	389	2058	2056	775	954	1146	7570

Chi-square test：df = 28，卡方值为 151.129，sig = 0.000 < 0.05，所以诸群体在“您感觉在未来的五年中，您的生活水平将会有什么变化”的认识上有显著差异。

B4 by 诸群体

总的来说，您觉得目前的生活幸福吗 ＊ 诸群体 Crosstabulation

	官员	企业家	专业人员	工人	农民	企业员工	做小生意者	无业失业下岗	总计
非常不幸福	1.8%	2.9%	1.6%	1.1%	1.5%	0.6%	1.0%	2.0%	1.3%
不太幸福	1.8%	2.9%	3.9%	4.3%	6.3%	3.9%	4.9%	5.1%	4.9%
谈不上幸福不幸福	10.2%	17.6%	13.4%	20.8%	23.5%	14.8%	20.3%	20.3%	20.3%
比较幸福	63.5%	61.8%	61.6%	63.5%	59.7%	65.2%	62.9%	55.4%	61.2%
非常幸福	22.8%	14.7%	19.4%	10.3%	9.0%	15.5%	10.9%	17.1%	12.3%
总计	100.0%	100.0%	100.0%	100.0%	100.0%	100.0%	100.0%	100.0%	100.0%
列总计	167	34	432	2341	2455	850	1071	1322	8672

Chi-square test：df = 28，卡方值为 182.250，sig = 0.000 < 0.05，所以诸群体在“总的来说，您觉得目前的生活幸福吗”的认识上有显著差异。

B5 by 诸群体

您对自己目前的生活状态满意吗 ＊ 诸群体 Crosstabulation

	官员	企业家	专业人员	工人	农民	企业员工	做小生意者	无业失业下岗	总计
非常满意	24.4%	21.2%	19.1%	10.1%	10.5%	15.5%	12.0%	15.3%	12.5%
比较满意	69.5%	69.7%	69.4%	75.6%	72.1%	73.7%	74.1%	68.7%	72.7%
不太满意	5.5%	9.1%	11.3%	13.5%	16.4%	10.3%	13.2%	14.7%	13.9%
非常不满意	0.6%		0.2%	0.8%	1.1%	0.5%	0.7%	1.4%	0.9%
总计	100.0%	100.0%	100.0%	100.0%	100.0%	100.0%	100.0%	100.0%	100.0%
列总计	164	33	425	2312	2409	844	1055	1290	8532

Chi-square test：df = 21，卡方值为 115.095，sig = 0.000 < 0.05，所以诸群体在“您对自己目前的生活状态满意吗”的认识上有显著差异。

B6 by 诸群体

社会上发生的一些事情，您一般是从什么渠道最先知道 ＊ 诸群体 Crosstabulation

	官员	企业家	专业人员	工人	农民	企业员工	做小生意者	无业失业下岗	总计
电视	55.1%	47.1%	43.2%	65.0%	86.1%	39.5%	57.0%	55.5%	64.7%

续表

	官员	企业家	专业人员	工人	农民	企业员工	做小生意者	无业失业下岗	总计
报纸	18.0%	5.9%	7.2%	3.3%	1.8%	4.5%	2.2%	2.7%	3.2%
电台广播	1.2%	2.9%	1.9%	2.0%	2.2%	3.5%	2.0%	1.3%	2.1%
微博微信等网络社交媒介	43.1%	64.7%	54.5%	41.8%	17.7%	53.7%	46.4%	40.1%	37.2%
网络	41.9%	38.2%	48.7%	26.9%	8.9%	54.7%	32.6%	31.3%	27.4%
和朋友亲友同事交谈	9.0%	8.8%	10.7%	29.0%	32.6%	17.9%	23.7%	22.9%	26.0%
单位传达	10.8%		3.9%	0.8%	0.2%	2.6%		0.1%	0.9%
列总计	167	34	431	2334	2441	848	1066	1315	8636

据上表所示，诸群体在“社会上发生的一些事情，您一般是从什么渠道最先知道”的认识上有显著差异。

B7 by 诸群体

从网络中获得的信息对您的思想行为有多大程度的影响 ＊ 诸群体 Crosstabulation

	官员	企业家	专业人员	工人	农民	企业员工	做小生意者	无业失业下岗	总计
影响很大	34.0%	32.4%	27.2%	21.1%	16.3%	29.4%	18.1%	24.8%	22.1%
有一些影响	45.3%	41.2%	59.3%	51.6%	53.4%	51.1%	56.3%	56.1%	53.5%
影响很小	17.3%	26.5%	12.0%	21.2%	22.0%	16.2%	20.0%	15.5%	19.0%
完全没有影响	3.3%		1.4%	6.1%	8.4%	3.4%	5.6%	3.5%	5.3%
总计	100.0%	100.0%	100.0%	100.0%	100.0%	100.0%	100.0%	100.0%	100.0%
列总计	150	34	415	1858	1252	803	915	966	6393

Chi-square test：df = 21，卡方值为 157.877，sig = 0.000 < 0.05，所以诸群体在“从网络中获得的信息对您的思想行为有多大程度的影响”这一认识上有显著差异。

B8 by 诸群体

您认为中国梦和您个人、家庭追求美好生活有多大程度的关系 ＊ 诸群体 Crosstabulation

	官员	企业家	专业人员	工人	农民	企业员工	做小生意者	无业失业下岗	总计
关系很大	63.3%	58.8%	58.2%	35.1%	24.1%	51.9%	32.3%	37.4%	35.4%
关系不大	25.9%	32.4%	31.1%	39.4%	38.0%	32.5%	41.3%	33.6%	37.0%
根本没有关系	7.8%	5.9%	4.9%	8.7%	10.8%	9.3%	9.8%	7.9%	9.1%

续表

	官员	企业家	专业人员	工人	农民	企业员工	做小生意者	无业失业下岗	总计
不清楚什么是中国梦	3.0%	2.9%	5.8%	16.8%	27.2%	6.2%	16.7%	21.1%	18.5%
总计	100.0%	100.0%	100.0%	100.0%	100.0%	100.0%	100.0%	100.0%	100.0%
列总计	166	34	431	2336	2455	849	1069	1323	8663

Chi-square test：df = 21，卡方值为 555.432，sig = 0.000 < 0.05，所以诸群体在“您认为中国梦和您个人、家庭追求美好生活有多大程度的关系”这一认识上有显著差异。

B9 by 诸群体

您对当前我国社会道德状况的总体满意度是 ＊ 诸群体 Crosstabulation

	官员	企业家	专业人员	工人	农民	企业员工	做小生意者	无业失业下岗	总计
非常满意	15.2%		7.1%	7.7%	5.7%	6.7%	5.8%	7.9%	6.9%
比较满意	65.2%	66.7%	61.5%	69.0%	68.3%	66.1%	66.9%	62.5%	66.8%
不太满意	18.9%	27.3%	27.2%	21.3%	23.6%	23.6%	25.7%	25.8%	23.7%
非常不满意	0.6%	6.1%	4.3%	2.1%	2.3%	3.6%	1.6%	3.8%	2.6%
总计	100.0%	100.0%	100.0%	100.0%	100.0%	100.0%	100.0%	100.0%	100.0%
列总计	164	33	423	2245	2277	823	1022	1255	8242

Chi-square test：df = 21，卡方值为 76.633，sig = 0.000 < 0.05，所以诸群体在“您对当前我国社会道德状况的总体满意度”这一认识上有显著差异。

B10 by 诸群体

您对当前我国社会人与人之间的关系的总体满意度是 ＊ 诸群体 Crosstabulation

	官员	企业家	专业人员	工人	农民	企业员工	做小生意者	无业失业下岗	总计
非常满意	12.1%	6.1%	8.2%	5.9%	5.0%	5.6%	5.4%	7.1%	6.0%
比较满意	67.3%	66.7%	66.0%	69.4%	70.9%	64.2%	66.3%	64.2%	67.9%
不太满意	20.6%	21.2%	23.0%	23.2%	22.9%	27.6%	26.3%	26.0%	24.3%
非常不满意		6.1%	2.8%	1.6%	1.1%	2.7%	1.9%	2.6%	1.8%
总计	100.0%	100.0%	100.0%	100.0%	100.0%	100.0%	100.0%	100.0%	100.0%
列总计	165	33	426	2252	2302	823	1030	1261	8292

Chi-square test：df = 21，卡方值为 64.986，sig = 0.000 < 0.05，所以诸群体在“您对当前我国社会人与人之间的关系的总体满意度”这一认识上有显著差异。

B11 by 诸群体

您对自己的道德状况的满意度是 ＊ 诸群体 Crosstabulation

	官员	企业家	专业人员	工人	农民	企业员工	做小生意者	无业失业下岗	总计
非常满意	30.3%	20.6%	21.9%	14.1%	13.6%	17.8%	13.9%	15.6%	15.3%
比较满意	63.6%	70.6%	72.8%	79.8%	80.0%	75.0%	77.7%	75.1%	77.7%
不太满意	5.5%	5.9%	5.3%	5.4%	6.0%	6.3%	7.9%	8.6%	6.4%
非常不满意	0.6%	2.9%		0.7%	0.4%	0.9%	0.6%	0.7%	0.6%
总计	100.0%	100.0%	100.0%	100.0%	100.0%	100.0%	100.0%	100.0%	100.0%
列总计	165	34	430	2249	2330	820	1030	1272	8330

Chi-square test：df = 21，卡方值为 85.101，sig = 0.000 < 0.05，所以诸群体在“您对自己的道德状况的满意度”这一认识上有显著差异。

B12 by 诸群体

您觉得今后中国社会的道德状况会变成什么样 ＊ 诸群体 Crosstabulation

	官员	企业家	专业人员	工人	农民	企业员工	做小生意者	无业失业下岗	总计
越来越差	5.4%	5.9%	6.2%	6.6%	4.3%	6.7%	5.7%	5.1%	5.6%
不变	8.4%	14.7%	7.6%	11.6%	12.3%	8.0%	10.8%	9.4%	10.8%
越来越好	78.4%	64.7%	79.2%	70.5%	68.9%	74.6%	71.2%	73.2%	71.5%
不知道	7.8%	14.7%	6.9%	11.3%	14.6%	10.7%	12.4%	12.2%	12.2%
总计	100.0%	100.0%	100.0%	100.0%	100.0%	100.0%	100.0%	100.0%	100.0%
列总计	167	34	433	2336	2457	850	1068	1324	8669

Chi-square test：df = 21，卡方值为 71.513，sig = 0.000 < 0.05，所以诸群体在“您觉得今后中国社会的道德状况会变成什么样”这一认识上有显著差异。

B13 by 诸群体

您认为我国目前人与人之间的关系受什么影响 ＊ 诸群体 Crosstabulation

	官员	企业家	专业人员	工人	农民	企业员工	做小生意者	无业失业下岗	总计
利益	51.2%	52.9%	58.6%	65.5%	65.2%	66.8%	68.1%	59.9%	64.3%
情感	37.7%	55.9%	42.6%	48.4%	52.6%	41.2%	45.8%	45.1%	47.6%
国家倡导的主流价值观	35.2%	20.6%	28.6%	21.7%	18.2%	27.7%	22.3%	20.6%	21.8%
中国传统价值观	34.0%	23.5%	30.0%	27.2%	23.8%	29.4%	21.9%	25.7%	25.9%

续表

	官员	企业家	专业人员	工人	农民	企业员工	做小生意者	无业失业下岗	总计
西方价值观	3.1%	2.9%	6.7%	3.8%	1.6%	4.7%	4.4%	3.9%	3.5%
列总计	162	34	420	2235	2291	823	1000	1209	8174

据上表所示，诸群体在“您认为我国目前人与人之间的关系受什么影响”这一认识上有显著差异。

B14 by 诸群体

对中国社会，您最担忧的问题是 ＊ 诸群体 Crosstabulation

	官员	企业家	专业人员	工人	农民	企业员工	做小生意者	无业失业下岗
腐败不能根治	34.6%	64.7%	32.8%	40.2%	41.4%	39.6%	40.8%	35.7%
生态环境恶化	42.6%	38.2%	43.8%	36.2%	37.1%	44.9%	37.3%	40.1%
分配不公，两极分化	23.5%	20.6%	25.1%	18.4%	15.7%	22.5%	17.8%	18.0%
老无所养，未来没有把握	20.4%	17.6%	20.6%	29.1%	33.0%	20.2%	23.2%	24.5%
生活水平下降	16.7%	2.9%	12.2%	23.7%	26.7%	18.3%	25.4%	17.2%
道德滑坡，社会风气恶化	21.6%	32.4%	26.5%	14.8%	10.7%	18.3%	16.6%	20.2%
人际关系紧张	14.2%	2.9%	14.8%	17.0%	10.9%	18.0%	15.0%	12.9%
列总计	162	34	427	2294	2364	846	1041	1265

据上表所示，诸群体在“对中国社会，您最担忧的问题是什么”这一认识上有显著差异。

B15 by 诸群体

对伦理关系和道德生活，您最向往的是 ＊ 诸群体 Crosstabulation

	官员	企业家	专业人员	工人	农民	企业员工	做小生意者	无业失业下岗	总计
传统社会的伦理和道德	55.5%	63.6%	61.8%	56.4%	66.8%	55.2%	55.5%	61.2%	60.1%
战争年代为理想而献身的革命精神	18.9%	12.1%	13.5%	16.7%	14.1%	16.3%	15.8%	15.5%	15.5%
新中国成立后到“文化大革命”前的大公无私的集体主义精神	12.8%	6.1%	11.8%	8.8%	10.3%	10.8%	8.3%	9.8%	9.7%
追求个人利益的市场经济下的道德	9.8%	12.1%	7.6%	13.5%	7.0%	11.3%	13.9%	6.5%	10.0%
西方道德	1.8%		3.6%	2.3%	0.7%	3.5%	3.6%	4.7%	2.5%
其他	1.2%	6.1%	1.7%	2.3%	1.3%	2.9%	2.9%	2.2%	2.1%

续表

	官员	企业家	专业人员	工人	农民	企业员工	做小生意者	无业失业下岗	总计
总计	100.0%	100.0%	100.0%	100.0%	100.0%	100.0%	100.0%	100.0%	100.0%
列总计	164	33	422	2296	2398	840	1007	1246	8406

Chi-square test：df = 35，卡方值为 216.359，sig = 0.000 < 0.05，所以诸群体在“对伦理关系和道德生活，您最向往的是”这一认识上有显著差异。

B16a by 诸群体

您认为当前我国社会道德生活中最重要的内容是什么？最重要 * 诸群体 Crosstabulation

	官员	企业家	专业人员	工人	农民	企业员工	做小生意者	无业失业下岗	总计
意识形态中所提倡的社会主义道德	25.1%	32.4%	26.0%	20.7%	23.3%	28.0%	22.4%	26.8%	23.7%
中国传统道德	57.5%	44.1%	49.1%	49.0%	57.7%	38.6%	43.8%	52.2%	50.4%
西方文化影响而形成的道德	6.6%	5.9%	8.1%	9.3%	4.9%	12.9%	10.4%	8.1%	8.2%
市场经济中形成的道德	10.8%	17.6%	16.7%	20.9%	14.0%	20.3%	23.4%	12.8%	17.6%
其他				0.1%	0.1%	0.1%	0.1%	0.1%	0.1%
总计	100.0%	100.0%	100.0%	100.0%	100.0%	100.0%	100.0%	100.0%	100.0%
列总计	167	34	430	2261	2341	836	1014	1212	8295

Chi-square test：df = 28，卡方值为 222.400，sig = 0.000 < 0.05，所以诸群体在“您认为当前我国社会道德生活中最重要的内容是什么？最重要”这一认识上有显著差异。

B16b by 诸群体

您认为当前我国社会道德生活中最重要的内容是什么？第二重要 * 诸群体 Crosstabulation

	官员	企业家	专业人员	工人	农民	企业员工	做小生意者	无业失业下岗	总计
意识形态中所提倡的社会主义道德	41.5%	27.3%	44.5%	42.0%	42.0%	36.6%	38.4%	42.5%	41.1%
中国传统道德	25.6%	36.4%	30.5%	30.0%	26.8%	31.2%	32.8%	29.1%	29.4%
西方文化影响而形成的道德	12.8%	21.2%	9.5%	8.8%	6.6%	11.1%	10.8%	9.4%	8.9%

续表

	官员	企业家	专业人员	工人	农民	企业员工	做小生意者	无业失业下岗	总计
市场经济中形成的道德	20. 1%	15. 2%	15. 5%	19. 0%	24. 6%	21. 0%	17. 9%	18. 9%	20. 4%
其他				0. 2%		0. 1%	0. 1%		0. 1%
总计	100. 0%	100. 0%	100. 0%	100. 0%	100. 0%	100. 0%	100. 0%	100. 0%	100. 0%
列总计	164	33	420	2190	2180	820	979	1147	7933

Chi-square test：df = 28，卡方值为 89. 442，sig = 0. 000 < 0. 05，所以诸群体在“您认为当前我国社会道德生活中最重要的内容是什么？第二重要”这一认识上有显著差异。

B16c by 诸群体

您认为当前我国社会道德生活中最重要的内容是什么？第三重要 ＊ 诸群体 Crosstabulation

	官员	企业家	专业人员	工人	农民	企业员工	做小生意者	无业失业下岗	总计
意识形态中所提倡的社会主义道德	19. 5%	30. 3%	22. 6%	30. 3%	28. 1%	27. 0%	30. 4%	22. 2%	27. 6%
中国传统道德	12. 6%	6. 1%	13. 4%	15. 4%	14. 2%	20. 0%	18. 0%	14. 2%	15. 5%
西方文化影响而形成的道德	20. 8%	21. 2%	20. 9%	12. 5%	11. 9%	16. 8%	13. 7%	19. 6%	14. 6%
市场经济中形成的道德	47. 2%	42. 4%	43. 1%	41. 8%	45. 8%	36. 3%	37. 9%	43. 9%	42. 3%
其他								0. 1%	
总计	100. 0%	100. 0%	100. 0%	100. 0%	100. 0%	100. 0%	100. 0%	100. 0%	100. 0%
列总计	159	33	411	2152	2134	805	940	1096	7730

Chi-square test：df = 28，卡方值为 126. 88，sig = 0. 000 < 0. 05，所以诸群体在“您认为当前我国社会道德生活中最重要的内容是什么？第三重要”这一认识上有显著差异。

B17 by 诸群体

您认为目前我国社会中伦理道德对人际关系的调节能力如何 ＊ 诸群体 Crosstabulation

	官员	企业家	专业人员	工人	农民	企业员工	做小生意者	无业失业下岗	总计
良好	33. 1%	17. 6%	18. 8%	16. 8%	18. 3%	17. 1%	16. 5%	20. 4%	18. 2%
一般	54. 1%	52. 9%	60. 1%	58. 7%	59. 0%	59. 2%	56. 2%	57. 9%	58. 4%

续表

	官员	企业家	专业人员	工人	农民	企业员工	做小生意者	无业失业下岗	总计
很差	8.3%	14.7%	9.0%	11.0%	10.0%	11.6%	14.0%	9.9%	10.9%
几乎没有，一切都听从利益支配	4.5%	14.7%	12.1%	13.5%	12.8%	12.1%	13.2%	11.9%	12.6%
总计	100.0%	100.0%	100.0%	100.0%	100.0%	100.0%	100.0%	100.0%	100.0%
列总计	157	34	421	2145	1998	811	961	1163	7690

Chi-square test：df = 21，卡方值为 54.096，sig = 0.000 < 0.05，所以诸群体在“您认为目前我国社会中伦理道德对人际关系的调节能力如何”这一认识上有显著差异。

B18 by 诸群体

您认为目前我国社会中伦理道德对个人行为的约束能力如何 ＊诸群体 Crosstabulation

	官员	企业家	专业人员	工人	农民	企业员工	做小生意者	无业失业下岗	总计
良好	27.7%	17.6%	16.9%	15.0%	17.4%	17.6%	15.1%	19.3%	17.0%
一般	53.5%	58.8%	60.1%	57.9%	59.2%	57.2%	56.3%	57.5%	57.9%
很差	13.8%	11.8%	12.2%	14.1%	11.6%	14.5%	16.4%	11.4%	13.2%
几乎没有，一切都听从利益支配	5.0%	11.8%	10.7%	12.9%	11.9%	10.8%	12.2%	11.9%	11.9%
总计	100.0%	100.0%	100.0%	100.0%	100.0%	100.0%	100.0%	100.0%	100.0%
列总计	159	34	419	2135	2016	809	966	1161	7699

Chi-square test：df = 21，卡方值为 50.225，sig = 0.000 < 0.05，所以诸群体在“您认为目前我国社会中伦理道德对个人行为的约束能力如何”这一认识上有显著差异。

B19 by 诸群体

您认为当今中国社会最基本的伦理冲突是 ＊诸群体 Crosstabulation

	官员	企业家	专业人员	工人	农民	企业员工	做小生意者	无业失业下岗
人与自然的冲突	22.3%	8.8%	27.6%	22.7%	21.3%	23.2%	19.7%	24.5%
人与自身的冲突	26.5%	23.5%	24.8%	34.1%	31.0%	36.4%	31.4%	25.9%
人与人之间的冲突	42.8%	67.6%	52.9%	45.1%	46.0%	46.0%	44.1%	49.4%
个人与社会的冲突	36.1%	23.5%	37.0%	29.2%	29.7%	33.0%	32.4%	29.9%
个人与政府的冲突	13.9%	11.8%	6.8%	6.7%	6.9%	7.6%	9.0%	8.0%

续表

	官员	企业家	专业人员	工人	农民	企业员工	做小生意者	无业失业下岗
列总计	166	34	427	2282	2333	846	1036	1243

据上表所示，诸群体在“您认为当今中国社会最基本的伦理冲突是”这一认识上有显著差异。

B20a by 诸群体

在下列关系中，您认为哪些关系对您来说最重要？第一位 ＊ 诸群体 Crosstabulation

	官员	企业家	专业人员	工人	农民	企业员工	做小生意者	无业失业下岗	总计
父母与子女	65.1%	67.6%	67.4%	62.3%	73.3%	63.8%	63.3%	71.5%	67.4%
夫妇	21.7%	29.4%	18.7%	23.9%	19.2%	21.5%	26.0%	16.4%	21.2%
兄弟姐妹	0.6%		1.2%	1.4%	0.9%	1.9%	1.3%	2.0%	1.3%
同事或同学	3.0%	2.9%	2.8%	2.7%	1.6%	3.4%	2.1%	2.0%	2.3%
上级或下级	2.4%		0.7%	1.5%	0.7%	0.6%	1.1%	0.8%	1.0%
师生				0.1%	0.2%	0.2%		0.2%	0.1%
人与自然的关系		1.2%	1.2%	0.8%	1.3%	1.1%	0.8%	1.0%	
个人与社会		1.4%	1.0%	0.7%	1.3%	0.8%	1.4%	1.0%	
个人与国家	4.8%		3.2%	1.8%	1.4%	1.5%	1.0%	2.8%	1.9%
个人与工作单位	0.6%		1.4%	1.7%	0.7%	1.4%	0.9%	0.7%	1.1%
通过网络建立的各种“群”的关系	0.1%		0.2%		0.1%	0.1%			
朋友	0.6%		0.5%	0.6%	0.2%	0.7%	0.4%	0.5%	0.4%
个人与自身的关系（身心和谐）	1.2%		1.6%	1.6%	0.2%	2.0%	1.7%	1.0%	1.2%
其他						0.1%	0.2%		
总计	100.0%	100.0%	100.0%	100.0%	100.0%	100.0%	100.0%	100.0%	100.0%
列总计	166	34	433	2343	2461	851	1072	1326	8686

Chi-square test：df = 91，卡方值为 220.593，sig = 0.000 < 0.05，所以诸群体在“在下列关系中，您认为哪些关系对您来说最重要？第一位”这一认识上有显著差异。

B20b by 诸群体

在下列关系中，您认为哪些关系对您来说最重要？第二位 ＊ 诸群体 Crosstabulation

	官员	企业家	专业人员	工人	农民	企业员工	做小生意者	无业失业下岗	总计
父母与子女	22.9%	32.4%	22.5%	27.0%	20.4%	25.7%	28.8%	19.4%	23.8%
夫妇	48.8%	44.1%	45.5%	47.6%	61.3%	45.8%	51.4%	43.2%	51.0%
兄弟姐妹	10.8%	2.9%	13.0%	9.9%	8.8%	12.1%	10.4%	21.8%	11.8%
同事或同学	5.4%	14.7%	5.8%	4.8%	2.7%	4.8%	3.1%	4.9%	4.1%
上级或下级	2.4%		1.4%	1.8%	0.9%	1.3%	0.9%	1.4%	1.3%
师生	1.2%		0.7%	1.0%	0.7%	0.5%	0.6%	1.1%	0.8%
人与自然的关系	1.2%		2.1%	2.0%	1.6%	1.8%	1.1%	1.3%	1.6%
个人与社会	3.0%		2.1%	1.7%	0.7%	1.3%	0.9%	1.2%	1.2%
个人与国家	1.8%	2.9%	1.9%	1.0%	1.2%	1.1%	0.7%	1.5%	1.2%
个人与工作单位	1.8%	2.9%	1.6%	1.7%	0.7%	2.6%	0.9%	1.2%	1.3%
通过网络建立的各种“群”的关系	0.2%		0.1%	0.1%	0.1%	0.1%			
朋友	0.6%		3.0%	0.8%	0.7%	1.9%	0.6%	2.1%	1.1%
个人与自身的关系（身心和谐）	0.5%	0.5%	0.2%	1.1%	0.5%	0.8%	0.5%		
其他				0.1%				0.1%	
总计	100.0%	100.0%	100.0%	100.0%	100.0%	100.0%	100.0%	100.0%	100.0%
列总计	166	34	431	2326	2452	849	1059	1317	8634

Chi-square test：df = 91，卡方值为422.840，sig = 0.000 < 0.05，所以诸群体在“在下列关系中，您认为哪些关系对您来说最重要？第二位”这一认识上有显著差异。

B20c by 诸群体

在下列关系中，您认为哪些关系对您来说最重要？第三位 ＊ 诸群体 Crosstabulation

	官员	企业家	专业人员	工人	农民	企业员工	做小生意者	无业失业下岗	总计
父母与子女	3.6%		3.2%	3.7%	2.7%	3.2%	3.3%	3.6%	3.3%
夫妇	8.4%	5.9%	10.0%	7.8%	7.6%	10.5%	7.3%	11.1%	8.6%
兄弟姐妹	47.0%	58.8%	44.3%	50.2%	65.0%	42.2%	56.7%	46.8%	53.6%
同事或同学	9.0%	2.9%	14.8%	8.8%	4.4%	13.0%	6.1%	11.0%	8.2%

续表

	官员	企业家	专业人员	工人	农民	企业员工	做小生意者	无业失业下岗	总计
上级或下级	9.6%	11.8%	4.6%	5.1%	2.8%	5.8%	3.4%	2.4%	4.0%
师生	0.6%		2.1%	2.2%	2.3%	2.4%	1.9%	4.3%	2.5%
人与自然的关系	4.8%		3.2%	3.2%	3.5%	3.3%	4.7%	2.9%	3.5%
个人与社会	6.0%	11.8%	5.3%	5.3%	3.5%	3.9%	4.0%	5.0%	4.5%
个人与国家	5.4%	5.9%	3.2%	3.6%	3.4%	3.4%	3.0%	3.7%	3.5%
个人与工作单位	3.0%		5.6%	3.0%	1.0%	4.1%	1.9%	0.9%	2.2%
通过网络建立的各种“群”的关系	0.6%	0.1%	0.5%	0.2%	0.3%	0.3%			
朋友	1.8%	2.9%	3.0%	4.3%	2.7%	4.8%	5.6%	6.9%	4.3%
个人与自身的关系（身心和谐）	0.6%		0.5%	2.3%	0.9%	2.8%	1.8%	1.0%	1.6%
其他						0.1%			
总计	100.0%	100.0%	100.0%	100.0%	100.0%	100.0%	100.0%	100.0%	100.0%
列总计	166	34	431	2323	2441	848	1052	1313	8608

Chi-square test：df=91，卡方值为505.839，sig =0.000<0.05，所以诸群体在“在下列关系中，您认为哪些关系对您来说最重要？第三位”这一认识上有显著差异。

B20d by 诸群体

在下列关系中，您认为哪些关系对您来说最重要？第四位 ＊ 诸群体 Crosstabulation

	官员	企业家	专业人员	工人	农民	企业员工	做小生意者	无业失业下岗	总计
父母与子女	1.8%		1.4%	1.5%	0.8%	1.5%	1.1%	2.0%	1.3%
夫妇	6.7%		4.2%	5.0%	3.5%	3.3%	3.0%	3.1%	3.8%
兄弟姐妹	4.9%		5.6%	5.3%	4.9%	7.2%	5.8%	6.3%	5.6%
同事或同学	15.2%	11.8%	22.1%	17.7%	18.6%	18.5%	19.2%	18.7%	18.5%
上级或下级	9.8%	8.8%	5.6%	5.7%	4.4%	9.4%	4.3%	3.9%	5.3%
师生	1.8%		9.1%	4.3%	5.0%	3.6%	4.3%	7.6%	5.1%
人与自然的关系	3.7%	14.7%	4.0%	7.6%	8.7%	6.7%	7.3%	6.5%	7.4%
个人与社会	5.5%	17.6%	7.9%	10.3%	12.4%	10.8%	12.5%	13.7%	11.5%
个人与国家	9.1%		7.4%	5.4%	7.9%	2.6%	4.8%	4.8%	5.8%
个人与工作单位	16.5%	8.8%	12.6%	11.6%	4.5%	12.6%	9.2%	5.7%	8.6%

续表

	官员	企业家	专业人员	工人	农民	企业员工	做小生意者	无业失业下岗	总计
通过网络建立的各种"群"的关系	2.9%	1.2%	0.8%	0.3%	1.4%	1.5%	0.6%	0.8%	
朋友	20.7%	32.4%	16.3%	21.7%	26.1%	18.8%	24.4%	25.0%	23.2%
个人与自身的关系（身心和谐）	4.3%	2.9%	2.8%	3.2%	2.8%	3.6%	2.7%	2.0%	2.9%
其他					0.1%		0.1%		
总计	100.0%	100.0%	100.0%	100.0%	100.0%	100.0%	100.0%	100.0%	100.0%
列总计	164	34	430	2303	2426	842	1026	1270	8495

Chi-square test：df = 91，卡方值为 400.786，sig = 0.000 < 0.05，所以诸群体在"在下列关系中，您认为哪些关系对您来说最重要？第四位"这一认识上有显著差异。

B20e by 诸群体

在下列关系中，您认为哪些关系对您来说最重要？第五位 * 诸群体 Crosstabulation

	官员	企业家	专业人员	工人	农民	企业员工	做小生意者	无业失业下岗	总计
父母与子女	1.8%		0.7%	0.9%	0.3%	0.8%	0.4%	0.9%	0.7%
夫妇	0.6%	2.9%	2.8%	2.1%	1.3%	1.4%	1.4%	1.5%	1.7%
兄弟姐妹	3.1%		3.0%	3.7%	2.9%	3.2%	3.0%	3.0%	3.2%
同事或同学	14.7%	17.6%	11.4%	12.7%	10.6%	10.8%	9.8%	12.6%	11.5%
上级或下级	5.5%	2.9%	8.6%	7.1%	5.4%	7.9%	5.1%	4.1%	6.0%
师生	8.6%		9.1%	4.9%	6.8%	5.6%	6.5%	8.7%	6.5%
人与自然的关系	3.7%	2.9%	4.0%	5.4%	6.1%	4.8%	5.8%	4.4%	5.3%
个人与社会	12.3%	23.5%	10.5%	13.2%	15.8%	12.8%	16.0%	16.4%	14.6%
个人与国家	8.6%	8.8%	7.0%	8.7%	13.3%	9.3%	9.9%	13.8%	10.9%
个人与工作单位	12.3%	14.7%	11.4%	12.3%	5.9%	14.5%	7.5%	6.2%	9.2%
通过网络建立的各种"群"的关系	3.1%	2.9%	2.3%	3.2%	1.2%	3.7%	4.5%	2.7%	2.7%
朋友	22.7%	17.6%	25.1%	20.4%	24.9%	18.2%	23.4%	19.4%	22.0%
个人与自身的关系（身心和谐）	3.1%	5.9%	4.0%	5.4%	5.1%	6.9%	6.5%	6.0%	5.6%
其他			0.2%	0.1%	0.3%		0.1%	0.3%	0.2%
总计	100.0%	100.0%	100.0%	100.0%	100.0%	100.0%	100.0%	100.0%	100.0%

续表

	官员	企业家	专业人员	工人	农民	企业员工	做小生意者	无业失业下岗	总计
列总计	163	34	430	2281	2391	836	1012	1229	8376

Chi-square test：df = 91，卡方值为 336.618，sig = 0.000 < 0.05，所以诸群体在“在下列关系中，您认为哪些关系对您来说最重要？第五位”这一认识上有显著差异。

B21 by 诸群体

您认为哪一种关系对社会秩序最具根本性意义 ＊ 诸群体 Crosstabulation

	官员	企业家	专业人员	工人	农民	企业员工	做小生意者	无业失业下岗	总计
家庭关系或血缘关系	30.1%	23.5%	28.9%	29.7%	37.7%	26.6%	29.3%	36.2%	32.5%
个人与社会的关系	46.4%	58.8%	46.4%	49.7%	44.8%	50.9%	48.4%	41.0%	46.8%
职业关系	4.8%	2.9%	6.5%	4.4%	3.7%	6.1%	4.1%	5.1%	4.5%
个人与国家民族的关系	12.7%	11.8%	12.2%	9.8%	9.1%	10.2%	12.6%	11.5%	10.4%
人与自然的关系	1.8%		1.4%	2.1%	2.3%	1.6%	2.1%	1.8%	2.0%
个人与自身的关系	4.2%	2.9%	4.6%	4.2%	2.4%	4.5%	3.5%	4.4%	3.7%
总计	100.0%	100.0%	100.0%	100.0%	100.0%	100.0%	100.0%	100.0%	100.0%
列总计	166	34	433	2328	2438	849	1063	1308	8619

Chi-square test：df = 35，卡方值为 116.019，sig = 0.000 < 0.05，所以诸群体在“您认为哪一种关系对社会秩序最具根本性意义”这一认识上有显著差异。

B22 by 诸群体

您认为哪一种关系对个人生活最具根本性意义 ＊ 诸群体 Crosstabulation

	官员	企业家	专业人员	工人	农民	企业员工	做小生意者	无业失业下岗	总计
家庭关系或血缘关系	50.9%	61.8%	50.8%	52.0%	55.2%	52.7%	55.5%	57.8%	54.3%
个人与社会的关系	26.3%	17.6%	24.5%	19.9%	20.1%	19.7%	18.7%	18.0%	19.8%
职业关系	12.0%	11.8%	11.7%	14.5%	12.9%	11.9%	12.8%	9.2%	12.6%
个人与国家民族的关系	6.0%	2.9%	6.1%	4.3%	4.7%	5.4%	4.8%	5.4%	4.9%
人与自然的关系		1.2%	2.0%	2.5%	1.5%	1.5%	1.8%	1.9%	
个人与自身的关系	4.8%	5.9%	5.8%	7.2%	4.5%	8.7%	6.7%	7.9%	6.5%
总计	100.0%	100.0%	100.0%	100.0%	100.0%	100.0%	100.0%	100.0%	100.0%

续表

	官员	企业家	专业人员	工人	农民	企业员工	做小生意者	无业失业下岗	总计
列总计	167	34	429	2326	2448	848	1064	1314	8630

Chi-square test：df = 35，卡方值为 83.091，sig = 0.000 < 0.05，所以诸群体在“您认为哪一种关系对个人生活最具根本性意义”这一认识上有显著差异。

B23a by 诸群体

对于个人而言，您认为家庭、社会和国家三者的重要性程度如何？第一位 * 诸群体 Crosstabulation

	官员	企业家	专业人员	工人	农民	企业员工	做小生意者	无业失业下岗	总计
国家	66.5%	55.9%	48.0%	47.6%	45.7%	45.3%	42.4%	42.8%	45.9%
社会	5.4%	5.9%	6.2%	4.3%	7.0%	5.2%	5.5%	6.6%	5.8%
家庭	28.1%	38.2%	45.7%	48.1%	47.3%	49.5%	52.0%	50.6%	48.3%
总计	100.0%	100.0%	100.0%	100.0%	100.0%	100.0%	100.0%	100.0%	100.0%
列总计	167	34	433	2335	2460	847	1065	1319	8660

Chi-square test：df = 14，卡方值为 61.248，sig = 0.000 < 0.05，所以诸群体在“对于个人而言，您认为家庭、社会和国家三者的重要性程度如何？第一位”这一认识上有显著差异。

B23b by 诸群体

对于个人而言，您认为家庭、社会和国家三者的重要性程度如何？第二位 * 诸群体 Crosstabulation

	官员	企业家	专业人员	工人	农民	企业员工	做小生意者	无业失业下岗	总计
国家	21.6%	27.3%	33.5%	32.8%	35.1%	30.6%	35.9%	34.1%	33.6%
社会	24.0%	21.2%	24.9%	26.8%	20.7%	29.1%	26.3%	26.2%	25.0%
家庭	54.5%	51.5%	41.6%	40.3%	44.2%	40.3%	37.9%	39.8%	41.4%
总计	100.0%	100.0%	100.0%	100.0%	100.0%	100.0%	100.0%	100.0%	100.0%
列总计	167	33	433	2330	2455	846	1062	1315	8641

Chi-square test：df = 14，卡方值为 59.584，sig = 0.000 < 0.05，所以诸群体在“对于个人而言，您认为家庭、社会和国家三者的重要性程度如何？第二位”这一认识上有显著差异。

B24a by 诸群体

请根据您的理解选择对下列陈述的评价：信息技术、网络技术的发展对伦理道德的影响 ＊ 诸群体 Crosstabulation

	官员	企业家	专业人员	工人	农民	企业员工	做小生意者	无业失业下岗	总计
消极影响	16.0%	12.0%	20.0%	14.2%	14.2%	14.6%	19.5%	16.4%	15.6%
没有影响	20.8%	36.0%	19.4%	32.0%	35.3%	24.0%	28.6%	25.4%	29.6%
积极影响	63.2%	52.0%	60.6%	53.8%	50.5%	61.4%	51.9%	58.2%	54.8%
总计	100.0%	100.0%	100.0%	100.0%	100.0%	100.0%	100.0%	100.0%	100.0%
列总计	125	25	330	1670	1378	663	752	795	5738

Chi-square test：df = 14，卡方值为 78.713，sig = 0.000 < 0.05，所以诸群体在“信息技术、网络技术的发展对伦理道德的影响”这一认识上有显著差异。

B24b by 诸群体

请根据您的理解选择对下列陈述的评价：市场经济对我国伦理道德的影响 ＊ 诸群体 Crosstabulation

	官员	企业家	专业人员	工人	农民	企业员工	做小生意者	无业失业下岗	总计
消极影响	17.7%	14.8%	21.3%	14.7%	10.5%	17.0%	17.7%	16.6%	15.1%
没有影响	20.8%	29.6%	20.4%	25.9%	27.8%	20.2%	24.9%	27.9%	25.4%
积极影响	61.5%	55.6%	58.4%	59.3%	61.6%	62.8%	57.4%	55.5%	59.5%
总计	100.0%	100.0%	100.0%	100.0%	100.0%	100.0%	100.0%	100.0%	100.0%
列总计	130	27	329	1642	1365	659	728	782	5662

Chi-square test：df = 14，卡方值为 55.966，sig = 0.000 < 0.05，所以诸群体在“市场经济对我国伦理道德的影响”这一认识上有显著差异。

B24c by 诸群体

请根据您的理解选择对下列陈述的评价：西方文化对我国伦理道德的影响 ＊ 诸群体 Crosstabulation

	官员	企业家	专业人员	工人	农民	企业员工	做小生意者	无业失业下岗	总计
消极影响	24.0%	20.0%	27.6%	22.9%	20.1%	19.3%	22.8%	21.8%	21.9%
没有影响	23.1%	32.0%	21.8%	33.4%	39.3%	28.6%	35.2%	32.2%	33.4%
积极影响	52.9%	48.0%	50.6%	43.7%	40.6%	52.1%	42.0%	46.0%	44.7%

续表

	官员	企业家	专业人员	工人	农民	企业员工	做小生意者	无业失业下岗	总计
总计	100.0%	100.0%	100.0%	100.0%	100.0%	100.0%	100.0%	100.0%	100.0%
列总计	121	25	312	1536	1260	618	667	730	5269

Chi-square test：df = 14，卡方值为 62.688，sig = 0.000 < 0.05，所以诸群体在“西方文化对我国伦理道德的影响”这一认识上有显著差异。

B25 by 诸群体

如果国外报道与国家主流媒体的宣传内容不一致，您倾向于相信 * 诸群体 Crosstabulation

	官员	企业家	专业人员	工人	农民	企业员工	做小生意者	无业失业下岗	总计
主流媒体	72.4%	50.0%	60.9%	66.7%	77.8%	63.6%	63.6%	64.4%	68.5%
国外报道	1.9%	5.9%	6.4%	4.8%	2.2%	5.7%	4.0%	5.3%	4.2%
谁都不相信，自己判断	25.6%	44.1%	32.7%	28.6%	20.0%	30.7%	32.4%	30.3%	27.3%
总计	100.0%	100.0%	100.0%	100.0%	100.0%	100.0%	100.0%	100.0%	100.0%
列总计	156	34	407	2171	2201	807	960	1189	7925

Chi-square test：df = 14，卡方值为 150.369，sig = 0.000 < 0.05，所以诸群体在“如果国外报道与国家主流媒体的宣传内容不一致，您倾向于相信”这一认识上有显著差异。

B26 by 诸群体

如果朋友圈的消息与国家主流媒体的报道不一致，您会倾向于相信 * 诸群体 Crosstabulation

	官员	企业家	专业人员	工人	农民	企业员工	做小生意者	无业失业下岗	总计
主流媒体	63.9%	41.2%	56.4%	57.5%	66.7%	56.9%	56.5%	54.8%	59.5%
朋友圈/亲朋圈子	9.6%	8.8%	7.5%	12.0%	6.3%	11.2%	9.8%	8.2%	9.2%
都不相信，自己比较判断	25.3%	50.0%	36.1%	30.3%	25.4%	31.6%	32.8%	35.8%	30.4%
其他	1.2%			0.2%	1.5%	0.4%	0.9%	1.2%	0.8%
总计	100.0%	100.0%	100.0%	100.0%	100.0%	100.0%	100.0%	100.0%	100.0%
列总计	166	34	429	2317	2423	849	1049	1286	8553

Chi-square test：df = 21，卡方值为 159.863，sig = 0.000 < 0.05，所以诸群体在“如果朋友圈的消息与国家主流媒体的宣传内容不一致，您会倾向于相信”这一认识上有显著差异。

C1 by 诸群体

您认为当前中国社会个人道德素质的主要问题是 ＊ 诸群体 Crosstabulation

	官员	企业家	专业人员	工人	农民	企业员工	做小生意者	无业失业下岗	总计
道德上无知	10.2%	11.8%	10.3%	12.9%	17.3%	8.4%	9.5%	13.7%	13.2%
有道德知识，但不见诸行动	76.5%	73.5%	75.2%	69.7%	63.7%	75.0%	70.7%	71.6%	69.4%
道德上既无知，也不见道德行动	13.3%	11.8%	13.3%	16.5%	18.5%	16.1%	19.1%	13.6%	16.7%
其他		2.9%	1.2%	0.9%	0.6%	0.5%	0.7%	1.2%	0.8%
总计	100.0%	100.0%	100.0%	100.0%	100.0%	100.0%	100.0%	100.0%	100.0%
列总计	166	34	427	2303	2400	844	1046	1283	8503

Chi-square test：df = 21，卡方值为 108.827，sig = 0.000 < 0.05，所以诸群体在“您认为当前中国社会个人道德素质的主要问题是”这一认识上有显著差异。

C2 by 诸群体

您根据什么来判断某种行为是否符合伦理或道德 ＊ 诸群体 Crosstabulation

	官员	企业家	专业人员	工人	农民	企业员工	做小生意者	无业失业下岗	总计
传统道德观念	55.8%	58.8%	59.3%	51.3%	51.5%	51.4%	49.0%	49.5%	51.3%
风俗习惯	41.2%	41.2%	43.8%	49.7%	51.2%	46.1%	45.9%	43.7%	47.9%
大多数人认同的道德规范	38.2%	52.9%	43.6%	35.4%	36.0%	38.0%	33.6%	30.4%	35.4%
当事人共同利益和意志	20.6%	26.5%	18.7%	19.7%	14.3%	25.6%	20.6%	16.5%	18.4%
自己的良心	47.3%	47.1%	52.2%	56.8%	61.7%	52.3%	56.6%	55.4%	57.1%
意识形态的要求	20.0%	14.7%	16.9%	7.5%	3.7%	14.5%	8.5%	11.0%	8.5%
列总计	165	34	427	2302	2431	840	1047	1286	8532

据上表所示，诸群体在“您根据什么来判断某种行为是否符合伦理或道德”这一认识上有显著差异。

C3a by 诸群体

我会经常关心比我不幸的人 ＊ 诸群体 Crosstabulation

	官员	企业家	专业人员	工人	农民	企业员工	做小生意者	无业失业下岗	总计
完全不符合	1.8%	2.9%	4.8%	3.0%	2.2%	2.7%	3.5%	3.6%	3.0%

续表

	官员	企业家	专业人员	工人	农民	企业员工	做小生意者	无业失业下岗	总计
有点符合	29.3%	29.4%	27.3%	32.6%	29.9%	29.1%	34.7%	26.4%	30.5%
一般	24.6%	20.6%	28.2%	32.9%	35.0%	36.1%	31.0%	33.9%	33.3%
比较符合	32.9%	29.4%	32.6%	28.1%	28.4%	28.1%	26.5%	29.9%	28.6%
完全符合	11.4%	17.6%	7.2%	3.4%	4.5%	4.0%	4.3%	6.2%	4.7%
总计	100.0%	100.0%	100.0%	100.0%	100.0%	100.0%	100.0%	100.0%	100.0%
列总计	167	34	433	2328	2432	843	1063	1304	8604

Chi-square test：df = 28，卡方值为 102.904，sig = 0.000 < 0.05，所以诸群体在“我会经常关心比我不幸的人”这一认识上有显著差异。

C3b by 诸群体

我时常会同情他人的难处 * 诸群体 Crosstabulation

	官员	企业家	专业人员	工人	农民	企业员工	做小生意者	无业失业下岗	总计
完全不符合	0.6%		1.6%	2.1%	1.6%	1.9%	2.4%	3.0%	2.0%
有点符合	28.7%	32.4%	23.6%	30.3%	30.5%	26.0%	29.9%	25.8%	28.9%
一般	24.0%	14.7%	26.6%	36.6%	35.7%	36.2%	33.6%	31.7%	34.3%
比较符合	32.9%	35.3%	38.9%	24.5%	25.5%	27.7%	25.5%	29.3%	26.9%
完全符合	13.8%	17.6%	9.3%	6.6%	6.7%	8.2%	8.5%	10.2%	7.9%
总计	100.0%	100.0%	100.0%	100.0%	100.0%	100.0%	100.0%	100.0%	100.0%
列总计	167	34	432	2325	2428	845	1062	1302	8595

Chi-square test：df = 28，卡方值为 120.274，sig = 0.000 < 0.05，所以诸群体在“我时常会同情他人的难处”这一认识上有显著差异。

C3c by 诸群体

在做决定前，我会试着从每个人的立场去考虑问题 * 诸群体 Crosstabulation

	官员	企业家	专业人员	工人	农民	企业员工	做小生意者	无业失业下岗	总计
完全不符合	3.0%	2.9%	2.3%	3.1%	2.1%	3.0%	2.8%	4.7%	3.0%
有点符合	17.5%	20.6%	16.7%	26.1%	27.7%	21.8%	26.3%	21.4%	24.8%
一般	30.7%	26.5%	32.3%	39.9%	39.7%	39.1%	39.4%	36.0%	38.5%

续表

	官员	企业家	专业人员	工人	农民	企业员工	做小生意者	无业失业下岗	总计
比较符合	31.9%	26.5%	39.7%	24.3%	24.9%	29.5%	24.5%	30.8%	26.9%
完全符合	16.9%	23.5%	9.0%	6.6%	5.7%	6.5%	7.0%	7.1%	6.8%
总计	100.0%	100.0%	100.0%	100.0%	100.0%	100.0%	100.0%	100.0%	100.0%
列总计	166	34	431	2329	2422	843	1059	1301	8585

Chi-square test：df = 28，卡方值为 163.543，sig = 0.000 < 0.05，所以诸群体在“在做决定前，我会试着从每个人的立场去考虑问题”这一认识上有显著差异。

C3d by 诸群体

当我看到有人被利用时，时常想要保护他们 ＊ 诸群体 Crosstabulation

	官员	企业家	专业人员	工人	农民	企业员工	做小生意者	无业失业下岗	总计
完全不符合	4.2%	2.9%	3.0%	5.6%	3.9%	6.7%	4.8%	7.0%	5.2%
有点符合	19.2%	17.6%	20.8%	26.6%	28.6%	21.7%	28.3%	19.8%	25.4%
一般	37.1%	38.2%	33.3%	37.2%	38.4%	39.8%	36.0%	41.5%	38.1%
比较符合	28.7%	23.5%	33.6%	24.7%	24.4%	24.5%	24.3%	24.3%	25.0%
完全符合	10.8%	17.6%	9.3%	5.9%	4.8%	7.4%	6.5%	7.3%	6.3%
总计	100.0%	100.0%	100.0%	100.0%	100.0%	100.0%	100.0%	100.0%	100.0%
列总计	167	34	432	2321	2406	842	1057	1295	8554

Chi-square test：df = 28，卡方值为 121.579，sig = 0.000 < 0.05，所以诸群体在“当我看到有人被利用时，时常想要保护他们”这一认识上有显著差异。

C3e by 诸群体

我有时会试图站在他人的角度，以更好地理解我的朋友 ＊ 诸群体 Crosstabulation

	官员	企业家	专业人员	工人	农民	企业员工	做小生意者	无业失业下岗	总计
完全不符合	2.4%		1.9%	3.6%	3.3%	4.6%	3.1%	4.3%	3.5%
有点符合	22.8%	17.6%	15.5%	24.9%	26.6%	21.5%	23.3%	22.3%	23.9%
一般	29.3%	23.5%	28.2%	35.7%	38.5%	32.0%	34.8%	33.1%	35.1%
比较符合	32.3%	35.3%	41.0%	28.8%	26.5%	33.3%	31.1%	31.8%	30.0%
完全符合	13.2%	23.5%	13.4%	7.1%	5.1%	8.6%	7.6%	8.5%	7.5%
总计	100.0%	100.0%	100.0%	100.0%	100.0%	100.0%	100.0%	100.0%	100.0%

续表

	官员	企业家	专业人员	工人	农民	企业员工	做小生意者	无业失业下岗	总计
列总计	167	34	432	2320	2400	841	1059	1289	8542

Chi-square test：df=28，卡方值为152.092，sig =0.000<0.05，所以诸群体在“我有时会试图站在他人的角度，以更好地理解我的朋友”这一认识上有显著差异。

C3f by 诸群体

他人的不幸通常不会给我带来很大的不安 ＊ 诸群体 Crosstabulation

	官员	企业家	专业人员	工人	农民	企业员工	做小生意者	无业失业下岗	总计
完全不符合	12.2%	8.8%	15.6%	15.4%	10.7%	16.9%	17.5%	12.7%	14.0%
有点符合	21.3%	20.6%	19.5%	28.1%	32.2%	25.7%	28.0%	23.7%	27.7%
一般	36.0%	26.5%	34.9%	32.7%	33.7%	32.3%	32.0%	38.3%	33.9%
比较符合	25.6%	32.4%	25.1%	19.3%	19.6%	20.4%	17.8%	19.7%	19.9%
完全符合	4.9%	11.8%	4.9%	4.5%	3.8%	4.6%	4.6%	5.6%	4.5%
总计	100.0%	100.0%	100.0%	100.0%	100.0%	100.0%	100.0%	100.0%	100.0%
列总计	164	34	430	2312	2392	839	1049	1285	8505

Chi-square test：df=28，卡方值为113.722，sig =0.000<0.05，所以诸群体在“他人的不幸通常不会给我带来很大的不安”这一认识上有显著差异。

C3g by 诸群体

在观看电视剧或电影之后，我会感觉到自己仿佛成了其中的一个角色 ＊ 诸群体 Crosstabulation

	官员	企业家	专业人员	工人	农民	企业员工	做小生意者	无业失业下岗	总计
完全不符合	25.6%	12.5%	17.6%	14.8%	17.6%	12.6%	16.6%	14.0%	15.8%
有点符合	17.7%	12.5%	19.9%	24.5%	25.0%	24.3%	25.2%	21.2%	23.8%
一般	32.3%	37.5%	34.7%	34.3%	34.5%	35.1%	33.2%	35.2%	34.4%
比较符合	19.5%	34.4%	21.5%	21.2%	19.8%	23.4%	20.9%	23.7%	21.4%
完全符合	4.9%	3.1%	6.3%	5.1%	3.1%	4.6%	4.1%	6.0%	4.6%
总计	100.0%	100.0%	100.0%	100.0%	100.0%	100.0%	100.0%	100.0%	100.0%
列总计	164	32	432	2265	2306	832	1026	1247	8304

Chi-square test：df=28，卡方值为71.283，sig =0.000<0.05，所以诸群体在“在观看电视剧或电影之后，我会感觉到自己仿佛成了其中的一个角色”这一认识上有显著差异。

C3h by 诸群体

当我对某人很不耐烦的时候，我通常会暂时站在他的位置上 ＊ 诸群体 Crosstabulation

	官员	企业家	专业人员	工人	农民	企业员工	做小生意者	无业失业下岗	总计
完全不符合	10.3%	12.1%	11.9%	10.6%	10.0%	9.9%	11.3%	11.7%	10.7%
有点符合	23.0%	18.2%	23.8%	29.9%	33.3%	27.7%	27.6%	22.5%	28.7%
一般	35.2%	33.3%	34.1%	32.5%	33.1%	35.4%	33.1%	39.2%	34.2%
比较符合	20.0%	30.3%	25.9%	21.3%	19.3%	20.6%	21.8%	20.5%	20.9%
完全符合	11.5%	6.1%	4.2%	5.7%	4.4%	6.4%	6.2%	6.1%	5.6%
总计	100.0%	100.0%	100.0%	100.0%	100.0%	100.0%	100.0%	100.0%	100.0%
列总计	165	33	428	2283	2341	830	1030	1256	8366

Chi-square test：df = 28，卡方值为 90.469，sig = 0.000 < 0.05，所以诸群体在“当我对某人很不耐烦的时候，我通常会暂时站在他的位置上”这一认识上有显著差异。

C3i by 诸群体

当我在读一个有趣的故事或者看一部电影的时候，会想象如果这些事情发生在自己身上，我会是怎样的感受 ＊ 诸群体 Crosstabulation

	官员	企业家	专业人员	工人	农民	企业员工	做小生意者	无业失业下岗	总计
完全不符合	11.7%	6.1%	12.1%	12.1%	15.6%	9.8%	14.2%	10.7%	12.9%
有点符合	21.0%	24.2%	20.7%	25.3%	26.5%	25.2%	24.6%	22.1%	24.7%
一般	33.3%	30.3%	30.2%	32.8%	35.2%	34.2%	32.8%	33.7%	33.6%
比较符合	26.5%	21.2%	31.2%	22.2%	18.9%	24.5%	21.9%	26.8%	22.7%
完全符合	7.4%	18.2%	5.8%	7.6%	3.8%	6.3%	6.5%	6.6%	6.1%
总计	100.0%	100.0%	100.0%	100.0%	100.0%	100.0%	100.0%	100.0%	100.0%
列总计	162	33	430	2248	2283	825	1013	1228	8222

Chi-square test：df = 28，卡方值为 119.482，sig = 0.000 < 0.05，所以诸群体在“当我在读一个有趣的故事或者看一部电影的时候，会想象如果这些事情发生在自己身上，我会是怎样的感受”这一认识上有显著差异。

C3j by 诸群体

在批评他人之前，我会尝试想象一下如果我处于那个位置会是什么感受 * 诸群体 Crosstabulation

	官员	企业家	专业人员	工人	农民	企业员工	做小生意者	无业失业下岗	总计
完全不符合	3.6%	8.8%	4.7%	8.9%	7.9%	5.9%	8.5%	6.9%	7.7%
有点符合	24.8%	23.5%	19.8%	27.3%	30.2%	27.0%	27.4%	24.1%	27.2%
一般	32.7%	23.5%	35.6%	32.0%	35.4%	34.8%	32.4%	36.9%	34.2%
比较符合	30.3%	26.5%	32.1%	24.8%	22.1%	24.7%	23.7%	25.6%	24.5%
完全符合	8.5%	17.6%	7.9%	7.0%	4.4%	7.7%	8.0%	6.6%	6.5%
总计	100.0%	100.0%	100.0%	100.0%	100.0%	100.0%	100.0%	100.0%	100.0%
列总计	165	34	430	2272	2330	831	1031	1251	8344

Chi-square test：df = 28，卡方值为 99.927，sig = 0.000 < 0.05，所以诸群体在“在批评他人之前，我会尝试想象一下如果我处于那个位置会是什么感受”这一认识上有显著差异。

C4a by 诸群体

您认为当今中国社会最重要和最需要的德性是？第一位 * 诸群体 Crosstabulation

	官员	企业家	专业人员	工人	农民	企业员工	做小生意者	无业失业下岗	总计
爱（仁爱、博爱、友爱）	33.5%	23.5%	32.2%	28.6%	25.9%	36.0%	25.6%	31.2%	28.8%
义（道义、义务）	6.0%	8.8%	3.7%	3.9%	4.4%	3.9%	2.9%	3.7%	3.9%
宽容	3.0%		3.9%	4.6%	3.7%	5.4%	5.5%	3.9%	4.3%
责任	6.0%	11.8%	6.9%	10.7%	7.7%	11.1%	10.4%	5.6%	8.8%
公正	14.4%	11.8%	12.3%	13.4%	13.3%	11.1%	14.4%	9.5%	12.6%
诚信	11.4%	20.6%	13.9%	9.4%	12.0%	9.4%	11.0%	10.5%	10.8%
忠恕（将心比心）	0.6%		1.2%	1.9%	1.8%	2.4%	2.2%	2.4%	2.0%
理智			0.5%	0.6%	0.7%	1.1%	0.9%	0.5%	0.7%
节制	1.8%		0.7%	1.5%	1.9%	2.1%	0.9%	2.0%	1.6%
谦让	2.4%		2.3%	2.4%	2.1%	2.9%	2.2%	2.1%	2.3%
勇敢			0.7%	0.6%	0.4%	0.5%	0.7%	0.9%	0.6%
正直	1.8%		1.2%	1.3%	1.3%	0.7%	1.2%	1.1%	1.2%
善良	4.2%	5.9%	6.3%	5.3%	6.8%	4.5%	4.2%	6.8%	5.8%
孝敬	13.2%	17.6%	13.7%	15.5%	17.9%	7.7%	17.4%	19.1%	16.1%

续表

	官员	企业家	专业人员	工人	农民	企业员工	做小生意者	无业失业下岗	总计
敬业	1.8%		0.7%	0.3%	0.1%	1.1%	0.5%	0.3%	0.4%
其他				0.1%		0.2%		0.4%	0.1%
总计	100.0%	100.0%	100.0%	100.0%	100.0%	100.0%	100.0%	100.0%	100.0%
列总计	167	34	432	2341	2450	848	1068	1322	8662

Chi-square test：df = 105，卡方值为 268.611，sig = 0.000 < 0.05，所以诸群体在“您认为当今中国社会最重要和最需要的德性是？第一位”这一认识上有显著差异。

C4b by 诸群体

您认为当今中国社会最重要和最需要的德性是？第二位 ＊ 诸群体 Crosstabulation

	官员	企业家	专业人员	工人	农民	企业员工	做小生意者	无业失业下岗	总计
爱（仁爱、博爱、友爱）	12.0%	17.6%	11.3%	11.7%	9.5%	11.6%	10.9%	11.3%	10.9%
义（道义、义务）	15.1%	2.9%	16.4%	11.6%	10.1%	14.1%	9.6%	12.5%	11.6%
宽容	6.6%	14.7%	7.9%	10.7%	8.1%	9.9%	9.5%	9.7%	9.4%
责任	11.4%	17.6%	10.9%	11.0%	11.4%	11.1%	12.2%	10.6%	11.2%
公正	9.6%	5.9%	11.3%	13.0%	11.7%	13.6%	12.6%	9.8%	12.0%
诚信	21.7%	17.6%	16.7%	15.2%	16.5%	13.6%	18.2%	14.0%	15.8%
忠恕（将心比心）	3.6%	5.9%	2.3%	4.0%	5.2%	3.6%	3.3%	3.1%	4.0%
理智			0.7%	1.2%	1.5%	0.7%	1.5%	0.9%	1.2%
节制	3.0%	2.9%	2.5%	3.0%	2.0%	2.6%	1.3%	2.1%	2.3%
谦让	1.2%		2.8%	1.6%	2.9%	2.0%	1.8%	2.6%	2.2%
勇敢	0.6%		0.7%	1.5%	1.3%	1.2%	1.0%	1.7%	1.3%
正直	1.2%		2.1%	1.7%	3.0%	2.5%	2.0%	2.4%	2.3%
善良	4.8%	2.9%	5.1%	5.2%	6.6%	4.9%	6.6%	9.5%	6.4%
孝敬	6.6%	8.8%	7.2%	7.8%	9.4%	7.2%	8.1%	8.4%	8.3%
敬业	2.4%	2.9%	2.1%	0.8%	0.9%	1.4%	1.4%	1.5%	1.2%
其他								0.1%	
总计	100.0%	100.0%	100.0%	100.0%	100.0%	100.0%	100.0%	100.0%	100.0%
列总计	166	34	432	2331	2449	845	1068	1316	8641

Chi-square test：df = 105，卡方值为 196.766，sig = 0.000 < 0.05，所以诸群体在“您认为当今中国社会最重要和最需要的德性是？第二位”这一认识上有显著差异。

C4c by 诸群体

您认为当今中国社会最重要和最需要的德性是？第三位 * 诸群体 Crosstabulation

	官员	企业家	专业人员	工人	农民	企业员工	做小生意者	无业失业下岗	总计
爱（仁爱、博爱、友爱）	6.0%	5.9%	8.1%	5.7%	5.8%	6.2%	6.2%	6.4%	6.1%
义（道义、义务）	5.4%	5.9%	6.5%	4.0%	4.2%	5.2%	4.4%	5.6%	4.6%
宽容	18.1%	5.9%	16.4%	15.9%	16.0%	16.2%	14.7%	17.1%	16.0%
责任	20.5%	20.6%	15.0%	16.4%	14.9%	16.2%	16.5%	14.7%	15.7%
公正	7.2%	2.9%	9.5%	10.1%	9.7%	7.9%	8.4%	6.7%	8.9%
诚信	14.5%	20.6%	12.0%	14.0%	12.7%	16.0%	14.8%	14.1%	13.9%
忠恕（将心比心）	4.2%		4.6%	5.2%	6.7%	3.8%	4.5%	4.1%	5.2%
理智	3.6%		2.3%	3.4%	4.4%	4.7%	2.9%	4.1%	3.8%
节制	1.8%	2.9%	3.2%	2.4%	1.9%	2.8%	2.3%	2.4%	2.3%
谦让	3.6%		3.5%	3.8%	3.3%	3.2%	4.0%	2.7%	3.4%
勇敢	0.6%	5.9%	1.4%	1.8%	2.3%	0.8%	1.4%	2.5%	1.9%
正直	6.0%	5.9%	5.1%	4.0%	5.8%	3.7%	4.1%	4.5%	4.7%
善良	1.8%	11.8%	3.9%	5.7%	5.5%	6.4%	6.4%	6.3%	5.7%
孝敬	5.4%	11.8%	6.0%	5.8%	5.8%	4.6%	7.8%	7.4%	6.2%
敬业	1.2%		2.3%	1.8%	0.8%	2.2%	1.5%	1.5%	1.5%
总计	100.0%	100.0%	100.0%	100.0%	100.0%	100.0%	100.0%	100.0%	100.0%
列总计	166	34	432	2328	2445	845	1067	1306	8623

Chi-square test：df = 98，卡方值为 158.469，sig = 0.000 < 0.05，所以诸群体在“您认为当今中国社会最重要和最需要的德性是？第三位”这一认识上有显著差异。

C4d by 诸群体

您认为当今中国社会最重要和最需要的德性是？第四位 * 诸群体 Crosstabulation

	官员	企业家	专业人员	工人	农民	企业员工	做小生意者	无业失业下岗	总计
爱（仁爱、博爱、友爱）	7.8%	2.9%	5.6%	4.6%	4.4%	4.6%	4.8%	5.2%	4.8%
义（道义、义务）	3.6%	2.9%	5.8%	4.1%	3.4%	4.2%	5.2%	4.5%	4.2%

续表

	官员	企业家	专业人员	工人	农民	企业员工	做小生意者	无业失业下岗	总计
宽容	2.4%	14.7%	6.5%	7.2%	7.5%	8.1%	7.6%	10.1%	7.7%
责任	19.9%	8.8%	19.9%	14.3%	14.1%	12.0%	15.1%	14.7%	14.5%
公正	12.7%	17.6%	10.9%	10.3%	11.5%	10.2%	9.3%	9.1%	10.4%
诚信	9.6%	2.9%	10.9%	13.5%	11.8%	12.1%	11.6%	10.4%	11.9%
忠恕（将心比心）	3.0%	2.9%	3.0%	2.9%	4.4%	3.3%	3.5%	3.1%	3.5%
理智	2.4%	2.9%	3.5%	4.3%	3.6%	3.8%	4.0%	4.2%	3.9%
节制	2.4%		3.0%	3.8%	4.2%	4.5%	3.6%	2.9%	3.7%
谦让	5.4%	8.8%	3.7%	5.7%	4.9%	6.9%	5.7%	4.8%	5.4%
勇敢	4.2%	8.8%	1.9%	2.1%	3.3%	1.9%	2.4%	4.5%	2.9%
正直	4.8%		6.7%	4.6%	5.7%	5.5%	4.9%	5.4%	5.3%
善良	12.0%	5.9%	6.7%	11.7%	11.2%	10.8%	10.0%	12.6%	11.1%
孝敬	6.6%	17.6%	8.1%	8.7%	8.9%	9.6%	10.5%	7.3%	8.8%
敬业	3.0%	2.9%	3.9%	2.2%	1.1%	2.5%	1.9%	1.3%	1.8%
总计	100.0%	100.0%	100.0%	100.0%	100.0%	100.0%	100.0%	100.0%	100.0%
列总计	166	34	432	2326	2438	842	1061	1299	8598

Chi-square test：df = 98，卡方值为 186.896，sig = 0.000 < 0.05，所以诸群体在“您认为当今中国社会最重要和最需要的德性是？第四位”这一认识上有显著差异。

C4e by 诸群体

您认为当今中国社会最重要和最需要的德性是？第五位 * 诸群体 Crosstabulation

	官员	企业家	专业人员	工人	农民	企业员工	做小生意者	无业失业下岗	总计
爱（仁爱、博爱、友爱）	6.1%	5.9%	4.9%	4.8%	4.0%	4.5%	6.1%	6.2%	4.9%
义（道义、义务）	7.3%	5.9%	3.9%	4.2%	4.2%	5.3%	4.6%	4.7%	4.5%
宽容	1.8%	2.9%	3.9%	4.7%	5.7%	4.9%	5.3%	5.8%	5.2%
责任	3.6%	5.9%	8.1%	6.7%	8.7%	8.4%	7.7%	8.1%	7.8%
公正	11.5%	5.9%	9.5%	7.9%	7.9%	9.3%	8.0%	7.1%	8.1%
诚信	6.7%	14.7%	11.4%	10.8%	11.6%	9.8%	11.0%	10.9%	10.9%
忠恕（将心比心）	3.6%	11.8%	5.3%	4.7%	4.5%	4.1%	3.5%	4.6%	4.5%
理智	5.5%	2.9%	5.3%	4.9%	4.0%	3.9%	5.3%	4.0%	4.5%

续表

	官员	企业家	专业人员	工人	农民	企业员工	做小生意者	无业失业下岗	总计
节制	1.2%	2.9%	2.3%	3.5%	3.1%	3.8%	3.2%	3.6%	3.3%
谦让	7.9%	2.9%	5.6%	6.9%	6.3%	7.4%	6.7%	5.3%	6.5%
勇敢	3.0%	8.8%	3.2%	3.6%	3.3%	2.5%	3.1%	4.3%	3.4%
正直	7.9%	14.7%	6.7%	7.0%	9.8%	4.3%	7.5%	8.6%	7.9%
善良	10.9%	8.8%	11.8%	10.0%	9.1%	11.8%	9.6%	9.9%	10.0%
孝敬	12.7%	2.9%	12.8%	14.6%	13.7%	13.9%	13.1%	12.8%	13.6%
敬业	10.3%	2.9%	5.1%	5.7%	4.2%	6.1%	5.3%	4.2%	5.1%
总计	100.0%	100.0%	100.0%	100.0%	100.0%	100.0%	100.0%	100.0%	100.0%
列总计	165	34	431	2320	2424	837	1057	1290	8558

Chi-square test：df = 98，卡方值为 146.177，sig = 0.001 < 0.05，所以诸群体在“您认为当今中国社会最重要和最需要的德性是？第五位”这一认识上有显著差异。

C5 by 诸群体

一个制药厂做药品销售时，出资 50 万元请您向公众介绍自己服药后的良好效果，您过去服用这药时并没有效果，但也没有发现有很大的副作用，您将如何决定 * 诸群体 Crosstabulation

	官员	企业家	专业人员	工人	农民	企业员工	做小生意者	无业失业下岗	总计
接受邀请，心安理得	12.0%	15.2%	9.1%	13.1%	10.5%	10.2%	11.6%	11.2%	11.4%
接受邀请，心里不安，但这笔巨款很有吸引力	20.4%	27.3%	17.4%	21.2%	15.8%	20.8%	23.4%	19.7%	19.5%
拒绝，这是虚假广告欺骗大众	67.1%	57.6%	73.3%	65.4%	73.4%	68.5%	64.5%	68.5%	68.7%
其他	0.6%		0.2%	0.3%	0.2%	0.5%	0.5%	0.6%	0.4%
总计	100.0%	100.0%	100.0%	100.0%	100.0%	100.0%	100.0%	100.0%	100.0%
列总计	167	33	430	2321	2430	845	1062	1306	8594

Chi-square test：df = 21，卡方值为 63.502，sig = 0.000 < 0.05，所以诸群体在“一个制药厂做药品销售时，出资 50 万元请您向公众介绍自己服药后的良好效果，您过去服用这药时并没有效果，但也没有发现有很大的副作用，您将如何决定”这一认识上有显著差异。

C6 by 诸群体

您正在申请一个重要的职位，如果具有两次以上在敬老院做义工的经历（不需要出具证据），将可能优先获得这个职位，您将如何决定 ＊ 诸群体 Crosstabulation

	官员	企业家	专业人员	工人	农民	企业员工	做小生意者	无业失业下岗	总计
如实填报，没做过义工，今后多参加这类活动	74.7%	66.7%	73.7%	71.8%	76.4%	68.8%	70.0%	74.8%	73.2%
填报参加过两次义工，这机会太重要了，反正不需要出具证据	10.8%	15.2%	11.4%	17.2%	11.6%	19.7%	17.0%	14.2%	15.0%
先填报，交表之后去做两次义工	14.5%	18.2%	14.2%	10.6%	11.8%	11.3%	12.3%	10.5%	11.5%
其他			0.7%	0.3%	0.2%	0.2%	0.7%	0.5%	0.4%
总计	100.0%	100.0%	100.0%	100.0%	100.0%	100.0%	100.0%	100.0%	100.0%
列总计	166	33	430	2315	2406	849	1046	1260	8505

Chi-square test：df = 21，卡方值为 71.606，sig = 0.000 < 0.05，所以诸群体在“您正在申请一个重要的职位，如果具有两次以上在敬老院做义工的经历（不需要出具证据），将可能优先获得这个职位，您将如何决定”这一认识上有显著差异。

C7 by 诸群体

如果您全权代表本单位与另一单位进行项目谈判，对方要求您给予一千万元的优惠，事成之后将您正在寻找工作的女儿安排到这一单位并且获得较好职位，您将如何决定 ＊ 诸群体 Crosstabulation

	官员	企业家	专业人员	工人	农民	企业员工	做小生意者	无业失业下岗	总计
拒绝，不能以公谋私	75.2%	75.0%	80.5%	75.8%	81.9%	78.7%	73.9%	76.4%	77.9%
接受，女儿前途重要，并且我有权决定	22.4%	25.0%	17.0%	23.3%	17.5%	20.2%	25.2%	22.3%	21.1%
其他	2.4%		2.6%	0.9%	0.6%	1.1%	1.0%	1.3%	1.0%
总计	100.0%	100.0%	100.0%	100.0%	100.0%	100.0%	100.0%	100.0%	100.0%
列总计	165	32	430	2300	2404	837	1048	1284	8500

Chi-square test：df = 14，卡方值为 61.252，sig = 0.000 < 0.05，所以诸群体在“如果您全权代表本单位与另一单位进行项目谈判，对方要求您给予一千万元的优惠，事成之后将您正在寻找工作的女儿安排到这一单位并且获得较好职位，您将如何决定”这一认识上有显著差异。

C8 by 诸群体

现在社会上有些人不守道德反而占了便宜，您会不会为了得到好处而效仿 ＊ 诸群体 Crosstabulation

	官员	企业家	专业人员	工人	农民	企业员工	做小生意者	无业失业下岗	总计
从来不这么做	62.2%	32.4%	54.9%	51.0%	51.2%	51.2%	52.2%	51.9%	51.7%
通常不这么做，关键时刻会这么做	21.3%	44.1%	22.0%	26.6%	22.6%	26.1%	27.1%	24.2%	24.8%
经常这么做	0.6%	2.9%	0.7%	0.9%	0.8%	1.1%	1.1%	1.3%	1.0%
相信善有善报，恶有恶报，终将会善恶报应	15.9%	20.6%	22.2%	21.2%	25.3%	21.3%	19.2%	22.3%	22.3%
其他			0.2%	0.3%		0.2%	0.3%	0.2%	0.2%
总计	100.0%	100.0%	100.0%	100.0%	100.0%	100.0%	100.0%	100.0%	100.0%
列总计	164	34	428	2327	2455	849	1047	1312	8616

Chi-square test：df = 28，卡方值为 55.388，sig = 0.002 < 0.05，所以诸群体在“现在社会上有些人不守道德反而占了便宜，您会不会为了得到好处而效仿”这一认识上有显著差异。

C9a by 诸群体

下列说法您是否认同？目前大多数人将职业当作谋生的手段，缺乏责任感和奉献精神 ＊ 诸群体 Crosstabulation

	官员	企业家	专业人员	工人	农民	企业员工	做小生意者	无业失业下岗	总计
完全不同意	8.7%	12.1%	5.5%	4.9%	4.1%	5.7%	4.5%	6.1%	5.0%
不太同意	31.1%	24.2%	26.5%	28.1%	27.4%	27.5%	30.3%	27.6%	28.0%
比较同意	50.9%	54.5%	51.6%	54.8%	59.8%	53.1%	52.1%	55.6%	55.5%
完全同意	9.3%	9.1%	16.5%	12.2%	8.7%	13.6%	13.1%	10.7%	11.4%
总计	100.0%	100.0%	100.0%	100.0%	100.0%	100.0%	100.0%	100.0%	100.0%
列总计	161	33	419	2249	2211	828	1024	1195	8120

Chi-square test：df = 21，卡方值为 63.035，sig = 0.000 < 0.05，所以诸群体在“目前大多数人将职业当作谋生的手段，缺乏责任感和奉献精神”这一认识上有显著差异。

C9b by 诸群体

下列说法您是否认同？企业老板剥削员工，利益关系不公正 ＊ 诸群体 Crosstabulation

	官员	企业家	专业人员	工人	农民	企业员工	做小生意者	无业失业下岗	总计
完全不同意	8.3%	15.2%	7.4%	5.9%	6.0%	5.4%	6.4%	7.0%	6.2%
不太同意	48.7%	36.4%	33.3%	33.5%	33.8%	36.7%	34.6%	33.8%	34.4%
比较同意	36.5%	36.4%	48.5%	50.2%	53.1%	48.5%	50.5%	48.9%	50.2%
完全同意	6.4%	12.1%	10.8%	10.4%	7.2%	9.4%	8.6%	10.3%	9.1%
总计	100.0%	100.0%	100.0%	100.0%	100.0%	100.0%	100.0%	100.0%	100.0%
列总计	156	33	408	2201	2105	815	991	1118	7827

Chi-square test：df = 21，卡方值为 49.675，sig = 0.000 < 0.05，所以诸群体在“企业老板剥削员工，利益关系不公正”这一认识上有显著差异。

C9c by 诸群体

下列说法您是否认同？老板和员工、上级和下级相互勾结，共同对社会不负责任 ＊ 诸群体 Crosstabulation

	官员	企业家	专业人员	工人	农民	企业员工	做小生意者	无业失业下岗	总计
完全不同意	10.3%	24.2%	11.1%	8.9%	10.6%	8.9%	9.1%	10.7%	9.9%
不太同意	52.6%	27.3%	47.1%	42.9%	41.8%	47.3%	43.8%	43.7%	43.6%
比较同意	34.0%	33.3%	33.7%	39.0%	41.2%	33.6%	38.6%	38.5%	38.5%
完全同意	3.2%	15.2%	8.1%	9.2%	6.5%	10.2%	8.4%	7.1%	8.0%
总计	100.0%	100.0%	100.0%	100.0%	100.0%	100.0%	100.0%	100.0%	100.0%
列总计	156	33	395	2171	2060	810	973	1086	7684

Chi-square test：df = 21，卡方值为 58.479，sig = 0.000 < 0.05，所以诸群体在“老板和员工、上级和下级相互勾结，共同对社会不负责任”这一认识上有显著差异。

C9d by 诸群体

下列说法您是否认同？是否离婚主要考虑自己的感受和利益 ＊ 诸群体 Crosstabulation

	官员	企业家	专业人员	工人	农民	企业员工	做小生意者	无业失业下岗	总计
完全不同意	27.5%	21.2%	27.4%	19.8%	20.8%	19.2%	20.6%	22.5%	21.1%

续表

	官员	企业家	专业人员	工人	农民	企业员工	做小生意者	无业失业下岗	总计
不太同意	46.3%	33.3%	37.4%	45.1%	47.5%	42.2%	45.2%	42.5%	44.7%
比较同意	21.3%	39.4%	26.7%	27.6%	26.4%	29.5%	26.9%	28.8%	27.4%
完全同意	5.0%	6.1%	8.5%	7.4%	5.4%	9.2%	7.3%	6.2%	6.8%
总计	100.0%	100.0%	100.0%	100.0%	100.0%	100.0%	100.0%	100.0%	100.0%
列总计	160	33	412	2238	2291	808	1007	1174	8123

Chi-square test：df = 21，卡方值为 53.208，sig = 0.000 < 0.05，所以诸群体在“是否离婚主要考虑自己的感受和利益”这一认识上有显著差异。

C9e by 诸群体

下列说法您是否认同？是否离婚应该从家庭整体（包括子女）考虑 * 诸群体 Crosstabulation

	官员	企业家	专业人员	工人	农民	企业员工	做小生意者	无业失业下岗	总计
完全不同意	2.5%		3.9%	1.6%	1.2%	2.3%	1.8%	2.4%	1.8%
不太同意	11.9%	9.4%	8.8%	12.5%	14.4%	14.9%	11.2%	12.3%	12.8%
比较同意	52.5%	62.5%	52.7%	54.4%	57.3%	48.4%	55.2%	52.8%	54.4%
完全同意	33.1%	28.1%	34.6%	31.5%	27.1%	34.4%	31.9%	32.5%	30.9%
总计	100.0%	100.0%	100.0%	100.0%	100.0%	100.0%	100.0%	100.0%	100.0%
列总计	160	32	410	2265	2326	812	1020	1197	8222

Chi-square test：df = 21，卡方值为 62.597，sig = 0.000 < 0.05，所以诸群体在“是否离婚应该从家庭整体（包括子女）考虑”这一认识上有显著差异。

C9f by 诸群体

下列说法您是否认同？婚姻是社会的事，应当兼顾社会评价和社会后果 * 诸群体 Crosstabulation

	官员	企业家	专业人员	工人	农民	企业员工	做小生意者	无业失业下岗	总计
完全不同意	7.6%	12.5%	10.4%	5.5%	3.1%	6.4%	6.6%	6.6%	5.5%
不太同意	27.2%	28.1%	29.6%	26.3%	27.4%	26.3%	29.1%	25.6%	27.0%
比较同意	50.0%	40.6%	42.0%	53.4%	54.2%	53.0%	49.9%	51.4%	52.2%
完全同意	15.2%	18.8%	18.0%	14.8%	15.3%	14.4%	14.3%	16.3%	15.2%
总计	100.0%	100.0%	100.0%	100.0%	100.0%	100.0%	100.0%	100.0%	100.0%

续表

	官员	企业家	专业人员	工人	农民	企业员工	做小生意者	无业失业下岗	总计
列总计	158	32	405	2182	2223	800	983	1114	7897

Chi-square test：df = 21，卡方值为 71.712，sig = 0.000 < 0.05，所以诸群体在“婚姻是社会的事，应当兼顾社会评价和社会后果”这一认识上有显著差异。

C9g by 诸群体

下列说法您是否认同？婚姻应当是自由的，如果有更满意或更合适的人就与现在的配偶离婚 * 诸群体 Crosstabulation

	官员	企业家	专业人员	工人	农民	企业员工	做小生意者	无业失业下岗	总计
完全不同意	46.0%	45.5%	43.5%	36.4%	35.2%	34.6%	35.6%	38.2%	36.6%
不太同意	36.8%	42.4%	35.6%	39.2%	45.0%	42.8%	40.2%	40.8%	41.4%
比较同意	14.1%	12.1%	16.7%	21.9%	17.7%	19.9%	19.5%	17.4%	19.1%
完全同意	3.1%		4.1%	2.4%	2.1%	2.7%	4.7%	3.5%	2.9%
总计	100.0%	100.0%	100.0%	100.0%	100.0%	100.0%	100.0%	100.0%	100.0%
列总计	163	33	418	2283	2377	818	1042	1227	8361

Chi-square test：df = 21，卡方值为 70.226，sig = 0.000 < 0.05，所以诸群体在“婚姻应当是自由的，如果有更满意或更合适的人就与现在的配偶离婚”这一认识上有显著差异。

C9h by 诸群体

下列说法您是否认同？婚姻意味着责任，要考虑给对方造成什么后果，不能轻率地选择离婚 * 诸群体 Crosstabulation

	官员	企业家	专业人员	工人	农民	企业员工	做小生意者	无业失业下岗	总计
完全不同意	3.0%	2.9%	1.1%	1.0%	1.6%	1.4%	2.3%	1.4%	
不太同意	11.6%	9.1%	7.7%	11.1%	11.4%	10.5%	8.0%	10.2%	10.4%
比较同意	51.8%	45.5%	48.1%	54.4%	53.9%	55.4%	55.1%	48.8%	53.2%
完全同意	36.6%	42.4%	41.3%	33.4%	33.7%	32.6%	35.5%	38.7%	34.9%
总计	100.0%	100.0%	100.0%	100.0%	100.0%	100.0%	100.0%	100.0%	100.0%
列总计	164	33	416	2292	2397	820	1043	1247	8412

Chi-square test：df = 21，卡方值为 56.879，sig = 0.000 < 0.05，所以诸群体在“婚姻意味着责任，要考虑给对方造成什么后果，不能轻率地选择离婚”这一认识上有显著差异。

C9i by 诸群体

下列说法您是否认同？遇到困难的时候，兄弟姐妹通常都会给予力所能及的帮助 ＊ 诸群体 Crosstabulation

	官员	企业家	专业人员	工人	农民	企业员工	做小生意者	无业失业下岗	总计
完全不同意	1.2%	3.0%	1.9%	0.9%	0.9%	1.2%	1.1%	1.5%	1.1%
不太同意	10.5%		8.1%	9.2%	6.8%	13.4%	8.8%	9.0%	8.8%
比较同意	50.0%	48.5%	44.3%	50.6%	51.8%	42.5%	50.0%	47.6%	49.3%
完全同意	38.3%	48.5%	45.7%	39.3%	40.5%	42.9%	40.1%	41.9%	40.8%
总计	100.0%	100.0%	100.0%	100.0%	100.0%	100.0%	100.0%	100.0%	100.0%
列总计	162	33	420	2307	2412	830	1047	1273	8484

Chi-square test：df = 21，卡方值为 62.396，sig = 0.000 < 0.05，所以诸群体在“遇到困难的时候，兄弟姐妹通常都会给予力所能及的帮助”这一认识上有显著差异。

C9j by 诸群体

下列说法您是否认同？无论父母对自己如何，都应当尽赡养义务 ＊ 诸群体 Crosstabulation

	官员	企业家	专业人员	工人	农民	企业员工	做小生意者	无业失业下岗	总计
完全不同意	3.1%		1.4%	0.8%	0.9%	1.7%	1.3%	1.8%	1.2%
不太同意	5.5%	6.1%	7.7%	6.8%	6.4%	8.7%	6.1%	6.5%	6.8%
比较同意	42.3%	33.3%	31.0%	36.8%	41.3%	38.2%	37.9%	32.5%	37.5%
完全同意	49.1%	60.6%	59.9%	55.5%	51.4%	51.4%	54.7%	59.2%	54.5%
总计	100.0%	100.0%	100.0%	100.0%	100.0%	100.0%	100.0%	100.0%	100.0%
列总计	163	33	426	2303	2414	835	1050	1285	8509

Chi-square test：df = 21，卡方值为 61.208，sig = 0.000 < 0.05，所以诸群体在“无论父母对自己如何，都应当尽赡养义务”这一认识上有显著差异。

C9k by 诸群体

下列说法您是否认同？为了家庭利益可以一定程度上牺牲国家利益 ＊ 诸群体 Crosstabulation

	官员	企业家	专业人员	工人	农民	企业员工	做小生意者	无业失业下岗	总计
完全不同意	26.9%	18.8%	23.6%	18.0%	18.9%	19.2%	16.9%	23.8%	19.5%

续表

	官员	企业家	专业人员	工人	农民	企业员工	做小生意者	无业失业下岗	总计
不太同意	43.6%	56.3%	51.0%	52.7%	53.7%	47.9%	51.3%	48.5%	51.4%
比较同意	21.8%	21.9%	20.8%	23.3%	22.8%	24.6%	26.1%	23.0%	23.4%
完全同意	7.7%	3.1%	4.6%	6.0%	4.6%	8.3%	5.8%	4.7%	5.6%
总计	100.0%	100.0%	100.0%	100.0%	100.0%	100.0%	100.0%	100.0%	100.0%
列总计	156	32	394	2133	2158	785	955	1158	7771

Chi-square test：df = 21，卡方值为 57.741，sig = 0.000 < 0.05，所以诸群体在“为了家庭利益可以一定程度上牺牲国家利益”这一认识上有显著差异。

C91 by 诸群体

下列说法您是否认同？为了国家利益可以一定程度上牺牲家庭利益 ＊ 诸群体 Crosstabulation

	官员	企业家	专业人员	工人	农民	企业员工	做小生意者	无业失业下岗	总计
完全不同意	8.4%	9.4%	10.1%	10.5%	10.7%	9.3%	9.2%	8.9%	9.9%
不太同意	26.5%	21.9%	25.8%	31.9%	31.4%	27.5%	32.8%	25.6%	30.0%
比较同意	43.9%	43.8%	42.8%	42.6%	44.9%	48.4%	41.4%	44.7%	44.0%
完全同意	21.3%	25.0%	21.4%	15.0%	13.0%	14.8%	16.6%	20.8%	16.0%
总计	100.0%	100.0%	100.0%	100.0%	100.0%	100.0%	100.0%	100.0%	100.0%
列总计	155	32	388	2101	2099	775	959	1140	7649

Chi-square test：df = 21，卡方值为 72.170，sig = 0.000 < 0.05，所以诸群体在“为了国家利益可以一定程度上牺牲家庭利益”这一认识上有显著差异。

C10 by 诸群体

假设您的上司或老板是外国人，他侮辱了中国，但抗争会产生不利于自己的后果，您会选择 ＊ 诸群体 Crosstabulation

	官员	企业家	专业人员	工人	农民	企业员工	做小生意者	无业失业下岗	总计
当面抗议	71.5%	58.8%	70.6%	60.8%	65.8%	63.0%	59.4%	60.4%	62.9%
保持沉默	20.6%	32.4%	15.5%	21.1%	17.7%	21.0%	20.4%	21.4%	19.8%
暗地里报复	1.8%	2.9%	1.6%	2.9%	1.4%	2.7%	3.8%	1.8%	2.3%
以屈求伸，背后骂几句就行了	4.8%	5.9%	10.4%	10.3%	8.3%	8.7%	10.3%	10.3%	9.5%

续表

	官员	企业家	专业人员	工人	农民	企业员工	做小生意者	无业失业下岗	总计
无所谓	1.2%		1.9%	5.0%	6.8%	4.5%	6.0%	6.1%	5.5%
总计	100.0%	100.0%	100.0%	100.0%	100.0%	100.0%	100.0%	100.0%	100.0%
列总计	165	34	432	2336	2440	847	1065	1309	8628

Chi-square test：df = 28，卡方值为 97.784，sig = 0.000 < 0.05，所以诸群体在“假设您的上司或老板是外国人，他侮辱了中国，但抗争会产生不利于自己的后果，您会选择”这一认识上有显著差异。

C11 by 诸群体

如果条件允许的话，您希望您的孩子生活在国内，还是到国外定居 * 诸群体 Crosstabulation

	官员	企业家	专业人员	工人	农民	企业员工	做小生意者	无业失业下岗	总计
还是在国内生活好	55.1%	47.1%	47.5%	47.8%	50.5%	44.0%	46.7%	43.1%	47.4%
到国外定居	11.4%	11.8%	17.3%	12.6%	8.5%	18.0%	13.0%	12.9%	12.3%
走一步看一步	15.6%	35.3%	16.6%	13.6%	10.7%	18.0%	15.5%	15.9%	14.1%
没考虑过	18.0%	5.9%	18.5%	26.0%	30.3%	20.1%	24.9%	28.1%	26.2%
总计	100.0%	100.0%	100.0%	100.0%	100.0%	100.0%	100.0%	100.0%	100.0%
列总计	167	34	427	2319	2432	846	1061	1311	8597

Chi-square test：df = 21，卡方值为 170.575，sig = 0.000 < 0.05，所以诸群体在“如果条件允许的话，您希望您的孩子生活在国内，还是到国外定居”这一认识上有显著差异。

C12a by 诸群体

您常常体验到自己身上有一种“伦理感”的存在吗？人与人之间 * 诸群体 Crosstabulation

	官员	企业家	专业人员	工人	农民	企业员工	做小生意者	无业失业下岗	总计
没有，只感受到自己实实在在的生活	14.4%	26.5%	19.2%	21.9%	26.8%	19.2%	23.9%	27.2%	23.8%
偶尔有，但主要是因为那种情况下我的利益与它高度一致	32.9%	29.4%	30.8%	36.8%	33.6%	34.8%	37.1%	30.2%	34.3%
偶尔有，是在受某种作品或生活情境的影响之后	18.6%	29.4%	26.4%	23.4%	19.5%	23.4%	21.1%	20.0%	21.6%

续表

	官员	企业家	专业人员	工人	农民	企业员工	做小生意者	无业失业下岗	总计
时常有，它是一种内在的信念	34.1%	14.7%	23.6%	18.0%	20.1%	22.7%	17.9%	22.5%	20.3%
总计	100.0%	100.0%	100.0%	100.0%	100.0%	100.0%	100.0%	100.0%	100.0%
列总计	167	34	428	2291	2434	834	1040	1234	8462

Chi-square test：df = 21，卡方值为 101.053，sig = 0.000 < 0.05，所以诸群体在“您常常体验到自己身上有一种‘伦理感’的存在吗？人与人之间”这一认识上有显著差异。

C12b by 诸群体

您常常体验到自己身上有一种“伦理感”的存在吗？家庭 * 诸群体 Crosstabulation

	官员	企业家	专业人员	工人	农民	企业员工	做小生意者	无业失业下岗	总计
没有，只感受到自己实实在在的生活	13.2%	17.6%	11.4%	17.4%	22.1%	16.3%	19.1%	21.1%	19.0%
偶尔有，但主要是因为那种情况下我的利益与它高度一致	19.2%	20.6%	22.6%	24.4%	22.3%	24.1%	22.4%	21.1%	22.8%
偶尔有，是在受某种作品或生活情境的影响之后	25.1%	41.2%	22.4%	23.7%	18.4%	24.1%	23.6%	20.1%	21.7%
时常有，它是一种内在的信念	42.5%	20.6%	43.6%	34.5%	37.2%	35.5%	35.0%	37.7%	36.4%
总计	100.0%	100.0%	100.0%	100.0%	100.0%	100.0%	100.0%	100.0%	100.0%
列总计	167	34	429	2289	2431	834	1038	1235	8457

Chi-square test：df = 21，卡方值为 87.099，sig = 0.000 < 0.05，所以诸群体在“您常常体验到自己身上有一种‘伦理感’的存在吗？家庭”这一认识上有显著差异。

C12c by 诸群体

您常常体验到自己身上有一种“伦理感”的存在吗？单位 * 诸群体 Crosstabulation

	官员	企业家	专业人员	工人	农民	企业员工	做小生意者	无业失业下岗	总计
没有，只感受到自己实实在在的生活	13.8%	20.6%	16.9%	23.1%	32.6%	19.7%	24.9%	31.2%	26.4%

续表

	官员	企业家	专业人员	工人	农民	企业员工	做小生意者	无业失业下岗	总计
偶尔有，但主要是因为那种情况下我的利益与它高度一致	29.3%	32.4%	29.0%	38.7%	30.6%	33.5%	39.7%	30.1%	34.0%
偶尔有，是在受某种作品或生活情境的影响之后	30.5%	35.3%	33.7%	28.5%	24.2%	31.6%	26.0%	25.1%	27.1%
时常有，它是一种内在的信念	26.3%	11.8%	20.4%	9.7%	12.6%	15.2%	9.4%	13.7%	12.5%
总计	100.0%	100.0%	100.0%	100.0%	100.0%	100.0%	100.0%	100.0%	100.0%
列总计	167	34	427	2267	2412	833	998	1171	8309

Chi-square test：df = 21，卡方值为 238.572，sig = 0.000 < 0.05，所以诸群体在“您常常体验到自己身上有一种‘伦理感’的存在吗？单位”这一认识上有显著差异。

C12d by 诸群体

您常常体验到自己身上有一种“伦理感”的存在吗？社区、城市 * 诸群体 Crosstabulation

	官员	企业家	专业人员	工人	农民	企业员工	做小生意者	无业失业下岗	总计
没有，只感受到自己实实在在的生活	22.2%	29.4%	20.8%	31.5%	35.1%	27.1%	32.8%	33.2%	31.8%
偶尔有，但主要是因为那种情况下我的利益与它高度一致	23.4%	14.7%	30.9%	29.6%	27.8%	29.4%	34.2%	26.2%	29.0%
偶尔有，是在受某种作品或生活情境的影响之后	28.7%	44.1%	30.7%	26.3%	21.2%	27.5%	21.9%	24.7%	24.5%
时常有，它是一种内在的信念	25.7%	11.8%	17.6%	12.6%	15.9%	16.0%	11.2%	15.9%	14.7%
总计	100.0%	100.0%	100.0%	100.0%	100.0%	100.0%	100.0%	100.0%	100.0%
列总计	167	34	427	2281	2430	833	1038	1226	8436

Chi-square test：df = 21，卡方值为 125.680，sig = 0.000 < 0.05，所以诸群体在“您常常体验到自己身上有一种‘伦理感’的存在吗？社区、城市”这一认识上有显著差异。

C13 by 诸群体

您常常体验到自己身上有一种“道德感”的存在和满足吗 ＊ 诸群体 Crosstabulation

	官员	企业家	专业人员	工人	农民	企业员工	做小生意者	无业失业下岗	总计
没有，只是凭自己的感觉和利益办事	22.9%	20.6%	19.3%	31.1%	26.0%	31.5%	28.5%	21.1%	27.1%
在有监督的环境中或有别人在场时有，其他环境中没有	9.6%	11.8%	15.1%	15.5%	11.5%	16.5%	16.0%	12.6%	13.9%
经常有，问心无愧、不做亏心事最重要	43.4%	41.2%	45.2%	28.2%	37.8%	29.0%	28.8%	37.7%	33.7%
没有特别的感觉，但从来不做不道德的事	23.5%	23.5%	20.2%	24.8%	24.5%	22.7%	26.7%	28.0%	25.0%
其他	0.6%	2.9%	0.2%	0.4%	0.2%	0.2%		0.6%	0.3%
总计	100.0%	100.0%	100.0%	100.0%	100.0%	100.0%	100.0%	100.0%	100.0%
列总计	166	34	431	2315	2445	844	1053	1298	8586

Chi-square test：df = 28，卡方值为 180.797，sig = 0.000 < 0.05，所以诸群体在“您常常体验到自己身上有一种‘道德感’的存在和满足吗”这一认识上有显著差异。

C14 by 诸群体

您认为国家对于个人存在的意义是 ＊ 诸群体 Crosstabulation

	官员	企业家	专业人员	工人	农民	企业员工	做小生意者	无业失业下岗	总计
国家离我们很遥远，个人最重要	16.8%	17.6%	15.4%	27.2%	22.5%	27.6%	27.0%	20.4%	24.0%
国家最重要，是我们的安身之地，国家富强个人才能过得好	83.2%	82.4%	84.1%	72.7%	77.4%	72.1%	72.3%	79.0%	75.7%
其他			0.5%	0.1%	0.1%	0.2%	0.7%	0.6%	0.3%
总计	100.0%	100.0%	100.0%	100.0%	100.0%	100.0%	100.0%	100.0%	100.0%
列总计	167	34	429	2334	2447	850	1058	1315	8634

Chi-square test：df = 14，卡方值为 77.019，sig = 0.000 < 0.05，所以诸群体在“您认为国家对于个人存在的意义”这一认识上有显著差异。

C15 by 诸群体

您认为对社会生活而言，个体德性和社会公正哪个更重要 ＊ 诸群体 Crosstabulation

	官员	企业家	专业人员	工人	农民	企业员工	做小生意者	无业失业下岗	总计
个体德性最重要	14.4%	5.9%	14.9%	15.5%	20.6%	15.5%	18.6%	19.8%	17.9%

续表

	官员	企业家	专业人员	工人	农民	企业员工	做小生意者	无业失业下岗	总计
社会公正最重要	22.8%	29.4%	24.9%	33.6%	35.1%	26.1%	28.8%	26.8%	31.0%
二者应当统一，但二者矛盾时应先追求个体德性	32.9%	35.3%	28.2%	28.9%	24.8%	30.1%	30.5%	28.5%	28.1%
二者应当统一，但二者矛盾时应先追求社会公正	29.9%	29.4%	31.9%	22.0%	19.5%	28.3%	22.2%	24.8%	23.0%
总计	100.0%	100.0%	100.0%	100.0%	100.0%	100.0%	100.0%	100.0%	100.0%
列总计	167	34	429	2323	2436	846	1056	1275	8566

Chi-square test：df = 21，卡方值为 132.186，sig = 0.000 < 0.05，所以诸群体在“您认为对社会生活而言，个体德性和社会公正哪个更重要”这一认识上有显著差异。

C16 by 诸群体

在公共生活中，个人之所以要遵守道德，是因为 * 诸群体 Crosstabulation

	官员	企业家	专业人员	工人	农民	企业员工	做小生意者	无业失业下岗	总计
遵守道德有利于自身利益的实现	18.7%	23.5%	18.9%	25.0%	21.9%	23.9%	21.2%	21.7%	22.6%
个人是社会的一分子，应当遵守道德	39.8%	41.2%	43.0%	41.2%	39.7%	42.3%	45.4%	40.7%	41.4%
遵守道德，社会才能有序和美好	38.6%	20.6%	33.2%	26.6%	25.5%	29.8%	26.2%	27.0%	27.2%
不遵守道德会被别人议论或谴责	2.4%	14.7%	4.2%	6.9%	12.7%	4.0%	7.0%	10.4%	8.6%
其他	0.6%		0.7%	0.3%	0.2%		0.2%	0.2%	0.2%
总计	100.0%	100.0%	100.0%	100.0%	100.0%	100.0%	100.0%	100.0%	100.0%
列总计	166	34	428	2325	2446	846	1061	1314	8620

Chi-square test：df = 28，卡方值为 148.238，sig = 0.000 < 0.05，所以诸群体在“在公共生活中，个人之所以要遵守道德，是因为”这一认识上有显著差异。

C17 by 诸群体

关于职业劳动的说法，您最认同的是 * 诸群体 Crosstabulation

	官员	企业家	专业人员	工人	农民	企业员工	做小生意者	无业失业下岗	总计
职业劳动是个人和家庭谋生的手段	36.1%	41.2%	40.6%	58.2%	60.0%	50.3%	54.3%	51.5%	55.0%

续表

	官员	企业家	专业人员	工人	农民	企业员工	做小生意者	无业失业下岗	总计
职业劳动是为社会创造财富	30.1%	26.5%	26.3%	24.5%	25.9%	25.2%	26.2%	23.8%	25.3%
职业劳动是个人兴趣和价值实现的方式	33.1%	32.4%	32.6%	17.2%	13.9%	24.0%	18.8%	24.4%	19.4%
其他	0.6%		0.5%	0.1%	0.2%	0.5%	0.8%	0.3%	0.3%
总计	100.0%	100.0%	100.0%	100.0%	100.0%	100.0%	100.0%	100.0%	100.0%
列总计	166	34	429	2333	2438	849	1061	1309	8619

Chi-square test：df = 21，卡方值为 193.097，sig = 0.000 < 0.05，所以诸群体在“关于职业劳动的说法，您最认同的是”这一认识上有显著差异。

C18a by 诸群体

您认为造成有些人忧郁、自杀的原因是？欲望过多过大，不能知足常乐 * 诸群体 Crosstabulation

	官员	企业家	专业人员	工人	农民	企业员工	做小生意者	无业失业下岗	总计
未选中	60.8%	67.6%	62.2%	65.0%	66.9%	64.4%	65.5%	68.6%	65.9%
选中	39.2%	32.4%	37.8%	35.0%	33.1%	35.6%	34.5%	31.4%	34.1%
总计	100.0%	100.0%	100.0%	100.0%	100.0%	100.0%	100.0%	100.0%	100.0%
列总计	166	34	421	2246	2226	839	1017	1269	8218

Chi-square test：df = 7，卡方值为 11.576，sig = 0.115 > 0.05，所以诸群体在“您认为造成有些人忧郁、自杀的原因是？欲望过多过大，不能知足常乐”这一认识上无显著差异。

C18b by 诸群体

您认为造成有些人忧郁、自杀的原因是？对自己和未来没有把握 * 诸群体 Crosstabulation

	官员	企业家	专业人员	工人	农民	企业员工	做小生意者	无业失业下岗	总计
未选中	62.0%	67.6%	70.8%	70.0%	69.6%	71.4%	69.7%	72.6%	70.3%
选中	38.0%	32.4%	29.2%	30.0%	30.4%	28.6%	30.3%	27.4%	29.7%
总计	100.0%	100.0%	100.0%	100.0%	100.0%	100.0%	100.0%	100.0%	100.0%
列总计	166	34	421	2246	2226	839	1017	1269	8218

Chi-square test：df = 7，卡方值为 10.006，sig = 0.188 > 0.05，所以诸群体在“您认为造成有些人忧郁、自杀的原因是？对自己和未来没有把握”这一认识上无显著差异。

C18c by 诸群体

您认为造成有些人忧郁、自杀的原因是？竞争激烈，工作压力过大，身心疲惫 * 诸群体 Crosstabulation

	官员	企业家	专业人员	工人	农民	企业员工	做小生意者	无业失业下岗	总计
未选中	59.6%	50.0%	47.0%	54.6%	59.6%	53.5%	52.4%	57.0%	55.6%
选中	40.4%	50.0%	53.0%	45.4%	40.4%	46.5%	47.6%	43.0%	44.4%
总计	100.0%	100.0%	100.0%	100.0%	100.0%	100.0%	100.0%	100.0%	100.0%
列总计	166	34	421	2246	2226	839	1017	1269	8218

Chi-square test：df = 7，卡方值为 36.074，sig = 0.000 < 0.05，所以诸群体在“您认为造成有些人忧郁、自杀的原因是？竞争激烈，工作压力过大，身心疲惫”这一认识上有显著差异。

C18d by 诸群体

您认为造成有些人忧郁、自杀的原因是？人与人之间缺乏信任，人际关系紧张 * 诸群体 Crosstabulation

	官员	企业家	专业人员	工人	农民	企业员工	做小生意者	无业失业下岗	总计
未选中	66.9%	67.6%	60.6%	66.1%	68.8%	62.7%	65.3%	67.1%	66.3%
选中	33.1%	32.4%	39.4%	33.9%	31.2%	37.3%	34.7%	32.9%	33.7%
总计	100.0%	100.0%	100.0%	100.0%	100.0%	100.0%	100.0%	100.0%	100.0%
列总计	166	34	421	2246	2226	839	1017	1269	8218

Chi-square test：df = 7，卡方值为 18.144，sig = 0.011 < 0.05，所以诸群体在“您认为造成有些人忧郁、自杀的原因是？人与人之间缺乏信任，人际关系紧张”这一认识上有显著差异。

C18e by 诸群体

您认为造成有些人忧郁、自杀的原因是？有烦恼很难找到人倾诉和排解 * 诸群体 Crosstabulation

	官员	企业家	专业人员	工人	农民	企业员工	做小生意者	无业失业下岗	总计
未选中	74.1%	64.7%	69.6%	70.5%	74.0%	69.2%	73.7%	71.2%	71.8%
选中	25.9%	35.3%	30.4%	29.5%	26.0%	30.8%	26.3%	28.8%	28.2%
总计	100.0%	100.0%	100.0%	100.0%	100.0%	100.0%	100.0%	100.0%	100.0%
列总计	166	34	421	2246	2226	839	1017	1269	8218

Chi-square test：df = 7，卡方值为 14.348，sig = 0.045 < 0.05，所以诸群体在“您认为造成有些人忧郁、自杀的原因是？有烦恼很难找到人倾诉和排解”这一认识上有显著差异。

C18f by 诸群体

您认为造成有些人忧郁、自杀的原因是？个人的文化底蕴和文化积累不够，缺乏自我理解能力和自我调节能力 ＊ 诸群体 Crosstabulation

	官员	企业家	专业人员	工人	农民	企业员工	做小生意者	无业失业下岗	总计
未选中	69.9%	55.9%	72.4%	74.7%	75.3%	73.8%	79.4%	76.5%	75.3%
选中	30.1%	44.1%	27.6%	25.3%	24.7%	26.2%	20.6%	23.5%	24.7%
总计	100.0%	100.0%	100.0%	100.0%	100.0%	100.0%	100.0%	100.0%	100.0%
列总计	166	34	421	2246	2226	839	1017	1269	8218

Chi-square test：df = 7，卡方值为 22.883，sig = 0.002 < 0.05，所以诸群体在“您认为造成有些人忧郁、自杀的原因是？个人的文化底蕴和文化积累不够，缺乏自我理解能力和自我调节能力”这一认识上有显著差异。

C18g by 诸群体

您认为造成有些人忧郁、自杀的原因是？现代人缺乏安顿自己、化解内心矛盾的能力 ＊ 诸群体 Crosstabulation

	官员	企业家	专业人员	工人	农民	企业员工	做小生意者	无业失业下岗	总计
未选中	74.1%	64.7%	74.3%	76.8%	75.3%	72.5%	75.7%	78.2%	75.8%
选中	25.9%	35.3%	25.7%	23.2%	24.7%	27.5%	24.3%	21.8%	24.2%
总计	100.0%	100.0%	100.0%	100.0%	100.0%	100.0%	100.0%	100.0%	100.0%
列总计	166	34	421	2246	2226	839	1017	1269	8218

Chi-square test：df = 7，卡方值为 13.615，sig = 0.058 > 0.05，所以诸群体在“您认为造成有些人忧郁、自杀的原因是？现代人缺乏安顿自己、化解内心矛盾的能力”这一认识上无显著差异。

C18h by 诸群体

您认为造成有些人忧郁、自杀的原因是？缺乏道德公正，没有道德的人总是占便宜 ＊ 诸群体 Crosstabulation

	官员	企业家	专业人员	工人	农民	企业员工	做小生意者	无业失业下岗	总计
未选中	81.9%	82.4%	86.2%	84.3%	88.1%	83.6%	85.6%	88.4%	86.1%
选中	18.1%	17.6%	13.8%	15.7%	11.9%	16.4%	14.4%	11.6%	13.9%
总计	100.0%	100.0%	100.0%	100.0%	100.0%	100.0%	100.0%	100.0%	100.0%
列总计	166	34	421	2246	2226	839	1017	1269	8218

Chi-square test：df = 7，卡方值为 26.469，sig = 0.000 < 0.05，所以诸群体在“您认为造成有些人忧郁、自杀的原因是？缺乏道德公正，没有道德的人总是占便宜”这一认识上有显著差异。

C18i by 诸群体

您认为造成有些人忧郁、自杀的原因是？缺乏理想和信念支持，精神没有寄托和归宿 ＊ 诸群体 Crosstabulation

	官员	企业家	专业人员	工人	农民	企业员工	做小生意者	无业失业下岗	总计
未选中	71.7%	73.5%	74.8%	84.1%	84.3%	78.5%	81.1%	79.0%	81.7%
选中	28.3%	26.5%	25.2%	15.9%	15.7%	21.5%	18.9%	21.0%	18.3%
总计	100.0%	100.0%	100.0%	100.0%	100.0%	100.0%	100.0%	100.0%	100.0%
列总计	166	34	421	2246	2226	839	1017	1269	8218

Chi-square test：df=7，卡方值为56.979，sig =0.000<0.05，所以诸群体在“您认为造成有些人忧郁、自杀的原因是？缺乏理想和信念支持，精神没有寄托和归宿”这一认识上有显著差异。

C18j by 诸群体

您认为造成有些人忧郁、自杀的原因是？生活压力大 ＊ 诸群体 Crosstabulation

	官员	企业家	专业人员	工人	农民	企业员工	做小生意者	无业失业下岗	总计
未选中	63.3%	50.0%	57.2%	62.9%	58.9%	65.3%	62.1%	57.7%	60.8%
选中	36.7%	50.0%	42.8%	37.1%	41.1%	34.7%	37.9%	42.3%	39.2%
总计	100.0%	100.0%	100.0%	100.0%	100.0%	100.0%	100.0%	100.0%	100.0%
列总计	166	34	421	2246	2226	839	1017	1269	8218

Chi-square test：df=7，卡方值为24.858，sig =0.001<0.05，所以诸群体在“您认为造成有些人忧郁、自杀的原因是？生活压力大”这一认识上有显著差异。

C18k by 诸群体

您认为造成有些人忧郁、自杀的原因是？生活孤独无聊 ＊ 诸群体 Crosstabulation

	官员	企业家	专业人员	工人	农民	企业员工	做小生意者	无业失业下岗	总计
未选中	91.6%	91.2%	89.8%	92.3%	91.1%	93.6%	91.2%	89.4%	91.4%
选中	8.4%	8.8%	10.2%	7.7%	8.9%	6.4%	8.8%	10.6%	8.6%
总计	100.0%	100.0%	100.0%	100.0%	100.0%	100.0%	100.0%	100.0%	100.0%
列总计	166	34	421	2246	2226	839	1017	1269	8218

Chi-square test：df=7，卡方值为15.205，sig =0.033<0.05，所以诸群体在“您认为造成有些人忧郁、自杀的原因是？生活孤独无聊”这一认识上有显著差异。

C19a by 诸群体

如果您与家庭成员之间发生重大利益冲突，您会 ＊ 诸群体 Crosstabulation

	官员	企业家	专业人员	工人	农民	企业员工	做小生意者	无业失业下岗	总计
诉诸法律，打官司	1.9%	3.1%	0.7%	1.0%	0.8%	0.8%	1.5%	2.1%	1.2%
直接找对方沟通但得理让人，适可而止	62.7%	56.3%	54.0%	50.4%	48.1%	54.7%	54.5%	53.4%	51.6%
通过第三方（如社会机构、朋友等）从中调解，尽量不伤和气	14.3%	12.5%	14.7%	14.5%	13.5%	15.0%	13.0%	12.9%	13.8%
能忍则忍	21.1%	28.1%	30.6%	34.0%	37.6%	29.5%	31.0%	31.6%	33.4%
总计	100.0%	100.0%	100.0%	100.0%	100.0%	100.0%	100.0%	100.0%	100.0%
列总计	161	32	415	2242	2326	841	1023	1280	8320

Chi-square test：df = 21，卡方值为 63.320，sig = 0.000 < 0.05，所以诸群体在“如果您与家庭成员之间发生重大利益冲突，您会”这一认识上有显著差异。

C19b by 诸群体

如果您与朋友之间发生重大利益冲突，您会 ＊ 诸群体 Crosstabulation

	官员	企业家	专业人员	工人	农民	企业员工	做小生意者	无业失业下岗	总计
诉诸法律，打官司	3.6%		1.4%	1.5%	2.0%	1.8%	2.0%	2.4%	1.9%
直接找对方沟通但得理让人，适可而止	53.3%	51.5%	50.4%	46.7%	46.0%	46.0%	53.1%	52.9%	48.5%
通过第三方（如社会机构、朋友等）从中调解，尽量不伤和气	32.7%	33.3%	33.6%	29.4%	29.8%	32.9%	25.5%	25.5%	29.1%
能忍则忍	10.3%	15.2%	14.6%	22.4%	22.2%	19.3%	19.4%	19.2%	20.5%
总计	100.0%	100.0%	100.0%	100.0%	100.0%	100.0%	100.0%	100.0%	100.0%
列总计	165	33	417	2310	2357	845	1054	1273	8454

Chi-square test：df = 21，卡方值为 68.909，sig = 0.000 < 0.05，所以诸群体在“如果您与朋友之间发生重大利益冲突，您会”这一认识上有显著差异。

C19c by 诸群体

如果您与同事之间发生重大利益冲突，您会 ＊ 诸群体 Crosstabulation

	官员	企业家	专业人员	工人	农民	企业员工	做小生意者	无业失业下岗	总计
诉诸法律，打官司	6.7%		3.6%	2.9%	3.8%	3.3%	2.6%	4.3%	3.4%

续表

	官员	企业家	专业人员	工人	农民	企业员工	做小生意者	无业失业下岗	总计
直接找对方沟通但得理让人，适可而止	51.5%	51.6%	45.7%	43.1%	39.3%	46.3%	45.7%	45.4%	43.5%
通过第三方（如社会机构、朋友等）从中调解，尽量不伤和气	33.1%	35.5%	38.4%	38.6%	42.9%	38.1%	39.1%	37.5%	39.4%
能忍则忍	8.6%	12.9%	12.3%	15.3%	14.0%	12.3%	12.5%	12.8%	13.6%
总计	100.0%	100.0%	100.0%	100.0%	100.0%	100.0%	100.0%	100.0%	100.0%
列总计	163	31	414	2207	1887	827	912	982	7423

Chi-square test：df = 21，卡方值为 47.047，sig = 0.001 < 0.05，所以诸群体在“如果您与同事之间发生重大利益冲突，您会”这一认识上有显著差异。

C19d by 诸群体

如果您与商业伙伴之间发生重大利益冲突，您会 * 诸群体 Crosstabulation

	官员	企业家	专业人员	工人	农民	企业员工	做小生意者	无业失业下岗	总计
诉诸法律，打官司	43.5%	34.4%	41.8%	29.8%	26.8%	34.2%	27.7%	36.2%	31.1%
直接找对方沟通但得理让人，适可而止	23.9%	21.9%	22.6%	27.1%	28.3%	28.0%	27.8%	27.8%	27.3%
通过第三方（如社会机构、朋友等）从中调解，尽量不伤和气	26.8%	34.4%	29.5%	32.1%	35.9%	27.2%	33.9%	25.4%	31.6%
能忍则忍	5.8%	9.4%	6.1%	11.1%	9.0%	10.6%	10.7%	10.6%	10.0%
总计	100.0%	100.0%	100.0%	100.0%	100.0%	100.0%	100.0%	100.0%	100.0%
列总计	138	32	359	1865	1587	739	951	848	6519

Chi-square test：df = 21，卡方值为 88.287，sig = 0.000 < 0.05，所以诸群体在“如果您与商业伙伴之间发生重大利益冲突，您会”这一认识上有显著差异。

C20 by 诸群体

您认为在自己的成长中得到道德训练的最重要场所或机构是 * 诸群体 Crosstabulation

	官员	企业家	专业人员	工人	农民	企业员工	做小生意者	无业失业下岗	总计
家庭	29.9%	20.6%	28.5%	32.7%	37.0%	30.4%	31.5%	36.1%	33.8%

续表

	官员	企业家	专业人员	工人	农民	企业员工	做小生意者	无业失业下岗	总计
学校	21.6%	35.3%	34.6%	23.5%	25.1%	24.9%	23.5%	33.0%	26.1%
社会（如工作单位、社区等）	32.9%	32.4%	27.6%	37.4%	32.2%	36.5%	37.8%	24.8%	33.4%
国家或政府	10.8%	2.9%	2.8%	3.5%	2.9%	3.1%	3.2%	2.7%	3.2%
媒体	0.6%	5.9%	1.6%	0.5%	1.0%	1.8%	1.5%	1.4%	1.1%
其他	4.2%	2.9%	4.9%	2.4%	1.8%	3.4%	2.5%	2.0%	2.4%
总计	100.0%	100.0%	100.0%	100.0%	100.0%	100.0%	100.0%	100.0%	100.0%
列总计	167	34	431	2340	2458	849	1067	1320	8666

Chi-square test：df = 35，卡方值为 200.479，sig = 0.000 < 0.05，所以诸群体在“您认为在自己的成长中得到道德训练的最重要场所或机构是”这一认识上有显著差异。

C21 by 诸群体

您的思想行为受什么人影响最大 ＊ 诸群体 Crosstabulation

	官员	企业家	专业人员	工人	农民	企业员工	做小生意者	无业失业下岗	总计
政府官员	25.3%	12.1%	15.7%	23.5%	19.0%	25.7%	22.9%	15.6%	20.8%
企业家	19.9%	27.3%	13.3%	18.6%	13.1%	21.9%	19.2%	13.9%	16.5%
演艺明星	3.6%	3.0%	4.0%	3.7%	1.7%	6.5%	4.5%	4.5%	3.6%
教师	38.6%	42.4%	53.1%	42.3%	48.9%	45.2%	39.8%	48.8%	45.6%
知识精英	14.5%	21.2%	14.3%	13.2%	7.2%	21.3%	11.2%	12.0%	12.0%
公众人物	19.3%	15.2%	17.1%	17.7%	11.4%	18.6%	15.1%	11.5%	14.8%
农民	3.6%	6.1%	4.0%	10.0%	16.5%	5.1%	10.3%	7.9%	10.6%
工人			1.7%	3.5%	2.3%	1.8%	2.8%	2.9%	2.6%
先哲先贤	24.7%	21.2%	28.3%	15.5%	11.2%	22.4%	13.9%	15.1%	15.6%
父母	75.9%	54.5%	73.1%	71.7%	78.6%	64.9%	73.5%	72.1%	73.3%
网络大 V	1.8%	9.1%	2.9%	3.8%	1.6%	3.7%	5.6%	2.3%	3.1%
宗教人士	0.6%	6.1%	1.4%	2.0%	1.1%	2.2%	0.8%	1.7%	1.5%
列总计	166	33	420	2244	2339	830	1010	1241	8283

据上表所示，诸群体在“您的思想行为受什么人影响最大”这一认识上有显著差异。

C22 by 诸群体

影响您道德判断和道德选择的最主要的因素是 * 诸群体 Crosstabulation

	官员	企业家	专业人员	工人	农民	企业员工	做小生意者	无业失业下岗	总计
自己的良心	69.3%	65.6%	69.4%	67.4%	72.8%	61.4%	63.9%	72.1%	68.7%
大多数人持有的观点	33.7%	28.1%	31.0%	40.6%	38.1%	40.0%	38.9%	28.7%	37.2%
公众人士和权威人物的观点	10.8%	9.4%	5.9%	8.8%	6.6%	11.4%	6.9%	7.8%	7.9%
国外媒体的观点	3.6%	3.1%	2.6%	4.4%	3.0%	5.5%	4.9%	4.3%	4.0%
自己的利益	9.0%	12.5%	11.1%	17.2%	14.1%	19.6%	16.8%	10.8%	15.1%
他人的评价	7.2%	9.4%	5.7%	8.1%	7.7%	6.8%	8.8%	5.9%	7.5%
社会后果	22.9%	15.6%	21.1%	13.7%	15.4%	15.0%	15.5%	16.4%	15.5%
大多数人认可的道德规范	15.7%	15.6%	21.1%	14.3%	15.9%	15.2%	13.6%	15.7%	15.3%
先贤教导	7.2%	6.3%	11.6%	3.8%	3.4%	6.1%	3.8%	6.0%	4.7%
“朋友圈”的观点	1.2%		0.2%	0.8%	0.3%	0.7%	1.8%	0.9%	0.8%
列总计	166	32	422	2282	2370	836	1022	1277	8407

据上表所示，诸群体在“影响您道德判断和道德选择的最主要的因素是”这一认识上有显著差异。

C23 by 诸群体

现在经常有一些网民在网络上曝光别人的隐私，您怎么看待这种行为 * 诸群体 Crosstabulation

	官员	企业家	专业人员	工人	农民	企业员工	做小生意者	无业失业下岗	总计
这是违法行为，应该制止	43.6%	41.2%	40.2%	36.0%	34.2%	39.1%	33.7%	39.3%	36.4%
这是不道德行为，应该进行谴责	38.7%	29.4%	36.4%	44.8%	49.4%	39.1%	45.1%	41.0%	44.3%
这是社会监督的重要途径，不必完全禁止，但需要规范和引导	17.8%	23.5%	23.0%	17.1%	14.2%	19.9%	18.3%	17.4%	17.1%
这是网民的自由，别人不应该干涉	5.9%	0.5%	2.1%	2.2%	1.9%	3.0%	2.3%	2.1%	2.2%
总计	100.0%	100.0%	100.0%	100.0%	100.0%	100.0%	100.0%	100.0%	100.0%
列总计	163	34	418	2216	2212	831	1012	1178	8064

Chi-square test：df = 21，卡方值为 82.825，sig = 0.000 < 0.05，所以诸群体在“现在经常有一些网民在网络上曝光别人的隐私，您怎么看待这种行为”这一认识上有显著差异。

C24a by 诸群体

您最近两年是否参加过以下活动？志愿者活动 ＊ 诸群体 Crosstabulation

	官员	企业家	专业人员	工人	农民	企业员工	做小生意者	无业失业下岗	总计
是	40.1%	32.4%	36.5%	13.6%	4.4%	29.1%	11.9%	23.7%	15.6%
否	59.9%	67.6%	63.5%	86.4%	95.6%	70.9%	88.1%	76.3%	84.4%
总计	100.0%	100.0%	100.0%	100.0%	100.0%	100.0%	100.0%	100.0%	100.0%
列总计	167	34	430	2327	2460	846	1068	1317	8649

Chi-square test：df = 7，卡方值为663.045，sig = 0.000 < 0.05，所以诸群体在“您最近两年是否参加过以下活动？志愿者活动”上有显著差异。

C24b by 诸群体

您参加的频率：志愿者活动 ＊ 诸群体 Crosstabulation

	官员	企业家	专业人员	工人	农民	企业员工	做小生意者	无业失业下岗	总计
从来没有	59.9%	67.6%	63.5%	86.4%	95.6%	70.9%	88.1%	76.3%	84.4%
参加过一两次	20.4%	17.6%	18.4%	7.3%	2.0%	12.4%	6.6%	12.0%	7.8%
偶尔参加一次	16.8%	11.8%	14.4%	5.3%	2.0%	12.4%	4.5%	7.6%	6.0%
经常参加	3.0%	2.9%	3.7%	1.0%	0.4%	4.3%	0.7%	4.1%	1.8%
总计	100.0%	100.0%	100.0%	100.0%	100.0%	100.0%	100.0%	100.0%	100.0%
列总计	167	34	430	2327	2460	846	1068	1317	8649

Chi-square test：df = 21，卡方值为706.505，sig = 0.000 < 0.05，所以诸群体在“您参加的频率：志愿者活动”上有显著差异。

C24c by 诸群体

您最近两年是否参加过以下活动？无偿献血 ＊ 诸群体 Crosstabulation

	官员	企业家	专业人员	工人	农民	企业员工	做小生意者	无业失业下岗	总计
是	27.5%	35.3%	30.6%	13.3%	5.5%	27.5%	14.1%	14.9%	14.0%
否	72.5%	64.7%	69.4%	86.7%	94.5%	72.5%	85.9%	85.1%	86.0%
总计	100.0%	100.0%	100.0%	100.0%	100.0%	100.0%	100.0%	100.0%	100.0%
列总计	167	34	431	2328	2462	846	1069	1317	8654

Chi-square test：df = 7，卡方值为415.147，sig = 0.000 < 0.05，所以诸群体在“您最近两年是否参加过以下活动？无偿献血”上有显著差异。

C24d by 诸群体

您参加的频率：无偿献血 ＊ 诸群体 Crosstabulation

	官员	企业家	专业人员	工人	农民	企业员工	做小生意者	无业失业下岗	总计
从来没有	72.5%	64.7%	69.4%	86.7%	94.5%	72.5%	85.9%	85.1%	86.0%
参加过一两次	17.4%	20.6%	17.6%	7.2%	2.8%	14.7%	7.5%	7.9%	7.6%
偶尔参加一次	9.0%	8.8%	11.1%	5.6%	2.3%	11.5%	5.5%	5.8%	5.6%
经常参加	1.2%	5.9%	1.9%	0.6%	0.4%	1.4%	1.1%	1.2%	0.9%
总计	100.0%	100.0%	100.0%	100.0%	100.0%	100.0%	100.0%	100.0%	100.0%
列总计	167	34	431	2328	2462	846	1069	1317	8654

Chi-square test：df = 21，卡方值为 432.986，sig = 0.000 < 0.05，所以诸群体在“您参加的频率：无偿献血”上有显著差异。

C24e by 诸群体

您最近两年是否参加过以下活动？捐款、捐物 ＊ 诸群体 Crosstabulation

	官员	企业家	专业人员	工人	农民	企业员工	做小生意者	无业失业下岗	总计
是	59.3%	61.8%	64.5%	31.3%	22.4%	48.7%	33.4%	43.1%	34.8%
否	40.7%	38.2%	35.5%	68.7%	77.6%	51.3%	66.6%	56.9%	65.2%
总计	100.0%	100.0%	100.0%	100.0%	100.0%	100.0%	100.0%	100.0%	100.0%
列总计	167	34	431	2328	2462	846	1069	1317	8654

Chi-square test：df = 7，卡方值为 513.546，sig = 0.000 < 0.05，所以诸群体在“您最近两年是否参加过以下活动？捐款、捐物”上有显著差异。

C24f by 诸群体

您参加的频率：捐款、捐物 ＊ 诸群体 Crosstabulation

	官员	企业家	专业人员	工人	农民	企业员工	做小生意者	无业失业下岗	总计
从来没有	40.7%	38.2%	35.5%	68.7%	77.6%	51.3%	66.6%	56.9%	65.2%
参加过一两次	23.4%	29.4%	24.4%	13.0%	9.4%	21.2%	13.8%	18.4%	14.5%
偶尔参加一次	26.9%	20.6%	24.8%	14.6%	10.7%	20.2%	15.1%	18.7%	15.5%
经常参加	9.0%	11.8%	15.3%	3.7%	2.3%	7.3%	4.5%	6.0%	4.8%
总计	100.0%	100.0%	100.0%	100.0%	100.0%	100.0%	100.0%	100.0%	100.0%
列总计	167	34	431	2328	2462	846	1069	1317	8654

Chi-square test：df = 21，卡方值为 567.233，sig = 0.000 < 0.05，所以诸群体在“您参加的频率：捐款、捐物”上有显著差异。

C25 by 诸群体

目前中国社会的两性关系日益开放，它对社会风尚的影响是 * 诸群体 Crosstabulation

	官员	企业家	专业人员	工人	农民	企业员工	做小生意者	无业失业下岗	总计
是社会进步的表现	16.5%	29.4%	11.2%	15.0%	12.3%	17.8%	13.2%	13.7%	14.0%
两性关系混乱必然导致道德沦丧、污染社会风气	54.3%	50.0%	53.7%	48.9%	56.4%	42.8%	47.2%	51.3%	50.9%
个人选择，无所谓好坏	29.3%	20.6%	34.3%	35.8%	31.0%	39.2%	39.4%	34.5%	34.8%
其他			0.7%	0.3%	0.3%	0.2%	0.3%	0.6%	0.4%
总计	100.0%	100.0%	100.0%	100.0%	100.0%	100.0%	100.0%	100.0%	100.0%
列总计	164	34	428	2297	2383	845	1049	1274	8474

Chi-square test：df = 21，卡方值为 85.885，sig = 0.000 < 0.05，所以诸群体在“目前中国社会的两性关系日益开放，它对社会风尚的影响是”这一认识上有显著差异。

C26 by 诸群体

您对一些重要事情所持的观点和看法与其他人一致的时候有多少 * 诸群体 Crosstabulation

	官员	企业家	专业人员	工人	农民	企业员工	做小生意者	无业失业下岗	总计
非常少	4.3%	5.9%	3.7%	5.5%	5.5%	4.1%	5.5%	4.4%	5.1%
比较少	9.9%	17.6%	9.8%	13.3%	15.3%	11.2%	13.9%	14.5%	13.6%
一般	38.9%	26.5%	39.2%	45.8%	40.9%	42.3%	40.7%	41.9%	42.3%
比较多	37.7%	32.4%	38.5%	31.4%	32.9%	37.7%	34.4%	32.8%	33.5%
非常多	9.3%	17.6%	8.8%	4.0%	5.4%	4.8%	5.4%	6.4%	5.4%
总计	100.0%	100.0%	100.0%	100.0%	100.0%	100.0%	100.0%	100.0%	100.0%
列总计	162	34	408	2195	2177	807	994	1225	8002

Chi-square test：df = 28，卡方值为 78.126，sig = 0.000 < 0.05，所以诸群体在“您对一些重要事情所持的观点和看法与其他人一致的时候有多少”这一认识上有显著差异。

C27 by 诸群体

您对待目前社会上一部分人的奢侈消费行为的态度是 * 诸群体 Crosstabulation

	官员	企业家	专业人员	工人	农民	企业员工	做小生意者	无业失业下岗	总计
钞票是他们自己的，他们愿意怎么花就怎么花	30.5%	32.4%	29.8%	44.3%	37.8%	43.3%	45.1%	36.7%	40.3%
他们应该遵守勤俭的传统美德，适度消费	58.1%	44.1%	52.3%	39.5%	47.8%	38.4%	37.1%	48.3%	43.8%
过度消费行为只要对别人无害，就不应干涉	11.4%	23.5%	17.2%	16.1%	14.3%	18.0%	17.5%	15.0%	15.8%
其他			0.7%	0.1%	0.1%	0.2%	0.3%		0.1%
总计	100.0%	100.0%	100.0%	100.0%	100.0%	100.0%	100.0%	100.0%	100.0%
列总计	167	34	430	2338	2448	848	1064	1316	8645

Chi-square test：df = 21，卡方值为 125.297，sig = 0.000 < 0.05，所以诸群体在“您对待目前社会上一部分人的奢侈消费行为的态度是”这一认识上有显著差异。

C28 by 诸群体

孝敬、礼让、仁爱、节俭等优良传统，您认为现在还需要这些吗 * 诸群体 Crosstabulation

	官员	企业家	专业人员	工人	农民	企业员工	做小生意者	无业失业下岗	总计
这些好传统什么时候都不能丢	85.0%	73.5%	81.7%	76.5%	79.4%	77.9%	76.9%	76.7%	78.0%
可有可无	8.4%	5.9%	9.0%	9.8%	8.8%	7.3%	9.2%	9.1%	9.0%
已经过时，没必要讲这些	3.6%	11.8%	2.6%	5.9%	4.8%	6.7%	6.2%	5.5%	5.4%
有些要，有些不要	3.0%	8.8%	6.7%	7.7%	7.1%	8.1%	7.7%	8.7%	7.6%
总计	100.0%	100.0%	100.0%	100.0%	100.0%	100.0%	100.0%	100.0%	100.0%
列总计	167	34	431	2336	2461	849	1071	1324	8673

Chi-square test：df = 21，卡方值为 33.917，sig = 0.037 < 0.05，所以诸群体在“孝敬、礼让、仁爱、节俭等优良传统，您认为现在还需要这些吗”这一认识上有显著差异。

C29 by 诸群体

民族英雄和新时期的先进人物的精神还值得在全社会大力倡导吗 * 诸群体 Crosstabulation

	官员	企业家	专业人员	工人	农民	企业员工	做小生意者	无业失业下岗	总计
我很佩服他们，现在社会就缺这种精神，要加大宣传	72.5%	67.6%	75.3%	56.4%	60.0%	57.7%	56.3%	61.7%	59.6%
以前知道一些，现在不太关注了	20.4%	14.7%	17.2%	27.9%	22.6%	30.4%	29.0%	22.0%	25.1%
时过境迁，这些典型的影响力越来越小了，没太多人关心了	6.6%	17.6%	7.0%	12.3%	12.5%	9.7%	10.4%	11.8%	11.4%
不知道，也不关心	0.6%		0.5%	3.4%	4.9%	2.2%	4.3%	4.5%	3.8%
总计	100.0%	100.0%	100.0%	100.0%	100.0%	100.0%	100.0%	100.0%	100.0%
列总计	167	34	430	2338	2456	848	1068	1318	8659

Chi-square test：df = 21，卡方值为 133.596，sig = 0.000 < 0.05，所以诸群体在“民族英雄和新时期的先进人物的精神还值得在全社会大力倡导吗”这一认识上有显著差异。

C30 by 诸群体

当在公交车上遇到小偷正在偷乘客钱包时，您会选择以下哪种做法 * 诸群体 Crosstabulation

	官员	企业家	专业人员	工人	农民	企业员工	做小生意者	无业失业下岗	总计
马上冲上去制止	30.1%	47.1%	19.2%	21.4%	15.8%	20.4%	21.4%	18.8%	19.5%
出于害怕，装作什么都没有看到	9.0%	8.8%	8.6%	13.4%	10.8%	13.8%	11.9%	13.1%	12.1%
不敢直接与小偷对抗，但以适当方式悄悄提醒当事人或报警	56.6%	41.2%	67.4%	57.9%	64.4%	59.7%	59.0%	60.2%	60.8%
只要偷的不是我，不用多管闲事，免得惹麻烦	3.6%	2.9%	3.9%	6.5%	8.4%	5.2%	6.7%	7.4%	6.9%
其他	0.6%		0.9%	0.8%	0.6%	0.8%	0.9%	0.6%	0.7%
总计	100.0%	100.0%	100.0%	100.0%	100.0%	100.0%	100.0%	100.0%	100.0%
列总计	166	34	432	2332	2450	846	1068	1315	8643

Chi-square test：df = 28，卡方值为 101.131，sig = 0.000 < 0.05，所以诸群体在“当在公交车上遇到小偷正在偷乘客钱包时，您会选择以下哪种做法”这一认识上有显著差异。

C31 by 诸群体

小王知道做某件事是道德的但没去行动，哪种因素是他采取行动的最大障碍？ ＊ 诸群体 Crosstabulation

	官员	企业家	专业人员	工人	农民	企业员工	做小生意者	无业失业下岗	总计
采取行动会损害自己利益	19.5%	15.2%	19.3%	15.7%	16.0%	17.1%	15.2%	16.4%	16.2%
采取行动也难以取得预期效果	32.3%	36.4%	22.1%	27.0%	21.6%	24.3%	26.9%	20.7%	24.1%
大家都不做，我何必多管闲事	11.0%	12.1%	13.7%	18.4%	16.9%	18.6%	16.8%	16.7%	17.1%
自身能力有限，心有余而力不足	25.0%	15.2%	33.5%	27.6%	31.1%	30.5%	28.8%	33.0%	30.0%
即使我不做，相信还会有别人去做	7.3%	15.2%	8.6%	6.8%	9.4%	5.9%	7.6%	7.5%	7.8%
明白就行，让别人去做吧	4.3%	3.0%	2.3%	3.9%	4.3%	2.7%	4.4%	5.2%	4.1%
其他	0.6%	3.0%	0.5%	0.6%	0.7%	1.0%	0.3%	0.5%	0.6%
总计	100.0%	100.0%	100.0%	100.0%	100.0%	100.0%	100.0%	100.0%	100.0%
列总计	164	33	430	2320	2396	837	1062	1289	8531

Chi-square test：df = 42，卡方值为 101.018，sig = 0.000 < 0.05，所以诸群体在“小王知道做某件事是道德的但没去行动，哪种因素是他采取行动的最大障碍”这一认识上有显著差异。

C32 by 诸群体

当与他人发生分歧时，能否体谅宽容他人 ＊ 诸群体 Crosstabulation

	官员	企业家	专业人员	工人	农民	企业员工	做小生意者	无业失业下岗	总计
不宽容，必须弄清是非曲直	12.2%	14.7%	10.0%	10.6%	10.4%	9.3%	10.6%	11.1%	10.5%
偶尔	29.3%	29.4%	28.9%	36.1%	33.3%	36.0%	38.9%	29.9%	34.2%
有时	37.2%	29.4%	38.9%	41.2%	38.6%	41.2%	37.6%	37.7%	39.3%
经常	21.3%	26.5%	22.1%	12.2%	17.7%	13.5%	12.9%	21.3%	16.1%
总计	100.0%	100.0%	100.0%	100.0%	100.0%	100.0%	100.0%	100.0%	100.0%
列总计	164	34	429	2329	2430	842	1059	1316	8603

Chi-square test：df = 21，卡方值为 104.497，sig = 0.000 < 0.05，所以诸群体在“当与他人发生分歧时，能否体谅宽容他人”这一认识上有显著差异。

C33 by 诸群体

您认为解决当前我国的公民道德和社会风尚问题，最关键的途径是 * 诸群体 Crosstabulation

	官员	企业家	专业人员	工人	农民	企业员工	做小生意者	无业失业下岗	总计
加强法制	45.8%	23.5%	35.3%	34.5%	32.7%	36.7%	31.5%	34.2%	34.0%
弘扬优秀传统道德	52.4%	70.6%	47.9%	51.9%	49.2%	50.4%	48.8%	48.3%	49.9%
建设伦理道德的核心价值	21.1%	11.8%	21.6%	18.9%	14.0%	22.6%	16.4%	16.5%	17.4%
惩治官员腐败	11.4%	14.7%	14.4%	22.5%	29.3%	18.3%	20.9%	22.6%	23.2%
解决分配不公问题	11.4%	17.6%	12.6%	13.5%	13.6%	10.8%	15.6%	10.4%	13.0%
提高个人道德素质	29.5%	26.5%	38.6%	29.9%	27.3%	31.1%	33.2%	30.8%	30.2%
列总计	166	34	430	2328	2441	845	1054	1295	8593

据上表所示，诸群体在“您认为解决当前我国的公民道德和社会风尚问题，最关键的途径是”这一认识上有显著差异。

C34 by 诸群体

您知道社会主义核心价值观吗？请您把它们选出来 * 诸群体 Crosstabulation

	官员	企业家	专业人员	工人	农民	企业员工	做小生意者	无业失业下岗	总计
文明	80.0%	79.4%	77.6%	74.5%	71.9%	74.2%	71.5%	69.7%	72.9%
诚信	87.9%	94.1%	87.4%	82.6%	84.3%	85.7%	84.2%	80.6%	83.7%
勇敢	25.5%	32.4%	25.6%	35.7%	40.3%	30.8%	33.6%	32.4%	35.0%
爱国	81.2%	70.6%	78.8%	78.2%	72.8%	78.5%	76.0%	73.4%	75.8%
创新	29.7%	20.6%	33.6%	33.7%	30.6%	34.5%	33.8%	30.9%	32.4%
友善	63.0%	52.9%	58.3%	50.0%	51.2%	55.8%	48.2%	52.6%	51.8%
勤劳	17.0%	23.5%	20.7%	23.5%	31.5%	17.9%	24.7%	21.7%	24.8%
列总计	165	34	429	2289	2322	840	1029	1246	8354

据上表所示，诸群体在“您知道社会主义核心价值观吗？请您把它们选出来”这一认识上有显著差异。

C35 by 诸群体

您认为社会主义核心价值观与您的工作、生活有关系吗 * 诸群体 Crosstabulation

	官员	企业家	专业人员	工人	农民	企业员工	做小生意者	无业失业下岗	总计
对改变社会风气有好处，每个人都应该这样做人做事	90.3%	87.5%	87.2%	85.0%	85.1%	87.0%	84.0%	82.4%	85.0%
与个人工作、生活没关系	9.7%	12.5%	12.8%	15.0%	14.9%	13.0%	16.0%	17.6%	15.0%
总计	100.0%	100.0%	100.0%	100.0%	100.0%	100.0%	100.0%	100.0%	100.0%
列总计	155	32	398	2038	1915	782	894	1089	7303

Chi-square test：df = 7，卡方值为 14.021，sig = 0.051 > 0.05，所以诸群体在“您认为社会主义核心价值观与您的工作、生活有关系吗”这一认识上无显著差异。

C36 by 诸群体

在全社会特别是青少年中开展革命传统教育，您认为有没有这个必要 * 诸群体 Crosstabulation

	官员	企业家	专业人员	工人	农民	企业员工	做小生意者	无业失业下岗	总计
很有必要，什么时候都不能忘本	88.6%	82.4%	87.0%	83.8%	84.6%	83.8%	82.0%	82.1%	83.8%
可有可无	7.2%	11.8%	8.3%	9.4%	8.3%	8.8%	12.2%	12.3%	9.7%
没有必要，已经过时了	4.2%	5.9%	4.6%	6.8%	7.2%	7.4%	5.8%	5.6%	6.5%
总计	100.0%	100.0%	100.0%	100.0%	100.0%	100.0%	100.0%	100.0%	100.0%
列总计	167	34	432	2339	2460	850	1071	1316	8669

Chi-square test：df = 14，卡方值为 35.661，sig = 0.001 < 0.05，所以诸群体在“在全社会特别是青少年中开展革命传统教育，您认为有没有这个必要”这一认识上有显著差异。

C37 by 诸群体

当您途经一场所，正遇到升国旗仪式，看到国旗在国歌声中升起的时候，您会怎么做 * 诸群体 Crosstabulation

	官员	企业家	专业人员	工人	农民	企业员工	做小生意者	无业失业下岗	总计
原地站立，面向国旗行注目礼	51.5%	38.2%	55.7%	29.0%	30.1%	37.1%	26.5%	40.1%	33.3%

续表

	官员	企业家	专业人员	工人	农民	企业员工	做小生意者	无业失业下岗	总计
停下来看一看	43.1%	55.9%	40.2%	57.6%	59.3%	47.8%	59.0%	49.0%	54.8%
只当没看见，该干吗干吗	5.4%	5.9%	4.2%	13.4%	10.6%	15.0%	14.5%	10.9%	11.9%
总计	100.0%	100.0%	100.0%	100.0%	100.0%	100.0%	100.0%	100.0%	100.0%
列总计	167	34	433	2335	2454	851	1061	1320	8655

Chi-square test：df = 14，卡方值为 243.008，sig = 0.000 < 0.05，所以诸群体在“当您途经一场所，正遇到升国旗仪式，看到国旗在国歌声中升起的时候，您会怎么做”的回答上有显著差异。

C38 by 诸群体

今年您参加过纪念中国共产党成立 96 周年等主题教育活动吗 ＊ 诸群体 Crosstabulation

	官员	企业家	专业人员	工人	农民	企业员工	做小生意者	无业失业下岗	总计
参加过，很受教育	48.2%	20.6%	35.6%	13.5%	8.6%	21.3%	10.8%	16.1%	14.7%
听说过，但是没有参加过	38.0%	58.8%	47.6%	57.2%	62.2%	55.0%	56.7%	55.7%	57.3%
这种活动基本都是形式大于内容	6.0%	11.8%	11.3%	10.1%	7.7%	11.7%	10.8%	8.9%	9.5%
不关心这些	7.8%	8.8%	5.5%	19.2%	21.5%	12.0%	21.7%	19.3%	18.5%
总计	100.0%	100.0%	100.0%	100.0%	100.0%	100.0%	100.0%	100.0%	100.0%
列总计	166	34	433	2337	2454	849	1062	1313	8648

Chi-square test：df = 21，卡方值为 496.797，sig = 0.000 < 0.05，所以诸群体在“今年您参加过纪念中国共产党成立 96 周年等主题教育活动吗”的回答上有显著差异。

D1 by 诸群体

您认为现代家庭关系中最令人担忧的问题是 ＊ 诸群体 Crosstabulation

	官员	企业家	专业人员	工人	农民	企业员工	做小生意者	无业失业下岗	总计
只有一个孩子，对家庭的未来没把握	25.0%	28.1%	24.2%	24.7%	19.0%	23.9%	23.8%	18.6%	22.0%
独生子女难以承担养老责任，老无所养	21.3%	46.9%	30.2%	27.6%	30.3%	27.1%	30.7%	27.7%	28.8%

续表

	官员	企业家	专业人员	工人	农民	企业员工	做小生意者	无业失业下岗	总计
年轻人不愿结婚，或不愿生孩子，家族传承危机	14.4%	21.9%	16.6%	15.5%	17.4%	12.5%	14.7%	14.7%	15.6%
婚姻不稳定，年轻人缺乏守护婚姻的意识和能力	25.6%	12.5%	25.2%	25.5%	24.9%	24.9%	22.7%	22.5%	24.4%
子女尤其是独生子女缺乏责任感，孝道意识薄弱	19.4%	21.9%	19.0%	18.4%	20.3%	17.7%	17.7%	16.3%	18.5%
代沟严重，父母与子女之间难以沟通	26.9%	18.8%	24.5%	29.7%	28.1%	28.5%	27.9%	26.9%	28.1%
婆媳关系紧张	3.1%		6.2%	9.9%	10.8%	9.1%	11.2%	9.1%	9.8%
父母不民主，不能容忍差异	10.6%	3.1%	9.0%	10.3%	9.6%	13.2%	9.8%	11.4%	10.4%
“啃老”现象严重	12.5%	3.1%	9.7%	6.7%	4.6%	6.7%	5.9%	8.3%	6.5%
父母只培养孩子的知识和技能，忽视良好品德的养成	18.1%	21.9%	19.2%	12.1%	11.0%	15.6%	13.4%	13.4%	13.0%
两性关系过度开放	4.4%		1.7%	3.1%	2.3%	2.9%	3.3%	3.6%	2.9%
列总计	160	32	421	2272	2339	838	1034	1251	8347

据上表所示，诸群体在“您认为现代家庭关系中最令人担忧的问题是”这一认识上有显著差异。

D2 by 诸群体

您对家庭的感觉是 * 诸群体 Crosstabulation

	官员	企业家	专业人员	工人	农民	企业员工	做小生意者	无业失业下岗	总计
温馨幸福	30.1%	23.5%	31.6%	16.6%	14.9%	24.5%	18.5%	27.6%	19.8%
比较幸福	62.6%	67.6%	60.1%	72.2%	71.1%	67.3%	71.5%	58.8%	68.5%
不太幸福	3.7%	5.9%	4.0%	4.7%	5.1%	3.6%	4.3%	5.7%	4.8%
一般，没感觉	3.1%		3.3%	6.0%	8.3%	3.7%	5.0%	6.9%	6.2%
很不幸福，希望逃离		0.9%	0.3%	0.2%	0.6%	0.5%	0.8%	0.4%	
其他	0.6%	2.9%		0.3%	0.2%	0.4%	0.2%	0.2%	0.3%
总计	100.0%	100.0%	100.0%	100.0%	100.0%	100.0%	100.0%	100.0%	100.0%
列总计	163	34	424	2313	2409	838	1058	1304	8543

Chi-square test：df = 35，卡方值为230.211，sig = 0.000 < 0.05，所以诸群体在“您对家庭的感觉是”这一认识上有显著差异。

D3a by 诸群体

您对以下现象的态度是？不婚 ＊ 诸群体 Crosstabulation

	官员	企业家	专业人员	工人	农民	企业员工	做小生意者	无业失业下岗	总计
完全赞同	1.2%		1.9%	0.6%	0.3%	1.3%	0.9%	1.7%	0.9%
比较赞同	5.5%	8.8%	6.9%	6.8%	4.2%	9.4%	6.2%	7.5%	6.3%
中立	50.9%	38.2%	51.4%	40.5%	28.2%	49.2%	42.1%	42.5%	39.1%
比较反对	32.5%	29.4%	24.4%	34.7%	40.2%	28.7%	32.3%	28.3%	33.8%
强烈反对	9.8%	23.5%	15.4%	17.4%	27.1%	11.4%	18.5%	20.0%	19.9%
总计	100.0%	100.0%	100.0%	100.0%	100.0%	100.0%	100.0%	100.0%	100.0%
列总计	163	34	422	2304	2406	841	1044	1274	8488

Chi-square test：df = 28，卡方值为 361.604，sig = 0.000 < 0.05，所以诸群体在“您对以下现象的态度是？不婚”这一认识上有显著差异。

D3b by 诸群体

您对以下现象的态度是？试婚 ＊ 诸群体 Crosstabulation

	官员	企业家	专业人员	工人	农民	企业员工	做小生意者	无业失业下岗	总计
完全赞同	0.6%	3.2%	1.4%	0.7%	0.1%	1.1%	1.0%	0.6%	0.6%
比较赞同	7.9%	22.6%	9.0%	9.9%	5.1%	11.4%	10.3%	9.0%	8.6%
中立	46.7%	35.5%	44.2%	39.3%	28.1%	45.5%	41.2%	39.0%	37.3%
比较反对	29.1%	19.4%	26.5%	31.8%	38.8%	28.2%	29.2%	30.0%	32.5%
强烈反对	15.8%	19.4%	18.9%	18.2%	27.9%	13.8%	18.3%	21.4%	21.0%
总计	100.0%	100.0%	100.0%	100.0%	100.0%	100.0%	100.0%	100.0%	100.0%
列总计	165	31	423	2274	2363	840	1031	1238	8365

Chi-square test：df = 28，卡方值为 298.697，sig = 0.000 < 0.05，所以诸群体在“您对以下现象的态度是？试婚”这一认识上有显著差异。

D3c by 诸群体

您对以下现象的态度是？同居 ＊ 诸群体 Crosstabulation

	官员	企业家	专业人员	工人	农民	企业员工	做小生意者	无业失业下岗	总计
完全赞同			1.2%	1.0%	0.1%	1.2%	1.2%	1.5%	0.8%
比较赞同	10.4%	27.3%	9.2%	10.4%	5.1%	14.0%	9.7%	9.7%	9.1%

续表

	官员	企业家	专业人员	工人	农民	企业员工	做小生意者	无业失业下岗	总计
中立	47.6%	39.4%	52.0%	42.1%	31.8%	48.0%	49.0%	46.0%	41.8%
比较反对	31.1%	21.2%	23.2%	28.9%	36.7%	24.4%	23.9%	24.2%	29.1%
强烈反对	11.0%	12.1%	14.4%	17.6%	26.2%	12.4%	16.3%	18.6%	19.2%
总计	100.0%	100.0%	100.0%	100.0%	100.0%	100.0%	100.0%	100.0%	100.0%
列总计	164	33	423	2299	2379	840	1043	1269	8450

Chi-square test：df = 28，卡方值为 383.209，sig = 0.000 < 0.05，所以诸群体在“您对以下现象的态度是？同居”这一认识上有显著差异。

D3d by 诸群体

您对以下现象的态度是？同性恋 ＊ 诸群体 Crosstabulation

	官员	企业家	专业人员	工人	农民	企业员工	做小生意者	无业失业下岗	总计
完全赞同			1.7%	0.3%		0.4%	0.5%	1.2%	0.5%
比较赞同	2.5%		2.4%	1.2%	1.0%	2.5%	1.9%	2.4%	1.6%
中立	22.9%	23.5%	31.2%	14.7%	9.1%	25.6%	16.0%	24.1%	16.8%
比较反对	33.1%	35.3%	28.3%	34.5%	38.0%	30.6%	33.0%	27.1%	33.5%
强烈反对	41.4%	41.2%	36.4%	49.3%	51.9%	40.9%	48.6%	45.2%	47.6%
总计	100.0%	100.0%	100.0%	100.0%	100.0%	100.0%	100.0%	100.0%	100.0%
列总计	157	34	420	2234	2308	829	1011	1224	8217

Chi-square test：df = 28，卡方值为 347.791，sig = 0.000 < 0.05，所以诸群体在“您对以下现象的态度是？同性恋”这一认识上有显著差异。

D3e by 诸群体

您对以下现象的态度是？婚外恋 ＊ 诸群体 Crosstabulation

	官员	企业家	专业人员	工人	农民	企业员工	做小生意者	无业失业下岗	总计
完全赞同				0.3%		0.2%	0.4%	0.2%	0.2%
比较赞同	0.6%		0.9%	0.6%	0.6%	1.4%	0.7%	0.7%	0.7%
中立	10.5%	24.2%	13.7%	8.4%	6.5%	12.0%	10.6%	12.2%	9.5%
比较反对	29.0%	30.3%	25.5%	32.2%	31.2%	29.3%	29.3%	25.4%	29.8%
强烈反对	59.9%	45.5%	59.9%	58.5%	61.6%	57.0%	59.0%	61.6%	59.8%
总计	100.0%	100.0%	100.0%	100.0%	100.0%	100.0%	100.0%	100.0%	100.0%

续表

	官员	企业家	专业人员	工人	农民	企业员工	做小生意者	无业失业下岗	总计
列总计	162	33	424	2287	2350	833	1033	1257	8379

Chi-square test：df = 28，卡方值为 93.609，sig = 0.000 < 0.05，所以诸群体在“您对以下现象的态度是？婚外恋”这一认识上有显著差异。

D3f by 诸群体

您对以下现象的态度是？丁克家庭 ＊ 诸群体 Crosstabulation

	官员	企业家	专业人员	工人	农民	企业员工	做小生意者	无业失业下岗	总计
完全赞同	0.6%		1.0%	0.5%		0.6%	0.4%	0.8%	0.5%
比较赞同	1.9%		2.5%	1.7%	1.1%	2.4%	1.3%	2.9%	1.8%
中立	42.7%	42.9%	44.8%	25.9%	14.8%	35.4%	28.1%	34.9%	26.9%
比较反对	31.8%	25.0%	24.3%	31.3%	36.6%	31.7%	31.1%	25.2%	31.4%
强烈反对	22.9%	32.1%	27.5%	40.6%	47.5%	29.9%	39.2%	36.1%	39.4%
总计	100.0%	100.0%	100.0%	100.0%	100.0%	100.0%	100.0%	100.0%	100.0%
列总计	157	28	404	2052	2041	793	937	1129	7541

Chi-square test：df = 28，卡方值为 378.015，sig = 0.000 < 0.05，所以诸群体在“您对以下现象的态度是？丁克家庭”这一认识上有显著差异。

D3g by 诸群体

您对以下现象的态度是？代孕 ＊ 诸群体 Crosstabulation

	官员	企业家	专业人员	工人	农民	企业员工	做小生意者	无业失业下岗	总计
完全赞同				0.4%		0.4%	0.2%	0.4%	0.3%
比较赞同	1.9%	3.3%	2.2%	1.2%	1.1%	2.3%	1.1%	1.6%	1.4%
中立	25.9%	20.0%	31.3%	19.6%	12.1%	26.0%	21.5%	22.8%	19.7%
比较反对	34.8%	33.3%	26.2%	32.5%	36.6%	31.9%	30.0%	29.1%	32.4%
强烈反对	37.3%	43.3%	40.3%	46.3%	50.1%	39.4%	47.1%	46.1%	46.2%
总计	100.0%	100.0%	100.0%	100.0%	100.0%	100.0%	100.0%	100.0%	100.0%
列总计	158	30	409	2092	2078	792	963	1149	7671

Chi-square test：df = 28，卡方值为 176.576，sig = 0.000 < 0.05，所以诸群体在“您对以下现象的态度是？代孕”这一认识上有显著差异。

D4 by 诸群体

您如何看待为了应对拆迁、征地、买房等而出现的“假离婚”现象 * 诸群体 Crosstabulation

	官员	企业家	专业人员	工人	农民	企业员工	做小生意者	无业失业下岗	总计
完全赞同	3.8%		3.4%	2.4%	1.7%	2.6%	2.7%	1.1%	2.1%
比较赞同	18.4%	26.5%	15.0%	17.4%	10.6%	18.1%	16.2%	13.0%	14.7%
不太赞同	24.7%	38.2%	41.1%	35.7%	41.5%	37.6%	35.2%	42.7%	38.6%
坚决反对	53.2%	35.3%	40.4%	44.4%	46.2%	41.7%	45.9%	43.3%	44.6%
总计	100.0%	100.0%	100.0%	100.0%	100.0%	100.0%	100.0%	100.0%	100.0%
列总计	158	34	406	2180	2251	797	995	1186	8007

Chi-square test：df = 21，卡方值为 104.621，sig = 0.000 < 0.05，所以诸群体在“您如何看待为了应对拆迁、征地、买房等而出现的‘假离婚’现象”这一认识上有显著差异。

D5 by 诸群体

如果夫妻中需要一方为对方或家庭做出牺牲，您的态度是 * 诸群体 Crosstabulation

	官员	企业家	专业人员	工人	农民	企业员工	做小生意者	无业失业下岗	总计
非常不愿意	2.5%	6.1%	3.7%	3.7%	1.9%	4.2%	2.4%	3.3%	3.0%
不太愿意	17.3%	24.2%	20.8%	20.6%	18.4%	26.4%	18.3%	21.7%	20.4%
比较愿意	59.9%	51.5%	53.8%	54.5%	51.3%	51.3%	54.2%	51.0%	52.8%
愿意，时常这么做	20.4%	18.2%	21.6%	21.3%	28.5%	18.1%	25.0%	24.0%	23.9%
总计	100.0%	100.0%	100.0%	100.0%	100.0%	100.0%	100.0%	100.0%	100.0%
列总计	162	33	403	2218	2322	795	1025	1151	8109

Chi-square test：df = 21，卡方值为 88.785，sig = 0.000 < 0.05，所以诸群体在“如果夫妻中需要一方为对方或家庭做出牺牲，您的态度是”这一认识上有显著差异。

D6 by 诸群体

在恋爱或婚姻中，您有为对方而改变自己的意识吗 * 诸群体 Crosstabulation

	官员	企业家	专业人员	工人	农民	企业员工	做小生意者	无业失业下岗	总计
有，经常这样做	35.5%	30.3%	38.3%	30.7%	37.3%	31.1%	35.0%	32.3%	33.9%
有，但做起来有些困难	39.8%	36.4%	37.3%	40.2%	32.2%	40.9%	38.6%	33.2%	36.6%

续表

	官员	企业家	专业人员	工人	农民	企业员工	做小生意者	无业失业下岗	总计
没想过这个问题	19.3%	18.2%	18.8%	23.5%	25.5%	22.2%	21.8%	27.0%	23.9%
无须改变，只有找到愿为我改变的人才是真爱	5.4%	15.2%	5.4%	5.4%	4.8%	5.7%	4.4%	6.4%	5.3%
其他			0.2%	0.2%	0.1%		0.1%	1.1%	0.3%
总计	100.0%	100.0%	100.0%	100.0%	100.0%	100.0%	100.0%	100.0%	100.0%
列总计	166	33	426	2333	2444	845	1059	1283	8589

Chi-square test：df = 28，卡方值为 121.111，sig = 0.000 < 0.05，所以诸群体在“在恋爱或婚姻中，您有为对方而改变自己的意识吗？”这一认识上有显著差异。

D7 by 诸群体

在恋爱或婚姻中，你与对方相处的原则是 ＊ 诸群体 Crosstabulation

	官员	企业家	专业人员	工人	农民	企业员工	做小生意者	无业失业下岗	总计
我首先对他/她好，然后希望他/她对我好	62.7%	62.5%	67.1%	56.8%	59.7%	58.6%	58.0%	55.3%	58.4%
他/她对我好，我才对他/她好	18.1%	12.5%	14.4%	21.8%	18.6%	21.9%	20.1%	18.8%	19.7%
他/她对我好就行了	15.7%	18.8%	12.5%	16.0%	15.6%	13.1%	15.6%	15.1%	15.2%
总是我对他/她好，他/她对我不那么好	2.4%	6.3%	1.6%	2.3%	3.2%	2.7%	3.2%	3.7%	2.9%
他/她对我不好，我没必要对他/她好	0.6%		1.6%	1.5%	1.2%	1.5%	1.8%	2.7%	1.6%
其他	0.6%		2.8%	1.7%	1.7%	2.1%	1.3%	4.4%	2.1%
总计	100.0%	100.0%	100.0%	100.0%	100.0%	100.0%	100.0%	100.0%	100.0%
列总计	166	32	432	2331	2447	845	1057	1270	8580

Chi-square test：df = 35，卡方值为 98.269，sig = 0.000 < 0.05，所以诸群体在“在恋爱或婚姻中，你与对方相处的原则是”这一认识上有显著差异。

D8 by 诸群体

您认为生育孩子是否是一种人生义务 ＊ 诸群体 Crosstabulation

	官员	企业家	专业人员	工人	农民	企业员工	做小生意者	无业失业下岗	总计
是，如果大家都不生育，人种会灭绝	21.7%	29.0%	25.2%	23.6%	29.6%	24.2%	21.9%	22.1%	25.0%

续表

	官员	企业家	专业人员	工人	农民	企业员工	做小生意者	无业失业下岗	总计
是，不生孩子家族延传会中断	30.1%	22.6%	28.5%	40.1%	47.5%	32.6%	39.3%	38.1%	40.2%
不是，但没有孩子将老无所养也过于孤独	35.5%	35.5%	31.7%	30.6%	20.4%	33.8%	32.8%	27.7%	28.0%
不是，自己觉得快乐就行，有孩子负担过重	9.6%	12.9%	12.5%	4.9%	2.2%	8.3%	5.6%	10.3%	5.8%
其他	3.0%		2.1%	0.8%	0.4%	1.2%	0.5%	1.8%	0.9%
总计	100.0%	100.0%	100.0%	100.0%	100.0%	100.0%	100.0%	100.0%	100.0%
列总计	166	31	432	2329	2455	847	1061	1297	8618

Chi-square test：df = 28，卡方值为 369.686，sig = 0.000 < 0.05，所以诸群体在“您认为生育孩子是否是一种人生义务”这一认识上有显著差异。

D9 by 诸群体

孩子面临重大问题（婚姻、升学、就业等）时，您的态度是 * 诸群体 Crosstabulation

	官员	企业家	专业人员	工人	农民	企业员工	做小生意者	无业失业下岗	总计
全部包办，替他们做决定或搞定	7.2%	2.9%	3.9%	5.4%	6.4%	5.2%	5.5%	6.2%	5.8%
积极建议，努力说服他们采纳	21.6%	50.0%	19.2%	26.2%	26.6%	22.1%	26.4%	18.8%	24.5%
只提建议，让他们自己选择	44.9%	32.4%	44.2%	38.1%	45.2%	35.9%	37.7%	37.7%	40.2%
不表态，免得子女将来埋怨	4.2%		3.5%	6.2%	10.2%	4.8%	6.4%	7.5%	7.3%
经常提出建议，但大多不起作用	3.0%		2.1%	4.3%	6.1%	2.7%	4.8%	2.3%	4.2%
没孩子/孩子太小	19.2%	14.7%	26.4%	19.5%	5.2%	28.7%	19.0%	26.9%	17.7%
其他			0.7%	0.3%	0.4%	0.5%	0.2%	0.7%	0.4%
总计	100.0%	100.0%	100.0%	100.0%	100.0%	100.0%	100.0%	100.0%	100.0%
列总计	167	34	432	2333	2460	849	1070	1317	8662

Chi-square test：df = 42，卡方值为 546.725，sig = 0.000 < 0.05，所以诸群体在“孩子面临重大问题（婚姻、升学、就业等）时，您的态度是”这一认识上有显著差异。

D10 by 诸群体

您对子女所提出的有关人生发展方面的建议，是否经常被采纳 ＊ 诸群体 Crosstabulation

	官员	企业家	专业人员	工人	农民	企业员工	做小生意者	无业失业下岗	总计
经常被采纳	17.9%	18.5%	25.0%	17.8%	21.1%	20.5%	18.8%	19.4%	19.7%
较多被采纳	69.1%	74.1%	65.0%	63.9%	59.8%	60.8%	62.8%	58.6%	61.7%
基本不采纳	11.4%	7.4%	8.5%	16.5%	17.9%	15.9%	16.6%	19.7%	16.9%
从不被采纳并遭到嘲讽	1.6%		1.5%	1.8%	1.3%	2.8%	1.8%	2.3%	1.7%
总计	100.0%	100.0%	100.0%	100.0%	100.0%	100.0%	100.0%	100.0%	100.0%
列总计	123	27	260	1726	2098	508	799	775	6316

Chi-square test：df = 21，卡方值为43.527，sig =0.003 < 0.05，所以诸群体在“您对子女所提出的有关人生发展方面的建议，是否经常被采纳”这一认识上有显著差异。

D11 by 诸群体

您认为现在孩子价值观的形成受何种因素影响最大 ＊ 诸群体 Crosstabulation

	官员	企业家	专业人员	工人	农民	企业员工	做小生意者	无业失业下岗	总计
父母	65.8%	61.8%	63.0%	58.8%	59.0%	59.0%	58.9%	60.3%	59.5%
老师	50.9%	52.9%	57.1%	59.6%	66.2%	58.1%	56.8%	57.8%	60.4%
同伴	25.5%	14.7%	22.0%	27.0%	28.7%	31.4%	26.7%	24.6%	27.2%
网络、朋友圈	21.7%	29.4%	24.2%	18.0%	16.6%	18.6%	21.0%	17.9%	18.4%
明星	1.2%	2.9%	2.9%	2.3%	0.7%	2.0%	1.9%	2.0%	1.7%
道德模范	8.7%	5.9%	6.3%	6.1%	3.7%	7.4%	5.7%	5.1%	5.4%
伟大人物	4.3%	8.8%	1.5%	3.3%	1.9%	2.7%	2.6%	1.9%	2.5%
列总计	161	34	413	2222	2347	807	1027	1238	8249

据上表所示，诸群体在“您认为现在孩子价值观的形成受何种因素影响最大”这一认识上有显著差异。

D12 by 诸群体

您认为老人是否有义务帮子女带孩子 ＊ 诸群体 Crosstabulation

	官员	企业家	专业人员	工人	农民	企业员工	做小生意者	无业失业下岗	总计
有，天经地义的	14.4%	20.6%	14.1%	18.0%	31.2%	11.1%	17.1%	21.9%	21.3%

续表

	官员	企业家	专业人员	工人	农民	企业员工	做小生意者	无业失业下岗	总计
没有，老人帮助带孙辈，子女应感恩	47.3%	44.1%	49.3%	42.3%	36.0%	44.2%	41.2%	42.4%	41.0%
没有义务，不过带孙辈也是天伦之乐，应该帮助带	34.1%	32.4%	32.2%	35.6%	29.5%	39.4%	38.1%	28.9%	33.3%
没想过	4.2%	2.9%	4.4%	4.1%	3.4%	5.3%	3.6%	6.8%	4.3%
总计	100.0%	100.0%	100.0%	100.0%	100.0%	100.0%	100.0%	100.0%	100.0%
列总计	167	34	432	2342	2462	850	1067	1317	8671

Chi-square test：df = 21，卡方值为 283.586，sig = 0.000 < 0.05，所以诸群体在“您认为老人是否有义务帮子女带孩子”这一认识上有显著差异。

D13 by 诸群体

您认为最理想的养老方式是哪种 ＊ 诸群体 Crosstabulation

	官员	企业家	专业人员	工人	农民	企业员工	做小生意者	无业失业下岗	总计
敬老院、护理院等专业养老机构	21.0%	19.4%	21.2%	15.5%	9.1%	17.3%	13.5%	11.6%	13.4%
与子女同住	32.9%	41.9%	36.7%	53.7%	64.4%	43.4%	51.7%	47.8%	53.3%
自己单住，生活难以自理时找护工	15.0%	12.9%	15.1%	14.3%	12.4%	14.1%	15.9%	16.2%	14.3%
与兄弟姐妹抱团养老	4.8%	3.2%	3.5%	4.8%	5.7%	6.6%	5.2%	5.5%	5.3%
与志趣相投的人一起养老	25.1%	22.6%	21.9%	10.4%	7.4%	17.8%	12.4%	17.2%	12.4%
其他	1.2%		1.6%	1.3%	1.1%	0.8%	1.3%	1.7%	1.3%
总计	100.0%	100.0%	100.0%	100.0%	100.0%	100.0%	100.0%	100.0%	100.0%
列总计	167	31	430	2336	2459	850	1067	1316	8656

Chi-square test：df = 35，卡方值为 377.615，sig = 0.000 < 0.05，所以诸群体在“您认为最理想的养老方式是哪种”这一认识上有显著差异。

D14 by 诸群体

当父母一方长期生活不能自理时，主要承担照顾工作的人应该是 ＊ 诸群体 Crosstabulation

	官员	企业家	专业人员	工人	农民	企业员工	做小生意者	无业失业下岗	总计
子女照顾	33.7%	45.5%	41.8%	46.3%	49.8%	39.2%	48.6%	50.8%	47.1%

续表

	官员	企业家	专业人员	工人	农民	企业员工	做小生意者	无业失业下岗	总计
父母中还有能力的另一方（老伴儿）	38.6%	27.3%	30.2%	36.3%	38.8%	33.6%	34.6%	29.4%	35.2%
雇保姆，老伴儿协助	11.4%	6.1%	8.8%	6.6%	4.5%	8.1%	5.1%	5.3%	6.0%
雇保姆，子女协助	13.9%	12.1%	12.3%	7.1%	4.6%	13.1%	8.2%	10.2%	8.0%
送护理机构，家人经常探望	2.4%	9.1%	5.8%	3.3%	1.7%	5.0%	3.1%	3.3%	3.1%
其他			1.2%	0.4%	0.6%	1.1%	0.5%	1.0%	0.6%
总计	100.0%	100.0%	100.0%	100.0%	100.0%	100.0%	100.0%	100.0%	100.0%
列总计	166	33	431	2334	2451	848	1067	1315	8645

Chi-square test：df = 35，卡方值为 231.723，sig = 0.000 < 0.05，所以诸群体在“当父母一方长期生活不能自理时，主要承担照顾工作的人应该是”这一认识上有显著差异。

D15 by 诸群体

在过去的十天里，您为父母做过以下哪些事情 * 诸群体 Crosstabulation

	官员	企业家	专业人员	工人	农民	企业员工	做小生意者	无业失业下岗	总计
看望	26.9%	38.2%	23.7%	22.2%	20.4%	24.4%	20.7%	16.7%	21.1%
打电话	42.5%	44.1%	45.9%	39.1%	22.6%	48.1%	41.3%	36.2%	35.6%
买东西	32.9%	23.5%	31.6%	25.2%	16.9%	32.5%	26.1%	23.5%	23.9%
陪看病	5.4%		3.7%	4.8%	3.8%	5.3%	4.3%	4.1%	4.3%
生活照料	24.6%	14.7%	21.8%	23.1%	22.7%	26.2%	24.4%	19.7%	22.8%
做家务	24.6%	26.5%	24.4%	25.8%	21.2%	29.1%	24.0%	32.5%	25.5%
谈心聊天	29.9%	17.6%	28.3%	22.3%	14.3%	26.9%	23.3%	26.2%	21.6%
给钱	7.2%	11.8%	10.7%	10.6%	7.8%	11.4%	11.4%	6.0%	9.2%
外出游玩	3.6%	14.7%	5.8%	2.3%	0.9%	3.8%	2.3%	3.3%	2.4%
无	4.2%	8.8%	4.6%	10.0%	10.4%	5.8%	10.6%	6.1%	8.8%
父母已去世	15.0%	5.9%	12.5%	14.0%	31.8%	6.4%	10.3%	19.8%	18.7%
列总计	167	34	431	2336	2450	848	1071	1320	8657

据上表所示，诸群体在“在过去的十天里，您为父母做过以下哪些事情”这一认识上有显著差异。

D16 by 诸群体

您是否觉得孤独 ＊ 诸群体 Crosstabulation

	官员	企业家	专业人员	工人	农民	企业员工	做小生意者	无业失业下岗	总计
经常	7.2%	5.9%	5.6%	5.1%	4.3%	4.7%	5.3%	5.6%	5.0%
有时	21.6%	26.5%	25.8%	22.4%	24.0%	26.2%	21.6%	26.7%	24.0%
不太觉得	35.3%	20.6%	32.3%	34.9%	32.7%	36.9%	33.8%	30.4%	33.5%
不觉得	35.9%	47.1%	36.4%	37.6%	39.0%	32.1%	39.3%	37.3%	37.6%
总计	100.0%	100.0%	100.0%	100.0%	100.0%	100.0%	100.0%	100.0%	100.0%
列总计	167	34	431	2335	2456	843	1067	1316	8649

Chi-square test：df = 21，卡方值为 37.732，sig = 0.014 < 0.05，所以诸群体在“您是否觉得孤独”这一认识上有显著差异。

D17 by 诸群体

现在开展的弘扬好家风好家训活动，您认为有意义吗 ＊ 诸群体 Crosstabulation

	官员	企业家	专业人员	工人	农民	企业员工	做小生意者	无业失业下岗	总计
很有意义	76.8%	70.6%	77.4%	70.5%	70.4%	69.9%	69.8%	72.7%	71.2%
可有可无	13.4%	17.6%	13.0%	17.7%	15.8%	18.7%	18.1%	15.7%	16.7%
没有必要	9.8%	11.8%	9.6%	11.8%	13.7%	11.5%	12.1%	11.6%	12.2%
总计	100.0%	100.0%	100.0%	100.0%	100.0%	100.0%	100.0%	100.0%	100.0%
列总计	164	34	416	2217	2280	803	1007	1222	8143

Chi-square test：df = 14，卡方值为 23.220，sig = 0.057 > 0.05，所以诸群体在“现在开展的弘扬好家风好家训活动，您认为有意义吗”这一认识上无显著差异。

D18 by 诸群体

您所在的地方发生过虐待儿童的事件吗 ＊ 诸群体 Crosstabulation

	官员	企业家	专业人员	工人	农民	企业员工	做小生意者	无业失业下岗	总计
经常会发生	9.6%	6.3%	4.2%	5.0%	3.2%	4.5%	4.8%	2.9%	4.1%
偶尔发生	19.2%	34.4%	18.3%	18.7%	12.5%	18.5%	18.6%	17.6%	16.8%
没听说过	71.3%	59.4%	77.5%	76.3%	84.3%	77.0%	76.6%	79.5%	79.0%
总计	100.0%	100.0%	100.0%	100.0%	100.0%	100.0%	100.0%	100.0%	100.0%
列总计	167	32	427	2327	2454	848	1062	1317	8634

Chi-square test：df = 14，卡方值为 85.876，sig = 0.000 < 0.05，所以诸群体在“您所在的地方发生过虐待儿童的事件吗”这一认识上有显著差异。

D19 by 诸群体

在大街或社区里，看到行走或生活困难的老人，您经常的反应是 * 诸群体 Crosstabulation

	官员	企业家	专业人员	工人	农民	企业员工	做小生意者	无业失业下岗	总计
想到自己的（祖）父母或自己的未来，情不自禁地想帮助他	50.0%	41.2%	46.3%	43.8%	43.0%	40.6%	45.3%	43.5%	43.6%
出于义务责任感，想帮助他	30.1%	32.4%	28.5%	24.4%	26.5%	30.3%	23.7%	27.3%	26.3%
有同情感，但没有想帮助的冲动	16.3%	23.5%	23.4%	27.8%	24.0%	25.2%	26.8%	23.9%	25.3%
没有感觉，习以为常	3.6%	2.9%	1.9%	4.0%	6.3%	3.8%	4.3%	4.5%	4.6%
其他					0.2%	0.1%		0.8%	0.2%
总计	100.0%	100.0%	100.0%	100.0%	100.0%	100.0%	100.0%	100.0%	100.0%
列总计	166	34	432	2338	2461	848	1065	1312	8656

Chi-square test：df = 28，卡方值为 88.555，sig = 0.000 < 0.05，所以诸群体在“在大街或社区里，看到行走或生活困难的老人，您经常的反应是”这一认识上有显著差异。

D20 by 诸群体

如果您的父母或兄妹偷了别人的东西，警察正在查找，您的行为反应可能是 * 诸群体 Crosstabulation

	官员	企业家	专业人员	工人	农民	企业员工	做小生意者	无业失业下岗	总计
批评他，但不会告发	18.1%	26.5%	21.7%	30.0%	27.7%	23.2%	29.2%	20.0%	26.4%
批评他，陪他送回原处或去承认错误	63.9%	64.7%	63.9%	51.1%	53.4%	57.2%	50.2%	56.8%	54.0%
默认，因为他得到的东西正是家庭所急需	6.6%		3.5%	6.9%	5.5%	9.0%	7.8%	5.5%	6.4%
告发，因为出于正义感	7.8%		5.4%	4.4%	5.2%	4.7%	4.0%	6.6%	5.0%
告发，因为可能会连累自己	0.6%	5.9%	0.5%	2.3%	1.8%	2.7%	1.9%	2.0%	2.0%
不管不问，由他自己决定	3.0%	2.9%	4.9%	5.1%	6.0%	3.0%	6.6%	8.4%	5.8%
其他			0.2%	0.2%	0.4%	0.2%	0.4%	0.6%	0.4%

续表

	官员	企业家	专业人员	工人	农民	企业员工	做小生意者	无业失业下岗	总计
总计	100.0%	100.0%	100.0%	100.0%	100.0%	100.0%	100.0%	100.0%	100.0%
列总计	166	34	429	2331	2449	845	1062	1302	8618

Chi-square test：df = 42，卡方值为 162.913，sig = 0.000 < 0.05，所以诸群体在“如果您的父母或兄妹偷了别人的东西，警察正在查找，您的行为反应可能是”这一认识上有显著差异。

D21 by 诸群体

当独生子女单独组成家庭后，父母和子女哪一种居住方式更好 * 诸群体 Crosstabulation

	官员	企业家	专业人员	工人	农民	企业员工	做小生意者	无业失业下岗	总计
单独居住	31.9%	36.4%	32.7%	26.3%	29.5%	26.4%	29.1%	34.6%	29.3%
和父母同住	22.3%	18.2%	22.5%	34.9%	39.1%	27.7%	33.0%	26.2%	32.9%
和父母及祖辈共同居住	5.4%	6.1%	7.0%	9.8%	8.1%	11.9%	7.7%	8.0%	8.8%
和父母靠近居住	39.8%	39.4%	37.1%	28.3%	22.5%	34.0%	29.5%	30.3%	28.4%
其他	0.6%		0.7%	0.7%	0.8%		0.7%	0.8%	0.7%
总计	100.0%	100.0%	100.0%	100.0%	100.0%	100.0%	100.0%	100.0%	100.0%
列总计	166	33	431	2341	2459	849	1067	1317	8663

Chi-square test：df = 28，卡方值为 192.158，sig = 0.000 < 0.05，所以诸群体在“当独生子女单独组成家庭后，父母和子女哪一种居住方式更好”这一认识上有显著差异。

D22 by 诸群体

您是否认为把老人送到养老院是不孝行为 * 诸群体 Crosstabulation

	官员	企业家	专业人员	工人	农民	企业员工	做小生意者	无业失业下岗	总计
是	12.0%	21.2%	10.9%	17.2%	24.4%	13.2%	17.7%	20.5%	19.0%
相对而言，部分是	52.1%	39.4%	53.8%	54.6%	48.7%	55.7%	53.1%	47.6%	51.7%
不是	35.3%	39.4%	34.9%	27.9%	26.4%	31.0%	28.9%	31.6%	29.0%
其他	0.6%		0.5%	0.3%	0.4%	0.1%	0.2%	0.3%	0.3%
总计	100.0%	100.0%	100.0%	100.0%	100.0%	100.0%	100.0%	100.0%	100.0%
列总计	167	33	433	2328	2452	849	1065	1318	8645

Chi-square test：df = 21，卡方值为 118.682，sig = 0.000 < 0.05，所以诸群体在“您是否认为把老人送到养老院是不孝行为”这一认识上有显著差异。

E1 by 诸群体

您认为企业最重要的社会责任是什么 ＊ 诸群体 Crosstabulation

	官员	企业家	专业人员	工人	农民	企业员工	做小生意者	无业失业下岗	总计
为企业和企业股东自身赚钱	14.9%	18.2%	11.0%	14.8%	15.7%	13.3%	13.5%	12.5%	14.2%
通过依法纳税为国家积累财富	24.2%	21.2%	22.1%	21.9%	22.2%	24.5%	20.0%	24.4%	22.4%
通过诚信经营提供质量可靠的产品，满足社会大众生活需求	57.1%	51.5%	62.4%	57.3%	52.9%	57.0%	61.2%	56.0%	56.7%
为员工谋福利	3.1%	9.1%	3.8%	5.6%	9.1%	4.8%	5.2%	6.7%	6.4%
其他	0.6%		0.7%	0.3%	0.1%	0.4%	0.1%	0.4%	0.3%
总计	100.0%	100.0%	100.0%	100.0%	100.0%	100.0%	100.0%	100.0%	100.0%
列总计	161	33	420	2225	2121	832	1001	1153	7946

Chi-square test：df = 28，卡方值为 76.524，sig = 0.000 < 0.05，所以诸群体在“您认为企业最重要的社会责任是什么”的回答上有显著差异。

E2a by 诸群体

下列关于企业的说法，您的同意程度是？只要能为员工谋福利就是一个好单位 ＊ 诸群体 Crosstabulation

	官员	企业家	专业人员	工人	农民	企业员工	做小生意者	无业失业下岗	总计
完全同意	7.5%	14.7%	13.1%	15.5%	15.4%	15.2%	16.5%	12.9%	14.9%
比较同意	49.4%	52.9%	51.5%	57.0%	55.7%	48.6%	57.9%	49.8%	54.4%
不太同意	37.5%	26.5%	30.9%	24.9%	26.8%	31.8%	23.4%	32.6%	27.6%
完全不同意	5.6%	5.9%	4.5%	2.6%	2.2%	4.3%	2.2%	4.7%	3.1%
总计	100.0%	100.0%	100.0%	100.0%	100.0%	100.0%	100.0%	100.0%	100.0%
列总计	160	34	421	2265	2201	833	1015	1195	8124

Chi-square test：df = 21，卡方值为 97.229，sig = 0.000 < 0.05，所以诸群体在“只要能为员工谋福利就是一个好单位”这一认识的同意程度的回答上有显著差异。

E2b by 诸群体

下列关于企业的说法，您的同意程度是？经济效益好坏是衡量企业成败的唯一标准 ＊ 诸群体 Crosstabulation

	官员	企业家	专业人员	工人	农民	企业员工	做小生意者	无业失业下岗	总计
完全同意	5.0%	8.8%	6.5%	10.0%	11.6%	10.2%	10.5%	8.9%	10.1%
比较同意	32.9%	50.0%	36.4%	44.0%	48.0%	35.6%	44.5%	35.6%	42.4%
不太同意	50.9%	38.2%	49.5%	40.7%	36.5%	44.3%	40.2%	47.1%	41.5%
完全不同意	11.2%	2.9%	7.7%	5.3%	3.9%	10.0%	4.8%	8.4%	6.0%
总计	100.0%	100.0%	100.0%	100.0%	100.0%	100.0%	100.0%	100.0%	100.0%
列总计	161	34	418	2239	2139	827	1004	1167	7989

Chi-square test：df = 21，卡方值为161.885，sig = 0.000 < 0.05，所以诸群体在“经济效益好坏是衡量企业成败的唯一标准”这一认识的同意程度的回答上有显著差异。

E2c by 诸群体

下列关于企业的说法，您的同意程度是？企业做慈善都是做做样子，其实还是为自己做广告 ＊ 诸群体 Crosstabulation

	官员	企业家	专业人员	工人	农民	企业员工	做小生意者	无业失业下岗	总计
完全同意	4.5%	3.1%	3.8%	6.4%	6.3%	6.7%	6.7%	4.7%	6.0%
比较同意	36.9%	40.6%	35.9%	40.8%	43.8%	36.6%	43.5%	40.3%	41.1%
不太同意	48.4%	46.9%	52.3%	46.5%	45.7%	48.3%	44.4%	48.2%	46.8%
完全不同意	10.2%	9.4%	8.1%	6.3%	4.2%	8.4%	5.4%	6.8%	6.1%
总计	100.0%	100.0%	100.0%	100.0%	100.0%	100.0%	100.0%	100.0%	100.0%
列总计	157	32	421	2221	2112	822	991	1148	7904

Chi-square test：df = 21，卡方值为57.496，sig = 0.000 < 0.05，所以诸群体在“企业做慈善都是做做样子，其实还是为自己做广告”这一认识的同意程度的回答上有显著差异。

E2d by 诸群体

下列关于企业的说法，您的同意程度是？企业和员工之间只是合同关系，效益好就好好干，效益不好就跳槽 ＊ 诸群体 Crosstabulation

	官员	企业家	专业人员	工人	农民	企业员工	做小生意者	无业失业下岗	总计
完全同意	5.0%	3.0%	3.3%	6.4%	6.1%	5.2%	7.2%	5.3%	5.9%

续表

	官员	企业家	专业人员	工人	农民	企业员工	做小生意者	无业失业下岗	总计
比较同意	19.9%	21.2%	23.5%	31.0%	35.8%	28.9%	28.6%	27.7%	30.6%
不太同意	54.0%	57.6%	58.3%	51.1%	48.9%	51.3%	53.3%	52.0%	51.4%
完全不同意	21.1%	18.2%	14.9%	11.5%	9.2%	14.7%	10.9%	15.0%	12.0%
总计	100.0%	100.0%	100.0%	100.0%	100.0%	100.0%	100.0%	100.0%	100.0%
列总计	161	33	422	2266	2160	831	1011	1173	8057

Chi-square test：df = 21，卡方值为 102.166，sig = 0.000 < 0.05，所以诸群体在“企业和员工之间只是合同关系，效益好就好好干，效益不好就跳槽”这一认识的同意程度的回答上有显著差异。

E2e by 诸群体

下列关于企业的说法，您的同意程度是？企业不需要对员工讲什么伦理关怀，员工表现好就发奖金，不好就辞退 * 诸群体 Crosstabulation

	官员	企业家	专业人员	工人	农民	企业员工	做小生意者	无业失业下岗	总计
完全同意	3.7%		2.8%	5.8%	3.6%	4.3%	4.3%	4.4%	4.5%
比较同意	18.0%	24.2%	16.0%	24.5%	25.8%	24.1%	25.8%	20.6%	23.8%
不太同意	49.1%	57.6%	57.5%	53.2%	59.3%	53.6%	55.3%	55.8%	55.7%
完全不同意	29.2%	18.2%	23.6%	16.6%	11.2%	18.0%	14.5%	19.1%	16.0%
总计	100.0%	100.0%	100.0%	100.0%	100.0%	100.0%	100.0%	100.0%	100.0%
列总计	161	33	424	2251	2167	829	1014	1182	8061

Chi-square test：df = 21，卡方值为 124.965，sig = 0.000 < 0.05，所以诸群体在“企业不需要对员工讲什么伦理关怀，员工表现好就发奖金，不好就辞退”这一认识的同意程度的回答上有显著差异。

E2f by 诸群体

下列关于企业的说法，您的同意程度是？企业为了履行社会责任，应当放弃一些自身利益 * 诸群体 Crosstabulation

	官员	企业家	专业人员	工人	农民	企业员工	做小生意者	无业失业下岗	总计
完全同意	26.3%	18.8%	23.9%	22.1%	20.5%	21.1%	23.1%	21.2%	21.7%
比较同意	44.4%	43.8%	48.6%	50.7%	53.3%	47.9%	50.5%	50.8%	50.8%
不太同意	25.6%	31.3%	22.7%	23.0%	22.6%	25.2%	23.5%	23.6%	23.3%
完全不同意	3.8%	6.3%	4.7%	4.2%	3.6%	5.8%	2.9%	4.5%	4.1%
总计	100.0%	100.0%	100.0%	100.0%	100.0%	100.0%	100.0%	100.0%	100.0%

续表

	官员	企业家	专业人员	工人	农民	企业员工	做小生意者	无业失业下岗	总计
列总计	160	32	422	2246	2172	829	1016	1176	8053

Chi-square test：df = 21，卡方值为 26.964，sig = 0.172 > 0.05，所以诸群体在“企业为了履行社会责任，应当放弃一些自身利益”这一认识的同意程度的回答上无显著差异。

E2g by 诸群体

下列关于企业的说法，您的同意程度是？讲信用、遵循道德规范的企业能够获得更好的利益 ＊ 诸群体 Crosstabulation

	官员	企业家	专业人员	工人	农民	企业员工	做小生意者	无业失业下岗	总计
完全同意	36.5%	27.3%	29.5%	23.4%	24.0%	25.4%	27.0%	28.9%	25.6%
比较同意	44.0%	42.4%	48.8%	54.6%	56.8%	51.5%	52.3%	49.4%	53.3%
不太同意	19.5%	27.3%	16.0%	18.5%	16.6%	18.7%	18.5%	18.7%	18.0%
完全不同意		3.0%	5.7%	3.5%	2.6%	4.4%	2.2%	3.0%	3.2%
总计	100.0%	100.0%	100.0%	100.0%	100.0%	100.0%	100.0%	100.0%	100.0%
列总计	159	33	420	2260	2179	823	1027	1188	8089

Chi-square test：df = 21，卡方值为 66.202，sig = 0.000 < 0.05，所以诸群体在“讲信用、遵循道德规范的企业能够获得更好的利益”这一认识的同意程度的回答上有显著差异。

E2h by 诸群体

下列关于企业的说法，您的同意程度是？企业只是一台赚钱的机器，能赚钱就行，无所谓社会责任，声誉也不重要 ＊ 诸群体 Crosstabulation

	官员	企业家	专业人员	工人	农民	企业员工	做小生意者	无业失业下岗	总计
完全同意	5.0%		2.6%	2.9%	2.0%	1.5%	2.5%	3.4%	2.5%
比较同意	15.6%	27.3%	12.9%	17.3%	17.0%	17.4%	15.9%	16.1%	16.7%
不太同意	37.5%	42.4%	46.5%	53.3%	60.9%	48.5%	54.8%	52.7%	54.2%
完全不同意	41.9%	30.3%	37.9%	26.5%	20.1%	32.6%	26.8%	27.9%	26.6%
总计	100.0%	100.0%	100.0%	100.0%	100.0%	100.0%	100.0%	100.0%	100.0%
列总计	160	33	417	2226	2147	827	1005	1164	7979

Chi-square test：df = 21，卡方值为 140.482，sig = 0.000 < 0.05，所以诸群体在“企业只是一台赚钱的机器，能赚钱就行，无所谓社会责任，声誉也不重要”这一认识的同意程度的回答上有显著差异。

E2i by 诸群体

下列关于企业的说法，您的同意程度是？同样的产品，国企生产的比私企的更有保障 ＊ 诸群体 Crosstabulation

	官员	企业家	专业人员	工人	农民	企业员工	做小生意者	无业失业下岗	总计
完全同意	11.0%	6.5%	7.8%	6.8%	7.6%	6.9%	7.7%	10.3%	7.8%
比较同意	37.0%	38.7%	41.9%	41.5%	49.4%	36.7%	41.0%	40.9%	42.8%
不太同意	37.0%	38.7%	42.7%	41.7%	35.1%	46.4%	42.1%	40.1%	40.2%
完全不同意	14.9%	16.1%	7.6%	10.0%	8.0%	10.1%	9.1%	8.7%	9.2%
总计	100.0%	100.0%	100.0%	100.0%	100.0%	100.0%	100.0%	100.0%	100.0%
列总计	154	31	396	2145	2002	785	942	1081	7536

Chi-square test：df = 21，卡方值为 82.621，sig = 0.000 < 0.05，所以诸群体在“同样的产品，国企生产的比私企的更有保障”这一认识的同意程度的回答上有显著差异。

E3 by 诸群体

下面哪种说法更符合或接近您的个人想法 ＊ 诸群体 Crosstabulation

	官员	企业家	专业人员	工人	农民	企业员工	做小生意者	无业失业下岗	总计
个人和工作单位之间是聘用或雇用关系，通过工资和付出劳动满足彼此需求	34.1%	44.1%	34.7%	50.0%	50.0%	43.6%	48.9%	41.4%	46.9%
不只是利益关系，应当还有很多情感的联系，应当共命运	35.4%	35.3%	39.6%	34.9%	33.3%	39.6%	34.3%	37.2%	35.4%
个人是单位的一分子，单位如同个人的另一个家	30.5%	20.6%	25.2%	15.1%	16.3%	16.8%	16.7%	20.8%	17.5%
其他			0.5%	0.1%	0.4%		0.2%	0.6%	0.3%
总计	100.0%	100.0%	100.0%	100.0%	100.0%	100.0%	100.0%	100.0%	100.0%
列总计	164	34	429	2307	2384	844	1027	1248	8437

Chi-square test：df = 21，卡方值为 112.965，sig = 0.000 < 0.05，所以诸群体在“下面哪种说法更符合或接近您的个人想法”这一认识上有显著差异。

E4a by 诸群体

您对自己所在企业履行下列责任的满意情况如何？劳动安全保障 * 诸群体 Crosstabulation

	官员	企业家	专业人员	工人	农民	企业员工	做小生意者	无业失业下岗	总计
非常不满意	2.6%		4.5%	3.0%	2.7%	2.2%	3.3%	5.5%	3.3%
不太满意	14.5%	17.6%	15.8%	20.8%	20.4%	18.1%	24.7%	29.3%	21.5%
比较满意	65.8%	73.5%	69.9%	70.5%	72.5%	71.3%	65.7%	59.0%	68.9%
非常满意	17.1%	8.8%	9.8%	5.6%	4.4%	8.3%	6.2%	6.2%	6.4%
总计	100.0%	100.0%	100.0%	100.0%	100.0%	100.0%	100.0%	100.0%	100.0%
列总计	152	34	399	2135	1376	816	817	813	6542

Chi-square test：df = 21，卡方值为 130.723，sig = 0.000 < 0.05，所以诸群体在“您对自己所在企业履行下列责任的满意情况如何？劳动安全保障”这一认识上有显著差异。

E4b by 诸群体

您对自己所在企业履行下列责任的满意情况如何？员工薪酬合理 * 诸群体 Crosstabulation

	官员	企业家	专业人员	工人	农民	企业员工	做小生意者	无业失业下岗	总计
非常不满意	2.0%		3.3%	2.6%	1.5%	2.6%	2.2%	4.4%	2.6%
不太满意	18.5%	20.6%	19.6%	25.9%	26.4%	23.1%	24.1%	28.5%	25.2%
比较满意	66.2%	70.6%	66.6%	63.0%	65.8%	59.8%	66.5%	56.8%	63.2%
非常满意	13.2%	8.8%	10.6%	8.6%	6.3%	14.6%	7.2%	10.3%	9.1%
总计	100.0%	100.0%	100.0%	100.0%	100.0%	100.0%	100.0%	100.0%	100.0%
列总计	151	34	398	2147	1374	823	829	818	6574

Chi-square test：df = 21，卡方值为 92.332，sig = 0.000 < 0.05，所以诸群体在“您对自己所在企业履行下列责任的满意情况如何？员工薪酬合理”这一认识上有显著差异。

E4c by 诸群体

您对自己所在企业履行下列责任的满意情况如何？关心员工生活 * 诸群体 Crosstabulation

	官员	企业家	专业人员	工人	农民	企业员工	做小生意者	无业失业下岗	总计
非常不满意	2.7%		3.0%	2.7%	2.7%	1.6%	2.7%	5.1%	2.9%

续表

	官员	企业家	专业人员	工人	农民	企业员工	做小生意者	无业失业下岗	总计
不太满意	18.2%	8.8%	21.8%	26.5%	24.1%	22.6%	24.6%	31.1%	25.3%
比较满意	62.2%	82.4%	62.2%	60.8%	67.1%	61.6%	62.7%	53.3%	61.7%
非常满意	16.9%	8.8%	12.9%	10.0%	6.1%	14.2%	10.0%	10.5%	10.1%
总计	100.0%	100.0%	100.0%	100.0%	100.0%	100.0%	100.0%	100.0%	100.0%
列总计	148	34	394	2126	1334	818	817	808	6479

Chi-square test：df = 21，卡方值为106.520，sig = 0.000 < 0.05，所以诸群体在"您对自己所在企业履行下列责任的满意情况如何？关心员工生活"这一认识上有显著差异。

E4d by 诸群体

您对自己所在企业履行下列责任的满意情况如何？诚实守法经营 * 诸群体 Crosstabulation

	官员	企业家	专业人员	工人	农民	企业员工	做小生意者	无业失业下岗	总计
非常不满意	2.0%		2.3%	1.2%	1.3%	1.7%	2.4%	3.0%	1.7%
不太满意	14.5%	20.6%	13.9%	14.4%	15.7%	14.4%	15.7%	20.8%	15.7%
比较满意	69.1%	64.7%	72.9%	75.2%	76.9%	69.1%	70.8%	69.1%	73.2%
非常满意	14.5%	14.7%	10.9%	9.3%	6.1%	14.9%	11.1%	7.1%	9.4%
总计	100.0%	100.0%	100.0%	100.0%	100.0%	100.0%	100.0%	100.0%	100.0%
列总计	152	34	395	2064	1600	786	867	875	6773

Chi-square test：df = 21，卡方值为103.465，sig = 0.000 < 0.05，所以诸群体在"您对自己所在企业履行下列责任的满意情况如何？诚实守法经营"这一认识上有显著差异。

E4e by 诸群体

您对自己所在企业履行下列责任的满意情况如何？产品质量可靠 * 诸群体 Crosstabulation

	官员	企业家	专业人员	工人	农民	企业员工	做小生意者	无业失业下岗	总计
非常不满意	2.0%		2.3%	0.7%	1.2%	1.4%	1.2%	1.6%	1.2%
不太满意	7.3%	14.7%	13.7%	11.2%	16.5%	12.0%	14.0%	18.5%	13.9%
比较满意	72.7%	73.5%	71.6%	75.7%	74.8%	69.2%	72.9%	68.2%	73.1%
非常满意	18.0%	11.8%	12.4%	12.3%	7.5%	17.4%	11.9%	11.7%	11.8%
总计	100.0%	100.0%	100.0%	100.0%	100.0%	100.0%	100.0%	100.0%	100.0%

续表

	官员	企业家	专业人员	工人	农民	企业员工	做小生意者	无业失业下岗	总计
列总计	150	34	387	2073	1633	791	862	880	6810

Chi-square test：df = 21，卡方值为 108.986，sig = 0.000 < 0.05，所以诸群体在“您对自己所在企业履行下列责任的满意情况如何？产品质量可靠”这一认识上有显著差异。

E4f by 诸群体

您对自己所在企业履行下列责任的满意情况如何？环境保护措施 ＊ 诸群体 Crosstabulation

	官员	企业家	专业人员	工人	农民	企业员工	做小生意者	无业失业下岗	总计
非常不满意	4.0%		4.5%	2.8%	4.4%	3.0%	3.8%	6.4%	3.9%
不太满意	17.4%	14.7%	24.0%	22.2%	24.3%	19.5%	28.6%	28.7%	24.0%
比较满意	59.1%	70.6%	56.5%	61.9%	63.3%	61.0%	57.4%	53.1%	60.0%
非常满意	19.5%	14.7%	15.0%	13.2%	8.0%	16.5%	10.3%	11.9%	12.1%
总计	100.0%	100.0%	100.0%	100.0%	100.0%	100.0%	100.0%	100.0%	100.0%
列总计	149	34	379	1954	1516	759	798	865	6454

Chi-square test：df = 21，卡方值为 111.510，sig = 0.000 < 0.05，所以诸群体在“您对自己所在企业履行下列责任的满意情况如何？环境保护措施”这一认识上有显著差异。

E4g by 诸群体

您对自己所在企业履行下列责任的满意情况如何？慈善公益事业 ＊ 诸群体 Crosstabulation

	官员	企业家	专业人员	工人	农民	企业员工	做小生意者	无业失业下岗	总计
非常不满意	1.4%	3.3%	4.0%	2.5%	3.5%	3.0%	3.6%	5.6%	3.4%
不太满意	18.9%	13.3%	22.3%	21.4%	24.6%	22.8%	27.1%	27.5%	23.7%
比较满意	67.8%	73.3%	61.0%	63.6%	64.5%	61.5%	58.7%	55.2%	61.8%
非常满意	11.9%	10.0%	12.7%	12.6%	7.4%	12.6%	10.5%	11.7%	11.0%
总计	100.0%	100.0%	100.0%	100.0%	100.0%	100.0%	100.0%	100.0%	100.0%
列总计	143	30	346	1619	1226	696	664	710	5434

Chi-square test：df = 21，卡方值为 62.847，sig = 0.000 < 0.05，所以诸群体在“您对自己所在企业履行下列责任的满意情况如何？慈善公益事业”这一认识上有显著差异。

E5 by 诸群体

您对本地的或自己熟悉的企业家的道德状况怎么评价 ＊ 诸群体 Crosstabulation

	官员	企业家	专业人员	工人	农民	企业员工	做小生意者	无业失业下岗	总计
总体还不错	57.2%	68.8%	56.0%	42.2%	40.6%	44.0%	42.8%	44.0%	43.5%
普遍比较差	18.6%	15.6%	17.5%	19.8%	19.6%	17.4%	20.4%	22.3%	19.7%
和普通群众没有太大差别	24.1%	15.6%	26.4%	38.1%	39.8%	38.6%	36.7%	33.7%	36.8%
总计	100.0%	100.0%	100.0%	100.0%	100.0%	100.0%	100.0%	100.0%	100.0%
列总计	145	32	348	1971	1752	757	866	924	6795

Chi-square test：df = 14，卡方值为 63.008，sig = 0.000 < 0.05，所以诸群体在“您对本地的或自己熟悉的企业家的道德状况怎么评价”这一认识上有显著差异。

E6a by 诸群体

对公务员道德状况的满意度 ＊ 诸群体 Crosstabulation

	官员	企业家	专业人员	工人	农民	企业员工	做小生意者	无业失业下岗	总计
非常满意	11.3%	3.1%	5.5%	4.1%	2.6%	6.4%	4.6%	6.2%	4.5%
比较满意	72.3%	59.4%	66.4%	68.3%	66.8%	68.3%	67.3%	62.4%	66.9%
不太满意	13.2%	31.3%	24.6%	24.7%	27.8%	23.6%	24.2%	28.0%	25.6%
非常不满意	3.1%	6.3%	3.5%	2.9%	2.8%	1.7%	3.9%	3.3%	3.0%
总计	100.0%	100.0%	100.0%	100.0%	100.0%	100.0%	100.0%	100.0%	100.0%
列总计	159	32	402	2128	2033	810	939	1110	7613

Chi-square test：df = 21，卡方值为 81.702，sig = 0.000 < 0.05，所以诸群体在“对公务员道德状况的满意度”这一认识上有显著差异。

E6b by 诸群体

对医生道德状况的满意度 ＊ 诸群体 Crosstabulation

	官员	企业家	专业人员	工人	农民	企业员工	做小生意者	无业失业下岗	总计
非常满意	13.0%		7.5%	5.6%	3.9%	12.0%	5.1%	8.6%	6.3%
比较满意	65.2%	66.7%	64.8%	63.9%	63.5%	60.1%	61.9%	62.3%	63.0%
不太满意	17.4%	26.7%	22.9%	27.4%	28.3%	24.3%	29.3%	26.2%	27.0%
非常不满意	4.3%	6.7%	4.8%	3.2%	4.3%	3.6%	3.7%	2.9%	3.7%

续表

	官员	企业家	专业人员	工人	农民	企业员工	做小生意者	无业失业下岗	总计
总计	100.0%	100.0%	100.0%	100.0%	100.0%	100.0%	100.0%	100.0%	100.0%
列总计	161	30	415	2243	2286	828	1022	1204	8189

Chi-square test：df = 21，卡方值为115.317，sig = 0.000 < 0.05，所以诸群体在“对医生道德状况的满意度”这一认识上有显著差异。

E6c by 诸群体

对教师道德状况的满意度 * 诸群体 Crosstabulation

	官员	企业家	专业人员	工人	农民	企业员工	做小生意者	无业失业下岗	总计
非常满意	15.5%	9.4%	12.6%	9.2%	6.7%	13.1%	9.4%	12.2%	9.7%
比较满意	63.4%	56.3%	62.3%	66.9%	68.0%	60.5%	65.5%	63.7%	65.6%
不太满意	17.4%	28.1%	20.3%	20.0%	21.7%	22.9%	21.2%	21.1%	21.1%
非常不满意	3.7%	6.3%	4.8%	3.9%	3.5%	3.5%	3.9%	3.0%	3.7%
总计	100.0%	100.0%	100.0%	100.0%	100.0%	100.0%	100.0%	100.0%	100.0%
列总计	161	32	419	2243	2291	825	1022	1220	8213

Chi-square test：df = 21，卡方值为65.821，sig = 0.000 < 0.05，所以诸群体在“对教师道德状况的满意度”这一认识上有显著差异。

E6d by 诸群体

对个体商户道德状况的满意度 * 诸群体 Crosstabulation

	官员	企业家	专业人员	工人	农民	企业员工	做小生意者	无业失业下岗	总计
非常满意	6.4%	9.4%	3.6%	4.8%	4.0%	7.3%	4.3%	5.7%	4.9%
比较满意	62.4%	50.0%	62.3%	63.2%	63.8%	59.3%	65.8%	56.5%	62.2%
不太满意	27.4%	31.3%	28.1%	28.2%	29.7%	27.9%	25.9%	32.5%	28.9%
非常不满意	3.8%	9.4%	6.0%	3.8%	2.4%	5.5%	3.9%	5.3%	4.0%
总计	100.0%	100.0%	100.0%	100.0%	100.0%	100.0%	100.0%	100.0%	100.0%
列总计	157	32	416	2208	2260	813	1019	1184	8089

Chi-square test：df = 21，卡方值为71.613，sig = 0.000 < 0.05，所以诸群体在“个体商户道德状况的满意度”这一认识上有显著差异。

E7a by 诸群体

怎么称呼周围那些经营企业或做生意发了财的人？企业家 ＊ 诸群体 Crosstabulation

	官员	企业家	专业人员	工人	农民	企业员工	做小生意者	无业失业下岗	总计
未选中	79.0%	79.4%	85.5%	91.2%	94.0%	85.5%	91.8%	87.9%	90.4%
选中	20.4%	20.6%	14.5%	8.8%	6.0%	14.5%	8.2%	12.1%	9.6%
总计	100.0%	100.0%	100.0%	100.0%	100.0%	100.0%	100.0%	100.0%	100.0%
列总计	167	34	433	2342	2463	851	1066	1324	8680

Chi-square test：df = 7，卡方值为 112.012，sig = 0.000 < 0.05，所以诸群体在“怎么称呼周围那些经营企业或做生意发了财的人？企业家”这一认识上有显著差异。

E7b by 诸群体

怎么称呼周围那些经营企业或做生意发了财的人？老板 ＊ 诸群体 Crosstabulation

	官员	企业家	专业人员	工人	农民	企业员工	做小生意者	无业失业下岗	总计
未选中	27.5%	29.4%	22.6%	15.5%	15.9%	18.1%	18.3%	23.7%	18.1%
选中	72.5%	70.6%	77.4%	84.5%	84.1%	81.9%	81.7%	76.3%	81.9%
总计	100.0%	100.0%	100.0%	100.0%	100.0%	100.0%	100.0%	100.0%	100.0%
列总计	167	34	433	2342	2463	851	1066	1324	8680

Chi-square test：df = 7，卡方值为 65.764，sig = 0.000 < 0.05，所以诸群体在“怎么称呼周围那些经营企业或做生意发了财的人？老板”这一认识上有显著差异。

E7c by 诸群体

怎么称呼周围那些经营企业或做生意发了财的人？商人 ＊ 诸群体 Crosstabulation

	官员	企业家	专业人员	工人	农民	企业员工	做小生意者	无业失业下岗	总计
未选中	77.2%	67.6%	77.4%	78.9%	81.3%	74.1%	81.5%	82.4%	79.8%
选中	22.8%	32.4%	22.6%	21.1%	18.7%	25.9%	18.5%	17.6%	20.2%
总计	100.0%	100.0%	100.0%	100.0%	100.0%	100.0%	100.0%	100.0%	100.0%
列总计	167	34	433	2342	2463	851	1066	1324	8680

Chi-square test：df = 7，卡方值为 34.203，sig = 0.000 < 0.05，所以诸群体在“怎么称呼周围那些经营企业或做生意发了财的人？商人”这一认识上有显著差异。

E7d by 诸群体

怎么称呼周围那些经营企业或做生意发了财的人？生意人 ＊ 诸群体 Crosstabulation

	官员	企业家	专业人员	工人	农民	企业员工	做小生意者	无业失业下岗	总计
未选中	76.6%	79.4%	76.0%	74.9%	80.3%	77.8%	73.4%	76.6%	76.9%
选中	23.4%	20.6%	24.0%	25.1%	19.7%	22.2%	26.6%	23.4%	23.1%
总计	100.0%	100.0%	100.0%	100.0%	100.0%	100.0%	100.0%	100.0%	100.0%
列总计	167	34	433	2342	2463	851	1066	1324	8680

Chi-square test：df = 7，卡方值为 29.937，sig = 0.000 < 0.05，所以诸群体在“怎么称呼周围那些经营企业或做生意发了财的人？生意人”这一认识上有显著差异。

E7e by 诸群体

怎么称呼周围那些经营企业或做生意发了财的人？土豪 ＊ 诸群体 Crosstabulation

	官员	企业家	专业人员	工人	农民	企业员工	做小生意者	无业失业下岗	总计
未选中	92.2%	91.2%	89.1%	92.4%	95.6%	91.0%	94.7%	92.2%	93.2%
选中	7.8%	8.8%	10.9%	7.6%	4.4%	9.0%	5.3%	7.8%	6.8%
总计	100.0%	100.0%	100.0%	100.0%	100.0%	100.0%	100.0%	100.0%	100.0%
列总计	167	34	433	2342	2463	851	1066	1324	8680

Chi-square test：df = 7，卡方值为 49.095，sig = 0.000 < 0.05，所以诸群体在“怎么称呼周围那些经营企业或做生意发了财的人？土豪”这一认识上有显著差异。

E7f by 诸群体

怎么称呼周围那些经营企业或做生意发了财的人？暴发户 ＊ 诸群体 Crosstabulation

	官员	企业家	专业人员	工人	农民	企业员工	做小生意者	无业失业下岗	总计
未选中	92.8%	94.1%	92.1%	93.9%	94.6%	92.5%	94.7%	93.3%	93.8%
选中	7.2%	5.9%	7.9%	6.1%	5.4%	7.5%	5.3%	6.7%	6.2%
总计	100.0%	100.0%	100.0%	100.0%	100.0%	100.0%	100.0%	100.0%	100.0%
列总计	167	34	433	2342	2463	851	1066	1324	8680

Chi-square test：df = 7，卡方值为 9.646，sig = 0.210 > 0.05，所以诸群体在“怎么称呼周围那些经营企业或做生意发了财的人？暴发户”这一认识上无显著差异。

E7g by 诸群体

怎么称呼周围那些经营企业或做生意发了财的人？其他 ＊ 诸群体 Crosstabulation

	官员	企业家	专业人员	工人	农民	企业员工	做小生意者	无业失业下岗	总计
未选中	100.0%	100.0%	99.1%	99.5%	98.8%	99.4%	99.0%	99.2%	99.2%
选中			0.9%	0.5%	1.2%	0.6%	1.0%	0.8%	0.8%
总计	100.0%	100.0%	100.0%	100.0%	100.0%	100.0%	100.0%	100.0%	100.0%
列总计	166	34	433	2340	2456	851	1066	1320	8666

Chi-square test：df = 7，卡方值为 10.522，sig = 0.161 > 0.05，所以诸群体在“怎么称呼周围那些经营企业或做生意发了财的人？其他”这一认识上无显著差异。

E8 by 诸群体

如果您有一个不错的家庭企业，但儿子或女儿缺乏经营能力或经营兴趣，难以交班，您可能选择 ＊ 诸群体 Crosstabulation

	官员	企业家	专业人员	工人	农民	企业员工	做小生意者	无业失业下岗	总计
培养儿媳或女婿，交给她/他经营	28.8%	36.4%	30.4%	33.6%	35.8%	28.3%	31.5%	28.8%	32.5%
交给儿媳和女婿有风险，离婚了怎么办，还是自己撑到有第三代接管	20.2%	12.1%	14.0%	19.3%	16.5%	19.1%	19.9%	15.4%	17.7%
找一个懂经营的职业经理人，我们家庭成员做董事长	43.6%	42.4%	45.3%	32.5%	27.6%	45.8%	33.9%	38.7%	34.5%
做一天是一天，最后将钞票留给子孙，但外人不可靠，不能交给外人	4.9%	6.1%	8.2%	13.1%	18.1%	6.0%	12.7%	13.8%	13.4%
其他	2.5%	3.0%	2.1%	1.5%	1.9%	0.8%	1.9%	3.3%	1.9%
总计	100.0%	100.0%	100.0%	100.0%	100.0%	100.0%	100.0%	100.0%	100.0%
列总计	163	33	428	2280	2346	837	1034	1211	8332

Chi-square test：df = 28，卡方值为 241.357，sig = 0.000 < 0.05，所以诸群体在“如果您有一个不错的家庭企业，但儿子或女儿缺乏经营能力或经营兴趣，难以交班，您可能选择”这一认识上有显著差异。

E9 by 诸群体

在市场上购买食品、衣物、家用电器等商品时，您觉得有安全感吗 * 诸群体 Crosstabulation

	官员	企业家	专业人员	工人	农民	企业员工	做小生意者	无业失业下岗	总计
有安全感，相信产品质量	34.1%	29.4%	29.1%	23.5%	24.6%	25.9%	24.5%	24.5%	24.8%
没安全感，不相信他们的标签，常担心质量问题影响自己的健康	19.2%	14.7%	21.7%	24.3%	21.8%	24.5%	22.8%	21.4%	22.7%
没安全感，担心在价格上被欺骗，要货比三家	13.2%	26.5%	17.8%	20.5%	24.5%	18.6%	22.2%	20.5%	21.4%
一般还可以，相信大商店的产品，不相信小商店和地摊货	33.5%	29.4%	31.4%	31.6%	28.8%	30.6%	30.3%	33.0%	30.8%
其他				0.1%	0.2%	0.5%	0.2%	0.5%	0.3%
总计	100.0%	100.0%	100.0%	100.0%	100.0%	100.0%	100.0%	100.0%	100.0%
列总计	167	34	433	2339	2452	850	1066	1320	8661

Chi-square test：df = 28，卡方值为 57.961，sig = 0.001 < 0.05，所以诸群体在“在市场上购买食品、衣物、家用电器等商品时，您觉得有安全感吗”这一认识上有显著差异。

E10 by 诸群体

您怎么看待电视、报纸和其他主流媒体上的广告 * 诸群体 Crosstabulation

	官员	企业家	专业人员	工人	农民	企业员工	做小生意者	无业失业下岗	总计
相信，因为是明星们推荐的	14.5%	14.7%	10.2%	16.0%	14.7%	17.4%	13.1%	15.3%	15.0%
将信将疑，眼见为真	52.4%	55.9%	55.3%	43.6%	45.4%	48.2%	47.1%	52.4%	47.1%
不相信，是企业和那些明星联合起来忽悠大众	22.9%	20.6%	24.3%	27.8%	29.2%	25.3%	27.2%	22.8%	26.8%
讨厌，既欺骗大众，又占用公共媒体资源	10.2%	8.8%	9.7%	12.0%	9.8%	8.6%	12.4%	8.5%	10.4%
其他			0.5%	0.6%	0.9%	0.5%	0.2%	1.1%	0.7%
总计	100.0%	100.0%	100.0%	100.0%	100.0%	100.0%	100.0%	100.0%	100.0%
列总计	166	34	432	2325	2444	849	1057	1298	8605

Chi-square test：df = 28，卡方值为 83.836，sig = 0.000 < 0.05，所以诸群体在“您怎么看待电视、报纸和其他主流媒体上的广告”这一认识上有显著差异。

E11 by 诸群体

您怎么看待现在一些企业做公益和慈善 ＊ 诸群体 Crosstabulation

	官员	企业家	专业人员	工人	农民	企业员工	做小生意者	无业失业下岗	总计
是做善事，把赚公众的钱还给社会	38.2%	39.4%	28.9%	25.5%	25.3%	28.6%	21.3%	30.8%	26.5%
是在作秀，为自己立牌坊	13.9%	18.2%	14.0%	19.7%	15.8%	20.4%	18.9%	16.7%	17.7%
是做广告，把弱势群体当作宣传自己的工具	17.6%	21.2%	24.9%	27.0%	23.5%	23.1%	26.7%	19.1%	24.1%
做总比不做好，随他去吧	29.1%	21.2%	31.5%	27.3%	35.1%	27.7%	32.5%	32.2%	31.1%
其他	1.2%		0.7%	0.5%	0.3%	0.2%	0.6%	1.2%	0.6%
总计	100.0%	100.0%	100.0%	100.0%	100.0%	100.0%	100.0%	100.0%	100.0%
列总计	165	33	429	2310	2401	849	1056	1285	8528

Chi-square test：df = 28，卡方值为 127.768，sig = 0.000 < 0.05，所以诸群体在“您怎么看待现在一些企业做公益和慈善”这一认识上有显著差异。

E12 by 诸群体

一些政府机关、企事业单位和大中小学，利用权力为本单位的职工子女在入学、招工中提供特殊政策，您认为这种行为道德吗 ＊ 诸群体 Crosstabulation

	官员	企业家	专业人员	工人	农民	企业员工	做小生意者	无业失业下岗	总计
为本单位人员谋福利，符合道德	17.4%	23.5%	20.0%	17.5%	13.9%	21.1%	15.7%	15.8%	16.5%
以权谋私，不道德	29.9%	29.4%	28.0%	34.6%	38.8%	28.7%	37.9%	35.8%	35.4%
是对社会公众的不公平，严重不道德	31.1%	23.5%	28.9%	32.3%	32.1%	31.9%	28.9%	27.6%	30.8%
符合本单位员工利益，但严重侵蚀社会道德	13.2%	17.6%	18.4%	10.0%	7.9%	14.3%	10.9%	11.9%	10.7%
无所谓道德不道德	8.4%	5.9%	4.7%	5.7%	7.3%	4.0%	6.6%	8.9%	6.6%
总计	100.0%	100.0%	100.0%	100.0%	100.0%	100.0%	100.0%	100.0%	100.0%
列总计	167	34	429	2328	2446	849	1065	1312	8630

Chi-square test：df = 28，卡方值为 150.333，sig = 0.000 < 0.05，所以诸群体在“一些政府机关、企事业单位和大中小学，利用权力为本单位的职工子女在入学、招工中提供特殊政策，您认为这种行为道德吗”这一认识上有显著差异。

E13 by 诸群体

如果您所在的单位有一项举措可以提高集体福利并使您个人得到利益，但会造成环境污染或社会公害，您会举报吗 ＊ 诸群体 Crosstabulation

	官员	企业家	专业人员	工人	农民	企业员工	做小生意者	无业失业下岗	总计
会	75.4%	73.5%	68.1%	64.5%	66.0%	62.4%	65.2%	65.4%	65.4%
不会	24.6%	26.5%	31.9%	35.5%	34.0%	37.6%	34.8%	34.6%	34.6%
总计	100.0%	100.0%	100.0%	100.0%	100.0%	100.0%	100.0%	100.0%	100.0%
列总计	167	34	430	2313	2440	840	1061	1304	8589

Chi-square test：df = 7，卡方值为 14.376，sig = 0.045 < 0.05，所以诸群体在“如果您所在的单位有一项举措可以提高集体福利并使您个人得到利益，但会造成环境污染或社会公害，您会举报吗”这一认识上有显著差异。

E14 by 诸群体

您认为您所工作的单位同事之间是何种关系 ＊ 诸群体 Crosstabulation

	官员	企业家	专业人员	工人	农民	企业员工	做小生意者	无业失业下岗	总计
平等合作关系	65.9%	64.7%	70.8%	59.3%	59.3%	54.5%	51.9%	55.8%	58.2%
利益竞争关系	25.7%	26.5%	21.1%	27.1%	18.0%	32.2%	33.7%	25.4%	25.2%
彼此没有关系	7.2%	8.8%	7.7%	12.7%	18.2%	12.8%	12.7%	13.8%	14.1%
其他	1.2%		0.5%	0.8%	4.5%	0.5%	1.7%	5.0%	2.5%
总计	100.0%	100.0%	100.0%	100.0%	100.0%	100.0%	100.0%	100.0%	100.0%
列总计	167	34	431	2322	2415	841	1026	1214	8450

Chi-square test：df = 21，卡方值为 300.725，sig = 0.000 < 0.05，所以诸群体在“您认为您所工作的单位同事之间是何种关系”的回答上有显著差异。

E15 by 诸群体

为了单位组织的利益，你的单位是否会默认员工做违背道德的事情 ＊ 诸群体 Crosstabulation

	官员	企业家	专业人员	工人	农民	企业员工	做小生意者	无业失业下岗	总计
常常	8.3%	12.1%	4.7%	5.8%	5.1%	5.0%	5.6%	5.3%	5.5%
较多	12.4%	15.2%	10.7%	17.0%	12.7%	16.0%	15.6%	14.1%	14.8%

续表

	官员	企业家	专业人员	工人	农民	企业员工	做小生意者	无业失业下岗	总计
一般	16.6%	30.3%	18.8%	26.5%	20.6%	26.3%	26.4%	28.3%	24.5%
较少	26.2%	24.2%	31.4%	24.6%	28.6%	27.8%	23.6%	26.4%	26.5%
从来没有	36.6%	18.2%	34.3%	26.1%	33.0%	24.9%	28.9%	25.9%	28.7%
总计	100.0%	100.0%	100.0%	100.0%	100.0%	100.0%	100.0%	100.0%	100.0%
列总计	145	33	382	1993	1770	758	842	881	6804

Chi-square test：df = 28，卡方值为 97.780，sig = 0.000 < 0.05，所以诸群体在“为了单位组织的利益，你的单位是否会默认员工做违背道德的事情”这一认识上有显著差异。

E16a by 诸群体

您所工作的单位是否存在以下现象：给领导干部送礼讨好 ＊ 诸群体 Crosstabulation

	官员	企业家	专业人员	工人	农民	企业员工	做小生意者	无业失业下岗	总计
未选中	75.0%	50.0%	74.7%	70.3%	66.1%	70.5%	70.7%	68.9%	69.2%
选中	25.0%	50.0%	25.3%	29.7%	33.9%	29.5%	29.3%	31.1%	30.8%
总计	100.0%	100.0%	100.0%	100.0%	100.0%	100.0%	100.0%	100.0%	100.0%
列总计	164	34	427	2306	2386	836	1040	1257	8450

Chi-square test：df = 7，卡方值为 28.088，sig = 0.000 < 0.05，所以诸群体在“您所工作的单位是否存在以下现象：给领导干部送礼讨好”这一现象的回答上有显著差异。

E16b by 诸群体

您所工作的单位是否存在以下现象：背后相互告恶状 ＊ 诸群体 Crosstabulation

	官员	企业家	专业人员	工人	农民	企业员工	做小生意者	无业失业下岗	总计
未选中	83.5%	82.4%	79.4%	74.5%	81.6%	70.5%	75.4%	80.7%	77.6%
选中	16.5%	17.6%	20.6%	25.5%	18.4%	29.5%	24.6%	19.3%	22.4%
总计	100.0%	100.0%	100.0%	100.0%	100.0%	100.0%	100.0%	100.0%	100.0%
列总计	164	34	427	2306	2386	836	1040	1257	8450

Chi-square test：df = 7，卡方值为 73.697，sig = 0.000 < 0.05，所以诸群体在“您所工作的单位是否存在以下现象：背后互相告恶状”这一现象的回答上有显著差异。

E16c by 诸群体

您所工作的单位是否存在以下现象：拉帮结派 * 诸群体 Crosstabulation

	官员	企业家	专业人员	工人	农民	企业员工	做小生意者	无业失业下岗	总计
未选中	79.3%	73.5%	80.8%	82.4%	80.8%	77.2%	84.9%	82.3%	81.5%
选中	20.7%	26.5%	19.2%	17.6%	19.2%	22.8%	15.1%	17.7%	18.5%
总计	100.0%	100.0%	100.0%	100.0%	100.0%	100.0%	100.0%	100.0%	100.0%
列总计	164	34	427	2306	2386	836	1040	1257	8450

Chi-square test：df = 7，卡方值为 22.957，sig = 0.002 < 0.05，所以诸群体在“您所工作的单位是否存在以下现象：拉帮结派”这一现象的回答上有显著差异。

E16d by 诸群体

您所工作的单位是否存在以下现象：为谋私利找关系走后门 * 诸群体 Crosstabulation

	官员	企业家	专业人员	工人	农民	企业员工	做小生意者	无业失业下岗	总计
未选中	84.1%	64.7%	73.5%	72.4%	72.1%	73.4%	70.9%	71.4%	72.3%
选中	15.9%	35.3%	26.5%	27.6%	27.9%	26.6%	29.1%	28.6%	27.7%
总计	100.0%	100.0%	100.0%	100.0%	100.0%	100.0%	100.0%	100.0%	100.0%
列总计	164	34	427	2306	2386	836	1040	1257	8450

Chi-square test：df = 7，卡方值为 15.033，sig = 0.036 < 0.05，所以诸群体在“您所工作的单位是否存在以下现象：为谋私利找关系走后门”这一现象的回答上有显著差异。

E16e by 诸群体

您所工作的单位是否存在以下现象：奖惩制度不公平 * 诸群体 Crosstabulation

	官员	企业家	专业人员	工人	农民	企业员工	做小生意者	无业失业下岗	总计
未选中	82.3%	82.4%	80.3%	81.2%	80.2%	79.2%	83.8%	82.3%	81.2%
选中	17.7%	17.6%	19.7%	18.8%	19.8%	20.8%	16.3%	17.7%	18.8%
总计	100.0%	100.0%	100.0%	100.0%	100.0%	100.0%	100.0%	100.0%	100.0%
列总计	164	34	427	2306	2386	836	1040	1257	8450

Chi-square test：df = 7，卡方值为 9.726，sig = 0.161 > 0.05，所以诸群体在“您所工作的单位是否存在以下现象：奖惩制度不公平”这一现象的回答上无显著差异。

E16f by 诸群体

您所工作的单位是否存在以下现象：领导干部滥用职权 ＊ 诸群体 Crosstabulation

	官员	企业家	专业人员	工人	农民	企业员工	做小生意者	无业失业下岗	总计
未选中	86.0%	73.5%	81.3%	82.8%	73.6%	84.3%	80.1%	78.0%	79.3%
选中	14.0%	26.5%	18.7%	17.2%	26.4%	15.7%	19.9%	22.0%	20.7%
总计	100.0%	100.0%	100.0%	100.0%	100.0%	100.0%	100.0%	100.0%	100.0%
列总计	164	34	427	2306	2386	836	1040	1257	8450

Chi-square test：df＝7，卡方值为 81.189，sig ＝0.000＜0.05，所以诸群体在“您所工作的单位是否存在以下现象：领导干部滥用职权”这一现象的回答上有显著差异。

E16g by 诸群体

您所工作的单位是否存在以下现象：都不存在 ＊ 诸群体 Crosstabulation

	官员	企业家	专业人员	工人	农民	企业员工	做小生意者	无业失业下岗	总计
未选中	57.3%	76.5%	60.0%	69.3%	62.9%	74.5%	67.4%	63.7%	66.3%
选中	42.7%	23.5%	40.0%	30.7%	37.1%	25.5%	32.6%	36.3%	33.7%
总计	100.0%	100.0%	100.0%	100.0%	100.0%	100.0%	100.0%	100.0%	100.0%
列总计	164	34	427	2306	2386	836	1040	1257	8450

Chi-square test：df＝7，卡方值为 66.606，sig ＝0.000＜0.05，所以诸群体在“您所工作的单位是否存在以下现象：都不存在”这一现象的回答上有显著差异。

E17a by 诸群体

下列关于企业履行社会责任（如捐款捐物、做公益慈善）的说法，您的同意程度是？只有国企才应该履行社会责任 ＊ 诸群体 Crosstabulation

	官员	企业家	专业人员	工人	农民	企业员工	做小生意者	无业失业下岗	总计
完全同意	3.1%	6.1%	2.9%	3.4%	3.3%	3.1%	2.8%	3.4%	3.3%
比较同意	24.8%	15.2%	23.7%	33.2%	30.6%	27.6%	36.6%	23.7%	30.2%
不太同意	50.3%	57.6%	51.1%	49.8%	55.4%	51.5%	47.7%	54.6%	52.0%
完全不同意	21.7%	21.2%	22.3%	13.5%	10.6%	17.8%	12.9%	18.3%	14.5%
总计	100.0%	100.0%	100.0%	100.0%	100.0%	100.0%	100.0%	100.0%	100.0%
列总计	161	33	417	2187	2076	827	1002	1148	7851

Chi-square test：df＝21，卡方值为 128.424，sig ＝0.000＜0.05，所以诸群体在“只有国企才应该履行社会责任”这一认识的同意程度上有显著差异。

E17b by 诸群体

下列关于企业履行社会责任（如捐款捐物、做公益慈善）的说法，您的同意程度是？只有大企业才应该履行社会责任 ＊ 诸群体 Crosstabulation

	官员	企业家	专业人员	工人	农民	企业员工	做小生意者	无业失业下岗	总计
完全同意	1.3%		1.4%	3.3%	3.4%	2.5%	4.4%	2.8%	3.2%
比较同意	21.9%	27.3%	21.2%	30.7%	32.4%	25.8%	31.4%	21.8%	28.7%
不太同意	51.9%	48.5%	52.6%	48.6%	51.8%	48.6%	48.8%	53.8%	50.5%
完全不同意	25.0%	24.2%	24.8%	17.4%	12.5%	23.1%	15.5%	21.6%	17.6%
总计	100.0%	100.0%	100.0%	100.0%	100.0%	100.0%	100.0%	100.0%	100.0%
列总计	160	33	416	2191	2079	827	1001	1157	7864

Chi-square test：df = 21，卡方值为 144.613，sig = 0.000 < 0.05，所以诸群体在“只有大企业才应该履行社会责任”这一认识的同意程度上有显著差异。

E17c by 诸群体

下列关于企业履行社会责任（如捐款捐物、做公益慈善）的说法，您的同意程度是？只有盈利多的企业才应该履行社会责任 ＊ 诸群体 Crosstabulation

	官员	企业家	专业人员	工人	农民	企业员工	做小生意者	无业失业下岗	总计
完全同意	1.9%	3.0%	2.7%	4.3%	4.5%	3.5%	5.5%	2.9%	4.1%
比较同意	18.8%	24.2%	19.3%	28.9%	33.2%	20.4%	30.0%	22.2%	27.6%
不太同意	55.6%	54.5%	50.7%	51.1%	51.7%	54.9%	49.2%	54.6%	52.0%
完全不同意	23.8%	18.2%	27.3%	15.7%	10.7%	21.1%	15.2%	20.2%	16.3%
总计	100.0%	100.0%	100.0%	100.0%	100.0%	100.0%	100.0%	100.0%	100.0%
列总计	160	33	414	2179	2081	818	999	1156	7840

Chi-square test：df = 21，卡方值为 188.436，sig = 0.000 < 0.05，所以诸群体在“只有盈利多的企业才应该履行社会责任”这一认识的同意程度上有显著差异。

E17d by 诸群体

下列关于企业履行社会责任（如捐款捐物、做公益慈善）的说法，您的同意程度是？污染类企业才应该履行社会责任 ＊ 诸群体 Crosstabulation

	官员	企业家	专业人员	工人	农民	企业员工	做小生意者	无业失业下岗	总计
完全同意	26.4%	21.9%	28.6%	28.9%	24.5%	24.2%	29.7%	24.2%	26.5%

续表

	官员	企业家	专业人员	工人	农民	企业员工	做小生意者	无业失业下岗	总计
比较同意	39.0%	46.9%	37.7%	39.0%	46.6%	36.8%	41.0%	41.7%	41.4%
不太同意	27.0%	18.8%	23.4%	24.5%	20.0%	28.0%	22.1%	24.6%	23.3%
完全不同意	7.5%	12.5%	10.3%	7.6%	8.9%	11.0%	7.2%	9.5%	8.7%
总计	100.0%	100.0%	100.0%	100.0%	100.0%	100.0%	100.0%	100.0%	100.0%
列总计	159	32	419	2190	2148	824	1010	1180	7962

Chi-square test：df = 21，卡方值为 75.210，sig = 0.000 < 0.05，所以诸群体在“污染类企业才应该履行社会责任”这一认识的同意程度上有显著差异。

E17e by 诸群体

下列关于企业履行社会责任（如捐款捐物、做公益慈善）的说法，您的同意程度是？小企业只要管好自己就行了，不需要履行社会责任 ＊ 诸群体 Crosstabulation

	官员	企业家	专业人员	工人	农民	企业员工	做小生意者	无业失业下岗	总计
完全同意	0.6%		2.4%	2.9%	2.9%	2.7%	3.3%	1.9%	2.7%
比较同意	13.8%	18.2%	14.6%	18.7%	24.1%	18.2%	19.0%	15.6%	19.3%
不太同意	59.7%	54.5%	54.4%	58.2%	53.1%	52.0%	57.9%	55.6%	55.6%
完全不同意	25.8%	27.3%	28.5%	20.2%	20.0%	27.1%	19.8%	26.9%	22.4%
总计	100.0%	100.0%	100.0%	100.0%	100.0%	100.0%	100.0%	100.0%	100.0%
列总计	159	33	417	2169	2099	815	990	1153	7835

Chi-square test：df = 21，卡方值为 97.086，sig = 0.000 < 0.05，所以诸群体在“小企业只要管好自己就行了，不需要履行社会责任”这一认识的同意程度上有显著差异。

E18a by 诸群体

您觉得下列哪类单位最讲道德 ＊ 诸群体 Crosstabulation

	官员	企业家	专业人员	工人	农民	企业员工	做小生意者	无业失业下岗	总计
国有（控股）企业	12.5%	10.7%	18.6%	17.1%	21.0%	19.9%	15.8%	18.2%	18.4%
民营企业	5.1%	3.6%	2.6%	5.6%	4.6%	3.9%	6.0%	4.3%	4.8%
私营企业	2.9%	7.1%	1.2%	2.6%	1.9%	4.0%	2.7%	2.5%	2.5%
外资企业	6.6%	14.3%	4.9%	7.8%	3.7%	9.6%	6.5%	6.3%	6.4%
学校	29.4%	46.4%	51.5%	40.9%	46.2%	38.1%	45.9%	45.6%	43.7%
医院	5.1%		5.8%	5.7%	4.4%	4.3%	4.8%	4.6%	4.9%

续表

	官员	企业家	专业人员	工人	农民	企业员工	做小生意者	无业失业下岗	总计
政府机关	33.8%	14.3%	10.8%	15.6%	12.6%	15.9%	14.5%	13.2%	14.5%
民间组织	4.4%	3.6%	4.7%	4.7%	5.6%	4.5%	4.0%	5.2%	4.9%
总计	100.0%	100.0%	100.0%	100.0%	100.0%	100.0%	100.0%	100.0%	100.0%
列总计	136	28	344	1690	1621	649	754	949	6171

Chi-square test：df = 49，卡方值为 153. 152，sig = 0. 000 < 0. 05，所以诸群体在"您觉得下列哪类单位最讲道德"的回答上有显著差异。

E18b by 诸群体

您觉得下列哪类单位道德水平最差 * 诸群体 Crosstabulation

	官员	企业家	专业人员	工人	农民	企业员工	做小生意者	无业失业下岗	总计
国有（控股）企业	5.6%	4.2%	4.1%	5.8%	3.7%	9.1%	5.4%	6.2%	5.5%
民营企业	21.3%	4.2%	13.7%	13.3%	10.2%	12.3%	10.9%	9.3%	11.6%
私营企业	34.3%	25.0%	38.0%	30.2%	28.4%	36.7%	24.3%	28.9%	30.0%
外资企业	5.6%	4.2%	4.1%	3.9%	3.1%	4.0%	4.1%	4.1%	3.8%
学校	2.8%		2.1%	3.2%	3.5%	2.7%	5.0%	3.2%	3.4%
医院	9.3%	25.0%	12.3%	17.9%	22.2%	14.3%	19.6%	16.9%	18.3%
政府机关	9.3%	29.2%	11.6%	14.7%	16.6%	8.9%	19.0%	16.8%	15.2%
民间组织	12.0%	8.3%	14.0%	11.1%	12.3%	12.0%	11.8%	14.6%	12.3%
总计	100.0%	100.0%	100.0%	100.0%	100.0%	100.0%	100.0%	100.0%	100.0%
列总计	108	24	292	1529	1473	594	680	809	5509

Chi-square test：df = 49，卡方值为 153. 501，sig = 0. 000 < 0. 05，所以诸群体在"您觉得下列哪类单位道德水平最差"的回答上有显著差异。

E19a by 诸群体

以下关于学校的说法，您的同意程度是？学校越来越以营利为目的 * 诸群体 Crosstabulation

	官员	企业家	专业人员	工人	农民	企业员工	做小生意者	无业失业下岗	总计
完全同意	7.1%	6.1%	8.7%	6.9%	6.1%	8.3%	9.0%	7.2%	7.2%
比较同意	39.6%	36.4%	31.7%	46.5%	39.9%	41.4%	46.0%	41.6%	42.4%
不太同意	39.6%	54.5%	40.9%	39.3%	46.0%	40.2%	37.0%	39.4%	41.2%

续表

	官员	企业家	专业人员	工人	农民	企业员工	做小生意者	无业失业下岗	总计
完全不同意	13.6%	3.0%	18.6%	7.3%	8.0%	10.1%	7.9%	11.8%	9.2%
总计	100.0%	100.0%	100.0%	100.0%	100.0%	100.0%	100.0%	100.0%	100.0%
列总计	154	33	413	2187	2261	810	1007	1185	8050

Chi-square test：df = 21，卡方值为 127.226，sig = 0.000 < 0.05，所以诸群体在“学校越来越以营利为目的”的回答上有显著差异。

E19b by 诸群体

以下关于学校的说法，您的同意程度是？学校主要传授知识和技能，培养道德不重要 * 诸群体 Crosstabulation

	官员	企业家	专业人员	工人	农民	企业员工	做小生意者	无业失业下岗	总计
完全同意	0.6%		2.1%	1.0%	1.1%	1.1%	0.8%	2.2%	1.2%
比较同意	17.2%	15.2%	9.2%	13.3%	13.4%	13.3%	12.9%	10.1%	12.7%
不太同意	46.0%	57.6%	48.2%	60.6%	65.5%	52.0%	58.9%	53.7%	59.0%
完全不同意	36.2%	27.3%	40.4%	25.1%	19.9%	33.6%	27.4%	34.0%	27.1%
总计	100.0%	100.0%	100.0%	100.0%	100.0%	100.0%	100.0%	100.0%	100.0%
列总计	163	33	423	2241	2316	827	1021	1232	8256

Chi-square test：df = 21，卡方值为 189.336，sig = 0.000 < 0.05，所以诸群体在“学校主要传授知识和技能，培养道德不重要”的回答上有显著差异。

E19c by 诸群体

以下关于学校的说法，您的同意程度是？学校升学率高比素质教育更重要 * 诸群体 Crosstabulation

	官员	企业家	专业人员	工人	农民	企业员工	做小生意者	无业失业下岗	总计
完全同意	2.5%	3.1%	3.1%	1.8%	1.5%	2.7%	2.8%	3.0%	2.2%
比较同意	11.3%	9.4%	11.8%	10.6%	15.9%	11.8%	12.3%	13.2%	12.9%
不太同意	53.8%	68.8%	49.1%	60.5%	62.9%	53.8%	57.0%	53.4%	58.3%
完全不同意	32.5%	18.8%	36.0%	27.0%	19.7%	31.8%	27.9%	30.4%	26.6%
总计	100.0%	100.0%	100.0%	100.0%	100.0%	100.0%	100.0%	100.0%	100.0%
列总计	160	32	422	2228	2289	824	1026	1209	8190

Chi-square test：df = 21，卡方值为 141.053，sig = 0.000 < 0.05，所以诸群体在“学校升学率高比素质教育更重要”的回答上有显著差异。

E19d by 诸群体

以下关于学校的说法，您的同意程度是？青少年儿童行为不端，主要是学校没教好 ＊ 诸群体 Crosstabulation

	官员	企业家	专业人员	工人	农民	企业员工	做小生意者	无业失业下岗	总计
完全同意	1.2%	3.0%	2.2%	1.2%	2.2%	1.8%	1.8%	1.2%	1.7%
比较同意	14.8%	18.2%	12.0%	13.4%	17.4%	13.1%	12.2%	14.0%	14.4%
不太同意	55.6%	57.6%	56.2%	60.0%	59.8%	57.3%	60.6%	57.7%	59.1%
完全不同意	28.4%	21.2%	29.7%	25.4%	20.6%	27.7%	25.5%	27.0%	24.8%
总计	100.0%	100.0%	100.0%	100.0%	100.0%	100.0%	100.0%	100.0%	100.0%
列总计	162	33	418	2227	2303	822	1020	1210	8195

Chi-square test：df = 21，卡方值为 60.929，sig = 0.000 < 0.05，所以诸群体在“青少年儿童行为不端，主要是学校没教好”的回答上有显著差异。

E19e by 诸群体

以下关于学校的说法，您的同意程度是？要想孩子培养得好，就要多给老师送礼 ＊ 诸群体 Crosstabulation

	官员	企业家	专业人员	工人	农民	企业员工	做小生意者	无业失业下岗	总计
完全同意	1.9%	3.1%	2.9%	2.0%	1.7%	1.5%	2.7%	2.1%	2.0%
比较同意	8.1%	9.4%	9.4%	13.0%	13.5%	12.8%	12.5%	10.7%	12.4%
不太同意	45.3%	53.1%	39.7%	46.5%	53.3%	40.9%	47.8%	44.2%	47.3%
完全不同意	44.7%	34.4%	48.1%	38.5%	31.4%	44.8%	37.0%	43.0%	38.2%
总计	100.0%	100.0%	100.0%	100.0%	100.0%	100.0%	100.0%	100.0%	100.0%
列总计	161	32	416	2209	2280	819	1016	1196	8129

Chi-square test：df = 21，卡方值为 107.153，sig = 0.000 < 0.05，所以诸群体在“要想孩子培养得好，就要多给老师送礼”的回答上有显著差异。

E20 by 诸群体

您所在的单位当员工或村民受到不应该的对待时，员工或村民有没有申诉的机会？ ＊ 诸群体 Crosstabulation

	官员	企业家	专业人员	工人	农民	企业员工	做小生意者	无业失业下岗	总计
有	77.0%	69.2%	71.7%	64.8%	61.8%	69.0%	63.0%	64.6%	64.8%

续表

	官员	企业家	专业人员	工人	农民	企业员工	做小生意者	无业失业下岗	总计
没有	23.0%	30.8%	28.3%	35.2%	38.2%	31.0%	37.0%	35.4%	35.2%
总计	100.0%	100.0%	100.0%	100.0%	100.0%	100.0%	100.0%	100.0%	100.0%
列总计	126	26	283	1271	1488	500	595	703	4992

Chi-square test：df = 7，卡方值为 25.110，sig = 0.001 < 0.05，所以诸群体在“您所在的单位当员工或村民受到不应该的对待时，员工或村民有没有申诉的机会”的回答上有显著差异。

E21 by 诸群体

您所在的单位当员工或村民受到不应该的对待时，员工或村民有没有申诉的地方或渠道？ * 诸群体 Crosstabulation

	官员	企业家	专业人员	工人	农民	企业员工	做小生意者	无业失业下岗	总计
有	77.9%	72.0%	73.1%	66.3%	63.6%	74.8%	64.5%	68.3%	67.1%
没有	22.1%	28.0%	26.9%	33.7%	36.4%	25.2%	35.5%	31.7%	32.9%
总计	100.0%	100.0%	100.0%	100.0%	100.0%	100.0%	100.0%	100.0%	100.0%
列总计	122	25	275	1259	1491	480	594	684	4930

Chi-square test：df = 7，卡方值为 34.671，sig = 0.000 < 0.05，所以诸群体在“您所在的单位当员工或村民受到不应该的对待时，员工或村民有没有申诉的地方或渠道”的回答上有显著差异。

E22 by 诸群体

您所在的单位当员工或村民受到不应该的对待时，有没有人进行过申诉？ * 诸群体 Crosstabulation

	官员	企业家	专业人员	工人	农民	企业员工	做小生意者	无业失业下岗	总计
全部会申诉	9.2%	13.6%	4.6%	3.3%	2.7%	6.9%	3.3%	5.4%	4.1%
大部分会申诉	25.0%	22.7%	21.7%	19.5%	19.9%	22.4%	18.4%	19.5%	20.1%
小部分会申诉	48.3%	45.5%	54.4%	59.3%	53.8%	49.7%	57.4%	56.0%	55.4%
无人申诉	17.5%	18.2%	19.2%	17.9%	23.6%	21.0%	20.8%	19.0%	20.5%
总计	100.0%	100.0%	100.0%	100.0%	100.0%	100.0%	100.0%	100.0%	100.0%
列总计	120	22	281	1230	1393	509	571	662	4788

Chi-square test：df = 21，卡方值为 60.597，sig = 0.000 < 0.05，所以诸群体在“您所在的单位当员工或村民受到不应该的对待时，有没有人进行过申诉”的回答上有显著差异。

E23 by 诸群体

您所在单位在多大程度上认真对待员工或村民的申诉？ * 诸群体 Crosstabulation

	官员	企业家	专业人员	工人	农民	企业员工	做小生意者	无业失业下岗	总计
完全不认真	9.9%	13.0%	6.2%	7.8%	15.4%	6.4%	9.9%	10.3%	10.4%
不太认真	11.7%	30.4%	17.8%	22.1%	24.4%	14.4%	22.6%	23.2%	21.7%
一般	19.8%	26.1%	37.8%	34.6%	33.7%	30.6%	36.5%	35.5%	34.0%
比较认真	47.7%	21.7%	32.0%	31.8%	22.8%	43.0%	29.0%	25.6%	29.5%
非常认真	10.8%	8.7%	6.2%	3.8%	3.7%	5.5%	2.0%	5.4%	4.3%
总计	100.0%	100.0%	100.0%	100.0%	100.0%	100.0%	100.0%	100.0%	100.0%
列总计	111	23	259	1079	1257	451	496	594	4270

Chi-square test：df = 28，卡方值为 173.353，sig = 0.000 < 0.05，所以诸群体在“您所在单位在多大程度上认真对待员工或村民的申诉”的回答上有显著差异。

E24 by 诸群体

您所在单位是否有道德方面的教育或活动？ * 诸群体 Crosstabulation

	官员	企业家	专业人员	工人	农民	企业员工	做小生意者	无业失业下岗	总计
有	19.2%	3.2%	12.6%	3.2%	2.2%	5.4%	1.9%	5.2%	4.0%
没有	28.2%	58.1%	38.6%	37.2%	49.9%	36.6%	42.9%	40.1%	41.9%
不知道	52.6%	38.7%	48.8%	59.6%	48.0%	57.9%	55.2%	54.7%	54.1%
总计	100.0%	100.0%	100.0%	100.0%	100.0%	100.0%	100.0%	100.0%	100.0%
列总计	156	31	404	2238	2400	808	1029	1284	8350

Chi-square test：df = 14，卡方值为 308.187，sig = 0.000 < 0.05，所以诸群体在“您所在单位是否有道德方面的教育或活动？”的回答上有显著差异。

E25a by 诸群体

对当地企业道德状况的满意度是 * 诸群体 Crosstabulation

	官员	企业家	专业人员	工人	农民	企业员工	做小生意者	无业失业下岗	总计
非常不满意	2.0%		3.0%	2.4%	1.6%	1.3%	2.8%	2.7%	2.2%
不太满意	17.9%	12.1%	25.1%	19.3%	22.3%	20.2%	22.7%	28.7%	22.2%
比较满意	75.5%	84.8%	67.0%	76.8%	74.0%	76.0%	72.8%	65.1%	73.3%
非常满意	4.6%	3.0%	4.9%	1.5%	2.2%	2.5%	1.7%	3.4%	2.3%

续表

	官员	企业家	专业人员	工人	农民	企业员工	做小生意者	无业失业下岗	总计
总计	100.0%	100.0%	100.0%	100.0%	100.0%	100.0%	100.0%	100.0%	100.0%
列总计	151	33	370	2029	1855	767	930	1024	7159

Chi-square test：df = 21，卡方值为 87.575，sig = 0.000 < 0.05，所以诸群体在“对当地企业道德状况的满意度是”的回答上有显著差异。

E25b by 诸群体

对当地医院道德状况的满意度是 ＊ 诸群体 Crosstabulation

	官员	企业家	专业人员	工人	农民	企业员工	做小生意者	无业失业下岗	总计
非常不满意	3.2%	3.2%	2.9%	2.6%	4.5%	3.1%	3.7%	2.5%	3.4%
不太满意	17.1%	22.6%	22.8%	24.1%	27.8%	22.0%	25.9%	27.7%	25.5%
比较满意	71.5%	67.7%	68.4%	67.8%	63.3%	65.8%	65.8%	63.3%	65.5%
非常满意	8.2%	6.5%	5.9%	5.4%	4.4%	9.1%	4.5%	6.5%	5.6%
总计	100.0%	100.0%	100.0%	100.0%	100.0%	100.0%	100.0%	100.0%	100.0%
列总计	158	31	408	2158	2233	801	992	1164	7945

Chi-square test：df = 21，卡方值为 68.663，sig = 0.000 < 0.05，所以诸群体在“对当地医院道德状况的满意度是”的回答上有显著差异。

E25c by 诸群体

对当地政府道德状况的满意度是 ＊ 诸群体 Crosstabulation

	官员	企业家	专业人员	工人	农民	企业员工	做小生意者	无业失业下岗	总计
非常不满意	2.6%	6.3%	2.5%	3.7%	3.6%	2.5%	4.7%	4.2%	3.6%
不太满意	12.8%	31.3%	21.0%	22.4%	26.6%	22.0%	23.6%	28.5%	24.3%
比较满意	66.0%	53.1%	64.5%	66.4%	65.1%	64.3%	67.0%	60.3%	64.9%
非常满意	18.6%	9.4%	12.0%	7.6%	4.7%	11.3%	4.8%	7.0%	7.2%
总计	100.0%	100.0%	100.0%	100.0%	100.0%	100.0%	100.0%	100.0%	100.0%
列总计	156	32	400	2077	2121	773	963	1104	7626

Chi-square test：df = 21，卡方值为 130.069，sig = 0.000 < 0.05，所以诸群体在“对当地政府道德状况的满意度是”的回答上有显著差异。

E25d by 诸群体

对当地学校道德状况的满意度是 * 诸群体 Crosstabulation

	官员	企业家	专业人员	工人	农民	企业员工	做小生意者	无业失业下岗	总计
非常不满意	0.6%		1.2%	1.5%	1.2%	1.5%	1.9%	1.7%	1.4%
不太满意	10.4%	12.5%	14.1%	13.7%	18.8%	15.0%	17.3%	17.6%	16.2%
比较满意	66.9%	75.0%	68.6%	73.6%	71.7%	70.4%	70.5%	70.3%	71.5%
非常满意	22.1%	12.5%	16.0%	11.2%	8.3%	13.1%	10.3%	10.5%	10.8%
总计	100.0%	100.0%	100.0%	100.0%	100.0%	100.0%	100.0%	100.0%	100.0%
列总计	154	32	405	2089	2193	780	971	1145	7769

Chi-square test：df = 21，卡方值为 76.247，sig = 0.000 < 0.05，所以诸群体在“对当地学校道德状况的满意度是”的回答上有显著差异。

E25e by 诸群体

对当地 NGO 组织道德状况的满意度是 * 诸群体 Crosstabulation

	官员	企业家	专业人员	工人	农民	企业员工	做小生意者	无业失业下岗	总计
非常不满意	0.9%	5.0%	1.5%	2.6%	1.5%	2.8%	3.0%	2.4%	2.2%
不太满意	15.8%	5.0%	18.3%	15.0%	17.6%	15.9%	17.5%	20.5%	17.0%
比较满意	70.2%	65.0%	67.8%	68.3%	71.1%	65.7%	69.3%	64.3%	68.2%
非常满意	13.2%	25.0%	12.5%	14.1%	9.8%	15.6%	10.2%	12.9%	12.5%
总计	100.0%	100.0%	100.0%	100.0%	100.0%	100.0%	100.0%	100.0%	100.0%
列总计	114	20	273	1213	1089	577	508	630	4424

Chi-square test：df = 21，卡方值为 39.041，sig = 0.010 < 0.05，所以诸群体在“对当地 NGO 组织道德状况的满意度是”的回答上有显著差异。

F1a by 诸群体

您认为以下行为是否关乎道德？随地吐痰 * 诸群体 Crosstabulation

	官员	企业家	专业人员	工人	农民	企业员工	做小生意者	无业失业下岗	总计
有关	93.4%	100.0%	93.7%	92.9%	85.7%	95.5%	93.5%	92.4%	91.2%
无关	6.6%		6.3%	7.1%	14.3%	4.5%	6.5%	7.6%	8.8%
总计	100.0%	100.0%	100.0%	100.0%	100.0%	100.0%	100.0%	100.0%	100.0%
列总计	166	34	431	2337	2459	851	1069	1321	8668

Chi-square test：df = 7，卡方值为 138.519，sig = 0.000 < 0.05，所以诸群体在“您认为以下行为是否关乎道德？随地吐痰”的回答上有显著差异。

F1b by 诸群体

您认为以下行为是否关乎道德？插队 ＊ 诸群体 Crosstabulation

	官员	企业家	专业人员	工人	农民	企业员工	做小生意者	无业失业下岗	总计
有关	93.4%	100.0%	94.4%	92.5%	85.7%	94.8%	93.6%	92.4%	91.1%
无关	6.6%		5.6%	7.5%	14.3%	5.2%	6.4%	7.6%	8.9%
总计	100.0%	100.0%	100.0%	100.0%	100.0%	100.0%	100.0%	100.0%	100.0%
列总计	166	34	428	2336	2457	851	1065	1316	8653

Chi-square test：df＝7，卡方值为 128.427，sig ＝0.000＜0.05，所以诸群体在“您认为以下行为是否关乎道德？插队”的回答上有显著差异。

F1c by 诸群体

您认为以下行为是否关乎道德？公交或地铁上大声打电话 ＊ 诸群体 Crosstabulation

	官员	企业家	专业人员	工人	农民	企业员工	做小生意者	无业失业下岗	总计
有关	91.0%	94.1%	90.5%	89.0%	80.8%	92.4%	88.6%	89.4%	87.1%
无关	9.0%	5.9%	9.5%	11.0%	19.2%	7.6%	11.4%	10.6%	12.9%
总计	100.0%	100.0%	100.0%	100.0%	100.0%	100.0%	100.0%	100.0%	100.0%
列总计	166	34	431	2337	2456	851	1065	1315	8655

Chi-square test：df＝7，卡方值为 132.388，sig ＝0.000＜0.05，所以诸群体在“您认为以下行为是否关乎道德？公交或地铁上大声打电话”的回答上有显著差异。

F1d by 诸群体

您认为以下行为是否关乎道德？餐馆里说话声音很大 ＊ 诸群体 Crosstabulation

	官员	企业家	专业人员	工人	农民	企业员工	做小生意者	无业失业下岗	总计
有关	87.3%	94.1%	91.3%	88.1%	79.1%	91.4%	87.7%	87.0%	85.8%
无关	12.7%	5.9%	8.7%	11.9%	20.9%	8.6%	12.3%	13.0%	14.2%
总计	100.0%	100.0%	100.0%	100.0%	100.0%	100.0%	100.0%	100.0%	100.0%
列总计	165	34	427	2331	2454	851	1062	1318	8642

Chi-square test：df＝7，卡方值为 141.247，sig ＝0.000＜0.05，所以诸群体在“您认为以下行为是否关乎道德？餐馆里说话声音很大”的回答上有显著差异。

F1e by 诸群体

您认为以下行为是否关乎道德？在公共场所的椅子或沙发上躺着睡觉 ＊ 诸群体 Crosstabulation

	官员	企业家	专业人员	工人	农民	企业员工	做小生意者	无业失业下岗	总计
有关	92.2%	100.0%	89.9%	90.1%	83.1%	93.4%	89.4%	88.1%	88.1%
无关	7.8%		10.1%	9.9%	16.9%	6.6%	10.6%	11.9%	11.9%
总计	100.0%	100.0%	100.0%	100.0%	100.0%	100.0%	100.0%	100.0%	100.0%
列总计	166	34	427	2333	2456	851	1066	1315	8648

Chi-square test：df = 7，卡方值为 100.833，sig = 0.000 < 0.05，所以诸群体在“您认为以下行为是否关乎道德？在公共场所的椅子或沙发上躺着睡觉”的回答上有显著差异。

F1f by 诸群体

您是否做出过这些行为？随地吐痰 ＊ 诸群体 Crosstabulation

	官员	企业家	专业人员	工人	农民	企业员工	做小生意者	无业失业下岗	总计
经常做	1.2%	8.8%	1.0%	2.6%	3.5%	1.0%	3.0%	3.8%	2.8%
偶尔做	29.3%	26.5%	24.9%	39.9%	39.0%	31.7%	42.7%	34.3%	37.3%
从来不做	69.5%	64.7%	74.1%	57.5%	57.5%	67.3%	54.4%	61.9%	59.8%
总计	100.0%	100.0%	100.0%	100.0%	100.0%	100.0%	100.0%	100.0%	100.0%
列总计	164	34	421	2288	2293	835	1045	1286	8366

Chi-square test：df = 14，卡方值为 110.204，sig = 0.000 < 0.05，所以诸群体在“您是否做出过这些行为？随地吐痰”这一回答上有显著差异。

F1g by 诸群体

您是否做出过这些行为？插队 ＊ 诸群体 Crosstabulation

	官员	企业家	专业人员	工人	农民	企业员工	做小生意者	无业失业下岗	总计
经常做	0.6%	8.8%	1.7%	1.8%	2.1%	1.6%	2.6%	3.5%	2.2%
偶尔做	18.3%	35.3%	21.3%	30.6%	26.4%	25.4%	33.1%	29.6%	28.4%
从来不做	81.1%	55.9%	77.1%	67.5%	71.5%	73.1%	64.3%	66.9%	69.4%
总计	100.0%	100.0%	100.0%	100.0%	100.0%	100.0%	100.0%	100.0%	100.0%
列总计	164	34	423	2286	2286	835	1049	1287	8364

Chi-square test：df = 14，卡方值为 71.903，sig = 0.000 < 0.05，所以诸群体在“您是否做出过这些行为？插队”的回答上有显著差异。

F1h by 诸群体

您是否做出过这些行为？公交或地铁上大声打电话 ＊ 诸群体 Crosstabulation

	官员	企业家	专业人员	工人	农民	企业员工	做小生意者	无业失业下岗	总计
经常做	1.2%	9.1%	1.0%	2.0%	3.2%	2.0%	3.1%	4.4%	2.8%
偶尔做	27.6%	24.2%	22.1%	30.9%	25.5%	23.0%	34.3%	26.2%	27.8%
从来不做	71.2%	66.7%	76.9%	67.2%	71.3%	75.0%	62.6%	69.4%	69.4%
总计	100.0%	100.0%	100.0%	100.0%	100.0%	100.0%	100.0%	100.0%	100.0%
列总计	163	33	416	2274	2270	831	1040	1281	8308

Chi-square test：df = 14，卡方值为 89.212，sig = 0.000 < 0.05，所以诸群体在“您是否做出过这些行为？公交或地铁上大声打电话”的回答上有显著差异。

F1i by 诸群体

您是否做出过这些行为？餐馆里说话声音很大 ＊ 诸群体 Crosstabulation

	官员	企业家	专业人员	工人	农民	企业员工	做小生意者	无业失业下岗	总计
经常做	1.2%	6.1%	0.7%	2.2%	3.5%	1.7%	3.7%	4.0%	2.9%
偶尔做	25.9%	24.2%	22.2%	27.7%	23.6%	23.9%	32.9%	24.5%	26.0%
从来不做	72.8%	69.7%	77.0%	70.1%	72.9%	74.4%	63.4%	71.5%	71.1%
总计	100.0%	100.0%	100.0%	100.0%	100.0%	100.0%	100.0%	100.0%	100.0%
列总计	162	33	418	2274	2270	832	1044	1279	8312

Chi-square test：df = 14，卡方值为 72.823，sig = 0.000 < 0.05，所以诸群体在“您是否做出过这些行为？餐馆里说话声音很大”的回答上有显著差异。

F1j by 诸群体

您是否做出过这些行为？在公共场所的椅子或沙发上躺着睡觉 ＊ 诸群体 Crosstabulation

	官员	企业家	专业人员	工人	农民	企业员工	做小生意者	无业失业下岗	总计
经常做	1.8%	11.8%	1.9%	2.1%	2.6%	2.4%	2.8%	4.0%	2.6%
偶尔做	9.8%	14.7%	10.9%	14.1%	12.7%	10.8%	16.2%	13.5%	13.3%
从来不做	88.4%	73.5%	87.2%	83.8%	84.7%	86.8%	81.0%	82.6%	84.0%

续表

	官员	企业家	专业人员	工人	农民	企业员工	做小生意者	无业失业下岗	总计
总计	100.0%	100.0%	100.0%	100.0%	100.0%	100.0%	100.0%	100.0%	100.0%
列总计	164	34	421	2278	2284	834	1041	1286	8342

Chi-square test：df = 14，卡方值为43.123，sig =0.000 <0.05，所以诸群体在“您是否做出过这些行为？在公共场所的椅子或沙发上躺着睡觉”的回答上有显著差异。

F2 by 诸群体

入夜后，很多中老年朋友在广场上伴着录音机的音乐跳舞，产生噪声，有人向政府或物管投诉，要求阻止。对这件事您怎么看 * 诸群体 Crosstabulation

	官员	企业家	专业人员	工人	农民	企业员工	做小生意者	无业失业下岗	总计
在广场上跳舞是居民的自由，不应干预	18.7%	18.2%	11.8%	22.5%	29.7%	16.7%	22.8%	16.8%	22.5%
跳舞如果破坏了别人的清静，就应该停止	22.9%	24.2%	25.3%	24.6%	18.3%	26.6%	23.2%	20.8%	22.3%
中老年人没地方活动，即便跳舞构成干扰，也应尽量容忍和理解	16.9%	21.2%	19.5%	22.3%	20.3%	20.4%	23.3%	22.3%	21.4%
请跳舞者降低音量，大家相互妥协	41.6%	33.3%	42.7%	29.7%	29.3%	35.7%	30.3%	37.8%	32.4%
其他（请说明）		3.0%	0.7%	0.9%	2.4%	0.6%	0.4%	2.3%	1.4%
总计		100.0%	100.0%	100.0%	100.0%	100.0%	100.0%	100.0%	100.0%
列总计	166	33	431	2330	2404	849	1067	1312	8592

Chi-square test：df = 28，卡方值为242.909，sig =0.000 <0.05，所以诸群体在“入夜后，很多中老年朋友在广场上伴着录音机的音乐跳舞，产生噪声，有人向政府或物管投诉，要求阻止。对这件事您怎么看”的回答上有显著差异。

F3a by 诸群体

社会上经常发生一些因个人认为自身受到不公正待遇而导致的社会泄愤事件，比如厦门公交爆炸案、徐州幼儿园爆炸案。对下列说法，您的同意程度如何？这是暴徒行为，无论何种情况下，都不应该采取暴力手段 * 诸群体 Crosstabulation

	官员	企业家	专业人员	工人	农民	企业员工	做小生意者	无业失业下岗	总计
完全同意	48.5%	45.5%	51.0%	39.3%	35.0%	44.2%	39.9%	44.8%	40.4%

续表

	官员	企业家	专业人员	工人	农民	企业员工	做小生意者	无业失业下岗	总计
比较同意	44.2%	42.4%	40.0%	53.2%	54.7%	46.6%	51.3%	44.6%	50.5%
不太同意	5.5%	12.1%	7.6%	6.0%	9.0%	7.8%	7.6%	8.5%	7.7%
完全不同意	1.8%		1.4%	1.6%	1.3%	1.3%	1.2%	2.1%	1.5%
总计	100.0%	100.0%	100.0%	100.0%	100.0%	100.0%	100.0%	100.0%	100.0%
列总计	165	33	420	2261	2223	830	1012	1239	8183

Chi-square test：df = 21，卡方值为 94.384，sig = 0.000 < 0.05，所以诸群体在“这是暴徒行为，无论何种情况下，都不应该采取暴力手段”这一认识上有显著差异。

F3b by 诸群体

社会上经常发生一些因个人认为自身受到不公正待遇而导致的社会泄愤事件，比如厦门公交爆炸案、徐州幼儿园爆炸案。对下列说法，您的同意程度如何？其他社会成员在需要的时候没有及时给予帮助，因此我们每个人都有责任 ＊ 诸群体 Crosstabulation

	官员	企业家	专业人员	工人	农民	企业员工	做小生意者	无业失业下岗	总计
完全同意	22.6%	28.1%	18.6%	14.5%	13.7%	15.4%	15.1%	18.2%	15.4%
比较同意	54.3%	37.5%	47.9%	47.5%	52.8%	44.8%	48.3%	49.8%	49.2%
不太同意	20.1%	34.4%	29.8%	32.0%	28.3%	33.1%	30.5%	27.7%	29.9%
完全不同意	3.0%		3.8%	6.0%	5.2%	6.7%	6.1%	4.3%	5.4%
总计	100.0%	100.0%	100.0%	100.0%	100.0%	100.0%	100.0%	100.0%	100.0%
列总计	164	32	420	2246	2225	833	1015	1233	8168

Chi-square test：df = 21，卡方值为 64.660，sig = 0.000 < 0.05，所以诸群体在“其他社会成员在需要的时候没有及时给予帮助，因此我们每个人都有责任”这一认识上有显著差异。

F3c by 诸群体

社会上经常发生一些因个人认为自身受到不公正待遇而导致的社会泄愤事件，比如厦门公交爆炸案、徐州幼儿园爆炸案。对下列说法，您的同意程度如何？他们的遭遇值得同情，应该去报复那些给予他们不公正待遇的人，而不是伤及无辜 ＊ 诸群体 Crosstabulation

	官员	企业家	专业人员	工人	农民	企业员工	做小生意者	无业失业下岗	总计
完全同意	13.9%	9.1%	15.5%	10.8%	12.8%	11.6%	10.1%	12.1%	11.8%

续表

	官员	企业家	专业人员	工人	农民	企业员工	做小生意者	无业失业下岗	总计
比较同意	30.9%	39.4%	26.3%	34.6%	36.5%	32.4%	32.5%	33.1%	33.9%
不太同意	31.5%	33.3%	39.4%	36.1%	34.8%	36.0%	39.7%	34.4%	36.0%
完全不同意	23.6%	18.2%	18.9%	18.6%	15.9%	19.9%	17.7%	20.3%	18.2%
总计	100.0%	100.0%	100.0%	100.0%	100.0%	100.0%	100.0%	100.0%	100.0%
列总计	165	33	419	2253	2226	833	1019	1231	8179

Chi-square test：df = 21，卡方值为 47.981，sig = 0.001 < 0.05，所以诸群体在“他们的遭遇值得同情，应该去报复那些给予他们不公正待遇的人，而不是伤及无辜”这一认识上有显著差异。

F3d by 诸群体

社会上经常发生一些因个人认为自身受到不公正待遇而导致的社会泄愤事件，比如厦门公交爆炸案、徐州幼儿园爆炸案。对下列说法，您的同意程度如何？受到不公平待遇，应该充分相信政府，积极寻求相关部门的帮助 * 诸群体 Crosstabulation

	官员	企业家	专业人员	工人	农民	企业员工	做小生意者	无业失业下岗	总计
完全同意	37.2%	27.3%	27.5%	22.1%	26.9%	23.4%	23.0%	28.5%	25.2%
比较同意	44.5%	60.6%	53.9%	57.3%	56.8%	52.7%	55.0%	52.3%	55.2%
不太同意	15.2%	12.1%	13.5%	16.3%	13.4%	19.9%	18.1%	16.0%	15.9%
完全不同意	3.0%		5.1%	4.3%	2.9%	4.1%	3.9%	3.2%	3.7%
总计	100.0%	100.0%	100.0%	100.0%	100.0%	100.0%	100.0%	100.0%	100.0%
列总计	164	33	414	2248	2239	826	1013	1225	8162

Chi-square test：df = 21，卡方值为 71.301，sig = 0.000 < 0.05，所以诸群体在“受到不公平待遇，应该充分相信政府，积极寻求相关部门的帮助”这一认识上有显著差异。

F4 by 诸群体

总的来说，您认为当今的社会公不公平 * 诸群体 Crosstabulation

	官员	企业家	专业人员	工人	农民	企业员工	做小生意者	无业失业下岗	总计
完全不公平	6.0%	5.9%	6.6%	5.7%	6.1%	4.9%	5.4%	6.8%	5.9%
比较不公平	18.1%	38.2%	25.3%	28.2%	32.1%	26.8%	30.2%	29.4%	29.3%
说不上公平但也不能说不公平	34.9%	29.4%	31.6%	41.8%	36.4%	38.6%	40.3%	35.1%	38.1%

续表

	官员	企业家	专业人员	工人	农民	企业员工	做小生意者	无业失业下岗	总计
比较公平	35.5%	26.5%	35.0%	23.1%	23.3%	26.4%	22.4%	25.8%	24.7%
非常公平	5.4%		1.5%	1.2%	2.1%	3.3%	1.7%	3.0%	2.1%
总计	100.0%	100.0%	100.0%	100.0%	100.0%	100.0%	100.0%	100.0%	100.0%
列总计	166	34	411	2244	2244	817	1022	1229	8167

Chi-square test：df = 28，卡方值为 108.219，sig = 0.000 < 0.05，所以诸群体在“总的来说，您认为当今的社会公不公平”的回答上有显著差异。

F5 by 诸群体

和前几年相比，您认为目前我国社会的分配不公、两极分化现象 ＊ 诸群体 Crosstabulation

	官员	企业家	专业人员	工人	农民	企业员工	做小生意者	无业失业下岗	总计
有较大改善	50.0%	45.2%	43.5%	30.8%	32.0%	35.5%	30.0%	36.9%	33.5%
没什么变化	37.0%	32.3%	39.6%	55.2%	57.1%	51.9%	55.7%	46.9%	53.0%
更加恶化	13.0%	22.6%	16.8%	13.9%	10.9%	12.5%	14.3%	16.2%	13.5%
总计	100.0%	100.0%	100.0%	100.0%	100.0%	100.0%	100.0%	100.0%	100.0%
列总计	162	31	386	2108	2095	782	940	1105	7609

Chi-square test：df = 14，卡方值为 103.957，sig = 0.000 < 0.05，所以诸群体在“和前几年相比，您认为目前我国社会的分配不公、两极分化现象”的回答上有显著差异。

F6 by 诸群体

您认为目前我国社会成员之间的收入差距 ＊ 诸群体 Crosstabulation

	官员	企业家	专业人员	工人	农民	企业员工	做小生意者	无业失业下岗	总计
合理，可以接受	34.2%	27.3%	18.5%	15.3%	15.9%	23.0%	16.7%	17.2%	17.3%
不合理，但可以接受	54.2%	60.6%	61.3%	61.2%	61.0%	59.3%	62.8%	56.7%	60.3%
不合理，不能接受	11.6%	12.1%	20.3%	23.4%	23.1%	17.7%	20.5%	26.2%	22.3%
总计	100.0%	100.0%	100.0%	100.0%	100.0%	100.0%	100.0%	100.0%	100.0%
列总计	155	33	395	2066	1992	779	946	1105	7471

Chi-square test：df = 14，卡方值为 82.157，sig = 0.000 < 0.05，所以诸群体在“您认为目前我国社会成员之间的收入差距”的回答上有显著差异。

F7a by 诸群体

请问您是否同意当前的社会是人人为自己 * 诸群体 Crosstabulation

	官员	企业家	专业人员	工人	农民	企业员工	做小生意者	无业失业下岗	总计
完全同意	8.4%	15.2%	8.0%	11.3%	11.4%	10.6%	13.9%	10.5%	11.3%
比较同意	45.8%	51.5%	52.2%	64.1%	56.6%	55.4%	60.5%	53.0%	58.0%
不太同意	42.2%	33.3%	37.4%	23.7%	30.8%	31.9%	24.1%	33.9%	29.2%
完全不同意	3.6%		2.4%	0.9%	1.2%	2.1%	1.5%	2.7%	1.6%
总计	100.0%	100.0%	100.0%	100.0%	100.0%	100.0%	100.0%	100.0%	100.0%
列总计	166	33	423	2313	2400	838	1055	1282	8510

Chi-square test：df = 21，卡方值为 136.664，sig = 0.000 < 0.05，所以诸群体在“您是否同意当前的社会是人人为自己”的回答上有显著差异。

F7b by 诸群体

请问您是否同意现在社会的大多数人是见利忘义的 * 诸群体 Crosstabulation

	官员	企业家	专业人员	工人	农民	企业员工	做小生意者	无业失业下岗	总计
完全同意	5.5%	12.1%	5.9%	8.9%	8.2%	6.9%	7.3%	6.5%	7.8%
比较同意	40.6%	57.6%	42.5%	53.3%	51.3%	44.6%	56.3%	46.0%	50.4%
不太同意	48.5%	30.3%	47.6%	34.5%	37.9%	42.2%	33.6%	42.5%	38.2%
完全不同意	5.5%		4.0%	3.3%	2.6%	6.2%	2.8%	5.0%	3.7%
总计	100.0%	100.0%	100.0%	100.0%	100.0%	100.0%	100.0%	100.0%	100.0%
列总计	165	33	424	2304	2391	838	1059	1273	8487

Chi-square test：df = 21，卡方值为 115.346，sig = 0.000 < 0.05，所以诸群体在“您是否同意现在社会的大多数人是见利忘义的”的回答上有显著差异。

F7c by 诸群体

请问您是否同意现在社会是一个物欲横流的社会 * 诸群体 Crosstabulation

	官员	企业家	专业人员	工人	农民	企业员工	做小生意者	无业失业下岗	总计
完全同意	5.5%	15.6%	5.9%	8.9%	6.6%	7.7%	8.4%	6.5%	7.5%
比较同意	37.2%	53.1%	50.5%	47.4%	47.8%	43.1%	53.1%	45.4%	47.4%
不太同意	48.2%	28.1%	38.9%	38.5%	41.0%	40.6%	35.3%	41.3%	39.6%
完全不同意	9.1%	3.1%	4.7%	5.2%	4.7%	8.6%	3.2%	6.9%	5.4%
总计	100.0%	100.0%	100.0%	100.0%	100.0%	100.0%	100.0%	100.0%	100.0%

续表

	官员	企业家	专业人员	工人	农民	企业员工	做小生意者	无业失业下岗	总计
列总计	164	32	422	2253	2230	826	1025	1209	8161

Chi-square test：df = 21，卡方值为 80. 536，sig = 0. 000 < 0. 05，所以诸群体在“您是否同意现在社会是一个物欲横流的社会”的回答上有显著差异。

F7d by 诸群体

请问您是否同意当前大多数人都是以集体利益为重 ＊ 诸群体 Crosstabulation

	官员	企业家	专业人员	工人	农民	企业员工	做小生意者	无业失业下岗	总计
完全同意	6. 1%	6. 1%	4. 8%	7. 4%	5. 6%	5. 8%	4. 6%	4. 4%	5. 8%
比较同意	39. 4%	45. 5%	41. 2%	36. 5%	39. 5%	34. 4%	37. 5%	34. 9%	37. 3%
不太同意	49. 7%	39. 4%	48. 4%	50. 9%	50. 7%	52. 1%	53. 0%	54. 0%	51. 5%
完全不同意	4. 8%	9. 1%	5. 5%	5. 2%	4. 2%	7. 7%	4. 9%	6. 7%	5. 4%
总计	100. 0%	100. 0%	100. 0%	100. 0%	100. 0%	100. 0%	100. 0%	100. 0%	100. 0%
列总计	165	33	415	2278	2291	822	1041	1219	8264

Chi-square test：df = 21，卡方值为 50. 572，sig = 0. 000 < 0. 05，所以诸群体在“您是否同意当前大多数人都是以集体利益为重”的回答上有显著差异。

F7e by 诸群体

请问您是否同意当前大多数人都是家庭利益至上 ＊ 诸群体 Crosstabulation

	官员	企业家	专业人员	工人	农民	企业员工	做小生意者	无业失业下岗	总计
完全同意	17. 0%	15. 2%	11. 9%	21. 6%	16. 0%	17. 5%	18. 9%	12. 3%	17. 3%
比较同意	44. 2%	60. 6%	53. 7%	52. 3%	61. 0%	48. 3%	52. 4%	58. 6%	55. 3%
不太同意	34. 5%	18. 2%	30. 1%	23. 4%	20. 7%	28. 3%	25. 5%	25. 5%	24. 2%
完全不同意	4. 2%	6. 1%	4. 3%	2. 8%	2. 3%	5. 9%	3. 2%	3. 6%	3. 2%
总计	100. 0%	100. 0%	100. 0%	100. 0%	100. 0%	100. 0%	100. 0%	100. 0%	100. 0%
列总计	165	33	419	2290	2361	830	1055	1261	8414

Chi-square test：df = 21，卡方值为 150. 740，sig = 0. 000 < 0. 05，所以诸群体在“您是否同意当前大多数人都是家庭利益至上”的回答上有显著差异。

F7f by 诸群体

请问您是否同意当前的社会是个金钱至上的社会 * 诸群体 Crosstabulation

	官员	企业家	专业人员	工人	农民	企业员工	做小生意者	无业失业下岗	总计
完全同意	11.7%	18.2%	9.8%	15.8%	12.7%	14.2%	17.4%	13.4%	14.3%
比较同意	33.1%	54.5%	42.9%	49.5%	54.9%	45.7%	49.1%	48.1%	49.7%
不太同意	45.4%	21.2%	40.3%	30.2%	29.4%	34.1%	29.7%	32.9%	31.5%
完全不同意	9.8%	6.1%	7.0%	4.5%	3.0%	6.0%	3.7%	5.6%	4.5%
总计	100.0%	100.0%	100.0%	100.0%	100.0%	100.0%	100.0%	100.0%	100.0%
列总计	163	33	417	2292	2336	823	1050	1253	8367

Chi-square test：df = 21，卡方值为 116.846，sig = 0.000 < 0.05，所以诸群体在“您是否同意当前的社会是个金钱至上的社会”的回答上有显著差异。

F7g by 诸群体

请问您是否同意现在社会守道德的人大都吃亏，不守道德的人占便宜 * 诸群体 Crosstabulation

	官员	企业家	专业人员	工人	农民	企业员工	做小生意者	无业失业下岗	总计
完全同意	8.0%	12.1%	6.0%	9.6%	8.0%	9.6%	8.1%	6.7%	8.3%
比较同意	32.1%	51.5%	39.3%	42.0%	45.4%	37.1%	42.6%	41.5%	42.2%
不太同意	50.6%	21.2%	46.5%	43.2%	42.8%	46.5%	45.0%	45.1%	44.1%
完全不同意	9.3%	15.2%	8.2%	5.2%	3.8%	6.8%	4.3%	6.7%	5.3%
总计	100.0%	100.0%	100.0%	100.0%	100.0%	100.0%	100.0%	100.0%	100.0%
列总计	162	33	417	2248	2326	820	1034	1239	8279

Chi-square test：df = 21，卡方值为 75.524，sig = 0.000 < 0.05，所以诸群体在“您是否同意现在社会守道德的人大都吃亏，不守道德的人占便宜”的回答上有显著差异。

F7h by 诸群体

请问您是否同意现在社会中好人有好报，恶人终归会受到惩罚 * 诸群体 Crosstabulation

	官员	企业家	专业人员	工人	农民	企业员工	做小生意者	无业失业下岗	总计
完全同意	20.1%	18.2%	16.3%	15.3%	15.2%	14.0%	15.2%	15.0%	15.2%
比较同意	44.5%	42.4%	48.4%	50.2%	56.6%	44.6%	49.1%	47.9%	50.7%

续表

	官员	企业家	专业人员	工人	农民	企业员工	做小生意者	无业失业下岗	总计
不太同意	31.7%	36.4%	30.9%	31.3%	25.5%	35.4%	32.3%	33.1%	30.5%
完全不同意	3.7%	3.0%	4.4%	3.2%	2.7%	6.0%	3.5%	4.1%	3.6%
总计	100.0%	100.0%	100.0%	100.0%	100.0%	100.0%	100.0%	100.0%	100.0%
列总计	164	33	411	2256	2354	822	1035	1258	8333

Chi-square test：df = 21，卡方值为 81.822，sig ＝0.000 < 0.05，所以诸群体在“您是否同意现在社会中好人有好报，恶人终归会受到惩罚”的回答上有显著差异。

F7i by 诸群体

请问您是否同意人们的生活水平越高，就越幸福 ＊ 诸群体 Crosstabulation

	官员	企业家	专业人员	工人	农民	企业员工	做小生意者	无业失业下岗	总计
完全同意	12.3%	27.3%	14.5%	20.7%	16.6%	18.0%	19.5%	13.0%	17.5%
比较同意	40.5%	30.3%	42.9%	45.6%	47.2%	38.2%	43.9%	43.9%	44.6%
不太同意	39.3%	39.4%	38.1%	30.0%	33.4%	36.7%	32.8%	38.7%	33.9%
完全不同意	8.0%	3.0%	4.6%	3.7%	2.7%	7.1%	3.8%	4.4%	4.0%
总计	100.0%	100.0%	100.0%	100.0%	100.0%	100.0%	100.0%	100.0%	100.0%
列总计	163	33	415	2285	2367	821	1041	1257	8382

Chi-square test：df = 21，卡方值为 113.445，sig ＝0.000 < 0.05，所以诸群体在“您是否同意人们的生活水平越高，就越幸福”的回答上有显著差异。

F7j by 诸群体

请问您是否同意我们的社会中道德能够很好地约束人们的行为 ＊ 诸群体 Crosstabulation

	官员	企业家	专业人员	工人	农民	企业员工	做小生意者	无业失业下岗	总计
完全同意	9.8%	20.0%	6.0%	6.0%	6.4%	5.8%	6.7%	7.7%	6.6%
比较同意	52.8%	53.3%	48.8%	47.9%	50.8%	48.6%	46.9%	47.4%	48.8%
不太同意	34.4%	26.7%	39.3%	41.2%	38.5%	40.2%	41.2%	39.2%	39.8%
完全不同意	3.1%		6.0%	4.9%	4.2%	5.4%	5.2%	5.7%	4.9%
总计	100.0%	100.0%	100.0%	100.0%	100.0%	100.0%	100.0%	100.0%	100.0%
列总计	163	30	420	2222	2242	813	1013	1178	8081

Chi-square test：df = 21，卡方值为 32.402，sig ＝0.053 > 0.05，所以诸群体在“您是否同意我们的社会中道德能够很好地约束人们的行为”的回答上无显著差异。

F7k by 诸群体

请问您是否同意现有的规范和习俗能够很好地调节人与人的关系 * 诸群体 Crosstabulation

	官员	企业家	专业人员	工人	农民	企业员工	做小生意者	无业失业下岗	总计
完全同意	6.9%	19.4%	5.8%	6.3%	5.6%	6.0%	6.2%	7.1%	6.2%
比较同意	50.6%	54.8%	53.8%	49.4%	54.6%	47.5%	51.6%	48.7%	51.1%
不太同意	36.9%	25.8%	34.1%	39.0%	35.8%	38.9%	37.5%	38.6%	37.5%
完全不同意	5.6%		6.3%	5.3%	4.0%	7.7%	4.7%	5.5%	5.2%
总计	100.0%	100.0%	100.0%	100.0%	100.0%	100.0%	100.0%	100.0%	100.0%
列总计	160	31	416	2214	2214	805	1002	1162	8004

Chi-square test：df = 21，卡方值为 48.261，sig = 0.001 < 0.05，所以诸群体在“您是否同意现有的规范和习俗能够很好地调节人与人的关系”的回答上有显著差异。

F7l by 诸群体

请问您是否同意现在社会大多数人都有荣辱感 * 诸群体 Crosstabulation

	官员	企业家	专业人员	工人	农民	企业员工	做小生意者	无业失业下岗	总计
完全同意	8.8%	21.9%	8.3%	7.7%	8.8%	6.1%	6.6%	9.4%	8.1%
比较同意	54.1%	53.1%	55.1%	51.7%	59.8%	48.6%	54.3%	52.5%	54.3%
不太同意	31.4%	21.9%	31.1%	34.7%	28.5%	39.8%	33.2%	32.3%	32.6%
完全不同意	5.7%	3.1%	5.6%	5.9%	3.0%	5.5%	5.9%	5.8%	5.0%
总计	100.0%	100.0%	100.0%	100.0%	100.0%	100.0%	100.0%	100.0%	100.0%
列总计	159	32	412	2198	2237	800	999	1183	8020

Chi-square test：df = 21，卡方值为 93.717，sig = 0.000 < 0.05，所以诸群体在“您是否同意现在社会大多数人都有荣辱感”的回答上有显著差异。

F8 by 诸群体

您听说过或参加过道德讲堂吗 * 诸群体 Crosstabulation

	官员	企业家	专业人员	工人	农民	企业员工	做小生意者	无业失业下岗	总计
参加过	45.5%	20.6%	26.6%	7.2%	3.1%	17.2%	5.6%	14.3%	9.7%
听说过，但没参加过	33.5%	32.4%	44.2%	35.1%	31.6%	40.8%	34.1%	33.9%	34.8%

续表

	官员	企业家	专业人员	工人	农民	企业员工	做小生意者	无业失业下岗	总计
没听说过	21.0%	47.1%	29.2%	57.6%	65.3%	42.0%	60.2%	51.9%	55.6%
总计	100.0%	100.0%	100.0%	100.0%	100.0%	100.0%	100.0%	100.0%	100.0%
列总计	167	34	432	2342	2462	848	1069	1326	8680

Chi-square test：df = 14，卡方值为 773.178，sig = 0.000 < 0.05，所以诸群体在“您听说过或参加过道德讲堂吗”的回答上有显著差异。

F9 by 诸群体

如果您参加过道德讲堂，您觉得开展这样的活动有意义吗 * 诸群体 Crosstabulation

	官员	企业家	专业人员	工人	农民	企业员工	做小生意者	无业失业下岗	总计
很有意义	90.7%	85.7%	88.4%	73.9%	66.2%	76.1%	72.4%	76.1%	77.6%
可有可无	8.0%	14.3%	10.7%	16.8%	27.0%	16.9%	20.7%	20.1%	17.1%
没有必要	1.3%		0.9%	9.3%	6.8%	7.0%	6.9%	3.8%	5.3%
总计	100.0%	100.0%	100.0%	100.0%	100.0%	100.0%	100.0%	100.0%	100.0%
列总计	75	7	112	161	74	142	58	184	813

Chi-square test：df = 14，卡方值为 31.030，sig = 0.005 < 0.05，所以诸群体在“如果您参加过道德讲堂，您觉得开展这样的活动有意义吗”的回答上有显著差异。

F10 by 诸群体

您对您生活的地方（您所在的社区）社会公德状况满意吗 * 诸群体 Crosstabulation

	官员	企业家	专业人员	工人	农民	企业员工	做小生意者	无业失业下岗	总计
非常满意	12.5%	11.8%	5.4%	4.6%	3.7%	6.9%	4.9%	5.2%	4.9%
比较满意	68.1%	58.8%	61.8%	66.2%	63.0%	64.6%	62.4%	58.4%	63.3%
不太满意	16.3%	26.5%	27.0%	25.2%	28.2%	24.1%	28.1%	31.9%	27.2%
非常不满意	3.1%	2.9%	5.8%	4.0%	5.1%	4.4%	4.5%	4.6%	4.6%
总计	100.0%	100.0%	100.0%	100.0%	100.0%	100.0%	100.0%	100.0%	100.0%
列总计	160	34	411	2173	2225	794	990	1208	7995

Chi-square test：df = 21，卡方值为 74.318，sig = 0.000 < 0.05，所以诸群体在“您对您生活的地方（您所在的社区）社会公德状况满意吗?”的回答上有显著差异。

F11a by 诸群体

当前社会坑蒙拐骗现象的严重程度如何 * 诸群体 Crosstabulation

	官员	企业家	专业人员	工人	农民	企业员工	做小生意者	无业失业下岗	总计
非常不严重	14.4%	9.1%	10.7%	8.0%	6.0%	9.7%	7.5%	8.5%	7.9%
比较不严重	49.4%	27.3%	41.8%	47.1%	42.1%	44.9%	45.9%	40.9%	44.1%
比较严重	31.9%	48.5%	39.7%	38.0%	43.9%	38.5%	37.8%	41.8%	40.3%
非常严重	4.4%	15.2%	7.8%	6.9%	8.0%	6.9%	8.9%	8.8%	7.8%
总计	100.0%	100.0%	100.0%	100.0%	100.0%	100.0%	100.0%	100.0%	100.0%
列总计	160	33	421	2277	2380	824	1046	1261	8402

Chi-square test：df = 21，卡方值为 70.461，sig = 0.000 < 0.05，所以诸群体在“当前社会坑蒙拐骗现象的严重程度如何”的回答上有显著差异。

F11b by 诸群体

当前社会人际关系冷漠，见危不救的严重程度如何 * 诸群体 Crosstabulation

	官员	企业家	专业人员	工人	农民	企业员工	做小生意者	无业失业下岗	总计
非常不严重	14.8%	9.1%	12.3%	9.9%	7.7%	11.6%	7.8%	9.4%	9.3%
比较不严重	50.6%	33.3%	38.8%	45.6%	43.9%	44.6%	44.0%	43.1%	44.2%
比较严重	29.6%	45.5%	43.3%	39.8%	42.9%	38.5%	41.8%	40.7%	40.9%
非常严重	4.9%	12.1%	5.7%	4.8%	5.5%	5.3%	6.3%	6.7%	5.6%
总计	100.0%	100.0%	100.0%	100.0%	100.0%	100.0%	100.0%	100.0%	100.0%
列总计	162	33	423	2294	2377	828	1049	1264	8430

Chi-square test：df = 21，卡方值为 49.840，sig = 0.000 < 0.05，所以诸群体在“当前社会人际关系冷漠，见危不救的严重程度如何”的回答上有显著差异。

F11c by 诸群体

当前社会诚信缺乏，不讲信用的严重程度如何 * 诸群体 Crosstabulation

	官员	企业家	专业人员	工人	农民	企业员工	做小生意者	无业失业下岗	总计
非常不严重	13.1%	6.1%	10.0%	10.6%	7.5%	10.6%	8.5%	9.1%	9.3%
比较不严重	43.8%	33.3%	40.3%	42.6%	43.7%	44.2%	38.9%	41.0%	42.2%
比较严重	35.0%	45.5%	40.8%	40.2%	43.0%	37.9%	45.5%	42.0%	41.6%
非常严重	8.1%	15.2%	9.0%	6.5%	5.8%	7.4%	7.1%	7.8%	6.9%

续表

	官员	企业家	专业人员	工人	农民	企业员工	做小生意者	无业失业下岗	总计
总计	100. 0%	100. 0%	100. 0%	100. 0%	100. 0%	100. 0%	100. 0%	100. 0%	100. 0%
列总计	160	33	422	2298	2386	824	1055	1280	8458

Chi-square test：df = 21，卡方值为 47. 207，sig ＝0. 001 < 0. 05，所以诸群体在“当前社会诚信缺乏，不讲信用的严重程度如何”的回答上有显著差异。

F11d by 诸群体

当前社会人与人之间缺乏信任，社会安全度低的严重程度如何 ＊ 诸群体 Crosstabulation

	官员	企业家	专业人员	工人	农民	企业员工	做小生意者	无业失业下岗	总计
非常不严重	11. 7%	3. 0%	10. 5%	9. 7%	7. 1%	10. 3%	6. 8%	7. 3%	8. 3%
比较不严重	44. 4%	24. 2%	38. 7%	36. 8%	40. 4%	40. 0%	36. 0%	38. 1%	38. 4%
比较严重	35. 2%	57. 6%	42. 0%	44. 5%	45. 6%	40. 7%	47. 0%	44. 8%	44. 6%
非常严重	8. 6%	15. 2%	8. 8%	9. 0%	6. 9%	9. 0%	10. 3%	9. 8%	8. 7%
总计	100. 0%	100. 0%	100. 0%	100. 0%	100. 0%	100. 0%	100. 0%	100. 0%	100. 0%
列总计	162	33	419	2290	2360	831	1051	1278	8424

Chi-square test：df = 21，卡方值为 58. 500，sig ＝0. 000 < 0. 05，所以诸群体在“当前社会人与人之间缺乏信任，社会安全度低的严重程度如何”这一认识上有显著差异。

F11e by 诸群体

当前社会缺乏公德，如公共场所大声喧哗、随地吐痰等的严重程度如何 ＊ 诸群体 Crosstabulation

	官员	企业家	专业人员	工人	农民	企业员工	做小生意者	无业失业下岗	总计
非常不严重	14. 4%	6. 1%	11. 6%	11. 6%	9. 1%	10. 4%	8. 6%	10. 4%	10. 3%
比较不严重	41. 3%	18. 2%	39. 6%	44. 2%	46. 3%	47. 0%	41. 7%	42. 7%	44. 1%
比较严重	38. 1%	57. 6%	38. 2%	35. 5%	36. 0%	33. 5%	39. 5%	38. 5%	36. 7%
非常严重	6. 3%	18. 2%	10. 6%	8. 7%	8. 6%	9. 2%	10. 2%	8. 4%	9. 0%
总计	100. 0%	100. 0%	100. 0%	100. 0%	100. 0%	100. 0%	100. 0%	100. 0%	100. 0%
列总计	160	33	424	2297	2372	828	1054	1256	8424

Chi-square test：df = 21，卡方值为 47. 290，sig ＝0. 001 < 0. 05，所以诸群体在“当前社会缺乏公德，如公共场所大声喧哗、随地吐痰等的严重程度如何”的回答上有显著差异。

F11f by 诸群体

当前社会自私自利，损人利己的严重程度如何 ＊ 诸群体 Crosstabulation

	官员	企业家	专业人员	工人	农民	企业员工	做小生意者	无业失业下岗	总计
非常不严重	13.7%	9.1%	11.4%	11.2%	8.3%	12.2%	8.4%	9.1%	9.9%
比较不严重	50.3%	27.3%	42.4%	40.0%	41.5%	42.3%	39.0%	42.7%	41.2%
比较严重	31.7%	42.4%	37.4%	42.0%	44.6%	39.1%	46.0%	41.7%	42.5%
非常严重	4.3%	21.2%	8.8%	6.7%	5.6%	6.4%	6.6%	6.5%	6.4%
总计	100.0%	100.0%	100.0%	100.0%	100.0%	100.0%	100.0%	100.0%	100.0%
列总计	161	33	420	2283	2332	829	1050	1265	8373

Chi-square test：df = 21，卡方值为 62.985，sig = 0.000 < 0.05，所以诸群体在“当前社会自私自利，损人利己的严重程度如何”的回答上有显著差异。

F11g by 诸群体

当前社会缺乏公正心和正义感的严重程度如何 ＊ 诸群体 Crosstabulation

	官员	企业家	专业人员	工人	农民	企业员工	做小生意者	无业失业下岗	总计
非常不严重	16.5%	3.0%	10.9%	11.3%	8.3%	10.4%	8.5%	9.9%	9.9%
比较不严重	47.5%	36.4%	40.1%	42.1%	43.7%	48.0%	41.9%	42.3%	43.1%
比较严重	29.7%	45.5%	42.5%	39.8%	43.6%	34.9%	43.1%	40.4%	40.9%
非常严重	6.3%	15.2%	6.4%	6.7%	4.4%	6.7%	6.5%	7.4%	6.2%
总计	100.0%	100.0%	100.0%	100.0%	100.0%	100.0%	100.0%	100.0%	100.0%
列总计	158	33	421	2259	2306	830	1044	1245	8296

Chi-square test：df = 21，卡方值为 68.727，sig = 0.000 < 0.05，所以诸群体在“当前社会缺乏公正心和正义感的严重程度如何”的回答上有显著差异。

F11h by 诸群体

当前社会私欲膨胀，物欲横流的严重程度如何 ＊ 诸群体 Crosstabulation

	官员	企业家	专业人员	工人	农民	企业员工	做小生意者	无业失业下岗	总计
非常不严重	17.2%	3.1%	11.5%	11.1%	8.2%	9.9%	8.5%	8.2%	9.5%
比较不严重	41.4%	28.1%	38.9%	43.4%	43.6%	44.7%	43.9%	40.7%	42.9%
比较严重	35.0%	50.0%	42.0%	38.3%	42.6%	36.9%	40.6%	42.8%	40.5%
非常严重	6.4%	18.8%	7.6%	7.2%	5.5%	8.5%	7.1%	8.2%	7.1%

续表

	官员	企业家	专业人员	工人	农民	企业员工	做小生意者	无业失业下岗	总计
总计	100.0%	100.0%	100.0%	100.0%	100.0%	100.0%	100.0%	100.0%	100.0%
列总计	157	32	419	2205	2149	816	1003	1191	7972

Chi-square test：df = 21，卡方值为 60.518，sig = 0.000 < 0.05，所以诸群体在“当前社会私欲膨胀，物欲横流的严重程度如何”的回答上有显著差异。

F11i by 诸群体

当前社会缺乏羞耻感的严重程度如何 * 诸群体 Crosstabulation

	官员	企业家	专业人员	工人	农民	企业员工	做小生意者	无业失业下岗	总计
非常不严重	16.3%	15.6%	12.4%	12.1%	10.5%	12.5%	9.4%	10.6%	11.2%
比较不严重	51.9%	37.5%	43.0%	50.7%	50.8%	48.4%	46.5%	48.9%	49.3%
比较严重	26.9%	31.3%	35.4%	31.1%	34.0%	31.7%	37.0%	33.7%	33.2%
非常严重	5.0%	15.6%	9.2%	6.1%	4.6%	7.4%	7.1%	6.7%	6.2%
总计	100.0%	100.0%	100.0%	100.0%	100.0%	100.0%	100.0%	100.0%	100.0%
列总计	160	32	412	2231	2221	810	1013	1212	8091

Chi-square test：df = 21，卡方值为 54.491，sig = 0.000 < 0.05，所以诸群体在“当前社会缺乏羞耻感的严重程度如何”的回答上有显著差异。

F11j by 诸群体

当前社会干部贪污受贿，以权谋利的严重程度如何 * 诸群体 Crosstabulation

	官员	企业家	专业人员	工人	农民	企业员工	做小生意者	无业失业下岗	总计
非常不严重	13.5%	3.2%	9.5%	8.4%	5.9%	11.1%	6.7%	7.6%	7.8%
比较不严重	46.8%	38.7%	36.0%	38.3%	34.1%	38.9%	38.8%	33.4%	36.6%
比较严重	31.4%	35.5%	39.3%	36.0%	42.0%	36.4%	34.6%	38.6%	38.0%
非常严重	8.3%	22.6%	15.2%	17.4%	18.1%	13.6%	20.0%	20.4%	17.7%
总计	100.0%	100.0%	100.0%	100.0%	100.0%	100.0%	100.0%	100.0%	100.0%
列总计	156	31	389	2138	2190	758	972	1130	7764

Chi-square test：df = 21，卡方值为 89.307，sig = 0.000 < 0.05，所以诸群体在“当前社会干部贪污受贿，以权谋利的严重程度如何”的回答上有显著差异。

F11k by 诸群体

当前社会生活奢侈，铺张浪费的严重程度如何 ＊ 诸群体 Crosstabulation

	官员	企业家	专业人员	工人	农民	企业员工	做小生意者	无业失业下岗	总计
非常不严重	16.4%	9.7%	8.9%	8.4%	5.6%	8.9%	6.0%	7.1%	7.4%
比较不严重	40.3%	32.3%	38.3%	40.1%	37.6%	40.9%	36.9%	36.3%	38.4%
比较严重	34.6%	38.7%	38.5%	37.1%	42.2%	37.8%	41.4%	41.7%	39.8%
非常严重	8.8%	19.4%	14.3%	14.4%	14.6%	12.4%	15.8%	14.9%	14.4%
总计	100.0%	100.0%	100.0%	100.0%	100.0%	100.0%	100.0%	100.0%	100.0%
列总计	159	31	405	2197	2256	790	1001	1199	8038

Chi-square test：df = 21，卡方值为 60.901，sig = 0.000 < 0.05，所以诸群体在“当前社会生活奢侈，铺张浪费的严重程度如何”的回答上有显著差异。

F11l by 诸群体

当前社会干部不作为，扯皮推诿的严重程度如何 ＊ 诸群体 Crosstabulation

	官员	企业家	专业人员	工人	农民	企业员工	做小生意者	无业失业下岗	总计
非常不严重	12.3%	3.4%	9.5%	7.5%	5.6%	7.3%	5.6%	7.3%	6.9%
比较不严重	47.1%	31.0%	37.1%	36.6%	34.6%	41.4%	33.2%	32.0%	35.6%
比较严重	32.3%	34.5%	35.6%	37.8%	42.7%	35.2%	40.3%	38.3%	39.0%
非常严重	8.4%	31.0%	17.8%	18.2%	17.2%	16.1%	20.9%	22.4%	18.5%
总计	100.0%	100.0%	100.0%	100.0%	100.0%	100.0%	100.0%	100.0%	100.0%
列总计	155	29	388	2098	2138	751	956	1103	7618

Chi-square test：df = 21，卡方值为 82.207，sig = 0.000 < 0.05，所以诸群体在“当前社会干部不作为，扯皮推诿的严重程度如何”的回答上有显著差异。

F12a by 诸群体

您怎么看待周围那些经营企业或做生意发了财的人：他们自己有本事，应该发财 ＊ 诸群体 Crosstabulation

	官员	企业家	专业人员	工人	农民	企业员工	做小生意者	无业失业下岗	总计
未选中	46.4%	33.3%	38.8%	44.0%	40.7%	40.4%	43.3%	43.6%	42.3%
选中	53.6%	66.7%	61.2%	56.0%	59.3%	59.6%	56.7%	56.4%	57.7%
总计	100.0%	100.0%	100.0%	100.0%	100.0%	100.0%	100.0%	100.0%	100.0%
列总计	166	33	430	2323	2426	847	1065	1302	8592

Chi-square test：df = 7，卡方值为 12.445，sig = 0.087 > 0.05，所以诸群体在“您怎么看待周围那些经营企业或做生意发了财的人：他们自己有本事，应该发财”的回答上无显著差异。

F12b by 诸群体

您怎么看待周围那些经营企业或做生意发了财的人：尊重他们，他们为社会做了贡献 ＊ 诸群体 Crosstabulation

	官员	企业家	专业人员	工人	农民	企业员工	做小生意者	无业失业下岗	总计
未选中	39.8%	51.5%	44.4%	53.5%	58.9%	47.5%	57.7%	59.8%	55.2%
选中	60.2%	48.5%	55.6%	46.5%	41.1%	52.5%	42.3%	40.2%	44.8%
总计	100.0%	100.0%	100.0%	100.0%	100.0%	100.0%	100.0%	100.0%	100.0%
列总计	166	33	430	2323	2426	847	1065	1302	8592

Chi-square test：df = 7，卡方值为 86.751，sig = 0.000 < 0.05，所以诸群体在“您怎么看待周围那些经营企业或做生意发了财的人：尊重他们，他们为社会做了贡献”的回答上有显著差异。

F12c by 诸群体

您怎么看待周围那些经营企业或做生意发了财的人：没什么了不起，他们常用不正当手段发财 ＊ 诸群体 Crosstabulation

	官员	企业家	专业人员	工人	农民	企业员工	做小生意者	无业失业下岗	总计
未选中	91.0%	87.9%	93.0%	85.2%	87.3%	87.2%	87.4%	89.2%	87.4%
选中	9.0%	12.1%	7.0%	14.8%	12.7%	12.8%	12.6%	10.8%	12.6%
总计	100.0%	100.0%	100.0%	100.0%	100.0%	100.0%	100.0%	100.0%	100.0%
列总计	166	33	430	2323	2426	847	1065	1302	8592

Chi-square test：df = 7，卡方值为 27.894，sig = 0.000 < 0.05，所以诸群体在“您怎么看待周围那些经营企业或做生意发了财的人：没什么了不起，他们常用不正当手段发财”的回答上有显著差异。

F12d by 诸群体

您怎么看待周围那些经营企业或做生意发了财的人：是土豪，没文化，没教养 ＊ 诸群体 Crosstabulation

	官员	企业家	专业人员	工人	农民	企业员工	做小生意者	无业失业下岗	总计
未选中	92.8%	97.0%	93.3%	92.0%	92.5%	90.7%	92.6%	92.9%	92.3%
选中	7.2%	3.0%	6.7%	8.0%	7.5%	9.3%	7.4%	7.1%	7.7%
总计	100.0%	100.0%	100.0%	100.0%	100.0%	100.0%	100.0%	100.0%	100.0%
列总计	166	33	430	2323	2426	847	1065	1302	8592

Chi-square test：df = 7，卡方值为 5.929，sig = 0.548 > 0.05，所以诸群体在“您怎么看待周围那些经营企业或做生意发了财的人：是土豪，没文化，没教养”的回答上无显著差异。

F12e by 诸群体

您怎么看待周围那些经营企业或做生意发了财的人：是他们运气好 ＊ 诸群体 Crosstabulation

	官员	企业家	专业人员	工人	农民	企业员工	做小生意者	无业失业下岗	总计
未选中	85.5%	90.9%	89.3%	82.0%	79.3%	86.2%	83.0%	84.9%	82.7%
选中	14.5%	9.1%	10.7%	18.0%	20.7%	13.8%	17.0%	15.1%	17.3%
总计	100.0%	100.0%	100.0%	100.0%	100.0%	100.0%	100.0%	100.0%	100.0%
列总计	166	33	430	2323	2426	847	1065	1302	8592

Chi-square test：df = 7，卡方值为 46.884，sig = 0.000 < 0.05，所以诸群体在“您怎么看待周围那些经营企业或做生意发了财的人：是他们运气好”的回答上有显著差异。

F12f by 诸群体

您怎么看待周围那些经营企业或做生意发了财的人：有钱没钱，这都是命 ＊ 诸群体 Crosstabulation

	官员	企业家	专业人员	工人	农民	企业员工	做小生意者	无业失业下岗	总计
未选中	94.0%	87.9%	92.1%	82.8%	80.8%	90.8%	83.6%	81.2%	83.6%
选中	6.0%	12.1%	7.9%	17.2%	19.2%	9.2%	16.4%	18.8%	16.4%
总计	100.0%	100.0%	100.0%	100.0%	100.0%	100.0%	100.0%	100.0%	100.0%
列总计	166	33	430	2323	2426	847	1065	1302	8592

Chi-square test：df = 7，卡方值为 88.118，sig = 0.000 < 0.05，所以诸群体在“您怎么看待周围那些经营企业或做生意发了财的人：有钱没钱，这都是命”的回答上有显著差异。

F12g by 诸群体

您怎么看待周围那些经营企业或做生意发了财的人：天道不公，希望他们明天就破产 ＊ 诸群体 Crosstabulation

	官员	企业家	专业人员	工人	农民	企业员工	做小生意者	无业失业下岗	总计
未选中	99.4%	100.0%	99.1%	98.9%	99.3%	98.7%	99.2%	98.6%	99.0%
选中	0.6%		0.9%	1.1%	0.7%	1.3%	0.8%	1.4%	1.0%
总计	100.0%	100.0%	100.0%	100.0%	100.0%	100.0%	100.0%	100.0%	100.0%
列总计	166	33	430	2323	2426	847	1065	1302	8592

Chi-square test：df = 7，卡方值为 5.449，sig = 0.605 > 0.05，所以诸群体在“您怎么看待周围那些经营企业或做生意发了财的人：天道不公，希望他们明天就破产”的回答上无显著差异。

F13a by 诸群体

企业损害社会利益，如污染环境、以虚假广告误导公众等的严重程度如何 ＊ 诸群体 Crosstabulation

	官员	企业家	专业人员	工人	农民	企业员工	做小生意者	无业失业下岗	总计
非常不严重	5.1%	3.3%	6.4%	4.7%	2.7%	6.9%	5.3%	5.5%	4.7%
比较不严重	41.8%	36.7%	35.8%	39.7%	35.2%	45.5%	36.3%	39.6%	38.5%
比较严重	48.1%	56.7%	45.6%	47.6%	51.1%	43.0%	48.1%	43.8%	47.5%
非常严重	5.1%	3.3%	12.3%	8.0%	11.0%	4.6%	10.2%	11.2%	9.3%
总计	100.0%	100.0%	100.0%	100.0%	100.0%	100.0%	100.0%	100.0%	100.0%
列总计	158	30	408	2125	2009	800	958	1094	7582

Chi-square test：df = 21，卡方值为 102.768，sig = 0.000 < 0.05，所以诸群体在“企业损害社会利益，如污染环境、以虚假广告误导公众等的严重程度如何”的回答上有显著差异。

F13b by 诸群体

娱乐界以丑闻、绯闻炒作，污染社会风气的严重程度如何 ＊ 诸群体 Crosstabulation

	官员	企业家	专业人员	工人	农民	企业员工	做小生意者	无业失业下岗	总计
非常不严重	6.5%	6.5%	5.2%	6.1%	3.7%	8.9%	5.2%	6.9%	5.8%
比较不严重	28.4%	22.6%	26.4%	26.5%	29.8%	27.0%	28.3%	27.0%	27.7%
比较严重	49.7%	38.7%	47.0%	54.6%	54.0%	53.0%	53.6%	51.2%	53.1%
非常严重	15.5%	32.3%	21.4%	12.8%	12.4%	11.1%	13.0%	14.9%	13.5%
总计	100.0%	100.0%	100.0%	100.0%	100.0%	100.0%	100.0%	100.0%	100.0%
列总计	155	31	402	2007	1764	794	892	1000	7045

Chi-square test：df = 21，卡方值为 75.582，sig = 0.000 < 0.05，所以诸群体在“娱乐界以丑闻、绯闻炒作，污染社会风气的严重程度如何”的回答上有显著差异。

F13c by 诸群体

媒体缺乏社会责任，炒作新闻的严重程度如何 ＊ 诸群体 Crosstabulation

	官员	企业家	专业人员	工人	农民	企业员工	做小生意者	无业失业下岗	总计
非常不严重	5.1%	12.5%	5.4%	7.5%	4.2%	9.8%	6.7%	7.1%	6.6%
比较不严重	35.3%	31.3%	31.0%	31.0%	31.8%	33.0%	27.9%	30.1%	31.0%

续表

	官员	企业家	专业人员	工人	农民	企业员工	做小生意者	无业失业下岗	总计
比较严重	48.7%	37.5%	44.1%	50.2%	52.7%	45.7%	53.1%	49.3%	50.1%
非常严重	10.9%	18.8%	19.5%	11.3%	11.3%	11.5%	12.3%	13.5%	12.3%
总计	100.0%	100.0%	100.0%	100.0%	100.0%	100.0%	100.0%	100.0%	100.0%
列总计	156	32	406	2016	1794	797	883	995	7079

Chi-square test：df = 21，卡方值为 73.735，sig = 0.000 < 0.05，所以诸群体在“媒体缺乏社会责任，炒作新闻的严重程度如何”的回答上有显著差异。

F13d by 诸群体

社会财富分配不公，贫富悬殊过大的严重程度如何 ＊ 诸群体 Crosstabulation

	官员	企业家	专业人员	工人	农民	企业员工	做小生意者	无业失业下岗	总计
非常不严重	5.0%	9.4%	4.3%	7.6%	4.0%	8.4%	5.7%	5.6%	5.9%
比较不严重	34.6%	28.1%	30.6%	25.1%	26.5%	31.6%	24.0%	25.6%	26.5%
比较严重	49.7%	46.9%	46.7%	49.0%	49.2%	45.0%	51.2%	47.0%	48.5%
非常严重	10.7%	15.6%	18.5%	18.3%	20.4%	14.9%	19.2%	21.9%	19.0%
总计	100.0%	100.0%	100.0%	100.0%	100.0%	100.0%	100.0%	100.0%	100.0%
列总计	159	32	422	2197	2181	806	1002	1162	7961

Chi-square test：df = 21，卡方值为 80.568，sig = 0.000 < 0.05，所以诸群体在“社会财富分配不公，贫富悬殊过大的严重程度如何”的回答上有显著差异。

F13e by 诸群体

教师不尽职的严重程度如何 ＊ 诸群体 Crosstabulation

	官员	企业家	专业人员	工人	农民	企业员工	做小生意者	无业失业下岗	总计
非常不严重	19.4%	9.1%	24.6%	16.2%	12.0%	17.1%	14.8%	15.6%	15.3%
比较不严重	60.0%	63.6%	52.0%	57.4%	57.6%	55.6%	56.3%	55.1%	56.6%
比较严重	16.3%	24.2%	18.2%	22.5%	26.8%	23.2%	23.7%	25.6%	24.0%
非常严重	4.4%	3.0%	5.2%	3.9%	3.6%	4.2%	5.1%	3.7%	4.0%
总计	100.0%	100.0%	100.0%	100.0%	100.0%	100.0%	100.0%	100.0%	100.0%
列总计	160	33	423	2239	2292	819	1017	1203	8186

Chi-square test：df = 21，卡方值为 76.071，sig = 0.000 < 0.05，所以诸群体在“教师不尽职的严重程度如何”的回答上有显著差异。

F13f by 诸群体

医生不守职业道德的严重程度如何 ＊ 诸群体 Crosstabulation

	官员	企业家	专业人员	工人	农民	企业员工	做小生意者	无业失业下岗	总计
非常不严重	17.9%	9.4%	21.0%	14.8%	10.3%	15.7%	14.3%	14.4%	13.8%
比较不严重	55.6%	56.3%	45.9%	52.3%	50.1%	53.2%	50.7%	53.7%	51.5%
比较严重	22.2%	28.1%	28.0%	28.3%	34.0%	25.3%	30.2%	27.5%	29.6%
非常严重	4.3%	6.3%	5.1%	4.7%	5.5%	5.8%	4.8%	4.4%	5.0%
总计	100.0%	100.0%	100.0%	100.0%	100.0%	100.0%	100.0%	100.0%	100.0%
列总计	162	32	414	2249	2292	822	1017	1209	8197

Chi-square test：df = 21，卡方值为79.400，sig = 0.000 < 0.05，所以诸群体在“医生不守职业道德的严重程度如何”的回答上有显著差异。

F13g by 诸群体

公众人物用知名度攫取财富的严重程度如何 ＊ 诸群体 Crosstabulation

	官员	企业家	专业人员	工人	农民	企业员工	做小生意者	无业失业下岗	总计
非常不严重	8.8%	7.4%	7.9%	10.3%	5.5%	12.8%	8.4%	8.3%	8.6%
比较不严重	35.8%	25.9%	34.3%	33.5%	37.3%	36.5%	29.4%	37.4%	34.9%
比较严重	44.6%	40.7%	43.7%	44.8%	45.2%	41.4%	51.2%	41.1%	44.8%
非常严重	10.8%	25.9%	14.1%	11.4%	12.0%	9.2%	11.0%	13.3%	11.7%
总计	100.0%	100.0%	100.0%	100.0%	100.0%	100.0%	100.0%	100.0%	100.0%
列总计	148	27	382	1951	1736	758	866	920	6788

Chi-square test：df = 21，卡方值为81.330，sig = 0.000 < 0.05，所以诸群体在“公众人物用知名度攫取财富的严重程度如何”的回答上有显著差异。

F13h by 诸群体

两性关系过度开放导致婚姻不稳定的严重程度如何 ＊ 诸群体 Crosstabulation

	官员	企业家	专业人员	工人	农民	企业员工	做小生意者	无业失业下岗	总计
非常不严重	7.7%	9.7%	8.9%	9.7%	6.9%	9.8%	8.0%	8.7%	8.5%
比较不严重	40.6%	32.3%	41.3%	45.7%	42.7%	47.4%	44.7%	39.3%	43.6%
比较严重	41.3%	41.9%	37.5%	35.3%	39.4%	33.5%	38.2%	38.3%	37.3%
非常严重	10.3%	16.1%	12.4%	9.4%	11.0%	9.3%	9.1%	13.6%	10.6%
总计	100.0%	100.0%	100.0%	100.0%	100.0%	100.0%	100.0%	100.0%	100.0%

续表

	官员	企业家	专业人员	工人	农民	企业员工	做小生意者	无业失业下岗	总计
列总计	155	31	395	2093	2060	783	945	1055	7517

Chi-square test：df = 21，卡方值为 49. 848，sig = 0. 000 < 0. 05，所以诸群体在“两性关系过度开放导致婚姻不稳定的严重程度如何”的回答上有显著差异。

F13i by 诸群体

年轻人缺乏责任感，不孝敬父母的严重程度如何 * 诸群体 Crosstabulation

	官员	企业家	专业人员	工人	农民	企业员工	做小生意者	无业失业下岗	总计
非常不严重	12. 5%	9. 1%	12. 6%	12. 7%	12. 3%	11. 9%	13. 7%	16. 1%	13. 1%
比较不严重	51. 3%	57. 6%	52. 5%	53. 7%	56. 4%	53. 8%	52. 4%	48. 3%	53. 4%
比较严重	30. 6%	24. 2%	27. 6%	28. 0%	27. 4%	29. 6%	28. 8%	27. 6%	28. 0%
非常严重	5. 6%	9. 1%	7. 3%	5. 6%	3. 9%	4. 6%	5. 1%	7. 9%	5. 4%
总计	100. 0%	100. 0%	100. 0%	100. 0%	100. 0%	100. 0%	100. 0%	100. 0%	100. 0%
列总计	160	33	413	2196	2255	796	1000	1173	8026

Chi-square test：df = 21，卡方值为 50. 477，sig = 0. 000 < 0. 05，所以诸群体在“年轻人缺乏责任感，不孝敬父母的严重程度如何”的回答上有显著差异。

F14 by 诸群体

您是否知道您生活的社区（村）有社区公约、村规民约 * 诸群体 Crosstabulation

	官员	企业家	专业人员	工人	农民	企业员工	做小生意者	无业失业下岗	总计
知道有	53. 4%	61. 8%	45. 1%	36. 1%	34. 5%	43. 3%	37. 2%	32. 4%	36. 8%
知道没有	16. 0%	8. 8%	13. 1%	16. 6%	19. 4%	14. 2%	15. 9%	15. 1%	16. 6%
不知道有没有	30. 7%	29. 4%	41. 8%	47. 3%	46. 0%	42. 5%	46. 9%	52. 5%	46. 6%
总计	100. 0%	100. 0%	100. 0%	100. 0%	100. 0%	100. 0%	100. 0%	100. 0%	100. 0%
列总计	163	34	421	2289	2378	831	1040	1298	8454

Chi-square test：df = 14，卡方值为 92. 898，sig = 0. 000 < 0. 05，所以诸群体在“您是否知道您生活的社区（村）有社区公约、村规民约”的回答上有显著差异。

F15a by 诸群体

您周围的人在日常生活中遵守步行、骑车不闯红灯的情况 ＊ 诸群体 Crosstabulation

	官员	企业家	专业人员	工人	农民	企业员工	做小生意者	无业失业下岗	总计
不遵守	4.8%	8.8%	6.0%	8.6%	6.5%	5.6%	10.3%	7.8%	7.6%
基本遵守	56.0%	47.1%	64.4%	69.5%	68.4%	69.2%	71.8%	61.4%	67.6%
自觉遵守	39.2%	44.1%	29.6%	21.9%	25.1%	25.1%	17.9%	30.8%	24.8%
总计	100.0%	100.0%	100.0%	100.0%	100.0%	100.0%	100.0%	100.0%	100.0%
列总计	166	34	433	2341	2459	851	1069	1325	8678

Chi-square test：df = 14，卡方值为 113.268，sig = 0.000 < 0.05，所以诸群体在“您周围的人在日常生活中遵守步行、骑车不闯红灯的情况”的回答上有显著差异。

F15b by 诸群体

您周围的人在日常生活中遵守乘车、购物自觉排队的情况 ＊ 诸群体 Crosstabulation

	官员	企业家	专业人员	工人	农民	企业员工	做小生意者	无业失业下岗	总计
不遵守	2.4%	5.9%	3.5%	4.7%	4.9%	3.9%	6.4%	5.6%	4.9%
基本遵守	59.4%	44.1%	63.0%	71.4%	69.3%	68.4%	74.3%	61.6%	68.6%
自觉遵守	38.2%	50.0%	33.5%	23.8%	25.8%	27.7%	19.4%	32.8%	26.5%
总计	100.0%	100.0%	100.0%	100.0%	100.0%	100.0%	100.0%	100.0%	100.0%
列总计	165	34	433	2340	2459	851	1069	1325	8676

Chi-square test：df = 14，卡方值为 107.460，sig = 0.000 < 0.05，所以诸群体在“您周围的人在日常生活中遵守乘车、购物自觉排队的情况”的回答上有显著差异。

F15c by 诸群体

您周围的人在日常生活中遵守文明游览的情况 ＊ 诸群体 Crosstabulation

	官员	企业家	专业人员	工人	农民	企业员工	做小生意者	无业失业下岗	总计
不遵守	5.5%	5.9%	5.8%	6.4%	5.4%	6.8%	7.2%	8.4%	6.5%
基本遵守	56.4%	44.1%	62.4%	70.9%	67.6%	65.1%	72.8%	60.2%	67.2%
自觉遵守	38.2%	50.0%	31.9%	22.7%	27.0%	28.1%	20.0%	31.5%	26.3%
总计	100.0%	100.0%	100.0%	100.0%	100.0%	100.0%	100.0%	100.0%	100.0%

续表

	官员	企业家	专业人员	工人	农民	企业员工	做小生意者	无业失业下岗	总计
列总计	165	34	433	2337	2452	847	1067	1310	8645

Chi-square test：df = 14，卡方值为 104.483，sig = 0.000 < 0.05，所以诸群体在“您周围的人在日常生活中遵守文明游览的情况”的回答上有显著差异。

F15d by 诸群体

您周围的人在日常生活中遵守社区公约、村规民约的情况 * 诸群体 Crosstabulation

	官员	企业家	专业人员	工人	农民	企业员工	做小生意者	无业失业下岗	总计
不遵守	4.4%	5.9%	5.0%	4.4%	4.4%	5.6%	7.3%	8.3%	5.5%
基本遵守	58.1%	41.2%	62.0%	71.5%	67.7%	68.8%	72.9%	61.0%	67.9%
自觉遵守	37.5%	52.9%	32.9%	24.1%	27.9%	25.6%	19.9%	30.7%	26.7%
总计	100.0%	100.0%	100.0%	100.0%	100.0%	100.0%	100.0%	100.0%	100.0%
列总计	160	34	416	2178	2393	808	977	1202	8168

Chi-square test：df = 14，卡方值为 111.264，sig = 0.000 < 0.05，所以诸群体在“您周围的人在日常生活中遵守社区公约、村规民约的情况”的回答上有显著差异。

F16a by 诸群体

您对下列关于网络的说法是否赞同？网络是个虚拟空间，不受现实生活中的道德规范约束 * 诸群体 Crosstabulation

	官员	企业家	专业人员	工人	农民	企业员工	做小生意者	无业失业下岗	总计
非常不赞同	38.3%	33.3%	37.3%	26.8%	24.5%	32.7%	27.4%	32.9%	28.6%
不太赞同	44.4%	42.4%	42.1%	50.5%	53.1%	47.1%	50.4%	43.4%	49.2%
比较赞同	14.8%	24.2%	16.4%	17.4%	18.5%	16.2%	17.8%	19.1%	17.8%
非常赞同	2.5%		4.2%	5.4%	3.9%	3.9%	4.4%	4.5%	4.4%
总计	100.0%	100.0%	100.0%	100.0%	100.0%	100.0%	100.0%	100.0%	100.0%
列总计	162	33	432	2220	2160	837	1010	1160	8014

Chi-square test：df = 21，卡方值为 81.525，sig = 0.000 < 0.05，所以诸群体在“网络是个虚拟空间，不受现实生活中的道德规范约束”赞同度的回答上有显著差异。

F16b by 诸群体

您对下列关于网络的说法是否赞同？人肉搜索侵犯个人隐私，应该杜绝 ＊ 诸群体 Crosstabulation

	官员	企业家	专业人员	工人	农民	企业员工	做小生意者	无业失业下岗	总计
非常不赞同	3.7%	2.9%	3.3%	3.3%	4.1%	4.8%	3.0%	3.5%	3.7%
不太赞同	20.9%	23.5%	23.5%	23.1%	26.2%	21.1%	20.7%	23.8%	23.5%
比较赞同	47.9%	55.9%	52.2%	52.4%	53.2%	49.3%	55.0%	48.6%	52.0%
非常赞同	27.6%	17.6%	21.0%	21.2%	16.5%	24.7%	21.4%	24.0%	20.8%
总计	100.0%	100.0%	100.0%	100.0%	100.0%	100.0%	100.0%	100.0%	100.0%
列总计	163	34	429	2215	2173	833	1010	1162	8019

Chi-square test：df = 21，卡方值为 61.516，sig = 0.000 < 0.05，所以诸群体在“人肉搜索侵犯个人隐私，应该杜绝”这一认识上有显著差异。

F16c by 诸群体

您对下列关于网络的说法是否赞同？明知网络谣言仍转发的，应该受到惩罚 ＊ 诸群体 Crosstabulation

	官员	企业家	专业人员	工人	农民	企业员工	做小生意者	无业失业下岗	总计
非常不赞同	4.9%	2.9%	3.3%	4.3%	4.3%	4.6%	3.3%	4.0%	4.1%
不太赞同	17.2%	20.6%	14.2%	17.2%	18.6%	16.6%	14.7%	18.7%	17.3%
比较赞同	41.7%	41.2%	51.4%	48.8%	54.9%	43.7%	51.6%	47.1%	50.0%
非常赞同	36.2%	35.3%	31.2%	29.7%	22.1%	35.1%	30.3%	30.2%	28.6%
总计	100.0%	100.0%	100.0%	100.0%	100.0%	100.0%	100.0%	100.0%	100.0%
列总计	163	34	430	2229	2184	835	1015	1163	8053

Chi-square test：df = 21，卡方值为 89.563，sig = 0.000 < 0.05，所以诸群体在“明知网络谣言仍转发的，应该受到惩罚”这一认识上有显著差异。

F17 by 诸群体

假如您走在街上被陌生人不小心踩到并发出“哎哟”一声后，您认为对方会做何种反应？＊ 诸群体 Crosstabulation

	官员	企业家	专业人员	工人	农民	企业员工	做小生意者	无业失业下岗	总计
用言语或手势表达歉意	83.1%	75.8%	81.6%	74.2%	76.2%	74.4%	76.2%	76.8%	76.0%

续表

	官员	企业家	专业人员	工人	农民	企业员工	做小生意者	无业失业下岗	总计
不会有任何表示	14.4%	15.2%	13.8%	19.8%	18.9%	19.9%	17.9%	18.1%	18.6%
反而说你大惊小怪	2.5%	9.1%	4.6%	6.0%	4.9%	5.8%	5.9%	5.1%	5.4%
总计	100.0%	100.0%	100.0%	100.0%	100.0%	100.0%	100.0%	100.0%	100.0%
列总计	160	33	412	2263	2295	815	1029	1252	8259

Chi-square test：df = 14，卡方值为 21.161，sig = 0.098 > 0.05，所以诸群体在“假如您走在街上被陌生人不小心踩到并发出‘哎哟’一声后，您认为对方会做何种反应”这一认识上无显著差异。

F18 by 诸群体

您觉得您周围大多数人工作生活的精神状态怎么样 * 诸群体 Crosstabulation

	官员	企业家	专业人员	工人	农民	企业员工	做小生意者	无业失业下岗	总计
精神饱满、积极向上	58.5%	58.8%	51.5%	42.2%	39.1%	45.2%	42.6%	39.7%	42.1%
安于现状、按部就班	37.8%	38.2%	45.7%	54.4%	57.6%	52.5%	53.1%	55.5%	54.3%
精神萎靡、无所事事	3.7%	2.9%	2.8%	3.3%	3.3%	2.2%	4.4%	4.8%	3.5%
总计	100.0%	100.0%	100.0%	100.0%	100.0%	100.0%	100.0%	100.0%	100.0%
列总计	164	34	429	2308	2432	845	1057	1297	8566

Chi-square test：df = 14，卡方值为 65.726，sig = 0.000 < 0.05，所以诸群体在“您觉得您周围大多数人工作生活的精神状态怎么样”这一认识上有显著差异。

F19a by 诸群体

这些现象在您身边常见吗？占卜算命 * 诸群体 Crosstabulation

	官员	企业家	专业人员	工人	农民	企业员工	做小生意者	无业失业下岗	总计
经常见到	12.0%	23.5%	8.5%	11.5%	9.3%	10.1%	15.7%	13.9%	11.5%
偶尔见到	53.9%	50.0%	55.4%	50.6%	46.7%	46.4%	51.9%	48.4%	49.2%
没见到	34.1%	26.5%	36.0%	37.9%	44.0%	43.5%	32.4%	37.7%	39.3%
总计	100.0%	100.0%	100.0%	100.0%	100.0%	100.0%	100.0%	100.0%	100.0%
列总计	167	34	433	2344	2458	849	1070	1324	8679

Chi-square test：df = 14，卡方值为 89.773，sig = 0.000 < 0.05，所以诸群体在“这些现象在您身边常见吗？占卜算命”这一认识上有显著差异。

F19b by 诸群体

这些现象在您身边常见吗？操办喜事比富斗阔 ＊ 诸群体 Crosstabulation

	官员	企业家	专业人员	工人	农民	企业员工	做小生意者	无业失业下岗	总计
经常见到	9.6%	26.5%	10.4%	10.2%	9.1%	10.7%	11.3%	10.5%	10.2%
偶尔见到	46.7%	38.2%	43.6%	43.1%	45.7%	38.8%	48.0%	40.2%	43.7%
没见到	43.7%	35.3%	46.0%	46.7%	45.2%	50.4%	40.6%	49.3%	46.1%
总计	100.0%	100.0%	100.0%	100.0%	100.0%	100.0%	100.0%	100.0%	100.0%
列总计	167	34	433	2341	2458	847	1068	1320	8668

Chi-square test：df = 14，卡方值为 44.365，sig = 0.000 < 0.05，所以诸群体在“这些现象在您身边常见吗？操办喜事比富斗阔”这一认识上有显著差异。

F19c by 诸群体

这些现象在您身边常见吗？在父母生前不尽孝却对父母的丧事大操大办 ＊ 诸群体 Crosstabulation

	官员	企业家	专业人员	工人	农民	企业员工	做小生意者	无业失业下岗	总计
经常见到	11.4%	17.6%	8.8%	8.4%	7.3%	8.7%	8.4%	9.8%	8.5%
偶尔见到	40.1%	29.4%	40.0%	40.2%	44.1%	37.0%	43.4%	35.7%	40.6%
没见到	48.5%	52.9%	51.3%	51.4%	48.6%	54.3%	48.2%	54.5%	50.9%
总计	100.0%	100.0%	100.0%	100.0%	100.0%	100.0%	100.0%	100.0%	100.0%
列总计	167	34	433	2343	2458	847	1069	1320	8671

Chi-square test：df = 14，卡方值为 42.750，sig = 0.000 < 0.05，所以诸群体在“这些现象在您身边常见吗？在父母生前不尽孝却对父母的丧事大操大办”这一认识上有显著差异。

F19d by 诸群体

这些现象在您身边常见吗？赌博或变相赌博 ＊ 诸群体 Crosstabulation

	官员	企业家	专业人员	工人	农民	企业员工	做小生意者	无业失业下岗	总计
经常见到	13.8%	29.4%	12.0%	10.7%	11.5%	12.3%	18.9%	13.4%	12.7%
偶尔见到	43.1%	50.0%	41.2%	45.7%	41.3%	43.2%	44.0%	44.1%	43.5%
没见到	43.1%	20.6%	46.8%	43.6%	47.2%	44.6%	37.1%	42.5%	43.8%
总计	100.0%	100.0%	100.0%	100.0%	100.0%	100.0%	100.0%	100.0%	100.0%
列总计	167	34	432	2339	2458	848	1069	1321	8668

Chi-square test：df = 14，卡方值为 79.929，sig = 0.000 < 0.05，所以诸群体在“这些现象在您身边常见吗？赌博或变相赌博”这一认识上有显著差异。

F19e by 诸群体

这些现象在您身边常见吗？封建迷信活动 ＊ 诸群体 Crosstabulation

	官员	企业家	专业人员	工人	农民	企业员工	做小生意者	无业失业下岗	总计
经常见到	7.8%	8.8%	5.6%	5.1%	4.2%	6.5%	4.8%	5.5%	5.1%
偶尔见到	24.6%	44.1%	29.6%	26.8%	27.4%	25.2%	29.8%	31.1%	28.0%
没见到	67.7%	47.1%	64.8%	68.1%	68.4%	68.3%	65.4%	63.5%	66.9%
总计	100.0%	100.0%	100.0%	100.0%	100.0%	100.0%	100.0%	100.0%	100.0%
列总计	167	34	432	2339	2457	849	1068	1319	8665

Chi-square test：df = 14，卡方值为 31.934，sig = 0.004 < 0.05，所以诸群体在“这些现象在您身边常见吗？封建迷信活动”这一认识上有显著差异。

F19f by 诸群体

这些现象在您身边常见吗？非法宗教活动 ＊ 诸群体 Crosstabulation

	官员	企业家	专业人员	工人	农民	企业员工	做小生意者	无业失业下岗	总计
经常见到	3.6%	8.8%	2.8%	1.9%	1.5%	2.2%	2.3%	2.5%	2.1%
偶尔见到	16.8%	20.6%	13.6%	12.9%	16.0%	14.3%	13.5%	13.8%	14.3%
没见到	79.6%	70.6%	83.6%	85.2%	82.5%	83.5%	84.2%	83.7%	83.7%
总计	100.0%	100.0%	100.0%	100.0%	100.0%	100.0%	100.0%	100.0%	100.0%
列总计	167	34	433	2340	2453	847	1067	1317	8658

Chi-square test：df = 14，卡方值为 29.174，sig = 0.010 < 0.05，所以诸群体在“这些现象在您身边常见吗？非法宗教活动”这一认识上有显著差异。

F20 by 诸群体

您认为目前我国社会中道德和幸福的现实关系是 ＊ 诸群体 Crosstabulation

	官员	企业家	专业人员	工人	农民	企业员工	做小生意者	无业失业下岗	总计
总体上道德和幸福能够一致，能惩恶扬善	75.2%	74.2%	69.9%	67.0%	68.5%	65.4%	68.0%	68.6%	67.9%
有道德讲伦理的人大都吃亏，不守道德的人更能讨便宜	19.7%	19.4%	23.0%	24.8%	22.3%	27.9%	22.3%	23.8%	23.8%

续表

	官员	企业家	专业人员	工人	农民	企业员工	做小生意者	无业失业下岗	总计
道德与幸福没有关系，能挣钱有发展无论怎样行动都行	5.1%	6.5%	7.1%	8.2%	9.2%	6.7%	9.8%	7.7%	8.3%
总计	100.0%	100.0%	100.0%	100.0%	100.0%	100.0%	100.0%	100.0%	100.0%
列总计	157	31	379	1972	1915	748	880	1043	7125

Chi-square test：df = 14，卡方值为 22.992，sig = 0.06 > 0.05，所以诸群体在“您认为目前我国社会中道德和幸福的现实关系是”这一认识上无显著差异。

F21a by 诸群体

您在所在单位，有没有一种亲切和踏实的感觉 * 诸群体 Crosstabulation

	官员	企业家	专业人员	工人	农民	企业员工	做小生意者	无业失业下岗	总计
有	35.5%	38.7%	29.9%	18.2%	15.0%	24.6%	18.9%	20.8%	19.4%
还可以	62.0%	54.8%	66.4%	74.3%	64.0%	71.3%	70.9%	61.2%	68.1%
没有	2.4%	6.5%	3.7%	7.5%	21.0%	4.0%	10.2%	18.0%	12.5%
总计	100.0%	100.0%	100.0%	100.0%	100.0%	100.0%	100.0%	100.0%	100.0%
列总计	166	31	431	2301	2374	848	1000	1171	8322

Chi-square test：df = 14，卡方值为 427.545，sig = 0.000 < 0.05，所以诸群体在“您在所在单位，有没有一种亲切和踏实的感觉”这一认识上有显著差异。

F21b by 诸群体

您在所在社区/村，有没有一种亲切和踏实的感觉 * 诸群体 Crosstabulation

	官员	企业家	专业人员	工人	农民	企业员工	做小生意者	无业失业下岗	总计
有	35.5%	36.4%	28.8%	23.2%	25.9%	27.6%	22.3%	28.1%	25.6%
还可以	60.2%	57.6%	65.0%	71.1%	70.1%	65.9%	71.8%	62.6%	68.5%
没有	4.2%	6.1%	6.3%	5.7%	4.0%	6.5%	5.9%	9.3%	5.9%
总计	100.0%	100.0%	100.0%	100.0%	100.0%	100.0%	100.0%	100.0%	100.0%
列总计	166	33	431	2323	2445	851	1060	1301	8610

Chi-square test：df = 14，卡方值为 81.746，sig = 0.000 < 0.05，所以诸群体在“您在所在社区/村，有没有一种亲切和踏实的感觉”这一认识上有显著差异。

F21c by 诸群体

您在所在城市，有没有一种亲切和踏实的感觉 ＊ 诸群体 Crosstabulation

	官员	企业家	专业人员	工人	农民	企业员工	做小生意者	无业失业下岗	总计
有	40.1%	33.3%	28.6%	25.7%	22.7%	32.9%	24.2%	27.8%	26.1%
还可以	54.5%	60.6%	65.6%	67.0%	67.2%	59.4%	65.8%	61.1%	64.9%
没有	5.4%	6.1%	5.8%	7.3%	10.1%	7.7%	9.9%	11.1%	8.9%
总计	100.0%	100.0%	100.0%	100.0%	100.0%	100.0%	100.0%	100.0%	100.0%
列总计	167	33	430	2329	2426	848	1060	1293	8586

Chi-square test：df = 14，卡方值为 84.125，sig = 0.000 < 0.05，所以诸群体在“您在所在城市，有没有一种亲切和踏实的感觉”这一认识上有显著差异。

F22 by 诸群体

您认为您目前的状况是 ＊ 诸群体 Crosstabulation

	官员	企业家	专业人员	工人	农民	企业员工	做小生意者	无业失业下岗	总计
生活富裕，但不感到幸福和快乐	9.6%	8.8%	8.1%	8.5%	5.9%	9.2%	6.8%	5.2%	7.1%
生活富裕，幸福也快乐	15.6%	32.4%	13.3%	11.1%	8.6%	13.4%	11.8%	10.9%	10.9%
生活小康，幸福且快乐	53.9%	50.0%	55.8%	46.0%	42.1%	55.3%	49.3%	47.4%	47.1%
生活小康，但不感到幸福和快乐	4.8%	8.8%	6.0%	4.5%	5.3%	6.4%	6.9%	7.6%	5.8%
生活清贫，幸福且快乐	15.6%		14.9%	25.2%	30.4%	13.2%	21.1%	23.6%	24.0%
生活贫困，既不幸福也不快乐	0.6%		1.9%	4.8%	7.7%	2.5%	4.0%	5.4%	5.2%
总计	100.0%	100.0%	100.0%	100.0%	100.0%	100.0%	100.0%	100.0%	100.0%
列总计	167	34	430	2333	2453	846	1069	1317	8649

Chi-square test：df = 35，卡方值为 299.358，sig = 0.000 < 0.05，所以诸群体在“您认为您目前的状况是”的回答上有显著差异。

F23 by 诸群体

最近这些年，您的生活水平对幸福感的影响是怎样的 ＊ 诸群体 Crosstabulation

	官员	企业家	专业人员	工人	农民	企业员工	做小生意者	无业失业下岗	总计
生活水平提高了，但幸福感和快乐感降低了	13.2%	20.6%	13.9%	12.3%	10.4%	12.4%	10.2%	11.9%	11.6%
生活水平提高了，幸福感和快乐感提高了	62.3%	67.6%	60.0%	47.6%	50.4%	54.2%	50.9%	49.7%	50.7%
生活水平没变，幸福感和快乐感提高了	18.0%	5.9%	19.4%	31.3%	26.2%	26.7%	29.9%	27.8%	27.7%
生活水平没变，幸福感和快乐感降低了	4.2%	5.9%	3.9%	5.4%	7.0%	4.3%	5.5%	6.4%	5.8%
生活水平下降，但幸福感和快乐感提高了	0.6%		0.9%	1.6%	2.9%	1.4%	1.5%	2.0%	1.9%
生活水平下降，幸福感和快乐感也降低了	1.8%		1.9%	1.9%	3.1%	1.1%	2.0%	2.2%	2.2%
总计	100.0%	100.0%	100.0%	100.0%	100.0%	100.0%	100.0%	100.0%	100.0%
列总计	167	34	432	2342	2462	847	1068	1317	8669

Chi-square test：df = 35，卡方值为 120.550，sig = 0.000 < 0.05，所以诸群体在“最近这些年，您的生活水平对幸福感的影响是怎样的”的回答上有显著差异。

F24a by 诸群体

近十年以来，您认为下列哪一类人获得的利益最多 ＊ 诸群体 Crosstabulation

	官员	企业家	专业人员	工人	农民	企业员工	做小生意者	无业失业下岗	总计
工人	0.6%	2.9%	1.3%	1.6%	1.0%	0.9%	1.0%	1.5%	1.2%
农民	5.1%	2.9%	4.1%	2.4%	2.9%	2.1%	2.8%	3.3%	2.8%
公务员	5.7%	5.9%	8.4%	12.0%	10.4%	9.7%	10.1%	7.5%	10.1%
国有企业的经营管理者	14.0%	5.9%	10.2%	9.0%	9.2%	10.4%	10.7%	10.1%	9.7%
集体企业的经营管理者	5.7%		3.8%	4.2%	3.3%	4.5%	4.8%	3.5%	3.9%
私营企业家	14.6%	11.8%	15.2%	8.7%	10.0%	12.5%	8.6%	14.6%	10.8%
外商、境外来大陆的投资者	17.2%	14.7%	14.7%	8.8%	8.2%	10.8%	9.3%	10.2%	9.6%

续表

	官员	企业家	专业人员	工人	农民	企业员工	做小生意者	无业失业下岗	总计
个体户	6. 4%	5. 9%	4. 3%	4. 9%	5. 5%	8. 8%	3. 6%	4. 6%	5. 3%
私营、外资企业中的管理人员	8. 3%	2. 9%	12. 7%	10. 9%	9. 8%	11. 6%	9. 3%	10. 4%	10. 4%
专家学者、专业技术人员	3. 8%	8. 8%	3. 0%	5. 2%	3. 7%	6. 1%	4. 8%	5. 1%	4. 7%
政府官员	16. 6%	38. 2%	21. 3%	32. 1%	35. 9%	22. 5%	34. 4%	28. 6%	31. 1%
其他	1. 9%		1. 0%	0. 2%	0. 2%	0. 1%	0. 5%	0. 5%	0. 4%
总计	100. 0%	100. 0%	100. 0%	100. 0%	100. 0%	100. 0%	100. 0%	100. 0%	100. 0%
列总计	157	34	394	2094	2035	770	963	1101	7548

Chi-square test：df =77，卡方值为246. 864，sig =0. 000 <0. 05，所以诸群体在“近十年以来，您认为下列哪一类人获得的利益最多”的回答上有显著差异。

F24b by 诸群体

近十年以来，您认为下列哪一类人获得的利益最少 * 诸群体 Crosstabulation

	官员	企业家	专业人员	工人	农民	企业员工	做小生意者	无业失业下岗	总计
工人	31. 6%	20. 6%	24. 7%	25. 5%	10. 9%	33. 8%	20. 1%	21. 7%	21. 1%
农民	49. 7%	73. 5%	57. 8%	65. 4%	84. 3%	54. 6%	65. 5%	67. 9%	69. 4%
公务员	5. 2%		2. 5%	0. 8%	1. 1%	2. 3%	0. 6%	1. 7%	1. 3%
国有企业的经营管理者	1. 9%		0. 8%	0. 8%	0. 3%	1. 0%	0. 3%	0. 8%	0. 6%
集体企业的经营管理者	0. 6%		0. 3%	0. 9%	0. 5%	0. 8%	0. 7%	0. 7%	0. 7%
私营企业家	0. 6%	2. 9%	1. 5%	0. 7%	0. 4%	1. 7%	1. 3%	0. 7%	0. 8%
外商、境外来大陆的投资者	0. 3%	0. 4%	0. 3%	0. 5%	0. 8%	0. 3%	0. 4%		
个体户	2. 6%	2. 9%	2. 8%	3. 4%	0. 7%	2. 2%	8. 4%	2. 6%	3. 0%
私营、外资企业中的管理人员	1. 3%		2. 0%	0. 6%	0. 5%	1. 5%	0. 9%	0. 7%	0. 8%
专家学者、专业技术人员	1. 9%		5. 3%	0. 6%	0. 3%	0. 6%	0. 3%	1. 5%	0. 9%
政府官员	3. 9%		1. 0%	0. 5%	0. 4%	0. 5%	0. 6%	0. 4%	0. 6%
其他	0. 6%		1. 0%	0. 4%	0. 3%	0. 5%	0. 4%	1. 0%	0. 5%
总计	100. 0%	100. 0%	100. 0%	100. 0%	100. 0%	100. 0%	100. 0%	100. 0%	100. 0%

续表

	官员	企业家	专业人员	工人	农民	企业员工	做小生意者	无业失业下岗	总计
列总计	155	34	393	2144	2220	786	988	1159	7879

Chi-square test：df = 77，卡方值为 715. 409，sig = 0. 000 < 0. 05，所以诸群体在“近十年以来，您认为下列哪一类人获得的利益最少”的回答上有显著差异。

F25 by 诸群体

您认为弱势群体产生的最主要原因是 ＊ 诸群体 Crosstabulation

	官员	企业家	专业人员	工人	农民	企业员工	做小生意者	无业失业下岗	总计
制度不合理，社会关怀不够	39. 2%	42. 4%	43. 3%	42. 3%	41. 9%	41. 4%	38. 9%	42. 1%	41. 6%
收入分配不公	38. 0%	33. 3%	38. 1%	43. 4%	39. 5%	45. 6%	41. 0%	37. 0%	40. 9%
机会不平等	25. 9%	51. 5%	32. 2%	34. 4%	36. 5%	32. 9%	34. 9%	33. 6%	34. 6%
弱势群体自己不努力	16. 9%	18. 2%	17. 7%	18. 9%	20. 2%	21. 4%	19. 3%	18. 0%	19. 3%
缺乏生存技能	42. 8%	12. 1%	30. 7%	26. 5%	24. 7%	27. 5%	30. 3%	26. 4%	27. 1%
其他					0. 3%		0. 2%	0. 2%	0. 2%
列总计	166	33	423	2274	2295	835	1038	1213	8277

据上表所示，诸群体在“您认为弱势群体产生的最主要原因是”的回答上有显著差异。

F26 by 诸群体

您认为我们是否应该改造城市的垃圾筒，为一些老人或流浪者在垃圾筒中找东西时提供方便 ＊ 诸群体 Crosstabulation

	官员	企业家	专业人员	工人	农民	企业员工	做小生意者	无业失业下岗	总计
应该，社会有义务为他们提供一种有尊严的生活	79. 4%	87. 5%	82. 2%	74. 1%	82. 2%	68. 5%	76. 1%	80. 3%	77. 6%
不应该，这些人本来就与城市不和谐	15. 2%	9. 4%	13. 0%	20. 4%	13. 2%	24. 5%	16. 4%	14. 4%	16. 8%
做这样的事不值得，应该将钱花到更重要的地方	5. 5%	3. 1%	3. 5%	5. 4%	4. 6%	6. 3%	7. 1%	5. 0%	5. 3%
其他			1. 4%	0. 2%	0. 1%	0. 7%	0. 4%	0. 3%	0. 3%
总计	100. 0%	100. 0%	100. 0%	100. 0%	100. 0%	100. 0%	100. 0%	100. 0%	100. 0%

续表

	官员	企业家	专业人员	工人	农民	企业员工	做小生意者	无业失业下岗	总计
列总计	165	32	432	2319	2441	845	1058	1308	8600

Chi-square test：df = 21，卡方值为 139.477，sig = 0.000 < 0.05，所以诸群体在“您认为我们是否应该改造城市的垃圾筒，为一些老人或流浪者在垃圾筒中找东西时提供方便”的回答上有显著差异。

F27 by 诸群体

对当今中国社会，您更担忧哪种问题 * 诸群体 Crosstabulation

	官员	企业家	专业人员	工人	农民	企业员工	做小生意者	无业失业下岗	总计
坑蒙拐骗，不守信用	19.9%	29.4%	25.2%	23.6%	33.3%	21.7%	27.1%	26.6%	27.1%
人与人之间互不信任，相互提防，没有安全感	60.8%	50.0%	50.5%	48.9%	41.7%	52.7%	46.3%	50.7%	47.5%
可信任的人很少，遇到问题难以找到人倾诉和帮助	18.7%	17.6%	22.9%	26.5%	23.4%	24.6%	25.9%	21.8%	24.3%
其他	0.6%	2.9%	1.4%	1.0%	1.5%	0.9%	0.7%	0.9%	1.1%
总计	100.0%	100.0%	100.0%	100.0%	100.0%	100.0%	100.0%	100.0%	100.0%
列总计	166	34	432	2331	2444	844	1060	1317	8628

Chi-square test：df = 21，卡方值为 112.863，sig = 0.000 < 0.05，所以诸群体在“对当今中国社会，您更担忧哪种问题”的回答上有显著差异。

F28 by 诸群体

您觉得大多数人都是可以相信的吗？如果 1 分代表“大多数人都可以相信”，5 分代表“对其他人都应该小心防备”，您会选几分 * 诸群体 Crosstabulation

	官员	企业家	专业人员	工人	农民	企业员工	做小生意者	无业失业下岗	总计
大多数人都可以相信	6.6%	11.8%	9.5%	7.0%	11.7%	6.9%	5.9%	9.7%	8.7%
2	45.2%	29.4%	40.4%	35.9%	36.7%	40.1%	38.7%	36.4%	37.3%
3	33.1%	47.1%	38.5%	46.5%	43.1%	43.0%	42.8%	41.9%	43.4%
4	12.7%	8.8%	8.6%	9.0%	6.9%	7.8%	9.8%	9.4%	8.5%
对其他人都应小心防备	2.4%	2.9%	3.0%	1.6%	1.5%	2.2%	2.8%	2.6%	2.0%
总计	100.0%	100.0%	100.0%	100.0%	100.0%	100.0%	100.0%	100.0%	100.0%

续表

	官员	企业家	专业人员	工人	农民	企业员工	做小生意者	无业失业下岗	总计
列总计	166	34	431	2325	2453	846	1064	1316	8635

Chi-square test：df = 28，卡方值为 97.894，sig = 0.000 < 0.05，所以诸群体在“您觉得大多数人都是可以相信的吗”的回答上有显著差异。

F29a by 诸群体

您对下面这些人的信任程度如何？您的家人 * 诸群体 Crosstabulation

	官员	企业家	专业人员	工人	农民	企业员工	做小生意者	无业失业下岗	总计
完全信任	84.3%	88.2%	83.0%	83.0%	86.0%	80.1%	82.5%	80.0%	83.1%
比较信任	13.3%	11.8%	14.9%	15.9%	12.6%	17.8%	16.4%	17.7%	15.3%
不太信任	1.2%		2.1%	0.9%	1.2%	2.0%	1.0%	2.1%	1.4%
根本不信任	1.2%			0.2%	0.2%	0.1%	0.1%	0.2%	0.2%
总计	100.0%	100.0%	100.0%	100.0%	100.0%	100.0%	100.0%	100.0%	100.0%
列总计	166	34	430	2332	2458	843	1064	1307	8634

Chi-square test：df = 21，卡方值为 52.821，sig = 0.000 < 0.05，所以诸群体在“您对下面这些人的信任程度如何？您的家人”的认识上有显著差异。

F29b by 诸群体

您对下面这些人的信任程度如何？您的邻居 * 诸群体 Crosstabulation

	官员	企业家	专业人员	工人	农民	企业员工	做小生意者	无业失业下岗	总计
完全信任	17.1%	26.5%	20.1%	22.2%	29.7%	21.8%	21.4%	24.3%	24.3%
比较信任	72.6%	61.8%	69.3%	68.5%	64.7%	63.7%	68.1%	61.4%	65.9%
不太信任	9.1%	8.8%	9.6%	8.5%	5.3%	13.5%	9.6%	13.4%	9.0%
根本不信任	1.2%	2.9%	0.9%	0.7%	0.3%	1.0%	0.9%	0.9%	0.7%
总计	100.0%	100.0%	100.0%	100.0%	100.0%	100.0%	100.0%	100.0%	100.0%
列总计	164	34	427	2310	2433	834	1057	1291	8550

Chi-square test：df = 21，卡方值为 151.184，sig = 0.000 < 0.05，所以诸群体在“您对下面这些人的信任程度如何？您的邻居”的认识上有显著差异。

F29c by 诸群体

您对下面这些人的信任程度如何？外地人 ＊ 诸群体 Crosstabulation

	官员	企业家	专业人员	工人	农民	企业员工	做小生意者	无业失业下岗	总计
完全信任	5.2%	6.3%	2.9%	2.3%	3.8%	2.2%	2.8%	2.9%	2.9%
比较信任	34.2%	43.8%	28.0%	31.3%	26.7%	30.6%	30.2%	24.9%	28.8%
不太信任	49.7%	37.5%	55.8%	52.4%	56.4%	54.8%	51.2%	55.3%	54.1%
根本不信任	11.0%	12.5%	13.3%	14.1%	13.1%	12.4%	15.8%	17.0%	14.2%
总计	100.0%	100.0%	100.0%	100.0%	100.0%	100.0%	100.0%	100.0%	100.0%
列总计	155	32	414	2263	2383	807	1031	1261	8346

Chi-square test：df = 21，卡方值为 57.843，sig = 0.000 < 0.05，所以诸群体在“您对下面这些人的信任程度如何？外地人”的认识上有显著差异。

F29d by 诸群体

您对下面这些人的信任程度如何？陌生人 ＊ 诸群体 Crosstabulation

	官员	企业家	专业人员	工人	农民	企业员工	做小生意者	无业失业下岗	总计
完全信任	2.6%	3.0%	1.7%	1.0%	0.9%	1.2%	1.5%	1.7%	1.2%
比较信任	22.1%	36.4%	17.8%	19.8%	20.1%	20.0%	18.3%	15.4%	19.1%
不太信任	54.5%	42.4%	57.6%	52.9%	55.5%	55.8%	51.7%	52.6%	53.9%
根本不信任	20.8%	18.2%	22.9%	26.3%	23.5%	22.9%	28.6%	30.3%	25.8%
总计	100.0%	100.0%	100.0%	100.0%	100.0%	100.0%	100.0%	100.0%	100.0%
列总计	154	33	415	2253	2366	803	1018	1254	8296

Chi-square test：df = 21，卡方值为 56.522，sig = 0.000 < 0.05，所以诸群体在“您对下面这些人的信任程度如何？陌生人”的认识上有显著差异。

F29e by 诸群体

您对下面这些人的信任程度如何？外国人 ＊ 诸群体 Crosstabulation

	官员	企业家	专业人员	工人	农民	企业员工	做小生意者	无业失业下岗	总计
完全信任	2.7%	3.2%	0.8%	1.6%	0.7%	2.0%	1.7%	1.7%	1.4%
比较信任	26.0%	19.4%	18.4%	17.7%	12.4%	20.5%	13.9%	15.4%	15.8%
不太信任	53.4%	45.2%	57.4%	52.4%	57.1%	54.2%	55.7%	53.9%	54.8%
根本不信任	17.8%	32.3%	23.4%	28.3%	29.8%	23.3%	28.7%	29.0%	27.9%
总计	100.0%	100.0%	100.0%	100.0%	100.0%	100.0%	100.0%	100.0%	100.0%

续表

	官员	企业家	专业人员	工人	农民	企业员工	做小生意者	无业失业下岗	总计
列总计	146	31	385	1997	2168	743	906	1098	7474

Chi-square test：df = 21，卡方值为 82. 131，sig = 0. 000 < 0. 05，所以诸群体在“您对下面这些人的信任程度如何？外国人”的认识上有显著差异。

F29f by 诸群体

您对下面这些人的信任程度如何？同事或同学 ＊ 诸群体 Crosstabulation

	官员	企业家	专业人员	工人	农民	企业员工	做小生意者	无业失业下岗	总计
完全信任	11. 0%	11. 8%	8. 1%	7. 9%	5. 6%	9. 0%	5. 7%	9. 7%	7. 5%
比较信任	72. 4%	76. 5%	78. 1%	75. 1%	75. 7%	76. 0%	72. 0%	71. 3%	74. 5%
不太信任	16. 0%	8. 8%	12. 4%	15. 0%	16. 8%	13. 1%	19. 6%	16. 3%	15. 9%
根本不信任	0. 6%	2. 9%	1. 4%	2. 0%	1. 9%	1. 8%	2. 7%	2. 7%	2. 1%
总计	100. 0%	100. 0%	100. 0%	100. 0%	100. 0%	100. 0%	100. 0%	100. 0%	100. 0%
列总计	163	34	420	2257	2200	830	1022	1175	8101

Chi-square test：df = 21，卡方值为 60. 623，sig = 0. 000 < 0. 05，所以诸群体在“您对下面这些人的信任程度如何？同事或同学”的认识上有显著差异。

F29g by 诸群体

您对下面这些人的信任程度如何？您的上司或领导 ＊ 诸群体 Crosstabulation

	官员	企业家	专业人员	工人	农民	企业员工	做小生意者	无业失业下岗	总计
完全信任	9. 3%	12. 1%	7. 0%	5. 6%	5. 2%	7. 5%	4. 9%	7. 0%	6. 0%
比较信任	70. 4%	66. 7%	71. 5%	66. 1%	63. 8%	68. 4%	62. 5%	62. 1%	65. 1%
不太信任	17. 3%	15. 2%	19. 7%	25. 0%	27. 5%	21. 0%	29. 2%	26. 3%	25. 4%
根本不信任	3. 1%	6. 1%	1. 9%	3. 3%	3. 5%	3. 0%	3. 4%	4. 7%	3. 5%
总计	100. 0%	100. 0%	100. 0%	100. 0%	100. 0%	100. 0%	100. 0%	100. 0%	100. 0%
列总计	162	33	417	2222	1946	823	914	1031	7548

Chi-square test：df = 21，卡方值为 57. 594，sig = 0. 000 < 0. 05，所以诸群体在“您对下面这些人的信任程度如何？您的上司或领导”的认识上有显著差异。

F29h by 诸群体

您对下面这些人的信任程度如何？您的朋友 * 诸群体 Crosstabulation

	官员	企业家	专业人员	工人	农民	企业员工	做小生意者	无业失业下岗	总计
完全信任	22.9%	23.5%	20.6%	18.1%	13.0%	18.6%	13.7%	17.6%	16.3%
比较信任	69.3%	73.5%	73.5%	74.5%	79.8%	73.8%	77.6%	73.1%	76.0%
不太信任	6.6%		4.7%	6.4%	6.1%	6.8%	7.1%	7.9%	6.6%
根本不信任	1.2%	2.9%	1.2%	1.0%	1.1%	0.7%	1.6%	1.4%	1.2%
总计	100.0%	100.0%	100.0%	100.0%	100.0%	100.0%	100.0%	100.0%	100.0%
列总计	166	34	422	2309	2407	833	1053	1284	8508

Chi-square test：df = 21，卡方值为 62.267，sig = 0.000 < 0.05，所以诸群体在“您对下面这些人的信任程度如何？您的朋友”的认识上有显著差异。

F30 by 诸群体

您是否同意“在这个社会上，您一不小心别人就会想办法占您的便宜” * 诸群体 Crosstabulation

	官员	企业家	专业人员	工人	农民	企业员工	做小生意者	无业失业下岗	总计
非常不同意	12.1%	8.8%	7.2%	6.5%	4.3%	7.0%	6.4%	6.5%	6.1%
比较不同意	40.6%	55.9%	43.1%	33.3%	33.3%	30.2%	32.8%	37.6%	34.3%
说不上同意不同意	29.1%	20.6%	28.5%	31.7%	33.7%	31.5%	32.6%	31.9%	32.1%
比较同意	15.2%	11.8%	18.2%	25.0%	24.8%	26.4%	25.6%	20.6%	23.9%
非常同意	3.0%	2.9%	3.1%	3.6%	3.8%	4.9%	2.5%	3.4%	3.6%
总计	100.0%	100.0%	100.0%	100.0%	100.0%	100.0%	100.0%	100.0%	100.0%
列总计	165	34	418	2239	2291	818	1014	1249	8228

Chi-square test：df = 28，卡方值为 89.636，sig = 0.000 < 0.05，所以诸群体在“在这个社会上，您一不小心别人就会想办法占您的便宜”这一认识上有显著差异。

F31 by 诸群体

您对所生活的地方道德建设满意吗 * 诸群体 Crosstabulation

	官员	企业家	专业人员	工人	农民	企业员工	做小生意者	无业失业下岗	总计
满意	15.2%	27.3%	14.5%	11.3%	12.4%	13.0%	8.8%	11.7%	11.8%
基本满意	81.1%	54.5%	74.2%	76.7%	73.4%	76.5%	75.9%	73.5%	75.1%
不满意	3.7%	18.2%	11.4%	12.1%	14.1%	10.5%	15.3%	14.8%	13.1%

续表

	官员	企业家	专业人员	工人	农民	企业员工	做小生意者	无业失业下岗	总计
总计	100.0%	100.0%	100.0%	100.0%	100.0%	100.0%	100.0%	100.0%	100.0%
列总计	164	33	414	2148	2161	787	981	1198	7886

Chi-square test：df = 14，卡方值为 51.887，sig = 0.000 < 0.05，所以诸群体在“您对所生活的地方道德建设满意吗”这一认识上有显著差异。

F32a by 诸群体

您对下面群体的信任程度如何？商人 ＊ 诸群体 Crosstabulation

	官员	企业家	专业人员	工人	农民	企业员工	做小生意者	无业失业下岗	总计
完全信任	3.1%	9.4%	3.6%	3.6%	2.1%	5.5%	5.6%	3.5%	3.6%
比较信任	57.7%	53.1%	49.8%	53.2%	54.5%	50.7%	58.6%	50.4%	53.5%
不太信任	33.7%	34.4%	43.0%	40.0%	39.9%	39.9%	33.5%	41.5%	39.4%
根本不信任	5.5%	3.1%	3.6%	3.2%	3.4%	3.9%	2.4%	4.7%	3.5%
总计	100.0%	100.0%	100.0%	100.0%	100.0%	100.0%	100.0%	100.0%	100.0%
列总计	163	32	412	2251	2236	820	1019	1199	8132

Chi-square test：df = 21，卡方值为 71.518，sig = 0.000 < 0.05，所以诸群体在“您对下面群体的信任程度如何？商人”的认识上有显著差异。

F32b by 诸群体

您对下面群体的信任程度如何？单位领导/社区（村）干部 ＊ 诸群体 Crosstabulation

	官员	企业家	专业人员	工人	农民	企业员工	做小生意者	无业失业下岗	总计
完全信任	8.5%	6.1%	8.9%	4.7%	4.0%	6.4%	4.9%	5.6%	5.1%
比较信任	72.6%	57.6%	61.7%	59.4%	54.1%	63.8%	56.4%	52.8%	57.4%
不太信任	12.8%	30.3%	26.7%	30.2%	34.8%	26.1%	32.1%	35.4%	31.6%
根本不信任	6.1%	6.1%	2.7%	5.7%	7.2%	3.7%	6.6%	6.2%	6.0%
总计	100.0%	100.0%	100.0%	100.0%	100.0%	100.0%	100.0%	100.0%	100.0%
列总计	164	33	415	2252	2351	816	1005	1198	8234

Chi-square test：df = 21，卡方值为 114.858，sig = 0.000 < 0.05，所以诸群体在“您对下面群体的信任程度如何？单位领导/社区（村）干部”的认识上有显著差异。

F32c by 诸群体

您对下面群体的信任程度如何？公务员 * 诸群体 Crosstabulation

	官员	企业家	专业人员	工人	农民	企业员工	做小生意者	无业失业下岗	总计
完全信任	11.6%	9.1%	10.2%	6.8%	4.5%	10.2%	6.2%	7.9%	6.9%
比较信任	73.8%	69.7%	63.7%	64.3%	64.5%	61.8%	64.7%	59.3%	63.6%
不太信任	10.4%	18.2%	23.7%	26.3%	28.0%	25.6%	26.7%	29.2%	26.7%
根本不信任	4.3%	3.0%	2.4%	2.7%	3.0%	2.5%	2.4%	3.5%	2.8%
总计	100.0%	100.0%	100.0%	100.0%	100.0%	100.0%	100.0%	100.0%	100.0%
列总计	164	33	410	2214	2165	816	986	1170	7958

Chi-square test：df = 21，卡方值为 80.425，sig = 0.000 < 0.05，所以诸群体在“您对下面群体的信任程度如何？公务员”的认识上有显著差异。

F32d by 诸群体

您对下面群体的信任程度如何？教师 * 诸群体 Crosstabulation

	官员	企业家	专业人员	工人	农民	企业员工	做小生意者	无业失业下岗	总计
完全信任	18.3%	12.1%	21.2%	15.1%	12.0%	15.7%	12.6%	16.9%	14.6%
比较信任	72.0%	78.8%	63.7%	70.6%	70.7%	68.9%	70.2%	67.9%	69.7%
不太信任	8.5%	9.1%	13.4%	12.8%	15.9%	12.5%	15.3%	13.2%	14.0%
根本不信任	1.2%		1.7%	1.4%	1.4%	2.9%	2.0%	2.0%	1.7%
总计	100.0%	100.0%	100.0%	100.0%	100.0%	100.0%	100.0%	100.0%	100.0%
列总计	164	33	424	2298	2388	832	1049	1273	8461

Chi-square test：df = 21，卡方值为 64.718，sig = 0.000 < 0.05，所以诸群体在“您对下面群体的信任程度如何？教师”的认识上有显著差异。

F32e by 诸群体

您对下面群体的信任程度如何？警察 * 诸群体 Crosstabulation

	官员	企业家	专业人员	工人	农民	企业员工	做小生意者	无业失业下岗	总计
完全信任	22.8%	18.2%	18.9%	18.9%	14.6%	17.1%	14.5%	20.0%	17.2%
比较信任	68.5%	66.7%	66.3%	66.0%	67.0%	65.7%	69.0%	64.0%	66.4%
不太信任	8.0%	15.2%	13.6%	13.7%	15.9%	15.4%	15.0%	13.7%	14.5%
根本不信任	0.6%		1.2%	1.5%	2.5%	1.7%	1.5%	2.3%	1.9%
总计	100.0%	100.0%	100.0%	100.0%	100.0%	100.0%	100.0%	100.0%	100.0%

续表

	官员	企业家	专业人员	工人	农民	企业员工	做小生意者	无业失业下岗	总计
列总计	162	33	418	2289	2340	823	1042	1268	8375

Chi-square test：df = 21，卡方值为 51. 575，sig = 0. 000 < 0. 05，所以诸群体在“您对下面群体的信任程度如何？警察”的认识上有显著差异。

F32f by 诸群体

您对下面群体的信任程度如何？医生 ＊ 诸群体 Crosstabulation

	官员	企业家	专业人员	工人	农民	企业员工	做小生意者	无业失业下岗	总计
完全信任	12. 1%	18. 8%	14. 8%	13. 3%	10. 6%	15. 1%	14. 2%	16. 3%	13. 3%
比较信任	69. 7%	65. 6%	66. 9%	64. 9%	62. 7%	64. 0%	62. 1%	61. 9%	63. 6%
不太信任	13. 9%	15. 6%	17. 4%	20. 0%	23. 3%	18. 7%	21. 0%	18. 6%	20. 4%
根本不信任	4. 2%		1. 0%	1. 7%	3. 4%	2. 3%	2. 7%	3. 2%	2. 6%
总计	100. 0%	100. 0%	100. 0%	100. 0%	100. 0%	100. 0%	100. 0%	100. 0%	100. 0%
列总计	165	32	420	2297	2386	836	1040	1269	8445

Chi-square test：df = 21，卡方值为 70. 165，sig = 0. 000 < 0. 05，所以诸群体在“您对下面群体的信任程度如何？医生”的认识上有显著差异。

F32g by 诸群体

您对下面群体的信任程度如何？法官 ＊ 诸群体 Crosstabulation

	官员	企业家	专业人员	工人	农民	企业员工	做小生意者	无业失业下岗	总计
完全信任	17. 4%	12. 9%	17. 9%	17. 2%	12. 7%	17. 0%	15. 4%	18. 7%	16. 0%
比较信任	70. 2%	74. 2%	64. 3%	65. 2%	66. 4%	63. 6%	64. 9%	64. 7%	65. 3%
不太信任	11. 2%	12. 9%	15. 6%	15. 7%	18. 1%	17. 2%	16. 8%	13. 9%	16. 2%
根本不信任	1. 2%		2. 3%	1. 8%	2. 8%	2. 2%	3. 0%	2. 6%	2. 4%
总计	100. 0%	100. 0%	100. 0%	100. 0%	100. 0%	100. 0%	100. 0%	100. 0%	100. 0%
列总计	161	31	392	2059	1982	775	936	1126	7462

Chi-square test：df = 21，卡方值为 43. 264，sig = 0. 003 < 0. 05，所以诸群体在“您对下面群体的信任程度如何？法官”的认识上有显著差异。

F32h by 诸群体

您对下面群体的信任程度如何？农民 ＊ 诸群体 Crosstabulation

	官员	企业家	专业人员	工人	农民	企业员工	做小生意者	无业失业下岗	总计
完全信任	8.6%	21.2%	12.1%	12.7%	12.8%	11.0%	11.5%	13.2%	12.4%
比较信任	71.6%	69.7%	72.2%	75.5%	77.1%	73.5%	75.8%	72.1%	75.0%
不太信任	17.3%	9.1%	15.0%	10.9%	9.1%	13.6%	10.9%	13.1%	11.3%
根本不信任	2.5%		0.7%	0.9%	1.1%	1.8%	1.8%	1.6%	1.3%
总计	100.0%	100.0%	100.0%	100.0%	100.0%	100.0%	100.0%	100.0%	100.0%
列总计	162	33	414	2284	2408	815	1044	1258	8418

Chi-square test：df = 21，卡方值为 51.511，sig = 0.003 < 0.05，所以诸群体在“您对下面群体的信任程度如何？农民”的认识上有显著差异。

F32i by 诸群体

您对下面群体的信任程度如何？工人 ＊ 诸群体 Crosstabulation

	官员	企业家	专业人员	工人	农民	企业员工	做小生意者	无业失业下岗	总计
完全信任	8.1%	24.2%	10.9%	10.4%	9.5%	9.9%	10.5%	9.0%	9.9%
比较信任	75.0%	57.6%	72.8%	76.9%	77.4%	71.7%	75.3%	73.7%	75.5%
不太信任	13.8%	18.2%	14.6%	11.6%	12.0%	16.2%	11.7%	15.2%	12.9%
根本不信任	3.1%		1.7%	1.1%	1.2%	2.2%	2.4%	2.1%	1.6%
总计	100.0%	100.0%	100.0%	100.0%	100.0%	100.0%	100.0%	100.0%	100.0%
列总计	160	33	412	2277	2314	815	1034	1254	8299

Chi-square test：df = 21，卡方值为 52.210，sig = 0.000 < 0.05，所以诸群体在“您对下面群体的信任程度如何？工人”的认识上有显著差异。

F32j by 诸群体

您对下面群体的信任程度如何？专家学者 ＊ 诸群体 Crosstabulation

	官员	企业家	专业人员	工人	农民	企业员工	做小生意者	无业失业下岗	总计
完全信任	12.6%	10.0%	13.6%	11.8%	8.9%	12.6%	11.0%	13.7%	11.4%
比较信任	63.6%	60.0%	59.8%	59.2%	61.2%	58.0%	57.0%	59.8%	59.6%
不太信任	18.5%	16.7%	21.5%	23.7%	24.3%	23.2%	25.5%	20.7%	23.3%
根本不信任	5.3%	13.3%	5.1%	5.3%	5.6%	6.2%	6.4%	5.8%	5.7%
总计	100.0%	100.0%	100.0%	100.0%	100.0%	100.0%	100.0%	100.0%	100.0%

续表

	官员	企业家	专业人员	工人	农民	企业员工	做小生意者	无业失业下岗	总计
列总计	151	30	396	2001	1916	776	873	1107	7250

Chi-square test：df = 21，卡方值为35.891，sig = 0.022 < 0.05，所以诸群体在"您对下面群体的信任程度如何？专家学者"的认识上有显著差异。

F32k by 诸群体

您对下面群体的信任程度如何？演艺娱乐圈 ＊ 诸群体 Crosstabulation

	官员	企业家	专业人员	工人	农民	企业员工	做小生意者	无业失业下岗	总计
完全信任	6.4%	6.9%	4.4%	3.3%	2.3%	5.3%	3.4%	4.5%	3.6%
比较信任	23.6%	13.8%	26.7%	31.8%	36.0%	30.9%	28.0%	31.8%	31.7%
不太信任	52.1%	44.8%	48.0%	46.3%	45.1%	44.4%	48.1%	45.4%	46.1%
根本不信任	17.9%	34.5%	21.0%	18.6%	16.5%	19.4%	20.5%	18.3%	18.6%
总计	100.0%	100.0%	100.0%	100.0%	100.0%	100.0%	100.0%	100.0%	100.0%
列总计	140	29	367	1818	1608	737	794	980	6473

Chi-square test：df = 21，卡方值为56.026，sig = 0.000 < 0.05，所以诸群体在"您对下面群体的信任程度如何？演艺娱乐圈"的认识上有显著差异。

F32l by 诸群体

您对下面群体的信任程度如何？公众人物 ＊ 诸群体 Crosstabulation

	官员	企业家	专业人员	工人	农民	企业员工	做小生意者	无业失业下岗	总计
完全信任	6.3%	7.1%	6.8%	4.2%	3.0%	5.6%	5.1%	6.1%	4.7%
比较信任	42.0%	46.4%	39.2%	45.4%	45.5%	44.7%	36.1%	44.0%	43.6%
不太信任	38.5%	32.1%	39.5%	37.6%	37.2%	35.8%	43.5%	37.2%	38.1%
根本不信任	13.3%	14.3%	14.5%	12.8%	14.3%	13.9%	15.2%	12.7%	13.7%
总计	100.0%	100.0%	100.0%	100.0%	100.0%	100.0%	100.0%	100.0%	100.0%
列总计	143	28	365	1840	1625	732	797	973	6503

Chi-square test：df = 21，卡方值为48.037，sig = 0.001 < 0.05，所以诸群体在"您对下面群体的信任程度如何？公众人物"的认识上有显著差异。

F33 by 诸群体

您在生活中经常买到假冒伪劣商品吗 ＊ 诸群体 Crosstabulation

	官员	企业家	专业人员	工人	农民	企业员工	做小生意者	无业失业下岗	总计
经常	10.1%	12.1%	7.8%	8.3%	6.1%	8.0%	7.9%	5.9%	7.3%
偶尔	57.7%	63.6%	63.4%	66.0%	66.2%	63.7%	65.9%	62.2%	64.9%
没有	32.2%	24.2%	28.7%	25.7%	27.7%	28.3%	26.2%	31.9%	27.8%
总计	100.0%	100.0%	100.0%	100.0%	100.0%	100.0%	100.0%	100.0%	100.0%
列总计	149	33	383	1945	1971	735	933	1145	7294

Chi-square test：df = 14，卡方值为 29.286，sig ＝0.010 <0.05，所以诸群体在“您在生活中经常买到假冒伪劣商品吗”这一认识上有显著差异。

F34 by 诸群体

您在购物、就医、理财等方面经常遇到虚假广告吗 ＊ 诸群体 Crosstabulation

	官员	企业家	专业人员	工人	农民	企业员工	做小生意者	无业失业下岗	总计
经常	12.0%	12.1%	13.4%	10.6%	9.1%	12.3%	13.8%	10.3%	10.9%
偶尔	50.7%	57.6%	55.9%	56.9%	53.4%	57.8%	54.9%	56.3%	55.5%
没有	37.3%	30.3%	30.7%	32.5%	37.4%	29.9%	31.3%	33.4%	33.5%
总计	100.0%	100.0%	100.0%	100.0%	100.0%	100.0%	100.0%	100.0%	100.0%
列总计	142	33	381	1929	1896	715	904	1114	7114

Chi-square test：df = 14，卡方值为 35.241，sig ＝0.001 <0.05，所以诸群体在“您在购物、就医、理财等方面经常遇到虚假广告吗”这一认识上有显著差异。

F35 by 诸群体

如果在路边看到一位老人摔倒，您的反应是 ＊ 诸群体 Crosstabulation

	官员	企业家	专业人员	工人	农民	企业员工	做小生意者	无业失业下岗	总计
立即扶起	49.7%	45.5%	47.3%	41.4%	50.2%	34.8%	40.9%	44.2%	44.1%
等有证人时再扶	26.3%	21.2%	23.8%	30.4%	23.8%	32.7%	27.3%	22.6%	26.8%
先拍照，再扶起	7.8%	9.1%	11.3%	7.0%	3.8%	9.0%	8.1%	10.4%	7.2%
不扶，避免惹是生非	3.0%	3.0%	5.8%	9.9%	10.8%	9.5%	10.2%	10.7%	9.9%
报警	10.8%	18.2%	10.6%	10.7%	10.3%	13.2%	13.0%	10.6%	11.1%
其他	2.4%	3.0%	1.2%	0.5%	1.2%	0.8%	0.5%	1.5%	1.0%
总计	100.0%	100.0%	100.0%	100.0%	100.0%	100.0%	100.0%	100.0%	100.0%

续表

	官员	企业家	专业人员	工人	农民	企业员工	做小生意者	无业失业下岗	总计
列总计	167	33	433	2332	2442	846	1064	1313	8630

Chi-square test：df = 35，卡方值为 209. 267，sig ＝0. 000 < 0. 05，所以诸群体在“如果在路边看到一位老人摔倒，您的反应是”这一认识上有显著差异。

F36 by 诸群体

我们都听说过或见证过好心人救助老人却反被诬陷的事情。假如您是这位好心人，您会 ＊ 诸群体 Crosstabulation

	官员	企业家	专业人员	工人	农民	企业员工	做小生意者	无业失业下岗	总计
我是多管闲事，下次再也不会帮助别人了	18. 2%	17. 6%	16. 4%	25. 1%	26. 0%	21. 9%	23. 4%	21. 0%	23. 6%
我正直善良真心待人，对得起良知和良心	45. 5%	38. 2%	37. 7%	39. 5%	39. 0%	40. 8%	34. 2%	40. 5%	39. 0%
下次还是会伸出援手，但是会提高警惕，注意保护自己	35. 8%	44. 1%	45. 6%	34. 9%	34. 7%	37. 1%	41. 2%	37. 8%	36. 9%
其他	0. 6%		0. 2%	0. 5%	0. 3%	0. 2%	1. 1%	0. 6%	0. 5%
总计	100. 0%	100. 0%	100. 0%	100. 0%	100. 0%	100. 0%	100. 0%	100. 0%	100. 0%
列总计	165	34	432	2324	2441	846	1058	1308	8608

Chi-square test：df = 21，卡方值为 68. 775，sig ＝0. 000 < 0. 05，所以诸群体在“我们都听说过或见证过好心人救助老人却反被诬陷的事情。假如您是这位好心人，您会”这一认识上有显著差异。

F37a by 诸群体

您对下列群体的伦理道德整体状况的满意度？政府官员 ＊ 诸群体 Crosstabulation

	官员	企业家	专业人员	工人	农民	企业员工	做小生意者	无业失业下岗	总计
非常不满意	3. 1%	6. 1%	6. 8%	5. 0%	6. 6%	5. 0%	6. 9%	8. 6%	6. 3%
比较不满意	21. 4%	36. 4%	26. 6%	29. 9%	32. 4%	27. 9%	32. 6%	34. 3%	31. 1%
比较满意	67. 3%	57. 6%	63. 1%	63. 7%	59. 4%	64. 9%	59. 4%	54. 3%	60. 7%
非常满意	8. 2%		3. 5%	1. 4%	1. 6%	2. 2%	1. 0%	2. 8%	1. 9%
总计	100. 0%	100. 0%	100. 0%	100. 0%	100. 0%	100. 0%	100. 0%	100. 0%	100. 0%

续表

	官员	企业家	专业人员	工人	农民	企业员工	做小生意者	无业失业下岗	总计
列总计	159	33	398	2096	2132	781	959	1139	7697

Chi-square test：df = 21，卡方值为104.160，sig = 0.000 < 0.05，所以诸群体在“您对下列群体的伦理道德整体状况的满意度？政府官员”上有显著差异。

F37b by 诸群体

您对下列群体的伦理道德整体状况的满意度？一般公务员 ＊ 诸群体 Crosstabulation

	官员	企业家	专业人员	工人	农民	企业员工	做小生意者	无业失业下岗	总计
非常不满意	0.6%		1.7%	2.2%	2.0%	1.6%	2.6%	3.7%	2.3%
比较不满意	14.9%	27.3%	22.3%	25.4%	28.2%	22.0%	29.7%	27.4%	26.3%
比较满意	71.4%	69.7%	71.0%	68.6%	66.5%	68.6%	65.0%	63.2%	67.0%
非常满意	13.0%	3.0%	5.0%	3.7%	3.3%	7.8%	2.7%	5.7%	4.4%
总计	100.0%	100.0%	100.0%	100.0%	100.0%	100.0%	100.0%	100.0%	100.0%
列总计	161	33	404	2111	2094	797	963	1148	7711

Chi-square test：df = 21，卡方值为113.005，sig = 0.000 < 0.05，所以诸群体在“您对下列群体的伦理道德整体状况的满意度？一般公务员”上有显著差异。

F37c by 诸群体

您对下列群体的伦理道德整体状况的满意度？企业家 ＊ 诸群体 Crosstabulation

	官员	企业家	专业人员	工人	农民	企业员工	做小生意者	无业失业下岗	总计
非常不满意		2.1%	1.5%	1.2%	1.6%	1.7%	2.2%	1.6%	
比较不满意	20.0%	15.6%	23.1%	23.8%	24.5%	19.0%	25.2%	25.6%	23.8%
比较满意	74.7%	84.4%	69.2%	68.9%	69.7%	68.6%	68.8%	64.6%	68.6%
非常满意	5.3%		5.7%	5.8%	4.6%	10.8%	4.3%	7.6%	6.1%
总计	100.0%	100.0%	100.0%	100.0%	100.0%	100.0%	100.0%	100.0%	100.0%
列总计	150	32	389	2021	1903	758	898	1067	7218

Chi-square test：df = 21，卡方值为113.005，sig = 0.000 < 0.05，所以诸群体在“您对下列群体的伦理道德整体状况的满意度？企业家”上有显著差异。

F37d by 诸群体

您对下列群体的伦理道德整体状况的满意度？演艺娱乐界 ＊ 诸群体 Crosstabulation

	官员	企业家	专业人员	工人	农民	企业员工	做小生意者	无业失业下岗	总计
非常不满意	7.2%	13.8%	12.5%	7.3%	6.0%	8.4%	7.5%	8.4%	7.6%
比较不满意	47.5%	31.0%	42.0%	47.0%	42.0%	40.9%	49.0%	39.3%	43.8%
比较满意	39.6%	44.8%	40.1%	40.2%	47.1%	39.8%	37.7%	46.4%	42.4%
非常满意	5.8%	10.3%	5.4%	5.5%	4.9%	10.8%	5.8%	5.9%	6.1%
总计	100.0%	100.0%	100.0%	100.0%	100.0%	100.0%	100.0%	100.0%	100.0%
列总计	139	29	369	1814	1587	738	810	937	6423

Chi-square test：df = 21，卡方值为 91.057，sig = 0.000 < 0.05，所以诸群体在“您对下列群体的伦理道德整体状况的满意度？演艺娱乐界”上有显著差异。

F37e by 诸群体

您对下列群体的伦理道德整体状况的满意度？教师 ＊ 诸群体 Crosstabulation

	官员	企业家	专业人员	工人	农民	企业员工	做小生意者	无业失业下岗	总计
非常不满意	0.6%	3.1%	1.4%	2.3%	1.4%	1.2%	0.9%	2.2%	1.7%
比较不满意	15.0%	12.5%	13.4%	13.2%	16.3%	14.8%	16.8%	14.0%	14.8%
比较满意	68.8%	75.0%	67.4%	70.7%	70.2%	67.7%	68.2%	69.6%	69.6%
非常满意	15.6%	9.4%	17.7%	13.9%	12.1%	16.3%	14.1%	14.2%	13.9%
总计	100.0%	100.0%	100.0%	100.0%	100.0%	100.0%	100.0%	100.0%	100.0%
列总计	160	32	417	2223	2317	823	1016	1237	8225

Chi-square test：df = 21，卡方值为 42.078，sig = 0.004 < 0.05，所以诸群体在“您对下列群体的伦理道德整体状况的满意度？教师”上有显著差异。

F37f by 诸群体

您对下列群体的伦理道德整体状况的满意度？青少年 ＊ 诸群体 Crosstabulation

	官员	企业家	专业人员	工人	农民	企业员工	做小生意者	无业失业下岗	总计
非常不满意	1.3%		1.2%	1.4%	0.7%	0.6%	1.3%	1.2%	1.1%

续表

	官员	企业家	专业人员	工人	农民	企业员工	做小生意者	无业失业下岗	总计
比较不满意	22. 0%	21. 9%	18. 2%	16. 3%	14. 7%	17. 2%	19. 0%	17. 8%	16. 7%
比较满意	62. 3%	62. 5%	69. 0%	69. 6%	75. 3%	66. 7%	66. 9%	68. 8%	70. 2%
非常满意	14. 5%	15. 6%	11. 6%	12. 7%	9. 3%	15. 5%	12. 8%	12. 2%	12. 0%
总计	100. 0%	100. 0%	100. 0%	100. 0%	100. 0%	100. 0%	100. 0%	100. 0%	100. 0%
列总计	159	32	413	2208	2297	813	1014	1226	8162

Chi-square test：df = 21，卡方值为 60. 071，sig = 0. 000 < 0. 05，所以诸群体在“您对下列群体的伦理道德整体状况的满意度？青少年”上有显著差异。

F37g by 诸群体

您对下列群体的伦理道德整体状况的满意度？弱势群体 * 诸群体 Crosstabulation

	官员	企业家	专业人员	工人	农民	企业员工	做小生意者	无业失业下岗	总计
非常不满意	2. 6%		2. 1%	2. 3%	0. 6%	3. 5%	3. 2%	2. 3%	2. 1%
比较不满意	25. 2%	26. 7%	26. 2%	28. 1%	21. 7%	28. 5%	27. 0%	25. 6%	25. 7%
比较满意	66. 9%	70. 0%	69. 1%	67. 6%	75. 5%	65. 0%	67. 9%	68. 6%	69. 9%
非常满意	5. 3%	3. 3%	2. 6%	1. 9%	2. 1%	3. 1%	1. 9%	3. 5%	2. 4%
总计	100. 0%	100. 0%	100. 0%	100. 0%	100. 0%	100. 0%	100. 0%	100. 0%	100. 0%
列总计	151	30	385	2050	2154	745	917	1115	7547

Chi-square test：df = 21，卡方值为 88. 196，sig = 0. 000 < 0. 05，所以诸群体在“您对下列群体的伦理道德整体状况的满意度？弱势群体”上有显著差异。

F37h by 诸群体

您对下列群体的伦理道德整体状况的满意度？自由职业者 * 诸群体 Crosstabulation

	官员	企业家	专业人员	工人	农民	企业员工	做小生意者	无业失业下岗	总计
非常不满意	2. 7%		0. 5%	1. 6%	0. 8%	0. 8%	1. 9%	1. 6%	1. 3%
比较不满意	21. 2%	25. 0%	18. 2%	21. 2%	18. 7%	21. 8%	23. 6%	21. 0%	20. 7%
比较满意	68. 5%	68. 8%	76. 1%	72. 4%	76. 3%	67. 3%	70. 4%	70. 9%	72. 6%
非常满意	7. 5%	6. 3%	5. 3%	4. 8%	4. 3%	10. 1%	4. 1%	6. 5%	5. 4%
总计	100. 0%	100. 0%	100. 0%	100. 0%	100. 0%	100. 0%	100. 0%	100. 0%	100. 0%

续表

	官员	企业家	专业人员	工人	农民	企业员工	做小生意者	无业失业下岗	总计
列总计	146	32	380	2062	2114	743	928	1119	7524

Chi-square test：df = 21，卡方值为 78.955，sig = 0.000 < 0.05，所以诸群体在“您对下列群体的伦理道德整体状况的满意度？自由职业者”上有显著差异。

F37i by 诸群体

您对下列群体的伦理道德整体状况的满意度？农民 ＊ 诸群体 Crosstabulation

	官员	企业家	专业人员	工人	农民	企业员工	做小生意者	无业失业下岗	总计
非常不满意		1.0%	0.9%	0.8%	0.5%	1.1%	1.1%	0.9%	
比较不满意	14.2%	32.4%	17.1%	15.2%	10.5%	16.5%	16.8%	13.5%	14.1%
比较满意	75.5%	61.8%	75.2%	74.2%	77.7%	68.7%	74.5%	75.2%	74.9%
非常满意	10.3%	5.9%	6.7%	9.7%	11.0%	14.4%	7.6%	10.2%	10.2%
总计	100.0%	100.0%	100.0%	100.0%	100.0%	100.0%	100.0%	100.0%	100.0%
列总计	155	34	403	2243	2381	801	1035	1231	8283

Chi-square test：df = 21，卡方值为 84.385，sig = 0.000 < 0.05，所以诸群体在“您对下列群体的伦理道德整体状况的满意度？农民”上有显著差异。

F37j by 诸群体

您对下列群体的伦理道德整体状况的满意度？商人 ＊ 诸群体 Crosstabulation

	官员	企业家	专业人员	工人	农民	企业员工	做小生意者	无业失业下岗	总计
非常不满意	2.5%	3.0%	1.5%	3.0%	2.0%	3.1%	2.2%	1.5%	2.3%
比较不满意	25.3%	27.3%	30.1%	31.0%	27.0%	29.4%	26.6%	28.1%	28.6%
比较满意	65.2%	60.6%	60.9%	58.9%	65.5%	57.4%	65.4%	62.1%	62.1%
非常满意	7.0%	9.1%	7.5%	7.0%	5.5%	10.1%	5.8%	8.2%	7.0%
总计	100.0%	100.0%	100.0%	100.0%	100.0%	100.0%	100.0%	100.0%	100.0%
列总计	158	33	402	2216	2222	810	1023	1188	8052

Chi-square test：df = 21，卡方值为 57.911，sig = 0.000 < 0.05，所以诸群体在“您对下列群体的伦理道德整体状况的满意度？商人”上有显著差异。

F37k by 诸群体

您对下列群体的伦理道德整体状况的满意度？工人 ＊ 诸群体 Crosstabulation

	官员	企业家	专业人员	工人	农民	企业员工	做小生意者	无业失业下岗	总计
非常不满意	0.6%		0.2%	0.7%	0.5%	0.5%	0.8%	0.7%	0.6%
比较不满意	13.9%	23.5%	12.6%	16.6%	12.5%	16.9%	17.0%	13.6%	14.9%
比较满意	75.9%	67.6%	81.0%	74.0%	78.8%	72.1%	74.6%	76.5%	75.9%
非常满意	9.5%	8.8%	6.2%	8.7%	8.2%	10.5%	7.6%	9.3%	8.6%
总计	100.0%	100.0%	100.0%	100.0%	100.0%	100.0%	100.0%	100.0%	100.0%
列总计	158	34	405	2235	2252	816	1035	1224	8159

Chi-square test：df = 21，卡方值为 57.911，sig = 0.004 < 0.05，所以诸群体在“您对下列群体的伦理道德整体状况的满意度？工人”上有显著差异。

F37l by 诸群体

您对下列群体的伦理道德整体状况的满意度？专家学者 ＊ 诸群体 Crosstabulation

	官员	企业家	专业人员	工人	农民	企业员工	做小生意者	无业失业下岗	总计
非常不满意	2.0%	3.3%	1.5%	1.6%	1.3%	1.8%	1.0%	2.3%	1.6%
比较不满意	18.1%	36.7%	18.8%	19.1%	19.3%	16.7%	20.6%	15.2%	18.5%
比较满意	63.1%	56.7%	69.5%	68.7%	71.0%	66.7%	67.7%	69.2%	68.9%
非常满意	16.8%	3.3%	10.3%	10.6%	8.4%	14.8%	10.7%	13.4%	11.0%
总计	100.0%	100.0%	100.0%	100.0%	100.0%	100.0%	100.0%	100.0%	100.0%
列总计	149	30	400	2055	1948	784	923	1086	7375

Chi-square test：df = 21，卡方值为 61.862，sig = 0.000 < 0.05，所以诸群体在“您对下列群体的伦理道德整体状况的满意度？专家学者”上有显著差异。

F37m by 诸群体

您对下列群体的伦理道德整体状况的满意度？医生 ＊ 诸群体 Crosstabulation

	官员	企业家	专业人员	工人	农民	企业员工	做小生意者	无业失业下岗	总计
非常不满意	1.9%	3.1%	1.7%	2.3%	4.3%	2.0%	2.7%	2.5%	2.9%

续表

	官员	企业家	专业人员	工人	农民	企业员工	做小生意者	无业失业下岗	总计
比较不满意	15.6%	34.4%	18.5%	20.7%	25.7%	16.0%	23.6%	19.4%	21.6%
比较满意	70.6%	56.3%	70.0%	67.8%	62.7%	68.4%	65.2%	66.6%	66.0%
非常满意	11.9%	6.3%	9.8%	9.2%	7.4%	13.6%	8.5%	11.5%	9.5%
总计	100.0%	100.0%	100.0%	100.0%	100.0%	100.0%	100.0%	100.0%	100.0%
列总计	160	32	410	2219	2284	814	1019	1223	8161

Chi-square test：df = 21，卡方值为 61.862，sig = 0.000 < 0.05，所以诸群体在“您对下列群体的伦理道德整体状况的满意度？医生”上有显著差异。

F38 by 诸群体

下列哪些因素可能影响人际关系紧张 ＊ 诸群体 Crosstabulation

	官员	企业家	专业人员	工人	农民	企业员工	做小生意者	无业失业下岗	总计
社会资源缺乏，引发恶性竞争	28.5%	24.2%	30.8%	31.9%	27.6%	31.9%	31.6%	25.8%	29.6%
过度宣扬竞争意识	29.1%	21.2%	26.3%	29.4%	20.7%	30.9%	26.0%	20.6%	25.3%
社会财富分配不公，贫富差距过大	36.4%	48.5%	36.8%	34.3%	33.2%	33.9%	31.8%	28.8%	33.1%
个人主义盛行	20.0%	18.2%	21.4%	19.0%	15.5%	21.8%	20.2%	19.3%	18.7%
缺乏爱心	20.6%	18.2%	21.0%	21.4%	22.3%	23.6%	20.4%	25.0%	22.2%
缺乏相互理解与沟通的意识和能力	23.0%	18.2%	21.4%	18.4%	16.5%	23.2%	19.1%	17.4%	18.6%
制度安排不公正，机会不平等	23.6%	18.2%	25.4%	22.9%	24.2%	23.7%	20.6%	22.6%	23.1%
以权谋私，官员腐败	12.7%	15.2%	17.2%	19.7%	25.7%	16.2%	20.1%	22.5%	21.2%
缺乏道德信用	22.4%	15.2%	21.9%	17.6%	19.4%	17.1%	16.3%	21.2%	18.7%
人与人、人与社会之间缺乏信任	25.5%	39.4%	29.6%	27.5%	26.7%	25.0%	32.1%	32.1%	28.4%
传统伦理瓦解，社会缺乏统一的价值观	8.5%	9.1%	10.3%	9.9%	8.8%	10.0%	9.2%	7.2%	9.1%
一切诉诸利益或法律，人际关系缺乏伦理调节的机制和能力	7.9%		5.8%	5.2%	3.4%	5.1%	4.2%	2.7%	4.3%
列总计	165	33	429	2299	2278	844	1033	1238	8319

据上表所示，诸群体在“下列哪些因素可能影响人际关系紧张”的回答上有显著差异。

F39 by 诸群体

您认为在现代中国社会实际奉行的道德价值是 * 诸群体 Crosstabulation

	官员	企业家	专业人员	工人	农民	企业员工	做小生意者	无业失业下岗	总计
义利合一，用符合道德的方式谋利	58.5%	50.0%	57.2%	48.2%	54.2%	50.7%	48.1%	53.4%	51.5%
见利忘义，唯利是图	30.8%	37.5%	32.9%	39.3%	35.7%	36.6%	41.5%	35.2%	37.2%
不计较利害得失，道德至上	10.1%	12.5%	9.9%	12.3%	9.9%	12.3%	10.1%	11.0%	11.0%
其他	0.6%			0.2%	0.1%	0.4%	0.3%	0.4%	0.2%
总计	100.0%	100.0%	100.0%	100.0%	100.0%	100.0%	100.0%	100.0%	100.0%
列总计	159	32	404	2103	2098	805	933	1145	7679

Chi-square test：df = 21，卡方值为 41.564，sig = 0.000 < 0.05，所以诸群体在“您认为在现代中国社会实际奉行的道德价值是”的回答上有显著差异。

F40 by 诸群体

对形成我国当前各种新型伦理关系和道德观念，哪些因素影响最大 * 诸群体 Crosstabulation

	官员	企业家	专业人员	工人	农民	企业员工	做小生意者	无业失业下岗	总计
网络和媒体	61.0%	61.3%	59.5%	46.9%	38.2%	51.5%	50.2%	51.2%	47.2%
政府	55.5%	41.9%	54.1%	61.5%	64.0%	52.5%	60.8%	54.4%	59.5%
大学及其文化	26.2%	9.7%	31.3%	21.7%	19.9%	26.9%	21.8%	23.6%	22.7%
市场	29.9%	22.6%	36.7%	35.5%	30.9%	38.1%	30.2%	28.2%	32.7%
企业	18.9%	25.8%	16.0%	22.4%	23.2%	22.2%	20.5%	16.3%	21.0%
社会团体	19.5%	35.5%	20.9%	17.7%	16.0%	15.9%	17.1%	21.3%	17.8%
知识精英	10.4%	9.7%	11.2%	12.6%	9.0%	15.8%	10.6%	10.7%	11.3%
国外的思潮与生活方式	15.2%	12.9%	17.2%	12.8%	9.1%	17.1%	14.5%	11.5%	12.6%
列总计	164	31	412	2120	2005	819	959	1126	7636

据上表所示，诸群体在“对形成我国当前各种新型伦理关系和道德观念，哪些因素影响最大”的回答上有显著差异。

F41 by 诸群体

对当前我国伦理关系和道德风尚造成最大负面影响的因素是 ＊ 诸群体 Crosstabulation

	官员	企业家	专业人员	工人	农民	企业员工	做小生意者	无业失业下岗	总计
传统文化的崩坏	38.4%	46.9%	38.4%	42.2%	41.0%	44.9%	40.0%	39.7%	41.3%
外来文化的冲击	47.8%	34.4%	37.7%	41.0%	34.4%	42.6%	38.0%	32.8%	37.8%
市场经济导致的个人主义	34.0%	25.0%	31.1%	27.9%	22.1%	28.8%	27.5%	25.1%	26.3%
网络技术的发展	20.8%	18.8%	23.5%	20.5%	21.3%	23.2%	22.8%	21.9%	21.6%
分配不公，两极分化	25.8%	25.0%	32.3%	25.4%	27.9%	23.7%	24.6%	23.9%	25.9%
以权谋私，官员腐败	13.2%	21.9%	20.5%	22.9%	28.6%	16.0%	23.7%	24.9%	23.7%
列总计	159	32	409	2163	2034	819	959	1125	7700

据上表所示，诸群体在“对当前我国伦理关系和道德风尚造成最大负面影响的因素是”的回答上有显著差异。

F42 by 诸群体

造成当今不良道德风尚的最主要原因是 ＊ 诸群体 Crosstabulation

	官员	企业家	专业人员	工人	农民	企业员工	做小生意者	无业失业下岗	总计
以权谋私，官员腐败	42.9%	56.3%	51.8%	57.6%	57.8%	50.1%	56.6%	51.5%	55.3%
企业不讲诚信和损害社会利益	44.8%	43.8%	36.8%	45.2%	38.6%	45.6%	40.9%	36.7%	41.2%
学校道德教育功能弱化	31.3%	25.0%	26.2%	24.4%	23.6%	27.1%	24.3%	22.9%	24.5%
家庭伦理功能弱化	13.5%	21.9%	20.1%	15.8%	17.3%	18.6%	15.3%	14.9%	16.5%
个人缺乏道德自觉	43.6%	31.3%	46.7%	39.3%	38.4%	43.1%	37.3%	42.0%	40.0%
分配不公，两极分化	24.5%	31.3%	27.4%	25.8%	24.8%	24.7%	27.4%	22.9%	25.3%
社会的不良影响	38.0%	28.1%	42.4%	35.0%	32.8%	37.1%	39.5%	36.5%	35.8%
列总计	163	32	413	2209	2173	822	990	1163	7965

据上表所示，诸群体在“造成当今不良道德风尚的最主要原因是”的回答上无显著差异。

F43a by 诸群体

导致当前医患关系紧张的主要原因是 ＊ 诸群体 Crosstabulation

	官员	企业家	专业人员	工人	农民	企业员工	做小生意者	无业失业下岗	总计
医生缺乏职业道德，对病人不负责任	31.5%	40.7%	31.8%	31.0%	37.1%	30.2%	32.9%	36.0%	33.7%

续表

	官员	企业家	专业人员	工人	农民	企业员工	做小生意者	无业失业下岗	总计
医疗制度不合理，看病难看病贵	47.0%	40.7%	46.1%	48.6%	42.8%	45.6%	46.1%	42.8%	45.3%
医生腐败，不送红包不认真看病	8.1%	11.1%	9.3%	12.5%	14.7%	13.5%	12.2%	12.3%	12.9%
“医闹”，病人蓄意闹事	12.8%	7.4%	12.3%	7.6%	5.0%	10.6%	8.5%	8.5%	7.8%
其他	0.7%		0.5%	0.2%	0.4%	0.1%	0.3%	0.4%	0.3%
总计	100.0%	100.0%	100.0%	100.0%	100.0%	100.0%	100.0%	100.0%	100.0%
列总计	149	27	399	2066	2162	776	934	1134	7647

Chi-square test：df = 28，卡方值为 90.082，sig = 0.000 < 0.05，所以诸群体在“导致当前医患关系紧张的主要原因是”的回答上有显著差异。

F43b by 诸群体

导致当前医患关系紧张的次要原因是 * 诸群体 Crosstabulation

	官员	企业家	专业人员	工人	农民	企业员工	做小生意者	无业失业下岗	总计
医生缺乏职业道德，对病人不负责任	27.9%	37.0%	34.2%	38.3%	35.2%	37.1%	37.7%	33.0%	36.0%
医疗制度不合理，看病难看病贵	27.1%	25.9%	33.4%	29.6%	34.0%	32.0%	31.6%	30.4%	31.6%
医生腐败，不送红包不认真看病	20.7%	25.9%	14.6%	17.3%	20.6%	13.3%	16.2%	20.0%	18.0%
“医闹”，病人蓄意闹事	23.6%	11.1%	17.2%	14.6%	10.0%	17.6%	14.4%	16.4%	14.1%
其他	0.7%		0.5%	0.2%	0.2%		0.1%	0.2%	0.2%
总计	100.0%	100.0%	100.0%	100.0%	100.0%	100.0%	100.0%	100.0%	100.0%
列总计	140	27	377	1988	2082	744	895	1079	7332

Chi-square test：df = 28，卡方值为 97.282，sig = 0.000 < 0.05，所以诸群体在“导致当前医患关系紧张的次要原因是”的回答上有显著差异。

F44 by 诸群体

您是否曾经与医生（医院）发生过矛盾或纠纷 * 诸群体 Crosstabulation

	官员	企业家	专业人员	工人	农民	企业员工	做小生意者	无业失业下岗	总计
是	9.1%	14.7%	4.9%	4.5%	2.9%	5.2%	5.3%	5.5%	4.5%

续表

	官员	企业家	专业人员	工人	农民	企业员工	做小生意者	无业失业下岗	总计
否	90.9%	85.3%	95.1%	95.5%	97.1%	94.8%	94.7%	94.5%	95.5%
总计	100.0%	100.0%	100.0%	100.0%	100.0%	100.0%	100.0%	100.0%	100.0%
列总计	165	34	428	2320	2450	848	1061	1312	8618

Chi-square test：df = 7，卡方值为 37.368，sig = 0.000 < 0.05，所以诸群体在“您是否曾经与医生（医院）发生过矛盾或纠纷”的回答上有显著差异。

F45a by 诸群体

您采取了哪些方式来解决医患纠纷？与医院协商 ＊ 诸群体 Crosstabulation

	官员	企业家	专业人员	工人	农民	企业员工	做小生意者	无业失业下岗	总计
未选中	46.7%	20.0%	52.4%	46.7%	53.4%	75.6%	51.8%	66.3%	55.5%
选中	53.3%	80.0%	47.6%	53.3%	46.6%	24.4%	48.2%	33.8%	44.5%
总计	100.0%	100.0%	100.0%	100.0%	100.0%	100.0%	100.0%	100.0%	100.0%
列总计	15	5	21	107	73	41	56	80	398

Chi-square test：df = 7，卡方值为 17.368，sig = 0.015 < 0.05，所以诸群体在“您采取了哪些方式来解决医患纠纷？与医院协商”的回答上有显著差异。

F45b by 诸群体

您采取了哪些方式来解决医患纠纷？寻求卫生局的调节和介入 ＊ 诸群体 Crosstabulation

	官员	企业家	专业人员	工人	农民	企业员工	做小生意者	无业失业下岗	总计
未选中	80.0%	60.0%	90.5%	70.1%	75.3%	75.6%	80.4%	81.3%	76.6%
选中	20.0%	40.0%	9.5%	29.9%	24.7%	24.4%	19.6%	18.8%	23.4%
总计	100.0%	100.0%	100.0%	100.0%	100.0%	100.0%	100.0%	100.0%	100.0%
列总计	15	5	21	107	73	41	56	80	398

Chi-square test：df = 7，卡方值为 7.148，sig = 0.414 > 0.05，所以诸群体在“您采取了哪些方式来解决医患纠纷？寻求卫生局的调节和介入”的回答上无显著差异。

F45c by 诸群体

您采取了哪些方式来解决医患纠纷？医学鉴定 * 诸群体 Crosstabulation

	官员	企业家	专业人员	工人	农民	企业员工	做小生意者	无业失业下岗	总计
未选中	86.7%	60.0%	85.7%	88.8%	89.0%	85.4%	87.5%	88.8%	87.7%
选中	13.3%	40.0%	14.3%	11.2%	11.0%	14.6%	12.5%	11.3%	12.3%
总计	100.0%	100.0%	100.0%	100.0%	100.0%	100.0%	100.0%	100.0%	100.0%
列总计	15	5	21	107	73	41	56	80	398

Chi-square test：df = 7，卡方值为 4.174，sig = 0.760 > 0.05，所以诸群体在“您采取了哪些方式来解决医患纠纷？医学鉴定”的回答上无显著差异。

F45d by 诸群体

您采取了哪些方式来解决医患纠纷？司法诉讼 * 诸群体 Crosstabulation

	官员	企业家	专业人员	工人	农民	企业员工	做小生意者	无业失业下岗	总计
未选中	100.0%	60.0%	71.4%	83.2%	84.9%	78.0%	82.1%	80.0%	81.9%
选中		40.0%	28.6%	16.8%	15.1%	22.0%	17.9%	20.0%	18.1%
总计	100.0%	100.0%	100.0%	100.0%	100.0%	100.0%	100.0%	100.0%	100.0%
列总计	15	5	21	107	73	41	56	80	398

Chi-square test：df = 7，卡方值为 7.667，sig = 0.363 > 0.05，所以诸群体在“您采取了哪些方式来解决医患纠纷？司法诉讼”的回答上无显著差异。

F45e by 诸群体

您采取了哪些方式来解决医患纠纷？寻求媒体曝光 * 诸群体 Crosstabulation

	官员	企业家	专业人员	工人	农民	企业员工	做小生意者	无业失业下岗	总计
未选中	100.0%	80.0%	81.0%	96.3%	93.2%	92.7%	85.7%	81.3%	89.9%
选中		20.0%	19.0%	3.7%	6.8%	7.3%	14.3%	18.8%	10.1%
总计	100.0%	100.0%	100.0%	100.0%	100.0%	100.0%	100.0%	100.0%	100.0%
列总计	15	5	21	107	73	41	56	80	398

Chi-square test：df = 7，卡方值为 17.767，sig = 0.013 < 0.05，所以诸群体在“您采取了哪些方式来解决医患纠纷？寻求媒体曝光”的回答上有显著差异。

F45f by 诸群体

您采取了哪些方式来解决医患纠纷？信访 ＊ 诸群体 Crosstabulation

	官员	企业家	专业人员	工人	农民	企业员工	做小生意者	无业失业下岗	总计
未选中	93.3%	80.0%	100.0%	97.2%	95.9%	92.7%	96.4%	92.5%	95.2%
选中	6.7%	20.0%		2.8%	4.1%	7.3%	3.6%	7.5%	4.8%
总计	100.0%	100.0%	100.0%	100.0%	100.0%	100.0%	100.0%	100.0%	100.0%
列总计	15	5	21	107	73	41	56	80	398

Chi-square test：df = 7，卡方值为 6.775，sig = 0.453 > 0.05，所以诸群体在“您采取了哪些方式来解决医患纠纷？信访”的回答上无显著差异。

F45g by 诸群体

您采取了哪些方式来解决医患纠纷？寻求第三方医疗纠纷调解委员会调解 ＊ 诸群体 Crosstabulation

	官员	企业家	专业人员	工人	农民	企业员工	做小生意者	无业失业下岗	总计
未选中	66.7%	80.0%	66.7%	90.7%	86.3%	92.7%	85.7%	88.8%	86.7%
选中	33.3%	20.0%	33.3%	9.3%	13.7%	7.3%	14.3%	11.3%	13.3%
总计	100.0%	100.0%	100.0%	100.0%	100.0%	100.0%	100.0%	100.0%	100.0%
列总计	15	5	21	107	73	41	56	80	398

Chi-square test：df = 7，卡方值为 16.775，sig = 0.027 < 0.05，所以诸群体在“您采取了哪些方式来解决医患纠纷？寻求第三方医疗纠纷调解委员会调解”的回答上有显著差异。

F45h by 诸群体

您采取了哪些方式来解决医患纠纷？直接找医生或医院算账 ＊ 诸群体 Crosstabulation

	官员	企业家	专业人员	工人	农民	企业员工	做小生意者	无业失业下岗	总计
未选中	80.0%	100.0%	90.5%	82.2%	79.5%	78.0%	83.9%	76.3%	80.9%
选中	20.0%		9.5%	17.8%	20.5%	22.0%	16.1%	23.8%	19.1%
总计	100.0%	100.0%	100.0%	100.0%	100.0%	100.0%	100.0%	100.0%	100.0%
列总计	15	5	21	107	73	41	56	80	398

Chi-square test：df = 7，卡方值为 4.775，sig = 0.741 > 0.05，所以诸群体在“您采取了哪些方式来解决医患纠纷？直接找医生或医院算账”的回答上无显著差异。

F46 by 诸群体

某些患者会在手术前给医生红包，您认为送红包的主要理由是 ＊ 诸群体 Crosstabulation

	官员	企业家	专业人员	工人	农民	企业员工	做小生意者	无业失业下岗	总计
不相信医生能平等地对待每个病人，送红包能提高关注度，必须送	21.5%	27.6%	28.9%	22.6%	21.9%	24.7%	26.5%	27.3%	24.1%
医生很辛苦，送红包是表示尊敬和感谢	23.1%	20.7%	14.9%	15.9%	10.4%	16.4%	13.2%	12.7%	13.7%
大家都送，我不送会吃亏，不送心里不踏实	12.3%	6.9%	17.2%	17.6%	17.6%	18.8%	17.6%	17.1%	17.5%
送红包能让医生对我更用心，但我不会这么做	20.8%	31.0%	17.8%	17.9%	19.5%	13.9%	20.2%	16.0%	18.0%
大家都送红包，事实上无助于提高治疗效果，我不会这么做	18.5%	13.8%	17.5%	18.1%	19.7%	21.5%	17.6%	15.8%	18.4%
想送，但我没有能力送	3.8%		3.8%	7.8%	11.0%	4.8%	4.9%	11.2%	8.2%
总计	100.0%	100.0%	100.0%	100.0%	100.0%	100.0%	100.0%	100.0%	100.0%
列总计	130	29	343	1798	1871	685	835	1034	6725

Chi-square test：df = 35，卡方值为 144.932，sig = 0.000 < 0.05，所以诸群体在“某些患者会在手术前给医生红包，您认为送红包的主要理由是”这一认识上有显著差异。

G1 by 诸群体

和前几年相比，您认为目前我国官员腐败现象有什么变化 ＊ 诸群体 Crosstabulation

	官员	企业家	专业人员	工人	农民	企业员工	做小生意者	无业失业下岗	总计
有很大改善	23.5%	12.9%	18.8%	12.5%	10.8%	12.3%	12.6%	14.4%	12.8%
有较大改善	66.0%	61.3%	63.7%	64.8%	66.1%	67.5%	64.5%	63.0%	65.1%
没什么变化	8.0%	25.8%	15.6%	20.1%	20.3%	18.1%	19.5%	20.5%	19.5%
更加恶化	2.5%		1.5%	2.3%	2.5%	1.6%	3.0%	2.0%	2.3%
其他			0.5%	0.3%	0.3%	0.6%	0.5%	0.2%	0.4%
总计	100.0%	100.0%	100.0%	100.0%	100.0%	100.0%	100.0%	100.0%	100.0%

续表

	官员	企业家	专业人员	工人	农民	企业员工	做小生意者	无业失业下岗	总计
列总计	162	31	405	2171	2232	808	996	1176	7981

Chi-square test：df = 28，卡方值为 65.506，sig = 0.000 < 0.05，所以诸群体在“和前几年相比，您认为目前我国官员腐败现象有什么变化”这一认识上有显著差异。

G2a by 诸群体

您认为干部当官的目的是？为国家与社会做贡献 ＊ 诸群体 Crosstabulation

	官员	企业家	专业人员	工人	农民	企业员工	做小生意者	无业失业下岗	总计
未选中	63.6%	64.7%	68.4%	71.0%	76.7%	69.1%	72.1%	75.9%	72.9%
选中	36.4%	35.3%	31.6%	29.0%	23.3%	30.9%	27.9%	24.1%	27.1%
总计	100.0%	100.0%	100.0%	100.0%	100.0%	100.0%	100.0%	100.0%	100.0%
列总计	162	34	414	2174	2208	819	1002	1222	8035

Chi-square test：df = 7，卡方值为 44.579，sig = 0.000 < 0.05，所以诸群体在“您认为干部当官的目的是？为国家与社会做贡献”这一认识上有显著差异。

G2b by 诸群体

您认为干部当官的目的是？为人民服务，为百姓做好事做实事 ＊ 诸群体 Crosstabulation

	官员	企业家	专业人员	工人	农民	企业员工	做小生意者	无业失业下岗	总计
未选中	35.8%	58.8%	47.1%	53.2%	62.9%	45.9%	54.0%	53.1%	54.5%
选中	64.2%	41.2%	52.9%	46.8%	37.1%	54.1%	46.0%	46.9%	45.5%
总计	100.0%	100.0%	100.0%	100.0%	100.0%	100.0%	100.0%	100.0%	100.0%
列总计	162	34	414	2174	2208	819	1002	1222	8035

Chi-square test：df = 7，卡方值为 121.579，sig = 0.000 < 0.05，所以诸群体在“您认为干部当官的目的是？为人民服务，为白姓做好事做实事”这一认识上有显著差异。

G2c by 诸群体

您认为干部当官的目的是？为家庭增光，光宗耀祖 ＊ 诸群体 Crosstabulation

	官员	企业家	专业人员	工人	农民	企业员工	做小生意者	无业失业下岗	总计
未选中	81.5%	73.5%	78.5%	74.1%	72.1%	78.5%	76.6%	72.5%	74.5%

续表

	官员	企业家	专业人员	工人	农民	企业员工	做小生意者	无业失业下岗	总计
选中	18.5%	26.5%	21.5%	25.9%	27.9%	21.5%	23.4%	27.5%	25.5%
总计	100.0%	100.0%	100.0%	100.0%	100.0%	100.0%	100.0%	100.0%	100.0%
列总计	162	34	414	2174	2208	819	1002	1222	8035

Chi-square test：df = 7，卡方值为 26.148，sig = 0.000 < 0.05，所以诸群体在“您认为干部当官的目的是？为家庭增光，光宗耀祖”这一认识上有显著差异。

G2d by 诸群体

您认为干部当官的目的是？为自己升官发财 * 诸群体 Crosstabulation

	官员	企业家	专业人员	工人	农民	企业员工	做小生意者	无业失业下岗	总计
未选中	82.7%	61.8%	73.2%	67.4%	58.2%	75.3%	64.5%	66.2%	65.7%
选中	17.3%	38.2%	26.8%	32.6%	41.8%	24.7%	35.5%	33.8%	34.3%
总计	100.0%	100.0%	100.0%	100.0%	100.0%	100.0%	100.0%	100.0%	100.0%
列总计	162	34	414	2174	2208	819	1002	1222	8035

Chi-square test：df = 7，卡方值为 124.469，sig = 0.000 < 0.05，所以诸群体在“您认为干部当官的目的是？为自己升官发财”这一认识上有显著差异。

G2e by 诸群体

您认为干部当官的目的是？没特殊目的，一个稳定而待遇高的职业而已 * 诸群体 Crosstabulation

	官员	企业家	专业人员	工人	农民	企业员工	做小生意者	无业失业下岗	总计
未选中	82.1%	73.5%	80.0%	80.1%	76.3%	81.9%	80.4%	77.7%	78.9%
选中	17.9%	26.5%	20.0%	19.9%	23.7%	18.1%	19.6%	22.3%	21.1%
总计	100.0%	100.0%	100.0%	100.0%	100.0%	100.0%	100.0%	100.0%	100.0%
列总计	162	34	414	2174	2208	819	1002	1222	8035

Chi-square test：df = 7，卡方值为 19.791，sig = 0.006 < 0.05，所以诸群体在“您认为干部当官的目的是？没特殊目的，一个稳定而待遇高的职业而已”这一认识上有显著差异。

G3 by 诸群体

与前几年相比，您对政府官员的信任度有什么变化 ＊ 诸群体 Crosstabulation

	官员	企业家	专业人员	工人	农民	企业员工	做小生意者	无业失业下岗	总计
信任度提高了	64.0%	45.5%	52.0%	36.0%	36.7%	41.1%	37.0%	40.0%	38.8%
更加不信任	13.4%	12.1%	11.4%	12.9%	14.8%	12.3%	14.7%	13.0%	13.5%
没什么变化	22.6%	42.4%	36.7%	51.0%	48.3%	46.3%	47.8%	46.8%	47.5%
其他				0.1%	0.2%	0.4%	0.5%	0.2%	0.2%
总计	100.0%	100.0%	100.0%	100.0%	100.0%	100.0%	100.0%	100.0%	100.0%
列总计	164	33	431	2308	2426	845	1053	1309	8569

Chi-square test：df = 21，卡方值为 109.968，sig = 0.000 < 0.05，所以诸群体在“与前几年相比，您对政府官员的信任度有什么变化”这一认识上有显著差异。

G4 by 诸群体

在生活中或媒体上看到政府官员时，您首先想到的是 ＊ 诸群体 Crosstabulation

	官员	企业家	专业人员	工人	农民	企业员工	做小生意者	无业失业下岗	总计
公仆，为老百姓谋福利	37.1%	24.2%	22.4%	19.1%	16.1%	26.4%	17.6%	19.3%	19.3%
官僚，根本不了解我们的情况	16.2%	36.4%	20.1%	23.4%	22.0%	21.7%	25.5%	19.2%	22.2%
有权有势的人	9.6%	12.1%	19.2%	21.2%	20.9%	16.4%	19.7%	21.2%	20.1%
有本事的人	11.4%	6.1%	13.8%	14.4%	14.4%	14.7%	14.1%	14.5%	14.3%
领导，决定我们命运的人	8.4%	6.1%	10.3%	9.3%	10.2%	8.9%	9.5%	8.8%	9.5%
贪官	5.4%	9.1%	2.6%	5.2%	7.4%	2.8%	4.8%	6.8%	5.7%
惹不起但躲得起的人	0.6%	3.0%	3.3%	3.0%	3.6%	2.3%	3.1%	3.0%	3.1%
遇到大事可以信任的人	6.0%		4.2%	2.3%	2.5%	3.0%	3.2%	3.3%	2.8%
其他	5.4%	3.0%	4.2%	2.0%	2.9%	3.9%	2.6%	3.9%	3.0%
总计	100.0%	100.0%	100.0%	100.0%	100.0%	100.0%	100.0%	100.0%	100.0%
列总计	167	33	428	2321	2430	844	1058	1299	8580

Chi-square test：df = 56，卡方值为 190.968，sig = 0.000 < 0.05，所以诸群体在“在生活中或媒体上看到政府官员时，您首先想到的是”这一回答上有显著差异。

G5 by 诸群体

您觉得当前我国政府官员道德问题最严重的是 * 诸群体 Crosstabulation

	官员	企业家	专业人员	工人	农民	企业员工	做小生意者	无业失业下岗	总计
贪污受贿	36.1%	61.3%	44.7%	46.7%	56.5%	41.0%	45.4%	54.2%	49.5%
以权谋私	49.7%	64.5%	56.3%	56.2%	56.3%	56.8%	53.4%	58.8%	56.2%
生活作风腐败	36.1%	32.3%	27.9%	35.7%	27.3%	37.0%	33.0%	28.0%	31.7%
官僚主义	18.4%	16.1%	18.6%	17.1%	10.9%	18.1%	17.8%	12.7%	15.1%
平庸，不作为，只保护自己不解决实际问题	38.8%	38.7%	40.7%	32.7%	38.7%	34.8%	35.1%	35.2%	35.7%
乱作为，搞政绩工程折腾百姓	29.3%	29.0%	27.4%	22.4%	21.9%	20.0%	22.2%	21.2%	22.2%
铺张浪费	14.3%	3.2%	16.6%	13.1%	12.4%	15.4%	10.7%	12.2%	12.9%
拉帮结派	15.0%	3.2%	11.1%	15.5%	11.7%	19.5%	13.3%	9.5%	13.4%
骄横跋扈，欺压百姓	4.8%	3.2%	7.3%	6.7%	7.0%	6.7%	9.5%	7.3%	7.2%
列总计	147	31	398	2106	2008	764	952	1158	7564

据上表所示，诸群体在“您觉得当前我国政府官员道德问题最严重的是”这一认识上有显著差异。

G6 by 诸群体

政府在制定政策和决策时充分考虑到伦理道德方面的要求了吗 * 诸群体 Crosstabulation

	官员	企业家	专业人员	工人	农民	企业员工	做小生意者	无业失业下岗	总计
有考虑，能够从日常生活中感受到	43.6%	59.4%	40.8%	36.0%	38.2%	36.4%	34.1%	37.0%	37.1%
有考虑，能够从政策文件中体会到	34.5%	18.8%	28.6%	23.2%	20.2%	27.8%	22.0%	26.5%	23.7%
只是口头上说说，没有实质性行动	17.6%	15.6%	22.1%	28.3%	29.7%	27.7%	31.4%	26.4%	28.1%
没有考虑，政策制度都是从自己的政绩和富人的利益着想	4.2%	6.3%	7.5%	11.6%	11.6%	7.7%	12.0%	8.7%	10.5%
其他			0.9%	0.7%	0.3%	0.5%	0.5%	1.4%	0.7%
总计	100.0%	100.0%	100.0%	100.0%	100.0%	100.0%	100.0%	100.0%	100.0%
列总计	165	32	426	2286	2384	835	1030	1252	8410

Chi-square test：df = 28，卡方值为 116.304，sig = 0.000 < 0.05，所以诸群体在“政府在制定政策和决策时充分考虑到伦理道德方面的要求了吗”这一认识上有显著差异。

G7a by 诸群体

残疾人、留守儿童、孤寡老人等弱势群体需要来自全社会的关爱与帮助，您认为本地区做得怎么样？社区提供的服务 ＊ 诸群体 Crosstabulation

	官员	企业家	专业人员	工人	农民	企业员工	做小生意者	无业失业下岗	总计
很好	15.5%	17.2%	11.6%	9.2%	4.6%	10.0%	7.4%	8.7%	8.1%
比较好	68.9%	51.7%	65.6%	70.4%	63.2%	74.9%	66.6%	65.2%	67.3%
不太好	13.7%	31.0%	21.4%	19.3%	29.7%	14.0%	23.5%	23.2%	22.6%
很差	1.9%		1.3%	1.1%	2.5%	1.1%	2.5%	2.9%	1.9%
总计	100.0%	100.0%	100.0%	100.0%	100.0%	100.0%	100.0%	100.0%	100.0%
列总计	161	29	387	2001	1890	750	890	1068	7176

Chi-square test：df = 21，卡方值为 176.304，sig = 0.000 < 0.05，所以诸群体在“残疾人、留守儿童、孤寡老人等弱势群体需要来自全社会的关爱与帮助，您认为本地区做得怎么样？社区提供的服务”这一认识上有显著差异。

G7b by 诸群体

残疾人、留守儿童、孤寡老人等弱势群体需要来自全社会的关爱与帮助，您认为本地区做得怎么样？周围人的尊重和关爱 ＊ 诸群体 Crosstabulation

	官员	企业家	专业人员	工人	农民	企业员工	做小生意者	无业失业下岗	总计
很好	18.3%	16.1%	10.6%	9.7%	6.4%	12.9%	8.2%	12.7%	9.6%
比较好	70.7%	64.5%	68.0%	71.5%	69.6%	70.6%	69.3%	65.8%	69.5%
不太好	9.8%	19.4%	19.6%	17.7%	22.8%	15.9%	21.1%	19.4%	19.5%
很差	1.2%		1.8%	1.1%	1.3%	0.7%	1.4%	2.2%	1.3%
总计	100.0%	100.0%	100.0%	100.0%	100.0%	100.0%	100.0%	100.0%	100.0%
列总计	164	31	397	2145	2135	768	961	1146	7747

Chi-square test：df = 21，卡方值为 104.196，sig = 0.000 < 0.05，所以诸群体在“残疾人、留守儿童、孤寡老人等弱势群体需要来自全社会的关爱与帮助，您认为本地区做得怎么样？周围人的尊重和关爱”这一认识上有显著差异。

G7c by 诸群体

残疾人、留守儿童、孤寡老人等弱势群体需要来自全社会的关爱与帮助，您认为本地区做得怎么样？社会机构提供专业化的服务 ＊ 诸群体 Crosstabulation

	官员	企业家	专业人员	工人	农民	企业员工	做小生意者	无业失业下岗	总计
很好	15.3%	3.7%	11.7%	12.5%	5.9%	15.4%	6.6%	10.5%	10.1%
比较好	63.1%	63.0%	55.3%	54.2%	53.5%	59.5%	55.0%	52.1%	54.7%
不太好	19.1%	29.6%	30.3%	30.5%	37.9%	22.9%	34.9%	32.8%	32.2%

续表

	官员	企业家	专业人员	工人	农民	企业员工	做小生意者	无业失业下岗	总计
很差	2.5%	3.7%	2.7%	2.7%	2.7%	2.2%	3.6%	4.6%	3.1%
总计	100.0%	100.0%	100.0%	100.0%	100.0%	100.0%	100.0%	100.0%	100.0%
列总计	157	27	376	1901	1749	728	835	1013	6786

Chi-square test：df = 21，卡方值为 146.196，sig = 0.000 < 0.05，所以诸群体在“残疾人、留守儿童、孤寡老人等弱势群体需要来自全社会的关爱与帮助，您认为本地区做得怎么样？社会机构提供专业化的服务”这一认识上有显著差异。

G7d by 诸群体

残疾人、留守儿童、孤寡老人等弱势群体需要来自全社会的关爱与帮助，您认为本地区做得怎么样？政府实施的社会援助 * 诸群体 Crosstabulation

	官员	企业家	专业人员	工人	农民	企业员工	做小生意者	无业失业下岗	总计
很好	19.0%	7.4%	12.5%	13.1%	6.1%	14.1%	9.5%	10.8%	10.7%
比较好	58.9%	44.4%	59.2%	53.6%	50.8%	58.1%	50.1%	51.1%	52.9%
不太好	19.6%	40.7%	24.0%	29.6%	38.4%	24.8%	34.5%	31.6%	31.8%
很差	2.5%	7.4%	4.3%	3.7%	4.6%	3.0%	6.0%	6.5%	4.6%
总计	100.0%	100.0%	100.0%	100.0%	100.0%	100.0%	100.0%	100.0%	100.0%
列总计	158	27	375	1864	1790	701	833	1017	6765

Chi-square test：df = 21，卡方值为 153.222，sig = 0.000 < 0.05，所以诸群体在“残疾人、留守儿童、孤寡老人等弱势群体需要来自全社会的关爱与帮助，您认为本地区做得怎么样？政府实施的社会援助”这一认识上有显著差异。

G7e by 诸群体

残疾人、留守儿童、孤寡老人等弱势群体需要来自全社会的关爱与帮助，您认为本地区做得怎么样？公益与慈善事业 * 诸群体 Crosstabulation

	官员	企业家	专业人员	工人	农民	企业员工	做小生意者	无业失业下岗	总计
很好	16.3%	8.3%	12.1%	10.5%	4.8%	11.8%	7.6%	10.2%	9.0%
比较好	62.4%	58.3%	52.7%	55.7%	47.7%	58.7%	49.3%	48.8%	52.2%
不太好	17.7%	33.3%	30.3%	27.8%	41.8%	24.7%	34.7%	33.9%	32.7%
很差	3.5%		4.9%	6.0%	5.8%	4.9%	8.4%	7.1%	6.1%
总计	100.0%	100.0%	100.0%	100.0%	100.0%	100.0%	100.0%	100.0%	100.0%
列总计	141	24	347	1644	1494	653	714	902	5919

Chi-square test：df = 21，卡方值为 163.294，sig = 0.000 < 0.05，所以诸群体在“残疾人、留守儿童、孤寡老人等弱势群体需要来自全社会的关爱与帮助，您认为本地区做得怎么样？公益与慈善事业”这一认识上有显著差异。

G7f by 诸群体

残疾人、留守儿童、孤寡老人等弱势群体需要来自全社会的关爱与帮助，您认为本地区做得怎么样？志愿者帮助 ＊ 诸群体 Crosstabulation

	官员	企业家	专业人员	工人	农民	企业员工	做小生意者	无业失业下岗	总计
很好	18.1%	16.0%	11.9%	12.0%	5.6%	11.7%	8.0%	9.5%	9.7%
比较好	62.3%	56.0%	58.2%	57.9%	49.8%	60.1%	54.7%	54.7%	55.4%
不太好	17.4%	28.0%	27.1%	24.7%	38.8%	24.1%	30.6%	28.4%	29.3%
很差	2.2%		2.8%	5.5%	5.8%	4.1%	6.6%	7.4%	5.6%
总计	100.0%	100.0%	100.0%	100.0%	100.0%	100.0%	100.0%	100.0%	100.0%
列总计	138	25	354	1666	1437	659	722	891	5892

Chi-square test：df = 21，卡方值为 155.284，sig = 0.000 < 0.05，所以诸群体在“残疾人、留守儿童、孤寡老人等弱势群体需要来自全社会的关爱与帮助，您认为本地区做得怎么样？志愿者帮助”这一认识上有显著差异。

G8 by 诸群体

您认为有必要为好人树碑立传吗 ＊ 诸群体 Crosstabulation

	官员	企业家	专业人员	工人	农民	企业员工	做小生意者	无业失业下岗	总计
很有必要，可以让更多的人知道他们、学习他们	83.6%	65.6%	71.7%	68.9%	65.7%	69.0%	65.8%	67.9%	67.9%
可有可无	9.4%	21.9%	13.3%	16.1%	16.1%	14.4%	19.2%	15.3%	15.9%
没有必要	6.9%	12.5%	15.0%	14.9%	18.2%	16.6%	15.0%	16.8%	16.1%
总计	100.0%	100.0%	100.0%	100.0%	100.0%	100.0%	100.0%	100.0%	100.0%
列总计	159	32	407	2063	2133	791	934	1189	7708

Chi-square test：df = 14，卡方值为 41.561，sig = 0.000 < 0.05，所以诸群体在“您认为有必要为好人树碑立传吗”这一认识上有显著差异。

G9 by 诸群体

党中央出台了一系列治国理政的新举措，给社会生活带来了什么变化 ＊ 诸群体 Crosstabulation

	官员	企业家	专业人员	工人	农民	企业员工	做小生意者	无业失业下岗	总计
社会在向好的方面发展，对未来生活更有信心	70.1%	50.0%	68.4%	49.1%	48.4%	54.9%	45.1%	52.1%	50.8%

续表

	官员	企业家	专业人员	工人	农民	企业员工	做小生意者	无业失业下岗	总计
目前没看出有什么影响	17.4%	26.5%	14.0%	24.2%	19.3%	21.5%	25.1%	20.3%	21.4%
虽然出台了一些政策，感觉解决不了什么问题	12.0%	17.6%	13.3%	18.8%	21.5%	18.8%	21.7%	16.0%	19.1%
不关心这些、说不清楚	0.6%	2.9%	4.2%	8.0%	10.7%	4.8%	8.0%	11.5%	8.6%
其他		2.9%	0.2%		0.1%	0.1%	0.2%	0.1%	0.1%
总计	100.0%	100.0%	100.0%	100.0%	100.0%	100.0%	100.0%	100.0%	100.0%
列总计	167	34	430	2325	2432	842	1061	1310	8601

Chi-square test：df = 28，卡方值为 208.976，sig = 0.000 < 0.05，所以诸群体在“党中央出台了一系列治国理政的新举措，给社会生活带来了什么变化”这一认识上有显著差异。

G10a by 诸群体

您认为本地政府在以下方面的政策措施对促进社会公平有效果吗？就业政策 * 诸群体 Crosstabulation

	官员	企业家	专业人员	工人	农民	企业员工	做小生意者	无业失业下岗	总计
较大效果	17.4%	12.9%	13.0%	5.7%	2.9%	8.3%	6.2%	8.4%	6.4%
有点效果	63.2%	54.8%	59.3%	58.7%	52.4%	63.9%	55.9%	57.0%	57.2%
没有效果	15.5%	29.0%	21.4%	30.8%	39.5%	24.5%	32.2%	28.4%	31.3%
更不公平	3.2%	3.2%	5.9%	4.2%	4.6%	3.2%	4.6%	4.6%	4.4%
大大加剧了不公平	0.6%		0.5%	0.7%	0.7%	0.1%	1.1%	1.6%	0.8%
总计	100.0%	100.0%	100.0%	100.0%	100.0%	100.0%	100.0%	100.0%	100.0%
列总计	155	31	393	2048	1808	785	926	1017	7163

Chi-square test：df = 28，卡方值为 202.976，sig = 0.000 < 0.05，所以诸群体在“您认为本地政府在以下方面的政策措施对促进社会公平有效果吗？就业政策”这一认识上有显著差异。

G10b by 诸群体

您认为本地政府在以下方面的政策措施对促进社会公平有效果吗？教育政策 * 诸群体 Crosstabulation

	官员	企业家	专业人员	工人	农民	企业员工	做小生意者	无业失业下岗	总计
较大效果	20.6%	15.6%	18.9%	8.1%	4.6%	9.9%	8.0%	12.7%	8.9%
有点效果	57.4%	71.9%	55.3%	62.8%	61.6%	62.4%	60.9%	59.6%	61.3%

续表

	官员	企业家	专业人员	工人	农民	企业员工	做小生意者	无业失业下岗	总计
没有效果	17.4%	12.5%	19.1%	24.6%	29.3%	23.3%	25.7%	22.1%	25.0%
更不公平	3.2%		6.5%	3.9%	3.9%	4.0%	4.9%	5.2%	4.3%
大大加剧了不公平	1.3%		0.2%	0.5%	0.5%	0.4%	0.5%	0.5%	0.5%
总计	100.0%	100.0%	100.0%	100.0%	100.0%	100.0%	100.0%	100.0%	100.0%
列总计	155	32	403	2110	2003	801	982	1105	7591

Chi-square test：df = 28，卡方值为 181.176，sig = 0.000 < 0.05，所以诸群体在“您认为本地政府在以下方面的政策措施对促进社会公平有效果吗？教育政策”这一认识上有显著差异。

G10c by 诸群体

您认为本地政府在以下方面的政策措施对促进社会公平有效果吗？医疗卫生政策 ＊ 诸群体 Crosstabulation

	官员	企业家	专业人员	工人	农民	企业员工	做小生意者	无业失业下岗	总计
较大效果	23.8%	15.6%	15.5%	10.1%	5.8%	11.7%	9.2%	13.0%	10.0%
有点效果	53.1%	62.5%	56.0%	56.1%	58.6%	58.7%	58.3%	57.0%	57.4%
没有效果	18.1%	15.6%	20.4%	26.8%	26.5%	24.1%	26.2%	22.6%	25.2%
更不公平	3.8%	3.1%	7.6%	6.4%	8.2%	4.7%	5.6%	6.5%	6.6%
大大加剧了不公平	1.3%	3.1%	0.5%	0.6%	0.9%	0.7%	0.7%	0.9%	0.8%
总计	100.0%	100.0%	100.0%	100.0%	100.0%	100.0%	100.0%	100.0%	100.0%
列总计	160	32	407	2149	2136	809	993	1162	7848

Chi-square test：df = 28，卡方值为 135.176，sig = 0.000 < 0.05，所以诸群体在“您认为本地政府在以下方面的政策措施对促进社会公平有效果吗？医疗卫生政策”这一认识上有显著差异。

G10d by 诸群体

您认为本地政府在以下方面的政策措施对促进社会公平有效果吗？低保政策 ＊ 诸群体 Crosstabulation

	官员	企业家	专业人员	工人	农民	企业员工	做小生意者	无业失业下岗	总计
较大效果	26.0%	9.7%	18.1%	10.7%	5.7%	11.1%	9.4%	12.1%	10.1%
有点效果	49.4%	58.1%	53.8%	48.0%	49.9%	50.5%	54.2%	51.1%	50.3%
没有效果	17.5%	29.0%	18.1%	30.4%	27.2%	29.3%	25.8%	23.4%	26.9%
更不公平	6.5%	3.2%	7.6%	9.7%	15.1%	7.8%	9.2%	11.9%	11.1%
大大加剧了不公平	0.6%		2.4%	1.3%	2.1%	1.2%	1.5%	1.5%	1.6%

续表

	官员	企业家	专业人员	工人	农民	企业员工	做小生意者	无业失业下岗	总计
总计	100.0%	100.0%	100.0%	100.0%	100.0%	100.0%	100.0%	100.0%	100.0%
列总计	154	31	381	2035	2094	754	938	1075	7462

Chi-square test：df = 28，卡方值为 210.762，sig = 0.000 < 0.05，所以诸群体在“您认为本地政府在以下方面的政策措施对促进社会公平有效果吗？低保政策”这一认识上有显著差异。

G10e by 诸群体

您认为本地政府在以下方面的政策措施对促进社会公平有效果吗？房地产政策 * 诸群体 Crosstabulation

	官员	企业家	专业人员	工人	农民	企业员工	做小生意者	无业失业下岗	总计
较大效果	16.0%		9.1%	6.5%	3.1%	7.8%	3.6%	7.2%	5.9%
有点效果	40.0%	44.8%	42.9%	33.6%	31.6%	34.7%	38.1%	35.8%	34.9%
没有效果	25.3%	34.5%	29.6%	40.8%	41.5%	39.2%	39.0%	36.4%	38.9%
更不公平	9.3%	17.2%	12.7%	14.5%	18.3%	14.5%	13.9%	15.2%	15.2%
大大加剧了不公平	9.3%	3.4%	5.5%	4.6%	5.5%	3.8%	5.5%	5.4%	5.1%
总计	100.0%	100.0%	100.0%	100.0%	100.0%	100.0%	100.0%	100.0%	100.0%
列总计	150	29	361	1768	1461	717	806	892	6184

Chi-square test：df = 28，卡方值为 131.762，sig = 0.000 < 0.05，所以诸群体在“您认为本地政府在以下方面的政策措施对促进社会公平有效果吗？房地产政策”这一认识上有显著差异。

G10f by 诸群体

您认为本地政府在以下方面的政策措施对促进社会公平有效果吗？拆迁安置政策 * 诸群体 Crosstabulation

	官员	企业家	专业人员	工人	农民	企业员工	做小生意者	无业失业下岗	总计
较大效果	16.3%	15.4%	9.7%	6.0%	3.0%	6.5%	3.9%	7.7%	5.8%
有点效果	39.0%	34.6%	41.5%	32.1%	29.2%	35.2%	37.2%	37.2%	34.0%
没有效果	28.4%	26.9%	30.9%	40.8%	43.8%	36.4%	35.5%	32.6%	38.1%
更不公平	9.2%	19.2%	11.8%	15.5%	17.3%	17.0%	17.2%	15.7%	16.0%
大大加剧了不公平	7.1%	3.8%	6.2%	5.6%	6.8%	4.9%	6.2%	6.7%	6.1%
总计	100.0%	100.0%	100.0%	100.0%	100.0%	100.0%	100.0%	100.0%	100.0%
列总计	141	26	340	1705	1343	693	791	870	5909

Chi-square test：df = 28，卡方值为 138.752，sig = 0.000 < 0.05，所以诸群体在“您认为本地政府在以下方面的政策措施对促进社会公平有效果吗？拆迁安置政策”这一认识上有显著差异。

G11 by 诸群体

如果遭遇重大公共事件，您相信政府公布的信息和采取的措施吗 * 诸群体 Crosstabulation

	官员	企业家	专业人员	工人	农民	企业员工	做小生意者	无业失业下岗	总计
相信，大都是可靠的，比网络流传的可靠	73.7%	55.9%	65.4%	60.9%	67.1%	60.8%	55.9%	61.4%	62.6%
不相信，都是安抚百姓的策略措施	12.0%	14.7%	14.6%	17.4%	14.1%	17.1%	19.3%	16.9%	16.4%
将信将疑，走一步看一步	14.4%	26.5%	20.0%	21.6%	18.7%	22.0%	24.8%	21.3%	21.0%
其他		2.9%				0.1%		0.4%	0.1%
总计	100.0%	100.0%	100.0%	100.0%	100.0%	100.0%	100.0%	100.0%	100.0%
列总计	167	34	431	2327	2453	847	1052	1299	8610

Chi-square test：df = 21，卡方值为 103.852，sig = 0.000 < 0.05，所以诸群体在“如果遭遇重大公共事件，您相信政府公布的信息和采取的措施吗”这一认识上有显著差异。

G12a by 诸群体

政府推动或倡导的下列活动效果如何？文明城市创建 * 诸群体 Crosstabulation

	官员	企业家	专业人员	工人	农民	企业员工	做小生意者	无业失业下岗	总计
完全没效果	1.9%		4.7%	1.6%	1.2%	2.3%	2.7%	3.0%	2.1%
效果较差	18.4%	18.8%	23.4%	18.3%	25.6%	19.3%	23.7%	25.3%	22.3%
效果较好	58.9%	56.3%	59.6%	70.3%	64.3%	66.6%	65.2%	59.0%	65.2%
效果很好	20.9%	25.0%	12.3%	9.8%	8.9%	11.8%	8.4%	12.7%	10.4%
总计	100.0%	100.0%	100.0%	100.0%	100.0%	100.0%	100.0%	100.0%	100.0%
列总计	158	32	406	2096	1963	791	951	1073	7470

Chi-square test：df = 21，卡方值为 122.852，sig = 0.000 < 0.05，所以诸群体在“政府推动或倡导的下列活动效果如何？文明城市创建”这一认识上有显著差异。

G12b by 诸群体

政府推动或倡导的下列活动效果如何？学雷锋活动 * 诸群体 Crosstabulation

	官员	企业家	专业人员	工人	农民	企业员工	做小生意者	无业失业下岗	总计
完全没效果	2.0%		5.6%	2.1%	1.9%	2.6%	3.0%	3.9%	2.7%

续表

	官员	企业家	专业人员	工人	农民	企业员工	做小生意者	无业失业下岗	总计
效果较差	17.0%	17.9%	22.6%	21.8%	27.2%	19.9%	26.6%	26.4%	24.2%
效果较好	68.6%	64.3%	63.1%	66.9%	63.7%	63.4%	64.2%	57.4%	63.8%
效果很好	12.4%	17.9%	8.7%	9.2%	7.2%	14.1%	6.2%	12.2%	9.4%
总计	100.0%	100.0%	100.0%	100.0%	100.0%	100.0%	100.0%	100.0%	100.0%
列总计	153	28	390	1911	1782	729	824	996	6813

Chi-square test：df = 21，卡方值为 108.852，sig = 0.000 < 0.05，所以诸群体在“政府推动或倡导的下列活动效果如何？学雷锋活动”这一认识上有显著差异。

G12c by 诸群体

政府推动或倡导的下列活动效果如何？典型人物的宣传 ＊ 诸群体 Crosstabulation

	官员	企业家	专业人员	工人	农民	企业员工	做小生意者	无业失业下岗	总计
完全没效果	3.3%		6.1%	2.2%	2.2%	1.5%	2.6%	3.4%	2.6%
效果较差	14.4%	27.6%	21.7%	22.0%	22.4%	18.1%	26.9%	22.8%	22.2%
效果较好	66.7%	58.6%	60.1%	64.4%	66.7%	64.0%	62.9%	61.6%	64.1%
效果很好	15.7%	13.8%	12.0%	11.4%	8.7%	16.4%	7.6%	12.2%	11.1%
总计	100.0%	100.0%	100.0%	100.0%	100.0%	100.0%	100.0%	100.0%	100.0%
列总计	153	29	391	1847	1693	725	807	985	6630

Chi-square test：df = 21，卡方值为 90.795，sig = 0.000 < 0.05，所以诸群体在“政府推动或倡导的下列活动效果如何？典型人物的宣传”这一认识上有显著差异。

G12d by 诸群体

政府推动或倡导的下列活动效果如何？志愿活动的倡导和推广 ＊ 诸群体 Crosstabulation

	官员	企业家	专业人员	工人	农民	企业员工	做小生意者	无业失业下岗	总计
完全没效果	4.1%		3.2%	2.0%	2.1%	1.5%	2.6%	2.4%	2.2%
效果较差	24.0%	16.7%	21.4%	19.5%	27.6%	19.7%	28.5%	25.4%	23.7%
效果较好	57.5%	60.0%	56.7%	62.9%	59.8%	61.7%	58.6%	57.1%	60.1%
效果很好	14.4%	23.3%	18.7%	15.7%	10.5%	17.1%	10.3%	15.2%	14.0%
总计	100.0%	100.0%	100.0%	100.0%	100.0%	100.0%	100.0%	100.0%	100.0%

续表

	官员	企业家	专业人员	工人	农民	企业员工	做小生意者	无业失业下岗	总计
列总计	146	30	374	1731	1486	689	744	891	6091

Chi-square test：df = 21，卡方值为 86. 176，sig = 0. 000 < 0. 05，所以诸群体在“政府推动或倡导的下列活动效果如何？志愿活动的倡导和推广”这一认识上有显著差异。

G12e by 诸群体

政府推动或倡导的下列活动效果如何？反腐倡廉的举措 ＊ 诸群体 Crosstabulation

	官员	企业家	专业人员	工人	农民	企业员工	做小生意者	无业失业下岗	总计
完全没效果	6. 0%	3. 6%	4. 6%	4. 3%	6. 1%	2. 6%	5. 0%	3. 8%	4. 6%
效果较差	15. 2%	21. 4%	20. 1%	20. 6%	25. 0%	21. 3%	25. 0%	22. 4%	22. 4%
效果较好	52. 3%	39. 3%	56. 6%	58. 8%	54. 4%	55. 4%	57. 6%	56. 1%	56. 4%
效果很好	26. 5%	35. 7%	18. 8%	16. 3%	14. 5%	20. 7%	12. 4%	17. 7%	16. 5%
总计	100. 0%	100. 0%	100. 0%	100. 0%	100. 0%	100. 0%	100. 0%	100. 0%	100. 0%
列总计	151	28	373	1738	1564	695	797	943	6289

Chi-square test：df = 21，卡方值为 71. 965，sig = 0. 000 < 0. 05，所以诸群体在“政府推动或倡导的下列活动效果如何？反腐倡廉的举措”这一认识上有显著差异。

G12f by 诸群体

政府推动或倡导的下列活动效果如何？《公民道德建设实施纲要》的推进 ＊ 诸群体 Crosstabulation

	官员	企业家	专业人员	工人	农民	企业员工	做小生意者	无业失业下岗	总计
完全没效果	6. 1%		6. 7%	3. 7%	5. 0%	2. 9%	3. 9%	4. 9%	4. 4%
效果较差	18. 2%	20. 0%	22. 6%	22. 4%	29. 2%	20. 8%	24. 6%	24. 1%	24. 2%
效果较好	53. 0%	52. 0%	58. 3%	61. 6%	58. 6%	57. 3%	60. 2%	55. 4%	58. 8%
效果很好	22. 7%	28. 0%	12. 4%	12. 2%	7. 2%	19. 0%	11. 4%	15. 7%	12. 6%
总计	100. 0%	100. 0%	100. 0%	100. 0%	100. 0%	100. 0%	100. 0%	100. 0%	100. 0%
列总计	132	25	314	1417	1209	583	570	715	4965

Chi-square test：df = 21，卡方值为 105. 965，sig = 0. 000 < 0. 05，所以诸群体在“政府推动或倡导的下列活动效果如何？《公民道德建设实施纲要》的推进”这一认识上有显著差异。

G13 by 诸群体

您对于我们正在走的中国特色社会主义道路怎么看 * 诸群体 Crosstabulation

	官员	企业家	专业人员	工人	农民	企业员工	做小生意者	无业失业下岗	总计
充满信心，因为它可以给中国带来繁荣富强	73.9%	55.9%	66.4%	45.2%	44.0%	50.5%	41.1%	47.5%	46.9%
不太了解，但相信这条路能够让老百姓都过上好日子	17.6%	23.5%	23.4%	36.9%	39.9%	33.3%	40.8%	35.2%	36.5%
表示怀疑，走这条路究竟怎么样，现在还说不清楚	6.7%	20.6%	8.1%	13.0%	10.3%	12.9%	12.4%	11.6%	11.6%
走什么样的路，跟我没关系	1.8%		2.1%	4.9%	5.4%	3.3%	5.7%	5.4%	4.8%
其他					0.3%	0.1%		0.3%	0.2%
总计	100.0%	100.0%	100.0%	100.0%	100.0%	100.0%	100.0%	100.0%	100.0%
列总计	165	34	431	2330	2445	848	1062	1307	8622

Chi-square test：df = 28，卡方值为 180.711，sig = 0.000 < 0.05，所以诸群体在“您对于我们正在走的中国特色社会主义道路怎么看”这一认识上有显著差异。

G14 by 诸群体

党的十八大提出，到 2020 年全面建成小康社会，到 21 世纪中叶建成社会主义现代化国家，您认为这样的目标能实现吗 * 诸群体 Crosstabulation

	官员	企业家	专业人员	工人	农民	企业员工	做小生意者	无业失业下岗	总计
相信一定能实现	49.1%	38.2%	39.7%	28.2%	30.8%	33.1%	27.8%	33.6%	31.2%
有困难，但只要努力还是能实现的	41.9%	61.8%	53.7%	60.2%	53.7%	56.6%	58.0%	53.0%	56.0%
不可能实现	5.4%		2.6%	3.4%	3.6%	4.3%	3.8%	4.4%	3.7%
说不清楚，跟我没关系	3.0%		3.7%	8.0%	11.7%	6.0%	10.2%	9.0%	8.9%
其他	0.6%		0.2%	0.2%	0.2%		0.3%	0.1%	0.2%
总计	100.0%	100.0%	100.0%	100.0%	100.0%	100.0%	100.0%	100.0%	100.0%
列总计	167	34	428	2290	2364	829	1040	1250	8402

Chi-square test：df = 28，卡方值为 126.741，sig = 0.000 < 0.05，所以诸群体在“党的十八大提出，到 2020 年全面建成小康社会，到 21 世纪中叶建成社会主义现代化国家，您认为这样的目标能实现吗”这一认识上有显著差异。

G15 by 诸群体

您对您周围的党员干部道德状况怎么评价 ＊ 诸群体 Crosstabulation

	官员	企业家	专业人员	工人	农民	企业员工	做小生意者	无业失业下岗	总计
总体还不错	62.2%	58.1%	59.1%	40.1%	39.3%	46.3%	38.8%	43.4%	42.3%
普遍比较差	17.7%	16.1%	16.5%	21.1%	22.2%	19.6%	24.5%	23.2%	21.6%
和普通群众没有太大差别	20.1%	25.8%	24.4%	38.8%	38.5%	34.2%	36.7%	33.4%	36.0%
总计	100.0%	100.0%	100.0%	100.0%	100.0%	100.0%	100.0%	100.0%	100.0%
列总计	164	31	401	2101	2231	787	943	1099	7757

Chi-square test：df = 14，卡方值为 109.315，sig ＝0.000 < 0.05，所以诸群体在“您对您周围的党员干部道德状况怎么评价”这一认识上有显著差异。

G16 by 诸群体

您认为当前官员的勤政作为是怎样的 ＊ 诸群体 Crosstabulation

	官员	企业家	专业人员	工人	农民	企业员工	做小生意者	无业失业下岗	总计
努力作为，成绩显著	37.3%	24.1%	28.4%	23.5%	21.7%	24.8%	20.6%	19.9%	22.8%
努力作为，成绩一般	51.0%	48.3%	46.0%	51.8%	44.6%	56.1%	47.4%	47.4%	48.7%
行政不作为	7.2%	20.7%	16.3%	18.1%	22.0%	12.1%	22.4%	22.1%	19.3%
行政乱作为	4.6%	6.9%	9.4%	6.6%	11.8%	6.9%	9.6%	10.6%	9.1%
总计	100.0%	100.0%	100.0%	100.0%	100.0%	100.0%	100.0%	100.0%	100.0%
列总计	153	29	363	1880	1886	734	851	1023	6919

Chi-square test：df = 21，卡方值为 133.715，sig ＝0.000 < 0.05，所以诸群体在“您认为当前官员的勤政作为是怎样的”这一认识上有显著差异。

G17 by 诸群体

您到政府部门办事，首先选择的方法是 ＊ 诸群体 Crosstabulation

	官员	企业家	专业人员	工人	农民	企业员工	做小生意者	无业失业下岗	总计
找亲朋好友帮忙办理	9.8%	12.5%	14.6%	21.4%	18.0%	17.1%	20.4%	16.4%	18.5%
找政府中的熟人办理	22.7%	34.4%	19.6%	18.7%	19.1%	26.1%	24.0%	23.1%	21.1%
送红包	1.2%		1.2%	1.4%	2.1%	0.6%	1.6%	2.4%	1.6%

续表

	官员	企业家	专业人员	工人	农民	企业员工	做小生意者	无业失业下岗	总计
直接找相关职能部门办理	65.6%	53.1%	64.3%	58.3%	60.1%	56.1%	53.6%	57.5%	58.3%
其他	0.6%		0.2%	0.3%	0.8%	0.1%	0.3%	0.6%	0.5%
总计	100.0%	100.0%	100.0%	100.0%	100.0%	100.0%	100.0%	100.0%	100.0%
列总计	163	32	403	2107	2093	802	975	1140	7715

Chi-square test：df = 28，卡方值为 81.111，sig = 0.000 < 0.05，所以诸群体在“您到政府部门办事，首先选择的方法是”这一认识上有显著差异。

H1 by 诸群体

您认为近五年来，您所在地区政府的环境保护工作做得怎么样 * 诸群体 Crosstabulation

	官员	企业家	专业人员	工人	农民	企业员工	做小生意者	无业失业下岗	总计
片面注重经济发展，忽视了环境保护工作	23.4%	27.3%	22.2%	22.6%	22.4%	24.3%	24.6%	20.2%	22.6%
重视不够，环保投入不足	31.2%	33.3%	32.1%	30.7%	27.6%	27.8%	30.3%	30.3%	29.6%
虽尽了努力，但效果不佳	15.6%	9.1%	13.1%	19.9%	18.4%	19.0%	19.0%	19.0%	18.7%
尽了很大努力，有一定成效	20.8%	27.3%	26.2%	21.9%	25.3%	23.3%	22.2%	25.7%	23.8%
取得了很大的成绩	9.1%	3.0%	6.4%	4.9%	6.3%	5.6%	3.9%	4.9%	5.4%
总计	100.0%	100.0%	100.0%	100.0%	100.0%	100.0%	100.0%	100.0%	100.0%
列总计	154	33	405	2063	2031	756	930	1113	7485

Chi-square test：df = 28，卡方值为 46.451，sig = 0.016 < 0.05，所以诸群体在“您认为近五年来，您所在地区政府的环境保护工作做得怎么样”这一认识上有显著差异。

H2a by 诸群体

在最近的一年里，您是否做过？垃圾分类投放 * 诸群体 Crosstabulation

	官员	企业家	专业人员	工人	农民	企业员工	做小生意者	无业失业下岗	总计
从不	16.2%	35.3%	21.4%	40.9%	49.5%	35.1%	37.4%	39.4%	40.7%
偶尔	56.3%	44.1%	50.0%	46.2%	41.3%	45.8%	48.9%	43.0%	45.0%

续表

	官员	企业家	专业人员	工人	农民	企业员工	做小生意者	无业失业下岗	总计
经常	27.5%	20.6%	28.6%	12.9%	9.1%	19.1%	13.7%	17.6%	14.3%
总计	100.0%	100.0%	100.0%	100.0%	100.0%	100.0%	100.0%	100.0%	100.0%
列总计	167	34	430	2340	2462	849	1066	1321	8669

Chi-square test：df = 14，卡方值为 296.786，sig = 0.000 < 0.05，所以诸群体在“在最近的一年里，您是否做过？垃圾分类投放”的回答上有显著差异。

H2b by 诸群体

在最近的一年里，您是否做过？与亲戚朋友讨论环保问题 * 诸群体 Crosstabulation

	官员	企业家	专业人员	工人	农民	企业员工	做小生意者	无业失业下岗	总计
从不	21.0%	17.6%	24.7%	41.5%	40.9%	35.2%	38.8%	35.4%	38.1%
偶尔	57.5%	64.7%	54.5%	48.3%	49.1%	53.6%	49.5%	53.8%	50.6%
经常	21.6%	17.6%	20.7%	10.3%	10.0%	11.2%	11.7%	10.7%	11.3%
总计	100.0%	100.0%	100.0%	100.0%	100.0%	100.0%	100.0%	100.0%	100.0%
列总计	167	34	429	2337	2462	849	1065	1321	8664

Chi-square test：df = 14，卡方值为 122.786，sig = 0.000 < 0.05，所以诸群体在“在最近的一年里，您是否做过？与亲戚朋友讨论环保问题”的回答上有显著差异。

H2c by 诸群体

在最近的一年里，您是否做过？采购日常用品时自己带购物篮或购物袋 * 诸群体 Crosstabulation

	官员	企业家	专业人员	工人	农民	企业员工	做小生意者	无业失业下岗	总计
从不	13.9%	14.7%	13.1%	23.3%	25.4%	23.1%	22.8%	21.7%	22.8%
偶尔	49.4%	52.9%	48.4%	55.0%	52.1%	49.6%	54.4%	47.9%	52.0%
经常	36.7%	32.4%	38.6%	21.8%	22.5%	27.3%	22.8%	30.5%	25.1%
总计	100.0%	100.0%	100.0%	100.0%	100.0%	100.0%	100.0%	100.0%	100.0%
列总计	166	34	428	2335	2462	847	1068	1320	8660

Chi-square test：df = 14，卡方值为 120.798，sig = 0.000 < 0.05，所以诸群体在“在最近的一年里，您是否做过？采购日常用品时自己带购物篮或购物袋”的回答上有显著差异。

H2d by 诸群体

在最近的一年里，您是否做过？优先选择公交、步行等绿色出行方式 * 诸群体 Crosstabulation

	官员	企业家	专业人员	工人	农民	企业员工	做小生意者	无业失业下岗	总计
从不	5.4%	8.8%	7.7%	12.5%	14.6%	16.2%	12.4%	11.4%	12.9%
偶尔	39.5%	41.2%	33.2%	45.5%	42.7%	41.2%	44.9%	35.7%	42.0%
经常	55.1%	50.0%	59.1%	42.0%	42.8%	42.6%	42.7%	52.8%	45.2%
总计	100.0%	100.0%	100.0%	100.0%	100.0%	100.0%	100.0%	100.0%	100.0%
列总计	167	34	428	2334	2457	847	1068	1321	8656

Chi-square test：df = 14，卡方值为 111.908，sig = 0.000 < 0.05，所以诸群体在“在最近的一年里，您是否做过？优先选择公交、步行等绿色出行方式”的回答上有显著差异。

H2e by 诸群体

在最近的一年里，您是否做过？为环境保护捐款 * 诸群体 Crosstabulation

	官员	企业家	专业人员	工人	农民	企业员工	做小生意者	无业失业下岗	总计
从不	43.7%	47.1%	50.7%	71.9%	70.8%	57.6%	72.3%	63.6%	67.3%
偶尔	43.7%	41.2%	36.4%	23.4%	25.5%	32.7%	24.0%	30.9%	27.2%
经常	12.6%	11.8%	12.9%	4.7%	3.7%	9.7%	3.7%	5.5%	5.5%
总计	100.0%	100.0%	100.0%	100.0%	100.0%	100.0%	100.0%	100.0%	100.0%
列总计	167	34	428	2328	2452	846	1065	1317	8637

Chi-square test：df = 14，卡方值为 241.267，sig = 0.000 < 0.05，所以诸群体在“在最近的一年里，您是否做过？为环境保护捐款”的回答上有显著差异。

H2f by 诸群体

在最近的一年里，您是否做过？主动关注环境方面的信息报道和宣传教育 * 诸群体 Crosstabulation

	官员	企业家	专业人员	工人	农民	企业员工	做小生意者	无业失业下岗	总计
从不	34.7%	50.0%	39.6%	64.7%	68.3%	55.1%	65.1%	56.9%	61.8%
偶尔	46.1%	41.2%	42.6%	29.5%	27.9%	34.7%	29.6%	34.8%	31.4%
经常	19.2%	8.8%	17.8%	5.8%	3.8%	10.3%	5.3%	8.3%	6.9%
总计	100.0%	100.0%	100.0%	100.0%	100.0%	100.0%	100.0%	100.0%	100.0%

续表

	官员	企业家	专业人员	工人	农民	企业员工	做小生意者	无业失业下岗	总计
列总计	167	34	427	2329	2456	848	1063	1317	8641

Chi-square test：df = 14，卡方值为 308.792，sig = 0.000 < 0.05，所以诸群体在“在最近的一年里，您是否做过？主动关注环境方面的信息报道和宣传教育”的回答上有显著差异。

H2g by 诸群体

在最近的一年里，您是否做过？积极参加民间环保团体举办的环保活动 ＊ 诸群体 Crosstabulation

	官员	企业家	专业人员	工人	农民	企业员工	做小生意者	无业失业下岗	总计
从不	47.9%	52.9%	56.6%	75.9%	77.4%	67.9%	76.5%	68.1%	72.8%
偶尔	40.1%	41.2%	33.8%	21.1%	19.8%	26.2%	21.0%	26.8%	23.2%
经常	12.0%	5.9%	9.6%	3.0%	2.8%	5.9%	2.5%	5.1%	4.0%
总计	100.0%	100.0%	100.0%	100.0%	100.0%	100.0%	100.0%	100.0%	100.0%
列总计	167	34	426	2330	2455	847	1062	1315	8636

Chi-square test：df = 14，卡方值为 216.792，sig = 0.000 < 0.05，所以诸群体在“在最近的一年里，您是否做过？积极参加民间环保团体举办的环保活动”的回答上有显著差异。

H2h by 诸群体

在最近的一年里，您是否做过？积极参加要求解决环境问题的投诉、上诉 ＊ 诸群体 Crosstabulation

	官员	企业家	专业人员	工人	农民	企业员工	做小生意者	无业失业下岗	总计
从不	63.5%	73.5%	72.8%	82.9%	81.5%	74.9%	82.1%	77.6%	79.9%
偶尔	29.3%	26.5%	20.7%	15.0%	16.2%	20.3%	15.5%	18.5%	17.1%
经常	7.2%		6.6%	2.1%	2.3%	4.8%	2.4%	3.9%	3.1%
总计	100.0%	100.0%	100.0%	100.0%	100.0%	100.0%	100.0%	100.0%	100.0%
列总计	167	34	426	2330	2456	847	1062	1313	8635

Chi-square test：df = 14，卡方值为 102.789，sig = 0.000 < 0.05，所以诸群体在“在最近的一年里，您是否做过？积极参加要求解决环境问题的投诉、上诉”的回答上有显著差异。

H3 by 诸群体

如果您的周围有一片森林，政府将成材的树林砍伐下来办木材厂，将极大提高您的收入，但将破坏环境，您会支持这一决定吗 * 诸群体 Crosstabulation

	官员	企业家	专业人员	工人	农民	企业员工	做小生意者	无业失业下岗	总计
支持，对大家有好处	13.3%	17.6%	10.5%	12.8%	10.3%	13.7%	13.4%	11.2%	11.9%
反对，这是发子孙财，破坏生态	71.7%	61.8%	71.2%	70.9%	70.5%	69.8%	68.5%	68.7%	70.1%
不支持也不反对，政府决定	15.1%	20.6%	18.1%	16.2%	19.0%	16.3%	18.2%	20.0%	17.9%
其他			0.2%	0.1%	0.2%	0.1%		0.1%	0.1%
总计	100.0%	100.0%	100.0%	100.0%	100.0%	100.0%	100.0%	100.0%	100.0%
列总计	166	34	430	2332	2458	845	1056	1308	8629

Chi-square test：df = 21，卡方值为 102.734，sig = 0.121 > 0.05，所以诸群体在“如果您的周围有一片森林，政府将成材的树林砍伐下来办木材厂，将极大提高您的收入，但将破坏环境，您会支持这一决定吗”的回答上无显著差异。

H4 by 诸群体

如果要办一个化工厂，您是这个厂的持股职工，但会给下游地区造成污染，您会支持这个决定吗 * 诸群体 Crosstabulation

	官员	企业家	专业人员	工人	农民	企业员工	做小生意者	无业失业下岗	总计
支持，我们不会受污染	11.7%	8.8%	11.4%	16.0%	10.6%	12.8%	14.5%	11.5%	12.9%
反对，这是嫁祸于人	75.5%	61.8%	73.6%	66.4%	70.3%	66.8%	67.1%	71.5%	68.9%
不支持也不反对，成了可分红，不成是领导的责任	12.9%	29.4%	14.7%	17.3%	18.8%	20.4%	18.4%	16.7%	17.9%
其他			0.2%	0.3%	0.3%			0.3%	0.2%
总计	100.0%	100.0%	100.0%	100.0%	100.0%	100.0%	100.0%	100.0%	100.0%
列总计	163	34	428	2319	2443	846	1056	1297	8586

Chi-square test：df = 21，卡方值为 59.486，sig = 0.000 < 0.05，所以诸群体在“如果要办一个化工厂，您是这个厂的持股职工，但会给下游地区造成污染，您会支持这个决定吗”的回答上有显著差异。

H5 by 诸群体

您认为造成生态环境问题的最主要原因是 * 诸群体 Crosstabulation

	官员	企业家	专业人员	工人	农民	企业员工	做小生意者	无业失业下岗	总计
企业唯利是图，造成环境污染	27.3%	20.6%	31.8%	25.4%	26.4%	25.7%	25.4%	28.8%	26.6%
政府缺乏生态意识，政策失当	33.9%	35.3%	31.8%	35.3%	35.0%	35.6%	35.7%	33.1%	34.8%
个人缺乏环保意识	19.4%	11.8%	20.1%	21.7%	18.6%	22.4%	21.8%	20.7%	20.6%
当代人自私自利，不顾未来和子孙利益	18.8%	29.4%	15.2%	16.4%	19.4%	15.3%	16.3%	16.4%	17.2%
其他	0.6%	2.9%	1.2%	1.1%	0.6%	1.1%	0.9%	0.9%	0.9%
总计	100.0%	100.0%	100.0%	100.0%	100.0%	100.0%	100.0%	100.0%	100.0%
列总计	165	34	428	2327	2432	845	1057	1292	8580

Chi-square test：df = 28，卡方值为 42.459，sig = 0.039 < 0.05，所以诸群体在“您认为造成生态环境问题的最主要原因是”这一认识上有显著差异。

H6 by 诸群体

如果环境保护主管部门邀请您参加座谈会或听证会，您是否会出席 * 诸群体 Crosstabulation

	官员	企业家	专业人员	工人	农民	企业员工	做小生意者	无业失业下岗	总计
会	83.3%	77.4%	79.7%	66.8%	72.4%	72.4%	65.4%	74.7%	71.1%
不会	16.7%	22.6%	20.3%	33.2%	27.6%	27.6%	34.6%	25.3%	28.9%
总计	100.0%	100.0%	100.0%	100.0%	100.0%	100.0%	100.0%	100.0%	100.0%
列总计	144	31	395	1859	1867	721	849	1137	7003

Chi-square test：df = 7，卡方值为 63.143，sig = 0.000 < 0.05，所以诸群体在“如果环境保护主管部门邀请您参加座谈会或听证会，您是否会出席”的回答上有显著差异。

H7 by 诸群体

若您所在社区参加“绿色社区”创建活动，您是否会积极参与 * 诸群体 Crosstabulation

	官员	企业家	专业人员	工人	农民	企业员工	做小生意者	无业失业下岗	总计
会	86.5%	81.3%	83.0%	73.5%	78.5%	77.1%	72.1%	78.6%	76.7%

续表

	官员	企业家	专业人员	工人	农民	企业员工	做小生意者	无业失业下岗	总计
不会	13.5%	18.8%	17.0%	26.5%	21.5%	22.9%	27.9%	21.4%	23.3%
总计	100.0%	100.0%	100.0%	100.0%	100.0%	100.0%	100.0%	100.0%	100.0%
列总计	148	32	395	1882	1899	729	863	1115	7063

Chi-square test：df = 7，卡方值为43.143，sig = 0.000 < 0.05，所以诸群体在“若您所在社区参加‘绿色社区’创建活动，您是否会积极参与”的回答上有显著差异。

I1 by 诸群体

如果您周围有很多外国人，您愿意和他们建立什么样的关系 ＊ 诸群体 Crosstabulation

	官员	企业家	专业人员	工人	农民	企业员工	做小生意者	无业失业下岗	总计
愿意做朋友	47.0%	52.9%	50.9%	32.2%	31.9%	44.6%	28.8%	43.4%	35.9%
愿意做兄弟姐妹	13.9%	2.9%	10.0%	12.7%	8.1%	15.5%	10.1%	9.3%	10.7%
不愿意来往，得提防他们	1.2%	2.9%	2.8%	4.4%	5.1%	2.6%	4.3%	4.3%	4.3%
偶尔交往，仅限于礼节性的	21.7%	32.4%	18.1%	13.6%	9.0%	18.6%	14.8%	13.5%	13.4%
无法和他们来往，存在语言、文化、习俗等障碍	16.3%	5.9%	18.1%	36.7%	45.3%	18.6%	41.4%	28.9%	35.3%
其他		2.9%	0.2%	0.3%	0.5%	0.1%	0.7%	0.5%	0.4%
总计	100.0%	100.0%	100.0%	100.0%	100.0%	100.0%	100.0%	100.0%	100.0%
列总计	166	34	432	2330	2440	845	1063	1310	8620

Chi-square test：df = 35，卡方值为488.976，sig = 0.000 < 0.05，所以诸群体在“如果您周围有很多外国人，您愿意和他们建立什么样的关系”这一认识上有显著差异。

I2 by 诸群体

您更愿意过春节还是圣诞节 ＊ 诸群体 Crosstabulation

	官员	企业家	专业人员	工人	农民	企业员工	做小生意者	无业失业下岗	总计
圣诞节	1.2%	2.9%	0.5%	0.9%	0.6%	0.8%	0.4%	1.0%	0.7%
春节	79.4%	61.8%	74.5%	79.3%	87.9%	64.2%	81.4%	71.6%	79.0%
两个都愿意过	17.6%	32.4%	23.2%	17.6%	8.1%	31.8%	14.9%	23.5%	17.2%

续表

	官员	企业家	专业人员	工人	农民	企业员工	做小生意者	无业失业下岗	总计
两个都不想过	1.8%	2.9%	1.9%	2.3%	3.5%	3.2%	3.4%	3.9%	3.1%
总计	100.0%	100.0%	100.0%	100.0%	100.0%	100.0%	100.0%	100.0%	100.0%
列总计	165	34	431	2340	2459	849	1069	1323	8670

Chi-square test：df = 21，卡方值为 354.976，sig = 0.000 < 0.05，所以诸群体在“您更愿意过春节还是圣诞节”这一认识上有显著差异。

I3 by 诸群体

您同意中国人与外国人通婚吗 ＊ 诸群体 Crosstabulation

	官员	企业家	专业人员	工人	农民	企业员工	做小生意者	无业失业下岗	总计
非常同意	6.8%	9.7%	8.1%	5.7%	3.2%	10.1%	4.5%	10.4%	6.2%
比较同意	68.9%	74.2%	67.8%	58.9%	47.2%	68.0%	55.7%	59.8%	57.1%
不太同意	20.9%	16.1%	22.0%	30.4%	42.5%	19.1%	33.9%	24.9%	31.4%
强烈反对	3.4%		2.0%	5.1%	7.1%	2.9%	6.0%	4.9%	5.3%
总计	100.0%	100.0%	100.0%	100.0%	100.0%	100.0%	100.0%	100.0%	100.0%
列总计	148	31	395	2084	2045	765	957	1148	7573

Chi-square test：df = 21，卡方值为 342.821，sig = 0.000 < 0.05，所以诸群体在“您同意中国人与外国人通婚吗”这一认识上有显著差异。

I4 by 诸群体

对城市外来的农民工如建筑工人、家庭保姆等，您的态度是 ＊ 诸群体 Crosstabulation

	官员	企业家	专业人员	工人	农民	企业员工	做小生意者	无业失业下岗	总计
看不起和排斥	3.6%		1.4%	2.7%	1.6%	2.5%	2.3%	2.3%	2.2%
无视和冷漠以对	9.0%	5.9%	5.6%	8.4%	5.9%	9.8%	10.7%	7.4%	7.8%
尊重和体谅	75.3%	64.7%	79.8%	73.5%	73.6%	75.7%	70.3%	69.4%	73.0%
同情和友爱	12.0%	29.4%	12.8%	15.2%	18.7%	11.7%	16.0%	20.7%	16.7%
其他			0.5%	0.3%	0.2%	0.2%	0.7%	0.2%	0.3%
总计	100.0%	100.0%	100.0%	100.0%	100.0%	100.0%	100.0%	100.0%	100.0%
列总计	166	34	430	2330	2440	844	1053	1305	8602

Chi-square test：df = 28，卡方值为 102.567，sig = 0.000 < 0.05，所以诸群体在“对城市外来的农民工如建筑工人、家庭保姆等，您的态度是”这一认识上有显著差异。

I5 by 诸群体

您在日常生活中与同乡人和外乡人的关系是 * 诸群体 Crosstabulation

	官员	企业家	专业人员	工人	农民	企业员工	做小生意者	无业失业下岗	总计
与同乡人交往多	26.7%	27.3%	29.4%	39.6%	49.5%	37.5%	35.3%	41.6%	41.2%
与外乡人交往多	19.4%	9.1%	14.6%	12.9%	7.5%	15.1%	15.8%	11.6%	11.9%
一样多	27.3%	30.3%	30.3%	20.2%	12.1%	22.1%	20.3%	21.9%	19.0%
偶尔与外乡人有交往，主要与同乡人交往	26.1%	33.3%	25.7%	27.1%	30.8%	25.3%	28.5%	24.6%	27.7%
其他	0.6%			0.1%	0.2%		0.1%	0.3%	0.1%
总计	100.0%	100.0%	100.0%	100.0%	100.0%	100.0%	100.0%	100.0%	100.0%
列总计	165	33	432	2336	2456	846	1065	1313	8646

Chi-square test：df = 28，卡方值为 289.317，sig = 0.000 < 0.05，所以诸群体在“您在日常生活中与同乡人和外乡人的关系是”的回答上有显著差异。

I6 by 诸群体

您所在地区的政府对待外来人员的政策取向是 * 诸群体 Crosstabulation

	官员	企业家	专业人员	工人	农民	企业员工	做小生意者	无业失业下岗	总计
不冷不热，顺其自然	39.1%	56.7%	38.0%	43.0%	46.4%	42.9%	43.9%	46.1%	44.2%
提高门槛，严加限制	19.3%	13.3%	21.3%	17.2%	13.2%	16.9%	18.1%	15.5%	16.2%
降低门槛，广泛吸收	31.1%	20.0%	25.8%	26.6%	22.5%	25.0%	22.3%	21.0%	24.0%
对有钱人、高级专家采取特殊政策吸引，对一般人严加限制	9.9%	10.0%	13.5%	12.7%	17.3%	14.8%	15.4%	16.6%	15.0%
其他	0.6%		1.5%	0.4%	0.5%	0.5%	0.3%	0.8%	0.6%
总计	100.0%	100.0%	100.0%	100.0%	100.0%	100.0%	100.0%	100.0%	100.0%
列总计	161	30	400	2123	2102	800	955	1110	7681

Chi-square test：df = 28，卡方值为 80.323，sig = 0.000 < 0.05，所以诸群体在“您所在地区的政府对待外来人员的政策取向是”的回答上有显著差异。

I7 by 诸群体

您认为在当前的中国，读书还能不能改变命运 ＊ 诸群体 Crosstabulation

	官员	企业家	专业人员	工人	农民	企业员工	做小生意者	无业失业下岗	总计
读书只是改变命运的一个路径	39.4%	50.0%	44.8%	34.9%	32.2%	37.6%	35.4%	39.2%	35.8%
读书是改变命运的主要路径	41.2%	41.2%	39.3%	42.1%	44.5%	40.3%	42.0%	42.8%	42.5%
读书是改变命运的唯一路径	10.9%	2.9%	9.0%	13.7%	13.1%	13.9%	12.2%	8.7%	12.3%
不再是改变命运的路径，没权势的人读了书照样穷	8.5%	5.9%	6.7%	9.1%	10.1%	7.9%	10.2%	8.9%	9.2%
其他			0.2%	0.1%	0.1%	0.4%	0.2%	0.3%	0.2%
总计	100.0%	100.0%	100.0%	100.0%	100.0%	100.0%	100.0%	100.0%	100.0%
列总计	165	34	433	2328	2452	849	1065	1315	8641

Chi-square test：df = 28，卡方值为 71.972，sig = 0.000 < 0.05，所以诸群体在“您认为在当前的中国，读书还能不能改变命运”这一认识上有显著差异。

I8 by 诸群体

您如何认识名牌大学里农村学生比例急剧减少的现象 ＊ 诸群体 Crosstabulation

	官员	企业家	专业人员	工人	农民	企业员工	做小生意者	无业失业下岗	总计
是一种社会倒退	12.9%	14.7%	13.2%	13.5%	10.5%	18.0%	10.8%	12.0%	12.5%
农村教育的落后	46.0%	38.2%	34.8%	39.5%	41.6%	38.5%	37.3%	40.5%	39.8%
教育不公平	27.6%	17.6%	32.5%	27.7%	28.5%	25.4%	31.6%	27.7%	28.4%
有钱人和有权人特权的表现	8.0%	14.7%	6.3%	12.6%	13.1%	9.2%	12.9%	11.9%	11.9%
代际不公、社会不公的延续和加剧	5.5%	14.7%	12.8%	5.9%	5.4%	7.8%	6.6%	6.8%	6.5%
其他			0.5%	0.9%	0.9%	1.1%	0.8%	1.2%	0.9%
总计	100.0%	100.0%	100.0%	100.0%	100.0%	100.0%	100.0%	100.0%	100.0%
列总计	163	34	431	2314	2413	845	1055	1280	8535

Chi-square test：df = 35，卡方值为 117.685，sig = 0.000 < 0.05，所以诸群体在“您如何认识名牌大学里农村学生比例急剧减少的现象”这一认识上有显著差异。

I9 by 诸群体

您同学指出您家乡的某一风俗习惯很落后保守，您会做出什么反应 * 诸群体 Crosstabulation

	官员	企业家	专业人员	工人	农民	企业员工	做小生意者	无业失业下岗	总计
坦然面对，承认这一风俗习惯确实落后	53.0%	58.8%	61.3%	53.6%	50.7%	54.8%	53.2%	51.3%	52.9%
虽然认为说得对，但是感觉他在批评自己的家乡，因此不自在	26.5%	23.5%	25.5%	28.7%	29.1%	30.9%	25.7%	27.0%	28.2%
虽然认为说得对，但是感到受到羞辱	7.2%	8.8%	6.5%	7.7%	9.3%	7.6%	9.1%	8.7%	8.4%
批评家乡就是批评自己，要为家乡的风俗习惯做辩护	12.0%	8.8%	6.7%	9.6%	10.8%	6.4%	11.9%	12.5%	10.3%
其他	1.2%			0.3%	0.1%	0.4%	0.1%	0.4%	0.2%
总计	100.0%	100.0%	100.0%	100.0%	100.0%	100.0%	100.0%	100.0%	100.0%
列总计	166	34	432	2311	2426	846	1057	1292	8564

Chi-square test：df = 28，卡方值为 65.685，sig = 0.000 < 0.05，所以诸群体在“您同学指出您家乡的某一风俗习惯很落后保守，您会做出什么反应”有显著差异。

I10 by 诸群体

如果您有机会出国，初到国外时，您会有意识地交中国朋友吗 * 诸群体 Crosstabulation

	官员	企业家	专业人员	工人	农民	企业员工	做小生意者	无业失业下岗	总计
会，认为在异国他乡找本国人有一种归属感	51.8%	44.1%	52.7%	49.8%	54.5%	47.8%	46.7%	47.8%	50.4%
不会，看缘分交朋友，不强调国籍	24.7%	23.5%	23.3%	21.2%	18.0%	23.0%	21.8%	21.5%	20.8%
不会，会有意识地多交外国朋友	5.4%	8.8%	4.4%	4.0%	2.1%	5.7%	5.0%	4.7%	3.9%
视情况而定	18.1%	23.5%	19.6%	25.1%	25.3%	23.6%	26.4%	26.0%	24.9%
总计	100.0%	100.0%	100.0%	100.0%	100.0%	100.0%	100.0%	100.0%	100.0%
列总计	166	34	429	2321	2440	845	1053	1279	8567

Chi-square test：df = 21，卡方值为 75.685，sig = 0.000 < 0.05，所以诸群体在“如果您有机会出国，初到国外时，您会有意识地交中国朋友吗”的回答上有显著差异。

I11 by 诸群体

您是否愿意与不同民族的人交往 ＊ 诸群体 Crosstabulation

	官员	企业家	专业人员	工人	农民	企业员工	做小生意者	无业失业下岗	总计
非常不愿意	4.8%	3.0%	2.2%	3.0%	2.7%	2.2%	2.4%	3.1%	2.8%
不太愿意	13.3%	15.2%	11.3%	16.2%	17.7%	12.6%	17.7%	17.2%	16.3%
比较愿意	69.9%	72.7%	71.6%	72.8%	72.8%	72.7%	71.8%	65.6%	71.5%
非常愿意	12.0%	9.1%	14.9%	8.0%	6.9%	12.5%	8.1%	14.1%	9.5%
总计	100.0%	100.0%	100.0%	100.0%	100.0%	100.0%	100.0%	100.0%	100.0%
列总计	166	33	416	2263	2338	825	1035	1268	8344

Chi-square test：df = 21，卡方值为 106.208，sig = 0.000 < 0.05，所以诸群体在“您是否愿意与不同民族的人交往”的回答上有显著差异。

I12 by 诸群体

您是否愿意与不同宗教信仰的人相处 ＊ 诸群体 Crosstabulation

	官员	企业家	专业人员	工人	农民	企业员工	做小生意者	无业失业下岗	总计
非常不愿意	4.3%	3.1%	2.7%	4.9%	4.9%	2.8%	5.8%	4.9%	4.7%
不太愿意	19.5%	21.9%	17.8%	24.6%	23.1%	18.5%	22.2%	24.8%	22.8%
比较愿意	67.1%	75.0%	68.1%	64.2%	67.2%	68.3%	66.4%	60.3%	65.5%
非常愿意	9.1%		11.4%	6.3%	4.8%	10.3%	5.7%	10.0%	7.1%
总计	100.0%	100.0%	100.0%	100.0%	100.0%	100.0%	100.0%	100.0%	100.0%
列总计	164	32	411	2224	2310	815	1005	1220	8181

Chi-square test：df = 21，卡方值为 101.437，sig = 0.000 < 0.05，所以诸群体在“您是否愿意与不同宗教信仰的人相处”的回答上有显著差异。

I13 by 诸群体

您与您的邻居平时来往多吗 ＊ 诸群体 Crosstabulation

	官员	企业家	专业人员	工人	农民	企业员工	做小生意者	无业失业下岗	总计
非常多	12.0%	18.2%	11.9%	15.3%	24.2%	10.1%	17.9%	17.5%	17.8%
比较多	40.1%	33.3%	42.8%	47.3%	54.8%	44.0%	47.3%	44.9%	48.3%
偶尔	41.9%	42.4%	38.6%	32.0%	19.9%	37.8%	28.4%	30.5%	29.0%
几乎不来往	6.0%	6.1%	6.8%	5.4%	1.1%	8.0%	6.4%	7.2%	4.9%
总计	100.0%	100.0%	100.0%	100.0%	100.0%	100.0%	100.0%	100.0%	100.0%

续表

	官员	企业家	专业人员	工人	农民	企业员工	做小生意者	无业失业下岗	总计
列总计	167	33	428	2322	2438	838	1055	1306	8587

Chi-square test：df = 21，卡方值为 376.437，sig = 0.000 < 0.05，所以诸群体在“您与您的邻居平时来往多吗”的回答上有显著差异。

I14a by 诸群体

您在多大程度上愿意和下列群体成为邻居？农民工、进城务工人员 ＊ 诸群体 Crosstabulation

	官员	企业家	专业人员	工人	农民	企业员工	做小生意者	无业失业下岗	总计
非常愿意	9.8%	12.1%	12.5%	13.0%	15.4%	8.2%	12.6%	17.2%	13.7%
比较愿意	73.2%	69.7%	70.0%	79.7%	77.9%	77.2%	78.5%	71.7%	77.0%
不太愿意	15.9%	18.2%	17.1%	7.0%	6.6%	14.0%	8.2%	10.6%	8.9%
很不愿意	1.2%		0.5%	0.3%	0.1%	0.6%	0.6%	0.6%	0.4%
总计	100.0%	100.0%	100.0%	100.0%	100.0%	100.0%	100.0%	100.0%	100.0%
列总计	164	33	416	2297	2398	817	1044	1260	8429

Chi-square test：df = 21，卡方值为 154.164，sig = 0.000 < 0.05，所以诸群体在“您在多大程度上愿意和下列群体成为邻居？农民工、进城务工人员”这一认识上有显著差异。

I14b by 诸群体

您在多大程度上愿意和下列群体成为邻居？商人 ＊ 诸群体 Crosstabulation

	官员	企业家	专业人员	工人	农民	企业员工	做小生意者	无业失业下岗	总计
非常愿意	9.2%	21.2%	11.0%	11.7%	9.1%	10.8%	12.4%	12.6%	11.1%
比较愿意	72.4%	63.6%	64.2%	71.6%	71.7%	69.4%	75.0%	66.4%	70.7%
不太愿意	16.6%	15.2%	21.7%	16.1%	18.3%	18.8%	11.7%	19.1%	17.2%
很不愿意	1.8%		3.1%	0.6%	0.9%	1.1%	0.9%	1.8%	1.1%
总计	100.0%	100.0%	100.0%	100.0%	100.0%	100.0%	100.0%	100.0%	100.0%
列总计	163	33	419	2280	2356	816	1045	1250	8362

Chi-square test：df = 21，卡方值为 85.164，sig = 0.000 < 0.05，所以诸群体在“您在多大程度上愿意和下列群体成为邻居？商人”这一认识上有显著差异。

I14c by 诸群体

您在多大程度上愿意和下列群体成为邻居？企业家或高级管理人员 ＊ 诸群体 Crosstabulation

	官员	企业家	专业人员	工人	农民	企业员工	做小生意者	无业失业下岗	总计
非常愿意	15.9%	24.2%	17.5%	16.8%	11.9%	17.7%	15.8%	18.3%	15.7%
比较愿意	73.8%	75.8%	69.0%	69.9%	72.6%	70.5%	72.8%	66.7%	70.6%
不太愿意	9.1%		12.1%	12.4%	14.6%	11.0%	9.9%	13.8%	12.6%
很不愿意	1.2%		1.4%	0.9%	1.0%	0.7%	1.5%	1.2%	1.1%
总计	100.0%	100.0%	100.0%	100.0%	100.0%	100.0%	100.0%	100.0%	100.0%
列总计	164	33	422	2266	2300	817	1030	1241	8273

Chi-square test：df = 21，卡方值为 64.064，sig = 0.000 < 0.05，所以诸群体在“您在多大程度上愿意和下列群体成为邻居？企业家或高级管理人员”这一认识上有显著差异。

I14d by 诸群体

您在多大程度上愿意和下列群体成为邻居？技术工人 ＊ 诸群体 Crosstabulation

	官员	企业家	专业人员	工人	农民	企业员工	做小生意者	无业失业下岗	总计
非常愿意	16.6%	21.2%	21.5%	22.2%	16.8%	17.7%	18.6%	20.2%	19.3%
比较愿意	74.8%	75.8%	68.6%	70.9%	74.1%	72.3%	74.1%	71.1%	72.3%
不太愿意	8.0%	3.0%	9.0%	6.4%	8.6%	8.5%	6.3%	8.2%	7.7%
很不愿意	0.6%		0.9%	0.5%	0.5%	1.5%	1.0%	0.5%	0.7%
总计	100.0%	100.0%	100.0%	100.0%	100.0%	100.0%	100.0%	100.0%	100.0%
列总计	163	33	423	2285	2339	820	1042	1264	8369

Chi-square test：df = 21，卡方值为 50.064，sig = 0.000 < 0.05，所以诸群体在“您在多大程度上愿意和下列群体成为邻居？技术工人”这一认识上有显著差异。

I14e by 诸群体

您在多大程度上愿意和下列群体成为邻居？教师 ＊ 诸群体 Crosstabulation

	官员	企业家	专业人员	工人	农民	企业员工	做小生意者	无业失业下岗	总计
非常愿意	29.9%	21.2%	34.9%	29.8%	22.7%	29.6%	29.4%	32.7%	28.4%
比较愿意	64.6%	75.8%	59.7%	64.9%	70.1%	63.7%	65.2%	62.0%	65.6%

续表

	官员	企业家	专业人员	工人	农民	企业员工	做小生意者	无业失业下岗	总计
不太愿意	4.3%	3.0%	4.7%	4.7%	6.9%	5.4%	4.7%	4.4%	5.3%
很不愿意	1.2%		0.7%	0.5%	0.3%	1.2%	0.8%	0.9%	0.6%
总计	100.0%	100.0%	100.0%	100.0%	100.0%	100.0%	100.0%	100.0%	100.0%
列总计	164	33	427	2302	2379	827	1052	1276	8460

Chi-square test：df = 21，卡方值为 86.581，sig = 0.000 < 0.05，所以诸群体在“您在多大程度上愿意和下列群体成为邻居？教师”这一认识上有显著差异。

I14f by 诸群体

您在多大程度上愿意和下列群体成为邻居？医生 * 诸群体 Crosstabulation

	官员	企业家	专业人员	工人	农民	企业员工	做小生意者	无业失业下岗	总计
非常愿意	27.4%	24.2%	31.3%	27.9%	21.0%	28.6%	26.2%	30.4%	26.3%
比较愿意	63.4%	69.7%	62.3%	65.2%	69.2%	63.9%	66.4%	61.8%	65.7%
不太愿意	7.9%	6.1%	5.9%	6.2%	9.2%	6.4%	6.3%	6.9%	7.2%
很不愿意	1.2%		0.5%	0.7%	0.6%	1.1%	1.1%	0.9%	0.8%
总计	100.0%	100.0%	100.0%	100.0%	100.0%	100.0%	100.0%	100.0%	100.0%
列总计	164	33	422	2296	2372	828	1045	1271	8431

Chi-square test：df = 21，卡方值为 74.581，sig = 0.000 < 0.05，所以诸群体在“您在多大程度上愿意和下列群体成为邻居？医生”这一认识上有显著差异。

I14g by 诸群体

您在多大程度上愿意和下列群体成为邻居？富人 * 诸群体 Crosstabulation

	官员	企业家	专业人员	工人	农民	企业员工	做小生意者	无业失业下岗	总计
非常愿意	13.6%	21.2%	11.5%	14.9%	9.8%	14.3%	12.5%	15.6%	13.1%
比较愿意	53.1%	54.5%	60.0%	55.3%	57.8%	60.1%	59.5%	52.1%	56.7%
不太愿意	31.5%	18.2%	24.7%	24.8%	27.4%	21.5%	22.5%	27.4%	25.4%
很不愿意	1.9%	6.1%	3.8%	5.0%	5.0%	4.1%	5.6%	4.9%	4.9%
总计	100.0%	100.0%	100.0%	100.0%	100.0%	100.0%	100.0%	100.0%	100.0%
列总计	162	33	417	2248	2280	820	1019	1218	8197

Chi-square test：df = 21，卡方值为 68.581，sig = 0.000 < 0.05，所以诸群体在“您在多大程度上愿意和下列群体成为邻居？富人”这一认识上有显著差异。

I14h by 诸群体

您在多大程度上愿意和下列群体成为邻居？土豪 ＊ 诸群体 Crosstabulation

	官员	企业家	专业人员	工人	农民	企业员工	做小生意者	无业失业下岗	总计
非常愿意	10.0%	15.6%	9.1%	11.1%	7.7%	10.7%	10.6%	11.4%	10.0%
比较愿意	45.0%	50.0%	50.7%	49.7%	52.0%	54.5%	52.4%	48.3%	50.9%
不太愿意	35.6%	25.0%	33.5%	30.8%	32.6%	28.1%	29.3%	32.2%	31.3%
很不愿意	9.4%	9.4%	6.7%	8.4%	7.6%	6.7%	7.7%	8.1%	7.8%
总计	100.0%	100.0%	100.0%	100.0%	100.0%	100.0%	100.0%	100.0%	100.0%
列总计	160	32	418	2227	2237	815	1008	1195	8092

Chi-square test：df = 21，卡方值为 37.281，sig = 0.000 < 0.05，所以诸群体在"您在多大程度上愿意和下列群体成为邻居？土豪"这一认识上有显著差异。

I14i by 诸群体

您在多大程度上愿意和下列群体成为邻居？专家学者 ＊ 诸群体 Crosstabulation

	官员	企业家	专业人员	工人	农民	企业员工	做小生意者	无业失业下岗	总计
非常愿意	26.8%	18.8%	26.7%	16.7%	12.3%	19.5%	18.7%	23.9%	17.8%
比较愿意	56.1%	50.0%	55.7%	60.0%	61.4%	62.7%	60.5%	58.8%	60.2%
不太愿意	14.6%	18.8%	13.3%	19.8%	22.4%	14.5%	16.6%	13.6%	18.2%
很不愿意	2.5%	12.5%	4.3%	3.5%	4.0%	3.3%	4.2%	3.6%	3.8%
总计	100.0%	100.0%	100.0%	100.0%	100.0%	100.0%	100.0%	100.0%	100.0%
列总计	157	32	420	2189	2187	806	980	1161	7932

Chi-square test：df = 21，卡方值为 155.846，sig = 0.000 < 0.05，所以诸群体在"您在多大程度上愿意和下列群体成为邻居？专家学者"这一认识上有显著差异。

I14j by 诸群体

您在多大程度上愿意和下列群体成为邻居？政府官员 ＊ 诸群体 Crosstabulation

	官员	企业家	专业人员	工人	农民	企业员工	做小生意者	无业失业下岗	总计
非常愿意	19.6%	21.9%	15.9%	13.4%	8.5%	11.8%	12.2%	16.4%	12.5%
比较愿意	55.1%	56.3%	55.5%	52.2%	56.2%	60.6%	55.6%	51.1%	54.7%

续表

	官员	企业家	专业人员	工人	农民	企业员工	做小生意者	无业失业下岗	总计
不太愿意	22.8%	15.6%	22.6%	26.9%	27.5%	22.1%	22.9%	23.1%	25.2%
很不愿意	2.5%	6.3%	6.0%	7.5%	7.8%	5.5%	9.3%	9.4%	7.7%
总计	100.0%	100.0%	100.0%	100.0%	100.0%	100.0%	100.0%	100.0%	100.0%
列总计	158	32	416	2172	2162	796	988	1175	7899

Chi-square test：df = 21，卡方值为 104.846，sig = 0.000 < 0.05，所以诸群体在“您在多大程度上愿意和下列群体成为邻居？政府官员”这一认识上有显著差异。

I14k by 诸群体

您在多大程度上愿意和下列群体成为邻居？公众人物、演艺人士 * 诸群体 Crosstabulation

	官员	企业家	专业人员	工人	农民	企业员工	做小生意者	无业失业下岗	总计
非常愿意	10.9%	13.8%	8.2%	9.3%	6.3%	10.2%	9.5%	14.9%	9.4%
比较愿意	44.9%	41.4%	45.9%	50.5%	53.4%	52.7%	52.7%	49.0%	51.2%
不太愿意	34.0%	34.5%	31.8%	29.1%	31.1%	26.1%	27.1%	25.1%	28.8%
很不愿意	10.2%	10.3%	14.1%	11.1%	9.2%	11.0%	10.7%	11.0%	10.7%
总计	100.0%	100.0%	100.0%	100.0%	100.0%	100.0%	100.0%	100.0%	100.0%
列总计	147	29	403	2079	2025	783	926	1100	7492

Chi-square test：df = 21，卡方值为 90.846，sig = 0.000 < 0.05，所以诸群体在“您在多大程度上愿意和下列群体成为邻居？公众人物、演艺人士”这一认识上有显著差异。

I15 by 诸群体

您如何看待中国对其他落后国家的广泛援助计划 * 诸群体 Crosstabulation

	官员	企业家	专业人员	工人	农民	企业员工	做小生意者	无业失业下岗	总计
完全支持，认为这有助于提升国家形象和国际地位	54.9%	64.5%	52.8%	44.7%	46.2%	48.1%	41.1%	43.8%	45.6%
支持，认为我们应该帮助比我们落后的国家	24.4%	19.4%	26.7%	25.1%	26.3%	27.8%	26.6%	28.2%	26.4%
支持，但国家应该征求纳税人的意见	8.5%	9.7%	10.1%	10.1%	6.4%	11.3%	14.2%	10.2%	9.7%

续表

	官员	企业家	专业人员	工人	农民	企业员工	做小生意者	无业失业下岗	总计
不支持，因为我们国家尚存在很多贫困人口	12.2%	6.5%	10.4%	20.0%	21.2%	12.8%	18.0%	17.9%	18.3%
总计	100.0%	100.0%	100.0%	100.0%	100.0%	100.0%	100.0%	100.0%	100.0%
列总计	164	31	415	2160	2189	795	976	1181	7911

Chi-square test：df = 21，卡方值为 116.256，sig = 0.000 < 0.05，所以诸群体在“您如何看待中国对其他落后国家的广泛援助计划”这一认识上有显著差异。

I16 by 诸群体

您听说过一些道德模范的故事吗？您愿意像他们那样做人做事吗 * 诸群体 Crosstabulation

	官员	企业家	专业人员	工人	农民	企业员工	做小生意者	无业失业下岗	总计
知道一些，他们很了不起，应努力向他们学习	64.7%	61.8%	63.3%	50.1%	49.6%	54.6%	50.1%	54.0%	52.0%
知道一些，很敬佩他们，但自己学不来	23.4%	23.5%	26.5%	30.5%	24.2%	28.4%	33.1%	27.2%	27.9%
知道一些，我感到他们那样做有点不值得	6.0%	2.9%	3.2%	5.2%	4.3%	5.2%	5.2%	3.7%	4.6%
没听说过谁是道德模范和身边好人	6.0%	11.8%	7.0%	14.2%	21.8%	11.9%	11.4%	14.6%	15.3%
其他							0.3%	0.5%	0.1%
总计	100.0%	100.0%	100.0%	100.0%	100.0%	100.0%	100.0%	100.0%	100.0%
列总计	167	34	431	2334	2460	850	1062	1320	8658

Chi-square test：df = 28，卡方值为 196.433，sig = 0.000 < 0.05，所以诸群体在“您听说过一些道德模范的故事吗？您愿意像他们那样做人做事吗”这一认识上有显著差异。

I17 by 诸群体

当有陌生人走进您的单位或社区，或在车厢中与陌生人在一起时，您通常的态度是 * 诸群体 Crosstabulation

	官员	企业家	专业人员	工人	农民	企业员工	做小生意者	无业失业下岗	总计
对他微笑	40.1%	42.4%	38.1%	32.3%	29.8%	36.7%	31.3%	30.4%	32.1%

续表

	官员	企业家	专业人员	工人	农民	企业员工	做小生意者	无业失业下岗	总计
主动打招呼	20.4%	12.1%	14.4%	15.6%	15.7%	18.3%	13.9%	14.4%	15.5%
没有任何反应	26.3%	30.3%	27.9%	31.7%	27.2%	27.9%	33.6%	29.0%	29.6%
保持警惕，防止上当	12.0%	15.2%	19.6%	20.3%	27.2%	17.0%	21.1%	26.2%	22.7%
其他	1.2%			0.2%	0.2%	0.1%	0.2%	0.1%	0.2%
总计	100.0%	100.0%	100.0%	100.0%	100.0%	100.0%	100.0%	100.0%	100.0%
列总计	167	33	423	2300	2345	820	1046	1271	8405

Chi-square test：df = 28，卡方值为 115.096，sig = 0.000 < 0.05，所以诸群体在“当有陌生人走进您的单位或社区，或在车厢中与陌生人在一起时，您通常的态度是”这一认识上有显著差异。

I18 by 诸群体

假设您双手抱着东西走进电梯，您觉得电梯里的陌生人可能会怎样？＊诸群体 Crosstabulation

	官员	企业家	专业人员	工人	农民	企业员工	做小生意者	无业失业下岗	总计
主动问您去几楼并帮您按楼层	47.2%	41.9%	48.4%	36.1%	34.7%	40.0%	36.0%	38.5%	37.4%
当作没看见	8.2%	6.5%	11.1%	16.0%	14.4%	13.3%	17.5%	17.0%	15.2%
会在您的请求下给予帮助	44.7%	51.6%	40.5%	47.9%	50.9%	46.7%	46.5%	44.4%	47.4%
总计	100.0%	100.0%	100.0%	100.0%	100.0%	100.0%	100.0%	100.0%	100.0%
列总计	159	31	405	2136	2014	780	966	1186	7677

Chi-square test：df = 14，卡方值为 57.278，sig = 0.000 < 0.05，所以诸群体在“假设您双手抱着东西走进电梯，您觉得电梯里的陌生人可能会怎样”的回答上有显著差异。

中国伦理道德评价的宗教信仰差异

B1a by A9

过去一年，您对纸质报纸的使用情况是 ＊ 宗教信仰 Crosstabulation

	有宗教信仰	无宗教信仰	总计
从不	59.2%	67.0%	66.4%
很少	25.3%	21.7%	22.0%
有时	10.8%	8.2%	8.4%
经常	4.1%	2.6%	2.8%
非常频繁	0.5%	0.4%	0.4%
总计	100.0%	100.0%	100.0%
列总计	730	7381	8601

Chi-square test：df = 4，卡方值为 21.184，sig ＝0.000 < 0.05，所以不同宗教信仰的居民在“过去一年对纸质报纸使用情况”上存在显著差异。

B1b by A9

过去一年，您对纸质杂志的使用情况是 ＊ 宗教信仰 Crosstabulation

	有宗教信仰	无宗教信仰	总计
从不	61.0%	70.7%	69.9%
很少	24.4%	19.3%	19.8%
有时	10.7%	7.7%	8.0%
经常	3.6%	2.0%	2.1%
非常频繁	0.4%	0.2%	0.2%
总计	100.0%	100.0%	100.0%
列总计	731	7857	8588

Chi-square test：df = 4，卡方值为 33.433，sig ＝0.000 < 0.05，所以不同宗教信仰的居民在“过去一年对纸质杂志使用情况”上存在显著差异。

B1c by A9

过去一年，您对广播的使用情况是 ＊ 宗教信仰 Crosstabulation

	有宗教信仰	无宗教信仰	总计
从不	56.7%	64.0%	63.4%
很少	24.9%	20.6%	21.0%
有时	12.7%	11.0%	11.1%
经常	5.1%	3.9%	4.0%
非常频繁	0.6%	0.5%	0.5%
总计	100.0%	100.0%	100.0%

续表

	有宗教信仰	无宗教信仰	总计
列总计	726	7837	8563

Chi-square test：df = 4，卡方值为 15.619，sig = 0.004 < 0.05，所以不同宗教信仰的居民在“过去一年对广播使用情况”上存在显著差异。

B1d by A9

过去一年，您对电视的使用情况是 * 宗教信仰 Crosstabulation

	有宗教信仰	无宗教信仰	总计
从不	2.2%	2.7%	2.7%
很少	10.7%	12.0%	11.9%
有时	20.7%	25.9%	25.5%
经常	44.5%	41.3%	41.6%
非常频繁	21.9%	18.1%	18.4%
总计	100.0%	100.0%	100.0%
列总计	735	7860	8595

Chi-square test：df = 4，卡方值为 15.838，sig = 0.003 < 0.05，所以不同宗教信仰的居民在“过去一年对电视使用情况”上存在显著差异。

B1e by A9

过去一年，您对各种政府网站的使用情况是 * 宗教信仰 Crosstabulation

	有宗教信仰	无宗教信仰	总计
从不	62.8%	70.3%	69.7%
很少	19.7%	16.3%	16.6%
有时	10.1%	8.3%	8.4%
经常	5.8%	4.1%	4.3%
非常频繁	1.6%	1.0%	1.0%
总计	100.0%	100.0%	100.0%
总计	705	7761	8466

Chi-square test：df = 4，卡方值为 18.788，sig = 0.001 < 0.05，所以不同宗教信仰的居民在“过去一年对各种政府网站的使用情况”上存在显著差异。

B1f by A9

过去一年，您对社交媒体（微博、微信、博客、播客等）的使用情况是 * 宗教信仰 Crosstabulation

	有宗教信仰	无宗教信仰	总计
从不	27.1%	31.1%	30.8%

续表

	有宗教信仰	无宗教信仰	总计
很少	9.9%	8.0%	8.2%
有时	14.4%	14.8%	14.8%
经常	26.8%	30.1%	29.8%
非常频繁	21.9%	15.9%	16.4%
总计	100.0%	100.0%	100.0%
列总计	717	7833	8550

Chi-square test：df = 4，卡方值为 23.557，sig = 0.000 < 0.05，所以不同宗教信仰的居民在“过去一年对社交媒体（微博、微信、博客、播客等）的使用情况”上有显著差异。

B1g by A9

过去一年，您对新媒体（如数字报纸、移动电视等）的使用情况是 * 宗教信仰 Crosstabulation

	有宗教信仰	无宗教信仰	总计
从不	52.2%	56.2%	55.9%
很少	17.6%	17.4%	17.4%
有时	11.1%	12.4%	12.3%
经常	11.5%	9.5%	9.7%
非常频繁	7.5%	4.5%	4.7%
总计	100.0%	100.0%	100.0%
列总计	703	7739	8442

Chi-square test：df = 4，卡方值为 18.372，sig = 0.001 < 0.05，所以不同宗教信仰的居民在“过去一年对新媒体（如数字报纸、移动电视等）的使用情况”上存在显著差异。

B2 by A9

跟五年前相比，您觉得自己的社会经济地位有什么变化 * 宗教信仰 Crosstabulation

	有宗教信仰	无宗教信仰	总计
上升了	53.0%	48.5%	48.8%
差不多	39.5%	44.8%	44.4%
下降了	7.5%	6.7%	6.8%
总计	100.0%	100.0%	100.0%
列总计	679	7479	8158

Chi-square test：df = 2，卡方值为 7.234，sig = 0.027 < 0.05，所以不同宗教信仰的居民在“跟五年前相比，您觉得自己的社会经济地位有什么变化”的回答上有显著差异。

B3 by A9

您感觉在未来的五年中，您的生活水平将会有什么变化 ＊ 宗教信仰 Crosstabulation

	有宗教信仰	无宗教信仰	总计
上升很多	19.2%	18.3%	18.4%
略有上升	61.0%	64.3%	64.0%
没有变化	16.8%	14.1%	14.4%
略有下降	1.7%	2.5%	2.4%
下降很多	1.2%	0.7%	0.8%
总计	100.0%	100.0%	100.0%
列总计	641	6912	7553

Chi-square test：df = 4，卡方值为 7.782，sig = 0.100 > 0.05，所以不同宗教信仰的居民在“未来五年中，您的生活水平将会有什么变化”的回答上没有显著差异。

B4 by A9

总的来说，您觉得目前的生活幸福吗 ＊ 宗教信仰 Crosstabulation

	有宗教信仰	无宗教信仰	总计
非常不幸福	1.6%	1.3%	1.3%
不太幸福	6.1%	4.8%	4.9%
谈不上幸福不幸福	22.2%	20.1%	20.3%
比较幸福	56.6%	61.6%	61.2%
非常幸福	13.4%	12.2%	12.3%
总计	100.0%	100.0%	100.0%
列总计	738	7907	8645

Chi-square test：df = 4，卡方值为 7.960，sig = 0.093 > 0.05，所以不同宗教信仰的居民在“总的来说，您觉得目前生活幸福吗”的回答上没有显著差异。

B5 by A9

您对自己目前的生活状态满意吗 ＊ 宗教信仰 Crosstabulation

	有宗教信仰	无宗教信仰	总计
非常满意	12.4%	12.6%	12.5%
比较满意	70.6%	72.9%	72.7%
不太满意	15.1%	13.8%	13.9%
非常不满意	1.9%	0.8%	0.9%

续表

	有宗教信仰	无宗教信仰	总计
总计	100.0%	100.0%	100.0%
列总计	727	7778	8505

Chi-square test：df = 3，卡方值为 11.584，sig = 0.009 < 0.05，所以不同宗教信仰的居民在“对自己目前生活状况满意度”的回答上有显著差异。

B6 by A9

社会上发生的一些事情，您一般是从什么渠道最先知道 * 宗教信仰 Crosstabulation

	有宗教信仰	无宗教信仰	总计
电视	62.9%	64.7%	64.6%
报纸	4.8%	3.0%	3.2%
电台广播	3.0%	2.0%	2.1%
微博、微信等网络社交媒介	39.1%	37.1%	37.3%
网络	26.6%	27.4%	27.3%
和朋友亲友同事交谈	22.6%	26.3%	26.0%
单位传达	0.4%	1.0%	0.9%
列总计	736	7874	8610

据上表所示，不同宗教信仰的居民“社会上发生的一些事情，您一般是从什么渠道最先知道”的回答上不存在显著差异。

B7 by A9

从网络中获得的信息对您的思想行为有多大程度的影响 * 宗教信仰 Crosstabulation

	有宗教信仰	无宗教信仰	总计
影响很大	20.0%	22.3%	22.1%
有一些影响	49.4%	54.0%	53.6%
影响很小	24.5%	18.5%	19.0%
完全没有影响	6.1%	5.2%	5.3%
总计	100.0%	100.0%	100.0%
列总计	555	5822	6377

Chi-square test：df = 3，卡方值为 13.919，sig = 0.003 < 0.05，所以不同宗教信仰的居民在“从网络中获得的信息对您的思想行为有多大程度的影响”的回答上有显著差异。

B8 by A9

您认为中国梦和您个人、家庭追求美好生活有多大程度的关系 ＊ 宗教信仰 Crosstabulation

	有宗教信仰	无宗教信仰	总计
关系很大	40.4%	35.0%	35.4%
关系不大	33.2%	37.2%	36.9%
根本没有关系	9.3%	9.1%	9.1%
不清楚什么是中国梦	17.1%	18.6%	18.5%
总计	100.0%	100.0%	100.0%
列总计	738	7909	8647

Chi-square test：df = 3，卡方值为 9.470，sig = 0.024 < 0.05，所以不同宗教信仰的居民在“您认为中国梦和个人、家庭追求美好生活的关系”的回答上有显著差异。

B9 by A9

您对当前我国社会道德状况的总体满意度是 ＊ 宗教信仰 Crosstabulation

	有宗教信仰	无宗教信仰	总计
非常满意	8.0%	6.8%	6.9%
比较满意	61.9%	67.2%	66.8%
不太满意	25.7%	23.5%	23.7%
非常不满意	4.3%	2.5%	2.6%
总计	100.0%	100.0%	100.0%
列总计	696	7529	8255

Chi-square test：df = 3，卡方值为 30.025，sig = 0.000 < 0.05，所以不同宗教信仰的居民在“对当前我国社会道德状况的总体满意度”的回答上有显著差异。

B10 by A9

您对当前我国社会人与人之间的关系的总体满意度是 ＊ 宗教信仰 Crosstabulation

	有宗教信仰	无宗教信仰	总计
非常满意	6.8%	5.9%	6.0%
比较满意	65.5%	68.1%	67.9%
不太满意	24.9%	24.3%	24.3%
非常不满意	2.8%	1.7%	1.8%
总计	100.0%	100.0%	100.0%

续表

	有宗教信仰	无宗教信仰	总计
列总计	704	7572	8276

Chi-square test：df = 3，卡方值为 6. 221，sig = 0. 101 > 0. 05，所以不同宗教信仰的居民在“对当前我国社会人与人之间关系的总体满意度”的回答上没有显著差异。

B11 by A9

您对自己的道德状况的满意度是 * 宗教信仰 Crosstabulation

	有宗教信仰	无宗教信仰	总计
非常满意	17. 0%	15. 2%	15. 3%
比较满意	74. 5%	77. 9%	77. 6%
不太满意	7. 8%	6. 4%	6. 5%
非常不满意	0. 7%	0. 6%	0. 6%
总计	100. 0%	100. 0%	100. 0%
列总计	707	7607	8314

Chi-square test：df = 3，卡方值为 4. 447，sig = 0. 217 > 0. 05，所以不同宗教信仰的居民在“对自己道德状况满意度”的回答上没有显著差异。

B12 by A9

您觉得今后中国社会的道德状况会变成什么样 * 宗教信仰 Crosstabulation

	有宗教信仰	无宗教信仰	总计
越来越差	6. 9%	5. 5%	5. 6%
不变	8. 8%	10. 9%	10. 7%
越来越好	69. 2%	71. 7%	71. 5%
不知道	15. 1%	11. 9%	12. 2%
总计	100. 0%	100. 0%	100. 0%
列总计	737	7915	8652

Chi-square test：df = 3，卡方值为 11. 102，sig = 0. 011 < 0. 05，所以不同宗教信仰的居民在“认为今后中国社会的道德状况如何变化”的回答上有显著差异。

B13 by A9

您认为我国目前人与人之间的关系受什么影响 * 宗教信仰 Crosstabulation

	有宗教信仰	无宗教信仰	总计
利益	64. 8%	64. 4%	64. 5%

续表

	有宗教信仰	无宗教信仰	总计
情感	41.0%	48.1%	47.5%
国家倡导的主流价值观	19.8%	21.9%	21.8%
中国传统价值观	27.8%	25.7%	25.9%
西方价值观	5.5%	3.3%	3.5%
列总计	676	7482	8158

据上表所示，不同宗教信仰的居民在对“我国目前人与人之间的关系受什么影响”的回答上不存在显著差异。

B14 by A9

对中国社会，您最担忧的问题是 * 宗教信仰 Crosstabulation

	有宗教信仰	无宗教信仰	总计
腐败不能根治	42.5%	39.3%	39.5%
生态环境恶化	39.8%	38.6%	38.7%
分配不公，两极分化	16.5%	18.5%	18.3%
老无所养，未来无把握	25.6%	27.4%	27.2%
生活水平下降	15.5%	23.0%	22.3%
道德滑坡，社会风气恶化	19.6%	15.4%	15.8%
人际关系紧张	14.0%	14.3%	14.3%
列总计	716	7702	8418

据上表所示，不同宗教信仰的居民在对“对中国社会，您最担忧的问题”的回答上不存在显著差异。

B15 by A9

对伦理关系和道德生活，您最向往的是 * 宗教信仰 Crosstabulation

	有宗教信仰	无宗教信仰	总计
传统社会的伦理和道德（如仁、义、礼、智、信）	60.8%	60.0%	60.0%
战争年代为理想而献身的革命精神（如革命烈士无私献身精神）	15.8%	15.5%	15.5%
新中国成立后到“文化大革命”前的大公无私的集体主义精神	11.0%	9.7%	9.8%
追求个人利益的市场经济下的道德	6.9%	10.3%	10.0%
西方道德（如个人主义、实用主义、功利主义）	3.1%	2.5%	2.6%
其他	2.4%	2.1%	2.1%
总计	100.0%	100.0%	100.0%
列总计	715	7673	8388

Chi-square test：df = 5，卡方值为 10.312，sig = 0.067 > 0.05，所以不同宗教信仰的居民在“对伦理关系和道德生活最向往的是”的回答上没有显著差异。

B16a by A9

您认为当前我国社会道德生活中最重要的内容是什么？第一重要 ＊ 宗教信仰 Crosstabulation

	有宗教信仰	无宗教信仰	总计
意识形态中所提倡的社会主义道德	23.9%	23.6%	23.6%
中国传统道德	51.3%	50.4%	50.5%
西方文化影响而形成的道德	10.2%	8.1%	8.3%
市场经济中形成的道德	14.0%	17.9%	17.6%
其他	0.6%	0.1%	0.1%
总计	100.0%	100.0%	100.0%
列总计	706	7573	8279

Chi-square test：df = 4，卡方值为 26.648，sig = 0.000 < 0.05，所以不同宗教信仰的居民在“当前我国社会道德生活中最重要的内容是什么？第一重要”的回答上有显著差异。

B16b by A9

您认为当前我国社会道德生活中最重要的内容是什么？第二重要 ＊ 宗教信仰 Crosstabulation

	有宗教信仰	无宗教信仰	总计
意识形态中所提倡的社会主义道德	41.6%	41.1%	41.2%
中国传统道德	29.3%	29.4%	29.4%
西方文化影响而形成的道德	9.0%	8.9%	8.9%
市场经济中形成的道德	19.9%	20.5%	20.4%
其他	0.1%	0.1%	0.1%
总计	100.0%	100.0%	100.0%
列总计	668	7254	7922

Chi-square test：df = 4，卡方值为 0.665，sig = 0.956 > 0.05，所以不同宗教信仰的居民在“当前我国社会道德生活中最重要的内容是什么？第二重要”的回答上没有显著差异。

B16c by A9

您认为当前我国社会道德生活中最重要的内容是什么？第三重要 ＊ 宗教信仰 Crosstabulation

	有宗教信仰	无宗教信仰	总计
意识形态中所提倡的社会主义道德	23.8%	27.8%	27.5%
中国传统道德	12.7%	15.7%	15.4%

续表

	有宗教信仰	无宗教信仰	总计
西方文化影响而形成的道德	17.9%	14.3%	14.6%
市场经济中形成的道德	45.7%	42.2%	42.4%
其他			
总计	100.0%	100.0%	100.0%
总计	648	7072	7720

Chi-square test：df = 3，卡方值为 14.398，sig = 0.006 < 0.05，所以不同宗教信仰的居民在"当前我国社会道德生活中最重要的内容是什么？第三重要"的回答上有显著差异。

B17 by A9

您认为目前我国社会中伦理道德对人际关系的调节能力如何 * 宗教信仰 Crosstabulation

	有宗教信仰	无宗教信仰	总计
良好	19.2%	18.1%	18.2%
一般	54.2%	58.8%	58.4%
很差	13.1%	10.6%	10.8%
几乎没有，一切都听从利益支配	13.4%	12.5%	12.6%
总计	100.0%	100.0%	100.0%
列总计	671	7003	7674

Chi-square test：df = 3，卡方值为 6.482，sig = 0.09 > 0.05，所以不同宗教信仰的居民在"目前我国社会中伦理道德对人际关系调节能力如何"的回答上没有显著差异。

B18 by A9

您认为目前我国社会中伦理道德对个人行为的约束能力如何 * 宗教信仰 Crosstabulation

	有宗教信仰	无宗教信仰	总计
良好	16.5%	17.0%	17.0%
一般	55.6%	58.2%	58.0%
很差	16.9%	12.9%	13.2%
几乎没有，一切都听从利益支配	11.0%	11.9%	11.8%
总计	100.0%	100.0%	100.0%
列总计	674	7010	7684

Chi-square test：df = 3，卡方值 8.728，sig = 0.003 < 0.05，所以不同宗教信仰的居民在"目前我国社会中伦理道德对个人行为的约束能力如何"的回答上有显著差异。

B19 by A9

您认为当今中国社会最基本的伦理冲突是 ＊ 宗教信仰 Crosstabulation

	有宗教信仰	无宗教信仰	总计
人与自然的冲突	24. 9%	22. 2%	22. 5%
人与自身的冲突	30. 3%	31. 3%	31. 2%
人与人之间的冲突	46. 6%	46. 3%	46. 3%
个人与社会的冲突	30. 3%	30. 8%	30. 8%
个人与政府的冲突	9. 0%	7. 3%	7. 5%
列总计	710	7646	8356

据上表所示，不同宗教信仰的居民对于“当今中国社会最基本的伦理冲突”的认知不存在显著差异。

B20a by A9

在下列关系中，您认为哪些关系对您来说最重要？第一位 ＊ 宗教信仰 Crosstabulation

	有宗教信仰	无宗教信仰	总计
父母与子女	60. 1%	68. 2%	67. 5%
夫妇	23. 1%	20. 9%	21. 1%
兄弟姐妹	1. 6%	1. 3%	1. 3%
同事或同学	4. 1%	2. 1%	2. 3%
上级或下级	1. 4%	1. 0%	1. 0%
师生	0. 1%	0. 2%	0. 1%
人与自然的关系	1. 9%	0. 9%	1. 0%
个人与社会	1. 1%	1. 0%	1. 0%
个人与国家	3. 1%	1. 8%	1. 9%
个人与工作单位	1. 4%	1. 1%	1. 1%
通过网络建立的各种“群”的关系		0. 1%	0. 1%
朋友	0. 1%	0. 4%	0. 4%
个人与自身的关系（身心和谐）	1. 8%	1. 1%	1. 1%
其他	0. 3%		
总计	100. 0%	100. 0%	100. 0%
列总计	739	7931	8670

Chi-square test：df = 13，卡方值为 51. 897，sig = 0. 189 > 0. 05，所以不同宗教信仰的居民在“对于上述关系，何者最重要？第一位”的认知上没有显著差异。

B20b by A9

在下列关系中，您认为哪些关系对您来说最重要？第二位 * 宗教信仰 Crosstabulation

	有宗教信仰	无宗教信仰	总计
父母与子女	29.4%	23.2%	23.7%
夫妇	43.9%	51.7%	51.1%
兄弟姐妹	13.1%	11.7%	11.8%
同事或同学	4.8%	4.1%	4.2%
上级或下级	1.5%	1.3%	1.3%
师生	0.1%	0.9%	0.8%
人与自然的关系	2.3%	1.5%	1.6%
个人与社会	1.5%	1.2%	1.3%
个人与国家	1.0%	1.2%	1.2%
个人与工作单位	0.6%	1.4%	1.3%
通过网络建立的各种“群”的关系		0.1%	0.1%
朋友	1.0%	1.2%	1.1%
个人与自身的关系（身心和谐）	0.8%	0.5%	0.5%
其他		0.1%	
总计	100.0%	100.0%	100.0%
列总计	725	7895	8620

Chi-square test：df = 13，卡方值为 35.665，sig = 0.001 < 0.05，所以不同宗教信仰的居民在“对于上述关系，何者最重要？第二位”的认知上有显著差异。

B20c by A9

在下列关系中，您认为哪些关系对您来说最重要？第三位 * 宗教信仰 Crosstabulation

	有宗教信仰	无宗教信仰	总计
父母与子女	3.7%	3.2%	3.3%
夫妇	11.2%	8.3%	8.6%
兄弟姐妹	49.0%	54.0%	53.5%
同事或同学	9.3%	8.1%	8.2%
上级或下级	4.0%	4.0%	4.0%
师生	2.8%	2.5%	2.5%
与自然的关系	4.6%	3.4%	3.5%

续表

	有宗教信仰	无宗教信仰	总计
个人与社会	3.7%	4.5%	4.5%
个人与国家	4.3%	3.5%	3.5%
个人与工作单位	1.8%	2.3%	2.2%
通过网络建立的各种“群”的关系	0.1%	0.3%	0.3%
朋友	4.7%	4.4%	4.4%
个人与自身的关系（身心和谐）	0.7%	1.6%	1.5%
其他			
总计	100.0%	100.0%	100.0%
列总计	721	7874	8595

Chi-square test：df = 13，卡方值为 21.860，sig = 0.058 > 0.05，所以不同宗教信仰的居民在“对于上述关系，何者最重要？第三位”的认知上没有显著差异。

B20d by A9

在下列关系中，您认为哪些关系对您来说最重要？第四位 * 宗教信仰 Crosstabulation

	有宗教信仰	无宗教信仰	总计
父母与子女	1.3%	1.3%	1.3%
夫妇	4.1%	3.8%	3.9%
兄弟姐妹	7.6%	5.4%	5.6%
同事或同学	18.5%	18.6%	18.6%
上级或下级	6.8%	5.2%	5.3%
师生	6.8%	4.9%	5.1%
人与自然的关系	9.7%	7.1%	7.3%
个人与社会	11.0%	11.5%	11.5%
个人与国家	6.3%	5.7%	5.7%
个人与工作单位	7.3%	8.7%	8.6%
通过网络建立的各种“群”的关系	0.8%	0.8%	0.8%
朋友	17.9%	23.8%	23.3%
个人与自身的关系（身心和谐）	1.8%	3.0%	2.9%
其他			
总计	100.0%	100.0%	100.0%
列总计	709	7774	8483

Chi-square test：df = 13，卡方值为 34.148，sig = 0.001 < 0.05，所以不同宗教信仰的居民在“对于上述关系，何者最重要？第四位”的认知上有显著差异。

B20e by A9

在下列关系中，您认为哪些关系对您来说最重要？第五位 * 宗教信仰 Crosstabulation

	有宗教信仰	无宗教信仰	总计
父母与子女	0.9%	0.7%	0.7%
夫妇	2.8%	1.5%	1.6%
兄弟姐妹	3.6%	3.2%	3.2%
同事或同学	9.0%	11.9%	11.6%
上级或下级	7.0%	6.0%	6.1%
师生	6.3%	6.5%	6.5%
人与自然的关系	4.4%	5.4%	5.3%
个人与社会	19.1%	14.1%	14.5%
个人与国家	9.8%	11.0%	10.9%
个人与工作单位	9.5%	9.1%	9.2%
通过网络建立的各种“群”的关系	2.3%	2.8%	2.7%
朋友	18.1%	22.3%	21.9%
个人与自身的关系（身心和谐）	6.8%	5.5%	5.6%
其他	0.6%	0.1%	0.2%
总计	100.0%	100.0%	100.0%
列总计	703	7662	8365

Chi-square test：df = 13，卡方值为 41.604，sig = 0.000 < 0.05，所以不同宗教信仰的居民在“对于上述关系，何者最重要？第五位”的认知上有显著差异。

B21 by A9

您认为哪一种关系对社会秩序最具根本性意义 * 宗教信仰 Crosstabulation

	有宗教信仰	无宗教信仰	总计
家庭关系或血缘关系	28.9%	32.8%	32.5%
个人与社会的关系	48.9%	46.6%	46.8%
职业关系	5.9%	4.4%	4.5%
个人与国家民族的关系	9.7%	10.5%	10.4%
人与自然的关系	3.0%	2.0%	2.1%
个人与自身的关系	3.7%	3.7%	3.7%
总计	100.0%	100.0%	100.0%

续表

	有宗教信仰	无宗教信仰	总计
列总计	734	7869	8603

Chi-square test：df = 5，卡方值为 10. 904，sig = 0. 053 > 0. 05，所以不同宗教信仰的居民在“对社会秩序最具根本性意义的关系”的回答上没有显著差异。

B22 by A9

您认为哪一种关系对个人生活最具根本性意义 * 宗教信仰 Crosstabulation

	有宗教信仰	无宗教信仰	总计
家庭关系或血缘关系	57. 0%	53. 9%	54. 2%
个人与社会的关系	20. 1%	19. 8%	19. 9%
职业关系	10. 4%	12. 8%	12. 6%
个人与国家民族的关系	6. 0%	4. 8%	4. 9%
人与自然的关系	2. 0%	1. 9%	1. 9%
个人与自身的关系	4. 5%	6. 7%	6. 5%
总计	100. 0%	100. 0%	100. 0%
列总计	733	7881	8614

Chi-square test：df = 5，卡方值为 11. 116，sig = 0. 048 < 0. 05，所以不同宗教信仰的居民在“对个人生活最具根本性意义的关系”的回答上有显著差异。

B23a by A9

对于个人而言，您认为家庭、社会和国家三者的重要性程度如何？第一位 * 宗教信仰 Crosstabulation

	有宗教信仰	无宗教信仰	总计
国家	52. 8%	45. 3%	45. 9%
社会	6. 0%	5. 8%	5. 8%
家庭	41. 2%	48. 9%	48. 2%
总计	100. 0%	100. 0%	100. 0%
列总计	738	7907	8645

Chi-square test：df = 2，卡方值为 16. 685，sig = 0. 000 < 0. 05，所以不同宗教信仰的居民在“对于个人而言，您认为家庭、社会和国家三者的重要性程度如何？第一位”的回答上有显著差异。

B23b by A9

对于个人而言，您认为家庭、社会和国家三者的重要性程度如何？第二位 * 宗教信仰 Crosstabulation

	有宗教信仰	无宗教信仰	总计
国家	29.3%	33.9%	33.5%
社会	22.8%	25.2%	25.0%
家庭	48.0%	40.9%	41.5%
总计	100.0%	100.0%	100.0%
列总计	734	7892	8626

Chi-square test：df = 2，卡方值为 13.926，sig = 0.001 < 0.05，所以不同宗教信仰的居民在“对于个人而言，您认为家庭、社会和国家三者的重要性程度如何？第二位”的回答上有显著差异。

B24a by A9

信息技术、网络技术的发展对伦理道德的影响 * 宗教信仰 Crosstabulation

	有宗教信仰	无宗教信仰	总计
消极影响	18.5%	15.4%	15.7%
没有影响	36.4%	28.8%	29.5%
积极影响	45.1%	55.8%	54.9%
总计	100.0%	100.0%	100.0%
列总计	481	5254	5735

Chi-square test：df = 2，卡方值为 20.357，sig = 0.000 < 0.05，所以不同宗教信仰的居民在“信息技术、网络技术的发展对伦理道德的影响”的回答上有显著差异。

B24b by A9

市场经济对我国伦理道德的影响 * 宗教信仰 Crosstabulation

	有宗教信仰	无宗教信仰	总计
消极影响	21.1%	14.6%	15.1%
没有影响	26.3%	25.3%	25.4%
积极影响	52.6%	60.1%	59.5%
总计	100.0%	100.0%	100.0%
列总计	483	5174	5657

Chi-square test：df = 2，卡方值为 16.792，sig = 0.000 < 0.05，所以不同宗教信仰的居民在“市场经济对我国伦理道德的影响”的回答上有显著差异。

B24c by A9

西方文化对我国伦理道德的影响 ＊ 宗教信仰 Crosstabulation

	有宗教信仰	无宗教信仰	总计
消极影响	24.4%	21.7%	21.9%
没有影响	40.2%	32.8%	33.4%
积极影响	35.4%	45.5%	44.7%
总计	100.0%	100.0%	100.0%
列总计	443	4824	5267

Chi-square test：df = 2，卡方值为 17.184，sig = 0.000 < 0.05，所以不同宗教信仰的居民在“西方文化对我国伦理道德的影响”的回答上有显著差异。

B25 by A9

如果国外报道与国家主流媒体的宣传内容不一致，您倾向于相信 ＊ 宗教信仰 Crosstabulation

	有宗教信仰	无宗教信仰	总计
主流媒体	62.6%	69.2%	68.7%
国外报道	5.5%	4.0%	4.1%
谁都不相信，自己判断	32.0%	26.8%	27.2%
总计	100.0%	100.0%	100.0%
列总计	657	7251	7908

Chi-square test：df = 2，卡方值为 13.001，sig = 0.002 < 0.05，所以不同宗教信仰的居民在“如果国外报道与国家主流媒体的宣传内容不一致，您倾向于相信”上有显著差异。

B26 by A9

如果朋友圈的消息与国家主流媒体的报道不一致，您倾向于相信 ＊ 宗教信仰 Crosstabulation

	有宗教信仰	无宗教信仰	总计
主流媒体	52.1%	60.4%	59.7%
朋友圈/亲朋圈子	12.3%	8.8%	9.1%
都不相信，自己比较判断	35.1%	29.9%	30.3%
其他	0.4%	0.9%	0.8%
总计	100.0%	100.0%	100.0%

续表

	有宗教信仰	无宗教信仰	总计
列总计	729	7809	8538

Chi-square test：df=3，卡方值为24.352，sig =0.000<0.05，所以不同宗教信仰的居民在“如果朋友圈消息与国家主流媒体的报道不一致，您倾向于相信”上有显著差异。

C1 by A9

您认为当前中国社会个人道德素质的主要问题是 * 宗教信仰 Crosstabulation

	有宗教信仰	无宗教信仰	总计
道德上无知	13.8%	13.1%	13.2%
有道德知识，但不见诸行动	67.1%	69.6%	69.4%
道德上既无知，也不见道德行动	17.8%	16.5%	16.6%
其他	1.2%	0.7%	0.8%
总计	100.0%	100.0%	100.0%
列总计	723	7768	8491

Chi-square test：df=3，卡方值为4.084，sig =0.253>0.05，所以不同宗教信仰的居民在“您认为当前中国社会个人道德素质的主要问题是”这一认知上差异不显著。

C2 by A9

您根据什么来判断某种行为是否符合伦理或道德 * 宗教信仰 Crosstabulation

	有宗教信仰	无宗教信仰	总计
传统道德观念	52.2%	51.3%	51.3%
风俗习惯	45.8%	48.1%	47.9%
大多数人认同的道德规范	33.1%	35.6%	35.4%
当事人共同的利益和意志	16.8%	18.3%	18.2%
自己的良心	55.6%	57.3%	57.1%
意识形态的要求	11.1%	8.2%	8.5%
列总计	719	7799	8518

据上表所示，不同宗教信仰的居民在“判断某种行为是否符合伦理或道德的标准”的认知上不存在显著差异。

C3a by A9

我会经常关心比我不幸的人 * 宗教信仰 Crosstabulation

	有宗教信仰	无宗教信仰	总计
完全不符合	4.9%	2.8%	2.9%

续表

	有宗教信仰	无宗教信仰	总计
有点符合	29. 3%	30. 7%	30. 6%
一般	26. 7%	33. 7%	33. 1%
比较符合	33. 1%	28. 3%	28. 7%
完全符合	6. 0%	4. 6%	4. 7%
总计	100. 0%	100. 0%	100. 0%
列总计	734	7851	8585

Chi-square test：df = 4，卡方值为 29. 407，sig = 0. 000 < 0. 05，所以不同宗教信仰的居民在“我会经常关心比我不幸的人”这一认知上差异显著。

C3bby A9

我时常会同情他人的难处 ＊ 宗教信仰 Crosstabulation

	有宗教信仰	无宗教信仰	总计
完全不符合	2. 9%	2. 0%	2. 0%
有点符合	24. 8%	29. 3%	28. 9%
一般	29. 8%	34. 7%	34. 3%
比较符合	30. 2%	26. 6%	26. 9%
完全符合	12. 4%	7. 5%	7. 9%
总计	100. 0%	100. 0%	100. 0%
列总计	735	7843	8578

Chi-square test：df = 4，卡方值为 35. 955，sig = 0. 000 < 0. 05，所以不同宗教信仰的居民在“我时常会同情他人的难处”的认知上差异显著。

C3c by A9

在做决定前，我会试着从每个人的立场去考虑问题 ＊ 宗教信仰 Crosstabulation

	有宗教信仰	无宗教信仰	总计
完全不符合	2. 2%	3. 0%	3. 0%
有点符合	20. 3%	25. 1%	24. 7%
一般	37. 5%	38. 6%	38. 5%
比较符合	29. 7%	26. 7%	27. 0%
完全符合	10. 2%	6. 6%	6. 9%

续表

	有宗教信仰	无宗教信仰	总计
总计	100.0%	100.0%	100.0%
列总计	733	7834	8567

Chi-square test：df = 5，卡方值为 23.485，sig = 0.000 < 0.05，所以不同宗教信仰的居民在“在做决定前，我会试着从每个人的立场去考虑问题”的认知上差异显著。

C3d by A9

当我看到有人被利用时，时常想要保护他们 ＊ 宗教信仰 Crosstabulation

	有宗教信仰	无宗教信仰	总计
完全不符合	4.4%	5.2%	5.2%
有点符合	19.8%	25.9%	25.3%
一般	35.0%	38.5%	38.2%
比较符合	32.2%	24.3%	25.0%
完全符合	8.5%	6.1%	6.3%
总计	100.0%	100.0%	100.0%
列总计	726	7811	8537

Chi-square test：df = 5，卡方值为 35.447，sig = 0.000 < 0.05，所以不同宗教信仰的居民在“当我看到有人被利用时，时常想要保护他们”的认知上差异显著。

C3e by A9

我有时会试图站在他人的角度，以更好地理解我的朋友 ＊ 宗教信仰 Crosstabulation

	有宗教信仰	无宗教信仰	总计
完全不符合	3.4%	3.5%	3.5%
有点符合	17.1%	24.5%	23.9%
一般	32.5%	35.4%	35.1%
比较符合	35.5%	29.5%	30.0%
完全符合	11.4%	7.1%	7.5%
总计	100.0%	100.0%	100.0%
列总计	729	7795	8524

Chi-square test：df = 4，卡方值为 40.920，sig = 0.000 < 0.05，所以不同宗教信仰的居民在“我有时会试图站在他人的角度，以更好地理解我的朋友”的认知上差异显著。

C3f by A9

他人的不幸通常不会给我带来很大的不安 ＊ 宗教信仰 Crosstabulation

	有宗教信仰	无宗教信仰	总计
完全不符合	11.5%	14.3%	14.0%
有点符合	26.6%	27.7%	27.6%
一般	34.2%	33.8%	33.9%
比较符合	22.0%	19.8%	20.0%
完全符合	5.7%	4.4%	4.5%
总计	100.0%	100.0%	100.0%
列总计	722	7763	8485

Chi-square test：df = 5，卡方值为 8.059，sig = 0.089 > 0.05，所以不同宗教信仰的居民在“他人的不幸通常不会给我带来很大的不安”的认知上差异不显著。

C3g by A9

在观看电视剧或电影之后，我会感觉到自己仿佛成了其中的一个角色 ＊ 宗教信仰 Crosstabulation

	有宗教信仰	无宗教信仰	总计
完全不符合	13.6%	16.1%	15.8%
有点符合	22.0%	23.9%	23.7%
一般	31.7%	34.7%	34.4%
比较符合	24.3%	21.2%	21.4%
完全符合	8.4%	4.2%	4.6%
总计	100.0%	100.0%	100.0%
列总计	713	7572	8285

Chi-square test：df = 5，卡方值为 33.173，sig = 0.000 < 0.05，所以不同宗教信仰的居民在“在观看电视剧或电影之后，我会感觉到自己仿佛成了其中的一个角色”的认知上差异显著。

C3h by A9

当我对某人很不耐烦的时候，我通常会暂时站在他的位置上 ＊ 宗教信仰 Crosstabulation

	有宗教信仰	无宗教信仰	总计
完全不符合	11.8%	10.6%	10.7%
有点符合	20.5%	29.5%	28.7%

续表

	有宗教信仰	无宗教信仰	总计
一般	33.0%	34.2%	34.1%
比较符合	24.2%	20.6%	20.9%
完全符合	10.4%	5.1%	5.5%
总计	100.0%	100.0%	100.0%
列总计	718	7630	8348

Chi-square test：df = 4，卡方值为 58.003，sig = 0.000 < 0.05，所以不同宗教信仰的居民在“当我对某人很不耐烦的时候，我通常会暂时站在他的位置上”的认知上差异显著。

C3i by A9

当我在读一个有趣的故事或者看一部电影的时候，会想象如果这些事情发生在自己身上，我会是怎样的感受 * 宗教信仰 Crosstabulation

	有宗教信仰	无宗教信仰	总计
完全不符合	8.1%	13.4%	12.9%
有点符合	20.6%	25.0%	24.6%
一般	32.1%	33.8%	33.6%
比较符合	29.9%	22.1%	22.8%
完全符合	9.4%	5.8%	6.1%
总计	100.0%	100.0%	100.0%
列总计	705	7501	8206

Chi-square test：df = 4，卡方值为 50.491，sig = 0.000 < 0.05，所以不同宗教信仰的居民在“当我在读一个有趣的故事或者看一部电影的时候，会想象如果这些事情发生在自己身上，我会是怎样的感受”的认知上差异显著。

C3j by A9

在批评他人之前，我会尝试想象一下如果我处于那个位置会是什么感受 * 宗教信仰 Crosstabulation

	有宗教信仰	无宗教信仰	总计
完全不符合	5.3%	7.9%	7.7%
有点符合	21.8%	27.7%	27.2%
一般	34.3%	34.1%	34.1%
比较符合	28.6%	24.2%	24.6%

续表

	有宗教信仰	无宗教信仰	总计
完全符合	10.0%	6.2%	6.5%
总计	100.0%	100.0%	100.0%
列总计	711	7613	8324

Chi-square test：df = 5，卡方值为 33.311，sig = 0.000 < 0.05，所以不同宗教信仰的居民在“在批评他人之前，我会尝试想象一下如果我处于那个位置会是什么感受”的认知上差异显著。

C4a by A9

您认为当今中国社会最重要和最需要的德性是？第一位 ＊ 宗教信仰 Crosstabulation

	有宗教信仰	无宗教信仰	总计
爱（仁爱、博爱、友爱）	31.9%	28.5%	28.8%
义（道义、义务）	3.9%	3.9%	3.9%
宽容	5.4%	4.2%	4.3%
责任	6.2%	9.0%	8.8%
公正	14.4%	12.4%	12.6%
诚信	10.4%	10.9%	10.8%
忠恕（将心比心）	1.5%	2.0%	2.0%
理智	0.4%	0.7%	0.7%
节制	1.8%	1.6%	1.6%
谦让	3.5%	2.2%	2.3%
勇敢	0.8%	0.6%	0.6%
正直	0.9%	1.2%	1.2%
善良	5.7%	5.7%	5.7%
孝敬	12.2%	16.5%	16.1%
敬业	0.3%	0.4%	0.4%
其他	0.5%	0.1%	0.1%
总计	100.0%	100.0%	100.0%
列总计	737	7908	8645

Chi-square test：df = 15，卡方值为 42.140，sig = 0.000 < 0.05，所以不同宗教信仰的居民在“您认为当今中国社会最重要和最需要的德性是？第一位”这一认知上差异显著。

C4b by A9

您认为当今中国社会最重要和最需要的德性是？第二位 ＊ 宗教信仰 Crosstabulation

	有宗教信仰	无宗教信仰	总计
爱（仁爱、博爱、友爱）	12.4%	10.7%	10.9%
义（道义、义务）	17.0%	11.1%	11.6%
宽容	7.1%	9.6%	9.4%
责任	12.6%	11.1%	11.2%
公正	10.1%	12.1%	11.9%
诚信	13.0%	16.1%	15.9%
忠恕（将心比心）	2.6%	4.1%	4.0%
理智	0.4%	1.3%	1.2%
节制	2.2%	2.3%	2.3%
谦让	2.1%	2.3%	2.2%
勇敢	1.4%	1.3%	1.3%
正直	2.2%	2.3%	2.3%
善良	7.5%	6.3%	6.4%
孝敬	8.1%	8.3%	8.2%
敬业	1.2%	1.2%	1.2%
其他	0.1%		
总计	100.0%	100.0%	100.0%
列总计	731	7894	8625

Chi-square test：df = 15，卡方值为 54.226，sig = 0.000 < 0.05，所以不同宗教信仰的居民在“您认为当今中国社会最重要和最需要的德性是？第二位”这一认知上差异显著。

C4c by A9

您认为当今中国社会最重要和最需要的德性是？第三位 ＊ 宗教信仰 Crosstabulation

	有宗教信仰	无宗教信仰	总计
爱（仁爱、博爱、友爱）	9.3%	5.8%	6.1%
义（道义、义务）	5.3%	4.6%	4.7%
宽容	17.4%	15.9%	16.1%
责任	13.4%	15.9%	15.7%
公正	7.7%	9.1%	9.0%

续表

	有宗教信仰	无宗教信仰	总计
诚信	13.0%	13.9%	13.8%
忠恕（将心比心）	4.8%	5.2%	5.2%
理智	3.8%	3.8%	3.8%
节制	2.2%	2.3%	2.3%
谦让	2.9%	3.5%	3.4%
勇敢	2.1%	1.9%	1.9%
正直	5.2%	4.6%	4.7%
善良	5.8%	5.7%	5.7%
孝敬	6.4%	6.2%	6.2%
敬业	0.7%	1.6%	1.5%
总计	100.0%	100.0%	100.0%
列总计	730	7877	8607

Chi-square test：df = 15，卡方值为 25.315，sig = 0.032 < 0.05，所以不同宗教信仰的居民在“您认为当今中国社会最重要和最需要的德性是？第三位”这一认知上差异显著。

C4d by A9

您认为当今中国社会最重要和最需要的德性是？第四位 ＊ 宗教信仰 Crosstabulation

	有宗教信仰	无宗教信仰	总计
爱（仁爱、博爱、友爱）	4.5%	4.8%	4.8%
义（道义、义务）	4.9%	4.1%	4.2%
宽容	8.6%	7.7%	7.8%
责任	15.0%	14.5%	14.6%
公正	8.2%	10.7%	10.5%
诚信	13.0%	11.9%	12.0%
忠恕（将心比心）	4.0%	3.4%	3.5%
理智	3.8%	3.9%	3.9%
节制	4.1%	3.7%	3.8%
谦让	6.0%	5.2%	5.3%
勇敢	2.5%	2.9%	2.9%
正直	3.4%	5.3%	5.2%
善良	11.4%	11.1%	11.1%
孝敬	8.6%	8.9%	8.9%

续表

	有宗教信仰	无宗教信仰	总计
敬业	1.8%	1.9%	1.9%
总计	100.0%	100.0%	100.0%
列总计	729	7853	8582

Chi-square test：df = 14，卡方值为 13.548，sig = 0.484 > 0.05，所以不同宗教信仰的居民在"您认为当今中国社会最重要和最需要的德性是？第四位"这一认知上差异不显著。

C4e by A9

您认为当今中国社会最重要和最需要的德性是？第五位 ＊ 宗教信仰 Crosstabulation

	有宗教信仰	无宗教信仰	总计
爱（仁爱、博爱、友爱）	5.5%	4.9%	5.0%
义（道义、义务）	4.7%	4.5%	4.5%
宽容	4.5%	5.3%	5.2%
责任	8.1%	7.7%	7.7%
公正	7.9%	8.1%	8.0%
诚信	11.2%	10.9%	10.9%
忠恕（将心比心）	5.1%	4.4%	4.4%
理智	3.7%	4.6%	4.5%
节制	3.2%	3.4%	3.3%
谦让	5.9%	6.5%	6.4%
勇敢	1.9%	3.5%	3.4%
正直	8.0%	7.8%	7.8%
善良	10.3%	9.9%	9.9%
孝敬	14.2%	13.6%	13.7%
敬业	5.8%	5.0%	5.0%
总计	100.0%	100.0%	100.0%
列总计	726	7816	8542

Chi-square test：df = 14，卡方值为 9.937，sig = 0.767 > 0.05，所以不同宗教信仰的居民在"您认为当今中国社会最重要和最需要的德性是？第五位"这一认知上差异不显著。

C5 by A9

一个制药厂做药品销售时，出资 50 万元请您向公众介绍自己服药后的良好效果，您过去服用这药时并没有效果，但也没有发现有很大的副作用，您将如何决

定 ＊ 宗教信仰 Crosstabulation

	有宗教信仰	无宗教信仰	总计
接受邀请，心安理得	10.7%	11.4%	11.3%
接受邀请，心里不安，但这笔巨款很有吸引力	22.8%	19.2%	19.6%
拒绝，这是虚假广告欺骗大众	65.7%	69.1%	68.8%
其他	0.8%	0.3%	0.4%
总计	100.0%	100.0%	100.0%
列总计	731	7847	8578

Chi-square test：df = 12，卡方值为 34.733，sig = 0.001 < 0.05，所以不同宗教信仰的居民在“一个制药厂做药品销售时，出资 50 万元请您向公众介绍自己服药后的良好效果，您过去服用这药时并没有效果，但也没有发现有很大的副作用，您将如何决定”的回答上存在显著差异。

C6 by A9

您正在申请一个重要的职位，如果具有两次以上在敬老院做义工的经历（不需要出具证据），将可能优先获得这个职位，您将如何决定 ＊ 宗教信仰 Crosstabulation

	有宗教信仰	无宗教信仰	总计
如实填报，没做过义工，今后多参加这类活动	73.6%	73.0%	73.1%
填报参加过两次义工，这机会太重要了，反正不需要出具证据	13.0%	15.2%	15.0%
先填报，交表之后去做两次义工	12.7%	11.4%	11.5%
其他	0.7%	0.4%	0.4%
总计	100.0%	100.0%	100.0%
列总计	734	7910	8644

Chi-square test：df = 16，卡方值为 37.082，sig = 0.000 < 0.05，所以不同宗教信仰的居民在“您正在申请一个重要的职位，如果具有两次以上在敬老院做义工的经历（不需要出具证据），将可能优先获得这个职位，您将如何决定”的回答上存在显著差异。

C7 by A9

如果您全权代表本单位与另一单位进行项目谈判，对方要求您给予一千万元的优惠，事成之后将您正在寻找工作的女儿安排到这一单位并且获得较好职位，您将如何决定 ＊ 宗教信仰 Crosstabulation

	有宗教信仰	无宗教信仰	总计
拒绝，不能以公谋私	76.8%	77.9%	77.8%
接受，女儿前途重要，并且我有权决定	22.1%	21.1%	21.1%

续表

	有宗教信仰	无宗教信仰	总计
其他	1.1%	1.0%	1.0%
总计	100.0%	100.0%	100.0%
列总计	724	7766	8490

Chi-square test：df = 2，卡方值为 0.518，sig = 0.772 > 0.05，所以不同宗教信仰的居民在“如果您全权代表本单位与另一单位进行项目谈判，对方要求您给予一千万元的优惠，事成之后将您正在寻找工作的女儿安排到这一单位并且获得较好职位，您将如何决定”的回答上没有显著差异。

C8 by A9

现在社会上有些人不守道德反而占了便宜，您会不会为了得到好处而效仿 * 宗教信仰 Crosstabulation

	有宗教信仰	无宗教信仰	总计
从来不这么做	48.2%	52.0%	51.7%
通常不这么做，关键时刻会这么做	27.5%	24.6%	24.8%
经常这么做	1.1%	0.9%	1.0%
相信善有善报，恶有恶报，终将会善恶报应	22.9%	22.3%	22.3%
其他	0.4%	0.2%	0.2%
总计	100.0%	100.0%	100.0%
列总计	735	7865	8600

Chi-square test：df = 4，卡方值为 5.940，sig = 0.204 > 0.05，所以不同宗教信仰的居民在“现在社会上有些人不守道德反而占了便宜，您会不会为了得到好处而效仿”的回答上不存在显著差异。

C9a by A9

下列说法您是否认同？目前大多数人将职业当作谋生的手段，缺乏责任感和奉献精神 * 宗教信仰 Crosstabulation

	有宗教信仰	无宗教信仰	总计
完全不同意	5.5%	4.9%	5.0%
不太同意	28.4%	27.9%	27.9%
比较同意	55.5%	55.7%	55.7%
完全同意	10.6%	11.5%	11.5%
总计	100.0%	100.0%	100.0%
列总计	687	7418	8105

Chi-square test：df = 3，卡方值为 0.996，sig = 0.802 > 0.05，所以不同宗教信仰的居民在“目前大多数人将职业当作谋生的手段，缺乏责任感和奉献精神”的回答上不存在显著差异。

C9b by A9

下列说法您是否认同？企业老板剥削员工，利益关系不公正 ＊ 宗教信仰 Crosstabulation

	有宗教信仰	无宗教信仰	总计
完全不同意	8.0%	6.1%	6.3%
不太同意	33.2%	34.5%	34.4%
比较同意	48.2%	50.3%	50.1%
完全同意	10.7%	9.1%	9.2%
总计	100.0%	100.0%	100.0%
列总计	666	7148	7814

Chi-square test：df = 3，卡方值为 5.908，sig = 0.116 > 0.05，所以不同宗教信仰的居民在“企业老板剥削员工，利益关系不公正”的回答上没有显著差异。

C9c by A9

下列说法您是否认同？老板和员工、上级和下级相互勾结，共同对社会不负责任 ＊ 宗教信仰 Crosstabulation

	有宗教信仰	无宗教信仰	总计
完全不同意	11.9%	9.7%	9.8%
不太同意	43.8%	43.6%	43.7%
比较同意	37.0%	38.6%	38.4%
完全同意	7.3%	8.1%	8.1%
总计	100.0%	100.0%	100.0%
列总计	657	7013	7670

Chi-square test：df = 3，卡方值为 3.923，sig = 0.270 > 0.05，所以不同宗教信仰的居民在“老板和员工、上级和下级相互勾结，共同对社会不负责任”的回答上不存在显著差异。

C9d by A9

下列说法您是否认同？是否离婚主要考虑自己的感受和利益 ＊ 宗教信仰 Crosstabulation

	有宗教信仰	无宗教信仰	总计
完全不同意	25.0%	20.7%	21.1%
不太同意	40.1%	45.2%	44.8%
比较同意	27.0%	27.4%	27.4%

续表

	有宗教信仰	无宗教信仰	总计
完全同意	7.9%	6.7%	6.8%
总计	100.0%	100.0%	100.0%
列总计	693	7414	8107

Chi-square test：df = 3，卡方值为 10.585，sig = 0.014 < 0.05，所以不同宗教信仰的居民在“是否离婚主要考虑自己的感受和利益”的回答上存在显著差异。

C9e by A9

下列说法您是否认同？是否离婚应该从家庭整体（包括子女）考虑 * 宗教信仰 Crosstabulation

	有宗教信仰	无宗教信仰	总计
完全不同意	3.0%	1.8%	1.9%
不太同意	15.1%	12.6%	12.8%
比较同意	48.2%	55.1%	54.5%
完全同意	33.7%	30.6%	30.8%
总计	100.0%	100.0%	100.0%
列总计	703	7504	8207

Chi-square test：df = 3，卡方值为 15.940，sig = 0.001 < 0.05，所以不同宗教信仰的居民在“是否离婚应该从家庭整体（包括子女）考虑”的回答上存在显著差异。

C9f by A9

下列说法您是否认同？婚姻是社会的事，应当兼顾社会评价和社会后果 * 宗教信仰 Crosstabulation

	有宗教信仰	无宗教信仰	总计
完全不同意	7.4%	5.4%	5.6%
不太同意	25.5%	27.3%	27.1%
比较同意	48.7%	52.5%	52.2%
完全同意	18.4%	14.9%	15.2%
总计	100.0%	100.0%	100.0%
列总计	679	7024	7883

Chi-square test：df = 3，卡方值为 11.946，sig = 0.008 < 0.05，所以不同宗教信仰的居民在“婚姻是社会的事，应当兼顾社会评价和社会后果”的回答上存在显著差异。

C9g by A9

下列说法您是否认同？婚姻应当是自由的，如果有更满意或更合适的人就与现在的配偶离婚 ＊ 宗教信仰 Crosstabulation

	有宗教信仰	无宗教信仰	总计
完全不同意	43.2%	36.0%	36.6%
不太同意	36.9%	41.9%	41.4%
比较同意	17.2%	19.3%	19.1%
完全同意	2.7%	2.9%	2.8%
总计	100.0%	100.0%	100.0%
列总计	708	7635	8343

Chi-square test：df = 3，卡方值为 14.657，sig = 0.006 < 0.05，所以不同宗教信仰的居民在“婚姻应当是自由的，如果有更满意或更合适的人就与现在的配偶离婚”的回答上存在显著差异。

C9h by A9

下列说法您是否认同？婚姻意味着责任，要考虑给对方造成什么后果，不能轻率地选择离婚 ＊ 宗教信仰 Crosstabulation

	有宗教信仰	无宗教信仰	总计
完全不同意	1.7%	1.4%	1.4%
不太同意	13.2%	10.2%	10.5%
比较同意	47.4%	53.7%	53.1%
完全同意	37.7%	34.7%	35.0%
总计	100.0%	100.0%	100.0%
列总计	713	7678	8391

Chi-square test：df = 3，卡方值为 12.401，sig = 0.006 < 0.05，所以不同宗教信仰的居民在“婚姻意味着责任，要考虑给对方造成什么后果，不能轻率地选择离婚”的回答上存在显著差异。

C9i by A9

下列说法您是否认同？遇到困难的时候，兄弟姐妹通常都会给予力所能及的帮助 ＊ 宗教信仰 Crosstabulation

	有宗教信仰	无宗教信仰	总计
完全不同意	1.0%	1.1%	1.1%
不太同意	10.3%	8.6%	8.8%
比较同意	53.6%	48.9%	49.3%
完全同意	35.1%	41.4%	40.8%

续表

	有宗教信仰	无宗教信仰	总计
总计	100.0%	100.0%	100.0%
列总计	729	7737	8466

Chi-square test：df = 3，卡方值为 11.715，sig = 0.008 < 0.05，所以不同宗教信仰的居民在“遇到困难的时候，兄弟姐妹通常都会给予力所能及的帮助”的回答上存在显著差异。

C9j by A9

下列说法您是否认同？无论父母对自己如何，都应当尽赡养义务 ＊ 宗教信仰 Crosstabulation

	有宗教信仰	无宗教信仰	总计
完全不同意	1.5%	1.2%	1.2%
不太同意	6.6%	6.7%	6.7%
比较同意	38.1%	37.4%	37.4%
完全同意	53.8%	54.7%	54.6%
总计	100.0%	100.0%	100.0%
列总计	727	7763	8490

Chi-square test：df = 3，卡方值为 0.807，sig = 0.848 > 0.05，所以不同宗教信仰的居民在“无论父母对自己如何，都应当尽赡养义务”的回答上不存在显著差异。

C9k by A9

下列说法您是否认同？为了家庭利益可以一定程度上牺牲国家利益 ＊ 宗教信仰 Crosstabulation

	有宗教信仰	无宗教信仰	总计
完全不同意	18.9%	19.7%	19.6%
不太同意	51.5%	51.5%	51.5%
比较同意	23.8%	23.4%	23.4%
完全同意	5.8%	5.5%	5.5%
总计	100.0%	100.0%	100.0%
列总计	651	7100	7751

Chi-square test：df = 12，卡方值为 0.407，sig = 0.939 > 0.05，所以不同宗教信仰的居民在“为了家庭利益可以一定程度上牺牲国家利益”的回答上不存在显著差异。

C91 by A9

下列说法您是否认同？为了国家利益可以一定程度上牺牲家庭利益 ＊ 宗教信仰 Crosstabulation

	有宗教信仰	无宗教信仰	总计
完全不同意	8.0%	10.1%	9.9%
不太同意	24.3%	30.6%	30.0%
比较同意	49.3%	43.6%	44.1%
完全同意	18.4%	15.7%	15.9%
总计	100.0%	100.0%	100.0%
列总计	647	6984	7631

Chi-square test：df = 3，卡方值为 17.421，sig = 0.000 < 0.05，所以不同宗教信仰的居民在“为了国家利益可以一定程度上牺牲家庭利益”的回答上存在显著差异。

C10 by A9

假设您的上司或老板是外国人，他侮辱了中国，但抗争会产生不利于自己的后果，您会选择 ＊ 宗教信仰 Crosstabulation

	有宗教信仰	无宗教信仰	总计
当面抗议	62.0%	63.0%	62.9%
保持沉默	20.4%	19.8%	19.8%
暗地里报复	3.1%	2.3%	2.3%
以屈求伸，背后骂几句就行了	9.3%	9.4%	9.4%
无所谓	5.2%	5.5%	5.5%
总计	100.0%	100.0%	100.0%
列总计	734	7787	8611

Chi-square test：df = 4，卡方值为 2.627，sig = 0.622 > 0.05，所以不同宗教信仰的居民在“假设您的上司或老板是外国人，他侮辱了中国，但抗争会产生不利于自己的后果，您会选择”的回答上不存在显著差异。

C11 by A9

如果条件允许的话，您希望您的孩子生活在国内，还是到国外定居 ＊ 宗教信仰 Crosstabulation

	有宗教信仰	无宗教信仰	总计
还是在国内生活好	48.4%	47.5%	47.6%
到国外定居	13.2%	12.2%	12.3%

续表

	有宗教信仰	无宗教信仰	总计
走一步看一步	17.7%	13.6%	13.9%
没考虑过	20.7%	26.7%	26.2%
总计	100.0%	100.0%	100.0%
列总计	728	7853	8581

Chi-square test：df = 3，卡方值为 17.756，sig = 0.000 < 0.05，所以不同宗教信仰的居民在"如果条件允许的话，您希望您的孩子生活在国内，还是到国外定居"的回答上存在显著差异。

C12a by A9

您常常体验到自己身上有一种"伦理感"的存在吗？人与人之间 * 宗教信仰 Crosstabulation

	有宗教信仰	无宗教信仰	总计
没有，只感受到自己实实在在的生活	23.9%	23.9%	23.9%
偶尔有，但主要是因为那种情况下我的利益与它高度一致	33.5%	34.3%	34.2%
偶尔有，是在受某种作品或生活情境的影响之后	17.5%	22.0%	21.6%
时常有，它是一种内在的信念	25.0%	19.8%	20.3%
总计	100.0%	100.0%	100.0%
列总计	731	7710	8441

Chi-square test：df = 3，卡方值为 15.231，sig = 0.000 < 0.05，所以不同宗教信仰的居民在"您常常体验到自己身上有一种'伦理感'的存在吗？人与人之间"的回答上存在显著差异。

C12b by A9

您常常体验到自己身上有一种"伦理感"的存在吗？家庭 * 宗教信仰 Crosstabulation

	有宗教信仰	无宗教信仰	总计
没有，只感受到自己实实在在的生活	20.4%	18.8%	19.0%
偶尔有，但主要是因为那种情况下我的利益与它高度一致	24.2%	22.6%	22.7%
偶尔有，是在受某种作品或生活情境的影响之后	20.1%	21.9%	21.8%
时常有，它是一种内在的信念	35.2%	36.7%	36.5%
总计	100.0%	100.0%	100.0%
列总计	730	7706	8436

Chi-square test：df = 3，卡方值为 3.041，sig = 0.385 > 0.05，所以不同宗教信仰的居民在"您常常体验到自己身上有一种'伦理感'的存在吗？家庭"的回答上不存在显著差异。

C12c by A9

您常常体验到自己身上有一种“伦理感”的存在吗？单位 ＊ 宗教信仰 Crosstabulation

	有宗教信仰	无宗教信仰	总计
没有，只感受到自己实实在在的生活	29.2%	26.2%	26.4%
偶尔有，但主要是因为那种情况下我的利益与它高度一致	28.1%	34.3%	33.7%
偶尔有，是在受某种作品或生活情境的影响之后	29.2%	27.1%	27.3%
时常有，它是一种内在的信念	13.4%	12.5%	12.5%
总计	100.0%	100.0%	100.0%
列总计	715	7574	8289

Chi-square test：df = 3，卡方值为 11.257，sig ＝0.010 < 0.05，所以不同宗教信仰的居民在“您常常体验到自己身上有一种‘伦理感’的存在吗？单位”的回答上存在显著差异。

C12d by A9

您常常体验到自己身上有一种“伦理感”的存在吗？社区、城市 ＊ 宗教信仰 Crosstabulation

	有宗教信仰	无宗教信仰	总计
没有，只感受到自己实实在在的生活	34.2%	31.5%	31.7%
偶尔有，但主要是因为那种情况下我的利益与它高度一致	26.2%	29.2%	28.9%
偶尔有，是在受某种作品或生活情境的影响之后	25.1%	24.5%	24.6%
时常有，它是一种内在的信念	14.5%	14.8%	14.7%
总计	100.0%	100.0%	100.0%
列总计	729	7687	8416

Chi-square test：df = 3，卡方值为 3.621，sig ＝0.305 > 0.05，所以不同宗教信仰的居民在“您常常体验到自己身上有一种‘伦理感’的存在吗？社区、城市”的回答上不存在显著差异。

C13 by A9

您常常体验到自己身上有一种“道德感”的存在和满足吗 ＊ 宗教信仰 Crosstabulation

	有宗教信仰	无宗教信仰	总计
没有，只是凭自己的感觉和利益办事	26.4%	27.1%	27.0%
在有监督的环境中或有别人在场时有，其他环境中没有	11.3%	14.2%	13.9%
经常有，问心无愧、不做亏心事最重要	36.0%	33.6%	33.8%
没有特别的感觉，但从来不做不道德的事	26.0%	24.9%	25.0%

续表

	有宗教信仰	无宗教信仰	总计
其他	0.4%	0.3%	0.3%
总计	100.0%	100.0%	100.0%
列总计	736	7834	8570

Chi-square test：df = 4，卡方值为 6.179，sig = 0.186 > 0.05，所以不同宗教信仰的居民在“您常常体验到自己身上有一种‘道德感’的存在和满足吗”的回答上不存在显著差异。

C14 by A9

您认为国家对于个人存在的意义是 * 宗教信仰 Crosstabulation

	有宗教信仰	无宗教信仰	总计
国家离我们很遥远，个人最重要	21.3%	24.2%	24.0%
国家最重要，是我们的安身之地，国家富强个人才能过得好	78.0%	75.5%	75.7%
其他	0.7%	0.2%	0.3%
总计	100.0%	100.0%	100.0%
列总计	736	7881	8617

Chi-square test：df = 2，卡方值为 8.055，sig = 0.018 < 0.05，所以不同宗教信仰的居民在“您认为国家对于个人存在的意义是”的回答上存在显著差异。

C15 by A9

您认为对社会生活而言，个体德性和社会公正哪个更重要 * 宗教信仰 Crosstabulation

	有宗教信仰	无宗教信仰	总计
个体德性最重要	17.8%	18.0%	18.0%
社会公正最重要	26.7%	31.5%	31.1%
二者应当统一，但二者矛盾时应先追求个体德性	26.4%	28.1%	28.0%
二者应当统一，但二者矛盾时应先追求社会公正	29.1%	22.4%	23.0%
总计	100.0%	100.0%	100.0%
列总计	731	7819	8550

Chi-square test：df = 3，卡方值为 18.920，sig = 0.000 < 0.05，所以不同宗教信仰的居民在“您认为对社会生活而言，个体德性和社会公正哪个更重要”的回答上存在显著差异。

C16 by A9

在公共生活中，个人之所以要遵守道德，是因为 ＊ 宗教信仰 Crosstabulation

	有宗教信仰	无宗教信仰	总计
遵守道德有利于自身利益的实现	19.0%	22.7%	22.4%
个人是社会的一分子，应当遵守道德	45.4%	41.2%	41.6%
遵守道德社会才能有序和美好	26.1%	27.2%	27.2%
不遵守道德会被别人议论或谴责	9.3%	8.6%	8.6%
其他	0.3%	0.2%	0.2%
总计	100.0%	100.0%	100.0%
列总计	732	7872	8604

Chi-square test：df = 4，卡方值为 7.624，sig = 0.106 > 0.05，所以不同宗教信仰的居民在“在公共生活中，个人之所以要遵守道德，是因为”的回答上不存在显著差异。

C17 by A9

关于职业劳动的说法，您最认同的是 ＊ 宗教信仰 Crosstabulation

	有宗教信仰	无宗教信仰	总计
职业劳动是个人和家庭谋生的手段	51.6%	55.4%	55.0%
职业劳动是为社会创造财富	26.5%	25.1%	25.2%
职业劳动是个人兴趣和价值实现的方式	21.4%	19.2%	19.4%
其他	0.5%	0.3%	0.3%
总计	100.0%	100.0%	100.0%
列总计	735	7868	8603

Chi-square test：df = 3，卡方值为 4.9，sig = 0.179 > 0.05，所以不同宗教信仰的居民在“关于职业劳动的说法，最认同的是”的回答上不存在显著差异。

C18a by A9

您认为造成有些人忧郁、自杀的原因是？欲望过多过大，不能知足常乐 ＊ 宗教信仰 Crosstabulation

	有宗教信仰	无宗教信仰	总计
未选中	66.3%	65.8%	65.8%
选中	33.8%	34.2%	34.2%
总计	100.0%	100.0%	100.0%
列总计	720	7481	8201

Chi-square test：df = 1，卡方值为 1.289，sig = 0.256 > 0.05，所以不同宗教信仰的居民在“您认为造成有些人忧郁、自杀的原因是？欲望过多过大，不能知足常乐”的回答上不存在显著差异。

C18b by A9

您认为造成有些人忧郁、自杀的原因是？对自己和未来没有把握 ＊ 宗教信仰 Crosstabulation

	有宗教信仰	无宗教信仰	总计
未选中	72.1%	70.1%	70.2%
选中	27.9%	29.9%	29.8%
总计	100.0%	100.0%	100.0%
列总计	720	7481	8201

Chi-square test：df = 4，卡方值为 23.407，sig = 0.000 < 0.05，所以不同宗教信仰的居民在“您认为造成有些人忧郁、自杀的原因是？对自己和未来没有把握”的回答上存在显著差异。

C18c by A9

您认为造成有些人忧郁、自杀的原因是？竞争激烈，工作压力过大，身心疲惫 ＊ 宗教信仰 Crosstabulation

	有宗教信仰	无宗教信仰	总计
未选中	55.4%	55.7%	55.7%
选中	44.6%	44.3%	44.3%
总计	100.0%	100.0%	100.0%
列总计	720	7481	8201

Chi-square test：df = 1，卡方值为 0.205，sig = 0.651 > 0.05，所以不同宗教信仰的居民在“您认为造成有些人忧郁、自杀的原因是？竞争激烈，工作压力过大，身心疲惫”的回答上不存在显著差异。

C18d by A9

您认为造成有些人忧郁、自杀的原因是？人与人之间缺乏信任感，人际关系紧张 ＊ 宗教信仰 Crosstabulation

	有宗教信仰	无宗教信仰	总计
未选中	67.1%	66.2%	66.3%
选中	32.9%	33.8%	33.7%
总计	100.0%	100.0%	100.0%
列总计	720	7481	8201

Chi-square test：df = 4，卡方值为 9.743，sig = 0.651 > 0.05，所以不同宗教信仰的居民在“您认为造成有些人忧郁、自杀的原因是？人与人之间缺乏信任感，人际关系紧张”的回答上不存在显著差异。

C18e by A9

您认为造成有些人忧郁、自杀的原因是？有烦恼很难找到人倾诉和排解 ＊ 宗教信仰 Crosstabulation

	有宗教信仰	无宗教信仰	总计
未选中	72.2%	71.7%	71.8%
选中	27.8%	28.3%	28.2%
总计	100.0%	100.0%	100.0%
列总计	720	7481	8201

Chi-square test：df = 1，卡方值为 1.063，sig = 0.302 > 0.05，所以不同宗教信仰的居民在“您认为造成有些人忧郁、自杀的原因是？有烦恼很难找到人倾诉和排解”的回答上不存在显著差异。

C18f by A9

您认为造成有些人忧郁、自杀的原因是？个人的文化底蕴和文化积累不够，缺乏自我理解和自我调节能力 ＊ 宗教信仰 Crosstabulation

	有宗教信仰	无宗教信仰	总计
未选中	73.8%	75.5%	75.3%
选中	26.3%	24.5%	24.7%
总计	100.0%	100.0%	100.0%
列总计	720	7481	8201

Chi-square test：df = 4，卡方值为 6.656，sig = 0.155 > 0.05，所以不同宗教信仰的居民在“您认为造成有些人忧郁、自杀的原因是？个人的文化底蕴和文化积累不够，缺乏自我理解和自我调节能力”的回答上不存在显著差异。

C18g by A9

您认为造成有些人忧郁、自杀的原因是？现代人缺乏安顿自己、化解内心矛盾的能力 ＊ 宗教信仰 Crosstabulation

	有宗教信仰	无宗教信仰	总计
未选中	77.6%	75.7%	75.8%
选中	22.4%	24.3%	24.2%
总计	100.0%	100.0%	100.0%
列总计	720	7481	8201

Chi-square test：df = 1，卡方值为 1.406，sig = 0.236 > 0.05，所以不同宗教信仰的居民在“您认为造成有些人忧郁、自杀的原因是？现代人缺乏安顿自己、化解内心矛盾的能力”的回答上不存在显著差异。

C18h by A9

您认为造成有些人忧郁、自杀的原因是？缺乏道德公正，没有道德的人总是占便宜 * 宗教信仰 Crosstabulation

	有宗教信仰	无宗教信仰	总计
未选中	85.4%	86.2%	86.1%
选中	14.6%	13.8%	13.9%
总计	100.0%	100.0%	100.0%
列总计	720	7481	8201

Chi-square test：df = 1，卡方值为 0.330，sig = 0.566 > 0.05，所以不同宗教信仰的居民在“您认为造成有些人忧郁、自杀的原因是？缺乏道德公正，没有道德的人总是占便宜”的回答上不存在显著差异。

C18i by A9

您认为造成有些人忧郁、自杀的原因是？缺乏理想和信念支持，精神没有寄托和归宿 * 宗教信仰 Crosstabulation

	有宗教信仰	无宗教信仰	总计
未选中	75.6%	82.2%	81.6%
选中	24.4%	17.8%	18.4%
总计	100.0%	100.0%	100.0%
列总计	720	7481	8201

Chi-square test：df = 4，卡方值为 19.118，sig = 0.001 < 0.05，所以不同宗教信仰的居民在“您认为造成有些人忧郁、自杀的原因是？缺乏理想和信念支持，精神没有寄托和归宿”的回答上存在显著差异。

C18j by A9

您认为造成有些人忧郁、自杀的原因是？生活压力大 * 宗教信仰 Crosstabulation

	有宗教信仰	无宗教信仰	总计
未选中	64.0%	60.5%	60.8%
选中	36.0%	39.5%	39.2%
总计	100.0%	100.0%	100.0%
列总计	720	7481	8201

Chi-square test：df = 1，卡方值为 3.507，sig = 0.061 > 0.05，所以不同宗教信仰的居民在“您认为造成有些人忧郁、自杀的原因是？生活压力大”的回答上不存在显著差异。

C18k by A9

您认为造成有些人忧郁、自杀的原因是？生活孤独无聊 ＊ 宗教信仰 Crosstabulation

	有宗教信仰	无宗教信仰	总计
未选中	91.9%	91.3%	91.3%
选中	8.1%	8.7%	8.7%
总计	100.0%	100.0%	100.0%
列总计	720	7481	8201

Chi-square test：df = 1，卡方值为 0.376，sig = 0.540 > 0.05，所以不同宗教信仰的居民在“您认为造成有些人忧郁、自杀的原因是？生活孤独无聊”的回答上不存在显著差异。

C19a by A9

如果您与家庭成员之间发生重大利益冲突，您会 ＊ 宗教信仰 Crosstabulation

	有宗教信仰	无宗教信仰	总计
诉诸法律，打官司	1.9%	1.1%	1.2%
直接找对方沟通但得理让人，适可而止	57.8%	51.2%	51.7%
通过第三方（如社会机构、朋友等）从中调解，尽量不伤和气	14.8%	13.7%	13.8%
能忍则忍	25.4%	34.0%	33.3%
总计	100.0%	100.0%	100.0%
列总计	721	7583	8304

Chi-square test：df = 3，卡方值为 25.205，sig = 0.001 < 0.05，所以不同宗教信仰的居民在“如果您与家庭成员之间发生重大利益冲突，您会”的回答上存在显著差异。

C19b by A9

如果您与朋友之间发生重大利益冲突，您会 ＊ 宗教信仰 Crosstabulation

	有宗教信仰	无宗教信仰	总计
诉诸法律，打官司	1.5%	1.9%	1.9%
直接找对方沟通但得理让人，适可而止	53.0%	48.0%	48.4%
通过第三方（如社会机构、朋友等）从中调解，尽量不伤和气	30.9%	29.0%	29.2%
能忍则忍	14.6%	21.0%	20.5%
总计	100.0%	100.0%	100.0%
列总计	728	7712	8440

Chi-square test：df = 12，卡方值为 18.502，sig = 0.000 < 0.05，所以不同宗教信仰的居民在“如果您与朋友之间发生重大利益冲突，您会”的回答上存在显著差异。

C19c by A9

如果您与同事之间发生重大利益冲突，您会 * 宗教信仰 Crosstabulation

	有宗教信仰	无宗教信仰	总计
诉诸法律，打官司	2.5%	3.5%	3.5%
直接找对方沟通但得理让人，适可而止	47.6%	43.0%	43.4%
通过第三方（如社会机构、朋友等）从中调解，尽量不伤和气	37.4%	39.7%	39.5%
能忍则忍	12.5%	13.8%	13.7%
总计	100.0%	100.0%	100.0%
列总计	639	6766	7405

Chi-square test：df = 12，卡方值为 6.172，sig = 0.104 > 0.05，所以不同宗教信仰的居民在“如果您与同事之间发生重大利益冲突，您会”的回答上不存在显著差异。

C19d by A9

如果您与商业伙伴之间发生重大利益冲突，您会 * 宗教信仰 Crosstabulation

	有宗教信仰	无宗教信仰	总计
诉诸法律，打官司	35.6%	30.8%	31.2%
直接找对方沟通但得理让人，适可而止	25.2%	27.2%	27.1%
通过第三方（如社会机构、朋友等）从中调解，尽量不伤和气	28.1%	31.9%	31.6%
能忍则忍	11.1%	10.0%	10.1%
总计	100.0%	100.0%	100.0%
列总计	551	5946	6497

Chi-square test：df = 3，卡方值为 7.258，sig = 0.064 > 0.05，所以不同宗教信仰的居民在“如果您与商业伙伴之间发生重大利益冲突，您会”的回答上不存在显著差异。

C20 by A9

您认为在自己的成长中得到道德训练的最重要场所或机构是 * 宗教信仰 Crosstabulation

	有宗教信仰	无宗教信仰	总计
家庭	32.3%	33.8%	33.6%
学校	28.8%	26.1%	26.3%
社会（如工作单位、社区等）	29.2%	33.8%	33.4%
国家或政府	4.1%	3.1%	3.2%
媒体	1.5%	1.1%	1.1%
其他	4.1%	2.2%	2.4%

续表

	有宗教信仰	无宗教信仰	总计
总计	100.0%	100.0%	100.0%
列总计	739	7910	8649

Chi-square test：df = 5，卡方值为 19.210，sig = 0.000 < 0.05，所以不同宗教信仰的居民在“自己的成长中得到道德训练的最重要场所或机构”的回答上存在显著差异。

C21 by A9

您的思想行为受什么人影响最大 ＊ 宗教信仰 Crosstabulation

	有宗教信仰	无宗教信仰	总计
政府官员	18.7%	20.8%	20.6%
企业家	16.2%	16.7%	16.6%
演艺明星	5.0%	3.5%	3.6%
教师	42.1%	46.1%	45.8%
知识精英	11.6%	12.0%	12.0%
公众人物	13.0%	14.9%	14.8%
农民	8.9%	10.7%	10.5%
工人	1.9%	2.7%	2.6%
先哲先贤	15.2%	15.5%	15.5%
父母	69.0%	73.7%	73.3%
网络大 V	2.9%	3.1%	3.1%
宗教人士	8.9%	0.8%	1.5%
列总计	722	7543	8265

据上表所示，不同宗教信仰的居民对于“自己的思想行为受什么人影响最大”的回答不存在显著差异。

C22 by A9

影响您道德判断和道德选择的最主要的因素是 ＊ 宗教信仰 Crosstabulation

	有宗教信仰	无宗教信仰	总计
自己的良心	70.5%	68.6%	68.8%
大多数人持有的观点	34.3%	37.4%	37.1%
公众人士和权威人物的观点	6.5%	8.1%	8.0%
国外媒体的观点	3.0%	4.1%	4.0%
自己的利益	13.7%	15.2%	15.1%
他人的评价	5.5%	7.6%	7.4%

续表

	有宗教信仰	无宗教信仰	总计
社会后果	16.6%	15.4%	15.5%
大多数人认可的道德规范	13.2%	15.5%	15.3%
先贤教导	6.9%	4.5%	4.7%
“朋友圈”的观点	0.3%	0.8%	0.8%
列总计	725	7665	8390

据上表所示，不同宗教信仰的居民对“影响道德判断和道德选择的最主要因素”的回答不存在显著差异。

C23 by A9

现在经常有一些网民在网络上曝光别人的隐私，您怎么看待这种行为 ＊ 宗教信仰 Crosstabulation

	有宗教信仰	无宗教信仰	总计
这是违法行为，应该制止	35.6%	36.5%	36.4%
这是不道德行为，应该进行谴责	43.6%	44.5%	44.4%
这是社会监督的重要途径，不必完全禁止，但需要规范和引导	19.0%	16.9%	17.1%
这是网民的自由，别人不应该干涉	1.8%	2.1%	2.1%
总计	100.0%	100.0%	100.0%
列总计	683	7362	8045

Chi-square test：df = 3，卡方值为 2.357，sig = 0.502 > 0.05，所以不同宗教信仰的居民在“现在经常有一些网民在网络上曝光别人的隐私，您怎么看待这种行为”的回答上不存在显著差异。

C24a by A9

您最近两年是否参加过以下活动？志愿者活动 ＊ 宗教信仰 Crosstabulation

	有宗教信仰	无宗教信仰	总计
是	16.5%	15.6%	15.7%
否	83.5%	84.4%	84.3%
总计	100.0%	100.0%	100.0%
列总计	734	7898	8632

Chi-square test：df = 4，卡方值为 0.376，sig = 0.540 > 0.05，所以不同宗教信仰的居民在“最近两年是否参加过志愿者活动”的回答上不存在显著差异。

C24b by A9

您参加的频率：志愿者活动 ＊ 宗教信仰 Crosstabulation

	有宗教信仰	无宗教信仰	总计
从来没有	83.5%	84.4%	84.3%
参加过一两次	7.1%	7.9%	7.8%
偶尔参加一次	6.9%	6.0%	6.1%
经常参加	2.5%	1.7%	1.8%
总计	100.0%	100.0%	100.0%
列总计	734	7898	8632

Chi-square test：df = 3，卡方值为 3.39，sig ＝0.335 > 0.05，所以不同宗教信仰的居民在“参加志愿者活动的频率”的回答上不存在显著差异。

C24c by A9

您最近两年是否参加过以下活动？无偿献血 ＊ 宗教信仰 Crosstabulation

	有宗教信仰	无宗教信仰	总计
是	15.6%	13.9%	14.1%
否	84.4%	86.1%	85.9%
总计	100.0%	100.0%	100.0%
列总计	735	7903	8638

Chi-square test：df = 3，卡方值为 2.290，sig ＝0.514 > 0.05，所以不同宗教信仰的居民在“最近两年是否参加过无偿献血活动”的回答上不存在显著差异。

C24d by A9

您参加的频率：无偿献血 ＊ 宗教信仰 Crosstabulation

	有宗教信仰	无宗教信仰	总计
从来没有	84.4%	86.1%	85.9%
参加过一两次	8.0%	7.5%	7.5%
偶尔参加一次	6.4%	5.6%	5.6%
经常参加	1.2%	0.9%	0.9%
总计	100.0%	100.0%	100.0%
列总计	735	79030	8638

Chi-square test：df = 12，卡方值为 2.290，sig ＝0.51 > 0.05，所以不同宗教信仰的居民在“参加无偿献血的频率”的回答上不存在显著差异。

C24e by A9

您最近两年是否参加过以下活动？捐款、捐物 ＊ 宗教信仰 Crosstabulation

	有宗教信仰	无宗教信仰	总计
是	38.2%	34.6%	34.9%
否	61.8%	65.4%	65.1%
总计	100.0%	100.0%	100.0%
列总计	735	7903	8638

Chi-square test：df = 1，卡方值为 3.942，sig = 0.047 < 0.05，所以不同宗教信仰的居民在“最近两年是否参加过捐款、捐物活动”的回答上存在显著差异。

C24f by A9

您参加的频率：捐款、捐物 ＊ 宗教信仰 Crosstabulation

	有宗教信仰	无宗教信仰	总计
从来没有	61.8%	65.4%	65.1%
参加过一两次	16.5%	14.5%	14.6%
偶尔参加一次	14.0%	15.5%	15.4%
经常参加	7.8%	4.6%	4.9%
总计	100.0%	100.0%	100.0%
列总计	735	7903	8638

Chi-square test：df = 3，卡方值为 18.039，sig = 0.000 < 0.05，所以不同宗教信仰的居民在“参加捐款、捐物的频率”的回答上存在显著差异。

C25 by A9

目前中国社会的两性关系日益开放，它对社会风尚的影响 ＊ 宗教信仰 Crosstabulation

	有宗教信仰	无宗教信仰	总计
是社会进步的表现	14.5%	13.9%	14.0%
两性关系混乱必然导致道德沦丧、污染社会风气	51.2%	50.8%	50.9%
个人选择，无所谓好坏	33.3%	34.9%	34.8%
其他	1.0%	0.3%	0.4%
总计	100.0%	100.0%	100.0%
列总计	724	7733	8457

Chi-square test：df = 3，卡方值为 9.062，sig = 0.028 < 0.05，所以不同宗教信仰的居民在对“目前中国社会的两性关系日益开放，它对社会风尚的影响”的回答上存在显著差异。

C26 by A9

您对一些重要事情所持的观点和看法与其他人一致的时候有多少 ＊ 宗教信仰 Crosstabulation

	有宗教信仰	无宗教信仰	总计
非常少	4.0%	5.3%	5.1%
比较少	11.7%	13.8%	13.6%
一般	38.5%	42.6%	42.3%
比较多	38.2%	33.2%	33.6%
非常多	7.6%	5.1%	5.3%
总计	100.0%	100.0%	100.0%
列总计	683	7305	7985

Chi-square test：df = 4，卡方值为 18.483，sig = 0.001 < 0.05，所以不同宗教信仰的居民在对“您对一些重要事情所持的观点和看法与其他人一致的时候有多少”的回答上存在显著差异。

C27 by A9

您对待目前社会上一部分人的奢侈消费行为的态度是 ＊ 宗教信仰 Crosstabulation

	有宗教信仰	无宗教信仰	总计
钞票是他们自己的，他们愿意怎么花就怎么花	38.4%	40.3%	40.2%
他们应该遵守勤俭的传统美德，适度消费	45.5%	43.7%	43.9%
过度消费行为只要对别人无害，就不应干涉	16.1%	15.8%	15.8%
其他		0.2%	0.1%
总计	100.0%	100.0%	100.0%
列总计	737	7891	8628

Chi-square test：df = 2.274，卡方值为 136.105，sig = 0.514 > 0.05，所以不同宗教信仰的居民在“您对待目前社会上一部分人的奢侈消费行为的态度是”的回答上不存在显著差异。

C28 by A9

孝敬、礼让、仁爱、节俭等优良传统，您认为现在还需要这些吗 ＊ 宗教信仰 Crosstabulation

	有宗教信仰	无宗教信仰	总计
这些好传统什么时候都不能丢	76.5%	78.1%	78.0%
可有可无	10.1%	8.9%	9.0%
已经过时，没必要讲这些	6.0%	5.4%	5.5%

续表

	有宗教信仰	无宗教信仰	总计
有些要，有些不要	7.5%	7.6%	7.6%
总计	100.0%	100.0%	100.0%
列总计	736	7922	8658

Chi-square test：df = 3，卡方值为 1.671，sig = 0.643 > 0.05，所以不同宗教信仰的居民在对“孝敬、礼让、仁爱、节俭等优良传统是否还需要”的回答上不存在显著差异。

C29 by A9

民族英雄和新时期的先进人物的精神还值得在全社会大力倡导吗 * 宗教信仰 Crosstabulation

	有宗教信仰	无宗教信仰	总计
我很佩服他们，现在社会就缺这种精神，要加大宣传	64.1%	59.2%	59.6%
以前知道一些，现在不太关注了	22.1%	25.4%	25.1%
时过境迁，这些典型的影响力越来越小，没太多人关心了	11.0%	11.5%	11.5%
不知道，也不关心	2.7%	3.9%	3.8%
总计	100.0%	100.0%	100.0%
列总计	739	7909	8645

Chi-square test：df = 3，卡方值为 8.277，sig = 0.000 < 0.041，所以不同宗教信仰的居民在对“民族英雄和新时期的先进人物的精神是否还值得在全社会大力倡导”的回答上存在显著差异。

C30 by A9

当在公交车上遇到小偷正在偷乘客钱包时，您会选择以下哪种做法 * 宗教信仰 Crosstabulation

	有宗教信仰	无宗教信仰	总计
马上冲上去制止	21.9%	19.3%	19.5%
出于害怕，装作什么都没有看到	9.8%	12.3%	12.1%
不敢直接与小偷对抗，但以适当方式悄悄提醒当事人或报警	58.6%	61.0%	60.8%
只要偷的不是我，不用多管闲事，免得惹麻烦	8.4%	6.7%	6.9%
其他	1.2%	0.7%	0.7%
总计	100.0%	100.0%	100.0%
列总计	734	7892	8626

Chi-square test：df = 4，卡方值为 12.328，sig = 0.015 < 0.05，所以不同宗教信仰的居民在“当在公交车上遇到小偷正在偷乘客钱包时，您会选择以下哪种做法”的回答上存在显著差异。

C31 by A9

小王知道做某件事是道德的但没去行动，哪种因素是他采取行动的最大障碍 * 宗教信仰 Crosstabulation

	有宗教信仰	无宗教信仰	总计
采取行动会损害自己利益	15.0%	16.3%	16.2%
采取行动也难以取得预期效果	26.5%	24.0%	24.2%
大家都不做，我何必管闲事	15.9%	17.3%	17.2%
自身能力有限，心有余而力不足	31.2%	29.9%	30.0%
即使我不做，相信还会有别人去做	8.0%	7.7%	7.7%
明白就行，让别人去做吧	2.7%	4.2%	4.1%
其他	0.7%	0.6%	0.6%
总计	100.0%	100.0%	100.0%
列总计	728	7788	8516

Chi-square test：df = 6，卡方值为 7.151，sig = 0.307 > 0.05，所以不同宗教信仰的居民在对“小王知道做某件事是道德的但没去行动，哪种因素是他采取行动的最大障碍”的回答上不存在显著差异。

C32 by A9

当与他人发生分歧时，能否体谅宽容他人 * 宗教信仰 Crosstabulation

	有宗教信仰	无宗教信仰	总计
不宽容，必须弄清是非曲直	10.8%	10.5%	10.5%
偶尔	35.0%	34.2%	34.3%
有时	34.9%	39.6%	39.2%
经常	19.3%	15.7%	16.0%
总计	100.0%	100.0%	100.0%
列总计	731	7854	8585

Chi-square test：df = 3，卡方值为 9.390，sig = 0.025 > 0.05，所以不同宗教信仰的居民在“当与他人发生分歧时，能否体谅宽容他人”的回答上不存在显著差异。

C33 by A9

您认为解决当前我国的公民道德和社会风尚问题，最关键的途径是 * 宗教信仰 Crosstabulation

	有宗教信仰	无宗教信仰	总计
加强法制	32.2%	34.1%	34.0%
弘扬优秀传统道德	50.2%	49.8%	49.8%

续表

	有宗教信仰	无宗教信仰	总计
建设伦理道德的核心价值	16.6%	17.5%	17.5%
惩治官员腐败	22.0%	23.4%	23.3%
解决分配不公问题	13.5%	12.8%	12.9%
提高个人道德素质	31.1%	30.2%	30.3%
列总计	733	7845	8578

据上表所示，不同宗教信仰的居民对“您认为解决当前我国的公民道德和社会风尚问题，最关键的途径”的回答不存在显著差异。

C34 by A9

您知道社会主义核心价值观吗？请您把它们选出来 ＊ 宗教信仰 Crosstabulation

	有宗教信仰	无宗教信仰	总计
文明	75.6%	72.7%	73.0%
诚信	81.0%	83.9%	83.7%
勇敢	28.2%	35.6%	35.0%
爱国	76.8%	75.8%	75.9%
创新	35.2%	32.0%	32.2%
友善	50.4%	51.8%	51.7%
勤劳	27.0%	24.6%	24.8%
列总计	710	7627	8337

据上表所示，不同宗教信仰的居民对“社会主义核心价值观”的认知不存在显著差异。

C35 by A9

您认为社会主义核心价值观与您的工作、生活有关系吗 ＊ 宗教信仰 Crosstabulation

	有宗教信仰	无宗教信仰	总计
对改变社会风气有好处，每个人都应该这样做人做事	84.9%	85.0%	85.0%
与个人工作、生活没关系	15.1%	15.0%	15.0%
总计	100.0%	100.0%	100.0%
列总计	636	6651	7287

Chi-square test：df = 4，卡方值为 3.574，sig = 0.467 > 0.05，所以不同宗教信仰的居民在对“您认为社会主义核心价值观与自己的工作、生活的关系”的回答上不存在显著差异。

C36 by A9

在全社会特别是青少年中开展革命传统教育，您认为有没有这个必要 ＊ 宗教信仰 Crosstabulation

	有宗教信仰	无宗教信仰	总计
很有必要，什么时候都不能忘本	82.9%	83.9%	83.8%
可有可无	11.9%	9.5%	9.7%
没有必要，已经过时了	5.1%	6.6%	6.5%
总计	100.0%	100.0%	100.0%
列总计	738	7915	8653

Chi-square test：df = 2，卡方值为 6.324，sig = 0.042 < 0.05，所以不同宗教信仰的居民在对“在全社会特别是青少年中开展革命传统教育有没有这个必要”的回答上存在显著差异。

C37 by A9

当您途经一场所，正遇到升国旗仪式，看到国旗在国歌声中升起的时候，您会怎么做 ＊ 宗教信仰 Crosstabulation

	有宗教信仰	无宗教信仰	总计
原地站立，面向国旗行注目礼	37.9%	32.7%	33.2%
停下来看一看	54.5%	54.9%	54.9%
只当没看见，该干吗干吗	7.6%	12.3%	11.9%
总计	100.0%	100.0%	100.0%
列总计	739	7901	8640

Chi-square test：df = 2，卡方值为 18.202，sig = 0.000 < 0.05，所以不同宗教信仰的居民在“当您途经一场所，正遇到升国旗仪式，看到国旗在国歌声中升起的时候，您会怎么做”的回答上存在显著差异。

C38 by A9

今年您参加过纪念中国共产党成立 96 周年等主题教育活动吗 ＊ 宗教信仰 Crosstabulation

	有宗教信仰	无宗教信仰	总计
参加过，很受教育	16.3%	14.7%	14.8%
听说过，但是没有参加过	56.3%	57.2%	57.1%
这种活动基本都是形式大于内容	11.0%	9.4%	9.5%
不关心这些	16.3%	18.7%	18.5%
总计	100.0%	100.0%	100.0%
列总计	735	7897	8632

Chi-square test：df = 3，卡方值为 5.349，sig = 0.148 > 0.05，所以不同宗教信仰在“今年是否参加过纪念中国共产党成立 96 周年等主题教育活动吗”上不存在显著差异。

D1 by A9

您认为现代家庭关系中最令人担忧的问题是 * 宗教信仰 Crosstabulation

	有宗教信仰	无宗教信仰	总计
只有一个孩子，对家庭的未来没把握	22.9%	22.0%	22.1%
独生子女难以承担养老责任，老无所养	29.9%	28.6%	28.7%
年轻人不愿结婚，或不愿生孩子，家族传承危机	12.9%	15.8%	15.6%
婚姻不稳定，年轻人缺乏守护婚姻的意识和能力	25.8%	24.2%	24.3%
子女尤其是独生子女缺乏责任感，孝道意识薄弱	17.6%	18.7%	18.6%
代沟严重，父母与子女之间难以沟通	24.2%	28.5%	28.1%
婆媳关系紧张	10.5%	9.6%	9.7%
父母不民主，不能容忍差异	9.8%	10.5%	10.4%
“啃老”现象严重	6.8%	6.5%	6.5%
父母只培养孩子的知识和技能，忽视良好品德的养成	14.3%	12.9%	13.0%
两性关系过度开放	3.8%	2.8%	2.9%
列总计	706	7624	8330

据上表所示，不同宗教信仰的居民对“现代家庭关系中最令人担忧的问题”的回答不存在显著差异。

D2 by A9

您对家庭的感觉是 * 宗教信仰 Crosstabulation

	有宗教信仰	无宗教信仰	总计
温馨幸福	20.1%	19.9%	19.9%
比较幸福	66.3%	68.7%	68.5%
不太幸福	6.1%	4.6%	4.8%
一般，没感觉	6.4%	6.2%	6.2%
很不幸福，希望逃离	0.7%	0.4%	0.4%
其他	0.4%	0.2%	0.2%
总计	100.0%	100.0%	100.0%
列总计	736	7789	8525

Chi-square test：df = 20，卡方值为 37.960，sig = 0.009 < 0.05，所以不同宗教信仰的居民对“您对家庭的感觉”的回答上存在显著差异。

D3a by A9

您对以下现象的态度是？不婚 ＊ 宗教信仰 Crosstabulation

	有宗教信仰	无宗教信仰	总计
完全赞同	2.4%	0.7%	0.9%
比较赞同	6.0%	6.3%	6.3%
中立	36.5%	39.4%	39.2%
比较反对	36.1%	33.6%	33.8%
强烈反对	19.1%	19.9%	19.8%
总计	100.0%	100.0%	100.0%
列总计	718	7753	8471

Chi-square test：df = 4，卡方值为 22.425，sig = 0.000 < 0.05，所以不同宗教信仰的居民对“不婚”的态度存在显著差异。

D3b by A9

您对以下现象的态度是？试婚 ＊ 宗教信仰 Crosstabulation

	有宗教信仰	无宗教信仰	总计
完全赞同	1.0%	0.6%	0.6%
比较赞同	11.4%	8.3%	8.6%
中立	34.2%	37.7%	37.4%
比较反对	31.4%	32.6%	32.5%
强烈反对	22.1%	20.8%	20.9%
总计	100.0%	100.0%	100.0%
列总计	711	7636	8347

Chi-square test：df = 4，卡方值为 11.697，sig = 0.020 < 0.05，所以不同宗教信仰的居民对“试婚”的态度存在显著差异。

D3c by A9

您对以下现象的态度是？同居 ＊ 宗教信仰 Crosstabulation

	有宗教信仰	无宗教信仰	总计
完全赞同	1.3%	0.8%	0.8%
比较赞同	11.9%	8.8%	9.1%
中立	39.2%	42.2%	41.9%
比较反对	27.2%	29.2%	29.0%
强烈反对	20.5%	19.0%	19.2%

续表

	有宗教信仰	无宗教信仰	总计
总计	100.0%	100.0%	100.0%
列总计	717	7716	8433

Chi-square test：df = 4，卡方值为 11.213，sig = 0.024 < 0.05，所以不同宗教信仰的居民对“同居”的态度存在显著差异。

D3d by A9

您对以下现象的态度是？同性恋 ＊ 宗教信仰 Crosstabulation

	有宗教信仰	无宗教信仰	总计
完全赞同	0.3%	0.5%	0.5%
比较赞同	2.3%	1.6%	1.6%
中立	18.8%	16.6%	16.8%
比较反对	35.5%	33.2%	33.4%
强烈反对	43.1%	48.2%	47.7%
总计	100.0%	100.0%	100.0%
列总计	685	7514	8199

Chi-square test：df = 4，卡方值为 8.853，sig = 0.0650 > 0.05，所以不同宗教信仰的居民对“同性恋”的态度不存在显著差异。

D3e by A9

您对以下现象的态度是？婚外恋 ＊ 宗教信仰 Crosstabulation

	有宗教信仰	无宗教信仰	总计
完全赞同	0.4%	0.2%	0.2%
比较赞同	0.7%	0.7%	0.7%
中立	8.0%	9.6%	9.5%
比较反对	28.4%	30.0%	29.9%
强烈反对	62.5%	59.5%	59.8%
总计	100.0%	100.0%	100.0%
列总计	714	7647	8361

Chi-square test：df = 4，卡方值为 5.426，sig = 0.246 > 0.05，所以不同宗教信仰的居民对“婚外恋”的态度不存在显著差异。

D3f by A9

您对以下现象的态度是？丁克家庭 ＊ 宗教信仰 Crosstabulation

	有宗教信仰	无宗教信仰	总计
完全赞同	0.6%	0.4%	0.5%
比较赞同	2.2%	1.8%	1.8%
中立	27.6%	26.9%	26.9%
比较反对	30.7%	31.4%	31.4%
强烈反对	38.9%	39.4%	39.4%
总计	100.0%	100.0%	100.0%
列总计	645	6880	7525

Chi-square test：df = 16，卡方值为 1.099，sig = 0.894 > 0.05，所以不同宗教信仰的居民对“丁克家庭”的态度不存在显著差异。

D3g by A9

您对以下现象的态度是？代孕 ＊ 宗教信仰 Crosstabulation

	有宗教信仰	无宗教信仰	总计
完全赞同	0.2%	0.3%	0.3%
比较赞同	2.0%	1.4%	1.4%
中立	19.1%	19.8%	19.7%
比较反对	31.3%	32.4%	32.3%
强烈反对	47.6%	46.1%	46.2%
总计	100.0%	100.0%	100.0%
列总计	656	6996	7652

Chi-square test：df = 4，卡方值为 2.595，sig = 0.628 > 0.05，所以不同宗教信仰的居民对“代孕”的态度不存在显著差异。

D4 by A9

您如何看待为了应对拆迁、征地、买房等而出现的“假离婚”现象 ＊ 宗教信仰 Crosstabulation

	有宗教信仰	无宗教信仰	总计
完全赞同	1.9%	2.2%	2.2%
比较赞同	17.6%	14.4%	14.6%
不太赞同	36.6%	38.8%	38.6%
坚决反对	43.9%	44.7%	44.6%

续表

	有宗教信仰	无宗教信仰	总计
总计	100.0%	100.0%	100.0%
列总计	677	7313	7990

Chi-square test：df=3，卡方值为5.375，sig =0.146>0.05，所以不同宗教信仰的居民在“您如何看待为了应对拆迁、征地、买房等而出现的‘假离婚’现象”的回答上不存在显著差异。

D5 by A9

如果夫妻中需要一方为对方或家庭做出牺牲，您的态度是 * 宗教信仰 Crosstabulation

	有宗教信仰	无宗教信仰	总计
非常不愿意	3.8%	2.9%	3.0%
不太愿意	19.8%	20.4%	20.4%
比较愿意	52.5%	52.8%	52.8%
愿意，时常这么做	23.9%	23.8%	23.8%
总计	100.0%	100.0%	100.0%
列总计	678	7414	8092

Chi-square test：df=3，卡方值为1.93，sig =0.578>0.05，所以不同宗教信仰的居民在“如果夫妻中需要一方为对方或家庭做出牺牲，您的态度是”的回答上不存在显著差异。

D6 by A9

在恋爱或婚姻中，您有为对方而改变自己的意识吗 * 宗教信仰 Crosstabulation

	有宗教信仰	无宗教信仰	总计
有，经常这样做	36.7%	33.6%	33.8%
有，但做起来有些困难	35.5%	36.7%	36.6%
没想过这个问题	20.4%	24.3%	23.9%
无须改变，只有找到愿为我改变的人才是真爱	7.1%	5.2%	5.4%
其他	0.3%	0.3%	0.3%
总计	100.0%	100.0%	100.0%
列总计	730	7845	8575

Chi-square test：df=4，卡方值为10.976，sig =0.027<0.05，所以不同宗教信仰的居民在“恋爱或婚姻中，您有为对方而改变自己的意识吗”的回答上存在显著差异。

D7 by A9

在恋爱或婚姻中，你与对方相处的原则是 ＊ 宗教信仰 Crosstabulation

	有宗教信仰	无宗教信仰	总计
我首先对他/她好，然后希望他/她对我好	60.9%	58.2%	58.4%
他/她对我好，我才对他/她好	18.8%	19.8%	19.7%
他/她对我好就行了	12.2%	15.5%	15.2%
总是我对他/她好，他/她对我不那么好	3.6%	2.8%	2.9%
他/她对我不好，我没必要对他/她好	1.4%	1.6%	1.6%
其他	3.0%	2.0%	2.1%
总计	100.0%	100.0%	100.0%
列总计	727	7837	8564

Chi-square test：df = 13，卡方值为 12.420，sig = 0.494 > 0.05，所以不同宗教信仰的居民在“恋爱或婚姻中，你与对方相处的原则是”的回答上不存在显著差异。

D8 by A9

您认为生育孩子是否是一种人生义务 ＊ 宗教信仰 Crosstabulation

	有宗教信仰	无宗教信仰	总计
是，如果大家都不生育，人种会灭绝	27.6%	24.7%	24.9%
是，不生孩子家族延续会中断	36.9%	40.5%	40.2%
不是，但没有孩子将老无所养也过于孤独	27.7%	28.1%	28.0%
不是，自己觉得快乐就行，有孩子负担过重	5.9%	5.9%	5.9%
其他	1.9%	0.9%	1.0%
总计	100.0%	100.0%	100.0%
列总计	729	7875	8604

Chi-square test：df = 4，卡方值为 12.225，sig = 0.016 < 0.05，所以不同宗教信仰的居民在“您认为生育孩子是否是一种人生义务”的回答上存在显著差异。

D9 by A9

孩子面临重大问题（婚姻、升学、就业等）时，您的态度是 ＊ 宗教信仰 Crosstabulation

	有宗教信仰	无宗教信仰	总计
全部包办，替他们做决定或搞定	5.1%	5.8%	5.7%
积极建议，努力说服他们采纳	29.0%	24.1%	24.5%
只提建议，让他们自己选择	40.7%	40.1%	40.2%

续表

	有宗教信仰	无宗教信仰	总计
不表态，免得子女将来埋怨	5.7%	7.4%	7.2%
经常提出建议，但大多不起作用	2.8%	4.4%	4.2%
没孩子/孩子太小	16.1%	17.9%	17.8%
其他	0.5%	0.4%	0.4%
总计	100.0%	100.0%	100.0%
列总计	738	7907	8645

Chi-square test：df = 6，卡方值为 15.489，sig = 0.017 < 0.05，所以不同宗教信仰的居民在“孩子面临重大问题（婚姻、升学、就业等）时，您的态度是”的回答上存在显著差异。

D10 by A9

您对子女所提出的有关人生发展方面的建议，是否经常被采纳 * 宗教信仰 Crosstabulation

	有宗教信仰	无宗教信仰	总计
经常被采纳	19.6%	19.8%	19.8%
较多被采纳	60.7%	61.7%	61.6%
基本不采纳	17.4%	16.8%	16.9%
从不被采纳并遭到嘲讽	2.3%	1.7%	1.7%
总计	100.0%	100.0%	100.0%
列总计	557	5736	6293

Chi-square test：df = 3，卡方值为 1.483，sig = 0.686 > 0.05，所以不同宗教信仰的居民在“您对子女所提出的有关人生发展方面的建议，是否经常被采纳”的回答上不存在显著差异。

D11 by A9

您认为现在孩子价值观的形成受何种因素影响最大 * 宗教信仰 Crosstabulation

	有宗教信仰	无宗教信仰	总计
父母	59.5%	59.4%	59.4%
老师	57.5%	60.7%	60.4%
同伴	24.6%	27.4%	27.2%
网络、朋友圈	19.5%	18.4%	18.5%
明星	1.7%	1.7%	1.7%
道德模范	6.5%	5.3%	5.4%

续表

	有宗教信仰	无宗教信仰	总计
伟大人物	3.1%	2.4%	2.5%
列总计	703	7531	8234

据上表所示，不同宗教信仰的居民对“您认为现在孩子价值观的形成受何种因素影响最大”这一问题的回答不存在显著差异。

D12 by A9

您认为老人是否有义务帮子女带孩子 * 宗教信仰 Crosstabulation

	有宗教信仰	无宗教信仰	总计
有，天经地义的	20.9%	21.3%	21.3%
没有，老人帮助带孙辈，子女应感恩	42.7%	41.0%	41.2%
没有义务，不过带孙辈也是天伦之乐，应该帮助带	32.0%	33.3%	33.2%
没想过	4.5%	4.3%	4.4%
总计	100.0%	100.0%	100.0%
列总计	738	7916	8654

Chi-square test：df = 3，卡方值为 0.888，sig = 0.828 > 0.05，所以不同宗教信仰的居民在“您认为老人是否有义务帮子女带孩子”的回答上不存在显著差异。

D13 by A9

您认为最理想的养老方式是哪种 * 宗教信仰 Crosstabulation

	有宗教信仰	无宗教信仰	总计
敬老院、护理院等专业养老机构	12.6%	13.5%	13.4%
与子女同住	47.7%	53.7%	53.2%
自己单住，生活难以自理时找护工	14.1%	14.3%	14.3%
与兄弟姐妹抱团养老	7.2%	5.1%	5.3%
与志趣相投的人一起养老	16.1%	12.2%	12.6%
其他	2.3%	1.2%	1.3%
总计	100.0%	100.0%	100.0%
列总计	738	7902	8640

Chi-square test：df = 20，卡方值为 160.175，sig = 0.000 < 0.05，所以不同宗教信仰的居民在“您认为最理想的养老方式是哪种”的回答上存在显著差异。

D14 by A9

当父母一方长期生活不能自理时，主要承担照顾工作的人应该是 ＊ 宗教信仰 Crosstabulation

	有宗教信仰	无宗教信仰	总计
子女照顾	41.8%	47.6%	47.1%
父母中还有能力的另一方（老伴儿）	34.3%	35.3%	35.2%
雇保姆，老伴儿协助	5.4%	6.0%	6.0%
雇保姆，子女协助	13.4%	7.5%	8.0%
送护理机构，家人经常探望	3.5%	3.1%	3.1%
其他	1.5%	0.6%	0.6%
总计	100.0%	100.0%	100.0%
列总计	734	7894	8628

Chi-square test：df = 5，卡方值为 44.424，sig = 0.014 < 0.05，所以不同宗教信仰的居民在“当父母一方长期生活不能自理时，主要承担照顾工作的人应该是”的回答上存在显著差异。

D15 by A9

在过去的十天里，您为父母做过以下哪些事情 ＊ 宗教信仰 Crosstabulation

	有宗教信仰	无宗教信仰	总计
看望	22.3%	21.0%	21.1%
打电话	38.5%	35.3%	35.6%
买东西	24.7%	23.8%	23.9%
陪看病	4.5%	4.4%	4.4%
生活照料	17.8%	23.2%	22.7%
做家务	21.2%	25.9%	25.5%
谈心聊天	23.1%	21.4%	21.6%
给钱	8.2%	9.4%	9.3%
外出游玩	3.2%	2.3%	2.4%
无	7.3%	8.9%	8.7%
父母已去世	22.0%	18.4%	18.7%
列总计	740	7901	8641

据上表所示，不同宗教信仰的居民在“过去的十天里为父母做过的事情”上不存在显著差异。

D16 by A9

您是否觉得孤独？ * 宗教信仰 Crosstabulation

	有宗教信仰	无宗教信仰	总计
经常	5. 6%	5. 0%	5. 0%
有时	28. 3%	23. 6%	24. 0%
不太觉得	35. 2%	33. 3%	33. 4%
不觉得	30. 9%	38. 2%	37. 6%
总计	100. 0%	100. 0%	100. 0%
列总计	738	7896	8634

Chi-square test：df = 3，卡方值为 17. 205，sig = 0. 001 < 0. 05，所以不同宗教信仰在“您是否觉得孤独”上存在显著差异。

D17 by A9

现在开展的弘扬好家风好家训活动，您认为有意义吗 * 宗教信仰 Crosstabulation

	有宗教信仰	无宗教信仰	总计
很有意义	75. 2%	70. 7%	71. 1%
可有可无	15. 3%	16. 8%	16. 6%
没有必要	9. 6%	12. 5%	12. 2%
总计	100. 0%	100. 0%	100. 0%
列总计	701	7426	8127

Chi-square test：df = 2，卡方值为 7. 141，sig = 0. 028 < 0. 05，所以不同宗教信仰在“现在开展的弘扬好家风好家训活动，您认为有意义吗”的回答上存在显著差异。

D18 by A9

您所在的地方发生过虐待儿童的事件吗 * 宗教信仰 Crosstabulation

	有宗教信仰	无宗教信仰	总计
经常会发生	5. 6%	4. 0%	4. 2%
偶尔发生	21. 7%	16. 4%	16. 9%
没听说过	72. 7%	79. 5%	79. 0%
总计	100. 0%	100. 0%	100. 0%
列总计	732	7887	8619

Chi-square test：df = 2，卡方值为 19. 065，sig = 0. 000 < 0. 05，所以不同宗教信仰的居民在“您所在的地方是否发生过虐待儿童的事件吗”的回答上存在显著差异。

D19 by A9

在大街或社区里，看到行走或生活困难的老人，您经常的反应是 ＊ 宗教信仰 Crosstabulation

	有宗教信仰	无宗教信仰	总计
想到自己的（祖）父母或自己的未来，情不自禁地想帮助他	44.1%	43.6%	43.7%
出于义务责任感，想帮助他	26.5%	26.3%	26.3%
有同情感，但没有想帮助的冲动	25.8%	25.2%	25.2%
没有感觉，习以为常	3.4%	4.7%	4.6%
其他	0.3%	0.2%	0.2%
总计	100.0%	100.0%	100.0%
列总计	740	7899	8639

Chi-square test：df = 4，卡方值为 3.020，sig = 0.554 > 0.05，所以不同宗教信仰的居民在“大街或社区里，看到行走或生活困难的老人，您经常的反应是”的回答上不存在显著差异。

D20 by A9

如果您的父母或兄妹偷了别人的东西，警察正在查找，您的行为反应可能是 ＊ 宗教信仰 Crosstabulation

	有宗教信仰	无宗教信仰	总计
批评他，但不会告发	19.3%	27.0%	26.3%
批评他，陪他送回原处或去承认错误	62.7%	53.3%	54.1%
默认，因为他得到的东西正是家庭所急需	5.3%	6.5%	6.4%
告发，因为出于正义感	4.5%	5.1%	5.0%
告发，因为可能会连累自己	1.6%	2.0%	2.0%
不管不问，由他自己决定	6.0%	5.8%	5.8%
其他	0.5%	0.3%	0.4%
总计	100.0%	100.0%	100.0%
列总计	735	7868	8603

Chi-square test：df = 6，卡方值为 29.533，sig = 0.000 < 0.05，所以不同宗教信仰的居民在“如果您的父母或兄妹偷了别人的东西，警察正在查找，您的行为反应可能是”的回答上存在显著差异。

D21 by A9

当独生子女单独组成家庭后，父母和子女哪一种居住方式更好 ＊ 宗教信仰 Crosstabulation

	有宗教信仰	无宗教信仰	总计
单独居住	29.0%	29.4%	29.4%

续表

	有宗教信仰	无宗教信仰	总计
和父母同住	28.9%	33.2%	32.8%
和父母及祖辈共同居住	11.1%	8.5%	8.7%
和父母靠近居住	29.9%	28.3%	28.4%
其他	1.1%	0.6%	0.7%
总计	100.0%	100.0%	100.0%
列总计	737	7910	8647

Chi-square test：df = 4，卡方值为 11.822，sig = 0.019 < 0.05，所以不同宗教信仰的居民在“当独生子女单独组成家庭后，父母和子女哪一种居住方式更好”的回答上存在显著差异。

D22 by A9

您是否认为把老人送到养老院是不孝行为 ＊ 宗教信仰 Crosstabulation

	有宗教信仰	无宗教信仰	总计
是	20.4%	19.0%	19.1%
相对而言，部分是	50.2%	51.7%	51.5%
不是	28.4%	29.1%	29.0%
其他	1.0%	0.3%	0.3%
总计	100.0%	100.0%	100.0%
列总计	735	7894	8629

Chi-square test：df = 3，卡方值为 11.844，sig = 0.013 < 0.05，所以不同宗教信仰的居民在“把老人送到养老院是否是不孝行为”的回答上存在显著差异。

E1 by A9

您认为企业最重要的社会责任是什么 ＊ 宗教信仰 Crosstabulation

	有宗教信仰	无宗教信仰	总计
为企业和企业股东自身赚钱	15.0%	14.1%	14.2%
通过依法纳税为国家积累财富	24.0%	22.4%	22.6%
通过诚信经营提供质量可靠的产品，满足社会大众生活需求	55.2%	56.6%	56.5%
为员工谋福利	5.2%	6.5%	6.4%
其他	0.6%	0.3%	0.3%
总计	100.0%	100.0%	100.0%
列总计	688	7240	7928

Chi-square test：df = 4，卡方值为 5.106，sig = 0.277 > 0.05，所以不同宗教信仰的居民在“企业最重要的社会责任”的回答上不存在显著差异。

E2a by A9

下列关于企业的说法，您的同意程度是？只要能为员工谋福利就是一个好单位 ＊ 宗教信仰 Crosstabulation

	有宗教信仰	无宗教信仰	总计
完全同意	14.9%	14.9%	14.9%
比较同意	54.8%	54.2%	54.3%
不太同意	27.4%	27.8%	27.7%
完全不同意	2.9%	3.1%	3.1%
总计	100.0%	100.0%	100.0%
列总计	691	7415	8106

Chi-square test：df = 3，卡方值为 0.199，sig = 0.978 > 0.05，所以不同宗教信仰的居民在“只要能为员工谋福利就是一个好单位”的同意程度的回答上不存在显著差异。

E2b by A9

下列关于企业的说法，您的同意程度是？经济效益好坏是衡量企业成败的唯一标准 ＊ 宗教信仰 Crosstabulation

	有宗教信仰	无宗教信仰	总计
完全同意	8.5%	10.2%	10.0%
比较同意	37.9%	42.9%	42.5%
不太同意	46.0%	41.0%	41.4%
完全不同意	7.6%	5.9%	6.0%
总计	100.0%	100.0%	100.0%
列总计	683	7292	7975

Chi-square test：df = 3，卡方值为 12.252，sig = 0.007 < 0.05，所以不同宗教信仰的居民在“经济效益好坏是衡量企业成败的唯一标准”的同意程度的回答上存在显著差异。

E2c by A9

下列关于企业的说法，您的同意程度是？企业做慈善都是做做样子，其实还是为自己做广告 ＊ 宗教信仰 Crosstabulation

	有宗教信仰	无宗教信仰	总计
完全同意	6.4%	5.9%	6.0%
比较同意	39.9%	41.2%	41.1%
不太同意	47.4%	46.8%	46.8%
完全不同意	6.4%	6.1%	6.1%

续表

	有宗教信仰	无宗教信仰	总计
总计	100.0%	100.0%	100.0%
列总计	675	7210	7885

Chi-square test：df = 3，卡方值为 0.578，sig = 0.901 > 0.05，所以不同宗教信仰的居民在“企业做慈善都是做做样子，其实还是为自己做广告”的同意程度的回答上不存在显著差异。

E2d by A9

下列关于企业的说法，您的同意程度是？企业和员工之间只是合同关系，效益好就好好干，效益不好就跳槽 ＊ 宗教信仰 Crosstabulation

	有宗教信仰	无宗教信仰	总计
完全同意	4.8%	6.0%	5.9%
比较同意	25.0%	31.1%	30.6%
不太同意	54.9%	51.0%	51.4%
完全不同意	15.3%	11.9%	12.1%
总计	100.0%	100.0%	100.0%
列总计	681	7358	8039

Chi-square test：df = 3，卡方值为 16.916，sig = 0.000 < 0.05，所以不同宗教信仰的居民在“企业和员工之间只是合同关系，效益好就好好干，效益不好就跳槽”的同意程度的回答上存在显著差异。

E2e by A9

下列关于企业的说法，您的同意程度是？企业不需要对员工讲什么伦理关怀，员工表现好就发奖金，不好就辞退 ＊ 宗教信仰 Crosstabulation

	有宗教信仰	无宗教信仰	总计
完全同意	4.0%	4.5%	4.5%
比较同意	21.0%	24.0%	23.8%
不太同意	55.6%	55.6%	55.6%
完全不同意	19.4%	15.8%	16.1%
总计	100.0%	100.0%	100.0%
列总计	680	7363	8043

Chi-square test：df = 3，卡方值为 7.767，sig = 0.051 > 0.05，所以不同宗教信仰的居民在“企业不需要对员工讲什么伦理关怀，员工表现好就发奖金，不好就辞退”的同意程度的回答上不存在显著差异。

E2f by A9

下列关于企业的说法，您的同意程度是？企业为了履行社会责任，应当放弃一些自身利益 * 宗教信仰 Crosstabulation

	有宗教信仰	无宗教信仰	总计
完全同意	21.0%	21.8%	21.7%
比较同意	50.5%	50.8%	50.8%
不太同意	23.5%	23.4%	23.4%
完全不同意	5.0%	4.0%	4.1%
总计	100.0%	100.0%	100.0%
列总计	681	7354	8035

Chi-square test：df = 3，卡方值为 1.608，sig = 0.658 > 0.05，所以不同宗教信仰的居民在“企业为了履行社会责任，应当放弃一些自身利益”的同意程度的回答上不存在显著差异。

E2g by A9

下列关于企业的说法，您的同意程度是？讲信用、遵循道德规范的企业能够获得更好的利益 * 宗教信仰 Crosstabulation

	有宗教信仰	无宗教信仰	总计
完全同意	28.0%	25.3%	25.5%
比较同意	50.9%	53.5%	53.3%
不太同意	16.5%	18.1%	18.0%
完全不同意	4.6%	3.1%	3.2%
总计	100.0%	100.0%	100.0%
列总计	692	7378	8070

Chi-square test：df = 3，卡方值为 8.447，sig = 0.038 < 0.05，所以不同宗教信仰的居民在“讲信用、遵循道德规范的企业能够获得更好的利益”的同意程度的回答上存在显著差异。

E2h by A9

下列关于企业的说法，您的同意程度是？企业只是一台赚钱的机器，能赚钱就行，无所谓社会责任，声誉也不重要 * 宗教信仰 Crosstabulation

	有宗教信仰	无宗教信仰	总计
完全同意	5.3%	2.2%	2.5%
比较同意	16.7%	16.7%	16.7%
不太同意	51.3%	54.4%	54.2%
完全不同意	26.7%	26.6%	26.6%

续表

	有宗教信仰	无宗教信仰	总计
总计	100.0%	100.0%	100.0%
列总计	682	7279	7961

Chi-square test：df = 3，卡方值为 24.149，sig = 0.002 < 0.05，所以不同宗教信仰的居民在“企业只是一台赚钱的机器，能赚钱就行，无所谓社会责任，声誉也不重要”的同意程度的回答上存在显著差异。

E2i by A9

下列关于企业的说法，您的同意程度是？同样的产品，国企生产的比私企的更有保障 ＊ 宗教信仰 Crosstabulation

	有宗教信仰	无宗教信仰	总计
完全同意	10.6%	7.5%	7.8%
比较同意	43.6%	42.8%	42.9%
不太同意	35.9%	40.6%	40.2%
完全不同意	9.8%	9.1%	9.2%
总计	100.0%	100.0%	100.0%
列总计	651	6869	7520

Chi-square test：df = 3，卡方值为 10.708，sig = 0.013 < 0.05，所以不同宗教信仰的居民在“同样的产品，国企生产的比私企的更有保障”的同意程度的回答上存在显著差异。

E3 by A9

下面哪种说法更符合或接近您的个人想法 ＊ 宗教信仰 Crosstabulation

	有宗教信仰	无宗教信仰	总计
个人和工作单位之间是聘用或雇用关系，通过工资和付出劳动满足彼此需求	45.0%	47.1%	46.9%
不只是利益关系，应当还有很多情感的联系，应当共命运	34.3%	35.4%	35.3%
个人是单位的一分子，单位如同个人的另一个家	20.4%	17.3%	17.5%
其他	0.3%	0.3%	0.3%
总计	100.0%	100.0%	100.0%
列总计	720	7699	8419

Chi-square test：df = 3，卡方值为 4.559，sig = 0.207 > 0.05，所以不同宗教信仰的居民在“下面哪种说法更符合或接近您的个人想法”的回答上不存在显著差异。

E4a by A9

您对自己所在企业履行下列责任的满意情况如何？劳动安全保障 ＊ 宗教信仰 Crosstabulation

	有宗教信仰	无宗教信仰	总计
非常不满意	6.7%	3.0%	3.3%
不太满意	22.4%	21.5%	21.5%
比较满意	63.1%	69.3%	68.8%
非常满意	7.8%	6.2%	6.4%
总计	100.0%	100.0%	100.0%
列总计	567	5959	6526

Chi-square test：df = 3，卡方值为 27.158，sig = 0.000 < 0.05，所以不同宗教信仰的居民在“您对自己所在企业履行劳动安全保障责任的满意情况如何”的回答上存在显著差异。

E4b by A9

您对自己所在企业履行下列责任的满意情况如何？员工薪酬合理 ＊ 宗教信仰 Crosstabulation

	有宗教信仰	无宗教信仰	总计
非常不满意	2.6%	2.6%	2.6%
不太满意	23.2%	25.4%	25.2%
比较满意	64.7%	63.0%	63.1%
非常满意	9.4%	9.1%	9.1%
总计	100.0%	100.0%	100.0%
列总计	573	5985	6558

Chi-square test：df = 3，卡方值为 1.29，sig = 0.732 > 0.05，所以不同宗教信仰的居民在“您对自己所在企业履行员工薪酬合理责任的满意情况如何”的回答上不存在显著差异。

E4c by A9

您对自己所在企业履行下列责任的满意情况如何？关心员工生活 ＊ 宗教信仰 Crosstabulation

	有宗教信仰	无宗教信仰	总计
非常不满意	2.5%	2.9%	2.9%
不太满意	23.6%	25.5%	25.3%
比较满意	63.5%	61.5%	61.6%
非常满意	10.5%	10.1%	10.1%

续表

	有宗教信仰	无宗教信仰	总计
总计	100. 0%	100. 0%	100. 0%
列总计	564	5899	6463

Chi-square test：df = 3，卡方值为 1. 495，sig = 0. 683 > 0. 05，所以不同宗教信仰的居民在“您对自己所在企业履行关心员工生活责任的满意情况如何”的回答上不存在显著差异。

E4d by A9

您对自己所在企业履行下列责任的满意情况如何？诚实守法经营 ＊ 宗教信仰 Crosstabulation

	有宗教信仰	无宗教信仰	总计
非常不满意	3. 1%	1. 6%	1. 7%
不太满意	16. 8%	15. 6%	15. 7%
比较满意	65. 6%	73. 9%	73. 2%
非常满意	14. 5%	8. 9%	9. 4%
总计	100. 0%	100. 0%	100. 0%
列总计	579	6179	6758

Chi-square test：df = 3，卡方值为 30. 149，sig = 0. 000 < 0. 05，所以不同宗教信仰的居民在“您对自己所在企业履行诚实守法经营责任的满意情况如何”的回答上存在显著差异。

E4e by A9

您对自己所在企业履行下列责任的满意情况如何？产品质量可靠 ＊ 宗教信仰 Crosstabulation

	有宗教信仰	无宗教信仰	总计
非常不满意	1. 5%	1. 2%	1. 2%
不太满意	13. 7%	14. 0%	14. 0%
比较满意	68. 1%	73. 5%	73. 1%
非常满意	16. 6%	11. 3%	11. 7%
总计	100. 0%	100. 0%	100. 0%
列总计	590	6204	6794

Chi-square test：df = 3，卡方值为 15. 936，sig = 0. 001 < 0. 05，所以不同宗教信仰的居民在“您对自己所在企业履行产品质量可靠责任的满意情况如何”的回答上存在显著差异。

E4f by A9

您对自己所在企业履行下列责任的满意情况如何？环境保护措施 * 宗教信仰 Crosstabulation

	有宗教信仰	无宗教信仰	总计
非常不满意	4.6%	3.8%	3.9%
不太满意	24.2%	24.1%	24.1%
比较满意	58.5%	60.0%	59.9%
非常满意	12.8%	12.1%	12.1%
总计	100.0%	100.0%	100.0%
列总计	571	5871	6442

Chi-square test：df = 3，卡方值为 1.125，sig = 0.771 > 0.05，所以不同宗教信仰的居民在“您对自己所在企业履行环境保护措施责任的满意情况如何”的回答上不存在显著差异。

E4g by A9

您对自己所在企业履行下列责任的满意情况如何？慈善公益事业 * 宗教信仰 Crosstabulation

	有宗教信仰	无宗教信仰	总计
非常不满意	2.7%	3.4%	3.3%
不太满意	22.8%	24.1%	23.9%
比较满意	59.0%	61.8%	61.6%
非常满意	15.5%	10.7%	11.1%
总计	100.0%	100.0%	100.0%
列总计	483	4943	5426

Chi-square test：df = 3，卡方值为 10.742，sig = 0.013 < 0.05，所以不同宗教信仰的居民在“您对自己所在企业履行慈善公益事业责任的满意情况如何”的回答上存在显著差异。

E5 by A9

您对本地的或自己熟悉的企业家的道德状况怎么评价 * 宗教信仰 Crosstabulation

	有宗教信仰	无宗教信仰	总计
总体还不错	45.9%	43.2%	43.5%
普遍比较差	20.8%	19.7%	19.8%
和普通群众没有太大差别	33.3%	37.1%	36.8%
总计	100.0%	100.0%	100.0%

续表

	有宗教信仰	无宗教信仰	总计
列总计	577	6206	6783

Chi-square test：df = 2，卡方值为 3. 310，sig = 0. 191 > 0. 05，所以不同宗教信仰的居民“对本地的或自己熟悉的企业家的道德状况评价”不存在显著差异。

E6a by A9

对公务员道德状况的满意度 ＊ 宗教信仰 Crosstabulation

	有宗教信仰	无宗教信仰	总计
非常满意	7. 9%	4. 3%	4. 6%
比较满意	65. 6%	67. 0%	66. 9%
不太满意	23. 4%	25. 8%	25. 6%
非常不满意	3. 1%	2. 9%	3. 0%
总计	100. 0%	100. 0%	100. 0%
列总计	645	6954	7599

Chi-square test：df = 3，卡方值为 18. 774，sig = 0. 000 < 0. 05，所以不同宗教信仰的居民在“对公务员道德状况的满意度”上存在显著差异。

E6b by A9

对医生道德状况的满意度 ＊ 宗教信仰 Crosstabulation

	有宗教信仰	无宗教信仰	总计
非常满意	6. 9%	6. 3%	6. 4%
比较满意	59. 9%	63. 2%	62. 9%
不太满意	27. 6%	27. 0%	27. 1%
非常不满意	5. 7%	3. 5%	3. 7%
总计	100. 0%	100. 0%	100. 0%
列总计	700	7478	8178

Chi-square test：df = 3，卡方值为 10. 184，sig = 0. 017 < 0. 05，所以不同宗教信仰的居民在“对医生道德状况的满意度”上存在显著差异。

E6c by A9

对教师道德状况的满意度 ＊ 宗教信仰 Crosstabulation

	有宗教信仰	无宗教信仰	总计
非常满意	10. 0%	9. 7%	9. 7%

续表

	有宗教信仰	无宗教信仰	总计
比较满意	64.4%	65.6%	65.5%
不太满意	20.4%	21.2%	21.1%
非常不满意	5.2%	3.5%	3.6%
总计	100.0%	100.0%	100.0%
列总计	697	7504	8201

Chi-square test：df = 3，卡方值为 5.245，sig = 0.155 > 0.05，所以不同宗教信仰的居民在“对教师道德状况的满意度”上不存在显著差异。

E6d by A9

对个体工商户道德状况的满意度 ＊ 宗教信仰 Crosstabulation

	有宗教信仰	无宗教信仰	总计
非常满意	7.5%	4.7%	4.9%
比较满意	58.1%	62.6%	62.2%
不太满意	28.3%	29.0%	29.0%
非常不满意	6.1%	3.7%	3.9%
总计	100.0%	100.0%	100.0%
列总计	692	7385	8077

Chi-square test：df = 3，卡方值为 21.421，sig = 0.000 < 0.05，所以不同宗教信仰的居民在“对个体工商户道德状况的满意度”上存在显著差异。

E7a by A9

怎么称呼周围那些经营企业或做生意发了财的人？企业家 ＊ 宗教信 Crosstabulation

	有宗教信仰	无宗教信仰	总计
未选中	88.4%	90.6%	90.4%
选中	11.6%	9.4%	9.6%
总计	100.0%	100.0%	100.0%
列总计	739	7924	8663

Chi-square test：df = 4，卡方值为 3.895，sig = 0.048 < 0.05，所以不同宗教信仰的居民在“周围那些经营企业或做生意发了财的人是否被称为企业家”上存在显著差异。

E7b by A9

怎么称呼周围那些经营企业或做生意发了财的人？老板 ＊ 宗教信仰 Crosstabulation

	有宗教信仰	无宗教信仰	总计
未选中	22.5%	17.8%	18.2%
选中	77.5%	82.2%	81.8%
总计	100.0%	100.0%	100.0%
列总计	739	7924	8663

Chi-square test：df = 4，卡方值为 9.784，sig = 0.002 < 0.05，所以不同宗教信仰的居民在“周围那些经营企业或做生意发了财的人是否被称为老板”上存在显著差异。

E7c by A9

怎么称呼周围那些经营企业或做生意发了财的人？商人 ＊ 宗教信仰 Crosstabulation

	有宗教信仰	无宗教信仰	总计
未选中	80.1%	79.8%	79.8%
选中	19.9%	20.2%	20.2%
总计	100.0%	100.0%	100.0%
列总计	739	7924	8663

Chi-square test：df = 1，卡方值为 0.048，sig = 0.827 > 0.05，所以不同宗教信仰的居民在“周围那些经营企业或做生意发了财的人是否被称为商人”上不存在显著差异。

E7d by A9

怎么称呼周围那些经营企业或做生意发了财的人？生意人 ＊ 宗教信仰 Crosstabulation

	有宗教信仰	无宗教信仰	总计
未选中	76.6%	76.9%	76.9%
选中	23.4%	23.1%	23.1%
总计	100.0%	100.0%	100.0%
列总计	739	7924	8663

Chi-square test：df = 4，卡方值为 0.035，sig = 0.852 > 0.05，所以不同宗教信仰的居民在“周围那些经营企业或做生意发了财的人是否被称为生意人”上不存在显著差异。

E7e by A9

怎么称呼周围那些经营企业或做生意发了财的人？土豪 * 宗教信仰 Crosstabulation

	有宗教信仰	无宗教信仰	总计
未选中	92.7%	93.3%	93.2%
选中	7.3%	6.7%	6.8%
总计	100.0%	100.0%	100.0%
列总计	739	7924	8663

Chi-square test：df = 1，卡方值为 0.394，sig = 0.530 > 0.05，所以不同宗教信仰的居民在“周围那些经营企业或做生意发了财的人是否被称为土豪”上不存在显著差异。

E7f by A9

怎么称呼周围那些经营企业或做生意发了财的人？暴发户 * 宗教信仰 Crosstabulation

	有宗教信仰	无宗教信仰	总计
未选中	91.6%	94.1%	93.9%
选中	8.4%	5.9%	6.1%
总计	100.0%	100.0%	100.0%
列总计	739	7924	8663

Chi-square test：df = 1，卡方值为 7.259，sig = 0.007 < 0.05，所以不同宗教信仰的居民在“周围那些经营企业或做生意发了财的人是否被称为暴发户”上存在显著差异。

E7g by A9

怎么称呼周围那些经营企业或做生意发了财的人？其他 * 宗教信仰 Crosstabulation

	有宗教信仰	无宗教信仰	总计
未选中	99.2%	99.2%	99.2%
选中	0.8%	0.8%	0.8%
总计	100.0%	100.0%	100.0%
列总计	737	7912	8649

Chi-square test：df = 1，卡方值为 6.056，sig = 0.195 > 0.05，所以不同宗教信仰的居民在“周围那些经营企业或做生意发了财的人是否有其他称谓”上不存在显著差异。

E8 by A9

如果您有一个不错的家庭企业，但儿子或女儿缺乏经营能力或经营兴趣，难以交班，您可能选择 ＊ 宗教信仰 Crosstabulation

	有宗教信仰	无宗教信仰	总计
培养儿媳或女婿，交给她/他经营	35.7%	32.1%	32.5%
交给儿媳和女婿有风险，离婚了怎么办，还是自己撑到有第三代接管	16.0%	17.9%	17.8%
找一个懂经营的职业经理人，我们家庭成员做董事长	31.5%	34.7%	34.4%
做一天是一天，最后将钞票留给子孙，但外人不可靠，不能交给外人	14.6%	13.3%	13.4%
其他	2.1%	1.9%	1.9%
总计	100.0%	100.0%	100.0%
列总计	711	7603	8314

Chi-square test：df = 4，卡方值为 6.762，sig = 0.149 > 0.05，所以不同宗教信仰的居民在“如果您有一个不错的家庭企业，但儿子或女儿缺乏经营能力或经营兴趣，难以交班，您可能选择”的回答上不存在显著差异。

E9 by A9

在市场上购买食品、衣物、家用电器等商品时，您觉得有安全感吗 ＊ 宗教信仰 Crosstabulation

	有宗教信仰	无宗教信仰	总计
有安全感，相信产品质量	26.4%	24.8%	24.9%
没安全感，不相信他们的标签，常担心质量问题影响自己的健康	22.4%	22.8%	22.7%
没安全感，担心在价格上被欺骗，要货比三家	17.6%	21.7%	21.4%
一般还可以，相信大商店的产品，不相信小商店和地摊货	33.5%	30.4%	30.7%
其他	0.1%	0.3%	0.3%
总计	100.0%	100.0%	100.0%
列总计	738	7906	8644

Chi-square test：df = 4，卡方值为 8.535，sig = 0.074 > 0.05，所以不同宗教信仰的居民在“市场上购买食品、衣物、家用电器等商品时，您觉得有安全感吗”上不存在显著差异。

E10 by A9

您怎么看待电视、报纸和其他主流媒体上的广告 ＊ 宗教信仰 Crosstabulation

	有宗教信仰	无宗教信仰	总计
相信，因为是明星们推荐的	14.0%	15.1%	15.0%
将信将疑，眼见为真	49.7%	46.9%	47.2%
不相信，是企业和那些明星联合起来忽悠大众	25.5%	26.9%	26.8%
讨厌，既欺骗大众，又占用公共媒体资源	10.1%	10.4%	10.4%
其他	0.7%	0.7%	0.7%
总计	100.0%	100.0%	100.0%
列总计	734	7855	8589

Chi-square test：df = 4，卡方值为 2.222，sig = 0.695 > 0.05，所以不同宗教信仰的居民在“您怎么看待电视、报纸和其他主流媒体上的广告”上不存在显著差异。

E11 by A9

您怎么看待现在一些企业做公益和慈善 ＊ 宗教信仰 Crosstabulation

	有宗教信仰	无宗教信仰	总计
是做善事，把赚的公众的钱还给社会	30.5%	26.1%	26.5%
是在作秀，为自己树牌坊	20.4%	17.5%	17.7%
是做广告，把弱势群体当作宣传自己的工具	21.3%	24.4%	24.1%
做总比不做好，随他去吧	27.0%	31.5%	31.1%
其他	0.8%	0.6%	0.6%
总计	100.0%	100.0%	100.0%
列总计	732	7780	8512

Chi-square test：df = 4，卡方值为 15.587，sig = 0.004 < 0.05，所以不同宗教信仰的居民在“您怎么看待现在一些企业做公益和慈善”上存在显著差异。

E12 by A9

一些政府机关、企事业单位和大中小学，利用权力为本单位的职工子女在入学、招工中提供特殊政策，您认为这种行为道德吗 ＊ 宗教信仰 Crosstabulation

	有宗教信仰	无宗教信仰	总计
为本单位人员谋福利，符合道德	19.6%	16.3%	16.6%
以权谋私，不道德	33.0%	35.5%	35.3%
是对社会公众的不公平，严重不道德	27.2%	31.2%	30.9%
符合本单位员工利益，但严重侵蚀社会道德	14.9%	10.3%	10.7%

续表

	有宗教信仰	无宗教信仰	总计
无所谓道德不道德	5.3%	6.7%	6.6%
总计	100.0%	100.0%	100.0%
列总计	736	7878	8614

Chi-square test：df = 4，卡方值为 24.332，sig = 0.000 < 0.05，所以不同宗教信仰的居民在“一些政府机关、企事业单位和大中小学，利用权力为本单位的职工子女在入学、招工中提供特殊政策，您认为这种行为道德吗”的回答上存在显著差异。

E13 by A9

如果您所在的单位有一项举措可以提高集体福利并使您个人得到利益，但会造成环境污染或社会公害，您会举报吗 * 宗教信仰 Crosstabulation

	有宗教信仰	无宗教信仰	总计
会	64.2%	65.6%	65.5%
不会	35.8%	34.4%	34.5%
总计	100.0%	100.0%	100.0%
列总计	729	7843	8572

Chi-square test：df = 1，卡方值为 0.559，sig = 0.455 > 0.05，所以不同宗教信仰的居民在“如果您所在的单位有一项举措可以提高集体福利并使您个人得到利益，但会造成环境污染或社会公害，您会举报吗”的回答上不存在显著差异。

E14 by A9

您认为您所工作的单位同事之间是何种关系 * 宗教信仰 Crosstabulation

	有宗教信仰	无宗教信仰	总计
平等合作关系	59.5%	58.1%	58.2%
利益竞争关系	26.1%	25.0%	25.1%
彼此没有关系	11.3%	14.3%	14.1%
其他	3.1%	2.5%	2.5%
总计	100.0%	100.0%	100.0%
列总计	716	7716	8432

Chi-square test：df = 3，卡方值为 5.677，sig = 0.128 > 0.05，所以不同宗教信仰的居民在“您认为您所工作的单位同事之间是何种关系”的回答上不存在显著差异。

E15 by A9

为了单位组织的利益，你的单位是否会默认员工做违背道德的事情 ＊ 宗教信仰 Crosstabulation

	有宗教信仰	无宗教信仰	总计
常常	6.5%	5.3%	5.4%
较多	15.6%	14.7%	14.8%
一般	20.4%	24.8%	24.4%
较少	27.3%	26.5%	26.6%
从来没有	30.2%	28.7%	28.8%
总计	100.0%	100.0%	100.0%
列总计	597	6189	6786

Chi-square test：df = 4，卡方值为 6.417，sig = 0.170 > 0.05，所以不同宗教信仰的居民在“为了单位组织的利益，你的单位是否会默认员工做违背道德的事情”的回答上不存在显著差异。

E16a by A9

您所工作的单位是否存在以下现象：给领导干部送礼讨好 ＊ 宗教信仰 Crosstabulation

	有宗教信仰	无宗教信仰	总计
未选中	72.7%	68.9%	69.2%
选中	27.3%	31.1%	30.8%
总计	100.0%	100.0%	100.0%
列总计	721	7716	8437

Chi-square test：df = 1，卡方值为 2.228，sig = 0.694 > 0.05，所以不同宗教信仰的居民在“您所工作的单位是否存在以下现象：给领导干部送礼讨好”的回答上不存在显著差异。

E16b by A9

您所工作的单位是否存在以下现象：背后互相告恶状 ＊ 宗教信仰 Crosstabulation

	有宗教信仰	无宗教信仰	总计
未选中	78.4%	77.5%	77.6%
选中	21.6%	22.5%	22.4%
总计	100.0%	100.0%	100.0%
列总计	721	7716	8437

Chi-square test：df1，卡方值为 27.654，sig = 0.000 < 0.05，所以不同宗教信仰的居民在“您所工作的单位是否存在以下现象：背后互相告恶状”的回答上存在显著差异。

E16c by A9

您所工作的单位是否存在以下现象：拉帮结派 ＊ 宗教信仰 Crosstabulation

	有宗教信仰	无宗教信仰	总计
未选中	83.6%	81.3%	81.5%
选中	16.4%	18.7%	18.5%
总计	100.0%	100.0%	100.0%
列总计	721	7716	8437

Chi-square test：df = 1，卡方值为 9.120，sig = 0.058 > 0.05，所以不同宗教信仰的居民在“您所工作的单位是否存在以下现象：拉帮结派”的回答上不存在显著差异。

E16d by A9

您所工作的单位是否存在以下现象：为谋私利找关系走后门 ＊ 宗教信仰 Crosstabulation

	有宗教信仰	无宗教信仰	总计
未选中	69.8%	72.5%	72.3%
选中	30.2%	27.5%	27.7%
总计	100.0%	100.0%	100.0%
列总计	721	7716	8437

Chi-square test：df = 1，卡方值为 3.131，sig = 0.536 > 0.05，所以不同宗教信仰的居民在“您所工作的单位是否存在以下现象：为谋私利找关系走后门”的回答上不存在显著差异。

E16e by A9

您所工作的单位是否存在以下现象：奖惩制度不公平 ＊ 宗教信仰 Crosstabulation

	有宗教信仰	无宗教信仰	总计
未选中	77.8%	81.5%	81.2%
选中	22.2%	18.5%	18.8%
总计	100.0%	100.0%	100.0%
列总计	721	7716	8437

Chi-square test：df = 1，卡方值为 14.520，sig = 0.006 < 0.05，所以不同宗教信仰的居民在“您所工作的单位是否存在以下现象：奖惩制度不公平”的回答上存在显著差异。

E16f by A9

您所工作的单位是否存在以下现象：领导干部滥用职权 ＊ 宗教信仰 Crosstabulation

	有宗教信仰	无宗教信仰	总计
未选中	80.4%	79.2%	79.3%
选中	19.6%	20.8%	20.7%
总计	100.0%	100.0%	100.0%
列总计	721	7716	8437

Chi-square test：df = 1，卡方值为 15.815，sig = 0.003 < 0.05，所以不同宗教信仰的居民在“您所工作的单位是否存在以下现象：领导干部滥用职权”的回答上存在显著差异。

E16g by A9

您所工作的单位是否存在以下现象：都不存在 ＊ 宗教信仰 Crosstabulation

	有宗教信仰	无宗教信仰	总计
未选中	65.9%	66.2%	66.2%
选中	34.1%	33.8%	33.8%
总计	100.0%	100.0%	100.0%
列总计	721	7716	8437

Chi-square test：df = 1，卡方值为 11.790，sig = 0.019 < 0.05，所以不同宗教信仰的居民在“您所工作的单位是否存在以下现象：都不存在”的回答上存在显著差异。

E17a by A9

下列关于企业履行社会责任（如捐款捐物、做公益慈善）的说法，您的同意程度是？只有国企才应该履行社会责任 ＊ 宗教信仰 Crosstabulation

	有宗教信仰	无宗教信仰	总计
完全同意	4.7%	3.2%	3.3%
比较同意	26.0%	30.6%	30.2%
不太同意	54.3%	51.8%	52.0%
完全不同意	15.0%	14.5%	14.5%
总计	100.0%	100.0%	100.0%
列总计	680	7155	7835

Chi-square test：df = 3，卡方值为 9.563，sig = 0.023 < 0.05，所以不同宗教信仰的居民在“下列关于企业履行社会责任（如捐款捐物、做公益慈善）的说法，您的同意程度是？只有国企才应该履行社会责任”的同意程度上存在显著差异。

E17b by A9

下列关于企业履行社会责任（如捐款捐物、做公益慈善）的说法，您的同意程度是？只有大企业才应该履行社会责任 ＊ 宗教信仰 Crosstabulation

	有宗教信仰	无宗教信仰	总计
完全同意	3.5%	3.1%	3.1%
比较同意	23.5%	29.2%	28.7%
不太同意	55.8%	50.0%	50.5%
完全不同意	17.3%	17.7%	17.7%
总计	100.0%	100.0%	100.0%
列总计	678	7168	7846

Chi-square test：df = 3，卡方值为 11.616，sig = 0.009 < 0.05，所以不同宗教信仰的居民在“下列关于企业履行社会责任（如捐款捐物、做公益慈善）的说法，您的同意程度是？只有大企业才应该履行社会责任”的同意程度上存在显著差异。

E17c by A9

下列关于企业履行社会责任（如捐款捐物、做公益慈善）的说法，您的同意程度是？只有盈利多的企业才需要履行社会责任 ＊ 宗教信仰 Crosstabulation

	有宗教信仰	无宗教信仰	总计
完全同意	3.9%	4.1%	4.1%
比较同意	22.3%	28.0%	27.5%
不太同意	56.9%	51.6%	52.0%
完全不同意	16.9%	16.3%	16.4%
总计	100.0%	100.0%	100.0%
列总计	673	7151	7824

Chi-square test：df = 3，卡方值为 10.985，sig = 0.012 < 0.05，所以不同宗教信仰的居民在“下列关于企业履行社会责任（如捐款捐物、做公益慈善）的说法，您的同意程度是？只有盈利多的企业才需要履行社会责任”的同意程度上存在显著差异。

E17d by A9

下列关于企业履行社会责任（如捐款捐物、做公益慈善）的说法，您的同意程度是？污染类企业要履行更多的社会责任 ＊ 宗教信仰 Crosstabulation

	有宗教信仰	无宗教信仰	总计
完全同意	22.3%	26.9%	26.5%
比较同意	39.1%	41.8%	41.6%
不太同意	28.0%	22.8%	23.2%
完全不同意	10.6%	8.5%	8.7%

续表

	有宗教信仰	无宗教信仰	总计
总计	100.0%	100.0%	100.0%
列总计	690	7255	7945

Chi-square test：df=3，卡方值为16.514，sig =0.001<0.05，所以不同宗教信仰的居民在“下列关于企业履行社会责任（如捐款捐物、做公益慈善）的说法，您的同意程度是？污染类企业要履行更多的社会责任”的同意程度上存在显著差异。

E17e by A9

下列关于企业履行社会责任（如捐款捐物、做公益慈善）的说法，您的同意程度是？小企业只要管好自己就行了，不要履行社会责任 ＊ 宗教信仰 Crosstabulation

	有宗教信仰	无宗教信仰	总计
完全同意	4.6%	2.5%	2.7%
比较同意	15.9%	19.6%	19.3%
不太同意	55.8%	55.5%	55.5%
完全不同意	23.7%	22.4%	22.5%
总计	100.0%	100.0%	100.0%
列总计	674	7144	7818

Chi-square test：df=3，卡方值为15.184，sig =0.002<0.05，所以不同宗教信仰的居民在“下列关于企业履行社会责任（如捐款捐物、做公益慈善）的说法，您的同意程度是？小企业只要管好自己就行了，不要履行社会责任”的同意程度上存在显著差异。

E18a by A9

您觉得下列哪类单位最讲道德 ＊ 宗教信仰 Crosstabulation

	有宗教信仰	无宗教信仰	总计
国有（控股）企业	14.0%	18.8%	18.3%
民营企业	3.7%	4.9%	4.8%
私营企业	1.5%	2.6%	2.5%
外资企业	4.5%	6.6%	6.4%
学校	47.8%	43.6%	43.9%
医院	4.7%	4.9%	4.9%
政府机关	16.0%	14.2%	14.3%
民间组织	7.8%	4.5%	4.8%
总计	100.0%	100.0%	100.0%
列总计	536	5625	6161

Chi-square test：df=7，卡方值为27.689，sig =0.000<0.05，所以不同宗教信仰的居民在“您觉得哪类单位最讲道德”的回答上存在显著差异。

E18b by A9

您觉得下列哪类单位道德水平最差 ＊ 宗教信仰 Crosstabulation

	有宗教信仰	无宗教信仰	总计
国有（控股）企业	6.8%	5.4%	5.5%
民营企业	14.5%	11.4%	11.7%
私营企业	28.2%	30.2%	30.0%
外资企业	3.8%	3.8%	3.8%
学校	2.4%	3.4%	3.3%
医院	19.0%	18.2%	18.3%
政府机关	14.7%	15.3%	15.2%
民间组织	10.5%	12.4%	12.2%
总计	100.0%	100.0%	100.0%
列总计	468	5033	5501

Chi-square test：df =7，卡方值为 8.858，sig =0.263 >0.05，所以不同宗教信仰的居民在“您觉得下列哪类单位道德水平最差”的回答上不存在显著差异。

E19a by A9

以下关于学校的说法，您的同意程度是？学校越来越以营利为目的 ＊ 宗教信仰 Crosstabulation

	有宗教信仰	无宗教信仰	总计
完全同意	9.0%	7.1%	7.2%
比较同意	46.4%	42.1%	42.4%
不太同意	35.5%	41.6%	41.1%
完全不同意	9.1%	9.2%	9.2%
总计	100.0%	100.0%	100.0%
列总计	679	7355	8034

Chi-square test：df =3，卡方值为 11.612，sig =0.009 <0.05，所以不同宗教信仰的居民在“学校越来越以营利为目的”的同意程度上存在显著差异。

E19b by A9

以下关于学校的说法，您的同意程度是？学校主要传授知识和技能，培养道德不重要 ＊ 宗教信仰 Crosstabulation

	有宗教信仰	无宗教信仰	总计
完全同意	2.2%	1.2%	1.3%

续表

	有宗教信仰	无宗教信仰	总计
比较同意	13.8%	12.7%	12.8%
不太同意	58.8%	58.9%	58.9%
完全不同意	25.3%	27.3%	27.1%
总计	100.0%	100.0%	100.0%
列总计	696	7543	8239

Chi-square test：df = 3，卡方值为 6.559，sig = 0.087 > 0.05，所以不同宗教信仰的居民在"学校主要传授知识和技能，培养道德不重要"的同意程度上不存在显著差异。

E19c by A9

以下关于学校的说法，您的同意程度是？学校升学率高比素质教育更重要 * 宗教信仰 Crosstabulation

	有宗教信仰	无宗教信仰	总计
完全同意	2.2%	2.2%	2.2%
比较同意	13.8%	12.9%	13.0%
不太同意	57.4%	58.3%	58.3%
完全不同意	26.7%	26.5%	26.6%
总计	100.0%	100.0%	100.0%
列总计	690	7484	8174

Chi-square test：df = 3，卡方值为 0.464，sig = 0.927 > 0.05，所以不同宗教信仰的居民在"学校升学率高比素质教育更重要"的同意程度上不存在显著差异。

E19d by A9

以下关于学校的说法，您的同意程度是？青少年儿童行为不端，主要是学校没教好 * 宗教信仰 Crosstabulation

	有宗教信仰	无宗教信仰	总计
完全同意	2.2%	1.6%	1.7%
比较同意	15.4%	14.3%	14.4%
不太同意	60.4%	58.9%	59.1%
完全不同意	22.0%	25.1%	24.8%
总计	100.0%	100.0%	100.0%
列总计	687	7492	8179

Chi-square test：df = 3，卡方值为 4.249，sig = 0.236 > 0.05，所以不同宗教信仰的居民在"青少年儿童行为不端，主要是学校没教好"的同意程度上不存在显著差异。

E19e by A9

以下关于学校的说法，您的同意程度是？要想孩子培养得好，就要多给老师送礼 * 宗教信仰 Crosstabulation

	有宗教信仰	无宗教信仰	总计
完全同意	2.7%	2.0%	2.0%
比较同意	12.0%	12.5%	12.5%
不太同意	47.4%	47.4%	47.4%
完全不同意	37.9%	38.2%	38.1%
总计	100.0%	100.0%	100.0%
列总计	675	7441	8116

Chi-square test：df = 3，卡方值为 1.652，sig = 0.648 > 0.05，所以不同宗教信仰的居民在“要想孩子培养得好，就要多给老师送礼”的同意程度上不存在显著差异。

E20 by A9

您所在单位当员工或村民受到不应该的对待时，员工或村民有没有申诉的机会 * 宗教信仰 Crosstabulation

	有宗教信仰	无宗教信仰	总计
有	67.2%	64.5%	64.8%
没有	32.8%	35.5%	35.2%
总计	100.0%	100.0%	100.0%
列总计	454	4535	4989

Chi-square test：df = 1，卡方值为 1.259，sig = 0.262 > 0.05，所以不同宗教信仰的居民在“当员工或村民受到不应该的对待时，员工或村民有没有申诉的机会”的回答上不存在显著差异。

E21 by A9

您所在单位当员工或村民受到不应该的对待时，员工或村民有没有申诉的地方或渠道 * 宗教信仰 Crosstabulation

	有宗教信仰	无宗教信仰	总计
有	65.9%	67.1%	67.0%
没有	34.1%	32.9%	33.0%
总计	100.0%	100.0%	100.0%
列总计	446	4485	4931

Chi-square test：df = 1，卡方值为 0.271，sig = 0.603 > 0.05，所以不同宗教信仰的居民在“当员工或村民受到不应该的对待时，员工或村民有没有申诉的地方或渠道”的回答上不存在显著差异。

E22 by A9

您所在单位当员工或村民受到不应该的对待时，有没有人进行过申诉 ＊ 宗教信仰 Crosstabulation

	有宗教信仰	无宗教信仰	总计
全部会申诉	8.0%	3.6%	4.1%
大部分会申诉	21.6%	20.0%	20.1%
小部分会申诉	49.6%	56.0%	55.4%
无人申诉	20.8%	20.4%	20.4%
总计	100.0%	100.0%	100.0%
列总计	476	4300	4776

Chi-square test：df = 3，卡方值为 23.825，sig = 0.000 < 0.05，所以不同宗教信仰的居民在“当员工或村民受到不应该的对待时，有没有人进行过申诉”的回答上存在显著差异。

E23 by A9

您所在的单位在多大程度上认真对待员工或村民的申诉 ＊ 宗教信仰 Crosstabulation

	有宗教信仰	无宗教信仰	总计
完全不认真	11.9%	10.3%	10.5%
不太认真	23.8%	21.4%	21.7%
一般	27.7%	34.4%	33.8%
比较认真	30.9%	29.6%	29.7%
非常认真	5.6%	4.2%	4.4%
总计	100.0%	100.0%	100.0%
列总计	411	3847	4258

Chi-square test：df = 4，卡方值为 8.580，sig = 0.072 > 0.05，所以不同宗教信仰的居民在“您所在的单位在多大程度上认真对待员工或村民的申诉”的回答上不存在显著差异。

E24 by A9

您所在单位是否有道德方面的教育或活动 ＊ 宗教信仰 Crosstabulation

	有宗教信仰	无宗教信仰	总计
有	4.9%	4.0%	4.1%
没有	49.2%	41.3%	42.0%
不知道	45.9%	54.7%	54.0%

续表

	有宗教信仰	无宗教信仰	总计
总计	100.0%	100.0%	100.0%
列总计	714	7626	8340

Chi-square test：df = 2，卡方值为 20.972，sig = 0.000 < 0.05，所以不同宗教信仰的居民在“您所在单位是否有道德方面的教育或活动”的回答上存在显著差异。

E25a by A9

对当地企业道德状况的满意度是 ＊ 宗教信仰 Crosstabulation

	有宗教信仰	无宗教信仰	总计
非常不满意	3.9%	2.0%	2.2%
不太满意	24.0%	22.1%	22.3%
比较满意	67.9%	73.7%	73.2%
非常满意	4.2%	2.2%	2.3%
总计	100.0%	100.0%	100.0%
列总计	617	6522	7139

Chi-square test：df = 3，卡方值为 22.360，sig = 0.000 < 0.05，所以不同宗教信仰的居民在“对当地企业道德状况的满意度”上存在显著差异。

E25b by A9

对当地医院道德状况的满意度是 ＊ 宗教信仰 Crosstabulation

	有宗教信仰	无宗教信仰	总计
非常不满意	5.2%	3.2%	3.4%
不太满意	23.5%	25.7%	25.5%
比较满意	64.7%	65.6%	65.5%
非常满意	6.5%	5.5%	5.6%
总计	100.0%	100.0%	100.0%
列总计	672	7253	7925

Chi-square test：df = 3，卡方值为 9.529，sig = 0.023 < 0.05，所以不同宗教信仰的居民在“对当地医院道德状况的满意度”上存在显著差异。

E25c by A9

对当地政府道德状况的满意度是 ＊ 宗教信仰 Crosstabulation

	有宗教信仰	无宗教信仰	总计
非常不满意	5.0%	3.5%	3.6%

续表

	有宗教信仰	无宗教信仰	总计
不太满意	23.7%	24.4%	24.4%
比较满意	63.6%	64.9%	64.8%
非常满意	7.7%	7.1%	7.2%
总计	100.0%	100.0%	100.0%
列总计	659	6949	7608

Chi-square test：df = 3，卡方值为 4.315，sig = 0.229 > 0.05，所以不同宗教信仰的居民在“对当地政府道德状况的满意度”上不存在显著差异。

E25d by A9

对当地学校的道德状况的满意度是 * 宗教信仰 Crosstabulation

	有宗教信仰	无宗教信仰	总计
非常不满意	2.0%	1.4%	1.4%
不太满意	16.5%	16.3%	16.3%
比较满意	69.5%	71.6%	71.4%
非常满意	12.0%	10.8%	10.9%
总计	100.0%	100.0%	100.0%
列总计	650	7103	7753

Chi-square test：df = 3，卡方值为 2.763，sig = 0.430 > 0.05，所以不同宗教信仰的居民在“对当地学校的道德状况的满意度”上不存在显著差异。

E25e by A9

对当地的 NGO 组织（如红十字会等）道德状况的满意度是 * 宗教信仰 Crosstabulation

	有宗教信仰	无宗教信仰	总计
非常不满意	3.7%	2.1%	2.2%
不太满意	15.6%	17.3%	17.1%
比较满意	64.0%	68.4%	68.0%
非常满意	16.7%	12.3%	12.7%
总计	100.0%	100.0%	100.0%
列总计	378	4025	4403

Chi-square test：df = 3，卡方值为 11.032，sig = 0.012 < 0.05，所以不同宗教信仰的居民在“对当地的 NGO 组织（如红十字会等）道德状况的满意度”上存在显著差异。

F1a by A9

您认为以下行为是否关乎道德？随地吐痰 ＊ 宗教信仰 Crosstabulation

	有宗教信仰	无宗教信仰	总计
有关	92.3%	91.1%	91.2%
无关	7.7%	8.9%	8.8%
总计	100.0%	100.0%	100.0%
列总计	737	7913	8650

Chi-square test：df = 1，卡方值为 1.113，sig = 0.291 > 0.05，所以不同宗教信仰的居民在“随地吐痰是否关乎道德”的回答上不存在显著差异。

F1b by A9

您认为以下行为是否关乎道德？插队 ＊ 宗教信仰 Crosstabulation

	有宗教信仰	无宗教信仰	总计
有关	91.0%	91.1%	91.1%
无关	9.0%	8.9%	8.9%
总计	100.0%	100.0%	100.0%
列总计	733	7902	8635

Chi-square test：df = 1，卡方值为 0.004，sig = 0.950 > 0.05，所以不同宗教信仰的居民在“插队是否关乎道德”的回答上不存在显著差异。

F1c by A9

您认为以下行为是否关乎道德？公交或地铁上大声打电话 ＊ 宗教信仰 Crosstabulation

	有宗教信仰	无宗教信仰	总计
有关	88.4%	87.0%	87.1%
无关	11.6%	13.0%	12.9%
总计	100.0%	100.0%	100.0%
列总计	732	7905	8637

Chi-square test：df = 1，卡方值为 1.117，sig = 0.291 > 0.05，所以不同宗教信仰的居民在“公交或地铁上大声打电话是否关乎道德”的回答上不存在显著差异。

F1d by a9

您认为以下行为是否关乎道德？餐馆里说话声音很大 ＊ 宗教信仰 Crosstabulation

	有宗教信仰	无宗教信仰	总计
有关	86.7%	85.7%	85.8%

续表

	有宗教信仰	无宗教信仰	总计
无关	13.3%	14.3%	14.2%
总计	100.0%	100.0%	100.0%
列总计	731	7893	8624

Chi-square test：df = 1，卡方值为 1.008，sig = 0.315 > 0.05，所以不同宗教信仰的居民在“餐馆里说话声音很大是否关乎道德”的回答上不存在显著差异。

F1e by A9

您认为以下行为是否关乎道德？在公共场所的椅子或沙发上躺着睡觉 * 宗教信仰 Crosstabulation

	有宗教信仰	无宗教信仰	总计
有关	88.0%	88.1%	88.1%
无关	12.0%	11.9%	11.9%
总计	100.0%	100.0%	100.0%
列总计	732	7898	8630

Chi-square test：df = 1，卡方值为 0.011，sig = 0.915 > 0.05，所以不同宗教信仰的居民在“公共场所的椅子或沙发上躺着睡觉是否关乎道德”的回答上不存在显著差异。

F1f by A9

您本人是否做出过这些行为？随地吐痰 * 宗教信仰 Crosstabulation

	有宗教信仰	无宗教信仰	总计
经常做	3.4%	2.8%	2.8%
偶尔做	40.9%	36.9%	37.2%
从来不做	55.7%	60.3%	59.9%
总计	100.0%	100.0%	100.0%
列总计	707	7644	8351

Chi-square test：df = 2，卡方值为 5.894，sig = 0.053 > 0.05，所以不同宗教信仰的居民在“是否有过随地吐痰的行为”的回答上不存在显著差异。

F1g by A9

您本人是否做出过这些行为？插队 * 宗教信仰 Crosstabulation

	有宗教信仰	无宗教信仰	总计
经常做	3.2%	2.2%	2.3%

续表

	有宗教信仰	无宗教信仰	总计
偶尔做	32.2%	28.1%	28.4%
从来不做	64.6%	69.8%	69.3%
总计	100.0%	100.0%	100.0%
列总计	709	7640	8349

Chi-square test：df = 2，卡方值为 9.616，sig = 0.008 < 0.05，所以不同宗教信仰的居民在“是否有过插队的行为”的回答上存在显著差异。

F1h by A9

您本人是否做出过这些行为？公交或地铁上大声打电话 * 宗教信仰 Crosstabulation

	有宗教信仰	无宗教信仰	总计
经常做	4.2%	2.6%	2.8%
偶尔做	30.0%	27.5%	27.8%
从来不做	65.8%	69.8%	69.5%
总计	100.0%	100.0%	100.0%
列总计	707	7588	8295

Chi-square test：df = 2，卡方值为 8.811，sig = 0.012 < 0.05，所以不同宗教信仰的居民在“是否有过公交或地铁上大声打电话的行为”的回答上存在显著差异。

F1i by A9

您本人是否做出过这些行为？餐馆里说话声音很大 * 宗教信仰 Crosstabulation

	有宗教信仰	无宗教信仰	总计
经常做	4.4%	2.8%	2.9%
偶尔做	28.8%	25.8%	26.1%
从来不做	66.8%	71.4%	71.0%
总计	100.0%	100.0%	100.0%
列总计	708	7593	8301

Chi-square test：df = 2，卡方值为 10.109，sig = 0.006 < 0.05，所以不同宗教信仰的居民在“是否有过餐馆里说话声音很大的行为”的回答上存在显著差异。

F1j by A9

您本人是否做出过这些行为？在公共场所的椅子或沙发上躺着睡觉 * 宗教信仰 Crosstabulation

	有宗教信仰	无宗教信仰	总计
经常做	3.7%	2.5%	2.6%

续表

	有宗教信仰	无宗教信仰	总计
偶尔做	15.5%	13.0%	13.2%
从来不做	80.9%	84.4%	84.1%
总计	100.0%	100.0%	100.0%
列总计	711	7617	8328

Chi-square test：df=2，卡方值为6.955，sig =0.031 <0.05，所以不同宗教信仰的居民在“是否有过公共场所的椅子或沙发上躺着睡觉”的回答上存在显著差异。

F2 by A9

入夜后，很多中老年朋友在广场上伴着录音机的音乐跳舞，产生噪声，有人向政府或物管投诉，要求阻止。对这件事您怎么看 ＊ 宗教信仰 Crosstabulation

	有宗教信仰	无宗教信仰	总计
在广场上跳舞是居民的自由，不应干预	15.4%	23.1%	22.4%
跳舞如果破坏了别人的清静，就应该停止	20.3%	22.5%	22.4%
中老年人没地方活动，即便跳舞构成干扰，也应尽量容忍和理解	20.4%	21.5%	21.4%
请跳舞者降低音量，大家相互妥协	42.4%	31.5%	32.4%
其他（请说明）	1.5%	1.4%	1.4%
总计	100.0%	100.0%	100.0%
列总计	729	7847	8576

Chi-square test：df=4，卡方值为44.261，sig =0.000 <0.05，所以不同宗教信仰的居民在“入夜后，很多中老年朋友在广场上伴着录音机的音乐跳舞，产生噪声，有人向政府或物管投诉，要求阻止。对这件事您怎么看”的回答上存在显著差异。

F3a by A9

社会上经常发生一些因个人认为自身受到不公正待遇而导致的社会泄愤事件，比如厦门公交爆炸案、徐州幼儿园爆炸案。对下列说法，您的同意程度如何？这是暴徒行为，无论何种情况下，都不应该采取暴力手段 ＊ 宗教信仰 Crosstabulation

	有宗教信仰	无宗教信仰	总计
完全同意	43.8%	40.0%	40.3%
比较同意	47.0%	50.7%	50.4%
不太同意	7.7%	7.7%	7.7%
完全不同意	1.4%	1.5%	1.5%
总计	100.0%	100.0%	100.0%
列总计	691	7476	8167

Chi-square test：df=3，卡方值4.048，sig =0.256 >0.05，所以不同宗教信仰的居民在“社会上经常发生一些因个人认为自身受到不公正待遇而导致的社会泄愤事件，比如厦门公交爆炸案、徐州幼儿园爆炸案。对下列说法，您的同意程度如何？这是暴徒行为，无论何种情况下，都不应该采取暴力手段”的同意程度上不存在显著差异。

F3b by A9

社会上经常发生一些因个人认为自身受到不公正待遇而导致的社会泄愤事件，比如厦门公交爆炸案、徐州幼儿园爆炸案。对下列说法，您的同意程度如何？其他社会成员在需要的时候没有及时给予帮助，因此我们每个人都有责任 ＊ 宗教信仰 Crosstabulation

	有宗教信仰	无宗教信仰	总计
完全同意	18.8%	15.2%	15.5%
比较同意	48.5%	49.3%	49.2%
不太同意	28.3%	30.1%	29.9%
完全不同意	4.4%	5.5%	5.4%
总计	100.0%	100.0%	100.0%
列总计	688	7464	8152

Chi-square test：df = 3，卡方值为 7.404，sig = 0.060 > 0.05，所以不同宗教信仰的居民在“社会上经常发生一些因个人认为自身受到不公正待遇而导致的社会泄愤事件，比如厦门公交爆炸案、徐州幼儿园爆炸案。对下列说法，您的同意程度如何？其他社会成员在需要的时候没有及时给予帮助，因此我们每个人都有责任”的同意程度上不存在显著差异。

F3c by A9

社会上经常发生一些因个人认为自身受到不公正待遇而导致的社会泄愤事件，比如厦门公交爆炸案、徐州幼儿园爆炸案。对下列说法，您的同意程度如何？他们的遭遇值得同情，但应该去报复那些给予他们不公正待遇的人，而不是伤及无辜 ＊ 宗教信仰 Crosstabulation

	有宗教信仰	无宗教信仰	总计
完全同意	13.4%	11.8%	11.9%
比较同意	34.1%	33.7%	33.7%
不太同意	32.2%	36.5%	36.1%
完全不同意	20.2%	18.0%	18.2%
总计	100.0%	100.0%	100.0%
列总计	692	7471	8163

Chi-square test：df = 3，卡方值为 6.367，sig = 0.095 > 0.05，所以不同宗教信仰的居民在“社会上经常发生一些因个人认为自身受到不公正待遇而导致的社会泄愤事件，比如厦门公交爆炸案、徐州幼儿园爆炸案。对下列说法，您的同意程度如何？他们的遭遇值得同情，但应该去报复那些给予他们不公正待遇的人，而不是伤及无辜”的同意程度上不存在显著差异。

F3d by A9

社会上经常发生一些因个人认为自身受到不公正待遇而导致的社会泄愤事件，比如厦门公交爆炸案、徐州幼儿园爆炸案。对下列说法，您的同意程度如何？受到不公平待遇，应该充分相信政府，积极寻求相关部门的帮助 ＊ 宗教信仰 Crosstabulation

	有宗教信仰	无宗教信仰	总计
完全同意	26.8%	25.2%	25.3%
比较同意	53.0%	55.3%	55.1%
不太同意	15.9%	15.9%	15.9%
完全不同意	4.2%	3.6%	3.6%
总计	100.0%	100.0%	100.0%
列总计	690	7457	8147

Chi-square test：df = 3，卡方值为 1.987，sig = 0.575 > 0.05，所以不同宗教信仰的居民在“社会上经常发生一些因个人认为自身受到不公正待遇而导致的社会泄愤事件，比如厦门公交爆炸案、徐州幼儿园爆炸案。对下列说法，您的同意程度如何？受到不公平待遇，应该充分相信政府，积极寻求相关部门的帮助”的同意程度上不存在显著差异。

F4 by A9

总的来说，您认为当今的社会公不公平 ＊ 宗教信仰 Crosstabulation

	有宗教信仰	无宗教信仰	总计
完全不公平	8.5%	5.6%	5.9%
比较不公平	29.8%	29.2%	29.3%
说不上公平但也不能说不公平	36.9%	38.2%	38.1%
比较公平	23.0%	24.9%	24.7%
非常公平	1.9%	2.1%	2.1%
总计	100.0%	100.0%	100.0%
列总计	697	7452	8149

Chi-square test：df = 4，卡方值为 10.159，sig = 0.038 < 0.05，所以不同宗教信仰的居民在“总的来说，您认为当今的社会公不公平”的回答上存在显著差异。

F5 by A9

和前几年相比，您如何看待目前我国社会的分配不公、两极分化现象 ＊ 宗教信仰 Crosstabulation

	有宗教信仰	无宗教信仰	总计
有较大改善	34.7%	33.5%	33.6%

续表

	有宗教信仰	无宗教信仰	总计
没什么变化	51.3%	53.1%	52.9%
更加恶化	14.0%	13.4%	13.5%
总计	100.0%	100.0%	100.0%
列总计	665	6924	7589

Chi-square test：df = 2，卡方值为 0.802，sig = 0.670 > 0.05，所以不同宗教信仰的居民在“和前几年相比，您认为目前我国社会的分配不公、两极分化现象”的回答上不存在显著差异。

F6 by A9

您认为目前我国社会成员之间的收入差距 ＊ 宗教信仰 Crosstabulation

	有宗教信仰	无宗教信仰	总计
合理，可以接受	18.4%	17.2%	17.3%
不合理，但可以接受	57.6%	60.6%	60.4%
不合理，不能接受	24.1%	22.2%	22.3%
总计	100.0%	100.0%	100.0%
列总计	648	6808	7456

Chi-square test：df = 2，卡方值为 2.378，sig = 0.304 > 0.05，所以不同宗教信仰的居民在“您认为目前我国社会成员之间的收入差距”的回答上不存在显著差异。

F7a by A9

请问您是否同意当前的社会是人人为自己 ＊ 宗教信仰 Crosstabulation

	有宗教信仰	无宗教信仰	总计
完全同意	11.2%	11.2%	11.2%
比较同意	58.0%	57.9%	57.9%
不太同意	29.1%	29.3%	29.3%
完全不同意	1.8%	1.6%	1.6%
总计	100.0%	100.0%	100.0%
列总计	726	7766	8492

Chi-square test：df = 3，卡方值为 0.216，sig = 0.975 > 0.05，所以不同宗教信仰的居民在“请问您是否同意当前的社会是人人为自己”的回答上不存在显著差异。

F7b by A9

请问您是否同意现在社会的大多数人是见利忘义的 ＊ 宗教信仰 Crosstabulation

	有宗教信仰	无宗教信仰	总计
完全同意	6.9%	7.8%	7.7%

续表

	有宗教信仰	无宗教信仰	总计
比较同意	50.8%	50.2%	50.3%
不太同意	38.0%	38.4%	38.3%
完全不同意	4.3%	3.7%	3.7%
总计	100.0%	100.0%	100.0%
列总计	724	7748	8472

Chi-square test：df = 3，卡方值为 1.422，sig = 0.700 > 0.05，所以不同宗教信仰的居民在“请问您是否同意现在社会的大多数人是见利忘义”的回答上不存在显著差异。

F7c by A9

请问您是否同意现在社会是一个物欲横流的社会 * 宗教信仰 Crosstabulation

	有宗教信仰	无宗教信仰	总计
完全同意	6.0%	7.7%	7.5%
比较同意	48.9%	47.3%	47.4%
不太同意	38.1%	39.8%	39.6%
完全不同意	7.0%	5.3%	5.4%
总计	100.0%	100.0%	100.0%
列总计	701	7441	8142

Chi-square test：df = 3，卡方值为 6.662，sig = 0.084 > 0.05，所以不同宗教信仰的居民在“请问您是否同意现在社会是一个物欲横流的社会”的回答上不存在显著差异。

F7d by A9

请问您是否同意当前大多数人都是以集体利益为重 * 宗教信仰 Crosstabulation

	有宗教信仰	无宗教信仰	总计
完全同意	7.2%	5.6%	5.8%
比较同意	33.7%	37.7%	37.3%
不太同意	50.4%	51.7%	51.6%
完全不同意	8.6%	5.0%	5.3%
总计	100.0%	100.0%	100.0%
列总计	706	7542	8248

Chi-square test：df = 3，卡方值为 21.485，sig = 0.000 < 0.05，所以不同宗教信仰的居民在“请问您是否同意当前大多数人都是以集体利益为重”的回答上存在显著差异。

F7e by A9

请问您是否同意当前大多数人都是家庭利益至上 ＊ 宗教信仰 Crosstabulation

	有宗教信仰	无宗教信仰	总计
完全同意	14.5%	17.5%	17.2%
比较同意	54.4%	55.5%	55.4%
不太同意	26.1%	23.9%	24.1%
完全不同意	5.1%	3.1%	3.2%
总计	100.0%	100.0%	100.0%
列总计	712	7684	8396

Chi-square test：df = 3，卡方值为 12.977，sig = 0.000 < 0.05，所以不同宗教信仰的居民在“请问您是否同意当前大多数人都是家庭利益至上”的回答上存在显著差异。

F7f by A9

请问您是否同意当前的社会是个金钱至上的社会 ＊ 宗教信仰 Crosstabulation

	有宗教信仰	无宗教信仰	总计
完全同意	14.1%	14.3%	14.3%
比较同意	51.0%	49.7%	49.8%
不太同意	27.9%	31.7%	31.4%
完全不同意	7.0%	4.3%	4.5%
总计	100.0%	100.0%	100.0%
列总计	714	7638	8352

Chi-square test：df = 3，卡方值为 13.894，sig = 0.003 < 0.05，所以不同宗教信仰的居民在“请问您是否同意当前的社会是个金钱至上的社会”的回答上存在显著差异。

F7g by A9

请问您是否同意现在社会守道德的人大都吃亏，不守道德的人占便宜 ＊ 宗教信仰 Crosstabulation

	有宗教信仰	无宗教信仰	总计
完全同意	9.8%	8.2%	8.3%
比较同意	40.6%	42.3%	42.2%
不太同意	43.9%	44.2%	44.2%
完全不同意	5.7%	5.3%	5.4%

续表

	有宗教信仰	无宗教信仰	总计
总计	100.0%	100.0%	100.0%
列总计	697	7563	8260

Chi-square test：df=3，卡方值为2.612，sig =0.455 >0.05，所以不同宗教信仰的居民在“请问您是否同意现在社会守道德的人大都吃亏，不守道德的人占便宜”的回答上不存在显著差异。

F7h by A9

请问您是否同意现在社会中好人有好报，恶人终归会受到惩罚 * 宗教信仰 Crosstabulation

	有宗教信仰	无宗教信仰	总计
完全同意	15.2%	15.2%	15.2%
比较同意	46.6%	51.1%	50.7%
不太同意	33.1%	30.2%	30.4%
完全不同意	5.0%	3.5%	3.6%
总计	100.0%	100.0%	100.0%
列总计	716	7601	8317

Chi-square test：df=3，卡方值为8.663，sig =0.034 <0.05，所以不同宗教信仰的居民在“请问您是否同意现在社会中好人有好报，恶人终归会受到惩罚”的回答上存在显著差异。

F7i by A9

请问您是否同意人们的生活水平越高，就越幸福 * 宗教信仰 Crosstabulation

	有宗教信仰	无宗教信仰	总计
完全同意	16.2%	17.6%	17.4%
比较同意	43.0%	44.9%	44.7%
不太同意	35.9%	33.6%	33.8%
完全不同意	4.9%	3.9%	4.0%
总计	100.0%	100.0%	100.0%
列总计	711	7653	8364

Chi-square test：df=3，卡方值为3.768，sig =0.288 >0.05，所以不同宗教信仰的居民在“请问您是否同意人们的生活水平越高，就越幸福”的回答上不存在显著差异。

F7j by A9

请问您是否同意我们的社会中道德能够很好地约束人们的行为 * 宗教信仰 Crosstabulation

	有宗教信仰	无宗教信仰	总计
完全同意	7.8%	6.4%	6.5%
比较同意	45.1%	49.1%	48.7%
不太同意	41.2%	39.8%	39.9%
完全不同意	5.9%	4.8%	4.9%
总计	100.0%	100.0%	100.0%
列总计	690	7375	8065

Chi-square test：df = 3，卡方值为 6.104，sig = 0.105 > 0.05，所以不同宗教信仰的居民在“请问您是否同意我们的社会中道德能够很好地约束人们的行为”的回答上不存在显著差异。

F7k by A9

请问您是否同意现有的规范和习俗能够很好地调节人与人的关系 * 宗教信仰 Crosstabulation

	有宗教信仰	无宗教信仰	总计
完全同意	7.0%	6.1%	6.2%
比较同意	46.0%	51.6%	51.1%
不太同意	38.7%	37.4%	37.5%
完全不同意	8.3%	4.9%	5.2%
总计	100.0%	100.0%	100.0%
列总计	683	7303	7986

Chi-square test：df = 3，卡方值为 19.409，sig = 0.000 < 0.05，所以不同宗教信仰的居民在“请问您是否同意现有的规范和习俗能够很好地调节人与人的关系”的回答上存在显著差异。

F7l by A9

请问您是否同意现在社会大多数人都有荣辱感 * 宗教信仰 Crosstabulation

	有宗教信仰	无宗教信仰	总计
完全同意	9.6%	7.9%	8.0%
比较同意	52.7%	54.4%	54.3%
不太同意	30.4%	32.9%	32.7%
完全不同意	7.3%	4.8%	5.0%
总计	100.0%	100.0%	100.0%

续表

	有宗教信仰	无宗教信仰	总计
列总计	685	7320	8005

Chi-square test：df = 3，卡方值为 11.927，sig = 0.008 < 0.05，所以不同宗教信仰的居民在“请问您是否同意现在社会大多数人都有荣辱感”的回答上存在显著差异。

F8 by A9

您听说过或参加过道德讲堂吗 * 宗教信仰 Crosstabulation

	有宗教信仰	无宗教信仰	总计
参加过	14.2%	9.3%	9.7%
听说过，但没参加过	34.2%	34.8%	34.7%
没听说过	51.6%	55.9%	55.5%
总计	100.0%	100.0%	100.0%
列总计	740	7926	8666

Chi-square test：df = 2，卡方值为 18.969，sig = 0.000 < 0.05，所以不同宗教信仰的居民在“您听说过或参加过道德讲堂吗”的回答上存在显著差异。

F9 by A9

如果您参加过道德讲堂，您觉得开展这样的活动有意义吗 * 宗教信仰 Crosstabulation

	有宗教信仰	无宗教信仰	总计
很有意义	82.0%	76.8%	77.5%
可有可无	14.0%	17.6%	17.2%
没有必要	4.0%	5.6%	5.4%
总计	100.0%	100.0%	100.0%
列总计	100	716	816

Chi-square test：df = 2，卡方值为 1.376，sig = 0.503 > 0.05，所以不同宗教信仰的居民在“道德讲堂这样的活动是否有意义”的回答上不存在显著差异。

F10 by A9

您对您生活的地方（您所在的社区）社会公德状况满意吗 * 宗教信仰 Crosstabulation

	有宗教信仰	无宗教信仰	总计
非常满意	6.2%	4.9%	5.0%

续表

	有宗教信仰	无宗教信仰	总计
比较满意	60. 1%	63. 7%	63. 4%
不太满意	28. 4%	26. 9%	27. 1%
非常不满意	5. 3%	4. 5%	4. 6%
总计	100. 0%	100. 0%	100. 0%
列总计	679	7300	7979

Chi-square test：df = 3，卡方值为 4. 750，sig = 0. 191 > 0. 05，所以不同宗教信仰的居民“您对您生活的地方（您所在的社区）社会公德状况满意吗”不存在显著差异。

F11a by A9

当前社会坑蒙拐骗现象的严重程度如何 ＊ 宗教信仰 Crosstabulation

	有宗教信仰	无宗教信仰	总计
非常不严重	12. 2%	7. 5%	7. 9%
比较不严重	41. 5%	44. 3%	44. 1%
比较严重	38. 3%	40. 5%	40. 3%
非常严重	8. 0%	7. 8%	7. 8%
总计	100. 0%	100. 0%	100. 0%
列总计	715	7670	8385

Chi-square test：df = 3，卡方值为 20. 393，sig = 0. 000 < 0. 05，所以不同宗教信仰的居民对“当前社会坑蒙拐骗现象的严重程度如何”的回答存在显著差异。

F11b by A9

当前社会人际关系冷漠，见危不救的严重程度如何 ＊ 宗教信仰 Crosstabulation

	有宗教信仰	无宗教信仰	总计
非常不严重	9. 4%	9. 4%	9. 4%
比较不严重	41. 9%	44. 3%	44. 1%
比较严重	42. 0%	40. 8%	40. 9%
非常严重	6. 7%	5. 5%	5. 6%
总计	100. 0%	100. 0%	100. 0%
列总计	714	7700	8414

Chi-square test：df = 3，卡方值为 2. 803，sig = 0. 423 > 0. 05，所以不同宗教信仰的居民对“当前社会人际关系冷漠，见危不救的严重程度如何”的回答不存在显著差异。

F11c by A9

当前社会诚信缺乏，不讲信用的严重程度如何 ＊ 宗教信仰 Crosstabulation

	有宗教信仰	无宗教信仰	总计
非常不严重	10.1%	9.2%	9.3%
比较不严重	39.6%	42.4%	42.2%
比较严重	41.5%	41.7%	41.7%
非常严重	8.8%	6.7%	6.9%
总计	100.0%	100.0%	100.0%
列总计	714	7728	8442

Chi-square test：df = 3，卡方值为 6.130，sig = 0.105 > 0.05，所以不同宗教信仰的居民对“当前社会诚信缺乏，不讲信用的严重程度如何”的回答不存在显著差异。

F11d by A9

当前社会人与人之间缺乏信任，社会安全度低的严重程度如何 ＊ 宗教信仰 Crosstabulation

	有宗教信仰	无宗教信仰	总计
非常不严重	8.2%	8.4%	8.4%
比较不严重	34.6%	38.6%	38.3%
比较严重	45.8%	44.5%	44.6%
非常严重	11.4%	8.5%	8.8%
总计	100.0%	100.0%	100.0%
列总计	719	7690	8409

Chi-square test：df = 3，卡方值为 9.223，sig = 0.026 < 0.05，所以不同宗教信仰的居民对“当前社会人与人之间缺乏信任，社会安全度低的严重程度如何”的回答存在显著差异。

F11e by A9

当前社会缺乏公德，如公共场所大声喧哗、随地吐痰等的严重程度如何 ＊ 宗教信仰 Crosstabulation

	有宗教信仰	无宗教信仰	总计
非常不严重	13.1%	10.0%	10.3%
比较不严重	34.9%	44.9%	44.1%
比较严重	37.6%	36.6%	36.7%
非常严重	14.4%	8.5%	9.0%
总计	100.0%	100.0%	100.0%

续表

	有宗教信仰	无宗教信仰	总计
列总计	720	7688	8408

Chi-square test：df = 3，卡方值为 47.302，sig = 0.000 < 0.05，所以不同宗教信仰的居民对“当前社会缺乏公德，如公共场所大声喧哗、随地吐痰等的严重程度如何”的回答存在显著差异。

F11f by A9

当前社会自私自利，损人利己的严重程度如何 * 宗教信仰 Crosstabulation

	有宗教信仰	无宗教信仰	总计
非常不严重	9.9%	9.9%	9.9%
比较不严重	40.8%	41.1%	41.1%
比较严重	41.0%	42.7%	42.6%
非常严重	8.3%	6.3%	6.5%
总计	100.0%	100.0%	100.0%
列总计	708	7648	8356

Chi-square test：df = 3，卡方值为 4.606，sig = 0.203 > 0.05，所以不同宗教信仰的居民对“当前社会自私自利，损人利己的严重程度如何”的回答不存在显著差异。

F11g by A9

当前社会缺乏公正心和正义感的严重程度如何 * 宗教信仰 Crosstabulation

	有宗教信仰	无宗教信仰	总计
非常不严重	10.8%	9.8%	9.9%
比较不严重	40.7%	43.2%	43.0%
比较严重	40.7%	40.9%	40.9%
非常严重	7.7%	6.1%	6.2%
总计	100.0%	100.0%	100.0%
列总计	697	7583	8280

Chi-square test：df = 3，卡方值为 4.286，sig = 0.232 > 0.05，所以不同宗教信仰的居民对“当前社会缺乏公正心和正义感的严重程度如何”的回答不存在显著差异。

F11h by A9

当前社会私欲膨胀，物欲横流的严重程度如何 * 宗教信仰 Crosstabulation

	有宗教信仰	无宗教信仰	总计
非常不严重	9.1%	9.6%	9.6%

续表

	有宗教信仰	无宗教信仰	总计
比较不严重	37.8%	43.2%	42.8%
比较严重	43.9%	40.2%	40.5%
非常严重	9.2%	6.9%	7.1%
总计	100.0%	100.0%	100.0%
列总计	672	7284	7956

Chi-square test：df = 3，卡方值为 11.054，sig = 0.011 < 0.05，所以不同宗教信仰的居民对“当前社会私欲膨胀，物欲横流的严重程度如何”的回答存在显著差异。

F11i by A9

当前社会缺乏羞耻感的严重程度如何 ＊ 宗教信仰 Crosstabulation

	有宗教信仰	无宗教信仰	总计
非常不严重	11.4%	11.3%	11.3%
比较不严重	45.8%	49.4%	49.1%
比较严重	35.5%	33.2%	33.4%
非常严重	7.3%	6.1%	6.2%
总计	100.0%	100.0%	100.0%
列总计	684	7391	8075

Chi-square test：df = 3，卡方值为 4.135，sig = 0.247 > 0.05，所以不同宗教信仰的居民对“当前社会缺乏羞耻感的严重程度如何”的回答不存在显著差异。

F11j by A9

当前社会干部贪污受贿，以权谋利的严重程度如何 ＊ 宗教信仰 Crosstabulation

	有宗教信仰	无宗教信仰	总计
非常不严重	10.5%	7.5%	7.8%
比较不严重	32.4%	36.8%	36.4%
比较严重	38.9%	38.0%	38.1%
非常严重	18.2%	17.7%	17.7%
总计	100.0%	100.0%	100.0%
列总计	648	7101	7749

Chi-square test：df = 3，卡方值为 10.046，sig = 0.018 < 0.05，所以不同宗教信仰的居民对“当前社会干部贪污受贿，以权谋利的严重程度如何”的回答存在显著差异。

F11k by A9

当前社会生活奢侈，铺张浪费的严重程度如何 ＊ 宗教信仰 Crosstabulation

	有宗教信仰	无宗教信仰	总计
非常不严重	9.0%	7.2%	7.4%
比较不严重	34.5%	38.6%	38.3%
比较严重	42.1%	39.7%	39.9%
非常严重	14.4%	14.4%	14.4%
总计	100.0%	100.0%	100.0%
列总计	667	7358	8025

Chi-square test：df = 3，卡方值为 6.237，sig = 0.101 > 0.05，所以不同宗教信仰的居民对“当前社会生活奢侈，铺张浪费的严重程度如何”的回答不存在显著差异。

F11l by A9

当前社会干部不作为，扯皮推诿的严重程度如何 ＊ 宗教信仰 Crosstabulation

	有宗教信仰	无宗教信仰	总计
非常不严重	10.0%	6.6%	6.9%
比较不严重	31.0%	35.9%	35.5%
比较严重	40.0%	39.1%	39.1%
非常严重	19.1%	18.4%	18.4%
总计	100.0%	100.0%	100.0%
列总计	623	6980	7603

Chi-square test：df = 3，卡方值为 13.384，sig = 0.004 < 0.05，所以不同宗教信仰的居民对“当前社会干部不作为，扯皮推诿的严重程度如何”的回答存在显著差异。

F12a by A9

您怎么看待周围那些经营企业或做生意发了财的人：他们自己有本事，应该发财 ＊ 宗教信仰 Crosstabulation

	有宗教信仰	无宗教信仰	总计
未选中	43.8%	42.0%	42.1%
选中	56.2%	58.0%	57.9%
总计	100.0%	100.0%	100.0%
列总计	730	7848	8578

Chi-square test：df = 1，卡方值为 0.951，sig = 0.329 > 0.05，所以不同宗教信仰的居民在“您怎么看待周围那些经营企业或做生意发了财的人：他们自己有本事，应该发财”的回答上不存在显著差异。

F12b by A9

您怎么看待周围那些经营企业或做生意发了财的人：尊重他们，他们为社会做了贡献 ＊ 宗教信仰 Crosstabulation

	有宗教信仰	无宗教信仰	总计
未选中	52.5%	55.5%	55.3%
选中	47.5%	44.5%	44.7%
总计	100.0%	100.0%	100.0%
列总计	730	7848	8578

Chi-square test：df = 1，卡方值为 2.516，sig = 0.113 > 0.05，所以不同宗教信仰的居民在“您怎么看待周围那些经营企业或做生意发了财的人：尊重他们，他们为社会做了贡献”的回答上不存在显著差异。

F12c by A9

您怎么看待周围那些经营企业或做生意发了财的人：没什么了不起，他们常用不正当手段发财 ＊ 宗教信仰 Crosstabulation

	有宗教信仰	无宗教信仰	总计
未选中	88.8%	87.3%	87.4%
选中	11.2%	12.7%	12.6%
总计	100.0%	100.0%	100.0%
列总计	730	7848	8578

Chi-square test：df = 1，卡方值为 1.358，sig = 0.244 > 0.05，所以不同宗教信仰的居民在“您怎么看待周围那些经营企业或做生意发了财的人：没什么了不起，他们常用不正当手段发财”的回答上不存在显著差异。

F12d by A9

您怎么看待周围那些经营企业或做生意发了财的人：是土豪，没文化，没教养 ＊ 宗教信仰 Crosstabulation

	有宗教信仰	无宗教信仰	总计
未选中	91.6%	92.4%	92.4%
选中	8.4%	7.6%	7.6%
总计	100.0%	100.0%	100.0%
列总计	730	7848	8578

Chi-square test：df = 1，卡方值为 0.567，sig = 0.451 > 0.05，所以不同宗教信仰的居民在“您怎么看待周围那些经营企业或做生意发了财的人：是土豪，没文化，没教养”的回答上不存在显著差异。

F12e by A9

您怎么看待周围那些经营企业或做生意发了财的人：是他们运气好 ＊ 宗教信仰 Crosstabulation

	有宗教信仰	无宗教信仰	总计
未选中	80.4%	83.0%	82.8%
选中	19.6%	17.0%	17.2%
总计	100.0%	100.0%	100.0%
列总计	730	7848	8578

Chi-square test：df = 1，卡方值为 3.113，sig = 0.078 > 0.05，所以不同宗教信仰的居民在“您怎么看待周围那些经营企业或做生意发了财的人：是他们运气好”的回答上不存在显著差异。

F12f by A9

您怎么看待周围那些经营企业或做生意发了财的人：有钱没钱，这都是命 ＊ 宗教信仰 Crosstabulation

	有宗教信仰	无宗教信仰	总计
未选中	85.3%	83.4%	83.6%
选中	14.7%	16.6%	16.4%
总计	100.0%	100.0%	100.0%
列总计	730	7848	8578

Chi-square test：df = 1，卡方值为 0.871，sig = 0.178 > 0.05，所以不同宗教信仰的居民在“您怎么看待周围那些经营企业或做生意发了财的人：有钱没钱，这都是命”的回答上不存在显著差异。

F12g by A9

您怎么看待周围那些经营企业或做生意发了财的人：天道不公，希望他们明天就破产 ＊ 宗教信仰 Crosstabulation

	有宗教信仰	无宗教信仰	总计
未选中	99.0%	99.0%	99.0%
选中	1.0%	1.0%	1.0%
总计	100.0%	100.0%	100.0%
列总计	730	7848	8578

Chi-square test：df = 1，卡方值为 .015，sig = 0.901 > 0.05，所以不同宗教信仰的居民在“您怎么看待周围那些经营企业或做生意发了财的人：天道不公，希望他们明天就破产”的回答上不存在显著差异。

F13a by A9

企业损害社会利益，如污染环境、以虚假广告误导公众等严重程度如何 ＊ 宗教信仰 Crosstabulation

	有宗教信仰	无宗教信仰	总计
非常不严重	9.9%	4.2%	4.7%
比较不严重	36.4%	38.6%	38.4%
比较严重	44.7%	47.8%	47.5%
非常严重	9.0%	9.4%	9.4%
总计	100.0%	100.0%	100.0%
列总计	635	6925	7560

Chi-square test：df = 3，卡方值为 4.988，sig = 0.000 < 0.05，所以不同宗教信仰的居民在“企业损害社会利益，如污染环境、以虚假广告误导公众等严重程度如何”的回答上存在显著差异。

F13b by A9

娱乐界以丑闻、绯闻炒作，污染社会风气严重程度如何 ＊ 宗教信仰 Crosstabulation

	有宗教信仰	无宗教信仰	总计
非常不严重	6.1%	5.8%	5.8%
比较不严重	28.7%	27.5%	27.6%
比较严重	50.3%	53.2%	53.0%
非常严重	15.0%	13.4%	13.5%
总计	100.0%	100.0%	100.0%
列总计	593	6436	7029

Chi-square test：df = 3，卡方值为 2.261，sig = 0.520 > 0.05，所以不同宗教信仰的居民在“娱乐界以丑闻、绯闻炒作，污染社会风气严重程度如何”的回答上不存在显著差异。

F13c by A9

媒体缺乏社会责任，炒作新闻严重程度如何 ＊ 宗教信仰 Crosstabulation

	有宗教信仰	无宗教信仰	总计
非常不严重	6.2%	6.7%	6.6%
比较不严重	28.9%	31.0%	30.8%
比较严重	50.8%	50.1%	50.2%
非常严重	14.1%	12.2%	12.3%
总计	100.0%	100.0%	100.0%

续表

	有宗教信仰	无宗教信仰	总计
列总计	596	6471	7067

Chi-square test：df = 3，卡方值为 2. 722，sig = 0. 437 > 0. 05，所以不同宗教信仰的居民在“媒体缺乏社会责任，炒作新闻严重程度如何”的回答上不存在显著差异。

F13d by A9

社会财富分配不公，贫富悬殊过大严重程度如何 ＊ 宗教信仰 Crosstabulation

	有宗教信仰	无宗教信仰	总计
非常不严重	5. 9%	6. 0%	6. 0%
比较不严重	29. 1%	26. 3%	26. 6%
比较严重	43. 8%	48. 8%	48. 4%
非常严重	21. 1%	18. 9%	19. 1%
总计	100. 0%	100. 0%	100. 0%
列总计	673	7273	7946

Chi-square test：df = 3，卡方值为 6. 590，sig = 0. 086 > 0. 05，所以不同宗教信仰的居民在“社会财富分配不公，贫富悬殊过大严重程度如何”的回答上不存在显著差异。

F13e by A9

教师不尽职严重程度如何 ＊ 宗教信仰 Crosstabulation

	有宗教信仰	无宗教信仰	总计
非常不严重	16. 9%	15. 2%	15. 4%
比较不严重	53. 6%	56. 9%	56. 6%
比较严重	23. 9%	24. 0%	24. 0%
非常严重	5. 7%	3. 9%	4. 1%
总计	100. 0%	100. 0%	100. 0%
列总计	687	7481	8168

Chi-square test：df = 3，卡方值为 7. 156，sig = 0. 067 > 0. 05，所以不同宗教信仰的居民在“教师不尽职严重程度如何”的回答上不存在显著差异。

F13f by A9

医生不守职业道德严重程度如何 ＊ 宗教信仰 Crosstabulation

	有宗教信仰	无宗教信仰	总计
非常不严重	14. 2%	13. 8%	13. 9%

续表

	有宗教信仰	无宗教信仰	总计
比较不严重	49.8%	51.7%	51.5%
比较严重	30.0%	29.5%	29.5%
非常严重	6.0%	5.0%	5.1%
总计	100.0%	100.0%	100.0%
列总计	683	7496	8179

Chi-square test：df = 3，卡方值为 1.825，sig = 0.610 > 0.05，所以不同宗教信仰的居民在“医生不守职业道德严重程度如何”的回答上不存在显著差异。

F13g by A9

公众人物用知名度获取财富严重程度如何 ＊ 宗教信仰 Crosstabulation

	有宗教信仰	无宗教信仰	总计
非常不严重	12.0%	8.4%	8.7%
比较不严重	31.8%	35.2%	34.9%
比较严重	43.2%	44.8%	44.7%
非常严重	13.0%	11.6%	11.8%
总计	100.0%	100.0%	100.0%
列总计	576	6198	6774

Chi-square test：df = 3，卡方值为 10.867，sig = 0.012 < 0.05，所以不同宗教信仰的居民在“公众人物用知名度获取财富严重程度如何”的回答上存在显著差异。

F13h by A9

两性关系过度开放导致婚姻不稳定严重程度如何 ＊ 宗教信仰 Crosstabulation

	有宗教信仰	无宗教信仰	总计
非常不严重	9.8%	8.4%	8.5%
比较不严重	39.3%	43.9%	43.5%
比较严重	38.2%	37.3%	37.4%
非常严重	12.7%	10.4%	10.6%
总计	100.0%	100.0%	100.0%
列总计	652	6851	7503

Chi-square test：df = 3，卡方值为 7.679，sig = 0.053 > 0.05，所以不同宗教信仰的居民在“两性关系过度开放导致婚姻不稳定严重程度如何”的回答上不存在显著差异。

F13i by A9

年轻人缺乏责任感，不孝敬父母严重程度如何 ＊ 宗教信仰 Crosstabulation

	有宗教信仰	无宗教信仰	总计
非常不严重	16.4%	12.8%	13.1%
比较不严重	46.6%	54.1%	53.4%
比较严重	30.2%	27.8%	28.0%
非常严重	6.9%	5.4%	5.5%
总计	100.0%	100.0%	100.0%
列总计	683	7324	8007

Chi-square test：df = 3，卡方值为 16.640，sig = 0.001 < 0.05，所以不同宗教信仰的居民在“年轻人缺乏责任感，不孝敬父母严重程度如何”的回答上存在显著差异。

F14 by A9

您是否知道您生活的社区（村）有社区公约、村规民约 ＊ 宗教信仰 Crosstabulation

	有宗教信仰	无宗教信仰	总计
知道有	39.4%	36.6%	36.8%
知道没有	16.8%	16.7%	16.7%
不知道有没有	43.8%	46.7%	46.4%
总计	100.0%	100.0%	100.0%
列总计	728	7714	8442

Chi-square test：df = 2，卡方值为 2.618，sig = 0.270 > 0.05，所以不同宗教信仰的居民在“您是否知道其生活的社区（村）有社区公约、村规民约”上不存在显著差异。

F15a by A9

您周围的人在日常生活中遵守步行、骑车不闯红灯的情况 ＊ 宗教信仰 Crosstabulation

	有宗教信仰	无宗教信仰	总计
不遵守	8.2%	7.6%	7.6%
基本遵守	61.5%	68.1%	67.5%
自觉遵守	30.3%	24.4%	24.9%
总计	100.0%	100.0%	100.0%
列总计	740	7921	8661

Chi-square test：df = 2，卡方值为 14.245，sig = 0.001 < 0.05，所以不同宗教信仰的居民在“您周围的人在日常生活中遵守步行、骑车不闯红灯的情况”的回答上存在显著差异。

F15b by A9

您周围的人在日常生活中遵守乘车、购物自觉排队的情况 * 宗教信仰 Crosstabulation

	有宗教信仰	无宗教信仰	总计
不遵守	5.4%	4.9%	5.0%
基本遵守	64.8%	68.9%	68.6%
自觉遵守	29.8%	26.2%	26.5%
总计	100.0%	100.0%	100.0%
列总计	739	7920	8659

Chi-square test：df = 2，卡方值为 5.335，sig = 0.070 > 0.05，所以不同宗教信仰的居民在“您周围的人在日常生活中遵守乘车、购物自觉排队的情况”的回答上不存在显著差异。

F15c by A9

您周围的人在日常生活中遵守文明游览的情况 * 宗教信仰 Crosstabulation

	有宗教信仰	无宗教信仰	总计
不遵守	6.4%	6.5%	6.5%
基本遵守	65.1%	67.4%	67.2%
自觉遵守	28.5%	26.1%	26.3%
总计	100.0%	100.0%	100.0%
列总计	733	7895	8628

Chi-square test：df = 2，卡方值为 2.046，sig = 0.360 > 0.05，所以不同宗教信仰的居民在“您周围的人在日常生活中遵守文明游览的情况”的回答上不存在显著差异。

F15d by A9

您周围的人在日常生活中遵守社区公约、村规民约的情况 * 宗教信仰 Crosstabulation

	有宗教信仰	无宗教信仰	总计
不遵守	6.3%	5.4%	5.5%
基本遵守	63.3%	68.2%	67.8%
自觉遵守	30.4%	26.3%	26.7%
总计	100.0%	100.0%	100.0%
列总计	714	7436	8150

Chi-square test：df = 2，卡方值为 7.297，sig = 0.026 < 0.05，所以不同宗教信仰的居民在“您周围的人在日常生活中遵守社区公约、村规民约的情况”的回答上存在显著差异。

F16a by A9

您对下列关于网络的说法是否赞同？网络是个虚拟空间，不受现实生活中的道德规范约束 ＊ 宗教信仰 Crosstabulation

	有宗教信仰	无宗教信仰	总计
非常不赞同	33.8%	28.2%	28.7%
不太赞同	44.2%	49.6%	49.2%
比较赞同	18.6%	17.6%	17.7%
非常赞同	3.4%	4.5%	4.4%
总计	100.0%	100.0%	100.0%
列总计	678	7316	7994

Chi-square test：df = 3，卡方值为 12.513，sig = 0.006 < 0.05，所以不同宗教信仰的居民在“网络是个虚拟空间，不受现实生活中的道德规范约束”的回答上存在显著差异。

F16b by A9

您对下列关于网络的说法是否赞同？人肉搜索侵犯个人隐私，应该杜绝 ＊ 宗教信仰 Crosstabulation

	有宗教信仰	无宗教信仰	总计
非常不赞同	4.4%	3.6%	3.7%
不太赞同	23.9%	23.6%	23.6%
比较赞同	54.1%	51.8%	52.0%
非常赞同	17.7%	21.1%	20.8%
总计	100.0%	100.0%	100.0%
列总计	679	7320	7999

Chi-square test：df = 3，卡方值为 5.300，sig = 0.151 > 0.05，所以不同宗教信仰的居民在“人肉搜索侵犯个人隐私，应该杜绝”的回答上不存在显著差异。

F16c by A9

您对下列关于网络的说法是否赞同？明知网络谣言仍转发的，应该受到惩罚 ＊ 宗教信仰 Crosstabulation

	有宗教信仰	无宗教信仰	总计
非常不赞同	5.3%	4.0%	4.1%
不太赞同	17.3%	17.3%	17.3%
比较赞同	45.5%	50.4%	50.0%

续表

	有宗教信仰	无宗教信仰	总计
非常赞同	32.0%	28.3%	28.6%
总计	100.0%	100.0%	100.0%
列总计	682	7351	8033

Chi-square test：df=3，卡方值为8.341，sig =0.039<0.05，所以不同宗教信仰的居民在“明知网络谣言仍转发的，应该受到惩罚”的回答上存在显著差异。

F17 by A9

假如您走在街上被陌生人不小心踩到并发出“哎哟”一声后，您认为对方会做何种反应？＊ 宗教信仰 Crosstabulation

	有宗教信仰	无宗教信仰	总计
用言语或手势表达歉意	73.4%	76.2%	76.0%
不会有任何表示	20.7%	18.6%	18.7%
反而说你大惊小怪	5.9%	5.2%	5.3%
总计	100.0%	100.0%	100.0%
列总计	699	7544	8243

Chi-square test：df=2，卡方值为2.751，sig =0.253>0.05，所以不同宗教信仰的居民在“假如您走在街上被陌生人不小心踩到并发出‘哎哟’一声后，您认为对方会做何种反应”上不存在显著差异。

F18 by A9

您觉得您周围大多数人工作生活的精神状态怎么样？＊ 宗教信仰 Crosstabulation

	有宗教信仰	无宗教信仰	总计
精神饱满、积极向上	44.2%	41.9%	42.1%
安于现状、按部就班	49.5%	54.9%	54.4%
精神萎靡、无所事事	6.3%	3.2%	3.5%
总计	100.0%	100.0%	100.0%
列总计	730	7820	8550

Chi-square test：df=2，卡方值为22.233，sig =0.000<0.05，所以不同宗教信仰的居民在“您觉得您周围大多数人工作生活的精神状态怎么样”的回答上存在显著差异。

F19a by A9

这些现象在您身边常见吗？占卜算命 ＊ 宗教信仰 Crosstabulation

	有宗教信仰	无宗教信仰	总计
经常见到	14.6%	11.4%	11.7%
偶尔见到	50.7%	49.1%	49.2%
没见到	34.6%	39.5%	39.1%
总计	100.0%	100.0%	100.0%
列总计	739	7923	8662

Chi-square test：df = 2，卡方值为 10.535，sig = 0.005 < 0.05，所以不同宗教信仰的居民在“这些现象在您身边常见吗？占卜算命”的回答上存在显著差异。

F19b by A9

这些现象在您身边常见吗？操办喜事比富斗阔 ＊ 宗教信仰 Crosstabulation

	有宗教信仰	无宗教信仰	总计
经常见到	12.1%	10.1%	10.2%
偶尔见到	44.9%	43.7%	43.8%
没见到	43.1%	46.3%	46.0%
总计	100.0%	100.0%	100.0%
列总计	738	7913	8651

Chi-square test：df = 2，卡方值为 4.302，sig = 0.116 > 0.05，所以不同宗教信仰的居民在“这些现象在您身边常见吗？操办喜事比富斗阔”的回答上不存在显著差异。

F19c by A9

这些现象在您身边常见吗？在父母生前不尽孝却对父母的丧事大操大办 ＊ 宗教信仰 Crosstabulation

	有宗教信仰	无宗教信仰	总计
经常见到	12.1%	8.3%	8.6%
偶尔见到	41.6%	40.5%	40.6%
没见到	46.3%	51.2%	50.8%
总计	100.0%	100.0%	100.0%
列总计	736	7918	8654

Chi-square test：df = 2，卡方值为 14.543，sig = 0.001 < 0.05，所以不同宗教信仰的居民在“这些现象在您身边常见吗？在父母生前不尽孝却对父母的丧事大操大办”的回答上存在显著差异。

F19d by A9

这些现象在您身边常见吗？赌博或变相赌博 ＊ 宗教信仰 Crosstabulation

	有宗教信仰	无宗教信仰	总计
经常见到	16.9%	12.4%	12.7%
偶尔见到	47.6%	43.3%	43.6%
没见到	35.5%	44.4%	43.6%
总计	100.0%	100.0%	100.0%
列总计	739	7912	8651

Chi-square test：df = 2，卡方值为 26.236，sig = 0.000 < 0.05，所以不同宗教信仰的居民在“这些现象在您身边常见吗？赌博或变相赌博”的回答上存在显著差异。

F19e by A9

这些现象在您身边常见吗？封建迷信活动 ＊ 宗教信仰 Crosstabulation

	有宗教信仰	无宗教信仰	总计
经常见到	6.9%	4.9%	5.1%
偶尔见到	31.6%	27.8%	28.1%
没见到	61.5%	67.3%	66.8%
总计	100.0%	100.0%	100.0%
列总计	738	7910	8648

Chi-square test：df = 2，卡方值为 12.152，sig = 0.002 < 0.05，所以不同宗教信仰的居民在“这些现象在您身边常见吗？封建迷信活动”的回答上存在显著差异。

F19f by A9

这些现象在您身边常见吗？非法宗教活动 ＊ 宗教信仰 Crosstabulation

	有宗教信仰	无宗教信仰	总计
经常见到	3.1%	2.0%	2.1%
偶尔见到	17.1%	14.0%	14.3%
没见到	79.8%	84.0%	83.6%
总计	100.0%	100.0%	100.0%
列总计	739	7902	8641

Chi-square test：df = 2，卡方值为 9.416，sig = 0.009 < 0.05，所以不同宗教信仰的居民在“这些现象在您身边常见吗？非法宗教活动”的回答上存在显著差异。

F20 by A9

您认为目前我国社会中道德和幸福的现实关系是 ＊ 宗教信仰 Crosstabulation

	有宗教信仰	无宗教信仰	总计
总体上道德和幸福能够一致，能惩恶扬善	70.3%	67.7%	67.9%
有道德讲伦理的人大都吃亏，不守道德的人更能占便宜	21.0%	24.2%	23.9%
道德与幸福没有关系，能挣钱有发展无论怎样行动都行	8.6%	8.2%	8.2%
总计	100.0%	100.0%	100.0%
列总计	637	6476	7113

Chi-square test：df = 2，卡方值为 3.106，sig = 0.212 > 0.05，所以不同宗教信仰的居民在“您认为目前我国社会中道德和幸福的现实关系是”的回答上不存在显著差异。

F21a by A9

您在所在单位，有没有一种亲切和踏实的感觉 ＊ 宗教信仰 Crosstabulation

	有宗教信仰	无宗教信仰	总计
有	25.1%	18.8%	19.4%
还可以	61.6%	68.7%	68.1%
没有	13.3%	12.5%	12.5%
总计	100.0%	100.0%	100.0%
列总计	709	7595	8304

Chi-square test：df = 2，卡方值为 18.356，sig = 0.000 < 0.05，所以不同宗教信仰的居民在“您在所在单位，有没有一种亲切和踏实的感觉”的回答上存在显著差异。

F21b by A9

您在所在社区/村，有没有一种亲切和踏实的感觉 ＊ 宗教信仰 Crosstabulation

	有宗教信仰	无宗教信仰	总计
有	26.9%	25.4%	25.5%
还可以	65.0%	68.9%	68.6%
没有	8.1%	5.7%	5.9%
总计	100.0%	100.0%	100.0%
列总计	737	7855	8592

Chi-square test：df = 2，卡方值为 8.895，sig = 0.012 < 0.05，所以不同宗教信仰的居民在“您在所在社区/村，有没有一种亲切和踏实的感觉”的回答上存在显著差异。

F21c by A9

您在所在城市，有没有一种亲切和踏实的感觉 ＊ 宗教信仰 Crosstabulation

	有宗教信仰	无宗教信仰	总计
有	28.5%	25.9%	26.1%
还可以	60.2%	65.4%	65.0%
没有	11.2%	8.7%	8.9%
总计	100.0%	100.0%	100.0%
列总计	729	7840	8569

Chi-square test：df＝2，卡方值为9.436，sig ＝0.009＜0.05，所以不同宗教信仰的居民在“您在所在城市，有没有一种亲切和踏实的感觉”的回答上存在显著差异。

F22 by A9

您认为您目前的状况是 ＊ 宗教信仰 Crosstabulation

	有宗教信仰	无宗教信仰	总计
生活富裕，但不感到幸福和快乐	10.3%	6.9%	7.2%
生活富裕，幸福也快乐	14.6%	10.6%	10.9%
生活小康，幸福且快乐	38.9%	47.7%	47.0%
生活小康，但不感到幸福和快乐	8.7%	5.5%	5.8%
生活清贫，幸福且快乐	21.3%	24.2%	24.0%
生活贫困，既不幸福也不快乐	6.2%	5.1%	5.2%
总计	100.0%	100.0%	100.0%
列总计	738	7894	8632

Chi-square test：df＝5，卡方值为48.377，sig ＝0.001＜0.05，所以不同宗教信仰的居民对“您认为您自己目前的状况是”的回答存在显著差异。

F23 by A9

最近这些年，您的生活水平对幸福感的影响是怎样的 ＊ 宗教信仰 Crosstabulation

	有宗教信仰	无宗教信仰	总计
生活水平提高了，但幸福感和快乐感降低了	16.2%	11.1%	11.6%
生活水平提高了，幸福感和快乐感提高了	47.6%	51.0%	50.8%
生活水平没变，幸福感和快乐感提高了	23.9%	28.2%	27.8%
生活水平没变，幸福感和快乐感降低了	8.2%	5.5%	5.7%
生活水平下降，但幸福感和快乐感提高了	1.9%	1.9%	1.9%

续表

	有宗教信仰	无宗教信仰	总计
生活水平下降，幸福感和快乐感也降低了	2.2%	2.2%	2.2%
总计	100.0%	100.0%	100.0%
列总计	740	7912	8652

Chi-square test：df = 5，卡方值为 30.051，sig = 0.000 < 0.05，所以不同宗教信仰的居民在“最近这些年，您的生活水平对幸福感的影响是怎样的”上存在显著差异。

F24a by A9

近十年以来，您认为下列哪一类人获得的利益最多 ＊ 宗教信仰 Crosstabulation

	有宗教信仰	无宗教信仰	总计
工人	3.5%	1.0%	1.2%
农民	2.6%	2.8%	2.8%
公务员	7.8%	10.2%	10.0%
国有企业的经营管理者	9.2%	9.7%	9.7%
集体企业的经营管理者	4.6%	3.9%	3.9%
私营企业家	12.0%	10.7%	10.8%
外商、境外来大陆的投资者	9.4%	9.7%	9.7%
个体户	6.0%	5.2%	5.3%
私营、外资企业中的管理人员	10.8%	10.4%	10.4%
专家学者、专业技术人员	3.8%	4.8%	4.7%
政府官员	29.8%	31.1%	31.0%
其他	0.5%	0.4%	0.4%
总计	100.0%	100.0%	100.0%
列总计	651	6882	7533

Chi-square test：df = 17，卡方值为 22.969，sig = 0.150 > 0.05，所以不同宗教信仰的居民在“近十年以来，您认为下列哪一类人获得的利益最多”的回答上不存在显著差异。

F24b by A9

近十年以来，您认为下列哪一类人获得的利益最少 ＊ 宗教信仰 Crosstabulation

	有宗教信仰	无宗教信仰	总计
工人	24.3%	20.8%	21.1%

续表

	有宗教信仰	无宗教信仰	总计
农民	62.7%	70.0%	69.4%
公务员	1.5%	1.3%	1.3%
国有企业的经营管理者	0.9%	0.6%	0.6%
集体企业的经营管理者	0.9%	0.6%	0.7%
私营企业家	0.7%	0.8%	0.8%
外商、境外来大陆的投资者	0.7%	0.3%	0.4%
个体户	3.4%	3.0%	3.0%
私营、外资企业中的管理人员	1.5%	0.7%	0.8%
专家学者、专业技术人员	0.9%	0.8%	0.8%
政府官员	1.5%	0.5%	0.5%
其他	0.9%	0.5%	0.5%
总计	100.0%	100.0%	100.0%
列总计	668	7194	7862

Chi-square test：df = 11，卡方值为31.474，sig = 0.001 < 0.05，所以不同宗教信仰的居民在“近十年以来，您认为下列哪一类人获得的利益最少”的回答上存在显著差异。

F25 by A9

您认为弱势群体产生的最主要原因是 * 宗教信仰 Crosstabulation

	有宗教信仰	无宗教信仰	总计
制度不合理，社会关怀不够	39.2%	41.7%	41.5%
收入分配不公	39.0%	41.1%	40.9%
机会不平等	33.2%	34.7%	34.6%
弱势群体自己不努力	22.6%	19.0%	19.3%
缺乏生存技能	26.3%	27.2%	27.1%
其他	0.3%	0.1%	0.2%
列总计	716	7546	

据上表所示，不同宗教信仰的居民对“您认为弱势群体产生的最主要原因是”的回答不存在显著差异。

F26 by A9

您认为我们是否应该改造城市的垃圾筒，以为一些老人或流浪者在垃圾筒中找东西时提供方便 * 宗教信仰 Crosstabulation

	有宗教信仰	无宗教信仰	总计
应该，社会有义务为他们提供一种有尊严的生活	79.5%	77.4%	77.5%

续表

	有宗教信仰	无宗教信仰	总计
不应该，这些人本来就与城市不和谐	14.0%	17.1%	16.9%
做这样的事不值得，应该将钱花到更重要的地方	6.1%	5.2%	5.3%
其他	0.4%	0.3%	0.3%
总计	100.0%	100.0%	100.0%
列总计	726	7858	8584

Chi-square test：df = 3，卡方值为 5.230，sig = 0.156 > 0.05，所以不同宗教信仰的居民在“您认为我们是否应该改造城市的垃圾筒，以为一些老人或流浪者在垃圾筒中找东西时提供方便”的回答上不存在显著差异。

F27 by A9

对当今中国社会，您更担忧哪种问题 ＊ 宗教信仰 Crosstabulation

	有宗教信仰	无宗教信仰	总计
坑蒙拐骗，不守信用	23.9%	27.5%	27.2%
人与人之间互不信任，相互提防，没有安全感	52.1%	47.1%	47.5%
可信任的人很少，遇到问题难以找到人倾诉和帮助	22.2%	24.4%	24.2%
其他	1.8%	1.0%	1.1%
总计	100.0%	100.0%	100.0%
列总计	735	7878	8613

Chi-square test：df = 3，卡方值为 11.467，sig = 0.009 < 0.05，所以不同宗教信仰的居民在“对当今中国社会，您更担忧哪种问题”的回答上存在显著差异。

F28 by A9

您觉得大多数人都是可以相信的吗？如果 1 分代表“大多数人都可以相信”，5 分代表“对其他人都应该小心防备”，您会选几分 ＊ 宗教信仰 Crosstabulation

	有宗教信仰	无宗教信仰	总计
大多数人都可以相信	10.4%	8.7%	8.8%
2	34.3%	37.6%	37.3%
3	39.3%	43.7%	43.3%
4	13.5%	8.1%	8.5%
对其他人都应小心防备	2.5%	2.0%	2.0%
总计	100.0%	100.0%	100.0%
列总计	731	7888	8619

Chi-square test：df = 4，卡方值为 31.418，sig = 0.000 < 0.05，所以不同宗教信仰的居民在“您觉得大多数人是否可以相信”的回答上存在显著差异。

F29a by A9

您对下面这些人的信任程度如何？您的家人 ＊ 宗教信仰 Crosstabulation

	有宗教信仰	无宗教信仰	总计
完全信任	77.6%	83.8%	83.3%
比较信任	20.6%	14.7%	15.2%
不太信任	1.5%	1.3%	1.4%
根本不信任	0.3%	0.2%	0.2%
总计	100.0%	100.0%	100.0%
列总计	737	7881	8618

Chi-square test：df = 3，卡方值为 19.673，sig = 0.000 < 0.05，所以不同宗教信仰的居民在对“家人的信任程度”上存在显著差异。

F29b by A9

您对下面这些人的信任程度如何？您的邻居 ＊ 宗教信仰 Crosstabulation

	有宗教信仰	无宗教信仰	总计
完全信任	26.6%	24.1%	24.3%
比较信任	62.1%	66.3%	66.0%
不太信任	10.2%	8.9%	9.0%
根本不信任	1.1%	0.7%	0.7%
总计	100.0%	100.0%	100.0%
列总计	726	7808	8534

Chi-square test：df = 3，卡方值为 6.582，sig = 0.086 > 0.05，所以不同宗教信仰的居民在对“邻居的信任程度”上不存在显著差异。

F29c by A9

您对下面这些人的信任程度如何？外地人 ＊ 宗教信仰 Crosstabulation

	有宗教信仰	无宗教信仰	总计
完全信任	3.8%	2.9%	3.0%
比较信任	32.7%	28.4%	28.8%
不太信任	50.8%	54.4%	54.1%
根本不信任	12.7%	14.3%	14.2%
总计	100.0%	100.0%	100.0%
列总计	716	7616	8332

Chi-square test：df = 3，卡方值为 8.577，sig = 0.035 < 0.05，所以不同宗教信仰的居民在对“外地人的信任程度”上存在显著差异。

F29d by A9

您对下面这些人的信任程度如何？陌生人 ＊ 宗教信仰 Crosstabulation

	有宗教信仰	无宗教信仰	总计
完全信任	1.7%	1.2%	1.2%
比较信任	21.8%	18.8%	19.1%
不太信任	52.7%	54.0%	53.9%
根本不信任	23.9%	26.0%	25.8%
总计	100.0%	100.0%	100.0%
列总计	712	7569	8281

Chi-square test：df = 3，卡方值为 5.457，sig = 0.141 > 0.05，所以不同宗教信仰的居民在对“陌生人的信任程度”上不存在显著差异。

F29e by A9

您对下面这些人的信任程度如何？外国人 ＊ 宗教信仰 Crosstabulation

	有宗教信仰	无宗教信仰	总计
完全信任	1.9%	1.4%	1.4%
比较信任	14.4%	15.9%	15.8%
不太信任	56.5%	54.6%	54.8%
根本不信任	27.2%	28.1%	28.0%
总计	100.0%	100.0%	100.0%
列总计	639	6817	7456

Chi-square test：df = 3，卡方值为 2.420，sig = 0.490 < 0.05，所以不同宗教信仰的居民在对“外国人的信任程度”上存在显著差异。

F29f by A9

您对下面这些人的信任程度如何？同事或同学 ＊ 宗教信仰 Crosstabulation

	有宗教信仰	无宗教信仰	总计
完全信任	6.0%	7.7%	7.5%
比较信任	71.0%	74.9%	74.6%
不太信任	20.0%	15.5%	15.9%
根本不信任	3.0%	2.0%	2.1%
总计	100.0%	100.0%	100.0%
列总计	689	7393	8082

Chi-square test：df = 3，卡方值为 15.616，sig = 0.001 < 0.05，所以不同宗教信仰的居民在对“同事或同学的信任程度”上存在显著差异。

F29g by A9

您对下面这些人的信任程度如何？您的上司或领导 * 宗教信仰 Crosstabulation

	有宗教信仰	无宗教信仰	总计
完全信任	5.0%	6.1%	6.0%
比较信任	63.2%	65.4%	65.2%
不太信任	27.6%	25.1%	25.3%
根本不信任	4.3%	3.4%	3.5%
总计	100.0%	100.0%	100.0%
列总计	646	6885	7531

Chi-square test：df = 3，卡方值为 4.716，sig = 0.194 > 0.05，所以不同宗教信仰的居民在对“上司或领导的信任程度”上不存在显著差异。

F29h by A9

您对下面这些人的信任程度如何？您的朋友 * 宗教信仰 Crosstabulation

	有宗教信仰	无宗教信仰	总计
完全信任	15.2%	16.5%	16.4%
比较信任	73.8%	76.1%	75.9%
不太信任	8.9%	6.3%	6.5%
根本不信任	2.1%	1.1%	1.2%
总计	100.0%	100.0%	100.0%
列总计	722	7771	8493

Chi-square test：df = 3，卡方值为 13.072，sig = 0.004 < 0.05，所以不同宗教信仰的居民在对“朋友的信任程度”上存在显著差异。

F30 by A9

您是否同意“在这个社会上，您一不小心别人就会想办法占您的便宜” * 宗教信仰 Crosstabulation

	有宗教信仰	无宗教信仰	总计
非常不同意	7.1%	6.0%	6.1%
比较不同意	40.1%	33.9%	34.4%
说不上同意不同意	28.0%	32.5%	32.1%
比较同意	21.8%	24.0%	23.8%

续表

	有宗教信仰	无宗教信仰	总计
非常同意	3. 0%	3. 6%	3. 6%
总计	100. 0%	100. 0%	100. 0%
列总计	706	7507	8213

Chi-square test：df = 4，卡方值 14. 362，sig ＝0. 006 < 0. 05，所以不同宗教信仰的居民在“在这个社会上，您一不小心别人就会想办法占您的便宜”的回答上存在显著差异。

F31 by A9

您对所生活的地方道德建设满意吗 ＊ 宗教信仰 Crosstabulation

	有宗教信仰	无宗教信仰	总计
满意	12. 9%	11. 8%	11. 9%
基本满意	71. 7%	75. 2%	74. 9%
不满意	15. 4%	13. 0%	13. 2%
总计	100. 0%	100. 0%	100. 0%
列总计	688	7187	7875

Chi-square test：df = 2，卡方值为 4. 563，sig ＝0. 102 > 0. 05，所以不同宗教信仰的居民在对“您所生活的地方道德建设满意吗”的回答上不存在显著差异。

F32a by A9

您对下面群体的信任程度如何？商人 ＊ 宗教信仰 Crosstabulatio

	有宗教信仰	无宗教信仰	总计
完全信任	5. 5%	3. 5%	3. 6%
比较信任	56. 2%	53. 2%	53. 4%
不太信任	33. 4%	40. 0%	39. 4%
根本不信任	4. 9%	3. 4%	3. 5%
总计	100. 0%	100. 0%	100. 0%
列总计	694	7418	8112

Chi-square test：df = 3，卡方值为 19. 320，sig ＝0. 000 < 0. 05，所以不同宗教信仰的居民在对“商人的信任程度”上存在显著差异。

F32b by A9

您对下面群体的信任程度如何？单位领导/社区（村）干部 ＊ 宗教信仰 Crosstabulation

	有宗教信仰	无宗教信仰	总计
完全信任	4.9%	5.1%	5.1%
比较信任	58.0%	57.2%	57.3%
不太信任	30.2%	31.8%	31.6%
根本不信任	6.9%	5.9%	5.9%
总计	100.0%	100.0%	100.0%
列总计	696	7519	8215

Chi-square test：df = 3，卡方值为 1.846，sig = 0.605 > 0.05，所以不同宗教信仰的居民在对“单位领导/社区（村）干部的信任程度”上不存在显著差异。

F32c by A9

您对下面群体的信任程度如何？公务员 ＊ 宗教信仰 Crosstabulation

	有宗教信仰	无宗教信仰	总计
完全信任	4.9%	7.1%	6.9%
比较信任	65.0%	63.5%	63.6%
不太信任	25.1%	26.8%	26.6%
根本不信任	5.0%	2.7%	2.9%
总计	100.0%	100.0%	100.0%
列总计	677	7258	7935

Chi-square test：df = 3，卡方值为 17.390，sig = 0.001 < 0.05，所以不同宗教信仰的居民在对“公务员的信任程度”上存在显著差异。

F32d by A9

您对下面群体的信任程度如何？教师 ＊ 宗教信仰 Crosstabulation

	有宗教信仰	无宗教信仰	总计
完全信任	14.8%	14.7%	14.7%
比较信任	66.9%	69.9%	69.6%
不太信任	14.5%	13.9%	14.0%
根本不信任	3.7%	1.5%	1.7%
总计	100.0%	100.0%	100.0%
列总计	723	7719	8442

Chi-square test：df = 3，卡方值为 19.733，sig = 0.000 < 0.05，所以不同宗教信仰的居民在对“教师的信任程度”上存在显著差异。

F32e by A9

您对下面群体的信任程度如何？警察 ＊ 宗教信仰 Crosstabulation

	有宗教信仰	无宗教信仰	总计
完全信任	16.4%	17.3%	17.2%
比较信任	62.6%	66.7%	66.4%
不太信任	18.1%	14.2%	14.5%
根本不信任	3.0%	1.8%	1.9%
总计	100.0%	100.0%	100.0%
列总计	708	7648	8356

Chi-square test：df = 3，卡方值为 13.371，sig = 0.004 < 0.05，所以不同宗教信仰的居民在对“警察的信任程度”上存在显著差异。

F32f by A9

您对下面群体的信任程度如何？医生 ＊ 宗教信仰 Crosstabulation

	有宗教信仰	无宗教信仰	总计
完全信任	14.8%	13.3%	13.4%
比较信任	60.2%	63.8%	63.5%
不太信任	20.6%	20.5%	20.5%
根本不信任	4.3%	2.5%	2.6%
总计	100.0%	100.0%	100.0%
列总计	714	7712	8426

Chi-square test：df = 3，卡方值为 11.436，sig = 0.010 < 0.05，所以不同宗教信仰的居民在对“医生的信任程度”上存在显著差异。

F32g by A9

您对下面群体的信任程度如何？法官 ＊ 宗教信仰 Crosstabulation

	有宗教信仰	无宗教信仰	总计
完全信任	16.0%	16.0%	16.0%
比较信任	60.6%	65.7%	65.3%
不太信任	19.2%	16.0%	16.3%
根本不信任	4.2%	2.3%	2.4%
总计	100.0%	100.0%	100.0%
列总计	650	6794	7444

Chi-square test：df = 3，卡方值为 15.047，sig = 0.002 < 0.05，所以不同宗教信仰的居民在对“法官的信任程度”上存在显著差异。

F32h by A9

您对下面群体的信任程度如何？农民 ＊ 宗教信仰 Crosstabulation

	有宗教信仰	无宗教信仰	总计
完全信任	13.6%	12.3%	12.5%
比较信任	70.2%	75.4%	74.9%
不太信任	13.9%	11.1%	11.3%
根本不信任	2.2%	1.2%	1.3%
总计	100.0%	100.0%	100.0%
列总计	712	7687	8399

Chi-square test：df = 3，卡方值为 13.311，sig = 0.004 < 0.05，所以不同宗教信仰的居民在对“农民的信任程度”上存在显著差异。

F32i by A9

您对下面群体的信任程度如何？工人 ＊ 宗教信仰 Crosstabulation

	有宗教信仰	无宗教信仰	总计
完全信任	12.1%	9.8%	10.0%
比较信任	70.1%	76.0%	75.5%
不太信任	13.7%	12.9%	13.0%
根本不信任	4.1%	1.4%	1.6%
总计	100.0%	100.0%	100.0%
列总计	709	7569	8278

Chi-square test：df = 3，卡方值为 36.657，sig = 0.000 < 0.05，所以不同宗教信仰的居民在对“工人的信任程度”上存在显著差异。

F32j by A9

您对下面群体的信任程度如何？专家学者 ＊ 宗教信仰 Crosstabulation

	有宗教信仰	无宗教信仰	总计
完全信任	11.8%	11.4%	11.4%
比较信任	54.9%	59.8%	59.4%
不太信任	24.3%	23.4%	23.5%
根本不信任	9.0%	5.4%	5.7%
总计	100.0%	100.0%	100.0%
列总计	634	6600	7234

Chi-square test：df = 3，卡方值为 15.998，sig = 0.001 < 0.05，所以不同宗教信仰的居民在对“专家学者的信任程度”上存在显著差异。

F32k by A9

您对下面群体的信任程度如何？演艺娱乐圈 ＊ 宗教信仰 Crosstabulation

	有宗教信仰	无宗教信仰	总计
完全信任	5.8%	3.4%	3.6%
比较信任	29.5%	31.9%	31.7%
不太信任	42.0%	46.6%	46.2%
根本不信任	22.6%	18.1%	18.5%
总计	100.0%	100.0%	100.0%
列总计	566	5893	6459

Chi-square test：df = 3，卡方值为 17.379，sig = 0.001 < 0.05，所以不同宗教信仰的居民在对“演艺娱乐圈的信任程度”上存在显著差异。

F32l by A9

您对下面群体的信任程度如何？公众人物 ＊ 宗教信仰 Crosstabulation

	有宗教信仰	无宗教信仰	总计
完全信任	6.5%	4.5%	4.6%
比较信任	42.3%	43.6%	43.5%
不太信任	32.6%	38.7%	38.1%
根本不信任	18.6%	13.3%	13.7%
总计	100.0%	100.0%	100.0%
列总计	565	5920	6485

Chi-square test：df = 3，卡方值为 20.654，sig = 0.000 < 0.05，所以不同宗教信仰的居民在对“公众人物的信任程度”上存在显著差异。

F33 by A9

您在生活中经常买到假冒伪劣商品吗 ＊ 宗教信仰 Crosstabulation

	有宗教信仰	无宗教信仰	总计
经常	8.4%	7.2%	7.3%
偶尔	65.6%	64.7%	64.8%
没有	25.9%	28.1%	27.9%
总计	100.0%	100.0%	100.0%
列总计	640	6643	7283

Chi-square test：df = 2，卡方值为 2.216，sig = 0.330 > 0.05，所以不同宗教信仰的居民在“您在生活中经常买到假冒伪劣商品吗”上不存在显著差异。

F34 by A9

您在购物、就医、理财等方面经常遇到虚假广告吗 ＊ 宗教信仰 Crosstabulation

	有宗教信仰	无宗教信仰	总计
经常	12.5%	10.8%	11.0%
偶尔	55.6%	55.3%	55.4%
没有	31.8%	33.8%	33.6%
总计	100.0%	100.0%	100.0%
列总计	622	6476	7098

Chi-square test：df = 2，卡方值为 2.165，sig = 0.339 > 0.05，所以不同宗教信仰的居民在“您在购物、就医、理财等方面经常遇到虚假广告吗”上不存在显著差异。

F35 by A9

如果在路边看到一个老人摔倒，您的反应是 ＊ 宗教信仰 Crosstabulation

	有宗教信仰	无宗教信仰	总计
立即扶起	44.5%	43.9%	44.0%
等有证人时再扶	24.8%	26.9%	26.7%
先拍照，再扶起	8.8%	7.1%	7.2%
不扶，避免惹是生非	8.4%	10.1%	9.9%
报警	12.5%	11.0%	11.2%
其他	0.9%	1.0%	1.0%
总计	100.0%	100.0%	100.0%
列总计	737	7877	8614

Chi-square test：df = 5，卡方值为 7.122，sig = 0.212 > 0.05，所以不同宗教信仰的居民在“如果在路边看到一个老人摔倒，您的反应是”上不存在显著差异。

F36 by A9

我们都听说过或见证过好心人救助老人却反被诬陷的事情。假如您是这位好心人，您会 ＊ 宗教信仰 Crosstabulation

	有宗教信仰	无宗教信仰	总计
我是多管闲事，下次再也不会帮助别人了	23.0%	23.7%	23.6%
我正直善良真心待人，对得起良知和良心	36.0%	39.4%	39.1%
下次还是会伸出援手，但是会提高警惕，注意保护自己	40.6%	36.4%	36.7%

续表

	有宗教信仰	无宗教信仰	总计
其他	0.4%	0.5%	0.5%
总计	100.0%	100.0%	100.0%
列总计	731	7861	8592

Chi-square test：df = 3，卡方值为 5.624，sig = 0.131 > 0.05，所以不同宗教信仰的居民在“好心人救助老人却反被诬陷的事情。假如您是这位好心人，您会”的反应上不存在显著差异。

F37a by A9

您对下列群体的伦理道德整体状况的满意度？政府官员 * 宗教信仰 Crosstabulation

	有宗教信仰	无宗教信仰	总计
非常不满意	8.0%	6.0%	6.2%
比较不满意	30.6%	31.1%	31.1%
比较满意	58.6%	60.9%	60.7%
非常满意	2.9%	1.9%	2.0%
总计	100.0%	100.0%	100.0%
列总计	664	7013	7677

Chi-square test：df = 3，卡方值为 7.109，sig = 0.066 > 0.05，所以不同宗教信仰的居民在对“政府官员的伦理道德整体状况”的满意度上不存在显著差异。

F37b by A9

您对下列群体的伦理道德整体状况的满意度？一般公务员 * 宗教信仰 Crosstabulation

	有宗教信仰	无宗教信仰	总计
非常不满意	3.4%	2.2%	2.3%
比较不满意	26.0%	26.3%	26.3%
比较满意	66.6%	67.0%	67.0%
非常满意	4.0%	4.5%	4.4%
总计	100.0%	100.0%	100.0%
列总计	653	7037	7690

Chi-square test：df = 3，卡方值为 3.876，sig = 0.275 > 0.05，所以不同宗教信仰的居民在对“一般公务员的伦理道德整体状况”的满意度上不存在显著差异。

F37c by A9

您对下列群体的伦理道德整体状况的满意度？企业家 ＊ 宗教信仰 Crosstabulation

	有宗教信仰	无宗教信仰	总计
非常不满意	3.1%	1.4%	1.6%
比较不满意	21.3%	24.1%	23.8%
比较满意	68.2%	68.6%	68.5%
非常满意	7.5%	5.9%	6.1%
总计	100.0%	100.0%	100.0%
列总计	616	6585	7201

Chi-square test：df = 3，卡方值为 13.880，sig = 0.003 < 0.05，所以不同宗教信仰的居民在对“企业家的伦理道德整体状况”的满意度上存在显著差异。

F37d by A9

您对下列群体的伦理道德整体状况的满意度？演艺娱乐界 ＊ 宗教信仰 Crosstabulation

	有宗教信仰	无宗教信仰	总计
非常不满意	9.1%	7.5%	7.7%
比较不满意	40.5%	44.1%	43.8%
比较满意	43.1%	42.4%	42.4%
非常满意	7.3%	6.0%	6.1%
总计	100.0%	100.0%	100.0%
列总计	550	5857	6407

Chi-square test：df = 3，卡方值为 4.531，sig = 0.210 > 0.05，所以不同宗教信仰的居民在对“演艺娱乐界的伦理道德整体状况”的满意度上不存在显著差异。

F37e by A9

您对下列群体的伦理道德整体状况的满意度？教师 ＊ 宗教信仰 Crosstabulation

	有宗教信仰	无宗教信仰	总计
非常不满意	2.4%	1.6%	1.6%
比较不满意	16.8%	14.8%	14.9%
比较满意	68.0%	69.6%	69.5%
非常满意	12.7%	14.0%	13.9%

续表

	有宗教信仰	无宗教信仰	总计
总计	100.0%	100.0%	100.0%
列总计	701	7505	8206

Chi-square test：df = 3，卡方值为 5.755，sig = 0.124 > 0.05，所以不同宗教信仰的居民在对“教师的伦理道德整体状况”的满意度上不存在显著差异。

F37f by A9

您对下列群体的伦理道德整体状况的满意度？青少年 ＊ 宗教信仰 Crosstabulation

	有宗教信仰	无宗教信仰	总计
非常不满意	2.2%	1.0%	1.1%
比较不满意	19.1%	16.6%	16.8%
比较满意	68.7%	70.3%	70.2%
非常满意	10.0%	12.1%	11.9%
总计	100.0%	100.0%	100.0%
列总计	680	7464	8144

Chi-square test：df = 3，卡方值为 13.504，sig = 0.004 < 0.05，所以不同宗教信仰的居民在对“青少年的伦理道德整体状况”的满意度上存在显著差异。

F37g by A9

您对下列群体的伦理道德整体状况的满意度？弱势群体 ＊ 宗教信仰 Crosstabulation

	有宗教信仰	无宗教信仰	总计
非常不满意	4.3%	1.9%	2.1%
比较不满意	26.5%	25.5%	25.6%
比较满意	64.4%	70.4%	69.9%
非常满意	4.8%	2.2%	2.4%
总计	100.0%	100.0%	100.0%
列总计	649	6878	7527

Chi-square test：df = 3，卡方值为 37.153，sig = 0.000 < 0.05，所以不同宗教信仰的居民在对“弱势群体的伦理道德整体状况”的满意度上存在显著差异。

F37h by A9

您对下列群体的伦理道德整体状况的满意度？自由职业者 ＊ 宗教信仰 Crosstabulation

	有宗教信仰	无宗教信仰	总计
非常不满意	2.5%	1.2%	1.3%
比较不满意	20.3%	20.8%	20.7%
比较满意	70.5%	72.8%	72.6%
非常满意	6.8%	5.2%	5.4%
总计	100.0%	100.0%	100.0%
列总计	650	6857	7507

Chi-square test：df = 3，卡方值为 10.647，sig = 0.014 < 0.05，所以不同宗教信仰的居民在对“自由职业者的伦理道德整体状况”的满意度上存在显著差异。

F37i by A9

您对下列群体的伦理道德整体状况的满意度？农民 ＊ 宗教信仰 Crosstabulation

	有宗教信仰	无宗教信仰	总计
非常不满意	1.6%	0.8%	0.9%
比较不满意	15.6%	14.0%	14.1%
比较满意	72.7%	75.0%	74.8%
非常满意	10.2%	10.2%	10.2%
总计	100.0%	100.0%	100.0%
列总计	706	7563	8269

Chi-square test：df = 3，卡方值为 6.017，sig = 0.111 > 0.05，所以不同宗教信仰的居民在对“农民的伦理道德整体状况”的满意度上不存在显著差异。

F37j by A9

您对下列群体的伦理道德整体状况的满意度？商人 ＊ 宗教信仰 Crosstabulation

	有宗教信仰	无宗教信仰	总计
非常不满意	1.6%	2.4%	2.3%
比较不满意	29.5%	28.6%	28.6%
比较满意	60.2%	62.3%	62.1%
非常满意	8.6%	6.8%	7.0%

续表

	有宗教信仰	无宗教信仰	总计
总计	100. 0%	100. 0%	100. 0%
列总计	674	7362	8036

Chi-square test：df = 3，卡方值为 4. 919，sig = 0. 178 > 0. 05，所以不同宗教信仰的居民在对“商人的伦理道德整体状况”的满意度上不存在显著差异。

F37k by A9

您对下列群体的伦理道德整体状况的满意度？工人 ＊ 宗教信仰 Crosstabulation

	有宗教信仰	无宗教信仰	总计
非常不满意	0. 6%	0. 6%	0. 6%
比较不满意	14. 6%	14. 9%	14. 9%
比较满意	73. 2%	76. 2%	75. 9%
非常满意	11. 6%	8. 3%	8. 6%
总计	100. 0%	100. 0%	100. 0%
列总计	697	7446	8143

Chi-square test：df = 3，卡方值为 8. 753，sig = 0. 033 < 0. 05，所以不同宗教信仰的居民在对“工人的伦理道德整体状况”的满意度上存在显著差异。

F37l by A9

您对下列群体的伦理道德整体状况的满意度？专家学者 ＊ 宗教信仰 Crosstabulation

	有宗教信仰	无宗教信仰	总计
非常不满意	2. 8%	1. 4%	1. 5%
比较不满意	20. 3%	18. 6%	18. 7%
比较满意	63. 9%	69. 3%	68. 8%
非常满意	13. 0%	10. 7%	10. 9%
总计	100. 0%	100. 0%	100. 0%
列总计	632	6727	7359

Chi-square test：df = 3，卡方值为 13. 439，sig = 0. 004 < 0. 05，所以不同宗教信仰的居民在对“专家学者的伦理道德整体状况”的满意度上存在显著差异。

F37m by A9

您对下列群体的伦理道德整体状况的满意度？医生 ＊ 宗教信仰 Crosstabulation

	有宗教信仰	无宗教信仰	总计
非常不满意	4.6%	2.7%	2.9%
比较不满意	18.1%	22.1%	21.7%
比较满意	64.2%	66.1%	65.9%
非常满意	13.1%	9.1%	9.5%
总计	100.0%	100.0%	100.0%
列总计	695	7452	8147

Chi-square test：df = 3，卡方值为 23.362，sig = 0.000 < 0.05，所以不同宗教信仰的居民在对“医生的伦理道德整体状况”的满意度上存在显著差异。

F38 by A9

下列哪些因素可能影响人际关系紧张？＊ 宗教信仰 Crosstabulation

	有宗教信仰	无宗教信仰	总计
社会资源缺乏，引发恶性竞争	25.5%	30.0%	29.7%
过度宣扬竞争意识	26.8%	25.1%	25.3%
社会财富分配不公，贫富差距过大	34.0%	33.0%	33.1%
个人主义盛行	19.3%	18.6%	18.7%
缺乏爱心	22.6%	22.3%	22.3%
缺乏相互理解与沟通的意识和能力	17.0%	18.7%	18.6%
制度安排不公正，机会不平等	22.8%	23.0%	23.0%
以权谋私，官员腐败	22.3%	21.1%	21.2%
缺乏道德信用	16.7%	19.0%	18.8%
人与人、人与社会之间缺乏信任	27.1%	28.5%	28.3%
传统伦理瓦解，社会缺乏统一的价值观	8.2%	9.1%	9.0%
一切诉诸利益或法律，人际关系缺乏伦理调节的机制和能力	4.0%	4.3%	4.3%
列总计	705	7599	8304

据上表所示，不同宗教信仰的居民对“可能影响人际关系紧张的因素”的认知不存在显著差异。

F39 by A9

您认为在现代中国社会实际奉行的道德价值是 * 宗教信仰 Crosstabulation

	有宗教信仰	无宗教信仰	总计
义利合一，用符合道德的方式谋利	51.6%	51.5%	51.5%
见利忘义，唯利是图	41.3%	36.8%	37.2%
不计较利害得失，道德至上	6.7%	11.5%	11.0%
其他	0.3%	0.2%	0.2%
总计	100.0%	100.0%	100.0%
列总计	682	6983	7665

Chi-square test：df = 3，卡方值为 16.010，sig = 0.001 < 0.05，所以不同宗教信仰的居民在“您认为现代中国社会实际奉行的道德价值是”的回答上存在显著差异。

F40 by A9

对形成我国当前各种新型伦理关系和道德观念，哪些因素影响最大 * 宗教信仰 Crosstabulation

	有宗教信仰	无宗教信仰	总计
网络和媒体	48.4%	47.2%	47.3%
政府	60.3%	59.3%	59.4%
大学及其文化	23.0%	22.7%	22.7%
市场	29.2%	32.9%	32.6%
企业	19.3%	21.1%	20.9%
社会团体	15.7%	18.0%	17.8%
知识精英	10.2%	11.4%	11.3%
国外的思潮与生活方式	12.5%	12.6%	12.5%
列总计	657	6969	7626

据上表所示，不同宗教信仰的居民对“形成我国当前各种新型伦理关系和道德观念，哪些因素影响最大”的认知不存在显著差异。

F41 by A9

对当前我国伦理关系和道德风尚造成最大负面影响的因素是 * 宗教信仰 Crosstabulation

	有宗教信仰	无宗教信仰	总计
传统文化的崩坏	43.8%	40.9%	41.2%
外来文化的冲击	36.3%	38.0%	37.9%

续表

	有宗教信仰	无宗教信仰	总计
市场经济导致的个人主义	25.6%	26.3%	26.2%
网络技术的发展	23.5%	21.5%	21.7%
分配不公，两极分化	24.9%	26.0%	25.9%
以权谋私，官员腐败	20.5%	24.0%	23.7%
列总计	672	7017	7689

据上表所示，不同宗教信仰的居民对“当前我国伦理关系和道德风尚造成最大负面影响的因素是”的认知不存在显著差异。

F42 by A9

造成当今不良道德风尚的最主要原因是 * 宗教信仰 Crosstabulation

	有宗教信仰	无宗教信仰	总计
以权谋私，官员腐败	57.1%	55.1%	55.3%
企业不讲诚信和损害社会利益	44.2%	40.9%	41.2%
学校道德教育功能弱化	26.0%	24.3%	24.5%
家庭伦理功能弱化	18.3%	16.3%	16.5%
个人缺乏道德自觉	36.2%	40.4%	40.0%
分配不公，两极分化	24.3%	25.3%	25.2%
社会的不良影响	29.8%	36.2%	35.7%
列总计	688	7264	7952

据上表所示，不同宗教信仰的居民对“造成当今不良道德风尚的最主要原因是”的认知不存在显著差异。大部分居民均认为造成当今不良道德风尚的最主要原因是“以权谋私，官员腐败”和“企业不讲诚信和损害社会利益”。

F43a by A9

导致当前医患关系紧张的主要原因是 * 宗教信仰 Crosstabulation

	有宗教信仰	无宗教信仰	总计
医生缺乏职业道德，对病人不负责任	32.7%	33.9%	33.8%
医疗制度不合理，看病难看病贵	44.9%	45.2%	45.2%
医生腐败，不送红包不认真看病	12.1%	12.9%	12.9%
“医闹”，病人蓄意闹事	10.2%	7.6%	7.8%
其他	0.2%	0.3%	0.3%
总计	100.0%	100.0%	100.0%
列总计	639	6997	7636

Chi-square test：df = 4，卡方值为 6.250，sig = 0.181 > 0.05，所以不同宗教信仰的居民在“导致当前医患关系紧张的主要原因是”的回答上不存在显著差异。

F43b by A9

导致当前医患关系紧张的次要原因是 ＊ 宗教信仰 Crosstabulation

	有宗教信仰	无宗教信仰	总计
医生缺乏职业道德，对病人不负责任	35.1%	36.1%	36.0%
医疗制度不合理，看病难看病贵	31.5%	31.6%	31.6%
医生腐败，不送红包不认真看病	17.9%	18.0%	18.0%
“医闹”，病人蓄意闹事	15.2%	14.1%	14.2%
其他	0.3%	0.2%	0.2%
总计	100.0%	100.0%	100.0%
列总计	593	6727	7320

Chi-square test：df = 4，卡方值为 1.171，sig = 0.883 > 0.05，所以不同宗教信仰的居民在“导致当前医患关系紧张的次要原因是”的回答上不存在显著差异。

F44 by A9

您是否曾经与医生（医院）发生过矛盾或纠纷 ＊ 宗教信仰 Crosstabulation

	有宗教信仰	无宗教信仰	总计
是	9.1%	4.0%	4.5%
否	90.9%	96.0%	95.5%
总计	100.0%	100.0%	100.0%
列总计	737	7866	8603

Chi-square test：df = 1，卡方值为 40.171，sig = 0.000 < 0.05，所以不同宗教信仰的居民在“是否曾经与医生（医院）发生过矛盾或纠纷”的回答上存在显著差异。

F45a by A9

您采取了哪些方式来解决医患纠纷？与医院协商 ＊ 宗教信仰 Crosstabulation

	有宗教信仰	无宗教信仰	总计
未选中	58.8%	54.6%	55.3%
选中	41.2%	45.4%	44.7%
总计	100.0%	100.0%	100.0%
列总计	68	328	396

Chi-square test：df = 1，卡方值为 0.412，sig = 0.521 > 0.05，所以不同宗教信仰的居民在“选择与医院协商来解决医患纠纷”的回答上不存在显著差异。

F45b by A9

您采取了哪些方式来解决医患纠纷？寻求卫生局的调解或介入 ＊ 宗教信仰 Crosstabulation

	有宗教信仰	无宗教信仰	总计
未选中	82.4%	75.6%	76.8%
选中	17.6%	24.4%	23.2%
总计	100.0%	100.0%	100.0%
列总计	68	328	396

Chi-square test：df = 1，卡方值为 1.436，sig = 0.231 > 0.05，所以不同宗教信仰的居民在“选择寻求卫生局的调解或介入来解决医患纠纷”的回答上不存在显著差异。

F45c by A9

您采取了哪些方式来解决医患纠纷？医学鉴定 ＊ 宗教信仰 Crosstabulation

	有宗教信仰	无宗教信仰	总计
未选中	79.4%	89.3%	87.6%
选中	20.6%	10.7%	12.4%
总计	100.0%	100.0%	100.0%
列总计	68	328	396

Chi-square test：df = 1，卡方值为 5.109，sig = 0.024 < 0.05，所以不同宗教信仰的居民在“选择医学鉴定来解决医患纠纷”的回答上存在显著差异。

F45d by A9

您采取了哪些方式来解决医患纠纷？司法诉讼 ＊ 宗教信仰 Crosstabulation

	有宗教信仰	无宗教信仰	总计
未选中	80.9%	82.6%	82.3%
选中	19.1%	17.4%	17.7%
总计	100.0%	100.0%	100.0%
列总计	68	328	396

Chi-square test：df = 1，卡方值为 0.117，sig = 0.732 > 0.05，所以不同宗教信仰的居民在“选择司法诉讼来解决医患纠纷”的回答上不存在显著差异。

F45e by A9

您采取了哪些方式来解决医患纠纷？寻求媒体曝光 ＊ 宗教信仰 Crosstabulation

	有宗教信仰	无宗教信仰	总计
未选中	88.2%	90.5%	90.2%

续表

	有宗教信仰	无宗教信仰	总计
选中	11.8%	9.5%	9.8%
总计	100.0%	100.0%	100.0%
列总计	68	328	396

Chi-square test：df = 1，卡方值为 0.340，sig = 0.560 > 0.05，所以不同宗教信仰的居民在“选择寻求媒体曝光来解决医患纠纷”的回答上不存在显著差异。

F45f by A9

您采取了哪些方式来解决医患纠纷？信访 ＊ 宗教信仰 Crosstabulation

	有宗教信仰	无宗教信仰	总计
未选中	92.6%	95.7%	95.2%
选中	7.4%	4.3%	4.8%
总计	100.0%	100.0%	100.0%
列总计	68	328	396

Chi-square test：df = 1，卡方值为 1.173，sig = 0.279 > 0.05，所以不同宗教信仰的居民在“选择信访来解决医患纠纷”的回答上不存在显著差异。

F45g by A9

您采取了哪些方式来解决医患纠纷？寻求第三方医疗纠纷调解委员会调解 ＊ 宗教信仰 Crosstabulation

	有宗教信仰	无宗教信仰	总计
未选中	86.8%	86.6%	86.6%
选中	13.2%	13.4%	13.4%
总计	100.0%	100.0%	100.0%
列总计	68	328	396

Chi-square test：df = 1，卡方值为 0.002，sig = 0.968 > 0.05，所以不同宗教信仰的居民在“选择寻求第三方医疗纠纷调解委员会调解来解决医患纠纷”的回答上不存在显著差异。

F45h by A9

您采取了哪些方式来解决医患纠纷？直接找医生或医院算账 ＊ 宗教信仰 Crosstabulation

	有宗教信仰	无宗教信仰	总计
未选中	82.4%	80.5%	80.8%

续表

	有宗教信仰	无宗教信仰	总计
选中	17.6%	19.5%	19.2%
总计	100.0%	100.0%	100.0%
列总计	68	328	396

Chi-square test：df=1，卡方值为0.126，sig =0.722>0.05，所以不同宗教信仰的居民在“选择直接找医生或医院算账来解决医患纠纷”的回答上不存在显著差异。

F46 by A9

某些患者会在手术前给医生红包，您认为送红包的主要理由是 * 宗教信仰 Crosstabulation

	有宗教信仰	无宗教信仰	总计
不相信医生能平等地对待每个病人，送红包能提高关注度，必须送	20.3%	24.7%	24.3%
医生很辛苦，送红包是表示尊敬和感谢	15.0%	13.6%	13.8%
大家都送，我不送会吃亏，不送心里不踏实	19.3%	17.2%	17.4%
送红包能让医生对我更用心，但我不会这么做	19.3%	17.8%	18.0%
大家都送红包，事实上无助于提高治疗效果，我不会这么做	20.0%	18.2%	18.4%
想送，但我没有能力送	6.1%	8.4%	8.2%
总计	100.0%	100.0%	100.0%
列总计	595	6125	6720

Chi-square test：df=5，卡方值为11.775，sig =0.038<0.05，所以不同宗教信仰的居民在“某些患者会在手术前给医生红包，您认为送红包的主要理由是”的回答上存在显著差异。

G1 by A9

和前几年相比，您认为目前我国官员腐败现象有什么变化 * 宗教信仰 Crosstabulation

	有宗教信仰	无宗教信仰	总计
有很大改善	12.6%	12.9%	12.9%
有较大改善	63.1%	65.3%	65.1%
没什么变化	21.8%	19.2%	19.4%
更加恶化	2.4%	2.2%	2.3%
其他	0.1%	0.4%	0.4%
总计	100.0%	100.0%	100.0%

续表

	有宗教信仰	无宗教信仰	总计
列总计	674	7293	7967

Chi-square test：df = 4，卡方值为 3. 592，sig = 0. 464 > 0. 05，所以不同宗教信仰的居民在“和前几年相比，认为目前我国官员腐败现象有什么变化”的回答上不存在显著差异。

G2a by A9

您认为干部当官的目的是？为国家与社会做贡献 ＊ 宗教信仰 Crosstabulation

	有宗教信仰	无宗教信仰	总计
未选中	72. 5%	73. 0%	73. 0%
选中	27. 5%	27. 0%	27. 0%
总计	100. 0%	100. 0%	100. 0%
列总计	692	7330	8022

Chi-square test：df = 1，卡方值为 0. 071，sig = 0. 789 > 0. 05，所以不同宗教信仰的居民在“您认为干部当官的目的是？为国家与社会做贡献”的回答上不存在显著差异。

G2b by A9

您认为干部当官的目的是？为人民服务，为百姓做好事做实事 ＊ 宗教信仰 Crosstabulation

	有宗教信仰	无宗教信仰	总计
未选中	56. 1%	54. 4%	54. 6%
选中	43. 9%	45. 6%	45. 4%
总计	100. 0%	100. 0%	100. 0%
列总计	692	7330	8022

Chi-square test：df = 1，卡方值为 0. 694，sig = 0. 405 > 0. 05，所以不同宗教信仰的居民在“您认为干部当官的目的是？为人民服务，为百姓做好事做实事”的回答上不存在显著差异。

G2c by A9

您认为干部当官的目的是？为家庭增光，光宗耀祖 ＊ 宗教信仰 Crosstabulation

	有宗教信仰	无宗教信仰	总计
未选中	74. 0%	74. 4%	74. 4%
选中	26. 0%	25. 6%	25. 6%
总计	100. 0%	100. 0%	100. 0%

续表

	有宗教信仰	无宗教信仰	总计
列总计	692	7330	8022

Chi-square test：df = 1，卡方值为 0. 070，sig = 0. 791 > 0. 05，所以不同宗教信仰的居民在“您认为干部当官的目的是？为家庭增光，光宗耀祖”的回答上不存在显著差异。

G2d by A9

您认为干部当官的目的是？为自己升官发财 ＊ 宗教信仰 Crosstabulation

	有宗教信仰	无宗教信仰	总计
未选中	69. 1%	65. 4%	65. 7%
选中	30. 9%	34. 6%	34. 3%
总计	100. 0%	100. 0%	100. 0%
列总计	692	7330	8022

Chi-square test：df = 1，卡方值为 3. 786，sig = 0. 052 > 0. 05，所以不同宗教信仰的居民在“您认为干部当官的目的是？为自己升官发财”的回答上不存在显著差异。

G2e by A9

您认为干部当官的目的是？没特殊目的，一个稳定而待遇高的职位而已 ＊ 宗教信仰 Crosstabulation

	有宗教信仰	无宗教信仰	总计
未选中	78. 8%	78. 9%	78. 9%
选中	21. 2%	21. 1%	21. 1%
总计	100. 0%	100. 0%	100. 0%
列总计	692	7330	8022

Chi-square test：df = 1，卡方值为 0. 010，sig = 0. 919 > 0. 05，所以不同宗教信仰的居民在“您认为干部当官的目的是？没特殊目的，一个稳定而待遇高的职位而已”的回答上不存在显著差异。

G2f by A9

您认为干部当官的目的是？其他 ＊ 宗教信仰 Crosstabulation

	有宗教信仰	无宗教信仰	总计
未选中	99. 9%	99. 8%	99. 8%
选中	0. 1%	0. 2%	0. 2%
总计	100. 0%	100. 0%	100. 0%

续表

	有宗教信仰	无宗教信仰	总计
列总计	692	7330	8022

Chi-square test：df = 1，卡方值为 0. 073，sig = 0. 787 > 0. 05，所以不同宗教信仰的居民在“您认为干部当官的目的是？其他”的回答上不存在显著差异。

G3 by A9

与前几年相比，您对政府官员的信任度有什么变化 ＊ 宗教信仰 Crosstabulation

	有宗教信仰	无宗教信仰	总计
信任度提高了	38. 8%	38. 9%	38. 9%
更加不信任	16. 6%	13. 2%	13. 5%
没什么变化	44. 5%	47. 7%	47. 4%
其他	0. 1%	0. 2%	0. 2%
总计	100. 0%	100. 0%	100. 0%
列总计	735	7822	8557

Chi-square test：df = 3，卡方值为 7. 592，sig = 0. 055 > 0. 05，所以不同宗教信仰的居民在“与前几年相比，对政府官员的信任度有什么变化”的回答上不存在显著差异。

G4 by A9

在生活中或媒体上看到政府官员时，您首先想到的是 ＊ 宗教信仰 Crosstabulation

	有宗教信仰	无宗教信仰	总计
公仆，为老百姓谋福利	19. 4%	19. 3%	19. 4%
官僚，根本不了解我们的情况	21. 6%	22. 3%	22. 2%
有权有势的人	18. 7%	20. 3%	20. 1%
有本事的人	14. 2%	14. 3%	14. 3%
领导，决定我们命运的人	10. 8%	9. 3%	9. 4%
贪官	5. 6%	5. 7%	5. 7%
惹不起但躲得起的人	3. 1%	3. 0%	3. 1%
遇到大事可以信任的人	2. 9%	2. 9%	2. 9%
其他	3. 6%	2. 9%	3. 0%
总计	100. 0%	100. 0%	100. 0%
列总计	731	7837	8568

Chi-square test：df = 8，卡方值为 3. 482，sig = 0. 901 > 0. 05，所以不同宗教信仰的居民在“生活中或媒体上看到政府官员时，您首先想到的是”的回答上不存在显著差异。

G5 by A9

您觉得当前我国政府官员道德问题最严重的是 ＊ 宗教信仰 Crosstabulation

	有宗教信仰	无宗教信仰	总计
贪污受贿	49.5%	49.4%	49.4%
以权谋私	55.1%	56.3%	56.2%
生活作风腐败	29.7%	31.8%	31.7%
官僚主义	11.1%	15.5%	15.1%
平庸，不作为，只保护自己不解决实际问题	34.3%	36.1%	35.9%
乱作为，搞政绩工程折腾百姓	19.6%	22.4%	22.2%
铺张浪费	10.0%	13.0%	12.8%
拉帮结派	15.5%	13.1%	13.3%
骄横跋扈，欺压百姓	9.4%	6.9%	7.1%
列总计	659	6890	7549

据上表所示，不同宗教信仰的居民在“您觉得当前我国政府官员道德问题最严重的是”的回答上不存在显著差异，总体而言，大部分人均认为当前我国政府官员道德问题最严重的是以权谋私和贪污受贿，占比分别为56.2%和49.4%。

G6 by A9

政府在制定政策和决策时充分考虑到伦理道德方面的要求了吗 ＊ 宗教信仰 Crosstabulation

	有宗教信仰	无宗教信仰	总计
有考虑，能够从日常生活中感受到	37.6%	37.1%	37.1%
有考虑，能够从政策文件中体会到	27.5%	23.3%	23.7%
只是口头上说说，没有实质性行动	24.9%	28.4%	28.1%
没有考虑，政策制度都是从自己的政绩和富人的利益着想	9.5%	10.5%	10.4%
其他	0.6%	0.7%	0.7%
总计	100.0%	100.0%	100.0%
列总计	719	7674	8393

Chi-square test：df = 4，卡方值为8.761，sig = 0.067 > 0.05，所以不同宗教信仰的居民在“政府在制定政策和决策时是否充分考虑到伦理道德方面的要求”的回答上不存在显著差异。

G7a by A9

残疾人、留守儿童、孤寡老人等弱势群体需要来自全社会的关爱与帮助，您认为本地区做得怎么样？社区提供的服务 ＊ 宗教信仰 Crosstabulation

	有宗教信仰	无宗教信仰	总计
很好	11.0%	7.9%	8.2%
比较好	62.7%	67.6%	67.1%

续表

	有宗教信仰	无宗教信仰	总计
不太好	22. 2%	22. 8%	22. 7%
很差	4. 1%	1. 7%	1. 9%
总计	100. 0%	100. 0%	100. 0%
列总计	630	6537	7167

Chi-square test：df = 3，卡方值为 25. 577，sig = 0. 000 < 0. 05，所以不同宗教信仰的居民在“残疾人、留守儿童、孤寡老人等弱势群体需要来自全社会的关爱与帮助，您认为本地区做得怎么样？社区提供的服务”的回答上存在显著差异。

G7b by A9

残疾人、留守儿童、孤寡老人等弱势群体需要来自全社会的关爱与帮助，您认为本地区做得怎么样？周围人的尊重和关爱 ＊ 宗教信仰 Crosstabulation

	有宗教信仰	无宗教信仰	总计
很好	9. 6%	9. 8%	9. 7%
比较好	66. 9%	69. 6%	69. 3%
不太好	21. 1%	19. 4%	19. 5%
很差	2. 4%	1. 3%	1. 4%
总计	100. 0%	100. 0%	100. 0%
列总计	659	7075	7734

Chi-square test：df = 3，卡方值为 7. 224，sig = 0. 065 > 0. 05，所以不同宗教信仰的居民在“残疾人、留守儿童、孤寡老人等弱势群体需要来自全社会的关爱与帮助，您认为本地区做得怎么样？周围人的尊重和关爱”的回答上不存在显著差异。

G7c by A9

残疾人、留守儿童、孤寡老人等弱势群体需要来自全社会的关爱与帮助，您认为本地区做得怎么样？社会服务机构提供专业化服务 ＊ 宗教信仰 Crosstabulation

	有宗教信仰	无宗教信仰	总计
很好	10. 8%	10. 1%	10. 1%
比较好	54. 9%	54. 6%	54. 6%
不太好	29. 3%	32. 4%	32. 1%
很差	5. 1%	2. 9%	3. 1%
总计	100. 0%	100. 0%	100. 0%
列总计	574	6202	6776

Chi-square test：df = 3，卡方值为 9. 622，sig = 0. 022 < 0. 05，所以不同宗教信仰的居民在“残疾人、留守儿童、孤寡老人等弱势群体需要来自全社会的关爱与帮助，您认为本地区做得怎么样？社会服务机构提供专业化服务”的回答上存在显著差异。

G7d by A9

残疾人、留守儿童、孤寡老人等弱势群体需要来自全社会的关爱与帮助，您认为本地区做得怎么样？政府实施的社会援助 ＊ 宗教信仰 Crosstabulation

	有宗教信仰	无宗教信仰	总计
很好	12.5%	10.5%	10.7%
比较好	52.1%	52.9%	52.9%
不太好	28.7%	32.0%	31.8%
很差	6.6%	4.5%	4.7%
总计	100.0%	100.0%	100.0%
列总计	574	6179	6753

Chi-square test：df = 3，卡方值为 8.991，sig = 0.029 < 0.05，所以不同宗教信仰的居民在“残疾人、留守儿童、孤寡老人等弱势群体需要来自全社会的关爱与帮助，您认为本地区做得怎么样？政府实施的社会援助”的回答上存在显著差异。

G7e by A9

残疾人、留守儿童、孤寡老人等弱势群体需要来自全社会的关爱与帮助，您认为本地区做得怎么样？公益与慈善事业 ＊ 宗教信仰 Crosstabulation

	有宗教信仰	无宗教信仰	总计
很好	12.2%	8.8%	9.1%
比较好	48.3%	52.4%	52.1%
不太好	30.9%	32.8%	32.6%
很差	8.6%	6.0%	6.2%
总计	100.0%	100.0%	100.0%
列总计	501	5414	5915

Chi-square test：df = 3，卡方值为 12.577，sig = 0.006 < 0.05，所以不同宗教信仰的居民在“残疾人、留守儿童、孤寡老人等弱势群体需要来自全社会的关爱与帮助，您认为本地区做得怎么样？公益与慈善事业”的回答上存在显著差异。

G7f by A9

残疾人、留守儿童、孤寡老人等弱势群体需要来自全社会的关爱与帮助，您认为本地区做得怎么样？志愿者帮助 ＊ 宗教信仰 Crosstabulation

	有宗教信仰	无宗教信仰	总计
很好	13.6%	9.4%	9.7%
比较好	49.4%	55.8%	55.3%
不太好	29.1%	29.4%	29.4%
很差	7.9%	5.4%	5.6%
总计	100.0%	100.0%	100.0%
列总计	492	5389	5881

Chi-square test：df = 3，卡方值为 16.985，sig = 0.001 < 0.05，所以不同宗教信仰的居民在“残疾人、留守儿童、孤寡老人等弱势群体需要来自全社会的关爱与帮助，您认为本地区做得怎么样？志愿者帮助”的回答上存在显著差异。

G8 by A9

您认为有必要为好人树碑立传吗 ＊ 宗教信仰 Crosstabulation

	有宗教信仰	无宗教信仰	总计
很有必要，可以让更多的人知道他们、学习他们	70.0%	67.6%	67.8%
可有可无	14.3%	16.1%	15.9%
没有必要	15.7%	16.3%	16.3%
总计	100.0%	100.0%	100.0%
列总计	686	7011	7697

Chi-square test：df = 2，卡方值为 1.885，sig = 0.390 > 0.05，所以不同宗教信仰的居民在“您认为有必要为好人树碑立传吗”的回答上不存在显著差异。

G9 by A9

党中央出台了一系列治国理政的新举措，给社会生活带来了什么变化 ＊ 宗教信仰 Crosstabulation

	有宗教信仰	无宗教信仰	总计
社会在向好的方面发展，对未来生活更有信心	51.3%	50.7%	50.8%
目前没看出有什么影响	21.1%	21.3%	21.3%
虽然出台了一些政策，但感觉解决不了什么问题	19.2%	19.1%	19.1%
不关心这些、说不清楚	8.2%	8.7%	8.7%
其他	0.3%	0.1%	0.1%
总计	100.0%	100.0%	100.0%
列总计	735	7852	8587

Chi-square test：df = 4，卡方值为 1.971，sig = 0.741 > 0.05，所以不同宗教信仰的居民在“党中央出台了一系列治国理政的新举措，给社会生活带来了什么变化”的回答上存在显著差异。

G10a by A9

您认为本地政府在以下方面的政策措施对促进社会公平有效果吗？就业政策 ＊ 宗教信仰 Crosstabulation

	有宗教信仰	无宗教信仰	总计
较大效果	9.1%	6.1%	6.4%
有点效果	57.7%	57.0%	57.1%
没有效果	28.1%	31.7%	31.3%
更不公平	4.1%	4.5%	4.4%
大大加剧了不公平	0.9%	0.8%	0.8%

续表

	有宗教信仰	无宗教信仰	总计
总计	100.0%	100.0%	100.0%
列总计	634	6510	7144

Chi-square test：df =4，卡方值为11.198，sig =0.024 <0.05，所以不同宗教信仰的居民在“就业政策对促进社会公平有效果吗”的回答上存在显著差异。

G10b by A9

您认为本地政府在以下方面的政策措施对促进社会公平有效果吗？教育政策 * 宗教信仰 Crosstabulation

	有宗教信仰	无宗教信仰	总计
较大效果	9.4%	8.8%	8.9%
有点效果	60.6%	61.2%	61.2%
没有效果	24.5%	25.1%	25.1%
更不公平	5.2%	4.3%	4.4%
大大加剧了不公平	0.3%	0.5%	0.5%
总计	100.0%	100.0%	100.0%
列总计	657	6916	7573

Chi-square test：df =4，卡方值为1.876，sig =0.759 >0.05，所以不同宗教信仰的居民在“教育政策对促进社会公平有效果吗”的回答上不存在显著差异。

G10c by A9

您认为本地政府在以下方面的政策措施对促进社会公平有效果吗？医疗卫生政策 * 宗教信仰 Crosstabulation

	有宗教信仰	无宗教信仰	总计
较大效果	11.9%	9.8%	10.0%
有点效果	55.7%	57.5%	57.4%
没有效果	25.1%	25.2%	25.2%
更不公平	6.0%	6.7%	6.7%
大大加剧了不公平	1.2%	0.7%	0.8%
总计	100.0%	100.0%	100.0%
列总计	680	7148	7828

Chi-square test：df =4，卡方值为5.085，sig =0.289 >0.05，所以不同宗教信仰的居民在“医疗卫生政策对促进社会公平有效果吗”的回答上不存在显著差异。

G10d by A9

您认为本地政府在以下方面的政策措施对促进社会公平有效果吗？低保政策 ＊ 宗教信仰 Crosstabulation

	有宗教信仰	无宗教信仰	总计
较大效果	10.7%	9.9%	10.0%
有点效果	51.9%	50.1%	50.3%
没有效果	22.7%	27.3%	26.9%
更不公平	11.9%	11.1%	11.2%
大大加剧了不公平	2.7%	1.5%	1.6%
总计	100.0%	100.0%	100.0%
列总计	655	6790	7445

Chi-square test：df = 4，卡方值为 11.576，sig = 0.021 < 0.05，所以不同宗教信仰的居民在“低保政策对促进社会公平有效果吗”的回答上存在显著差异。

G10e by A9

您认为本地政府在以下方面的政策措施对促进社会公平有效果吗？房地产政策 ＊ 宗教信仰 Crosstabulation

	有宗教信仰	无宗教信仰	总计
较大效果	8.6%	5.7%	5.9%
有点效果	37.8%	34.6%	34.9%
没有效果	30.7%	39.6%	38.8%
更不公平	15.9%	15.3%	15.3%
大大加剧了不公平	6.9%	4.8%	5.0%
总计	100.0%	100.0%	100.0%
列总计	547	5619	6166

Chi-square test：df = 4，卡方值为 23.250，sig = 0.000 < 0.05，所以不同宗教信仰的居民在“房地产政策对促进社会公平有效果吗”的回答上存在显著差异。

G10f by A9

您认为本地政府在以下方面的政策措施对促进社会公平有效果吗？拆迁安置政策 ＊ 宗教信仰 Crosstabulation

	有宗教信仰	无宗教信仰	总计
较大效果	7.6%	5.7%	5.9%
有点效果	36.8%	33.7%	34.0%
没有效果	32.4%	38.6%	38.0%
更不公平	14.1%	16.3%	16.1%

续表

	有宗教信仰	无宗教信仰	总计
大大加剧了不公平	9.0%	5.7%	6.0%
总计	100.0%	100.0%	100.0%
列总计	524	5367	5891

Chi-square test：df = 4，卡方值为 18.960，sig = 0.001 < 0.05，所以不同宗教信仰的居民在“拆迁安置政策对促进社会公平有效果吗”的回答上存在显著差异。

G11 by A9

如果遭遇重大公共事件，您相信政府公布的信息和采取的措施吗 ＊ 宗教信仰 Crosstabulation

	有宗教信仰	无宗教信仰	总计
相信，大都是可靠的，比网络流传的可靠	63.2%	62.6%	62.7%
不相信，都是安抚百姓的策略措施	15.7%	16.5%	16.4%
将信将疑，走一步看一步	20.9%	20.8%	20.8%
其他	0.1%	0.1%	0.1%
总计	100.0%	100.0%	100.0%
列总计	731	7859	8590

Chi-square test：df = 3，卡方值为 0.414，sig = 0.937 > 0.05，所以不同宗教信仰的居民在“如果遭遇重大公共事件，您相信政府公布的信息和采取的措施吗”的回答上不存在显著差异。

G12a by A9

政府推动或倡导的下列活动效果如何？文明城市创建 ＊ 宗教信仰 Crosstabulation

	有宗教信仰	无宗教信仰	总计
完全没效果	5.6%	1.8%	2.1%
效果较差	23.2%	22.3%	22.4%
效果较好	57.3%	65.8%	65.1%
效果很好	13.9%	10.1%	10.4%
总计	100.0%	100.0%	100.0%
列总计	625	6832	7457

Chi-square test：df = 3，卡方值为 54.735，sig = 0.000 < 0.05，所以不同宗教信仰的居民在“文明城市创建活动效果如何”的回答上存在显著差异。

G12b by A9

政府推动或倡导的下列活动效果如何？学雷锋活动 ＊ 宗教信仰 Crosstabulation

	有宗教信仰	无宗教信仰	总计
完全没效果	4.2%	2.6%	2.7%
效果较差	23.4%	24.4%	24.3%
效果较好	61.8%	63.9%	63.7%
效果很好	10.6%	9.2%	9.3%
总计	100.0%	100.0%	100.0%
列总计	602	6200	6802

Chi-square test：df = 3，卡方值为 6.873，sig ＝0.076 > 0.05，所以不同宗教信仰的居民在“学雷锋活动效果如何”的回答上不存在显著差异。

G12c by A9

政府推动或倡导的下列活动效果如何？典型人物的宣传 ＊ 宗教信仰 Crosstabulation

	有宗教信仰	无宗教信仰	总计
完全没效果	3.8%	2.5%	2.6%
效果较差	22.9%	22.2%	22.2%
效果较好	60.2%	64.5%	64.2%
效果很好	13.2%	10.8%	11.0%
总计	100.0%	100.0%	100.0%
列总计	585	6040	6625

Chi-square test：df = 3，卡方值为 7.678，sig ＝0.053 > 0.05，所以不同宗教信仰的居民在“典型人物的宣传效果如何”的回答上不存在显著差异。

G12d by A9

政府推动或倡导的下列活动效果如何？志愿服务的倡导和推广 ＊ 宗教信仰 Crosstabulation

	有宗教信仰	无宗教信仰	总计
完全没效果	3.2%	2.2%	2.3%
效果较差	23.8%	23.8%	23.8%
效果较好	58.6%	60.1%	59.9%
效果很好	14.4%	14.0%	14.0%
总计	100.0%	100.0%	100.0%
列总计	529	5557	6086

Chi-square test：df = 3，卡方值为 2.614，sig ＝0.455 > 0.05，所以不同宗教信仰的居民在“志愿服务的倡导和推广的效果如何”的回答上不存在显著差异。

G12e by A9

政府推动或倡导的下列活动效果如何？反腐倡廉的举措 * 宗教信仰 Crosstabulation

	有宗教信仰	无宗教信仰	总计
完全没效果	5.3%	4.5%	4.6%
效果较差	19.1%	23.0%	22.7%
效果较好	54.2%	56.4%	56.2%
效果很好	21.4%	16.0%	16.5%
总计	100.0%	100.0%	100.0%
列总计	561	5717	6278

Chi-square test：df = 3，卡方值为 13.797，sig = 0.003 < 0.05，所以不同宗教信仰的居民在“反腐倡廉的举措效果如何”的回答上存在显著差异。

G12f by A9

政府推动或倡导的下列活动效果如何？《公民道德建设实施纲要》的推进 * 宗教信仰 Crosstabulation

	有宗教信仰	无宗教信仰	总计
完全没效果	6.9%	4.1%	4.4%
效果较差	22.6%	24.7%	24.5%
效果较好	56.6%	58.7%	58.5%
效果很好	13.9%	12.5%	12.6%
总计	100.0%	100.0%	100.0%
列总计	433	4526	4959

Chi-square test：df = 3，卡方值为 8.728，sig = 0.033 < 0.05，所以不同宗教信仰的居民在“《公民道德建设实施纲要》的推进效果如何”的回答上存在显著差异。

G13 by A9

您对于我们正在走的中国特色社会主义道路怎么看 * 宗教信仰 Crosstabulation

	有宗教信仰	无宗教信仰	总计
充满信心，因为它可以给中国带来繁荣富强	47.9%	46.9%	46.9%
不太了解，但相信这条路能够让老百姓都过上好日子	35.9%	36.5%	36.4%
表示怀疑，走这条路究竟怎么样，现在还说不清楚	12.0%	11.6%	11.6%
走什么样的路，跟我没关系	4.0%	4.9%	4.9%
其他	0.3%	0.2%	0.2%

续表

	有宗教信仰	无宗教信仰	总计
总计	100.0%	100.0%	100.0%
列总计	733	7875	8608

Chi-square test：df = 4，卡方值为 2.271，sig = 0.686 > 0.05，所以不同宗教信仰的居民在“您对于我们正在走的中国特色社会主义道路怎么看”的回答上不存在显著差异。

G14 by A9

党的十八大提出，到 2020 年全面建成小康社会，到 21 世纪中叶建成社会主义现代化国家，您认为这样的目标能实现吗 * 宗教信仰 Crosstabulation

	有宗教信仰	无宗教信仰	总计
相信一定能实现	29.5%	31.3%	31.2%
有困难，但只要努力还是能实现的	58.5%	55.7%	55.9%
不可能实现	4.1%	3.7%	3.8%
说不清楚，跟我没关系	7.6%	9.1%	8.9%
其他	0.3%	0.2%	0.2%
总计	100.0%	100.0%	100.0%
列总计	711	7674	8385

Chi-square test：df = 4，卡方值为 3.818，sig = 0.431 > 0.05，所以不同宗教信仰的居民在“党的十八大提出，到 2020 年全面建成小康社会，到 21 世纪中叶建成社会主义现代化国家，您认为这样的目标能实现吗”的回答上不存在显著差异。

G15 by A9

您对您周围的党员干部道德状况怎么评价 * 宗教信仰 Crosstabulation

	有宗教信仰	无宗教信仰	总计
总体还不错	43.6%	42.2%	42.3%
普遍比较差	25.9%	21.3%	21.7%
和普通群众没有太大差别	30.5%	36.5%	36.0%
总计	100.0%	100.0%	100.0%
列总计	653	7084	7737

Chi-square test：df = 2，卡方值为 12.020，sig = 0.002 < 0.05，所以不同宗教信仰的居民在“您对您周围的党员干部道德状况怎么评价”的回答上存在显著差异。

G16 by A9

您认为当前官员的勤政作为是怎样的 ＊ 宗教信仰 Crosstabulation

	有宗教信仰	无宗教信仰	总计
努力作为，成绩显著	26.0%	22.5%	22.7%
努力作为，成绩一般	43.8%	49.3%	48.8%
行政不作为	20.7%	19.1%	19.3%
行政乱作为	9.5%	9.1%	9.2%
总计	100.0%	100.0%	100.0%
列总计	546	6360	6906

Chi-square test：df = 3，卡方值为 6.589，sig = 0.086 > 0.05，所以不同宗教信仰的居民在“您认为当前官员的勤政作为是怎样的”的回答上不存在显著差异。

G17 by A9

您到政府部门办事，首先选择的方法是 ＊ 宗教信仰 Crosstabulation

	有宗教信仰	无宗教信仰	总计
找亲朋好友帮忙办理	18.8%	18.4%	18.5%
找政府中的熟人办理	24.4%	20.8%	21.2%
送红包	2.0%	1.6%	1.7%
直接找相关职能部门办理	54.7%	58.6%	58.2%
其他	0.2%	0.5%	0.5%
总计	100.0%	100.0%	100.0%
列总计	664	7032	7696

Chi-square test：df = 4，卡方值为 7.194，sig = 0.126 > 0.05，所以不同宗教信仰的居民在“您到政府部门办事，首先选择的方法是”的回答上不存在显著差异。

H1 by A9

您认为近五年来，您所在地区政府的环境保护工作做得怎么样 ＊ 宗教信仰 Crosstabulation

	有宗教信仰	无宗教信仰	总计
片面注重经济发展，忽视了环境保护工作	23.9%	22.4%	22.5%
重视不够，环保投入不足	30.5%	29.5%	29.6%
虽尽了努力，但效果不佳	16.5%	18.9%	18.7%
尽了很大努力，有一定成效	23.1%	23.9%	23.8%
取得了很大的成绩	6.0%	5.4%	5.4%

续表

	有宗教信仰	无宗教信仰	总计
总计	100. 0%	100. 0%	100. 0%
列总计	636	6834	7470

Chi-square test：df = 4，卡方值为 3. 067，sig = 0. 547 > 0. 05，所以不同宗教信仰的居民在“近五年来所在地区政府的环境保护工作做得怎么样”的回答上不存在显著差异。

H2a by A9

在最近的一年里，您是否做过？垃圾分类投放 ＊ 宗教信仰 Crosstabulation

	有宗教信仰	无宗教信仰	总计
从不	35. 9%	41. 1%	40. 7%
偶尔	45. 6%	44. 9%	45. 0%
经常	18. 5%	14. 0%	14. 4%
总计	100. 0%	100. 0%	100. 0%
列总计	739	7914	8653

Chi-square test：df = 2，卡方值为 14. 501，sig = 0. 001 < 0. 05，所以不同宗教信仰的居民在“在最近的一年里，您是否做过？垃圾分类投放”上存在显著差异。

H2b by A9

在最近的一年里，您是否做过？与自己的亲戚朋友讨论环保问题 ＊ 宗教信仰 Crosstabulation

	有宗教信仰	无宗教信仰	总计
从不	30. 4%	38. 8%	38. 1%
偶尔	56. 3%	50. 0%	50. 6%
经常	13. 3%	11. 1%	11. 3%
总计	100. 0%	100. 0%	100. 0%
列总计	737	7911	8648

Chi-square test：df = 2，卡方值为 20. 575，sig = 0. 000 < 0. 05，所以不同宗教信仰的居民在“在最近的一年里，您是否做过？与自己的亲戚朋友讨论环保问题”上存在显著差异。

H2c by A9

在最近的一年里，您是否做过？采购日常用品时自己带购物篮或购物袋 ＊ 宗教信仰 Crosstabulation

	有宗教信仰	无宗教信仰	总计
从不	17. 1%	23. 3%	22. 8%

续表

	有宗教信仰	无宗教信仰	总计
偶尔	53.0%	51.9%	52.0%
经常	29.9%	24.7%	25.2%
总计	100.0%	100.0%	100.0%
列总计	738	7906	8644

Chi-square test：df = 2，卡方值为 18.931，sig = 0.000 < 0.05，所以不同宗教信仰的居民在“在最近的一年里，您是否做过？采购日常用品时自己带购物篮或购物袋”上存在显著差异。

H2d by A9

在最近的一年里，您是否做过？优先选择公交、步行等绿色出行方式 ＊ 宗教信仰 Crosstabulation

	有宗教信仰	无宗教信仰	总计
从不	9.6%	13.1%	12.8%
偶尔	43.6%	41.8%	41.9%
经常	46.7%	45.1%	45.2%
总计	100.0%	100.0%	100.0%
列总计	738	7903	8641

Chi-square test：df = 2，卡方值为 7.458，sig = 0.024 < 0.05，所以不同宗教信仰的居民在“在最近的一年里，您是否做过？优先选择公交、步行等绿色出行方式”上存在显著差异。

H2e by A9

在最近的一年里，您是否做过？为环境保护捐款 ＊ 宗教信仰 Crosstabulation

	有宗教信仰	无宗教信仰	总计
从不	58.1%	68.1%	67.2%
偶尔	33.3%	26.7%	27.3%
经常	8.6%	5.2%	5.5%
总计	100.0%	100.0%	100.0%
列总计	735	7886	8621

Chi-square test：df = 2，卡方值为 34.784，sig = 0.000 < 0.05，所以不同宗教信仰的居民在“在最近的一年里，您是否做过？为环境保护捐款”上存在显著差异。

H2f by A9

在最近的一年里，您是否做过？主动关注环境方面的信息报道和宣传教育 * 宗教信仰 Crosstabulation

	有宗教信仰	无宗教信仰	总计
从不	54.1%	62.4%	61.7%
偶尔	36.0%	31.0%	31.4%
经常	9.9%	6.6%	6.9%
总计	100.0%	100.0%	100.0%
列总计	736	7889	8625

Chi-square test：df = 2，卡方值为 23.811，sig = 0.000 < 0.05，所以不同宗教信仰的居民在“在最近的一年里，您是否做过？主动关注环境方面的信息报道和宣传教育”上存在显著差异。

H2g by A9

在最近的一年里，您是否做过？积极参加民间环保团体举办的环保活动 * 宗教信仰 Crosstabulation

	有宗教信仰	无宗教信仰	总计
从不	64.8%	73.5%	72.8%
偶尔	29.0%	22.6%	23.2%
经常	6.2%	3.8%	4.0%
总计	100.0%	100.0%	100.0%
列总计	738	7882	8620

Chi-square test：df = 2，卡方值为 28.322，sig = 0.000 < 0.05，所以不同宗教信仰的居民在“在最近的一年里，您是否做过？积极参加民间环保团体举办的环保活动”上存在显著差异。

H2h by A9

在最近的一年里，您是否做过？积极参加要求解决环境问题的投诉、上诉 * 宗教信仰 Crosstabulation

	有宗教信仰	无宗教信仰	总计
从不	71.6%	80.6%	79.8%
偶尔	22.3%	16.6%	17.1%
经常	6.1%	2.8%	3.1%
总计	100.0%	100.0%	100.0%
列总计	735	7883	8618

Chi-square test：df = 2，卡方值为 43.880，sig = 0.000 < 0.05，所以不同宗教信仰的居民在“在最近的一年里，您是否做过？积极参加要求解决环境问题的投诉、上诉”上存在显著差异。

H3 by A9

如果您的周围有一片森林，政府将成材的树林砍伐下来办木材厂，将极大提高您的收入，但将破坏环境，您会支持这一决定吗 ＊ 宗教信仰 Crosstabulation

	有宗教信仰	无宗教信仰	总计
支持，对大家有好处	14.5%	11.6%	11.9%
反对，这是发子孙财，破坏生态	67.0%	70.3%	70.1%
不支持也不反对，政府决定	18.3%	17.9%	17.9%
其他	0.3%	0.1%	0.1%
总计	100.0%	100.0%	100.0%
列总计	733	7880	8613

Chi-square test：df = 3，卡方值为 6.998，sig = 0.072 > 0.05，所以不同宗教信仰的居民在“如果您的周围有一片森林，政府将成材的树林砍伐下来办木材厂，将极大提高您的收入，但将破坏环境，您会支持这一决定吗”的回答上不存在显著差异。

H4 by A9

如果要办一个化工厂，您是这个厂的持股职工，但会给下游地区造成污染，您会支持这个决定吗 ＊ 宗教信仰 Crosstabulation

	有宗教信仰	无宗教信仰	总计
支持，我们不会受污染	15.4%	12.7%	12.9%
反对，这是嫁祸于人	66.4%	69.2%	69.0%
不支持也不反对，成了可分红，不成是领导的责任	18.0%	17.9%	17.9%
其他	0.3%	0.2%	0.2%
总计	100.0%	100.0%	100.0%
列总计	729	7841	8570

Chi-square test：df = 3，卡方值为 4.571，sig = 0.206 > 0.05，所以不同宗教信仰的居民在“如果要办一个化工厂，您是这个厂的持股职工，但会给下游地区造成污染，您会支持这个决定吗”的回答上不存在显著差异。

H5 by A9

您认为造成生态环境问题的最主要原因是 ＊ 宗教信仰 Crosstabulation

	有宗教信仰	无宗教信仰	总计
企业唯利是图，造成环境污染	28.2%	26.4%	26.5%
政府缺乏生态意识，政策失当	33.8%	34.8%	34.8%
个人缺乏环保意识	18.5%	20.7%	20.5%

续表

	有宗教信仰	无宗教信仰	总计
当代人自私自利，不顾未来和子孙利益	18.7%	17.2%	17.3%
其他	0.8%	0.9%	0.9%
总计	100.0%	100.0%	100.0%
列总计	731	7834	8565

Chi-square test：df = 4，卡方值为 3.676，sig = 0.452 > 0.05，所以不同宗教信仰的居民在“您认为造成生态环境问题的最主要原因是”的回答上不存在显著差异。

H6 by A9

如果环境保护主管部门邀请您参加座谈会或听证会，您是否会出席 * 宗教信仰 Crosstabulation

	有宗教信仰	无宗教信仰	总计
会	71.5%	70.9%	71.0%
不会	28.5%	29.1%	29.0%
总计	100.0%	100.0%	100.0%
列总计	624	6367	6991

Chi-square test：df = 1，卡方值为 0.082，sig = 0.774 > 0.05，所以不同宗教信仰的居民在“如果环境保护主管部门邀请您参加座谈会或听证会，您是否会出席”上不存在显著差异。

H7 by A9

若您所在社区参加“绿色社区”创建活动，您是否会积极参与 * 宗教信仰 Crosstabulation

	有宗教信仰	无宗教信仰	总计
会	79.3%	76.4%	76.7%
不会	20.7%	23.6%	23.3%
总计	100.0%	100.0%	100.0%
列总计	615	6436	7051

Chi-square test：df = 1，卡方值为 2.677，sig = 0.102 > 0.05，所以不同宗教信仰的居民在“若您所在社区参加‘绿色社区’创建活动，您是否会积极参与”上不存在显著差异。

I1 by A9

如果您周围有很多外国人，您愿意和他们建立什么样的关系 ＊ 宗教信仰 Crosstabulation

	有宗教信仰	无宗教信仰	总计
愿意做朋友	34.6%	36.0%	35.9%
愿意做兄弟姐妹	15.5%	10.2%	10.6%
不愿意来往，得提防他们	2.4%	4.5%	4.3%
偶尔交往，仅限于礼节性的	19.5%	12.8%	13.4%
无法和他们来往，存在语言、文化、习俗等障碍	27.3%	36.1%	35.3%
其他	0.7%	0.4%	0.4%
总计	100.0%	100.0%	100.0%
列总计	735	7868	8603

Chi-square test：df = 5，卡方值为 62.950，sig = 0.000 < 0.05，所以不同宗教信仰的居民在“如果您周围有很多外国人，您愿意和他们建立什么样的关系”上存在显著差异。

I2 by A9

您更愿意过春节还是圣诞节 ＊ 宗教信仰 Crosstabulation

	有宗教信仰	无宗教信仰	总计
圣诞节	2.0%	0.6%	0.7%
春节	70.5%	79.9%	79.1%
两个都愿意过	18.5%	17.0%	17.1%
两个都不想过	8.9%	2.5%	3.0%
总计	100.0%	100.0%	100.0%
列总计	739	7915	8654

Chi-square test：df = 3，卡方值为 121.092，sig = 0.000 < 0.05，所以不同宗教信仰的居民在“您更愿意过春节还是圣诞节”上存在显著差异。

I3 by A9

您同意中国人与外国人通婚吗 ＊ 宗教信仰 Crosstabulation

	有宗教信仰	无宗教信仰	总计
非常同意	6.3%	6.1%	6.1%
比较同意	59.6%	57.0%	57.3%
不太同意	28.9%	31.6%	31.4%
强烈反对	5.2%	5.3%	5.3%

续表

	有宗教信仰	无宗教信仰	总计
总计	100.0%	100.0%	100.0%
列总计	633	6933	7566

Chi-square test：df = 3，卡方值为 2.013，sig = 0.57 > 0.05，所以不同宗教信仰的居民在“您同意中国人与外国人通婚吗”上不存在显著差异。

I4 by A9

对外来的城市农民工如建筑工人、家庭保姆等，您的态度是 * 宗教信仰 Crosstabulation

	有宗教信仰	无宗教信仰	总计
看不起和排斥	2.0%	2.2%	2.2%
无视和冷漠以对	9.8%	7.6%	7.8%
尊重和体谅	73.3%	72.9%	72.9%
同情和友爱	14.7%	17.0%	16.8%
其他	0.3%	0.3%	0.3%
总计	100.0%	100.0%	100.0%
列总计	737	7848	8585

Chi-square test：df = 4，卡方值为 6.216，sig = 0.184 > 0.05，所以不同宗教信仰的居民在“对外来的城市农民工如建筑工人、家庭保姆等，您的态度是”上不存在显著差异。

I5 by A9

您在日常生活中与同乡人和外乡人的关系是 * 宗教信仰 Crosstabulation

	有宗教信仰	无宗教信仰	总计
与同乡人交往多	36.1%	41.7%	41.2%
与外乡人交往多	18.5%	11.3%	11.9%
一样多	23.7%	18.6%	19.0%
偶尔与外乡人有交往，主要与同乡人交往	21.8%	28.3%	27.8%
其他		0.2%	0.1%
总计	100.0%	100.0%	100.0%
列总计	735	7894	8629

Chi-square test：df = 4，卡方值为 55.365，sig = 0.000 < 0.05，所以不同宗教信仰的居民在“您在日常生活中与同乡人和外乡人的关系是”上存在显著差异。

I6 by A9

您所在地区的政府对待外来人员的政策取向是 * 宗教信仰 Crosstabulation

	有宗教信仰	无宗教信仰	
不冷不热，顺其自然	42.8%	44.3%	44.1%
提高门槛，严加限制	21.8%	15.7%	16.2%
降低门槛，广泛吸收	17.8%	24.7%	24.1%
对有钱人、高级专家采取特殊政策吸引，对一般人严加限制	17.2%	14.8%	15.0%
其他	0.5%	0.6%	0.6%
总计	100.0%	100.0%	100.0%
列总计	657	7007	7664

Chi-square test：df = 4，卡方值为 28.309，sig = 0.000 < 0.05，所以不同宗教信仰的居民在“您所在地区的政府对待外来人员的政策取向是”的回答上存在显著差异。

I7 by A9

您认为在当前的中国，读书还能不能改变命运 * 宗教信仰 Crosstabulation

	有宗教信仰	无宗教信仰	总计
读书只是改变命运的一个路径	34.3%	35.8%	35.7%
读书是改变命运的主要路径	46.7%	42.1%	42.5%
读书是改变命运的唯一路径	9.8%	12.7%	12.4%
不再是改变命运的路径，没权势的人读了书照样穷	9.1%	9.2%	9.2%
其他		0.2%	0.2%
总计	100.0%	100.0%	100.0%
列总计	734	7889	8623

Chi-square test：df = 4，卡方值为 9.549，sig = 0.049 < 0.05，所以不同宗教信仰的居民在“您认为在当前的中国，读书还能不能改变命运”的回答上存在显著差异。

I8 by A9

您如何认识名牌大学里农村学生比例急剧减少的现象 * 宗教信仰 Crosstabulation

	有宗教信仰	无宗教信仰	总计
是一种社会倒退	14.2%	12.4%	12.5%
农村教育的落后	41.3%	39.7%	39.8%
教育不公平	22.7%	28.8%	28.3%
有钱人和有权人特权的表现	12.4%	11.9%	11.9%
代际不公、社会不公的延续和加剧	7.4%	6.5%	6.6%

续表

	有宗教信仰	无宗教信仰	总计
其他	2.1%	0.8%	0.9%
总计	100.0%	100.0%	100.0%
列总计	719	7800	8519

Chi-square test：df = 5，卡方值为 25.271，sig = 0.000 < 0.05，所以不同宗教信仰的居民在“您如何认识名牌大学里农村学生比例急剧减少的现象”的回答上存在显著差异。

I9 by A9

您同学指出您家乡的某一风俗习惯很落后保守，您会做出什么反应 * 宗教信仰 Crosstabulation

	有宗教信仰	无宗教信仰	总计
坦然面对，承认这一风俗习惯确实落后	56.5%	52.4%	52.8%
虽然认为说得对，但是感觉他在批评自己的家乡，因此不自在	26.4%	28.5%	28.3%
虽然认为说得对，但是感到受到羞辱	9.4%	8.3%	8.4%
批评家乡就是批评自己，要为家乡的风俗习惯做辩护	7.0%	10.6%	10.3%
其他	0.7%	0.2%	0.2%
总计	100.0%	100.0%	100.0%
列总计	731	7816	8547

Chi-square test：df = 4，卡方值为 18.743，sig = 0.000 < 0.05，所以不同宗教信仰的居民在“您同学指出您家乡的某一风俗习惯很落后保守，您会做出什么反应”上存在显著差异。

I10 by A9

如果您有机会出国，初到国外时，您交朋友会有意识地交中国朋友吗 * 宗教信仰 Crosstabulation

	有宗教信仰	无宗教信仰	总计
会，认为在异国他乡找自己本国人有一种归属感	49.6%	50.5%	50.5%
不会，看缘分交朋友，不强调国籍	21.3%	20.7%	20.7%
不会，会有意识地多交外国朋友	6.3%	3.7%	3.9%
视情况而定	22.8%	25.1%	24.9%
总计	100.0%	100.0%	100.0%
列总计	736	7813	8549

Chi-square test：df = 3，卡方值为 12.528，sig = 0.006 < 0.05，所以不同宗教信仰的居民在“如果您有机会出国，初到国外时，您交朋友会有意识地交中国朋友吗”的回答上存在显著差异。

I11 by A9

您是否愿意与不同民族的人交往 * 宗教信仰 Crosstabulation

	有宗教信仰	无宗教信仰	总计
非常不愿意	2.0%	2.8%	2.7%
不太愿意	17.4%	16.2%	16.3%
比较愿意	70.6%	71.5%	71.4%
非常愿意	10.0%	9.5%	9.5%
总计	100.0%	100.0%	100.0%
列总计	712	7617	8329

Chi-square test：df=3，卡方值为2.504，sig =0.474 >0.05，所以不同宗教信仰的居民在“您是否愿意与不同民族的人交往”上不存在显著差异。

I12 by A9

您是否愿意与不同宗教信仰的人相处 * 宗教信仰 Crosstabulation

	有宗教信仰	无宗教信仰	总计
非常不愿意	4.4%	4.6%	4.6%
不太愿意	18.6%	23.3%	22.9%
比较愿意	68.1%	65.1%	65.4%
非常愿意	8.9%	6.9%	7.1%
总计	100.0%	100.0%	100.0%
列总计	700	7468	8168

Chi-square test：df=3，卡方值为10.565，sig =0.014 <0.05，所以不同宗教信仰的居民在“您是否愿意与不同宗教信仰的人相处”上存在显著差异。

I13 by A9

您与您的邻居平时来往多吗 * 宗教信仰 Crosstabulation

	有宗教信仰	无宗教信仰	总计
非常多	14.6%	18.0%	17.7%
比较多	48.6%	48.3%	48.3%
偶尔	31.3%	28.9%	29.1%
几乎不来往	5.5%	4.8%	4.9%
总计	100.0%	100.0%	100.0%
列总计	732	7836	8568

Chi-square test：df=3，卡方值为6.056，sig =0.109 >0.05，所以不同宗教信仰的居民在“您与邻居平时来往多吗”上不存在显著差异。

I14a by A9

您在多大程度上愿意和下列群体成为邻居？农民工、进城务工人员 ＊ 宗教信仰 Crosstabulation

	有宗教信仰	无宗教信仰	总计
非常愿意	15.7%	13.5%	13.7%
比较愿意	75.9%	77.0%	76.9%
不太愿意	7.5%	9.1%	9.0%
很不愿意	0.8%	0.4%	0.4%
总计	100.0%	100.0%	100.0%
列总计	719	7693	8412

Chi-square test：df = 3，卡方值为 7.838，sig = 0.049 < 0.05，所以不同宗教信仰的居民在“您在多大程度上愿意和下列群体成为邻居？农民工、进城务工人员”上存在显著差异。

I14b by A9

您在多大程度上愿意和下列群体成为邻居？商人 ＊ 宗教信仰 Crosstabulation

	有宗教信仰	无宗教信仰	总计
非常愿意	12.3%	10.9%	11.0%
比较愿意	69.9%	70.7%	70.7%
不太愿意	16.4%	17.2%	17.2%
很不愿意	1.4%	1.1%	1.1%
总计	100.0%	100.0%	100.0%
列总计	714	7632	8346

Chi-square test：df = 3，卡方值为 2.045，sig = 0.563 > 0.05，所以不同宗教信仰的居民在“您在多大程度上愿意和下列群体成为邻居？商人”上不存在显著差异。

I14c by A9

您在多大程度上愿意和下列群体成为邻居？企业家或高级管理人员 ＊ 宗教信仰 Crosstabulation

	有宗教信仰	无宗教信仰	总计
非常愿意	16.5%	15.6%	15.6%
比较愿意	67.0%	71.0%	70.7%
不太愿意	14.3%	12.4%	12.6%
很不愿意	2.1%	1.0%	1.1%
总计	100.0%	100.0%	100.0%

续表

	有宗教信仰	无宗教信仰	总计
列总计	701	7557	8258

Chi-square test：df = 3，卡方值为 11. 870，sig = 0. 008 < 0. 05，所以不同宗教信仰的居民在“您在多大程度上愿意和下列群体成为邻居？企业家或高级管理人员”上存在显著差异。

I14d by A9

您在多大程度上愿意和下列群体成为邻居？技术工人 ＊ 宗教信仰 Crosstabulation

	有宗教信仰	无宗教信仰	总计
非常愿意	18. 1%	19. 4%	19. 3%
比较愿意	72. 4%	72. 4%	72. 4%
不太愿意	8. 3%	7. 6%	7. 7%
很不愿意	1. 3%	0. 6%	0. 7%
总计	100. 0%	100. 0%	100. 0%
列总计	709	7644	8353

Chi-square test：df = 3，卡方值为 5. 192，sig = 0. 158 > 0. 05，所以不同宗教信仰的居民在“您在多大程度上愿意和下列群体成为邻居？技术工人”上不存在显著差异。

I14e by A9

您在多大程度上愿意和下列群体成为邻居？教师 ＊ 宗教信仰 Crosstabulation

	有宗教信仰	无宗教信仰	
非常愿意	30. 4%	28. 2%	28. 4%
比较愿意	62. 4%	66. 0%	65. 7%
不太愿意	6. 1%	5. 2%	5. 3%
很不愿意	1. 1%	0. 6%	0. 6%
总计	100. 0%	100. 0%	100. 0%
列总计	718	7726	8444

Chi-square test：df = 3，卡方值为 6. 292，sig = 0. 098 > 0. 05，所以不同宗教信仰的居民在“您在多大程度上愿意和下列群体成为邻居？教师”上不存在显著差异。

I14f by A9

您在多大程度上愿意和下列群体成为邻居？医生 ＊ 宗教信仰 Crosstabulation

	有宗教信仰	无宗教信仰	总计
非常愿意	28. 4%	26. 1%	26. 3%

续表

	有宗教信仰	无宗教信仰	总计
比较愿意	61.8%	66.1%	65.7%
不太愿意	8.3%	7.1%	7.2%
很不愿意	1.5%	0.7%	0.8%
总计	100.0%	100.0%	100.0%
列总计	714	7701	8415

Chi-square test：df = 3，卡方值为 9.924，sig = 0.019 < 0.05，所以不同宗教信仰的居民在“您在多大程度上愿意和下列群体成为邻居？医生”上存在显著差异。

I14g by A9

您在多大程度上愿意和下列群体成为邻居？富人 * 宗教信仰 Crosstabulation

	有宗教信仰	无宗教信仰	总计
非常愿意	14.9%	12.9%	13.1%
比较愿意	52.5%	57.0%	56.6%
不太愿意	24.8%	25.5%	25.5%
很不愿意	7.8%	4.6%	4.8%
总计	100.0%	100.0%	100.0%
列总计	690	7490	8180

Chi-square test：df = 3，卡方值为 18.501，sig = 0.000 < 0.05，所以不同宗教信仰的居民在“您在多大程度上愿意和下列群体成为邻居？富人”上存在显著差异。

I14h by A9

您在多大程度上愿意和下列群体成为邻居？土豪 * 宗教信仰 Crosstabulation

	有宗教信仰	无宗教信仰	总计
非常愿意	11.0%	9.9%	10.0%
比较愿意	47.5%	51.2%	50.8%
不太愿意	29.7%	31.5%	31.3%
很不愿意	11.9%	7.5%	7.8%
总计	100.0%	100.0%	100.0%
列总计	691	7386	8077

Chi-square test：df = 3，卡方值为 18.682，sig = 0.000 < 0.05，所以不同宗教信仰的居民在“您在多大程度上愿意和下列群体成为邻居？土豪”上存在显著差异。

I14i by A9

您在多大程度上愿意和下列群体成为邻居？专家学者 ＊ 宗教信仰 Crosstabulation

	有宗教信仰	无宗教信仰	总计
非常愿意	20.1%	17.6%	17.8%
比较愿意	56.1%	60.6%	60.2%
不太愿意	17.0%	18.4%	18.3%
很不愿意	6.8%	3.5%	3.8%
总计	100.0%	100.0%	100.0%
列总计	681	7235	7916

Chi-square test：df=3，卡方值为22.442，sig =0.000 <0.05，所以不同宗教信仰的居民在“您在多大程度上愿意和下列群体成为邻居？专家学者”上存在显著差异。

I14j by A9

您在多大程度上愿意和下列群体成为邻居？政府官员 ＊ 宗教信仰 Crosstabulation

	有宗教信仰	无宗教信仰	总计
非常愿意	13.8%	12.4%	12.5%
比较愿意	53.6%	54.8%	54.7%
不太愿意	21.2%	25.5%	25.2%
很不愿意	11.4%	7.3%	7.7%
总计	100.0%	100.0%	100.0%
列总计	675	7207	7882

Chi-square test：df=3，卡方值为19.305，sig =0.000 <0.05，所以不同宗教信仰的居民在“您在多大程度上愿意和下列群体成为邻居？政府官员”上存在显著差异。

I14k by A9

您在多大程度上愿意和下列群体成为邻居？公众人物、演艺人士 ＊ 宗教信仰 Crosstabulation

	有宗教信仰	无宗教信仰	总计
非常愿意	11.1%	9.2%	9.4%
比较愿意	51.7%	51.2%	51.2%
不太愿意	23.0%	29.2%	28.7%
很不愿意	14.1%	10.4%	10.7%
总计	100.0%	100.0%	100.0%
列总计	630	6849	7479

Chi-square test：df=3，卡方值为17.651，sig =0.001 <0.05，所以不同宗教信仰的居民在“您在多大程度上愿意和下列群体成为邻居？公众人物、演艺人士”上存在显著差异。

I15 by A9

您如何看待中国对其他落后国家的广泛援助计划 ＊ 宗教信仰 Crosstabulation

	有宗教信仰	无宗教信仰	总计
完全支持，认为这有助于提升国家形象和国际地位	52.5%	45.0%	45.7%
支持，认为我们应该帮助比我们落后的国家	22.4%	26.7%	26.3%
支持，但国家应该征求纳税人的意见	9.8%	9.7%	9.7%
不支持，因为我们国家尚存在很多贫困人口	15.3%	18.6%	18.3%
总计	100.0%	100.0%	100.0%
列总计	692	7202	7894

Chi-square test：df = 3，卡方值为15.778，sig = 0.001 < 0.05，所以不同宗教信仰的居民在“您如何看待中国对其他落后国家的广泛援助计划”上存在显著差异。

I16 by A9

您听说过一些道德模范的故事吗？您愿意像他们那样做人做事吗 ＊ 宗教信仰 Crosstabulation

	有宗教信仰	无宗教信仰	总计
知道一些，他们很了不起，应努力向他们学习	57.6%	51.4%	52.0%
知道一些，很敬佩他们，但自己学不来	25.2%	28.2%	27.9%
知道一些，我感到他们那样做有点不值得	5.5%	4.6%	4.7%
没听说过谁是道德模范和身边好人	11.5%	15.7%	15.3%
其他	0.3%	0.1%	0.1%
总计	100.0%	100.0%	100.0%
列总计	733	7908	8641

Chi-square test：df = 4，卡方值为17.247，sig = 0.002 < 0.05，所以不同宗教信仰的居民在“您听说过一些道德模范的故事吗？您愿意像他们那样做人做事吗”上存在显著差异。

I17 by A9

当有陌生人走进您的单位或社区，或在车厢中与陌生人在一起时，您通常的态度是 ＊ 宗教信仰 Crosstabulation

	有宗教信仰	无宗教信仰	总计
对他微笑	31.0%	32.2%	32.1%
主动打招呼	18.6%	15.2%	15.5%
没有任何反应	27.4%	29.8%	29.6%

续表

	有宗教信仰	无宗教信仰	总计
保持警惕，防止上当	22.4%	22.6%	22.6%
其他	0.6%	0.1%	0.2%
总计	100.0%	100.0%	100.0%
列总计	709	7682	8391

Chi-square test：df=4，卡方值为13.717，sig =0.008 <0.05，所以不同宗教信仰的居民在“当有陌生人走进您的单位或社区，或在车厢中与陌生人在一起时，您通常的态度是”上存在显著差异。

I18 by A9

假设您双手抱着东西走进电梯，您觉得电梯里的陌生人可能会怎样 * 宗教信仰 Crosstabulation

	有宗教信仰	无宗教信仰	总计
主动问您去几楼并帮您按楼层	38.5%	37.4%	37.5%
当作没看见	14.8%	15.2%	15.1%
会在您的请求下给予帮助	46.7%	47.5%	47.4%
总计	100.0%	100.0%	100.0%
列总计	644	7023	7667

Chi-square test：df=2，卡方值为0.342，sig =0.843 >0.05，所以不同宗教信仰的居民在“假设您双手抱着东西走进电梯，您觉得电梯里的陌生人可能会怎样”的回答上不存在显著差异。

后 记
数字写春秋

纤弱婉约而又婀娜多姿的数字从现身于茫茫宇宙的那一刻，便携带了太多的神奇密码。十个阿拉伯数字仅用了前七个，配上某些标识抑扬顿挫的符号，呆板的信息立马好似被赋予上帝所吹的那口灵气而成为变幻无穷的音乐。人们对数字如此信赖和崇拜，据说寻找外星人最重要的地球符号便是数字。不过，数字的灵性来自人赋予的意义，数字的无穷魅力在于其排列组合所表征的那个或隐或显的大千世界。呈现于眼前的这个偌大的数据库是由图或表组合的数字王国，它的特异之处在于，以伦理道德为主角，演绎着一个可道而又不可道的精神的王国，背后逶迤的是改革开放40年激荡在精神世界苍穹所写意的春秋诗篇。这是一个数字呈现的火红时代的精神春秋，当然也包括呈现它的学者及其团队拔节成长的生命春秋。数字写春秋，既是本书的主题，也是创造它的人们的宏愿，只是无论春江水暖，还是秋意阑珊，我们都期待一次灵魂的缠绵。

改革开放40年，留下的不只是被某些固守帝国心态的西方人视为“威胁”的经济奇迹，更留下了一个跌宕起伏的精神世界，只是这个世界难以触摸，不仅因为它因其静水流深，更因为这个世界是由无数星辰构成的浩瀚宇宙，没有博大的视界和具有穿透力的思想难以发现其一泻千里的银河和作为宇宙星标的北斗。“四十而不惑”，改革开放已经到达不惑之境，对它的认知和呈现能否“不惑”，如何“不惑”，这不仅是对我们的学术能力的考验，也是对我们学术抱负的考验。为了迈向“不惑”，十年前，在改革开放的“而立”之年，我们东南大学的伦理学团队便开启“而立”之行，通过大规模全国调查，描绘和演绎这个时代伦理道德发展的精神史。历史机遇让我们在漫游思辨王国的同时打开了数字世界的大门，我们决心以最具确定性的数字写意最不具确定性的精神。这是一个浩大、枯燥而又考量耐力的艰苦工程，不仅每一次调查都是一次伦理关系与道德生活的精神体检，而且只有通过多次调查所获得的大数据的链接，才能触摸精神世界脉动的旋律。马克思说，伦理道德是物质生活条件的反映；黑格尔说，伦理道德是绝对精神的客观形态，家庭、社会和国家都是它的外化。伦理道德到底是物质世界的追随者还是生活世界的创造者？我们决定通过数字倾听和体验这一来自两个世界的天籁之音。伴随改革开放，伦理道德到底是“滑坡”，是“爬坡”，还是“永远在路上”？数字向我们展示了被激扬的社会情绪的不息旋律，也展示了经过反思的理性乐章，更有潜藏于高亢情绪和深沉理性背后的那种“天不变道亦不变”的伦理型文化的本能和基因。它让我们坚定了一种追求和抱负，至少坚定了一种信念：以数字展现这个伟大时代到达不惑之境的伦理道德的精神世界及其成长历史，从而为民族精神发展提供集体记忆力；为学术研究提供客观依据；为党和政府治国理政提供科学信息。

历史是人类在生命成长中踏成的康庄大道。在这条大道上，有人欢马叫的缤纷，有对身后足迹的眷念，更有一往无前通向远方的行进。黑格尔将历史分为三种，记事的历史，反省的历史，精神的历史，其中只有精神的历史才具有哲学意义。黑格尔的历史观当然具有绝对精神的偏见，但三种历史的自觉确实具有启发意义。这皇皇数十卷的数据库对改革开放 40 年的伦理道德发展具有记事意义，借此可以对中国伦理道德发展进行历史反思，同时由它们所构成的信息链和数据流既呈现了改革开放 40 年，从中也可以透视整个中国伦理道德发展的精神哲学规律，因而具有深刻的精神史意义。在由“记事的历史”向“反省的历史”和“精神的历史”的不断提升中，我们期待着学术发现和学术慧见。这个数据库呈现的不仅是改革开放 40 年伦理道德发展的春秋史，它的建构过程，也是我们这个团队在改革开放中成长的春秋史。三轮全国调查、四轮江苏调查，从 2007 年到 2017 年，十年生命节律不仅呈现了改革开放从“三十而立”到“四十而不惑”的伦理道德的发展史，而且也呈现了东南大学伦理学团队和社会学团队，以及与之相关的其他学术团队，从对中国伦理道德国情包括对调查研究方法从无知到知，从知之不多到走向专业化的成长之路。在学术和学科成长的过程中，如果说 2007 年伦理学团队展开的全国和江苏调查是少年期，2013 年伦理学与社会学团队会合而进行的大调查是青春期，那么 2017 年的大调查便是成熟期，标志着我们的伦理道德国情研究跟随改革开放同步进入“不惑”之境，其间 2015 年道德发展高端智库和道德发展研究院的成立，是由青春期的躁动走向“不惑”期的成熟的标志。在这个过程中，不仅伦理学与社会学的整合、东南大学与中国人民大学、北京大学等专业调查组织的合作显现学科发展的改革与开放的气派，而且思辨研究和实证研究的深度切合，宣示追求“顶天立地”的“不惑”，并由此迈向“知天命”即履行自己的学术天命的学术征程。

也许有人认为，我们的持续大调查和建立数据库的努力，暗合了当今人文科学的社会科学化及其走向应用的国际趋势。坦率地说，每每听到这类评价，我总是保持高度的警惕和紧张。不错，大数据的建立和运用是当今包括人文科学在内的一切科学发展的重要趋势，国际顶尖的学术机构如哈佛大学的人文科学研究，借助社会科学方法的移植也确实取得了某些突破性进展。但人文科学的“社会科学化”确实必须警惕，两种学科之间的区分，不仅是数据的运用与否，更重要的是理想主义与现实主义两种不同取向，如果失去理想主义，失去意义世界建构的追求，人文科学最终将因“还俗”而失去自身。当今人文科学研究和人的精神世界“祛魅”的现代病，与人文科学被“化”或社会科学对人文科学的僭越存在深刻关联。西方世界运用数学和数据分析的方法进行的学术研究，在经济学等领域占主导地位，有很强的科学性与客观性，但其潜在的问题也已经被发现，经济学领域对人的经济行为的非经济分析已经预示一种新智慧的出现。与之相关的另一种“社会科学化”是所谓“应用研究”。与社会科学相比，人文科学相当程度上指向人的精神世界，其价值是“以无用求大用”。当然，人文科学也应当并且必须服务于国家重大需求，但直接而过度的应用导向同样会使人文科学难以完成自己的学术天命。在这个西方学术掌控话语权与评价权的时代，学术研究的方法和取向很容易以西方学术趋势为趋势，然而事实已经证明，西方学术已经面临难题，甚至正遭遇危机。

2010 年我在伦敦国王学院做访问教授时，曾对大英图书馆和伦敦国王学院图书馆的伦理学藏书做过一次比较全面的检索，试图发现和描绘西方伦理学发展的趋势。结果令我惊讶不已，自 20 世纪 70 年代以来，西方伦理学确实发生走向应用的重大转向，其中 20 世纪 90 年代和 21 世纪初是一个重要拐点，所有藏书中经济伦理、商务伦理、法伦理、伦理心理学等应用类藏书大幅度增加，与之相反，理论研究与历史研究的著作逐年减少，并且越来越少。图书馆折射的不仅是藏书，更是知识生产的状况。这一特点确实是西方趋势，但现实的并不是合理的，它表明，西方学术研究发展已经形成一种断裂带甚至走到悬崖边，宏大高远的理论研究和理论建构，让位于就事论事的问题研究，长此以往，将对文化传承和学术发展以及人的精神世界及其完整性产生深远影响。面对这一“西方趋向”，我们的选择不是跟风，而是保持一份清醒和警惕，以一种学术创新和学术自信宣告：在西方学术的断裂处，我们来了！应该说，这是中国学术发展的一次真正走向世界和赢得话语权的机遇，其中的关键在于，我们是否有足够的卓识和担当。

为此，无论是建立数据库，还是在运用数据库进行研究的过程中，我们都有一份学术清醒，将“热点”和“前沿”分开，将思辨研究和实证研究紧密结合。我们的努力不只是通过数据链和信息流发现和揭示伦理道德发展的事实，更不只是追随“热点”，而是由此寻找和追踪伦理道德发展的前沿，进行前沿性的理论研究和现实研究。我们追求的境界是“顶天立地”，“顶天”即尖端性的理论研究，“立地”即扎实而科学的调查研究，然而理论研究与现实研究、“顶天”与“立地”并不是两个过程，因为前沿和尖端并不存在于理论演绎中，甚至并不只存在于对以往研究的文献综述中，而是存在于现实、存在于生活世界中。这就是数据的意义，也是我们调查研究和建立数据库的意义。通过调查研究和数据分析，作出新发现新解释，甚至发出具有诊断意义的预警，由此进行前沿性的理论研究和理论建构，这是我们进行调查研究和建立数据库的学术追求。这种独特追求的要义就是：在这个不断变化的世界和不断推进的学术发展中，自己谱写自己的学术春秋。

演绎改革开放40年伦理道德发展的精神史的春秋，见证学术团队和学术研究成长史的春秋，自己谱写自己的学术春秋，一言蔽之，这套千万言的数据库和分析报告的要义就是：数字写春秋！

樊　浩

2018年9月10日